U0382885

主 编／李荣冠 王建军 林和山
副主编／李恒鹏 黄晓航 黄雅琴

中国典型滨海湿地
Typical Coastal Wetlands in China

科学出版社
北京

内 容 简 介

本书简要介绍了滨海湿地的定义、功能、湿地评价的研究进展，以及中国滨海湿地研究现状、中国滨海湿地分类、中国滨海湿地的分布及其面积变化等；重点描述了辽河三角洲、黄河三角洲、江苏盐城滨海湿地、长江三角洲和珠江三角洲滨海湿地的演变机制和趋势、退化的机制，以及中国滨海湿地的退化现状；介绍了生物修复技术概况、污染生境的生物修复技术、不同受损滨海湿地的生物修复实例、工程修复技术和滨海湿地修复技术类型及其特点；着重介绍了受损滨海湿地评价技术和评价指标，以及辽河三角洲、黄河三角洲、江苏盐城滨海湿地、长江三角洲、珠江三角洲、浙江滨海湿地、福建滨海湿地、广西滨海湿地和海南滨海湿地生态系统评价；同时提出了中国滨海湿地保护管理的对策和建议。

本书可供海洋、资源、环境、生态等专业的研究人员、管理人员及高校师生参考。

图书在版编目（CIP）数据

中国典型滨海湿地 / 李荣冠，王建军，林和山主编 .—北京：科学出版社，2015.11

ISBN 978-7-03-045818-6

Ⅰ. ①中… Ⅱ. ①李…②王…③林… Ⅲ. ①海滨-沼泽化地-概况-中国 Ⅳ.①P942.078

中国版本图书馆 CIP 数据核字（2015）第 227208 号

责任编辑：邹 聪 刘巧巧 / 责任校对：李 影
责任印制：徐晓晨 / 封面设计：黄华斌 陈 敬
编辑部电话：010-64035853
E-mail：houjunlin@mail. sciencep. com

科学出版社出版
北京东黄城根北街 16 号
邮政编码：100717
http://www.sciencep.com

北京捷退佳彩印刷有限公司 印刷
科学出版社发行 各地新华书店经销

*

2015 年 11 月第 一 版 开本：787×1092 1/16
2020 年 5 月第四次印刷 印张：27
字数：640 000
定价：198.00 元
（如有印装质量问题，我社负责调换）

"滨海湿地生态系统评价与修复技术研究"专项研究组

组　　长　李荣冠

副组长　李恒鹏　黄晓航　林和山

成　　员（以姓氏汉语拼音为序）

陈本清　谷东起　黄晓航　黄雅琴　李恒鹏　李荣冠　李兆富

李　江　林和山　林俊辉　林学政　王爱军　王海燕　王建军

吴志强　许德伟　项　鹏　杨　寅　张继伟　张朝晖　张小龙

郑成兴

《中国典型滨海湿地》编写组

组　　长　李荣冠

副组长　王建军　林和山　李恒鹏　黄晓航

成　　员（以姓氏汉语拼音为序）

陈本清　谷东起　黄晓航　黄雅琴　江锦祥　李恒鹏　李荣冠

李兆富　李　江　林和山　林俊辉　林学政　王建军　王海燕

王爱军　吴志强　许德伟　项　鹏　杨　寅　张继伟　张朝晖

张小龙　郑成兴

前言
PREFACE

　　滨海湿地是指沿岸线分布的低潮时水深不超过 6m 的滨海浅水区域至陆域受海水影响的过饱和低地的一片区域（国家海洋局 908 专项办公室，2006）。滨海湿地地处海陆和咸淡水交汇区域，是一个具有很强的生态功能的自然综合体，由于其特殊的地理位置，滨海湿地生态系统健康既受陆地环境的制约，又受海洋环境的影响；不仅受自然环境因素的控制，还受人为活动的干扰。因此，滨海湿地生态系统是一个高度动态和复杂的生态系统。

　　我国的滨海湿地主要分布在中国东部沿海的 11 个省（自治区、直辖市）和港澳台地区，海域沿岸有 1500 多条大中河流入海，形成浅海滩涂生态系统、河口湾生态系统、海岸湿地生态系统、红树林生态系统、珊瑚礁生态系统和海岛生态系统六大类、30 多个类型。

　　随着滨海沿岸区人口密度的增加和沿海经济的高速发展，人类对滨海湿地资源的物质生产需求（如渔获量）

和环境污染物排放量逐渐增加，大量的围填海工程、港口码头和城市建设不断侵占滨海湿地资源，自然海岸线的人工化程度也随之不断增加，外来物种互花米草的入侵态势堪忧，生境质量的下降甚至是生境的丧失致使滨海湿地生物多样性减少，严重威胁滨海生物的生存与繁衍。中国滨海湿地生态系统面临严重的生态环境问题，已影响到我国海洋经济的可持续发展，其退化引起了各级政府的重视。对滨海湿地生态系统的生境状况、生态结构特征的健康程度进行评估，摸清我国滨海湿地的演变趋势及退化机制，探索受损滨海湿地的修复技术，将有助于管理和决策部门作出正确判断，合理开发和保护滨海湿地资源，维护滨海湿地生态平衡，促进人类与滨海湿地的和谐发展。

本书以辽河三角洲、黄河三角洲、江苏盐城滩涂沼泽湿地、长江三角洲和珠江三角洲5个重点区域的滨海湿地生态系统为重点，引用多年来调查、查阅的大量资料和数据，结合遥感图件解译，获得滨海湿地主要变化类型及分布图，建立了辽河三角洲、黄河三角洲、江苏盐城滩涂沼泽湿地、长江三角洲和珠江三角洲滨海湿地生态系统评价指标体系，构建了PSR综合评价模型，深入分析了辽河三角洲、黄河三角洲、江苏盐城滩涂沼泽湿地、长江三角洲和珠江三角洲滨海湿地生态系统的压力、状态和响应综合评价结果。同时，介绍了非重点区域浙江、福建、广西和海南部分区域滨海湿地的生态系统健康状况。

本书共六章。

第一章介绍了滨海湿地定义和功能、湿地评价的研究进展、中国滨海湿地研究现状、中国滨海湿地分类、中国滨海湿地的分布及其面积变化。

第二章介绍了辽河三角洲、黄河三角洲、江苏盐城滨海湿地、长江三角洲和珠江三角洲滨海湿地的演变机制和趋势。

第三章介绍了辽河三角洲、黄河三角洲、江苏盐城滨海湿地、长江三角洲和珠江三角洲滨海湿地退化的机制以及中国滨海湿地的退化现状。

第四章介绍了生物修复技术概况、污染生境的生物修复技术、不同受损滨海湿地的生物修复实例、工程修复技术和滨海湿地修复技术类型及其特点。

第五章介绍了受损滨海湿地评价技术和评价指标，辽河三角洲、黄河三角洲、江苏盐城滨海湿地、长江三角洲、珠江三角洲、浙江滨海湿地、福建滨海湿地、广西滨海湿地和海南滨海湿地生态系统评价，以及中国滨海湿地生态系统健康现状。

第六章介绍了中国滨海湿地管理存在的主要问题，提出了中国滨海湿地的管理与保护倡议。

本书编写过程得到国家海洋局第三海洋研究所海洋生物与生态实验室、海洋声学与遥感开放实验室、中国科学院南京地理与湖泊研究所、国家海洋局第一海洋研究所和中国海洋大学科研人员和师生的大力协助和配合，在此深表感谢。

国家海洋局第三海洋研究所研究员

李荣冠

2015 年 1 月 25 日于厦门

目录 CONTENTS

第一章
中国滨海湿地概况

第一节　滨海湿地的定义

滨海湿地是指沿岸线分布的低潮时水深不超过 6m 的滨海浅水区域到陆域受海水影响的过饱和低地的一片区域（国家海洋局 908 专项办公室，2006）。

滨海湿地为海陆交错地带，是一个边缘区域（Levenson，1991），处于淡、咸水交汇处，受海洋和陆地交互作用，其复杂的动力机制，造就了滨海湿地复杂多样的湿地类型和生态环境。滨海湿地是一个具有很强的生态功能的自然综合体，它不仅为人类的生产、生活提供多种丰富的资源，而且具有巨大的环境调节功能和生态效益，如促淤造陆、降解污染物、物质生产、为候鸟等野生动植物提供重要栖息地等（Holland，1996；Keddy，2000）。由于其特殊的地理位置，滨海湿地生态系统健康既受陆地环境的制约，又受海洋环境的影响，不仅受自然环境因素的控制，还受人为活动的干扰。因此，滨海湿地生态系统是一个高度动态和复杂的生态系统（李玉凤等，2010）。

第二节　滨海湿地的功能

滨海湿地及其生态系统对人类生存和人类社会发展存在着明显的或潜在的作用，即所谓滨海湿地的功能。这些功能可分为"实物"性和"服务"性两大类。提供水源、补充地下水及提供人类的食物、建材、能源和其他工业原料等称作"实物"性的功能；调控水量（抗洪防涝）、抵御风暴等自然灾害、净化环境等称作"服务"性的功能，这些功能对人类社会的持续发展起着重要的作用（陆健健，1996a）。丧失滨海湿地就失去这些功能，因此，保持滨海湿地及其生态系统的功能就是确保其对人类社会发展的重要贡献。

一、环境净化功能

农用杀虫剂和工业排放物中含有的危害人体健康的物质，以及农肥和人类废弃物的不恰当使用和排放往往会污染水环境。净化被污染的水环境是人类活动频繁地区滨海湿地的主要功能。滨海湿地的环境净化功能表现形式有物理净化与生物净化。

1. 物理净化

滨海湿地减缓水流，有利于沉积物的沉降，而有毒物质往往附着在沉积物颗粒上。滨海湿地的这种物理净化功能很有限，不能仅仅依靠它来缓解过剩的沉积物、有机物和有毒物，最好是确保海滨地区土地的利用方式，尽可能少地向海滩排放这些物质。

2. 生物净化

通过滨海湿地植物吸收，经化学和生物过程转换把有机物和某些有毒物质分解或储存，在收获滨海湿地生物时以一些方式从湿地排除有机物和有毒物质。这种生物净化是滨海湿地环境净化功能的主要方式。

国外已有专门营造人工湿地的方法来净化水环境的成功例子。据研究，2 hm² 湿地能净化 200 hm² 农田径流中过剩的氮和磷。湿地中的许多水生植物，包括挺水、浮水和沉水植物，在它们的组织中富集的重金属浓度比周围水中的浓度高出 10 万倍以上。许多植物还含有能与重金属螯合的物质，从而参与金属解毒过程。典型的湿地植物如凤眼莲、香蒲和芦苇等都已被成功地用来处理污水（包括含有高浓度重金属如镉、银、铜、锌和铬等的污水）。滨海湿地的这种生物净化功能，在阻止和延缓海滨地区水质恶化方面发挥了十分重要的作用。我国北方不少地方有大片的滨海湿地，如辽宁的盘锦地区有40 多万公顷滨海湿地，其功能有待进一步的开发和利用。

二、 减灾功能

滨海湿地有减轻自然灾害的功能：

（1）储存多雨和河流涨水季节过量的水分，控制洪涝自然灾害。滨海河口湿地对减缓下游地区的洪涝有重要的作用。

（2）滨海湿地植被对防止和减轻海浪对海岸线的侵蚀起着很大作用，可节约为防止侵蚀而采用的人工加固岸堤的费用。

（3）滨海湿地植被可使建筑物、农作物和其他植被免遭强台风的破坏。在我国南方，广东、广西和海南沿海的红树林曾在这方面起到重要的作用。近些年，一些地方为开辟鱼塘虾池毁掉大面积红树林，致使沿岸抵御风暴的能力被减弱。

三、 自然资源功能

天然滨海湿地具有很高的生产力，其生产力甚至超过集约的农业系统。因此，由滨海湿地产物产生的价值就单位土地面积而言，比许多其他生境（包括排干水后形成的生境）高得多。我国的滨海湿地每年为沿海地区提供数十万吨水产品，其中有溯河回游型的刀鲚、鲥鱼、银鱼和凤尾鱼等，降河回游型的河鳗、四鳃鲈和河蟹等，咸淡水型的梭鱼、鲈鱼、鲻鱼等，青鱼、草鱼、鲢鱼、鳙、鲤、鳊等淡水鱼，白虾、红虾、蟹及贝类和蟹苗、鳗苗等，还提供数量可观的用作造纸原料和建材的芦苇，以及用作饲料的海草等。另外，滨海湿地作为重要水产资源的天然育苗场所尤其受到人们的重视。

四、 水源功能

滨海湿地常常作为居民用水、农田用水和工业用水的水源。河口地区发达的滨海湿地不仅能确保该地区的农业和工业用水（黄河、长江、珠江等河口的重要湿地就是河口地区城乡居民饮用水的水资源地，又是该地区地下蓄水系统的补水区），又能避免大量地下水被抽取用于工业而导致地下水枯竭或咸水入侵等。

五、 生物多样性功能

滨海湿地集聚了丰富的生物种类，是天然的基因库、种子库，是了解生物进化过程和解开生命奥秘的宝贵原料源。我国的滨海湿地保存了数以万计的鱼类、鸟类、底栖动物和浮游生物，其中有不少地方特有种和珍稀濒危种。越冬于澳大利亚繁殖我国东北和俄罗斯西伯利亚的鹬类就往返于我国沿海，以滨海湿地作为沿途补充能量的驿站，还有许多在我国滨海湿地越冬的丹顶鹤（*Grus japonensis*）、天鹅和雁鸭类等湿地鸟类现在也受到了国际自然保护组织的关注。

六、 土地资源功能

滨海湿地的土地资源功能对地少人多的我国意义十分重大。新中国成立以来，通过围垦滩涂，将数十万公顷的湿地用于农业、工业和基建，建立了一大批农场和一些大型现代化企业，在安置人员和开发利用方面取得了显著的效果。这对人多地少的沿海高强度开发地区来说，无疑是应肯定的成就。但从整个沿海地区的生态环境保护出发，在开发利用滨海湿地的同时，如何保护滨海湿地生态系统的功能还有许多值得进一步研究和探讨的方面。

七、 旅游资源功能

滨海湿地是一类特殊的景观，具有潜在的旅游资源功能。我国滨海湿地的旅游功能近年得到了很好的开发。从北部湾到鸭绿江口，到处可见旅游观光沙滩、海景、红树林、红海滩和海滨度假村等开发利用滨海湿地旅游资源的成功例子。

除上述种种功能以外，滨海湿地还具有岸线资源和航运功能、调节区域气候的功能等。总之，滨海湿地是海滨地区生态环境、社会经济持续发展的基础之一，保持其良好状况有着极其重要的意义。

第三节 湿地评价的研究进展

在国际自然及自然资源保护联盟（International Union for the Conservation of Nature and Natural Resources，IUCN）的主持下，1971 年在伊朗的拉姆萨尔（Ramsar）

会议上通过了《关于特别是作为水禽栖息地的国际重要湿地公约》(*Convention on Wet-lands of International Importance Especially as Waterfowl Habitat*)，简称《湿地公约》(*Wetland Convention*) 或《拉姆萨尔公约》(*Ramsar Convention*)。《湿地公约》旨在通过保护和恢复湿地保护迁徙的珍惜鸟类。该公约是政府间协定，它为湿地保护及其国际合作确定了一个基本框架。截止到 1999 年年底，已有 117 个国家和地区参加了《湿地公约》，有 1010 块湿地列入了国际重要湿地名录，面积超过了 718 万 hm^2。2000 年 9 月 6 日，又有 5 个国家加入了该公约，重要湿地增至 1034 块，面积达 782 万 hm^2。2002 年 6 月，131 个国家的 1177 块湿地列入了名录，面积达 10 200 万 hm^2。

1999 年召开的《湿地公约》第七届缔约方大会，做出了开展湿地评价、加强湿地质量监测、恢复湿地功能及对丧失的湿地功能进行补偿的决议（国家林业局《湿地公约》履约办公室，2001）。湿地评价主要包括湿地功能评价、湿地价值评价和湿地环境影响评价，目前的研究主要致力于探讨评价标准和评价指标体系以及定级等（蔡庆华，1997；蔡庆华等，2003；潘文斌等，2002；唐涛等，2002；崔丽娟，2001；崔保山和杨志峰，2001；Mayer and Galatowitsch，1999；Rheinhardt et al.，1997；Wilson and Mitsch，1996；Brinson，1993；Regier et al.，1992）。

一、 湿地生态系统的服务

生态系统服务是指生态系统及生态过程所形成与所维持的人类赖以生存的自然环境条件与效用，包括对人类生存及生活质量有贡献的生态系统产品和生态系统功能（表 1-1）。生态系统服务及其相关理论研究开始于 20 世纪 70 年代，从 20 世纪 90 年代中后期开始在全球范围内得以广泛开展。最具代表性的是 Daily（1997）主编的《自然的服务：人类社会对自然生态系统的依赖》(*Nature's Services: Societal Dependence on Natural Ecosystems*) 以及 Costanza 等 13 位科学家的对全球生态系统服务价值评估研究，Costanza（1997）研究认为全球生态系统服务的价值为 (16～54) ×1012 USD/a，平均为 33×1012 USD/a，并且湿地生态系统单位面积服务价值高达 14 785 USD/hm^2 · a，其价值总量占全球生态系统服务价值的 30.3%。根据陈仲新和张新时（2000）对我国生态系统服务价值的估算，我国湿地生态系统单位面积服务价值也高达 12 689 USD/hm^2 · a，占全国生态系统服务价值的 34%。

表 1-1 生态系统服务及功能

序号	生态系统服务	生态学含义
1	气体调节	大气化学成分调节
2	气候调节	对气温、降水的调节以及对其他气候过程的生物调节
3	干扰调节	生态系统反应对环境波动的容纳、延迟和整合
4	水分调节	调节水文循环过程
5	水分供给	水分的保持与储存

续表

序号	生态系统服务	生态学含义
6	控制侵蚀和保持沉积物	生态系统内的土壤保持
7	土壤形成	成土过程
8	养分循环	养分的获取、内部循环和存储
9	废弃物处理	流失养分的恢复和过剩养分、有毒物质的转移或降解
10	授粉	植物配子的移动
11	生物控制	对种群的营养级动态调节
12	庇护	为定居和临时种群提供栖息地
13	食物生产	总初级生产力中人类可提取的原食物
14	原材料	总初级生产力中人类可提取的原材料
15	基因资源	人类可利用的特有生物材料和产品源
16	休闲	为人类提供休闲娱乐
17	文化	为人类提供非商业用途

资料来源：Costanza（1997）

二、 湿地生态系统的功能及其评价

所谓湿地生态系统的功能，就是湿地生态系统中发生的各种物理、化学和生物学过程及其外在特征。湿地生态系统的功能一般可以划分为三大类，即水文功能、生物地球化学功能和生态功能，不同的功能可以通过不同的指标表示。湿地价值是湿地为人类提供产品和服务的能力，它是衡量湿地功能重要意义的尺度。在一定的社会经济条件下，湿地的功能不同则其价值也不同。功能的改变会影响湿地向人类提供产品和服务的能力，而湿地功能如能得到保护，则湿地价值可得到持续体现（表 1-2）。

表 1-2 湿地的功能、效应、社会价值和湿地功能指标

分类	功能	效应	社会价值	指标
水文功能	短期贮存地表水	降低下游洪峰	降低洪水危害	河道两边的泛滥平原
	长期贮存地表水	维持基本流量，流量的季节性分配	旱季维持鱼类栖息地	泛滥平原里坑洼不平的地形
	维持高水位	维持水生植物群落	维持生物多样性	水生植物
生物地球化学循环功能	元素的迁移和循环	维持湿地中的营养库	生产木材	植物生长
	溶解物质的滞留和去除	减少营养元素向下游迁移的数量	保持水质	营养物的输出量低于输入量
	泥炭积累	滞留营养物、金属和其他物质	保持水质	泥炭厚度增加
生态功能	维持特有的植物群落	为动物提供食物、巢区和遮蔽物	养育皮毛兽和水禽	成熟的湿地植被
	维持特有的能量流动	养育脊椎动物种群	维持生物多样性	脊椎动物的高度多样性

湿地功能评价是湿地功能研究的重要方面。湿地功能评价开始于 20 世纪 90 年代，主要是为了克服传统的湿地保护的缺点，为理解和量化湿地动力学过程提供科学基础。美国开展了由国家环境保护局（EPA）、交通部、国防部、鱼类及野生动物管理局等参加的美国湿地功能水文地貌分类评价（HGM）的国家计划，欧洲也开展了欧洲湿地生态系统功能评价项目（FAEWE）、PROTOWET 等湿地功能评价项目（吕宪国，2002）。

美国在湿地水文地貌分类体系的基础上提出湿地功能评价方法和快速湿地功能评价方法（Wilson and Mitsch，1996；Brinson，1993）。快速湿地功能评价方法被认为是地景规划的有效方法，已被越来越多的国家和学者所采用。欧洲通过建立湿地系统共有的关键过程以及它们与功能的联系，测定湿地系统对外界干扰的反应和恢复能力，利用动力模型和定期现测确定湿地功能分析阈值（Wilen and Tiner，1993）。现在的评价研究倾向于通过实验获得数据和指标，在此基础上进行评价。美国已经设立了以地景级别的标志来评价全国生态健康状态的长期趋势实验场，为湿地提供定量因子描述，这无疑将大大提高湿地评价水平（Brinson，1993）。定量评价是决策者决策的有力依据，定量评价方法一直是研究的热点。现在多采用市场估价法对实物进行直接评估，用费用支出法、市场价值法、旅行费用法及条件价值法评价非实物价值。对湿地功能价值则采用市场价值法、机会成本法、影子工程法和替代花费等进行评估。

当前，湿地效益评价技术的发展，定量化、价值化、模式化以及多媒体化是重要趋势。20 世纪 70 年代，美国的 Larson 和 Mazzarse 提出了可帮助政府颁布湿地补偿许可证的湿地快速评价模型，英国的 Maltby 等（1996）改进并提出了用于河流湿地功能的评价模型；1972 年美国联邦议会颁布《清洁水法案》，从法律上明确禁止随意开发湿地；1980 年美国鱼类及野生动物管理局制定了自己的湿地评价方法——《生境评估规程》，主要考虑拟议项目对鱼和野生动物资源的影响，1982 年 Schroeder 运用该方法对苔莺的繁殖生境进行了研究；1987 年 Adamus 开发了被美国陆军兵工署广泛采用的"湿地评价技术"，它应用了效果、机会和重要性等概念；1990 年，在欧共体环保科技计划的资助下，英国、法国、西班牙和爱尔兰等国的有关大学和研究单位启动了欧洲湿地生态系统功能评价项目，目的就是在科学基础上建立欧洲湿地生态系统功能特征的评价方法，从而为湿地保护提供一个新工具；1993 年 Brinson 等提出"五步"湿地生态系统功能评价方法；Ainslie（1994）则在 Brinson 的 HGM 评价方法的基础上进一步提出了一种快速的湿地功能评价方法；Kent 等（1994）开发了一种宏观层次上的湿地功能评价技术，其目的是评估那些广为人知的湿地功能，它能在野外快速运用，适用于不同的湿地类型，重复性好，并于 1999 年运用野生动物观察结果对湿地功能进行评价；Brinson 和 Smith 等逐步开发、完善了 HGM 方法，它可以对一个大尺度地理区域内的诸多湿地功能进行定量的、一致的评价；1997 年，《湿地公约》执行局与世界自然保护联盟、英国的约克大学和英国水文研究所合作出版了《湿地的经济评价》等文献，美国康斯坦札等将全球生态系统服务分为 17 类子生态系统，采用物质量评价等方法对每一类子生态系统进行测算，最后计算出全球生态系统每年能够产生的服务价值。

三、 湿地生态系统的健康及其评价

湿地生态系统健康评价是指湿地能够提供特殊生态功能的能力和维持自身有机组织的能力，它可以在不良的环境扰动中自行恢复。作为研究的新领域，虽然刚开始起步，但是进展很快，主要侧重湿地生态系统健康的概念、湿地生态系统的诊断指标、湿地生态系统的健康恢复、湿地生态系统健康研究的时空尺度、湿地生态系统设计和湿地生态系统健康的数量评价等方面的研究（Regier et al.，1992；Brinson，1993；Trettin et al.，1994；Wilson and Mitsch，1996；Rheinhardt et al.，1997）。湿地生态系统健康的指标过去主要集中在化学与生物指标，现在又引进了物理指标，除湿地的自然属性外，将社会经济指标也纳入湿地健康的研究范畴之中，使湿地健康诊断指标更趋于完善，如美国国家环境保护局（EPA）提出的一些指标在管理实践上效果良好（Regier et al.，1992）。

四、 湿地生态修复及评价

恢复生态学主要致力于那些在自然突变和人类活动影响下受到破坏的自然生态系统的修复与重建。湿地的生态修复指在退化或丧失的湿地通过生态技术或生态工程进行生态系统结构的修复或重建，使其发挥原有的或预设的生态系统服务功能。

国际修复生态学会建议采用比较修复系统与参照系统的生物多样性、群落结构、生态系统功能、干扰体系以及非生物的生态服务功能。还有人提出使用生态系统 23 个重要的特征来帮助量化整个生态系统随时间在结构、组成及功能复杂性方面的变化。Cairns 认为，修复至少包括被公众社会感觉到的，并被确认修复到可用程度，修复到初始的结构和功能条件（尽管组成这个结构的元素可能与初始状态明显不同）。Bradshaw（1983，1996）提出可用如下五个标准判断生态修复：一是可持续性（可自然更新），二是不可入侵性（像自然群落一样能抵制恶性入侵），三是生产力（与自然群落一样高），四是营养保持力，五是具生物间相互作用（植物、动物、微生物）（Jordan et al.，1987）。Lamd（1994）认为，修复与否的指标体系应包括：① 造林产量指标（幼苗成活率、幼苗的高度、基径和蓄材生长、种植密度、病虫害受控情况）、生态指标（期望出现物种的出现情况，适当的植物和动物多样性，自然更新能否发生，有适量的固氮树种，目标种出现与否）；② 适当的植物覆盖率，土壤表面稳定性，土壤有机质含量高，地面水和地下水保持和社会经济指标（当地人口稳定，商品价格稳定，食物和能源供应充足，农渔业平衡，从修复中得到经济效益与支出平衡，对肥料和除草剂的需求）。Davis（1996）和 Margaren（1997）等认为，修复是指系统的结构和功能恢复到接近其受干扰以前的结构与功能，结构修复指标是乡土种的丰富度，而功能修复的指标包括初级生产力和次级生产力、食物网结构、在物种组成与生态系统过程中存在反馈，即恢复所期望的物种丰富度，管理群落结构的发展，确认群落结构与功能间的联结已形成。Aronson 等提出 25 个重要的生态系统特征和景观特征，这些生态系统特征主要是结构、组成和功能，而景观特征则包括景观结构与生物组成、景观内生态系统间的功能作用、景观破碎化和退化程度类型和原因。

Caraher 和 Knapp（1995）提出采用记分卡的方法评价恢复度。假设生态系统有五个重要参数（如种类、空间层次、生产力、传粉或播种者、种子产量及种子库的时空动态），每个参数有一定波动幅度，比较退化生态系统恢复过程中相应的五个参数，看每个参数是否已达到正常波动范围或与该范围还有多大的差距。Costanza 等（1989）在评价生态系统健康状况时提出了一些指标（如活力、组织、恢复力等），这些指标也可用于生态系统恢复评估。在生态系统恢复过程中，还可应用景观生态学中的预测模型为成功恢复提供参考。除了考虑上述因素外，判断成功恢复还要在一定的尺度下，用动态的观点，分阶段检验。

2000 年，Cairns 在文章中指出，生态恢复所强调的重点应该从重建一个"自然化"的植物或动物群落，转移到恢复生态系统的功能上，尤其要转移到生态系统服务功能的恢复上。技术可行性、科学合理性和社会可行性是判断一个生态恢复是否合理的三个重要因素，社会可行性尤为重要，因为一旦此因素不成立，其他两个因素也是不存在的。生态恢复最终目标应该是社会的可持续发展。陆健健等（2005）提出核心服务功能、理论服务价值和现实服务价值的概念，并将其应用于具体区域生态恢复评价。

第四节　中国滨海湿地的研究现状

一、 全国性滨海湿地调查

从 1979 年开始，国家海洋局组织进行了全国范围的海岸带和滩涂资源综合调查，陆续完成了一系列综合调查报告，取得了丰硕的成果（严恺，1991）。整个工作一直持续到 20 世纪 90 年代初，是我国第一次大规模、全国性的海岸带资源调查，动员组织了各方面的专家、学者，对海岸带包括气候、生物、土壤、地质、水文、土地及经济发展等各个方面的状况和资源现状进行了全面、深入的调查，并提出了今后的保护利用对策。该调查为滨海湿地专项调查和研究奠定了良好的基础。

二、 环渤海滨海湿地研究

环渤海沿岸是我国北方滨海湿地最集中的分布区，尤其是黄河三角洲和辽河三角洲，近年来已成为滨海湿地研究的热点地区。王宪礼等（1997）、布仁仓等（1999）利用遥感（RS）和地理信息系统（GIS）技术对辽河三角洲和黄河三角洲的景观格局进行了分析，揭示了湿地景观的破碎化程度及其与人类活动的关系，指出随着人类活动的加强，自然景观改造加大，区域内景观类型减少，景观多样性降低，景观破碎度增大。李晓文等（2002）进行了辽东湾滨海湿地的景观规划预案研究，对不同预案进行了讨论。许学工等（2001）、付在毅等（2001）对黄河三角洲和辽河三角洲湿地主要风险源的概率进行了分级评价，提出了风险度量指标，完成了黄河三角洲和辽河三角洲湿地的区域风险综合评价，评价的结果将三角洲地区各自划分为 5 级综合风险区：1 级风险区主要位于河流两岸及沿海滩涂地带，2 级风险区位于 1 级风险区的外缘，依次向外风险程度越低。田家怡等（1999）和贾文泽等（2002）对黄河三角洲湿地的生物多样性进行了调查，指出其具有鸟类多样性丰富和重点保护鸟类种类多的特征。崔保山和刘兴土（2001）研究了黄河三角洲湿地的生态特征，探讨了黄河三角洲的可持续发展途径。肖笃宁等（2001）对环渤海三角洲湿地进行了景观生态学研究，全面论述了辽河三角洲和黄河三角洲湿地景观的基本特征，重点是滨海湿地的生态功能与环境效应，在野外观测与实验数据的基础上，建立了景观过程模型。

三、 南方红树林湿地研究

红树林湿地是我国南方最重要的滨海湿地类型，中国的红树林湿地生态系统包涵了丰富的生物多样性。红树林在保护和发展沿海生态、环境、经济等方面具有十分重要的作用。改革开放以来，我国极为重视红树林的生态系统研究，"七五""八五"和"九五"科技攻关项目中均安排有红树林研究课题。林鹏（2003）对红树林生态学方面的研究已取得重要成果，红树林海岸的恢复研究与人工造林活动已有了很大的发展。20 世纪 90 年代中期以来，华南沿海各地掀起了红树林的造林热潮。国家林业局于 2001 年启动红树林保护工程，计划 10 年内营造 6×10^5 hm^2 红树林，以改善中国南部沿海的环境状况。

四、 滨海湿地自然保护区的发展

建立海洋自然保护区是保护海洋生物多样性最有效的方式。至 2002 年年底，我国已建成海洋自然保护区 76 个，其中国家级海洋自然保护区 21 个，地方级海洋自然保护区 55 个。中华白海豚（*Sousa chinensis*）、斑海豹、海龟、文昌鱼等珍稀濒危海洋动物以及红树林、珊瑚礁、滨海芦苇湿地等典型海洋生态系统得到重点保护。监测结果表明，保护区内的生态环境有所恢复和改善，生物种类和数量有所增加，生物多样性不断提高（国家海洋局，2003）。至 2001 年，我国列入《湿地公约》国际重要湿地名录的湿地有 21 处，其中有 9 处为滨海湿地自然保护区。这大大促进了我国滨海湿地鸟类和各种珍稀动植物以及滨海湿地生态系统的保护与科学研究的发展（表 1-3）。

表 1-3　列入《湿地公约》国际重要湿地名录的中国滨海湿地

名称	面积/hm²	地点	主要保护对象	列入年份
东寨港自然保护区	333.8	海南省琼山县	以红树林为主的北热带边缘河口港湾和海岸滩涂生态系统及越冬鸟类栖息地	1992
米埔和后海湾湿地	150	香港特区西北部	鸟类及其栖息地	1992
崇明东滩湿地	3 260	上海市崇明岛东端	咸淡水沼泽滩涂，涉禽栖息地、越冬地和繁殖地	2001
大连斑海豹自然保护区	1 170	大连市渤海沿岸	以斑海豹为主的海洋动物生态系统	2001
大丰麋鹿自然保护区	7 800	江苏省大丰市东南	典型黄海滩涂湿地，是以麋鹿、丹顶鹤为主的珍贵野生动物栖息地	2001
惠东港口海龟保护区	40	广东惠州市	以绿海龟为主的海龟繁殖地	2001
湛江红树林自然保护区	2 027.9	广东省湛江市	中国最大面积红树林湿地、鸟类栖息地	2001
山口红树林自然保护区	400	广西北海市合浦县	包括湿地鸟类、浅海生物在内的红树林滨海湿地	2001
盐城沿海滩涂湿地	45 300	江苏盐城市区正东方向 40 km	中国沿海最大滩涂湿地、以丹顶鹤为主濒危珍稀鹤类、涉禽栖息地	2001

五、　湿地管理和保护法制建设

20 世纪 90 年代以前，中国法律法规体系中尚无专门以湿地作为调整对象的法规或条例，但按照《湿地公约》的定义，中国已有 10 多部法律法规与其相关。1992 年中国加入《湿地公约》之后，湿地作为湿地类型土地资源的综合概念，开始出现在与中国湿地资源保护、利用和管理相关的部分法规和规章之中。此外，黑龙江省、辽宁省、云南省、广东省、海南省等在部分地方法规或政府文件中也明确将湿地作为保护对象。中国现已形成由国家大法、地方法和部门法组成的有关湿地的环境与资源保护和利用的法律体系（李广兵和王曦，2000）。现行资源环境法律法规已经比较全面地涉及湿地资源的各个类型，这对于管理和保护湿地资源，调整与湿地相关的社会关系已经具有了一定的规范作用。

六、　滨海湿地生态系统的恢复与重建

湿地生态系统的恢复与重建是目前湿地研究的一大热点。我国滨海湿地的恢复研究主要集中在南方生物海岸湿地的恢复和重建上（林鹏，2003；张乔民，2001），包括红树林和珊瑚礁生态系统两大部分。红树林生态系统的修复与重建主要表现为红树林的引种与造林，现已形成一整套较为成熟的红树林造林技术，并正在华南沿海各地推广

使用。珊瑚礁生态系统修复重建的主要对象是造礁石珊瑚，现有的一些研究已从理论上提出了保护或移植关键种改善群落空间格局而缩短向顶极群落生态演替时间的恢复战略。

近年来，我国北方滨海湿地生态系统的恢复重建也有了一定的发展。2002年，国家投资近亿元进行黄河三角洲湿地生态恢复和保护工程，工程的实施使黄河三角洲湿地的生态环境得到了改善，为进一步救治、保护动植物，进行滨海湿地的研究提供了有利的条件。同时，作为东北亚内陆和环西太平洋鸟类迁徙的重要"中转站"，黄河三角洲在珍稀鸟类的越冬栖息地和繁殖地上将发挥更重要的作用。

第五节　中国滨海湿地的分类

滨海湿地分类是湿地科学研究的基础性工作之一。科学合理地划分滨海湿地类型是正确认识滨海湿地生态系统的功能和效益以及对湿地进行有效管理的前提。分类是对事物共同属性的抽象和概括，是认识事物的重要手段。分类的对象应该是很多具有或多或少共同属性的个体事物。而在对这些具有共性的事物进行分类时，首要的原则是要全面、科学、准确、系统，同时最大可能地避免重复。

1. 滨海湿地分类原则

这里主要借用中国湿地分类的主要原则（唐小平和黄桂林，2003）。

1）应包括中国滨海湿地的所有类型，适合中国滨海湿地类型的实际情况。同时，也应注意与中国不同湿地主管部门对湿地分类的习惯和俗称的衔接。

2）分级式结构，分类系统的不同层次可用于不同级别的湿地清查和监测工作。任何下一级的类型可在上一级的分类中进行归类和汇总；同时也适合于对不同部门、不同层次的湿地调查数据在统一部门进行汇总和管理。

3）尽可能地与国际湿地分类系统接轨，如湿地国际（Wetlands International）、《湿地公约》《蒙特勒公约》中有关湿地的分类体系及推荐监测程序的要求。

4）具有方法上的可操作性，基本分类层次的主要类型可以在湿地资源的宏观调查中通过遥感解译或与GIS相结合的方法进行判读。

2. 滨海湿地分类方法

不同的研究者从不同的学科领域出发，从不同的角度可以对湿地进行不同的分类。有关湿地的分类方法一般有成因分类法和特征分类法两大类（倪晋仁等，1998）。

成因分类法以Cowardin等（1979）提出的分类法最为典型。根据Cowardin等的分类方法，湿地可以划分为系统、亚系统、类、亚类和优势种五个层次，具有分类全面、易于操作的特点。其具体的分类方法是：① 根据不同的成因类型把湿地分成五大系统，即海洋湿地、河口湿地、河流湿地、湖泊湿地和沼泽湿地；② 根据湿地的不同水文特征把湿地分成亚系统；③ 根据占优势的植被生命形态和基底组成等湿地外貌特征把亚系统统分成湿地类；④ 按照植被的不同湿地类细分成湿地亚类；⑤ 最后用附加的优势种特征描述较为特殊的湿地特征。目前，该方法已被应用于美国湿地资源工作中，是美国湿地资源登记和管理的基础（Cowardin et al.，1979）。

特征分类法是根据湿地的表观特征和内在的动力活动特征的不同来区别湿地的，分类的依据具有更多的定量化成分（倪晋仁等，1998）。特征分类法由 Brinson（1993）提出，基于水文动力地貌学，把湿地的地貌、水文和水动力特征看成是湿地的三个同等重要的基本属性。湿地的地貌位置属性可以分为四种：河流地貌系统、凹地貌系统、海岸地貌系统和广泛分布的泥炭湿地。水文特征主要根据湿地水的补给源分成三类：降水补给类、地表漫流补给类和地下水补给类。水动力特征根据湿地水流的强度和流向分成三大类：垂直起伏流、无定向的水平流和双向水平流。该方法对定量化的程度要求很高，需要借助定量模型，如水动力模型来进行描述。其好处是一旦统一起来，其他学科的最新研究成果，如生态学中的各类生态模型、环境学中的水质模型都可以被应用于湿地研究中。

国际中使用最为广泛的分类法是 Ramsar 湿地分类体系（Finlayson and van der Valk，1995）。它使用的是 Cowardin 的成因分类体系并加以描述的分类思想，不过定义更加简单明了。

3. 滨海湿地分类依据

滨海湿地作为陆海相互作用的交错地带，不仅兼具海域和陆域的特征，其浅海水域和滩涂也会随潮汐的影响相互变化。因此，对滨海湿地分类具有相当程度的复杂性，很难在同一层次中以单个因子对所有类型进行分类，实际操作也就相对困难得多。为了满足以上的分类原则要求，基于滨海湿地的分类方法和国际惯例，这里采用成因分类法、特征分类法相结合的方法，构建分级分类系统，主要采用依据如下：

1 级，按成因的自然属性进行分类。

2 级，天然湿地按地貌及潮汐动力特征［无论是硬岸（hard seashore）、软岸（soft seashore）、河口（estuaries）区因受潮动力强弱、潮位高低、咸淡水混合程度的影响均具有明显的成带现象］进行分类；人工湿地按主要功能用途进行分类。

3 级，天然湿地主要以滨海湿地的水文特征及地貌高程特征进行分类，包括海水淹没时间、平均潮位，以及咸淡水混合程度等特征因子。

4 级，主要以基质性质、地表植被覆盖类型或其他水文特征因子进行分类，包括占优势的植被生命形态和基底组成等湿地外貌等特征因子；人工湿地按具体用途和外部形态特征进行分类。

这种分级式的分类方法一个重要的优点就是任何一个规模和层次调查分类可以和更高层次湿地调查分类接轨，使下一级调查的数据可以在更高一个层次调查中进行汇总，不同区域、不同层次的湿地调查数据得到充分利用，从而提高数据利用率，避免重复工作。

4. 不同机构及学者构建的滨海湿地分类系统

与湿地定义类似，出于各自研究目的的不同，不同国家的管理机构、研究组织和湿地科学家先后提出了很多湿地分类体系。我国还缺少统一的湿地分类体系，导致不同部门、不同层次的湿地调查研究采用了不同的湿地分类方法，使得各自调查的数据不能共享，难以在同一平台进行汇总和分析，导致调查和监测数据资源的巨大浪费。所以，进行湿地分类应充分考虑一些传统的湿地分类体系以及不同管理部门对湿地分类的需要，但为了研究的深入也不能照搬已有的湿地分类方法，应该是在国内外较有影响的湿地分类体系基础上进行进一步的延续划分，所得的湿地分类体系应该能与已有的国家湿地管理部门和湿地科学家建立的分类体系相衔接，并被广泛接受。

国内外不同的机构和学者均对滨海湿地的分类系统从不同角度进行了描述。下面就典型的分类体系作简要描述（表 1-4）。

表 1-4　不同机构和学者构建的滨海湿地分类系统

《湿地公约》中的海洋/滨海湿地分类
1) 永久性浅海水域：多数情况下低潮时水位低于 6 m，包括海湾和海峡
2) 海草层：包括潮下藻类、海草、热带海草植物生长区
3) 珊瑚礁：珊瑚礁及其邻近水域
4) 岩石性海岸：包括近海岩石性岛屿、海边峭壁
5) 沙滩、砾石与卵石滩：包括滨海沙州、海岬及沙岛，沙丘及丘间沼泽
6) 河口水域：河口水域和河口三角洲水域
7) 滩涂：潮间带泥滩、沙滩和海岸其他咸水沼泽
8) 盐沼：包括滨海盐沼、盐化草甸
9) 潮间带森林湿地：包括红树林沼泽和海岸淡水沼泽森林
10) 咸水、碱水潟湖：有通道与海水相连的咸水、碱水潟湖
11) 海岸淡水湖：包括淡水三角洲潟湖
12) 海滨岩溶洞穴水系：滨海岩溶洞穴

陆健健等（2006）的中国滨海湿地分类体系
1) 浅海水域：低潮时水深不超过 6 m，植被盖度<30%，包括海湾、海峡
2) 潮下水生层：海洋低潮线以下，植被盖度≥30%，包括海草床、海洋草地
3) 珊瑚礁：由珊瑚聚集生长而成的湿地，包括珊瑚岛及其有珊瑚生长的海域
4) 岩石性海岸：底部基质75%以上是岩石，盖度<30%的植被覆盖的硬质海岸，包括岩石性沿海岛屿、海岩峭壁
5) 潮间带沙石海滩：潮间植被盖度<30%，底质以砂、砾石为主
6) 潮间带淤泥海滩：植被盖度<30%，底质以淤泥为主
7) 潮间盐沼湿地：植被盖度≥30%的盐沼
8) 红树林沼泽：以红树植物群落为主的潮间沼泽
9) 海岸咸水湖：海岸带范围内的咸水湖泊
10) 海岸淡水湖：海岸带范围内的淡水湖泊
11) 河口水域：从近口段的潮区界（潮差为零）至口外海滨段的淡水舌锋缘之间的永久性水域
12) 三角洲湿地：河口区由沙岛、沙洲、沙嘴等发育而成的低冲积平原

季中淳（1991）提出的中国滨海湿地分类体系
1）芦苇沼泽
2）水稻沼泽湿地
3）盐生草地草甸湿地
4）盐田湿地
5）水松沼泽湿地
6）落羽松沼泽湿地
7）底栖硅藻滩涂湿地
8）草滩滩涂湿地
9）红树林滩涂湿地
10）海草滩涂湿地
11）海草沼泽
12）微型藻类湿地

陈建伟提出的中国滨海湿地分类体系
1）海洋水域
2）潮下水生层
3）珊瑚礁
4）岩石海岸
5）潮间沙海滩/圆卵石海滩
6）河口水域
7）潮间泥/沙滩
8）潮间盐生沼泽
9）红树林沼泽
10）沿海咸淡水/盐水湖（潟湖）
11）沿海淡水湖

赵焕庭提出的中国滨海湿地分类体系
1）淤泥质海岸湿地
2）砂砾质海岸湿地
3）基岩海岸湿地
4）水下岸坡湿地
5）潟湖湿地
6）红树林湿地
7）珊瑚礁湿地

倪晋仁等（1998）提出的中国滨海湿地分类体系
1）三角洲湿地
2）河口湾潮流湿地
3）平原海岸湿地
4）潟湖湿地
5）红树林湿地

5. 中国滨海湿地分类系统的构建

中国滨海湿地分类系统的构建及分级分类见表1-5。考虑到自然湿地的复杂性和不同调查层次的需要，依次分为2~3级。人工湿地相对简单，主要根据管理需要划分，2、3均为一个层次。具体划分方案如下：

1）1级划分：根据滨海湿地的自然属性，可以把其划分为自然湿地和人工湿地两大类。

2）2级划分：自然湿地的2级共分为7类，分别是浅海水域、光滩、滨岸沼泽、红树林、海岸潟湖、河口水域、三角洲湿地。人工湿地分为水库、养殖池塘、稻田、盐田4类。

3）3级划分：共分为8类，在考虑地貌差异的基础上，综合考虑了植被特征、盖度等生物要素的影响。

表 1-5　中国滨海湿地分类体系

1级	2级	3级	备注
Ⅰ 自然湿地	Ⅰ1 浅海水域	Ⅰ1.1-1 浅海水域	常年淹没，水深＜5 m
	Ⅰ2 光滩	Ⅰ2.1-2 岩石性海岸	
		Ⅰ2.1-3 沙质海岸	（HWOST，LWOST），植被盖度＜30%
		Ⅰ2.1-4 粉砂淤泥质海岸	
	Ⅰ3 滨岸沼泽	Ⅰ2.3-5 互花米草	
		Ⅰ2.3-6 蔗草	植被盖度＞30%
		Ⅰ2.3-7 碱蓬	
		Ⅰ2.3-8 芦苇	
	Ⅰ4 红树林		
	Ⅰ5 海岸潟湖		
	Ⅰ6 河口水域		海岸线至−5 m 等深线
	Ⅰ7 三角洲湿地		河口区由沙岛、沙洲、沙嘴等发育而成的低冲积平原
Ⅱ 人工湿地	Ⅱ1 水库		鱼、虾等养殖池塘
	Ⅱ2 养殖池塘		盐田
	Ⅱ3 稻田		水库、坑塘
	Ⅱ4 盐田		稻田等农田

第六节　中国滨海湿地的分布及其面积变化

一、中国滨海湿地的分布

我国滨海湿地主要分布在中国东部沿海的11个省（自治区、直辖市）和港澳台地区（图 1-1）。海域沿岸有 1500 多条大中河流入海，形成浅海滩涂生态系统、河口湾生态系统、海岸湿地生态系统、红树林生态系统、珊瑚礁生态系统和海岛生态系统六大类，30 多个类型。我国滨海湿地以杭州湾为界，分成杭州湾以北和杭州湾以南两个部分（国家林业局等，2000）。

杭州湾以北的滨海湿地除山东半岛、辽东半岛的部分地区为岩石性海滩外，多为沙质和淤泥质型海滩，由环渤海滨海和江苏滨海湿地组成。环渤海湿地总面积约 60×10^5 hm^2，黄河三角洲和辽河三角洲是环渤海的重要滨海湿地区域，其中辽河三角洲有集中分布的世界第二大苇田——盘锦苇田，面积约 7×10^4 hm^2。环渤海滨海有莱州湾湿地、马棚口湿地、北大港湿地和北塘湿地。江苏滨海湿地主要由长江三角洲和黄河三角洲的一部分构成，仅海滩面积就达 55×10^4 hm^2，主要由盐城地区湿地、南通地区湿地和连云港地区湿地组成。

杭州湾以南的滨海湿地以岩石性海滩为主。其主要河口及海湾有钱塘江—杭州湾、晋江口—泉州湾、珠江口河口湾和北部湾等。在海湾、河口的淤泥质海滩上分布有红树林，在海南至福建北部沿海滩涂及台湾岛西海岸都有天然红树林分布区。热带珊瑚礁主要分布在西沙和南沙群岛及台湾、海南沿海，其北缘可达北回归线附近。各地区主要滨海湿地区域见表 1-6 和图 1-2～图 1-11。

我国于 1992 年 7 月正式加入《湿地公约》组织，截至 2003 年 1 月，在 135 个《湿地公约》缔约国中有 1235 个湿地被列入国际重要湿地名录，总面积达到 1066×10^5 hm^2，我国列入该名录的共有 21 处，总面积达到 303×10^4 hm^2。其中，属于滨海湿地的有海南东寨港、香港米埔和后海湾、上海崇明东滩、大连斑海豹、大丰麋鹿、广东湛江红树林、广东惠东港口海龟、广西山口红树林、江苏盐城共 9 处。

表 1-6　中国滨海湿地主要分布地区

地区	主要湿地区域
辽宁省	辽河三角洲、大连湾、鸭绿江口、辽东湾
河北省	北戴河、滦河口、南大港、昌黎黄金海岸
天津市	天津沿海湿地
山东省	黄河三角洲及莱州湾、胶州湾、庙岛群岛
江苏省	盐城滩涂、海州湾、江南滩涂、奉贤滩涂
上海市	崇明东滩
浙江省	杭州湾、乐清湾、象山湾、三门港、南麂列岛
福建省	福清湾、九龙江口、泉州湾、晋江口、三都湾、东山湾
广东省	珠江口、湛江港、广海湾、深圳湾、韩江口
广西壮族自治区	铁山港和安铺港、钦州湾、北仑河口湿地
海南省	东寨港、清澜港、洋浦港、三亚、大洲岛、西沙群岛、中沙群岛、南沙群岛
港澳台地区	香港米浦和后海湾，台湾淡水河、兰阳溪、大肚溪河口、台南、台东湿地

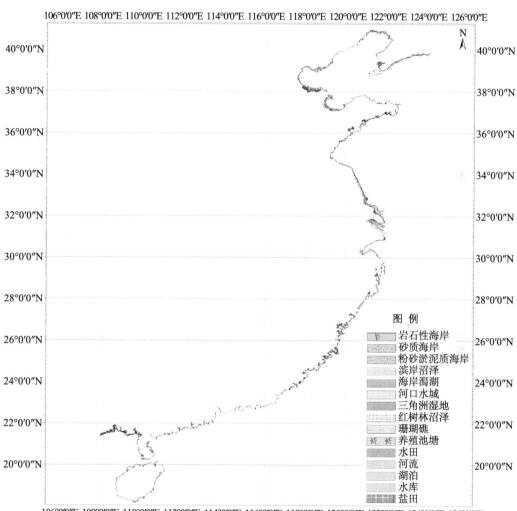

图 例

岩石性海岸
砂质海岸
粉砂淤泥质海岸
滨岸沼泽
海岸潟湖
河口水域
三角洲湿地
红树林沼泽
珊瑚礁
养殖池塘
水田
河流
湖泊
水库
盐田

图 1-1　中国滨海湿地分布示意图

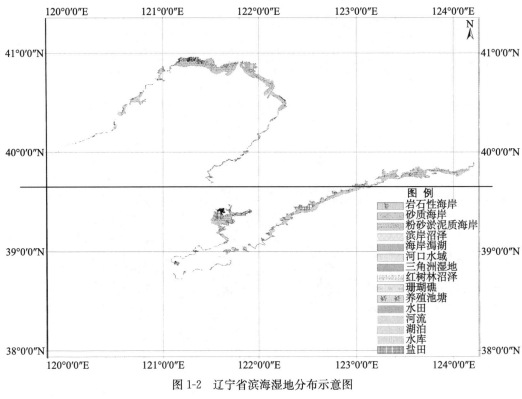

图 1-2 辽宁省滨海湿地分布示意图

图 例

岩石性海岸
砂质海岸
粉砂淤泥质海岸
滨岸沼泽
海岸潟湖
河口水域
三角洲湿地
红树林沼泽
珊瑚礁
养殖池塘
水田
河流
湖泊
水库
盐田

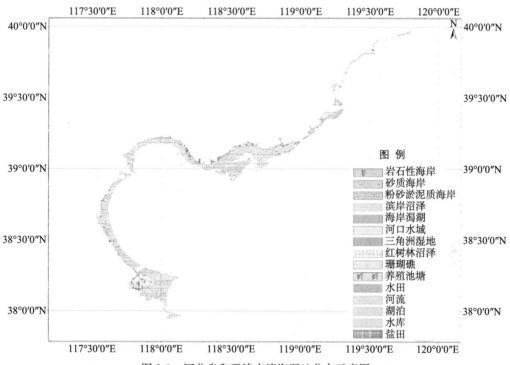

图例

F	岩石性海岸
	砂质海岸
	粉砂淤泥质海岸
	滨岸沼泽
	海岸潟湖
	河口水域
	三角洲湿地
	红树林沼泽
	珊瑚礁
	养殖池塘
	水田
	河流
	湖泊
	水库
	盐田

图 1-3 河北省和天津市滨海湿地分布示意图

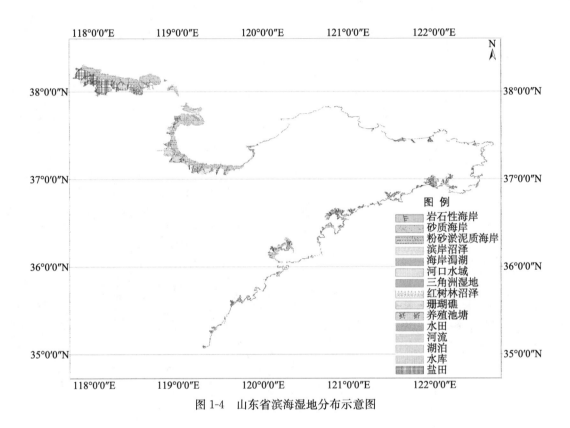

图 1-4　山东省滨海湿地分布示意图

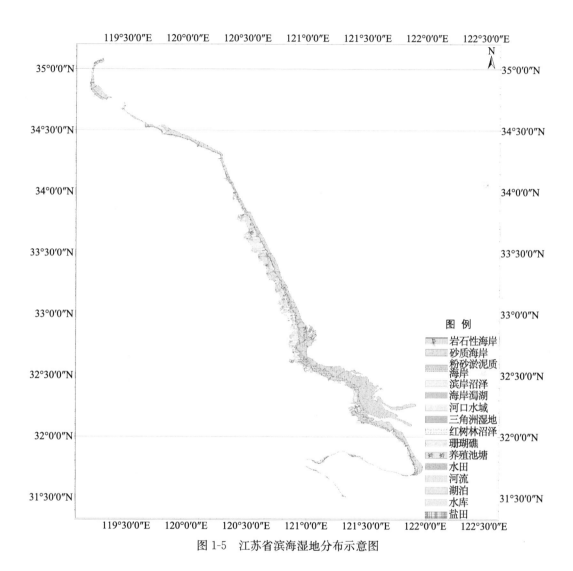

图 1-5　江苏省滨海湿地分布示意图

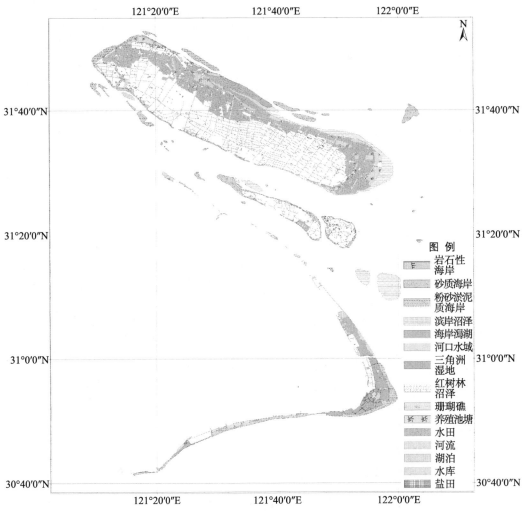

图 1-6　上海市滨海湿地分布示意图

图例

	岩石性海岸
	砂质海岸
	粉砂淤泥质海岸
	滨岸沼泽
	海岸潟湖
	河口水域
	三角洲湿地
	红树林沼泽
	珊瑚礁
	养殖池塘
	水田
	河流
	湖泊
	水库
	盐田

图 1-7　浙江省滨海湿地分布示意图

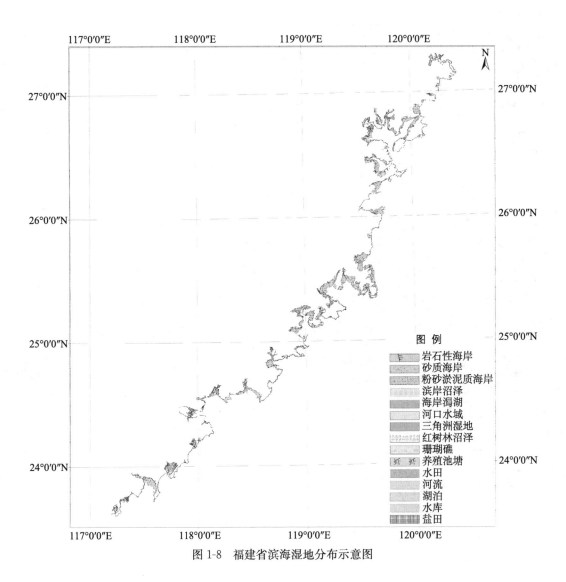

图 1-8　福建省滨海湿地分布示意图

图 例

岩石性海岸
砂质海岸
粉砂淤泥质海岸
滨岸沼泽
海岸潟湖
河口水域
三角洲湿地
红树林沼泽
珊瑚礁
养殖池塘
水田
河流
湖泊
水库
盐田

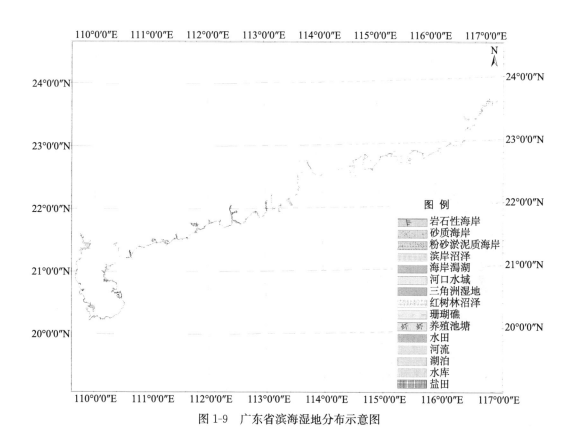

图例

岩石性海岸
砂质海岸
粉砂淤泥质海岸
滨岸沼泽
海岸潟湖
河口水域
三角洲湿地
红树林沼泽
珊瑚礁
养殖池塘
水田
河流
湖泊
水库
盐田

图 1-9 广东省滨海湿地分布示意图

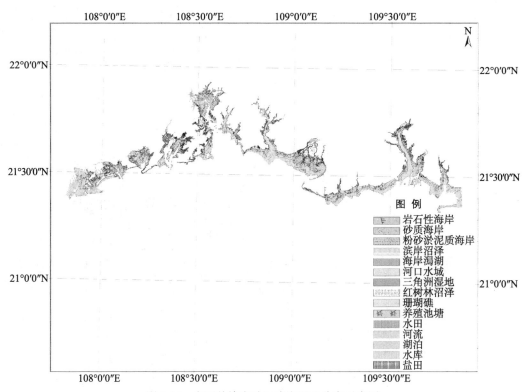

图例

岩石性海岸
砂质海岸
粉砂淤泥质海岸
滨岸沼泽
海岸潟湖
河口水域
三角洲湿地
红树林沼泽
珊瑚礁
养殖池塘
水田
河流
湖泊
水库
盐田

图 1-10　广西壮族自治区滨海湿地分布示意图

图 1-11　海南省滨海湿地分布示意图

二、　我国滨海湿地的面积变化

1970～2007 年，全国滨海湿地分布面积呈现总面积持续减少、自然湿地面积锐减、人工湿地和非湿地面积剧增的变化趋势（表 1-7）。

1970 年，我国共有滨海湿地面积 5 843 066 hm²，其中自然湿地的面积高达 5 819 189 hm²，占滨海湿地总面积的 99.6％；而人工湿地面积仅为 23 877 hm²，仅见零星的养殖池塘、盐田和稻田分布；几乎不见有港口、居民建筑等非湿地侵占滨海湿地的现象。

经过近 40 年的海岸线变迁，由于波浪、潮流动力流的作用，以及人类活动的影响，2007 年我国共有滨海湿地面积 5 445 862 hm²，与 1970 年相比，减幅为 6.8％，年均减少滨海湿地面积 10 735 hm²；自然湿地面积 5 233 254 hm²，占滨海湿地总面积的 96.1％，与 1970 年相比，减幅为 10.1％，年均减少自然湿地面积 15 836 hm²，其中，减幅最大的自然湿地类型包括光滩、红树林湿地和三角洲湿地等，近 40 年来退化的自然湿地面积为 425 231 hm²，新增加的自然湿地面积为 245 874 hm²；而人工湿地面积 196 999 hm²，是 1970 年的 8 倍多，其中，增幅最大的人工湿地类型包括养殖池塘、稻田和盐田等；港口、居民建筑等非湿地面积增加了 15 609 hm²。

表 1-7　近 40 年来中国滨海湿地面积变化表　　（单位：hm²）

1级	2级	1970年	2007年	退化湿地	新增湿地
Ⅰ自然湿地	Ⅰ1 浅海水域	3 438 230	3 563 334	188 175	199 129
	Ⅰ2 光滩	1 054 210	480 764	220 767	1 145
	Ⅰ3 滨岸沼泽	67	38 062	67	3
	Ⅰ4 红树林	16 912	6 081	3 295	0
	Ⅰ5 海岸潟湖	—	3 190	—	497
	Ⅰ6 河口水域	961 168	981 913	135 205	44 423
	Ⅰ7 三角洲湿地	348 602	159 910	77 722	677
	自然湿地合计	5 819 189	5 233 254	425 231	245 874
Ⅱ人工湿地	Ⅱ1 水库	—	9 536	—	1
	Ⅱ2 养殖池塘	10 882	89 178	2 114	162
	Ⅱ3 稻田	3 793	33 242	1 527	97
	Ⅱ4 盐田	9 202	65 043	1 215	150
	人工湿地面积合计	23 877	196 999	4 856	410
港口/居民建筑用地		0	15 609	0	0
滨海湿地面积总计		5 843 066	5 445 862	630 087	246 284

资料来源：《中国滨海湿地调查研究报告》

第二章
滨海湿地演变趋势

"我国海洋灾害调查专题滨海湿地专题调查"的数据和资料，以及相关的历史资料、图件、遥感图像解译等，重现了不同时期我国滨海湿地分布、湿地环境以及湿地利用方式的变化情景，通过应用GIS空间分析技术分析近20年来我国滨海湿地的时空变化特征，揭示湿地演变的主要人为以及自然驱动机制和过程，评估我国滨海湿地生态环境现状、区域差异及其面临的主要问题；综合应用地理统计学等多种方法，分析中国滨海湿地未来可能演变态势及其对生态安全的不利影响。

根据滨海湿地的面积和重要性，自北向南，重点选择辽河三角洲滨海湿地、黄河三角洲滨海湿地、江苏盐城滨海湿地、长江三角洲滨海湿地和珠江三角洲滨海湿地五大区域进行分区描述各自区域滨海湿地的演变特征。

第一节　辽河三角洲滨海湿地的演变

辽河口也称双台子河口、大辽河口，位于辽东湾顶部的平原淤泥质岸段，是三角洲河口，按动力特征分类为缓混合型陆海相河口。辽河三角洲（$121°25' \sim 123°55'$E，$40°40' \sim 41°25'$N）是由辽河、双台子河、大凌河、小凌河、大清河等一系列河流形成的冲海积平原，位于辽河平原南部，渤海辽东湾顶部。其范围东起盖县大清河口，西至小凌河口，海岸线长300 km。辽河三角洲平原和浅海滩涂总面积117×10^4 hm^2。辽河三角洲是我国四大河口三角洲（黄河、长江、珠江、辽河）之一，也是我国北方滨海湿地和滩涂分布最为集中的区域（王宪礼等，1997；中国海湾志编纂委员会，1998；肖笃宁等，2003）。

一、滨海湿地的演变

（一）滨海湿地的形成

在滨海湿地的演变过程中，湿地形成过程分为水体湿地化过程和陆地湿地化过程两大类五种模式。水体湿地化过程可分为湖泊湿地化、河流湿地化和滨海湿地化；陆地湿地化过程分为草甸湿地化和森林湿地化（肖笃宁等，2001）。

水体湿地化是水分在陆地表面积聚，形成地表过湿或季节性、长期性积水，水生、湿生植物群落生长，植物群落有规律地顺向演替，土壤发生潜育化、泥炭化、生草化、潴育化等土壤形成过程，并向水成、半水成土方向演化，从而形成既不同于水体又不同于陆地的水陆过渡性生态系统。发生水体湿地化须满足下列必要前提条件：①有平坦低洼的负地貌类型，能积聚水分，使地表过湿或季节性积水或长期保持浅层积水；②水深不超过水生生物，使其获得生存、生长的最低光照、温度、热量、水压等限制条件；③水温适于湿地水生、湿生植物和湿生动物生长；④水的含盐量一般介于$0.03‰ \sim 2.47‰$，在特殊条件下，也可以小于$0.03‰$；⑤上述环境能维持一定时间或发生短周期性变化。

滨海湿地化是辽河口地区水体湿地化过程的主要类型，其分布范围集中在滨海滩涂。浅海的水下三角洲或潮间带被海水长期占据或周期性地补给，地表沉积物水分过饱和或被浅水层覆盖，形成水下三角洲湿地。在光照、温度和盐度有利于水生植物生长、底栖动物和浮游动物生活的条件下，在海平面稳定或下降区域和淤积型海岸，这些植物群落呈带状向海洋方向推进一定的距离，或者在海平面上升或被侵蚀的海岸，这些植物群落向陆地方向发展。与植物群落水平迁移相伴随的是土壤发生盐化、潜育化等过程和新生淤地成土过程，这就是滨海湿地化过程。滨海湿地化过程具有两重性，在双台子河和大凌河等河口附近泥沙淤积迅速的地区，发生向海湿地化；在远离河口的一些三角洲海滨、废弃时间较久的河口等受海洋侵蚀的海岸，滨海湿地向陆地扩展，即发生向陆湿地化。辽河口滨海湿地自海向陆依次分布水下三角洲浅海湿地、光滩、盐地碱蓬盐沼、芦苇沼泽，这是滨海湿地化演化的直接证据。

湖泊湿地化。辽河三角洲的湖泊湿地化，包括湖泊、水库和池塘的湿地化过程，湖泊属于自然湿地，而水库池塘属于人工湿地，这些湿地的存在引起周边区域的湿地化过程，特别是在水库淤积、库岸变浅、池塘边坡变缓等有利条件下容易发生湿地化过程，一般规律是大型湖泊、水库、池塘湿地化过程与发展过程相对缓慢，小型湖泊、水库、河流故道发生的湿地化过程较快。辽河口地区湖泊、水库、池塘发生的湿地化过程有浅水带状向心推进式、深水中心辐射式、浅水带状向心推进式与深水点状中心辐射式并行三种方式。

河流湿地化。河流湿地化多发生在河床平浅、河曲发育好、水流缓慢的小型河流，在具备上述特征河流的部分适宜河段，河底生长眼子菜，水面生长着适宜流速慢且流量小的根状茎发达的植物群落，形成浮毯。漂浮生长在河面的植物群落多由眼子菜和少量紫萍（*Spirodela polyrrhiza*）组成。浮毯厚度不等，伴随着植物生长，浮毯也逐渐由曲流发育很好的河段静水区（牛厄湖等）向河水的流动区（河床）扩展。伴随着浮毯的扩展，浮毯下部堆积低分解的泥炭，使河水水面不断变窄，有被浮毯盖满的趋势。

陆地湿地化过程包括草甸湿地化和森林湿地化，辽河口地区成陆时间短，森林少，且多为灌木林，森林湿地化很少见。草甸湿地化大多发生在高河漫滩上，地下水溢出区，河流改道后留下的低地，河间高地，新河道毗邻低地。草甸湿地化的重要条件是地表略呈低洼或平坦的负地貌，土层经常过湿或保持季节性积水。最易发生草甸湿地化的地貌部位是河漫滩中部低洼地带和后缘洼地。发生草甸湿地化过程的另一种重要地貌类型是扇缘洼地，由于三角洲河流多次改道，形成了很多镶嵌的洪积扇、冲积扇，发育很多扇缘洼地。扇缘洼地经常有地下水溢出，加上地势微微向海倾斜，坡地汇集地表径流，进一步加剧了地表湿度，促进了湿地化的发展过程。

（二）滨海湿地的发育

1）浅海水下三角洲湿地。由于辽河、双台子河、大凌河、小凌河、大清河等河流的冲积作用和海水沉积作用，在辽河三角洲前缘形成了面积广大、坡度平缓的水下三角洲平原。水下三角洲分布很广，呈弧状沿三角洲前缘分布。由于受地表径流和河流携带的养分补给的影响，水下多淡水、咸水藻类生长。一般越接近河口区，淡水藻类越多，咸水藻类越少；越远离河口区，淡水藻类越少，而咸水藻类越多。

2）低潮滩湿地。随着泥沙的淤积，三角洲向海洋方向延伸，浅海水下三角洲湿地向海洋方向延伸，原浅海水下三角洲湿地向陆一侧在低潮时逐渐露出水面，仅在涨潮时才被海水淹没，落潮时出现一片光滩。低潮滩湿地地表组成物质细腻，主要为黏土与亚黏土，下层为细砂，地表有明显的水成波纹微地貌。由于成陆时间短，土壤含盐量高，土壤 pH 为 8.4～8.5，所以不利于植物生长，呈现裸露光滩。它与浅海水下三角洲湿地的界线为低潮位线，该带地下水位很高，且受潮水影响强度大、时间长，周期性潮水补给的水文特征成为区别于浅海水下三角洲湿地和潮间带下带湿地的主要特征。

3）潮间带低潮带湿地。地表进一步淤积，地势进一步升高，但升高的幅度不大，成为潮间带低潮带。地表坡度小，周期性地被海潮淹没，地表组成物质细腻，土壤为盐土，pH 为 8.4，土壤含盐量高达 15%～18%，地表呈低洼状，多穴坑，洼地和穴坑内有潮水滞留，地表沉积物主要为黏土状淤泥，下层为细砂，水成纹理十分明显。

4）潮间带中潮带盐地碱蓬湿地。海拔进一步升高，地下水位降低，土壤为滨海盐土，含盐量较高，一般为 1.2%～1.5%，受周期性海潮水的补给，退潮时地表过湿，偶尔小片洼地内有薄层退潮时留下的积水。地表沉积物仍为比较紧实的淤泥质黏土，且沉积层较厚，约 20cm，向下过渡到含粉砂的淤泥质黏土，沉积层理十分明显。沉积物各层之间的质地差异十分明显，反映环境沉积动力与沉积物曾发生多次重大变化。盐地碱蓬湿地群落组成单一，几乎为纯群落，无伴生种，盐地碱蓬高度 20～30cm，盖度 70%～80%，群落外貌呈紫红色。潮间带中潮带盐地碱蓬湿地呈带状分布，分布带宽度可达 70～100m。潮间带中潮带盐地碱蓬湿地发育受土壤含盐量限制，土壤含盐量一旦降低，盐地碱蓬就会死亡或者被芦苇沼泽湿地所取代。

5）潮间带高潮带芦苇沼泽湿地。当由于河口淤积使地面海拔进一步升高时，潮间带中潮带盐地碱蓬湿地就进入潮间带的高潮带。这时地面坡度明显增大，地下水位降低，一般在 2m 以下。潮间带高潮带芦苇沼泽湿地受海潮水影响的强度与海水浸渍的时间明显较前述其他湿地类型短，地表排水能力也较前述湿地类型大一些，地表水的 pH 为 8.2～8.3。地表沉积物质地细腻，土壤类型为滨海盐土，有机质含量较前面几个类型高，达到 5%～7%，地表已有较薄的枯枝落叶层积累。从地表向下，沉积物变化明显且频繁，主要为黏土细砂交替变化。土壤含盐量为 1.1%～1.4%。在土壤剖面中，偶尔可见到盐地碱蓬的茎和根状物，这进一步证明芦苇沼泽就是从盐地碱蓬沼泽湿地发育而来的。

6）潮上带芦苇沼泽湿地。由于淤积作用，地面高度进一步升高，高出海平面 2～3m。地下水埋深越来越大，一般为 0.5～1.0m，地下水矿化度小于 1g/L。地表已经基本不受或者很少受海潮水的影响。与地表环境变化相对应，强耐盐性植物退出，较不耐盐的植物开始侵入，数量也越来越多，发育了以淡水为主要补给水源的芦苇沼泽湿地。与潮间带高潮带芦苇沼泽湿地相比，潮上带芦苇沼泽湿地为淡水或微咸水环境，芦苇长势明显好于前者。潮上带芦苇沼泽湿地土壤含盐量很低，一般低于 1%，土壤 pH 为 7.5～8.3，土壤有机质含量 1.4%～3.3%，全氮含量 0.092%～0.108%，全磷含量 0.071%～0.149%，全钾含量 2.4%～2.5%。土壤已经演化为雏形土或沼泽土。

7）浅水体湿地。辽河三角洲地势低平，地面坡度小，河川径流排泄不畅，再加之受海潮顶托，每逢洪水季节河水泛滥淹没洼地，形成积水 20～40cm 深的浅水体湿地。在积水深度较浅的情况下，浅水体湿地进一步顺向演替，但受区域地貌条件的限制，沉水植物、浮水植物阶段并不明显，首先侵入浅水体湿地的是薹草，同时伴随土壤有机质的积累，土壤发育成沼泽土，土壤有机质含量为 3％～4％，含盐量很低，但薹草湿地形成的面积不大。随着水深进一步变浅或者地表仅在雨季呈现季节性积水的情况下，小叶章侵入薹草湿地，演化为薹草、小叶章沼泽化草甸湿地，土壤演化为草甸沼泽土，土壤有机质含量升高到 8％～10％。

8）深水体湿地。在负地貌区域，由于地表径流汇聚洼地或受河流泛滥水补给，局部形成积水泡沼，发育深洼地小型湖泡湿地。

9）淡水香蒲沼泽湿地。当深洼地小型湖泡湿地地表积水深度在 0.5m 以上时，由于为淡水环境，喜深水的香蒲科植物首先侵入，形成香蒲沼泽湿地，湿地进行强度较轻的泥炭积累过程，土壤有机质含量很高。

10）淡水芦苇沼泽湿地。水体深度略浅的（0.3～0.4m 以下）的区域，在水位波动较大的情况下，不适于香蒲科植物生长，而有利于芦苇生长，所以发育了淡水芦苇沼泽湿地。淡水芦苇沼泽湿地在水分条件变劣时，将有小叶章侵入，形成芦苇、小叶章沼泽化草甸湿地，这时地表腐殖质积累减弱，但土壤有机质含量仍然很高。

（三）滨海湿地地貌的演变

1. 资料与方法

1）钻探资料。2002～2005 年，在双台子河口进行了 50 余个钻孔的钻探和 30 多千米的浅地层探测，钻探深度为 10～30 m。钻探取样采用回转式扫孔、跟管钻进和锤击取芯相结合的办法。钻探样品直径 74 mm，黏性土样品保持原状，用 PVC 管封装保存，砂土扰动样用样品袋包装。沉积物粒度分析采用筛析法（含比重计法），粒级划分采用温德华等比粒级标准，粒度用 φ 值表示。计算各粒级的百分比及累积百分比，按谢帕德三角图解分类法确定沉积物类型。根据累积百分比计算各粒度参数，包括平均粒径（Mz）、标准偏差（σ_1）等。浅层剖面调查选用日本产 SP-3A 型浅地层剖面仪，可探测海底松散地层 25m 左右，地层分辨率为 0.3m。

2）水深地形。选用 1990 年、1996 年、2002 年和 2005 年 4 次水深地形资料（表 2-1）。将地图分幅扫描后，用 AutoCAD 软件将每幅图做校正、配准，并数字化，然后运用 Sufer 软件进行数值内插，继而转化成栅格数据模型（GRID），对不同时段的水深数据进行对比分析。为便于研究，将双台子河口的潮滩、潮道进行分区，从西至东将潮滩分为 TB1～TB6 六个区，从北至南将潮沟分为 TC1～TC5 五个区。TB5 潮滩为辽河三角洲最大的潮滩——盖州滩，位于双台子河口门外东侧，呈南北向展布；TB4 潮滩位于盖州滩的西侧，规模相对较小；TB2 潮滩为双台子河近口门的河心洲。选取了 A、B、C、D、E 等 5 个具有代表性的断面，进行不同时期水深数据的对比分析。

3）卫星影像。选用辽东湾 1987 年、1994 年、2002 年和 2005 年 Landsat TM4 幅卫星影像资料。LandsatTM 传感器的波段范围是：①0.45～0.52 μm；②0.52～0.60 μm；③0.63～0.69μm；④0.76～0.90 μm；⑤1.55～1.75 μm；⑥2.08～2.35 μm；⑦10.4～

表 2-1 水深地形资料来源

年份	测量单位	比例尺
1990	国家海洋局北海分局海军大连舰艇学院	1：50 000
1996	国家海洋局第一海洋研究所	1：10 000
2002	国家海洋局第一海洋研究所	1：2 000
2005	国家海洋局第一海洋研究所	1：2 000

$12.5~\mu m$。各波段图像分辨率均为 30m。其中，TM1、TM2、TM3 波段为可见光波段，具有很强的相关性，TM5、TM7 波段为中红外波段，相关性也较强。TM4、TM6 波段为近红外波段，与其他波段的相关性差。选用 LandsatTM3、TM4、TM5 波段假彩色合成图像，对潮滩进行识别。

4）海流和悬浮泥沙。2002 年 10 月进行了大、小潮期 2 次 3 个站位海流、悬浮泥沙的同步观测和取样分析，分为表、底 2 层，表层在水面以下 1m 处，底层距离海底 1m。海流观测采用挪威 AANDERAA 仪器公司生产的 RCM4s 海流计。数据从整点开始记录，每 10 分钟自动记录一次。悬浮泥沙取样每 2 小时一次，样品经过滤、烘干、称量，得到悬浮泥沙含量。

2. 沉积物特征

依据钻探和浅地层剖面资料，将研究区 10m 深度内地层划分为潮滩相、潮道相和浅海相，其下为末次冰期前形成的三角洲相，各沉积相特征如下（朱龙海等，2009）：

1）潮滩相。青灰色、灰白色砂、粉砂质砂和砂质粉砂，局部夹薄层粉砂质黏土，表层常有 0.2m 左右的黏土质粉砂，含少量贝壳碎片，主要粒度组分为砂和粉砂，含量分别为 24.2%～88.1% 和 10.8%～65.7%，平均粒径 Mz 为（3.0～5.6）ϕ，标准偏差 σ_1 为 0.7～1.6，分选中等到差。潮滩中部、东侧和西侧粒度百分累积曲线均为二段，由跳跃和悬浮两部分组成，缺少滚动组分。其中潮滩中部，跳跃组分约占 50%，悬浮组分占 50% 左右；潮滩西侧，跳跃组分约占 45%，悬浮组分占 55% 左右；潮滩东侧，跳跃组分约占 40%，悬浮组分占 60% 左右。

潮滩是潮流作用下在浅海形成的浅滩，潮滩沉积在浅地层剖面记录 A1 和 A2 亚层中显示平行层理特征（图 2-1），界面清晰。潮滩中部厚度大于两翼，盖州滩北部厚度 1.5～6.4m，层底埋深 4.0～4.8 m；南部厚度 0.7～3.8 m，层底埋深 2.5～0.5m。盖州滩西侧潮滩由西向东厚度从 5.5～5.7m 减小为 1.4～2.1m。潮滩相下部为浅海相沉积。盖州滩东侧的潮道处于侵蚀状态，11～12 孔表层潮滩相沉积被侵蚀，其下浅海相出露海底。

2）浅海相。青灰色粉砂质黏土和黏土质粉砂，局部含砂质粉砂，含贝壳碎片。主要粒度组分为粉砂和黏土，含量分别为 33.5%～63.4% 和 19.2%～53.8%，平均粒径 Mz 为（5.7～7.0）ϕ，标准偏差 σ_1 为 1.7～2.7，分选差到很差。粒度百分累积曲线为二段，悬浮组分 70% 以上，表现出悬浮荷载搬运特征。

浅海相与浅地层剖面记录 A3 亚层相对应，界面清晰。盖州滩北部浅海相厚 3.7～7.2 m，层底埋深 7.6～11.7m。浅海相分布在潮滩相和潮道相之下，盖州滩东部浅海相直接出露海底。浅海相底部常含泥炭或植物碎屑，断续分布。浅海相下部为古三角洲相。盖州滩（8～9号孔）下部存在一个深潮道，切入下卧浅海相地层约10m。

3）潮道相。青灰色粉砂质黏土和黏土质粉砂，局部含砂质粉砂，含贝壳碎片，底部常含泥炭或植物碎屑。主要粒度组分为粉砂和黏土，含量分别为43.6%～64.6%和25.1%～55.0%，平均粒径Mz为（6.0～7.3）φ，标准偏差σ_1为1.4～2.2，分选差到很差。粒度百分累积曲线为二段，悬浮组分约占87%，跳跃组分为13%，表现出悬浮负载搬运特征。

潮道相主要分布在盖州滩与其西侧的潮滩之间，在浅地层剖面记录中显示水平层理特征，界面清晰。潮道相厚度2.1～4.5 m，层底埋深3.7～4.1m。潮道相下部为浅海相沉积。

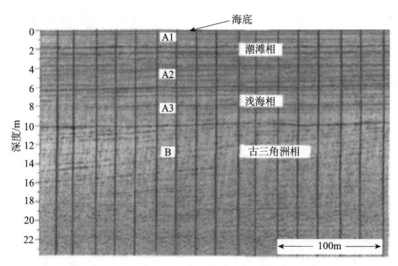

图2-1　辽河三角洲内声学地层划分

3. 近期地貌变化特征

地貌整体演变特征。1987年盖州滩（TB5）已粗具规模［图2-2（a）］，平面轮廓为两端尖、中间宽的纺锤形态，长轴近南北走向，涨潮淹没，落潮干出。盖州滩西侧、北侧有零星的潮滩分布。至1994年，双台子河口的各潮滩不断发育［图2-2（b）］，潮道宽度缩小。盖州滩向南扩展，受波浪、潮流等作用，其高度有所减小，具有蚀高淤低的趋势。口门外西侧潮滩（TB4）向北东延伸，与盖州滩之间有零星的小潮滩分布，两者间的潮道的宽度最窄处约1.5 km，与1987年相比，缩小了约2.5km。近口门河心洲（TB2）开始发育，轮廓清晰，面积较盖州滩小。

2002年和2005年Landsat TM图像显示，盖州滩不断发育，南北向的长度以及东西向的宽度都有所增加，其两侧潮道宽度不断缩小［图2-2（c）、2-2（d）］。西侧潮滩向北东淤进。河心洲面积迅速扩大，其两侧潮道宽度进一步缩小，东侧潮道较平直，呈NNW－SSE向，西侧潮道呈弯曲状。

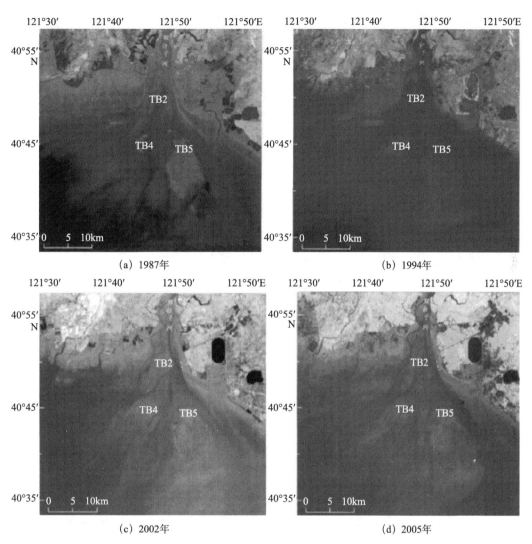

图 2-2　辽河三角洲 Landsat TM 图像

（四）滨海湿地植被的演变

　　辽河口地区泥沙来源丰富，辽河三角洲是淤涨型三角洲。由于三角洲外缘的淤积增长，辽河三角洲滨海湿地的演化中滨海湿地化过程由盐化积水的浅海水下三角洲湿地、裸海滩向脱盐化潮间带中、上部湿地、潮上带沼泽湿地、潮上带沼泽化草甸湿地演化，具体演化过程为：随着三角洲外缘的淤积增长、海潮后退，浅海水下三角洲湿地演化为低潮滩湿地，低潮滩湿地演化为潮间带下带湿地，潮间带下带湿地进一步脱水脱盐演化为潮间带中带盐地碱蓬湿地、糙叶薹草湿地，潮间带中带盐地碱蓬湿地、糙叶薹草湿地淤积抬升后演化为潮间带上带芦苇沼泽湿地、柽柳湿地、潮间带上带獐毛湿地，随后如果湿地淤积抬高脱盐就演化为潮上带拂子茅草甸湿地、羊草草甸湿地、罗布麻草甸湿地，潮间带上带各种湿地类型如果积水脱盐就演化为潮上带淡水芦苇沼泽湿地，进一步演化为芦苇、小叶章沼泽化草甸湿地（图2-3）。

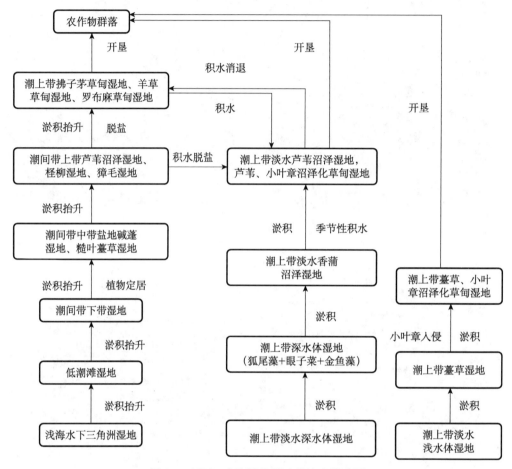

图 2-3　辽河三角洲滨海湿地的演变模式图

受淡水积水控制的深水体湿地（湖泊、水库、坑塘），随着淤积变浅逐渐演化为以狐尾藻、眼子菜、金鱼藻群落为主的深水体湿地，进一步演化为水深较大的淡水香蒲沼泽湿地，淡水香蒲沼泽湿地再演化为水深较浅的淡水芦苇沼泽湿地，淡水芦苇沼泽湿地在水分条件变劣时，将演化为芦苇、小叶章沼泽化草甸湿地，进一步演化为潮上带拂子茅草甸湿地、羊草草甸湿地、罗布麻草甸湿地。

受淡水积水控制的浅水体湿地随着淤积变浅将演化为薹草草甸湿地，小叶章入侵后进一步演化为薹草、小叶章沼泽化草甸湿地。但这种浅水体湿地的演化过程发生的较少。

三类湿地的演化过程中，浅海水下三角洲湿地的演化过程最复杂，由咸水湿地演化为淡水湿地，演化过程最慢，潮上带淡水深水体湿地演化过程较快，潮上带淡水浅水体湿地演化过程最简单，演化最快。

二、　景观格局的演变

（一）景观类型及其变化

辽河三角洲滨海湿地景观类型体系如表 2-2 所示。

表 2-2　辽河三角洲滨海湿地景观类型体系

一级类型	二级类型	三级类型	四级类型	五级分类
湿地景观	天然湿地	光滩湿地	光滩	光滩
		河心洲	河心洲	河心洲
		潮间沼泽	盐蒿滩	碱蓬
		滨岸沼泽	草本沼泽	芦苇
				茅草
			木本沼泽	柽柳
		天然水域	浅海水域	浅海
			河口水域	河流
			潮沟	潮沟
	人工湿地		养殖池	养殖池
			盐田	盐田
			库塘	库塘
			水田	水田
			苇田	苇田
非湿地景观			旱地	
			林地	
			草地	
			人工建筑	
			道路堤坝	
			未利用地	

1988～2007 年，辽河流域空间格局整体特征是：研究区斑块数量最多的湿地类型是人工湿地，最少的是海洋及海岸湿地。全部湿地类型斑块个数呈现减少趋势。平均斑块大小在景观尺度上可视为生境破碎化指数。辽河下游，整个景观的斑块平均面积趋于减小，表明景观破碎程度增加，趋于复杂（图 2-4）。

1988 年，辽河三角洲滨海湿地斑块总数为 134 块。自然湿地中，潮沟及碱蓬的斑块块数最多，为 33 块和 22 块，占滨海湿地斑块总数的 25％和 16％；其次为河心洲 13 块、滩涂 11 块；浅海斑块块数最少，仅为 1 块。人工湿地中，路坝的斑块块数最多，为 32 块，占滨海湿地斑块总数的 24％；水库池塘斑块个数最少，仅占 1％。

1995 年，辽河三角洲滨海湿地斑块总数为 158 块；2002 年，辽河三角洲滨海湿地斑块总数为 186 块。2007 年，辽河三角洲滨海湿地斑块总数为 205 块。自然湿地中，临海林地的斑块块数最多，为 267 块，占滨海湿地斑块总数的 15％；其次为河渠、河口水域及湖泊，为 176 块；临海草地斑块块数最少，仅为 61 块。人工湿地中，稻田湿地的斑块块数最多，为 469 块，占滨海湿地斑块总数的 27％；盐田及水产养殖场和水库、池塘分别为 189 块和 167 块。

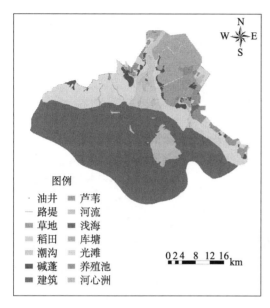

(a) 1988年

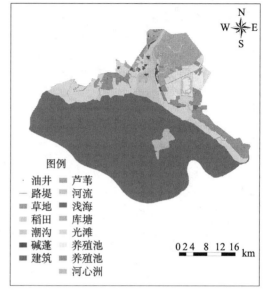

(b) 1995年

(c) 2002年

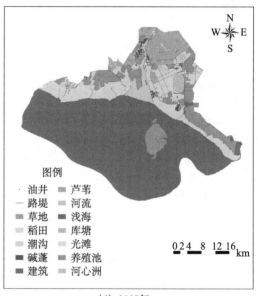

(d) 2007年

图 2-4　1988~2007年辽河三角洲滨海湿地景观分布图

　　1988~2007年，辽河三角洲滨海湿地斑块数量不断增加，由1988年的134块增加至2007年的205块。自然湿地中碱蓬斑块块数减少最多，19年间由22块减少到13块；而其他自然湿地各类型的斑块块数都有所增加。人工湿地中水产养殖场的斑块块数增加最多，为19块。湿地斑块块数的增加是湿地受自然或人类活动干扰的象征，如人类的开发建设往往是导致滨海湿地斑块分割严重的主要干扰因子。

（二）景观格局量算与景观破碎化分析

1. 景观格局指数计算

（1）景观多样性指数（H）

景观多样性指数主要表示湿地景观类型的多样性，计算公式为

$$H = -\sum_{k=1}^{m} P_k \log_2 P_k$$

式中，P_k 为第 k 种景观类型面积占总面积的比值，m 是研究区中景观类型的总数。

（2）优势度指数（D_O）

优势度指数表示景观由少数几个主要的景观类型控制的程度，计算公式为

$$D_O = H_{max} - \sum_{k=1}^{m} P_k \log_2 P_k$$

式中，H_{max} 为研究区内各类景观所占比例相等时的多样性指数，即最大多样性指数。

（3）均匀度指数（E）

均匀度指数表示景观里不同景观类型的分配均匀程度，计算公式为

$$E = (H/H_{max}) \times 100\%$$

（4）斑块的分形分维数（D）

斑块的分形分维数表示斑块的自相似程度，通常采用周长与面积的相关关系进行计算，计算公式为

$$D = 2\ln(P/K)/\ln A$$

分形分维数特征是建立在单个斑块的基础上，P 为单个斑块周长，A 为单个斑块面积，D 为分形分维数。一般 D 值介于 $1\sim2$，$K=4$ 为常数。

（5）斑块密度指数（f）

斑块密度指数计算公式为

$$f(x) = m/A$$
$$f_i(x) = m_i/A_i$$

式中，$f(x)$ 为景观斑块总密度；m 为景观斑块总数；A 为景观总面积；$f_i(x)$ 为 i 类景观斑块密度；m_i 为 i 类景观斑块总数；A_i 为 i 类景观总面积。

（6）廊道密度指数 $l(x)$

廊道景观除作为流的通道外，还是分割景观并造成景观进一步破碎的主要因素。单位面积内的廊道越长，景观破碎化程度越高，计算公式为

$$l(x) = L/A$$

式中，$l(x)$ 为廊道密度指数，L 为廊道总长度，A 为景观总面积。

（7）景观斑块数破碎化指数（FN）

景观斑块数破碎化指数计算公式为

$$FN = (N_P - 1)/N_C$$

式中，FN 代表景观整体的斑块数破碎化指数，其值域为 $[0, 1]$；N_C 是景观数据矩阵

的方格网中格子总数；N_P 为景观里各类斑块的总数。

（8）景观内部生境面积破碎化指数（FI）

计算公式为

$$FI_1 = 1 - A_i/A$$

$$FI_2 = 1 - A_1/A$$

式中，FI_1 和 FI_2 是两个景观类型内部生境面积破碎化指数，A_i 是某一景观类型内部总面积，A_1 是该景观类型最大的斑块面积，A 是景观总面积。

1988～2007 年各景观指数计算结果如表 2-3～表 2-5 所示。

表 2-3　景观指数计算表

年份	H	D_o	E	D
1988	1.616	0.949	0.630	1.051
1995	1.394	1.246	0.528	1.046
2002	1.430	1.210	0.542	1.043
2007	1.471	1.094	0.574	1.045

表 2-4　景观破碎化指数计算表

年份	f	$l(x)(\times 10^{-4})$	FN
1988	0.082	0.245	0.003 0
1995	0.097	0.520	0.003 6
2002	0.114	1.128	0.004 2
2007	0.126	1.867	0.004 7

表 2-5　景观内部生境面积破碎化指数

年份	1988 年	1995 年	2002 年	2007 年
浅海	0.462 999 113	0.383 880 093	0.401 459 022	0.410 207 293
滩涂	0.855 745 342	0.876 990 464	0.862 783 541	0.884 312 786
建筑	0.997 537 711	0.999 041 84	0.997 606 292	0.992 748 17
养殖池	0.968 478 261	0.934 137 884	0.920 551 693	0.910 971 243
碱蓬	0.979 968 944	0.994 981 065	0.995 759 717	0.994 960 206
潮沟	0.993 456 078	0.994 251 038	0.994 505 87	0.994 709 357
路坝	0.999 134 871	0.997 718 666	0.996 580 417	0.997 400 288
库塘	0.997 670 807	0.996 988 639	0.991 109 085	0.990 057 239
稻田	0.952 795 031	0.964 160 241	0.948 295 908	0.956 374 997
河心洲	0.955 811 89	0.981 042 113	0.974 809 073	0.964 037 308
芦苇	0.918 034 605	0.924 784 414	0.955 066 682	0.933 684 522
草地	0.962 156 167	0.999 931 56	0.999 977 203	0.999 315 865
河流	0.956 211 18	0.965 734 361	0.964 253 961	0.971 220 725

2. 滨海湿地景观指数分析

1988～2007 年，辽河三角洲滨海湿地景观的多样性和均匀度均呈明显降低随后又缓慢回升的趋势，其中景观多样性指数由 1988 年的 1.616 降为 1995 年的 1.394，到 2002 年上升到 1.430，2007 年上升到 1.471。景观均匀度指数从 1988 年的 0.949 降至 1995 年的 0.528；到 2002 年上升到 0.542，2007 年上升到 0.574。湿地景观的优势度则呈上升又下降的趋势，湿地优势度指数由 1988 年的 0.949 升到 1995 年 1.246，到 2002 年降到 1.210，2007 年降到 1.094。辽河三角洲滨海湿地景观水平上的格局指数变化趋势表明，研究区各湿地景观类型所占比例的差异增加，单一组分对景观的控制作用加强，人类对湿地景观的管理程度加大，这种结果一方面增加了地区的经济利益，另一方面也降低了该地区生物生境的多样性，造成一些物种种群数量的减少甚至消失，由此降低了湿地景观抗干扰的能力和维持自我稳定的能力。

斑块的形态特征是对其功能的重要反映，分维数描述了景观中斑块形状的复杂性，斑块的自相似性越弱，形状越复杂，分维数越大。受人为干扰斑块形状较规则，自然斑块的形状规律性差。形状指数表征斑块形状与圆形的相差程度，即斑块的紧凑程度。

辽河三角洲滨海湿地景观格局指数的变化趋势表明，近年来的人类活动如围垦、城市扩张及经济开发等过程对辽河三角洲滨海湿地的干扰程度逐渐加大，导致湿地的面积逐渐减小，类型逐渐单一，湿地功能逐渐下降。随着社会和经济的发展，边缘化的滨海湿地将在城市的快速扩张中始终处于热点开发位置，加之人工湿地和自然湿地的人为定向开发和管理，必然会导致湿地生物多样性的降低和生态系统抗干扰能力的下降。

3. 景观破碎化分析

生境的破碎化是指对生物物种、种群、群落的生存繁衍起到干扰、抑制作用的因素分割、压缩生境的过程。辽河三角洲滨海湿地景观单一化趋势日益显著。景观形状破碎化程度降低，但生境破碎化程度却不断加强，由道路、油井、堤坝、渠系所组成的纵横交错的廊道系统大大改变了自然景观原貌，它们虽然不会显著改变区域土地性质，但对生境造成了分割和干扰作用。油田开发过程中需要修路建井，虽然作为线状和点状地物所占面积不大，但由于数量巨大，累积也占据了不少湿地。

滨海湿地是以水禽为保护对象的生境，破碎化不仅有传统的线状破碎化，而且还有点状和面状破碎化；另外，并非所有的廊道都是水禽生境的破碎化因素，河流和水渠不仅不会造成水禽生境的破碎化，反而为水禽提供了多样化的栖息生境。在辽河三角洲滨海湿地，生境破碎化的因素有面状的居民点、线状的道路、点状的工作油井和废弃油井。

虽然辽河三角洲仍有相当面积的湿地，但破碎化较严重，在 2007 年，各种类型的斑块达 205 个，其中人工景观破碎化程度最高，景观内部生境面积破碎化指数达 4.85，造成野生动物生境行为破碎化，适宜生境大幅减少，带来生境隐性损失。双台河口自然保护区核心区内适宜丹顶鹤营巢的芦苇沼泽由建区初期的 9500 hm²，减少到目前的 1500hm²。

三、　滨海湿地演变的驱动机制

自然驱动力和人为驱动力是滨海湿地演化的主要驱动因素。引起辽河口滨海湿地演化的自然驱动因子有地质地貌、气候、水文和土壤等。自然驱动因子常常是在较大的时空尺度上作用于湿地，引起大范围、大幅度的湿地演化过程。经常变化的人文驱动因子则是景观格局变化的直接驱动力，人口增长和科技进步导致人类对湿地的开垦力度不断加大，使人工湿地的面积有所增加，而自然湿地面积的比重相对下降。

地质地貌：辽河三角洲处于长期下沉的新华夏第二巨型沉降带下辽河拗陷区，受东北和东北偏北向的构造控制，至今构造运动仍在继续下沉，这为湿地广泛发育提供了有利的构造背景条件，低平洼地的地貌为湿地发育提供了空间条件。

气候与水文：辽河口滨海湿地气候属暖温带大陆性湿润季风气候，四季分明，雨热同季。年平均降水量为 611.6 mm，降水集中在 7～9 月，占年平均降水量的 70%～80%。年蒸发量为 1390～1705mm，为年降水量的 2.5 倍左右。辽河三角洲共有大小河流 21 条，其中较大的河流有辽河、大辽河、绕阳河和大凌河。该湿地的水资源主要可分为海水、河水、湖泊水、池塘水及地下水，水资源总量为 $10.94×10^8 m^3$，其中多年平均地表径流量为 $2.58×10^8 m^3$，地下水为 $8.36×10^8 m^3$，大凌河和双台子河是辽河三角洲湿地的主要补给水源，而海水为海滨潮间带的主要补给水源，河水和大气降水为三角洲潮间带以上区域的主要补给水资源。周期性的海潮水补给、风暴潮、河流频繁改道、过境河流泛滥的客水和地表径流为低平洼地的辽河三角洲地貌提供了有利条件，弥补了区域气候半湿润和降水量少的不足。海平面上升和由此引起的潮水淹没面积增大和海岸侵蚀使辽河口滨海湿地发生了明显的退化。

土壤：辽河口滨海湿地内部地表多为河流携带来的黄土状黏土、亚黏土，具有不透水或透水性小的特点，从而阻碍地表水分下渗，使地表长期过湿或有薄层积水，促进湿地进一步扩展。在滨海区，由于海洋潮水作用的动能较大，除表层很薄一层黏重的母质外，下覆沉积物较粗，透水性好，有利于含盐度较高、埋深较浅的地下水补给地表，供湿地发育。此外，土壤母质、土壤含盐量、有机质含量、枯落物层厚度等亦是湿地形成与发育的有利条件。

人为因素：人为因素也在一定程度上可以促进湿地的形成与发育。辽河口滨海湿地常见的人为因素引起的湿地化过程包括水库湿地化，水利设施湿地化和人工苇场、虾池、盐池等大面积的人工湿地化过程。这些人工湿地化过程不仅由于原有地表积水而成为湿地，而且还因为地面积水、毗邻区域地下水位抬升开始生长湿地植物，进而导致土壤潜育化、发育沼泽湿地和沼泽化草甸湿地，并随着进程的发展，演变为不同类型的湿地。石油开采亦是影响辽河口滨海湿地的重要因素之一。由于该地区石油开发强度大，井喷油管破裂、原油泄漏、油井的钻探、输油气管线的敷设等将对湿地表层土壤造成一定程度的破坏，直接或间接影响地表植被，导致较为严重的景观破碎化现象，破坏了湿地的原有生境，是造成湿地生态系统退化与苇田减产的主要因素。

四、 滨海湿地未来的演变趋势

今后辽河口滨海湿地的演变将主要受全球变暖和海平面上升的影响。第四纪期间全球气候经历过多次冰期和间冰期的交替。在第四纪晚期，特别是全新世末期全球变暖和海平面上升是一种显著的自然环境变化现象。全球变暖和海平面上升现象对辽河口滨海湿地的未来演化有重大影响。

1. 全球变暖和海平面上升

现代全球变暖主要是 18 世纪中叶工业革命以来人类大量消耗化石燃料和大面积砍伐森林使大气中二氧化碳（CO_2）、甲烷（CH_4）、一氧化二氮（N_2O）和氯氟烃等温室气体含量上升引起的。根据联合国政府间气候变化专门委员会（IPCC）的报告，全球气温在 1880～1980 年升高了 0.4～0.5℃，而北半球升高了 0.5～0.6℃。

海平面上升包括全球性的、绝对的海平面上升和地区性的相对的海平面上升，全球变暖导致极地冰盖和大陆冰川加速融化，融化的水加速流回海洋，加上海水因升温而膨胀，导致全球海平面上升，这是绝对的海平面上升，全球绝对海平面上升速度在过去百年内为 1.2mm/a，现在已经加快到 2～3 mm/a。由于区域构造运动和沉积物压实作用使地面沉降，导致相对海平面上升。辽河口地区地壳构造下沉导致海平面相对上升的速度为 3.5～4.5mm/a，沉积物压实作用使地面下沉也造成相对海平面上升。在辽河口地区过量开采地下水、开发地下石油和天然气也导致相对海平面上升（肖笃宁等，2001）。

2. 海平面上升对辽河口湿地的影响

根据过去 50 多年营口验潮站的相对海平面上升速率（5～6 mm/a）估计，辽河口地区未来 100 年内海平面将会上升 0.5～0.6m。海平面上升将直接淹没辽河口地区的大片湿地。根据营口验潮站 1951～1995 年 45 年的验潮资料看，在现在海平面条件下，3m 高潮位是经常出现的，3m 高潮海平面可淹没的辽河口地区面积为 213 398 hm²，若海平面上升 0.5m，10 年一遇的大潮高潮时海水将淹没 3.5m 以下地区的面积为 353 010 hm²。如果未来 100 年内海平面上升 0.5m，大面积现有湿地将因海平面上升和因海面上升引起的海岸侵蚀而消失。同时，海平面上升将使辽河口地区保留下来的滨海湿地发生向陆湿地化演化，芦苇湿地将因潮水淹没频率增大、土壤盐渍化演化为碱蓬湿地、盐地碱蓬湿地，甚至演化为裸露滩涂湿地。另外，淡水芦苇沼泽湿地向陆迁移受人工围海建筑物的限制，这样未来海平面上升将使辽河口滨海湿地总面积减小，淡水芦苇沼泽湿地面积的减小最为明显。

3. 人为因素对辽河口滨海湿地未来演化的影响

人类在沿海地区的经济活动是辽河口地区滨海湿地未来演化的重要驱动因素，由于经济利益和自然湿地保护间的矛盾，辽河油田的开发和围垦湿地将使辽河口地区自然湿地面积进一步减小，湿地景观格局破碎化加重。

第二节 黄河三角洲滨海湿地的演变

黄河三角洲（118°5′～119°15′E，37°15′～38°15′N）位于渤海西岸的渤海湾与莱州湾之间，黄河三角洲以山东省垦利县宁海为顶点，北起套尔河口，南至淄脉沟口，是 1855 年黄河于河南省铜瓦厢决口北夺大清河入渤海后堆积而成的，陆地面积约 $54 \times 10^4 \, hm^2$（图 2-5）（李元芳，1991）。

黄河三角洲是由古代、近代和现代三个三角洲组成的联合体。"黄河三角洲"是一个自然地理的概念，在行政区划上包括山东省东营市所辖东营区、河口区、垦利县、利津县的全部或绝大部分，以及滨州地区沾化县的 4 个乡，还涉及东营市广饶县和滨州市无棣县的边缘地带或某些单位。1988 年，山东省政府为了保持行政区界的完整和利于对黄河三角洲开发工作的领导，将东营市全部（包括5个县区）和滨州市的沾化县、无棣县划分为"黄河三角洲区"范围。

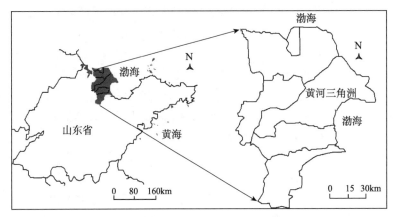

图 2-5　黄河三角洲位置示意图

一、滨海湿地的演变

（一）滨海湿地地质地貌的演变

　　黄河三角洲是一个非常年轻的三角洲，只有150多年的历史。黄河是世界上含沙量最高的河流，渤海又是世界上最浅的内海海域之一，所以黄河三角洲是世界上淤进速度最快的地区之一，黄河口地区滨海湿地的地质地貌演化因此也非常迅速。影响黄河三角洲海岸带演化及黄河口地区滨海湿地地质地貌演化的因素很多，包括河流入海流量与泥沙含量、海洋动力、海平面相对升降、地貌和地质特征、植被情况、人类活动影响等。但影响黄河三角洲岸线变化和滨海湿地地质地貌演化的主要因素是黄河的入海流量和输沙量的变化。1976年以来，由于黄河中、上游截流和用水量的增加，黄河下游断流频繁且严重，径流量及输沙量明显降低（成国栋，1991）。20世纪70年代，利津站每年断流不超过20d；80年代，断流不超过32d；进入90年代，特别是1995年以后，断流趋势明显加重，断流天数明显增多，最严重的是1997年断流天数达226d；2000年以来，虽然在人为强力控制下断流天数很少，但总流量也不大。泥沙入海量明显下降，从而使入海河口区淤进变慢，某些海岸段侵蚀明显加剧。该区包括强淤进、弱淤进、强蚀退、弱蚀退、相对稳定及稳定多种海岸状态类型。

　　黄河口地区海岸线的演变与黄河尾闾改道密切相关，一般是行水时河口淤积，停水时河口冲刷，冲淤速率与停行水的时间长短成反比：河口行水初期河口岸线淤进快，随着行水时期的延长，海岸线淤进逐渐减慢；河口停水初期河口岸线蚀退较快，随着停水时间的延长，岸线蚀退逐渐变慢。整个黄河三角洲时冲时淤，此冲彼淤，总的以淤为主，不断把海岸线向海推进。对现代黄河三角洲海岸的岸线变化和冲淤速率，根据三角洲发展的阶段性，划分了1855～1934年、1934～1976年、1976～2001年三个阶段。

1. 1855～1934 年

1855 年 8 月，黄河在河南兰考铜瓦厢决口，自徐淮古道北徙，夺大清河从利津入渤海。自 1855～1934 年，黄河 6 次改道和决口，经过近 80 年的冲淤变化，黄河横扫三角洲扇面一遍，淤积出了大片土地，形成了第一亚三角洲。1855 年的岸线，大致在河口、渔洼一线。其中，1855～1904 年的 49 年间，黄河三角洲主要向东淤进，直至五号桩区域，共向海推进约 20km，平均 0.4 km/a；1904～1929 年的 25 年间，黄河三角洲主要向北淤进，直达现在的挑河口和套尔河口一线，共淤进约 18km，平均 0.72 km/a；1929～1934 年的 5 年间，黄河改道向三角洲东南淤进，淤进仅 4～5km，平均 0.8～1km/a。宋春荣沟以南，由北向南，淤进幅度逐渐变小，但在广利河口附近是轻微的蚀退。河道尾闾摆动扫过面积越大，淤进速度越慢；扫过面积越小，淤进速度越快。

2. 1934～1976 年

自 1934 年，黄河三角洲扇形堆积体顶点下移，由宁海下移至渔洼，开始形成第二亚三角洲。1934～1976 年，42 年间改道 3 次，分别为 1934 年 9 月至 1953 年 7 月，走甜水沟、宋春荣沟，在大汶流海堡至小岛河一带淤积（其中 1938 年 7 月至 1947 年 3 月，从郑州花园口入徐淮故道从江苏海岸入海）；1953 年 7 月至 1964 年 1 月，走神仙沟，其淤积区为现在的黄河海港至孤东油田一带；1964 年 1 月至 1976 年 5 月，走刁口流路，其淤积区在飞雁滩至黄河海港一带。1934～1976 年的 42 年中，在挑河口和黄河海港之间淤积最快，岸线向北推进 20km，约 0.5km/a。在大汶流海堡至永丰河口之间，由于在 1953～1964 年是强烈淤进区，但在 1964～1976 年又处于侵蚀状态，故在 1934～1976 年，岸线仅推进 5km 左右，淤进速率约为 0.12 km/a。其他各处岸线变化不大。

3. 1976～2001 年

1976 年 5 月，黄河由渔洼改道经清水沟以来，迅速淤进。1976～2001 年的 25 年中，在孤东油田至大汶流海堡海岸段，是 1976 年以来黄河淤进最快的地方，岸线最大淤进约 40 km，约 1.6km/a，这是由黄河 25 年内基本未做大范围的改道所致。虽然黄河尾闾河道于 1996 年 6 月进行了改道，但移动距离不大，河口仍在该段推进。挑河口和黄河海港之间的岸段则变成了强烈侵蚀区。该岸段 25 年间岸线蚀退达 5～7km，平均 0.2～0.3km/a。该时期，人类活动造成了大口河至套尔河一带岸段明显向海推进。其他海岸段变化不大。

4. 现代黄河三角洲的发展演化趋势

清水沟流路自 1976 年以来在人工筑堤的保护作用下，一直未改道，直至 1996 年 6 月，在清水沟流路清 8 剖面向上 950m 处进行人工改道向东流入海，开始堆积现代黄河三角洲的第 11 个叶瓣（图 2-6），新河口处岸线向海推进了约 8km。这次改道是第三亚三角洲形成的开始。从亚三角洲形成的时间间隔来看，第一亚三角洲经过近 80 年的河道摆动与淤积，三角洲冲积扇扇形部分扫过一遍。第二亚三角洲经过了 62 年的河道摆动与淤积，其形成时间与第一亚三角洲相比虽然稍短，但第二亚三角洲比第一亚三角洲面积要小一些，且摆动的河道也已把亚三角洲冲积扇扇形部分扫过一遍。从亚三角洲顶点的移动距离来看，也比较符合。新形成的亚三角洲的顶点在清 8 剖面附近，即大汶流海堡东北约 7km 处。第一亚三角洲的顶点（宁海附近）至第二亚三角洲的顶点（渔洼以东），移动了约

35km，第二亚三角洲的顶点（渔洼以东）至将要形成的新亚三角洲的顶点（清 8 剖面附近），移动了约 40km，移动距离相差不大，故也比较合理。因此，推测 1996 年 6 月的改道，是第三亚三角洲形成的开始。在今后的数十年内，河道尾闾可能会以清 8 剖面附近为顶点进行摆动。新形成的亚三角洲将进一步向现代黄河三角洲的东偏北方向发展，呈第一、第二、第三亚三角洲逐次向东偏北方向推进之势。由于河道尾闾的河床不断抬高，又加上近几年黄河入海泥沙量减少，推测将来第三亚三角洲的面积不会很大（可能会比第二亚三角洲面积小），发育时间为数十年，40～60a 的可能性较大。

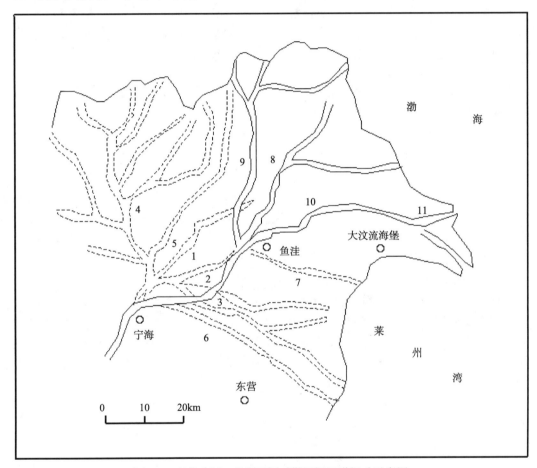

图 2-6　现代黄河三角洲不同时期尾闾河道摆动示意图

1：1855 年 6 月至 1889 年 3 月；2：1889 年 3 月至 1897 年 5 月；3：1897 年 5 月至 1904 年 6 月；4：1904 年 6 月至 1926 年 6 月；5：1926 年 6 月至 1929 年 8 月；6：1929 年 8 月至 1934 年 8 月；7：1934 年 8 月至 1953 年 7 月；8：1953 年 7 月至 1964 年 1 月；9：1964 年 1 月至 1976 年 5 月；10：1976 年 5 月至 1996 年 6 月；11：1996 年 6 月至今

（二）滨海湿地植被的演变

1. 影响黄河三角洲自然湿地植被演变的因素

黄河三角洲自然湿地植被的演变受自然因素及人为因素的共同影响，由于地理位置特殊和成陆时间短、新生土地年轻、熟化程度低、土壤养分少，人类活动对湿地的影响强烈，黄河三角洲湿地生态系统有明显的脆弱性，自然湿地植被演化迅速。

影响黄河三角洲自然湿地植被演变的自然因素有黄河入海泥沙淤积造陆过程，入海水道的迁移摆动及形成潮上带微地貌差异的过程，以及黄河断流、海岸侵蚀、风暴潮等自然灾害。人为因素有胜利油田开发建设占用自然湿地，围垦自然湿地建设养殖池塘、盐田和耕地，以及保护区内的自然湿地生态恢复工程建设等。

2. 黄河三角洲自然湿地植被的演化模式

（1）盐生植被的顺行演替

黄河三角洲湿地植被的总体分布规律受距海远近和黄河河口入海水道变迁的制约，在黄河三角洲外缘黄河口泥沙最新淤积形成的潮间带滩涂上，最初是裸露的滩涂湿地，随着新生滩涂湿地向海扩展，原有滩涂湿地受潮汐淹没的影响不断减弱，开始发育高度、盖度很小的盐地碱蓬群丛、盐角草群丛、柽柳群丛等盐生植被，这一演替过程一般持续数年到数十年；当盐沼湿地由于地面淤高进入潮上带位置（海拔 3.5m 以上）时，就不再经常受潮汐淹没的影响，地下水位下降，地表土壤脱盐，当土壤表层含盐量降至 0.1‰～0.3‰时，盐地碱蓬群丛、柽柳群丛等典型盐生植被就演化为柽柳、獐毛群丛、假苇拂子茅群丛、白茅群丛等耐盐性差的湿地草甸植被（图 2-7），由于地貌条件已较稳定，上述湿地草甸植被一般可以保持数十年到 100 年以上，然后再向地带性植被温带落叶阔叶林演替（张绪良等，2009）。

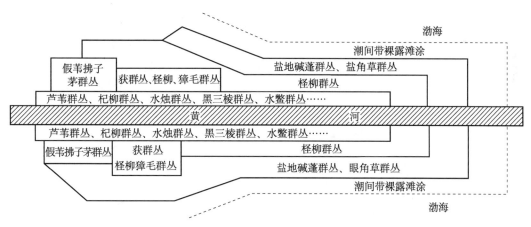

图 2-7　黄河三角洲滨海湿地自然植被的空间分异格局

（2）湿生植被的顺行演替

河口泥沙淤积最初形成的潮间带下部裸露滩涂在三角洲外缘泥沙淤积作用下演化为潮间带中上部盐地碱蓬群丛、柽柳群丛、盐角草群丛等盐生植被后，因继续不断淤高、三角洲外缘的不断扩展进入潮上带，在黄河现入海水道和各时期形成的黄河故道两侧、决口扇形地之间的河间洼地上，地表有短期积水，或者虽无地表积水但地下水埋深较浅，盐生湿地植被就演化为眼子菜群丛、金鱼藻群丛、槐叶萍群丛，再演化为水烛群丛、黑三棱群丛、水鳖群丛等水生植被，继而演化为芦苇群丛、杞柳群丛、荻群丛、假苇拂子茅群丛、牛鞭草群丛等湿生植被。在黄河三角洲外缘潮上带由湿地盐生植被演替成的湿生植被一般也已经留存几十年。

（3）水生植被的顺行演替

黄河黄河三角洲潮上带的黄河故道、河间洼地极低凹洼处，形成了一些面积很小的湖泊、坑塘湿地，另外，为满足工农业生产用水的需要，先后在黄河三角洲修筑了蒲城水库、孤东水库、孤北水库、大南水库等大型水库。这些湖泊、坑塘和水库湿地植被的演替序列为：开敞水体→沉水植物群落（狐尾藻群丛、金鱼藻群丛、眼子菜群丛、茨藻群丛等）→浮叶植物群落（槐叶萍群丛、浮萍群丛、雨久花群丛、水鳖群丛等）→挺水植物群落（水烛群丛、黑三棱群丛、东方香蒲群丛、泽泻群丛、慈姑群丛等）→湿生植物群落（芦苇群丛、荻群丛、稗群丛香附群丛等）→陆地中生或旱生植物群落。一些小坑塘、湖泊湿地的水生植被演化迅速，有些已经演化为湿生植物群落，并开始向陆地中生或旱生植物群落演替；大湖泊、水库湿地植被演化自湖岸向中心逐渐推进，由于水位、水量较稳定，人为干扰较少，演化过程缓慢，现在留存的以水生植物群落为主，有些大湖泊、水库岸边形成了小面积的湿生植物群落。

（4）湿地植被的逆行演替、次生演替

人类活动引起的逆行演替、次生演替。盐生湿地植被，或由盐生湿地植被、湿生湿地植被演化成的地带性植被落叶阔叶林，受人类活动的干扰会发生 3 种非湿地化次生演替、逆行演替。一是垦殖自然湿地建设养殖池、盐田和耕地，通过人类的长期围垦，至 2002 年已经在黄河三角洲建成农田 $35.68 \times 10^4 \, hm^2$，养殖池 $4.09 \times 10^4 \, hm^2$，盐田 $1.43 \times 10^4 \, hm^2$，这导致自然湿地植被面积大幅度下降（王海梅等，2007）。二是演化为油田生产建设用地，仅从 2000 年到 2004 年，黄河三角洲油田生产建设用地由 $4.41 \times 10^4 \, hm^2$ 增至 $46.81 \times 10^4 \, hm^2$，增加了 $42.20 \times 10^4 \, hm^2$（李鹏辉等，2008），其中一部分是占用生长盐生湿地植被或湿生湿地植被的自然湿地。三是通过造林形成纯人工刺槐林、白杨林，这一演替过程是单纯的次生演替，而不是逆行演替。上述次生演替、逆行演替过程非常迅速，已经持续了数十年。

人工刺槐林、白杨林的逆行演替。人工刺槐林会因风暴潮影响发生迅速的逆行演替。1997 年 8 月 20 日，黄河三角洲受特大风暴潮侵袭，多年营造形成的 $1.2 \times 10^4 \, hm^2$ 人工刺槐林、白杨林全部被摧毁，演替为次生盐渍化裸地，3～4 年后演替为盐地碱蓬群丛，现在已经演替为芦苇群丛，现在一些次生演替形成的芦苇群丛内，死亡的刺槐树干依然成行挺立在那里（张晓龙和李培英，2006）。三角洲内部地势高亢处，一些盐生植被演化后期或演化为落叶阔叶林后垦殖形成的耕地，因不合理的耕作，发生了严重的次生盐渍化，植被发生次生演替，成为盐碱荒地。

黄河断流、海岸侵蚀引起的湿地植被逆行演替。据黄河东营利津水文站的观测统计，由于自然原因及引水量增加，黄河自 1972～1999 年的 28 年中有 22 年断流，尤其是 1991～1997 年，断流天数不断增加。黄河断流使分布在现行入海水道两侧河间洼地的大面积芦苇群丛等湿生湿地植被，因淡水不足逆向演替（退化）为盐生湿地植被盐地碱蓬群丛。黄河断流还导致入海泥沙量减少，三角洲局部岸段发生海岸侵蚀，潮间带滩涂稀疏的盐地碱蓬群丛因岸线侵蚀后退，逆向演替为潮间带裸露光滩湿地。这种次生演替过程一般在数年到十几年就可迅速完成。

通过湿地生态恢复工程加快湿地植被演替。2002 年，黄河三角洲自然保护区结合黄河调水调沙实验，通过实施在沿海修筑围堤、引灌黄河水增加湿地淡水存量等措施对 3333.3hm² 湿地进行了恢复，恢复后的湿地，植被由原有的盐地碱蓬群丛迅速演化为芦苇群丛等湿生湿地植被。2006 年，在 3333.3hm² 湿地恢复取得成功经验的基础上，保护区又完成了 6666.7hm² 湿地生态恢复的工程建设（单凯，2007）。

3. 湿地植被演化的生态环境效应

在黄河入海口泥沙淤积造陆过程的影响下，潮间带裸露滩涂演化为盐生湿地植被，盐生湿地植被演化为湿生湿地植被或者水生湿地植被，是湿地植被的顺行演替过程，顺行演替过程使湿地生态环境不断改善，湿地受潮水淹没、海岸侵蚀、风暴潮等海洋作用越来越弱，土壤含盐量不断降低，土壤中的硝化细菌、有机质、氨氮含量不断增加，这为适应不同生态位的湿地植物出现提供了条件，也为湿地水禽提供了更加多样的栖息地环境和食物来源，使黄河三角洲湿地水禽及植物保持了较高的多样性，湿地对水体中氮、磷等过量营养盐和重金属的吸收、环境净化功能也因此加强。而黄河断流、海岸侵蚀、风暴潮灾害引起的湿地植被逆向演替过程则会产生相反的生态环境效应。

围垦自然湿地引起的湿地植被次生演替（非湿地化过程）不仅导致非湿地化后的土壤含盐量再次升高、土壤有机质和氨氮含量下降，而且导致湿地植物及水禽多样性下降，加速了珍稀濒危物种的灭绝，也为有害物种入侵提供了条件。据统计，黄河三角洲湿地及非湿地化形成的农田、油田建设用地内已经有反枝苋（*Amaranthus retroflexus*）、刺苋（*A. spinosus*）、皱果苋（*A. viridis*）、凹头苋（*A. lividus*）、喜旱莲子草（*Alternanthera philoxeroides*）、王不留行（*Vaccaria segetalis*）、黄香草木樨（*Melilotus officinalis*）、红车轴草（*Trifolium pratense*）、白车轴草（*T. repens*）、苘麻（*Abutilon theophrasti*）、野西瓜苗（*Hibiscus trionum*）、野胡萝卜（*Daucus carota*）、田旋花、曼陀罗（*Datura stramonium*）、洋金花（*D. metel*）、牛筋草（*Eleusine indica*）、凤眼莲（*Eichhornia crassipes*）等 18 科 48 种有害植物入侵（刘庆年等，2006），这些入侵植物大多为陆地中生植物，说明围垦、油田建设导致的非湿地化过程是引起有害植物入侵的主要原因。

借助黄河调水调沙实验开展的湿地生态恢复工程加快了湿地植被演化，提高了黄河三角洲自然保护区内湿地生态系统的自身调节能力和保持生态平衡的能力，也改善了鸟类的生存环境。

二、 景观格局的演变

景观格局是指景观的空间结构特征，包括景观组成单元的多样性和空间配置（邬建国，2007）。近年来，景观格局研究是黄河三角洲湿地研究的热点之一，如肖笃宁等、刘高焕等、陈利顶等对黄河三角洲湿地景观结构、动态变化及其驱动力、环境效应等的研究。以景观生态学原理为基础，在 RS 和 GIS 技术支持下，分析了 1992～2008 年黄河三角洲滨海湿地的景观格局动态变化规律，并分析了引起这些变化的驱动力因子。

（一）景观结构

景观结构是各种环境要素综合作用的结果，它的变化是环境演变的具体反应。应用景观生态学方法研究景观结构及其动态变化，是环境演变研究定量化与精确化的重要手段。

针对黄河三角洲滨海湿地的特点，景观类型的划分在与该区域滨海湿地类型保持最大一致的前提下，适当增加有区域特点的景观类型，同时考虑人类作用因素，增加人工景观类型。据此，将黄河三角洲区域划分为 2 个一级景观，即天然景观和人工景观。在天然景观中划分为滩地、草地、苇地、林地、海域、自然水面、水系线等 7 类二级景观；在人工景观中划分出养殖池、水库、农地、盐田、人工水面、油井、路堤、城镇用地、工矿用地等 9 类二级景观。这样就构成了黄河三角洲的景观结构体系（表 2-6）。

表 2-6　黄河三角洲景观结构体系

一级景观	二级景观	说明
天然景观	滩地	潮间带植被覆盖度极低的泥滩或沙滩地等
	草地	以碱蓬等为主要植被类型的潮间带有草地
	苇地	以芦苇为主要植被类型的湿地
	林地	以柽柳、实生柳林等木本为主要植被的区域
	海域	低潮线以下、常年处于海水淹没中的水域
	自然水面	河道、水洼等自然汇水区域
	水系线	较窄的河沟、潮沟线
人工景观	养殖池	养殖虾蟹类、卤虫等品种的人工围塘
	水库	水库
	农地	在黄河三角洲主要是棉田
	盐田	围垦潮滩晒盐的池塘区域
	人工水面	除水库、养殖池等类型以外因人工影响的可积水区域
	油井	油田开采井位
	路堤	主要道路、堤坝等
	城镇用地	主要的城镇聚落分布区
	工矿用地	油田建设及港口开发等用地

依据上述黄河三角洲的景观结构体系，利用 2008 年 10 月 7 日的 TM 影像，通过判读解译，绘制黄河三角洲景观图（图 2-8）。在此过程中，注意主要景观类型的分布和构成、同一景观的分割特征等。由图 2-8 可见，除堤坝岸段的滩地保持自然形态外，其他景观类型的形状具有较为规则的外形轮廓，即使自然景观类型也不例外。这种现象说明了人为作用的影响。在人类活动的影响下，几乎所有地块都有意无意地被人类的构筑物所分割，从而形成条块界限明显的景观特征。

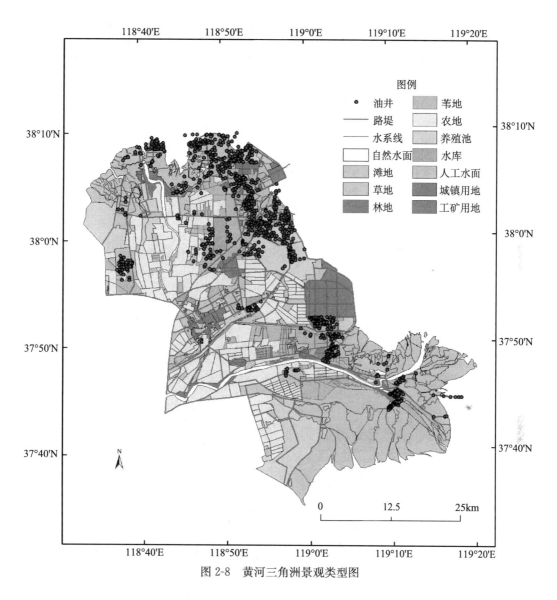

图 2-8 黄河三角洲景观类型图

（二）景观格局量算与景观破碎化分析

1. 资料准备与数据处理

用于景观分析的原始数据主要是遥感影像。遥感的宏观性、便捷性、低成本性以及越来越高的精度，使其成为地理信息获取的主要方式。从空间尺度，遥感具有全球观测的能力；从时间角度，遥感可获得地球表层及其环境瞬间变化的记录。这在全球环境变化研究中是其他任何方法或技术都无法替代的，这也使得全球变化的定量研究成了可能。遥感与地理信息系统的集成，更将信息的获取、收集、储存、处理、分析融为一体，使遥感数据的实际应用变得更加方便和广泛。

遥感影像数据的基本属性是其多源性。由于传感器通道多光谱的特点，不同波段的组合，可以在多个方面反映研究物的宏观特性。不同类型的遥感影像数据具有不同的空间分辨率、波谱分辨率和时间分辨率。目前，常用的遥感影像数据源有 MSS、TM、SPOT、NOAA/AVHRR、中国国土资源卫星、中巴资源一号卫星等，其中以 Landsat 的 MSS 和 TM、SPOT、NOAA/AVHRR 使用得最广。

Landsat 是美国陆地资源卫星，其轨道是与太阳同步的近极地圆形轨道，因此经过某一地点的地方时相同，它的单景影像地面覆盖范围为 185km×185km，常用的有 MSS 与 TM 两种类型数据，目前又新增了 ETM$^+$ 型数据。就波段而言，MSS 有 4 个波段，TM 有 7 个波段，ETM$^+$ 有 8 个波段。而空间分辨率，MSS 为 80m，TM 为 30m（TM6 为 120m），ETM$^+$ 前 7 个波段与 TM 相同，其 TM8 为 15m。MSS、TM 与 ETM$^+$ 都适于做中小尺度的遥感动态研究。

对图像经过一定处理后，按景观类型进行图像分类。图像分类是基于图像像元的数据文件值，将所有像元按其性质划分成若干种类型的技术过程。常规的图像分类主要有两种方法，即监督分类和非监督分类。非监督分类完全按照像元的光谱特性进行统计分类，人为干预较少，自动化程度高，适合在对分类区情况不了解时使用。监督分类常用于对研究区域比较了解的情况，是在用户控制下，选择可以识别或者借助其他信息可以断定其类型的像元建立模板，然后基于该模板使计算机系统自动识别具有相同特性的像元。对分类结果进行评价后再对模板进行修改，多次反复后建立一个较为准确的模板，在此基础上进行最终分类。

利用 1992 年、2000 年、2008 年三期 Landsat 卫星遥感数据，运用 FRAG-STATS3.3 对黄河三角洲滨海湿地景观指数进行计算，并分析其变化特征。在对景观进行计算机分类中采用监督分类方法，根据研究的需要，将黄河三角洲滨海湿地景观归并为 7 种类型：海域、滩地、苇地、草地、林地、农地、水域（图 2-9）。

2. 景观指数

随着景观生态学的发展，定量化的研究成为其重要方向，许多国内外学者在这方面作了不懈的努力和有益的探索，发展了一系列度量景观空间格局的指标，用来分析景观结构的特征及其动态变化。景观格局特征可以在 3 个层次上分析：单个缀块（patch）、有若干个缀块组成的缀块类型（class），以及包括若干个缀块类型的整个景观镶嵌体（landscape）。因此，景观格局指数可相应地分为缀块水平指数、缀块类型水平指数和景观水平指数。缀块指数往往作为计算其他景观指数的基础，而其本身对了解整个景观结构并不具有很大的解释价值。在缀块类型水平上，可相应地计算一些如缀块平均面积、平均形状指数等统计学指标。在景观水平上，除了一些缀块水平指数外，还可以计算各种多样性指数和聚集度指数。

由于景观指数是能够高度浓缩景观格局信息、反映其结构组成和空间配置某些方面特征的简单定量指标，因而在研究中运用能够较好地说明景观格局特征及其变化。近年来，将传统的计算程序集成于 GIS 中，以更有效地利用 GIS 管理和分析空间数据的能力来进行景观指数计算和景观结构分析，是景观生态学研究的新趋势。由美国俄勒冈州

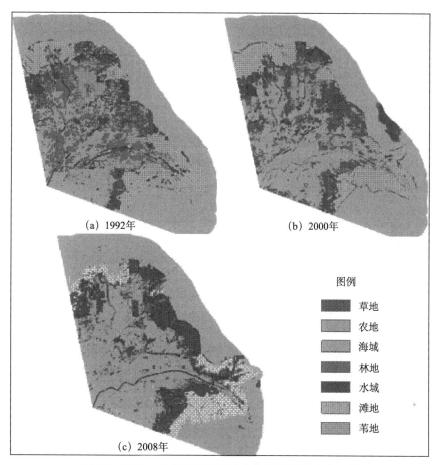

(a) 1992年　　　　　　(b) 2000年

图例

■	草地
▨	农地
▨	海域
■	林地
■	水域
▨	滩地
▨	苇地

(c) 2008年

图 2-9 1992～2008 年黄河三角洲滨海湿地景观分布图

立大学森林科学系开发的景观结构分析软件 FRAGSTATS 是其中较有代表性的一种，它可以在 3 个层次上计算一系列景观指数，功能相当强大。

利用已处理的滨海湿地景观类型图，将其转换为 FRAGSTATS3.3 可用的数据格式，在其环境下进行景观指数的计算。本书选用的各景观指数的表达均采用 FRAG-STATS3.3 中的方式。

在景观类型水平上，选用缀块类型面积（CA）、景观类型百分比（PLAND）、缀块个数（NP）、缀块平均面积（AREA_MN）、面积加权的平均形状指数（SHAPE_AM）、面积加权的平均分形指数（FRAC_AM）、平均最近距离（ENN_MN）、散布与并列指数（IJI）等 8 个指标。在景观水平上，选用缀块个数、缀块平均面积、面积加权的平均形状指数、面积加权的平均分形指数、平均最近距离（ENN_MN）、平均邻近指数（PROX_MN）、蔓延度指数（CONTAG）、香农多样性指数（SHDI）、香农均度指数（SHEI）9 个指标。各景观指数及其生态意义表述如下。

1）缀块类型面积：其是某一景观类型的总面积，其值大小制约着以此类型缀块作为聚居地的物种的丰度、数量、食物链及其次生种的繁殖等。

2）景观类型百分比：其值趋于 0 时，说明景观中此缀块类型十分稀少；其值等于 100 时，说明整个景观只由一类缀块组成。其是决定景观中的生物多样性、优势种和数量等生态系统指标的重要因素。

3）缀块个数：其用来反映缀块类型的丰度，经常被用来描述整个景观的异质性。其值的大小与景观的破碎度正相关，一般 NP 越大，破碎度高；反之，破碎度低。而且，NP 对景观中各种干扰的蔓延程度有影响，若某类缀块数目多且比较分散时，则对某些干扰的蔓延（虫灾、火灾等）有抑制作用。

4）缀块平均面积：类型总面积除以类型总数，用来反映类型大小。AREA＿MN 代表一种平均状况，在景观结构分析中反映两方面的意义：一方面，景观中 AREA＿MN 值的分布区间对图像或地图的范围以及对景观中最小缀块粒径的选取有制约作用；另一方面，AREA＿MN 可以表征景观的破碎程度，一个具有较小 AREA＿MN 值的景观比一个具有较大值的景观更破碎。

5）面积加权的平均形状指数：表达式为

$$SHAPE\_AM = \sum_{j=1}^{n}\left[\left(\frac{0.25p_{ij}}{\sqrt{a_{ij}}}\right)\left(\frac{a_{ij}}{\sum_{j=1}^{n}a_{ij}}\right)\right]$$

在缀块级别上等于某缀块类型中各个缀块的周长与面积比乘以各自的面积权重之后的和；在景观级别上等于各缀块类型的平均形状因子乘以类型缀块面积占景观面积的权重之后的和。其中，系数 0.25 是由栅格的基本形状为正方形的定义确定的。公式表明面积大的缀块比面积小的缀块具有更大的权重。当 SHAPE＿AM＝1 时说明所有的缀块形状为最简单的方形；缀块的形状越复杂或越不规则，该指标值越大。

6）面积加权的平均分形指数：表达式如下

$$FRAC\_AM = \sum_{i=1}^{m}\sum_{j=1}^{n}\left[\left(\frac{2\ln0.25p_{ij}}{\ln a_{ij}}\right)\left(\frac{a_{ij}}{A}\right)\right]$$

取值范围为［1，2］，FRAC＿AM＝1 代表形状为最简单的正方形或圆形，FRAC＿AM＝2 代表形状最复杂的缀块类型，通常其值的可能上限为 1.5。它在一定程度上也反映了人类活动对景观格局的影响，一般来说，受人类活动干扰小的自然景观的分数维值高，而受人类活动影响大的人为景观的分数维值低。

7）平均最近距离：表达式为

$$ENN\_MN = \frac{\sum_{i=1}^{m}\sum_{j=1}^{n}h_{ij}}{N}$$

景观中每一缀块与同一类型缀块最近距离的总和，除以具有最近距离的缀块总数，是分析类型之间空间关系的重要指标。一般来说 ENN＿MN 值大，反映出同类型缀块间相隔距离远，分布较离散；反之，同类型缀块间近，呈团聚分布。另外，缀块间距离的远近对干扰有影响，如距离近，相互间容易发生干扰；距离远，相互干扰就少。

8）平均邻近指数：给定搜索半径后，PROX＿MN 在缀块级别上等于缀块 ijs 的面积除以其到同类型缀块的最近距离的平方之和除以此类型的缀块总数；PROX_MN 在景观级别上等于所有缀块的平均邻近指数之和。公式如下

$$PROX\_MN = \frac{\sum\limits_{j=1}^{n}\sum\limits_{s=1}^{n}\dfrac{a_{ijs}}{h_{ijs}^2}}{n_i}$$

PROX_MN=0 时，说明在给定搜索半径内没有相同类型的缀块出现。该值越大，表示同类型缀块间邻近度越高，空间聚集度越高，景观连接性好；该值小，表明同类型缀块间离散程度高，景观破碎程度高。依据黄河三角洲区域范围和环境特点，给定搜索半径为 3000m。

9）散布与并列指数：表达式为

$$IJI = \frac{-\sum\limits_{k=1}^{m}\left[\left(\dfrac{e_{ik}}{\sum\limits_{k=1}^{m}e_{ik}}\right)\ln\left(\dfrac{e_{ik}}{\sum\limits_{k=1}^{m}e_{ik}}\right)\right]}{\ln(m-1)}(100)$$

式中，e_{ik} 代表缀块类型 i 与 k 之间的边界长度。IJI 在缀块类型级别上等于与某缀块类型 i 相邻的各缀块类型的邻接边长除以缀块 i 的总边长再乘以该值的自然对数之后的和的负值，除以缀块类型数减 1 的自然对数，再乘以 100 转化为百分率；IJI 在景观级别上计算各个缀块类型间的总体散布与并列状况。值域在（1，100），当对象邻近类型接近 1，且缀块数不断增加时，值接近 1。当研究对象与所有类型缀块均相邻时，值接近 100。

10）蔓延度指数：表达式为

$$CONTAG = \left\{1 + \frac{\sum\limits_{i=1}^{m}\sum\limits_{k=1}^{m}\left[P_i\dfrac{g_{ik}}{\sum\limits_{k=1}^{m}g_{ik}}\ln\left(P_i\dfrac{g_{ik}}{\sum\limits_{k=1}^{m}g_{ik}}\right)\right]}{2\ln m}\right\}(100)$$

CONTAG 等于景观中各缀块类型所占景观面积乘以各缀块类型之间相邻的格网单元数目占总相邻的格网单元数目的比例，乘以该值的自然对数之后的各缀块类型之和，除以 2 倍的缀块类型总数的自然对数，其值加 1 后再转化为百分率形式。理论上，CONTAG 值较小时表明景观中存在许多小缀块；趋于 100 时表明景观中有连通度极高的优势类型存在。一般来说，高蔓延度值说明景观中的某种优势缀块类型形成了良好的连接性；反之，则表明景观是具有多种要素的密集格局，景观的破碎化程度较高。

11）香农多样性指数：表达式如下

$$SHDI = -\sum\limits_{i=1}^{m} p_i \ln p_i$$

SHDI 在景观级别上等于各缀块类型的面积比乘以其值的自然对数之后的和的负值。SHDI=0 表明整个景观仅由一个缀块组成；SHDI 增大，缀块类型增加或各缀块类型在景观中呈均衡化趋势分布。在比较和分析不同景观或同一景观不同时期的多样性与

异质性变化时，SHDI 也是一个敏感指标。例如，在一个景观系统中，土地利用越丰富，破碎化程度越高，其不定性的信息含量也越大，计算出的 SHDI 值也就越高。

12）香农均度指数：表达式如下

$$\text{SHEI} = \frac{-\sum_{i=1}^{m} p_i \ln p_i}{\ln m}$$

SHEI 等于香农多样性指数除以给定景观丰度下的最大可能多样性（各缀块类型均等分布）。SHEI＝0 表明景观仅由一种缀块组成，无多样性；SHEI＝1 表明各缀块类型均匀分布，有最大多样性。SHEI 与优势度指标（dominance）之间可以相互转换（即 evenness＝1－dominance），即 SHEI 值较小时优势度一般较高，可以反映出景观受到一种或少数几种优势缀块类型所支配；SHEI 趋近 1 时优势度低，说明景观中没有明显的优势类型且各缀块类型在景观中均匀分布。

3. 景观特征分析

利用 FRAGSTATS 软件计算上述景观指数，可在整个景观水平和景观类型水平两个层次上分析黄河三角洲滨海湿地的景观结构变化状况。

（1）景观水平上的变化

从表 2-7 可知，1992～2008 年，黄河三角洲滨海湿地的景观缀块数目是增加的，而且增加的比较多。在 1992～2000 年，景观缀块数目减少约 1/3，相应的缀块平均面积增大，而缀块形状复杂化，平均距离及蔓延度均有一定的增大，多样性指数变化不大；2000～2008 年，缀块数目有了大幅度的增加，缀块平均面积下降很多，缀块形状复杂程度却明显降低，平均最近距离与邻近指数及蔓延度表现的变化一致，说明景观斑块虽然增加，但其特征简单化、规则化。从总体上来看，分维值基本稳定，平均最近距离不大，离散程度不高，景观多样性没有显著变化，景观构成中虽有较优势的缀块类型但没有明显优势存在，缀块分布较为均匀，破碎化程度增加但程度不高。

表 2-7　景观水平的黄河三角洲滨海湿地景观格局指数变化

年份	NP	AREA_MN	SHAPE_AM	FRAC_AM	ENN_MN	CONTAG	PROX_MN	SHDI	SHEI
1992	904	661.55	8.50	1.19	416.20	54.20	3166.81	1.76	0.85
2000	600	996.73	9.06	1.20	522.73	55.38	3596.82	1.73	0.83
2008	1769	332.57	8.48	1.18	370.24	57.21	7738.12	1.75	0.80

黄河三角洲滨海湿地景观结构的这种变化特点与人类的开发活动密切相关。人类活动的结果往往在初期导致景观结构的复杂化，但后期多形成形状规则的建造群体。黄河三角洲的开发特别表现在农耕与滩涂的开发上，形成规模后，总体占地广，外形规则，但地块分割明显，这也可能造成原有的一些零散斑块的重新结合而形成较大规模的景观类型。

（2）类型水平上的变化

如表 2-8 所示，黄河三角洲滨海湿地不同的景观类型的变化有明显的差异。1992～2008 年，滩地是其中较大的缀块类型，缀块平均面积大。1992～2000 年，缀块数量不多且基本稳定，但滩地缀块形状的复杂程度明显降低，分维值也有所下降，相邻的缀块类型增多，人类活动作用明显；2000～2008 年，滩地面积迅速减少，但缀块数量却又大幅度增加，平均缀块面积减小很多，面积的复杂程度进一步降低，分维值也降低，平均最近距离与并列散布指数呈相反趋势发展，说明滩地开发强度有明显增大，破碎化程度加剧。

表 2-8　类型水平的黄河三角洲滨海湿地景观格局指数变化

类型	年份	CA	PLAND	NP	AREA_MN	SHAPE_AM	FRAC_AM	ENN_MN	IJI
滩地	1992	53 756.19	14.34	44	1 221.73	11.74	1.26	476.94	71.52
	2000	54 634.05	9.14	39	1 400.87	8.56	1.23	107.27	62.90
	2008	45 111.56	7.67	127	355.21	7.35	1.22	483.45	58.50
水域	1992	19 571.58	5.22	132	148.27	5.55	1.20	729.04	82.23
	2000	22 874.76	3.83	150	152.50	10.91	1.27	576.84	75.77
	2008	36 007.81	6.12	301	126.88	9.62	1.25	412.05	69.38
草地	1992	44 906.40	11.98	170	264.16	15.84	1.29	315.15	62.71
	2000	55 120.23	9.22	154	357.92	15.12	1.28	108.73	72.36
	2008	38 338.19	6.52	514	74.59	9.81	1.26	274.69	62.37
农地	1992	71 744.94	19.14	214	335.26	23.14	1.31	273.06	60.95
	2000	82 182.51	13.74	52	1 580.43	18.74	1.28	81.29	64.12
	2008	97 955.31	16.65	247	396.58	25.19	1.31	219.73	53.84
苇地	1992	22 696.56	6.05	125	181.57	9.91	1.25	484.43	52.95
	2000	23 281.11	3.89	81	287.42	11.21	1.27	455.81	42.58
	2008	24 988.13	4.25	355	70.39	9.57	1.25	309.03	48.28
林地	1992	33 984.81	9.07	197	172.51	7.70	1.24	316.13	37.45
	2000	9 519.12	1.59	117	44.73	5.80	1.22	574.89	36.62
	2008	7 736.94	1.32	200	38.68	4.96	1.21	455.73	43.85

水域是各种景观类型中面积及缀块数增加最快也最多的类型，但缀块平均面积变化不大，分维值略有增大，平均最近距离不断减小，散布并列指数也呈减小趋势。这种变化表明在黄河三角洲区域水产养殖业的发展，使原有的其他类型景观单一化向人工水域变化，同类型景观总面积增大，但呈块状连片分布，开发活动造成景观破碎化及区域上的单一化。

草地与农地均有较高的分维值，在草地面积减少的同时，农地面积有显著增加。1992～2000 年，草地面积增大的同时，平均缀块面积也在增大，说明该类型曾有过恢复时期。但 2000 年之后，草地面积迅速减少，平均缀块面积大幅减小，形状复杂程度也有明显降低。该变化说明这期间人类活动剧烈，开发活动持续而频繁。2000 年之后的农地变化也显得比较特别，在面积不断增加的情况下，地块数有明显增多，平均地块面积减小，而形状的复杂程度却增大，平均最近距离与并列散布指数呈相反趋势发展，破碎化表现非常明显。这种综合的表现与通常所接触到的农业开发活动有所不同，这种状况表明该时期的开发强度很大，但在农业开发中，人们已不再完全选择地势有利于机械化作业的区域大规模开发，而是因地就势，尽可能地开发能够开发的区域，这也显示了该区域开发的过度性和某种无序性。

与此同时，苇地的变化与人为活动也有直接的关系。总体上苇地面积变化不大，但缀块数在 2000 年后有了明显增多，景观趋向破碎化。

林地是几种景观类型中面积减少最多也是最快的类型，1992～2000 年，林地减少的速度可谓惊人。与此同时，林地景观的缀块数、缀块平均面积、形状指数均有不同程度的减少，平均最近距离增大、并列散布指数减小，说明破碎化程度增大明显。这其中既有自然原因，也有人为原因，其中人为的大规模开发是其变化的主要原因。

三、 滨海湿地演变的驱动机制

影响黄河三角洲滨海湿地演化的自然驱动因子和人为驱动因子较多、其中，自然驱动因子有区域构造运动、河流改道、河流入海流量与泥沙含量、海洋动力、海平面相对升降等；人为驱动因子有农田开垦、油田开发、海水养殖业发展等。

自然驱动因子对黄河三角洲滨海湿地演化的影响。黄河三角洲位于第三纪以来地壳长期持续下沉区，但黄河等河流携带的泥沙堆积超过了地壳下沉作用的效应，因此三角洲不断向海淤伸，这使黄河口地区新生的滨海湿地不断形成，原有的滨海湿地由于地势淤高，总体上自然湿地的演化过程为典型的向海湿地化。影响黄河三角洲局部岸段岸线变化和滨海湿地演化的主要因素是黄河的入海流量和输沙量的变化。黄河口地区海岸线的演变与黄河尾闾改道密切相关，一般是行水时河口淤积发生向海湿地化，停水时河口冲刷发生向陆湿地化，河口冲淤速率与停行水的时间长短成反比；河口行水初期河口岸线淤进快，随着行水时期的延长，海岸线淤进逐渐减慢；河口停水初期河口岸线蚀退较快，随着停水时间的延长，岸线蚀退逐渐变慢。整个黄河三角洲时冲时淤，此冲彼淤，总的以淤为主，不断将海岸线向海推进。

黄河入海泥沙淤积造陆过程，入海水道的迁移摆动及形成潮上带微地貌差异的过程，以及黄河断流、海岸侵蚀、风暴潮等自然灾害使湿地植被快速演化，随着局部岸段向海淤伸和原有湿地地面的淤高，现存湿地的植被将不断退化，新生湿地上盐生湿地植被不断形成并向海延伸。胜利油田开发建设占用自然湿地，围垦自然湿地建设养殖池塘、盐田和耕地等人为因素使自然湿地植被分布面积不断减小，黄河三角洲自然保护区内的自然湿地生态恢复工程建设使芦苇沼泽湿地等湿地植被面积在特定地段局部扩大。肖笃宁等利用 1975 年、1984 年、1997 年的卫片和 20 世纪 60 年代的航测地形图研究了最近 30 多年黄河三角洲湿地植被的演化过程。研究表明，在没有外界干扰的情况下，黄河三角洲湿地以如下模式演化：裸露滩涂湿地→盐地碱蓬滩涂湿地→怪柳-盐地碱蓬滩涂湿地→潮上带盐地碱蓬湿地→潮上带盐地碱蓬、怪柳湿地→潮上带碱蓬湿地→芦苇沼泽湿地→草甸湿地→陆上农田。但在自然和人为的干扰下，湿地类型之间发生着转变。20 年来，5%的滩涂转化为盐地碱蓬草甸；11.9%的芦苇沼泽转化为芦苇草甸；18.1%的芦苇草甸转化为农田。湿地类型之间按照上述演化模式进行着演化，影响着湿地格局的变化（肖笃宁等，2001）。

自然驱动力和人为驱动力是湿地景观格局动态变化的主要驱动因素（郭程轩和徐颂军，2007）。自然驱动因子常常是在较大的时空尺度上作用于景观格局，引起大面积的景观发生变化。经常变化的人文驱动因子则是景观格局变化的直接驱动力（宗秀影等，2009）。人口增长和科技进步导致人类对湿地的开垦力度不断加大，使人工湿地的面积有所增加，而自然湿地面积的比重相对下降。在黄河三角洲，对湿地景观变化起主要作用的自然和人为驱动力包括以下几个方面。① 自然驱动力。黄河断流和泥沙淤积：20世纪90年代以来，黄河持续发生断流，断流时间不断延长（杨立凯，2005）。黄河断流使黄河入海流量不断减少，从根本上改变了黄河三角洲湿地的水动力和水环境条件，促使黄河三角洲湿地的景观格局发生了变化。1996年湿地面积比1986年的湿地面积减少了9615.97hm²，滩涂湿地和河流湿地面积范围也在缩小。②人为驱动力。农田开垦：由于人口增长，人们大力进行农田开垦，使得很多湿地变成农田。从1986年至今，农田面积在持续增加。近20年来，大量的湿地类型转化为农田。滩涂的开发与围垦：在我国，滩涂长期以来被作为土地的后备资源而被积极开发。滩涂被大量的盐田、养殖水面所代替。黄河三角洲的滩涂面积由1956年的131 295.96hm²，减少到了2006年的80 056.08hm²，其退化速度飞快，而期间养殖水面和盐田的面积迅速增加。油田开发和人工建筑：在黄河三角洲的发展中，油田开发、道路设施、住房工矿、沿岸大堤等大量的被修建。这些设施占用并切割了湿地，破坏了湿地的完整性，使湿地景观趋向破碎化。1986年斑块块数为187块，到2006年斑块块数增加到了870块，导致黄河三角洲湿地景观的破碎化程度加大。

四、 滨海湿地的未来演变趋势

黄河三角洲滨海湿地的退化已发生，而且它的进展正越来越明显地改变着滨海湿地的生态结构、抑制着其功能的发挥，并不断地削弱其价值。退化严重威胁滨海湿地的健康和安全。根据实地调查、遥感解译、资料分析，黄河三角洲滨海湿地的退化在短时间内不会停止，退化将继续影响滨海湿地生态系统。

黄河三角洲滨海湿地未来的退化演变趋势主要表现在以下几个方面。

（1）黄河来水来沙与海岸侵蚀

黄河三角洲滨海湿地的发育和演化有赖于黄河泥沙的淤积造陆，滨海湿地的生态特征有赖于黄河淡水的维系。从近期黄河来水来沙量的变化看，水沙量已连续几年处于相当低的水平，虽然近两年水沙量有所增加，但现有的水沙量在平均状况下仅能维持现河口区域的动态平衡，海岸蚀淤变化频繁，河口沙嘴伸缩不定，而整体蚀退趋势明显，特别是废弃河口区基本处于单向的全面蚀退局面。

纵观大的气候背景，全球变暖、气候暖干的趋势不会改变，黄河流域的降水也随之而变化，黄河下游来水来沙量在较长一段时间内将维持现有的基本状况。因此，现代黄河三角洲滨海湿地的生态环境不会明显改善，海岸动态变化将维持现状，整体蚀退趋势将继续，这导致向陆湿地化，湿地植被发生逆向演替，湿地的湿生植被、水生植被将可能再次被盐生湿地植被代替。随着海岸均衡剖面的演化，废弃河口区的岸线后退将减缓，加之油田分布区沿岸已有连续分布的较高标准的堤防，岸线已基本固定，虽然海岸侵蚀的形式会有变化，岸线的后退将受到遏制。因而，整个现代黄河三角洲滨海湿地的岸线后退及海域面积扩大的速率将趋向缓慢，蚀淤进退的变化和湿地快速演化过程将主要表现在黄河口区。

（2）油田的开发

石油是国家重要的战略资源，滨海湿地是国家重要的环境资源，而且还承载着物质资源孕育和转化的重任。黄河三角洲的石油开发在国家经济发展中占据重要地位，特别是当前经济高速发展、石油需求急速增长的时期；滨海湿地在环境和生态方面的功能和价值也是有普遍共识的。

权衡国家利益，油田的开发与滨海湿地的保护不可偏废，但在实施过程中，二者的矛盾无法回避，虽然可以通过调整保护区的功能分区在油田生产与保护区管理上获得暂时的协调，油田也可以通过严格的环保措施尽可能地减少和降低各个环节对滨海湿地环境的影响，严格地讲，石油生产与湿地保护的矛盾是不可调和的。随着新的陆域油田以及海上油田的不断开发，油田生产对滨海湿地的侵占与破坏及海域的石油污染将是不可避免的。今后，在黄河三角洲滨海湿地退化过程中，油田开发将仍然是一个非常重要的因素，其与湿地保护仍然是本区域环境建设中最主要的矛盾，而在某个层面上的协调也仍然是解决这种矛盾的主要方式，根本问题在相当长的时期内无法解决，只能在维持现状的基础上，尽可能地采取必要的手段和措施，减小影响，弱化矛盾。

（3）人口压力与滩涂的围垦及捕捞

城市的发展，特别是随着油田开发，黄河三角洲城镇的建设迅速扩张，人口不断增加。由于经济发展的需要及人们需求的增长，资源开发成为一种必然。黄河三角洲的滩涂围垦养殖及捕捞规模不断扩大，滩涂面积明显减少，滨海湿地结构、功能、质量及生物多样性等受到严重影响。而过度捕捞造成的资源衰竭、物种灭绝及其导致的生态系统结构性的变化已使现代黄河三角洲滨海湿地呈现明显退化趋势。

随着经济的发展，现代黄河三角洲滨海湿地的人口压力会不断增大，滩涂作为一种重要的资源，其经济价值将会不断被挖掘，而其生态价值相应地会被忽略，围垦养殖扩张的趋势不会改变，因此而造成的环境污染、滨海湿地结构、功能、生物多样性的破坏将会更加严重，湿地退化不可避免。随着远洋捕捞的发展及近海休渔等保护海洋生物资源休养生息措施的实施，近海捕捞的强度会有明显的下降，但已经造成的生态系统结构性的损害将在很长时间里无法修复，滨海湿地的生产能力及其质量会受到长期的影响。

（4）黄河断流的潜在威胁

黄河断流对现代黄河三角洲滨海湿地的影响具有全局性、深远性。自 1999 年实施全流域水资源统一调度以来，黄河口区域基本实现了不断流的局面，但由于干旱及用水的影响，河口地区时时处于断流的潜在威胁。虽不断流，有些年份下游来水量极少，对生态环境的改善几乎没有作用，形成有水无水效果基本相同的状况。维持黄河三角洲滨海湿地的生态功能及满足黄河下游输沙而使海岸保持相对的稳定需要一定的水量保证，经估算每年至少需要（130~180）$\times 10^8 \text{m}^3$，而近年来的黄河水量远小于所需要的数量。

之后时期，流域气候状况不会有明显改变，而沿河工农业生产及生活用水量也不会有明显减少，黄河断流潜在的威胁始终存在，或黄河水量偏少造成的危害将继续显现，虽然黄河水量统一调度及调水调沙的实施会对现代黄河三角洲滨海湿地生态环境的改善和河口冲淤有一定的作用，但不能从根本上改变黄河下游来水来沙量偏少的现状，现有的来水量也远远小于通过各种研究计算所获得的最低生态需水量。制约现代黄河三角洲滨海湿地演化的重要因素——黄河淡水的来源状况不会有明显改变，现代黄河三角洲滨海湿地的生态特征及景观结构将基本维持现状。

（5）海平面上升及自然灾害

气候变暖已是一个多世纪以来全球变化的基本趋势，由此导致了海水体积的膨胀，引起海平面上升。同时，沿海地区人类活动的加剧，使得人为作用导致的地面沉降日益突出，相对海平面上升加速，海平面上升及其引起的海岸侵蚀、风暴潮等灾害对滨海湿地的危害愈加严重。在现代黄河三角洲，这种现象和过程表现得非常突出，而且有加剧的趋势。在此条件下，现代黄河三角洲滨海湿地受其影响的程度会不断加重，湿地淹没面积扩大、陆域面积减小、生物群落毁坏或逆向演替，生态环境恶化。只要全球气候变化不改变，滨海地区人类活动持续存在，滨海湿地的这种损失和退化就不会停止。现代黄河三角洲滨海湿地的这种现象和过程只会因海平面上升的加速而加剧，不会因此而有所削弱和缓解。

因此，在影响黄河三角洲滨海湿地退化的各种因素继续存在，并有不断加剧的前提条件下，其退化将成为一种基本趋势，并因此而影响其生态结构、功能、价值及景观特征的变化。

第三节 江苏盐城滨海湿地的演变

江苏盐城滨海湿地位于我国海岸带的中部，黄海之滨，北起响水县北界灌河口，南至东台市弶港镇南部的新港闸，西起黄海公路（陈家港—李堡），东到海水水深 6m 以下的区域（32°34′~34°28′N，119°27′~121°16′E）。盐城标准海岸线全长 582.0257 km，沿海滩涂面积为 45.7×10⁴ hm²（张学群等，2006），约占江苏省沿海滩涂的 70%、全国沿海滩涂的 14.3%，占江苏省湿地总面积的 11.4%，是目前亚洲最大的淤泥质海岸湿地。盐城滨海湿地分布在响水县、滨海县、射阳县、大丰市和东台市的东面，是我国滨海淤泥质潮滩湿地分布最为集中、生态类型最为齐全的地区，分布有广阔的泥滩、潮溪、河道、大米草滩、碱蓬滩、禾草滩地（图 2-10）。

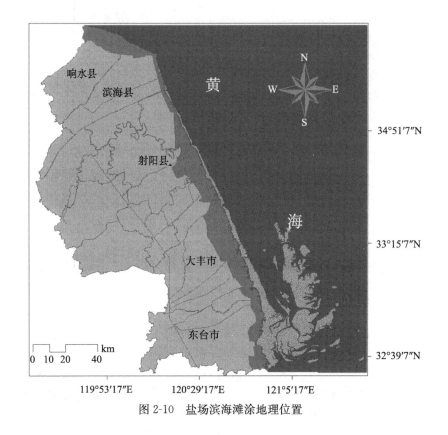

图 2-10 盐场滨海滩涂地理位置

一、 滨海湿地类型及分布现状

盐城滩涂湿地处海陆过渡地带，该区适宜的水文、水动力以及气候条件形成了由细颗粒物质组成的宽阔的潮滩海岸，发育了多样的湿地生态类型，其独特性和重要性不仅在于其生态类型的多样性和面积分布的集中，还在于盐城自然保护区、大丰麋鹿自然保护区等国家级保护区的建立。在人类活动日益频繁的今天，一些岸段仍基本保持了自然湿地的生态结构和功能，成为我国乃至世界为数不多的典型原始滨海湿地之一。

（一）滨海湿地类型及其面积

针对湿地生态服务价值评估的应用目标，借鉴国内外相关湿地分类系统及原则，结合盐城滨海湿地特点和遥感图像本身的可解译性，将滩涂湿地分为自然湿地和人工湿地两大类七种类型，自然湿地包括光滩（含辐射沙洲）、碱蓬滩、大米滩与禾草滩；人工湿地主要包括池塘和盐田两种类型。此外所涉及的湿地利用类型还包括耕地、河流沟渠、林地、建筑用地等。其中，光滩受潮汐影响大，因缺乏高精度地形信息，边界难以确定，只好选取 2007 年中巴资源卫星拍摄潮位最低的影像（2007 年 1 月 9 日）确定向海一侧的外边界。

通过对遥感影像进行纠正、增强处理，采用人工交互解译的方式对 2006 年的 IRS-P6 遥感影像数据进行解译，提取盐城滩涂各湿地类型及湿地利用类型分布信息。遥感图像解译的陆向边界为 20 世纪 50 年代老海堤，解译提出的湿地类型分布及滩涂利用类型分布，如图 2-12 所示。统计不同湿地类型及利用类型的结果显示，20 世纪 50 年代老海堤以外的滩涂面积为 374 898.7hm²（含辐射沙洲）；其中自然湿地（含辐射沙洲光滩，草滩）占总面积的 57.84%，人工湿地（池塘、盐场）占总面积的 27.40%，各湿地类型和滩涂利用类型面积如表 2-9、图 2-11 所示。

表 2-9　盐城海岸带滩涂湿地及利用类型统计

类型		面积/hm²	所占比例/%
自然湿地	光滩（含辐射沙洲）	178 452.7	47.60
	米草草滩	12 119.0	3.23
	碱蓬滩	12 456.3	3.32
	禾草滩	13 825.1	3.69
	合计	216 853.1	57.84
人工湿地	池塘	68 199.7	18.19
	盐田	34 513.1	9.21
	合计	102 712.8	27.40
其他	耕地	49 493.2	13.20
	河流湿地	3 282.3	0.88
	林地	33.0	0.01
	建筑用地	2 524.3	0.67
	合计	55 332.8	14.76
报告评估盐城滨海滩涂范围		374 898.7	100.00

（二）滨海湿地生态类型

盐城滨海湿地生态类型、结构、分布及演变受当地气候、海洋水文、土壤和植被等因素的共同影响，其中起决定性作用的因素是潮汐的作用。潮位的升降不仅直接引起潮水周期性作用于滩面，而且进一步影响滩涂的水盐动态变化，控制着滨海湿地土壤的理化性质和发育方向，并进而影响植被的生长和更替。受潮汐自海向陆作用强度差异的影响，滩涂湿地生态系统及环境条件呈现沿海岸线带状分布的特点（沈永明等，2005）。在滩涂宽阔、人类干扰程度小的岸段生态类型最为齐全，滩涂植被自陆向海可划分 4 个群落类型，即禾草滩、碱蓬滩、米草滩和光滩（图 2-12、表 2-10）。

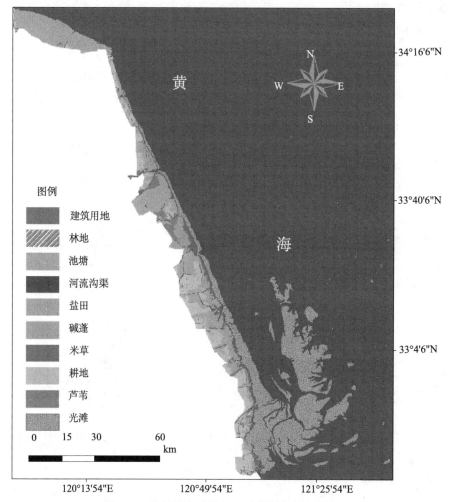

图 2-11 盐城滨海滩涂湿地及其利用类型分布图

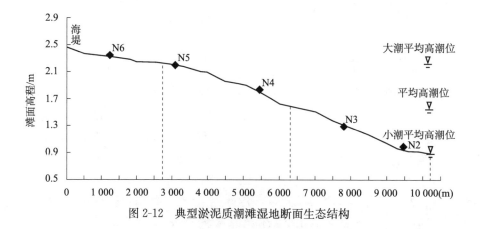

图 2-12 典型淤泥质潮滩湿地断面生态结构

表 2-10　湿地生态系统滩涂群落类型

地貌分带		超潮滩	高潮滩			中潮滩
生态类型		禾草草甸	过渡带	碱蓬草甸	过渡带	米草沼泽
植被群落		白茅 獐茅 芦苇	獐茅碱蓬	碱蓬	碱蓬大米草	大米草互花米草
潮位状况		潮上带	年潮淹没带	月潮淹没带		日潮淹没上带
潮侵频率		＜5%	5%~10%	10%~30%	30%左右	50%
地表物质		粗粉沙-泥	粉砂	粗粉砂-泥	粉砂	细砂-粗粉砂
泥质含量		20.78%	24.10%	29.33%	20.18%	10.76%
土壤性状	类型	中度盐渍化土	强盐渍化	中盐土	重盐土	中盐土
	有机质	3.07%	1.43%	0.65%	0.51%	0.66%
	总N量	0.05%	0.03%	0.03%	0.04%	0.04%
	含盐量	0.43%	0.58%	0.97%	1.14%	0.88%
潜水水位		145cm	125cm	130cm	115cm	55cm

资料来源：杨桂山（2002）

1. 禾草滩

禾草滩在地貌类型上属于超潮滩和部分高潮滩。地表物质组成以粗粉砂-黏土、粗粉砂-粉砂为主，中值粒径 5.0md⊄ 左右，黏土含量为 20%~25%，属于黏土质粉沙滩；处于大潮高潮位以上，属于潮上带和年潮淹没带，潮侵频率小于 5%；滩面平坦，潮沟极少；地下潜水埋深 2.0~1.5m，矿化度 15~17g/kg；土壤类型为中强盐渍化土，表土含盐量小于 0.6%，有机质含量在 1.0% 以上。

禾草滩植被类型为茅草草甸，其上部以白茅为主，河口有大面积的芦苇，植被生长茂盛，覆盖度超过 95%。7 月份的植物生产量（鲜重）可达 1.23kg/m²，表土含盐量 0.4% 左右，有机质含量 1.5% 左右；下部植被较为稀疏，獐茅多于白茅，并且混有碱蓬，表土含盐量接近 0.6%，有机质含量 1.0% 左右。

由于各种自然和人为因素的影响，禾草在盐城沿海并不均匀分布，各地宽度及面积不等。獐茅群落主要分布堤内盐渍土上，通常零星小块出现，群落盖度 60% 左右。群落中居次优势地位的白茅，生长繁衍力极强，群落最后为它所演替。由于射阳河口以北属于侵蚀性海岸，堤外缺失本类型滩面；堤内已被开发为农场和盐田，同样缺失本类型滩面。射阳河口至新洋港口虽为淤积海岸，但堤外已被开发为人工湿地，缺乏茅草滩面。

新洋港口到斗龙河口的核心区内，滩涂淤积迅速，人为影响极小，茅草有大面积分布，主要分布于鹤场和中路港以南，面积约为 4.63×10³ hm²，最宽处约 4.5km。斗龙河口以南沿海滩面由于经常围垦变得比较狭窄，缺乏茅草滩，只是在大丰麋鹿自然保护区堤内核心区尚有约 300 hm² 茅草草甸集中分布。另外，在盐城和南通交界的琼港附近也有成片分布，其他一般零星分布且面积很小。芦苇则主要分布在低洼湿地及河流两侧、河口、溪沟、池塘边。响水黄海农场、滨海滨淮农场、射阳河口、大丰斗龙港口等处，分布面积较大。海堤外土壤盐分重，群落稀薄，群落覆盖度达到 70% 以上

（图 2-13）。

图 2-13　盐城禾草滩

2. 碱蓬滩

碱蓬滩的地表物质组成以粗粉砂-黏土、粗粉砂-粉砂为主，中值粒径 5.5mdϕ 左右，黏土含量为 20％～30％；位于大潮高潮位与平均高潮位之间，处于年潮淹没带下部和月淹没带，潮侵频率为 5％～30％，主体滩面潮侵频率为 5％～20％；滩面有潮沟发育，地下潜水埋深 0.5～1.5m，矿化度 17～34g/kg，最高处在与禾草滩过渡带，最低处位于与米草滩过渡带；土壤类型为中盐土和重盐土，实测表土含盐量为 0.6％～2.45％，有机质含量在 1.0％以下。其植被类型为碱蓬草甸，其中上部侵潮频率较低，表土含盐量一般小于 1.0％。碱蓬生长茂盛，个体分枝较多，发育强壮，覆盖度达 70％左右。植物生产量（鲜重）可达 0.8kg/m² 左右，表土含盐量 0.7％左右，有机质含量 1.0％左右；下部植被较为稀疏，个体上为单体或极少分枝，个体矮小，平均盖度小于40％，一些地段甚至为裸露光滩。7 月份代表性地段实测鲜重生物量仅 0.4kg/m²，表土含盐量接近 2.0％，有机质含量 0.5％左右。

碱蓬滩（又称盐蒿滩）在地貌类型上属于高潮滩和中潮滩上部。在各种自然和人为因素的影响下，碱蓬滩在盐城沿海主要分布在盐城国家级珍禽自然保护区核心区以南地区，各地宽度及面积不等。射阳河口以北由于属于侵蚀性海岸，堤外滩面狭窄，碱蓬仅有零星分布；堤内已被开发为农场和盐田，缺失本类型滩面。射阳河口至新洋港口虽为淤积海岸，但堤外已被开发为人工湿地，缺乏碱蓬滩面。新洋港口到斗龙河口的核心区内，滩涂淤积迅速，人为影响极小，有大面积分布，主要分布于茅草滩与米草滩中间的长条地带，最宽处约 4.0km。斗龙河口以南沿海滩面由于经常围垦变得比较狭窄，碱蓬滩仅在堤外滩面比较宽的地区分布，且面积不大，并与米草交织分布，只是在大丰麋鹿自然保护区堤外核心区有小片集中分布。琼港附近由于潮沟活动频繁，围垦多限于较高的稳定的潮滩，尚有较多的碱蓬滩分布（图 2-14）。

图 2-14　盐城碱蓬滩

3. 米草滩

米草滩在地貌类型上属于中潮滩。地表物质组成以粗粉砂、细砂为主，中值粒径 $4.0\sim6.5md\Phi$，黏土含量为 $10\%\sim20\%$；地处月潮淹没下带和日潮淹没上带之间，潮侵频率 $20\%\sim50\%$。其滩面潮沟非常发育，密度可达 $50km/km^2$ 以上，潮沟宽深比一般小于8，潮沟存在明显的沿岸堤；地下潜水埋深小于 0.5m，矿化度与海水大致持平，实测年均约 25g/kg，土壤类型为中盐土，表土含盐量为 1.0%，有机质含量为 1.0% 以上。植被类型为米草草甸，植被生长茂盛，覆盖度一般超过 95%，7 月份每平方米鲜重表示的植物生产量达 $0.704kg/m^2$；下部植被较为稀疏，逐渐过渡到光滩。

盐城滨海滩涂的米草有大米草（*Spartina angilica*）和互花米草（*Spartina alterniflora*）两个种，前者为 1964 年引进，后来退化，现存面积很少，中路港附近有较大面积植被存在；后者为 1979 年引进，1982 年在苏北种植，江苏沿海现有大面积米草植被多为互花米草。米草滩在盐城海岸广泛分布，但各地宽度及面积不等。即使射阳河口以北的侵蚀性海岸，在部分滩面仍然有米草分布；射阳河口至新洋港口堤外虽然已被开发为人工湿地，但在滨水带有宽度不等的米草分布。新洋港口到斗龙河口的核心区内，滩涂淤积迅速，人为影响极小，有大面积米草分布，主要分布于碱蓬滩和光滩之间。斗龙河口以南沿海滩面由于经常围垦变得比较狭窄，缺乏茅草草滩和碱蓬滩，主要发育米草草甸，因此，在斗龙港以南地区米草分布广泛，其面积远大于核心区的米草面积（图 2-15）。

4. 光滩（泥滩、粉砂细砂滩）

光滩滩面物质组成以粉砂、细砂为主，分为泥滩和粉砂细砂滩。泥滩位于米草与粉砂细砂滩之间，中值粒径 $3.5\sim4.5md\Phi$。粉砂细砂滩位于泥滩以外，中值粒径 $4.5md\Phi$ 以上，各岸段宽度各不相同。侵蚀性海岸相对狭窄，淤积性海岸相对宽阔。光滩土壤全盐含量为 $0.8\%\sim0.9\%$，有机质含量为 $0.5\%\sim1.0\%$，潮沟发育快且动荡（特别是淤长型海岸），规模较大。

图 2-15 盐城米草滩

光滩分布在米草滩以下、潮侵频率在 50% 以上的地带。盐城岸滩的光滩分布在各个岸段，地处小潮高潮位以下，尽管该滩面缺乏植被，生物以藻类、贝类和甲壳类为主；底栖动物往往比较丰富，退潮时，泥螺、蛤、沙蚕等在光滩上显露，水禽等鸟类成群而来，觅食寻趣。

二、 滨海湿地演变特征

（一）自然演变特征

历史时期盐城海岸地貌演变因供沙条件变化而发生巨大变化，自 1128 年黄河夺淮入海到 1855 年北归，黄河带来的巨量泥沙和长江三角洲的部分沉积物经潮流和波浪的作用营造了苏北黄河三角洲（废黄河三角洲）、广阔的滨海平原及其岸外的辐射沙洲群，成为本区淤泥质潮滩海岸发育的基础。1855 年，黄河北归山东入渤海，废黄河口因泥沙来源骤减开始侵蚀后退，侵蚀岸段的范围向南逐渐延伸，侵蚀的泥沙受潮流的影响在以弶港为中心的中南部潮滩进行堆积，使中、南部潮滩继续向海延伸，但淤积的速度逐渐减慢，范围逐渐缩小，岸线趋于平直（陈才俊，1990a）。

目前，海岸演变特征主要延续 1855 年以来的演变趋势，射阳河口以北为强烈侵蚀岸段，潮间带宽度一般为 500~1000m，近二三十年来，岸线平均蚀退速度为 5~40m/a，侵蚀速度以废黄河口向南北两侧逐渐减少，该岸段当前受海堤及块石护岸工程的影响，主要表现为下蚀；射阳河口到斗龙港为轻微淤积稳定性岸段；斗龙港以南为快速淤积的岸段，该岸段滩面最宽，其中王港附近岸滩宽度为 13km 左右，淤积速度一般为 25~100m/a，其中岸外辐射沙洲中心附近的弶港岸滩淤长速度最大，可超过 200m/a。陆上全境为平原地貌，大部分地区海拔不足 5m，位于灌河与射阳河之间废黄河三角洲平原，地面高程 1.3~3m，射阳河口到斗龙港的滨海平原高程在 2m 左右，斗龙港以南滨海平原高程在 3m 以上（图 2-16）（张学勤等，2006）。

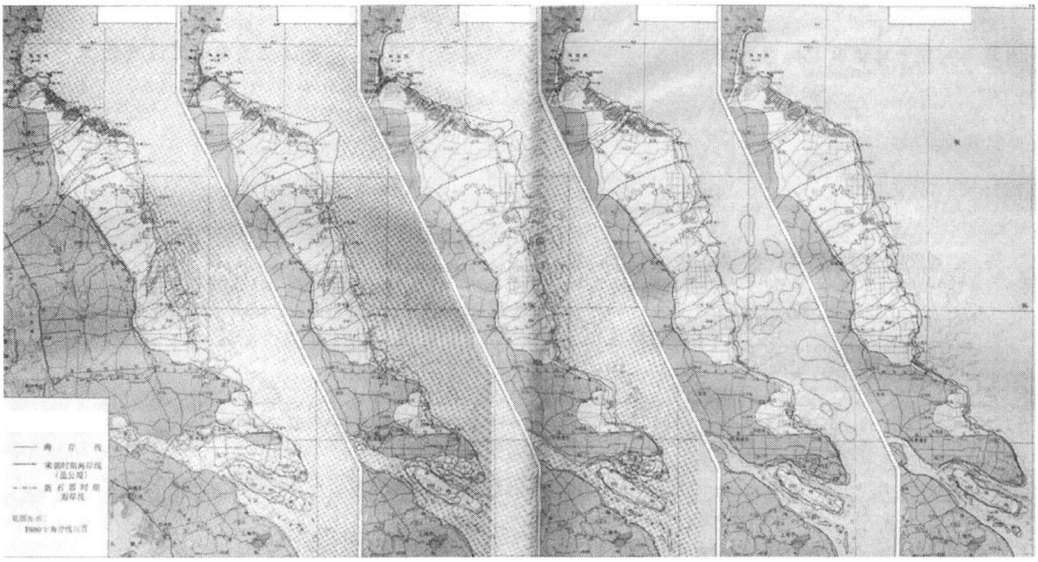

图 2-16　盐城滨海地区地质地貌演变

（二）滨海湿地景观格局演变特征

1. 滨海湿地类型分布变化

盐城湿地类型分布变化主要受海岸蚀淤规律和人类开发利用共同的影响，在自然条件下，淤积岸段发生由光滩—大米草滩—碱蓬滩和芦苇草滩的正向演替，侵蚀岸段发生相反的演替方向。在人类活动影响下滩涂湿地主要受利用方式，由自然湿地转变池塘或盐田等人工湿地，或围垦转变为耕地。利用 TM/ETM＋数据，确定 1988 年、1997 年和 2006 年三个时段盐城滩涂利用分布状况，可以分析芦苇草滩、碱蓬滩和大米草滩等自然湿地及人工湿地主要利用类型的分布变化。由于辐射沙洲受到人类活动的影响很小且范围无法确定，选取距离人类生产活动较近的区域作为光滩范围，以揭示自然及人类活动驱动下的湿地类型变化。不同时段的湿地及其利用类型如图 2-17 所示。

2. 滨海湿地生态景观格局变化

湿地生态系统空间结构在很大程度上控制其湿地功能的特征及其发挥，影响着其中物质、能量和信息流的过程及其形式，并对景观的性质、变化方向起着决定性作用。人类活动一方面导致自然湿地快速减少，另一方面也通过改变湿地生态系统的空间结构对湿地生态功能发生影响。分析湿地生态景观格局的变化有助于认识人类活动驱动下湿地生态系统结构和功能的变化（李加林等，2003）。评估主要选择评估区面积（TA）、斑块密度（PD）、景观形状指数（LSI）、边缘密度（ED）、景观多样性指数（SHDI）和均匀度指数（SHEI）等指标对滨海滩涂做景观格局分析，各项指标分析结果如表 2-11 所示，相关指标的计算方法及其含义见参考文献（肖笃宁等，2001）。

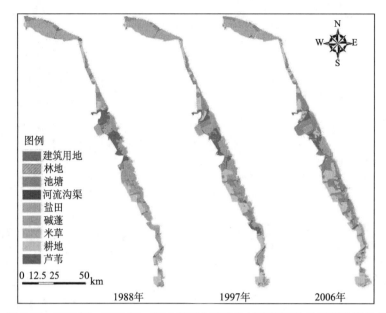

图 2-17　1988 年、1997 年、2006 年三个时段盐城滨海湿地及利用类型分布

表 2-11　1988～2006 年盐城滨海滩涂景观格局参数

年份	TA	PD	LSI	ED	CONTAG	SHDI	SHEI
1988	169 102	0.22	14.39	8.67	54.79	1.54	0.858 6
1997	184 406	0.25	16.40	10.29	51.04	1.66	0.926
2006	196 903	0.31	20.29	12.63	52.71	1.58	0.882 8

（1）湿地景观基质发生了根本改变，由草滩转变为池塘

评估区湿地景观特征主要以耕地、池塘、草滩、盐田、芦苇、光滩等为主，构成了形态多样的景观斑块与碎片，其中在 1988 年、1997 年草滩的面积最大，2006 年池塘的面积最大。根据基质斑块、廊道的基本理论，基质是指景观中分布最广、连续性最大的背景结构，而 1988 年和 1997 年草滩的面积比例最大，且连接度较好，因此该区域原景观基质为草滩。到 2006 年，基质则转变为池塘。

（2）湿地景观的破碎程度增加，生态功能呈退化趋势

空间结构和连通性对物质的运动、生物的迁移都产生了极大的影响，其重要性已经被许多景观生态学研究所证实。根据斑块密度、景观形态指数（以圆形为参照对象）可以直观地反映景观形态的复杂程度和斑块的边界形状，进而揭示出湿地生态空间结构的变化。表 2.10 结果显示：斑块密度从 0.22 上升到 0.31，边缘密度也从 8.67 上升至12.63，反映了湿地景观破碎性逐渐增高；蔓延度指数反映景观中不同斑块类型的非随机性或聚集程度，其值先减小，则代表景观趋向小斑块化，是多种要素的密集格局，景观的破碎化程度高；后小幅增加，说明小斑块减少，可能沿海滩涂规划对小斑块进行了一定整理。总的趋势是减小，说明人们对其沿海开发的程度增强。

（3）湿地景观多样性呈现草滩主体景观－破碎化－池塘主体格局的演变过程

景观格局多样性能够反映同一类型间的连接度和连通性，相邻斑块间的聚集与分散程度。景观多样性指数和景观均度指数可以较好地反映景观的多样性格局。1988～2006年的18年来，景观多样性指数与均匀度指数的变化趋势相同，都是先增加后减少。两者在1988年达到最低，分别为1.54和0.8586，而在1997年达到最大，分别为1.66和0.926，到2006年下降至1.58和0.8828，但仍比1988年略高。这种变化趋势主要反映1988～1997年以草滩为基质的滩涂湿地受围垦等开发活动的影响，向破碎化、多样化发展；1997～2006年进一步由破碎化的利用格局向池塘为基质的相对单调的利用格局转变（图2-17）。

（4）滩涂湿地开发速度大于自然淤长速度，导致自然草滩湿地面积锐减

对三个年份滩涂湿地类型及利用类型分布图进行叠加分析，比较不同年份湿地分布变化，统计不同湿地类型及利用类型的面积（表2-12）。

表 2-12　1988～2006 年研究区滩涂湿地利用结构 　　　（单位：hm²）

年份	耕地	池塘	碱蓬	米草	芦苇	盐田	林地	建筑	河流	光滩
1988	20 536.9	18 066.8	59 880.2	4 316.8	24 544.4	38 397.9	29.6	575.8	2 752.8	71 031.1
1997	34 999.2	34 378.2	39 684.8	7 985.3	22 623.2	39 807.4	28.4	2 044.1	2 848.1	55 733.8
2006	49 493.2	68 199.7	12 456.3	12 119.0	13 825.1	34 513.1	33.0	2 524.3	3 282.3	43 686.5

注：光滩面积不含辐射沙洲面积

通过比较滩涂草滩边界的变化，分析滩涂湿地自然演变特征。比较结果显示，1988～1997年评估区滩涂共淤积16 580.4 hm²，侵蚀面积1 283.1 hm²，净增长15 297.3 hm²，其中1997～2006年淤积14 735.3 hm²，侵蚀面积2 687.9 hm²，净增长12 047.4 hm²，淤长的区域主要集中于射阳河口以南。尽管受海岸淤积的影响滩涂面积不断增加，但受围垦的影响自然湿地的面积仍然在快速减少，1988年自然草滩湿地的面积为88 741.5hm²，1997年的面积为70 293.3hm²，到2006年仅为38 400.4hm²，18年间自然湿地减少了56.4％。除去国家级珍禽保护区核心区的受保护的湿地面积17 300.0 hm²和大丰麋鹿自然保护区核心区2700.0 hm²，可谓滨海滩涂湿地上的草滩开发殆尽。由于盐城滩涂湿地的功能很大程度上依赖草滩生态系统的功能发挥，面积锐减必然导致湿地的功能和结构受到很大的影响。

（5）自然湿地主要向耕地和池塘转变，以池塘为主体的人工湿地面积增加

通过三个时段湿地及开发利用方式分布图的空间叠加，分析1988～2006年自然湿地与滩涂利用方式的转换关系，三个时段湿地及利用结果的转换矩阵如表2-13、表2-14和表2-15所示。结合表2-12的统计结果，可以看出1988年88 741.5 hm²的自然湿地，到1997年有17.7％转化为耕地，18.9％转换为池塘用地，只有59.5％未发生变化。而在1997年的70 293.3 hm²的自然湿地，至2006年有20.7％转化为耕地，37.6％转换为池塘用地，只有37.1％未发生变化。1988～1997年，耕地和池塘面积分别增加了14 462.3 hm²和16 311.4 hm²；1997～2006年，耕地和池塘面积分别增加了14 494.0 hm²和33 821.5 hm²。统计池塘和盐田两项人工湿地的面积后发现，1997年池塘面积

比 1988 年增加了 1.90 倍,而 2006 年比 1988 年增加了 3.77 倍;到 1997 年盐田的面积变化不大,2006 年盐田的面积有所减少,利用方式主要转变为池塘。1988~2006 年,池塘和盐田两项人工湿地总面积由 56 464.7 hm² 增加到 102 712.8 hm²,增长 1.82 倍。

表 2-13 1988~1997 年盐城滩涂湿地结构类型转移矩阵　　　　(单位:hm²)

		1997 年									
		耕地	池塘	碱蓬	米草	芦苇	盐田	林地	建筑	河流	光滩
1988 年	耕地	17 637.2	1 750.2	12.0	0.0	311.9	8.3	0.2	752.5	42.2	22.5
	池塘	1 114.2	15 399.5	330.3	0.1	447.9	437.7	0.0	147.4	1.9	187.8
	碱蓬	12 809.9	11 660.7	25 864.9	1 128.4	7 002.6	191.8	0.0	218.3	259.5	744.2
	米草	0.0	295.7	2 741.8	785.7	386.9	0.0	0.0	0.0	0.6	106.2
	芦苇	2 891.9	4 849.2	1 068.9	245.5	13 590.1	944.9	0.0	699.1	132.2	122.7
	盐田	62.5	71.4	31.8	0.0	51.8	38 140.8	0.0	3.0	0.1	36.7
	林地	1.2	0.0	0.0	0.0	0.0	0.0	28.2	0.0	0.1	0.1
	建筑	109.5	108.8	21.7	0.0	31.9	82.7	0.0	165.2	0.2	55.9
	河流	198.7	212.8	7.6	0.4	176.4	0.1	0.0	36.1	2 113.7	7.0
	光滩	174.1	30.0	9 606.0	5 825.2	623.7	1.2	0.1	22.7	297.7	54 450.7

表 2-14 1997~2006 年盐城滩涂湿地结构类型转移矩阵　　　　(单位:hm²)

		2006 年									
		耕地	池塘	碱蓬	米草	芦苇	盐田	林地	建筑	河流	光滩
1997 年	耕地	29 335.3	4 281.7	10.6	0.0	331.5	14.2	17.6	724.9	263.5	19.8
	池塘	4 198.1	27 531.0	96.0	22.7	721.7	715.0	0.0	528.9	171.2	393.7
	碱蓬	8 695.1	16 747.5	7 965.5	1 630.9	2 376.8	27.1	0.0	398.0	257.4	1 586.6
	米草	395.0	2 596.7	2 050.0	2 383.4	199.6	0.0	0.0	10.4	30.3	319.8
	芦苇	5 426.8	7 119.8	424.1	51.8	9 006.8	2.9	0.0	275.6	218.5	96.9
	盐田	320.7	5 210.2	0.0	0.1	279.1	33 752.9	0.0	1.6	5.9	236.8
	林地	7.3	0.0	0.0	0.0	0.0	0.0	15.2	5.8	0.0	0.1
	建筑	953.1	445.6	0.0	4.8	77.8	0.0	0.0	515.4	31.7	15.6
	河流	119.3	149.7	37.7	9.9	298.8	0.7	0.1	20.6	2 192.7	18.7
	光滩	42.5	4 117.4	1 872.4	8 015.5	532.9	0.3	0.0	43.1	111.1	40 998.5

表 2-15 1988~2006 年盐城滩涂湿地结构类型转移矩阵　　　　(单位:hm²)

		2006 年									
		耕地	池塘	碱蓬	米草	芦苇	盐田	林地	建筑	河流	光滩
1988 年	耕地	17 109.0	2 269.4	7.1	0.0	125.0	15.7	2.0	804.5	132.2	72.0
	池塘	998.0	14 868.1	82.6	34.9	318.3	870.7	0.0	289.7	88.0	516.7
	碱蓬	24 590.0	23 592.6	5 693.2	312.8	2 996.8	25.0	2.7	788.7	534.7	1 343.9
	米草	576.0	2 250.6	853.5	156.4	342.4	0.0	0.0	0.0	27.5	110.3
	芦苇	4 702.8	9 479.6	701.1	25.5	8 132.2	505.5	11.8	364.6	287.7	333.7
	盐田	273.2	4 566.2	0.0	0.1	244.8	33 046.6	0.0	1.4	1.7	264.1
	林地	7.3	0.0	0.0	0.0	0.0	0.0	16.4	5.9	0.0	0.0
	建筑	145.6	68.9	2.1	0.0	32.4	49.7	0.0	168.1	0.2	108.9
	河流	212.3	385.4	2.1	1.1	283.0	0.0	0.0	21.4	1 839.1	8.4
	光滩	879.1	10 719.0	5 114.5	11 588.3	1 350.2	0.0	0.0	80.1	371.3	40 928.6

三、 滨海湿地演变的驱动机制

1. 海岸自然侵蚀和堆积过程

海岸的侵蚀和堆积决定滩涂湿地自然淤长和丧失过程。盐城滨海地区受历史上黄河入海口改道以及近海潮汐动力的影响，自灌河口到喇叭河口为强烈侵蚀的岸段，该段海岸线长约154km，潮间带宽度一般为1~2km，最大蚀退率达30m/a左右。目前，该岸段堤外长期受海岸侵蚀的影响，草滩湿地几乎丧失殆尽，仅有少部分岸段分布有大米草滩（李加林等，2007）。喇叭河口到斗龙港为微侵蚀或微淤积岸段，岸线总长度达60km左右，近年来随着废黄河三角洲侵蚀输沙逐渐减少，逐渐向侵蚀海岸演变，危及该岸段的湿地。斗龙港到北陵闸为快速淤积岸段，约为368km，该岸段滩面最宽，其中王港附近岸滩宽度13km左右，最大宽度达30km，最大淤进率可达100m/a以上，是自然湿地增长最快的岸段。1988~2006年岸线演变如图2-18所示。

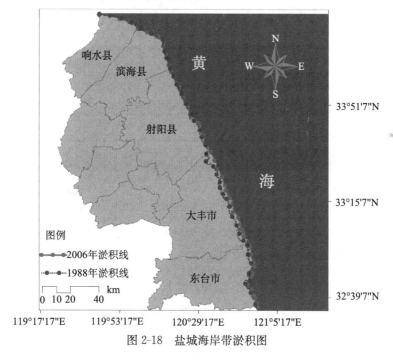

图 2-18 盐城海岸带淤积图

2. 过度围垦导致自然湿地面积不断减少

江苏省经济发展规划一直将滩涂开垦列为一项重要的海洋开发战略，自20世纪50年代以来滩涂的围垦一直没有停止过。随着人口增长和经济发展的压力加大，围垦态势仍将持续下去，并将不断扩大。目前，围垦的速度远大于滩涂自然淤长的速度，是自然湿地锐减的重要原因之一（冯利华和鲍毅新，2004）。仅1988~2006年的18年间，耕地和池塘面积增长79 089.2 hm²，除一小部分来源于盐田外，其他多来自自然草滩，而同期淤积增长的草滩湿地仅有15 297.3 hm²，导致自然湿地净存量快速减少（图2-19）。

图 2-19   盐城海岸带围垦线

3. 堤防建设阻隔海陆水文与物质联系

盐城滨海海岸特有的潮汐过程及其他水文过程在不同的地形部位因作用强度的不同和组合特征差异形成不同的水土条件，是滨海湿地发育的基础。受风暴潮防护、围垦等堤防建设工程的影响，海陆的水文联系受到阻隔，潮汐的侵入减少甚至完全丧失，同时堤防内因排水的需要建立的排水系统，导致地下水位减少，从而导致草滩湿地的生态系统结构和演替方向发生变化，部分湿地功能退化甚至丧失。例如，滩涂湿地因潮汐周期性的侵入，沉积海水带来的颗粒物质和营养成分，并被湿地生态吸收和利用，从而达到净化海水的作用，但是堤防建设阻隔海陆水文联系后，滩涂湿地对海水的净化功能无法发挥，致使近海水环境恶化（季子修，1996）。

另外，水利工程建设不可避免地开挖海滩泥沙土，而海滩砂和潮滩淤泥参与海岸过程的演变，它们与水动力条件间的平衡状态决定了海岸演变的方向。盲目开挖海滩砂土会直接减少沿岸海水的悬移质泥沙的含量，使海水攘沙能力相对提高，从而增加海岸侵蚀的作用（陈宏友和徐国华，2004）。

4. 污染排放增加导致生态环境质量下降

20 世纪 80 年代以来，随着滨海地区工业的快速发展，污染排放量持续增加，有些污染物甚至未经处理直接排入海中。近年来，随着国家和地方政府对环境污染问题逐渐重视，污染排放快速增加的势头得到遏制。但生态环境的问题仍然非常严重，尤其是在新一轮的沿海开发战略下，滨海地区环境面临的压力进一步增大。此外，一些重要的滨海湿地也受到一定的威胁，如双灯造纸厂位于射阳县黄沙港镇南部，距盐城国家级自然保护区的核心区仅 12km。该厂每天将 5000～8000t 的废水直接排放到沼泽湿地和海岸地区。一些排放污染物的工厂在滩涂地区投产，射阳河口以北建立了射阳电厂，王港化纤厂也在沼泽湿地区施工（表2-16）。

表2-16 盐城入海陆源污染量排放表

年份	排放企业数/个	排放总量/t	直接排入海/t	工业废水排放达标量/t
2000	474	74 109 900	1 765 022	68 648 500
2001	394	145 842 663	2 659 466	130 171 899
2002	398	119 793 940	2 359 400	116 364 823
2003	304	112 050 799	1 692 600	112 050 799
2004	285	107 881 416	1 902 483	106 016 867
2005	309	85 687 772	549 500	85 471 078
2006	316	91 244 255	30 000	89 609 135

5. 过度捕捞造成野生资源量下降

过度捕捞一直是困扰盐城沿海湿地生物多样性保护的问题，近海捕捞、滩涂采集的强度远远超出了湿地生态系统的承载能力。对资源掠夺式经营，致使滩涂湿地生态系统遭受严重破坏，水产资源逐年品种、数量、品质显著下降。尤其是鱼类的过度捕捞（图2-20），已造成渔业资源衰退，自1995年后捕捞量基本上逐年递减，人均捕捞量更是从1995年的211.36t/万人降至2005年的140.98t/万人，而人口持续增加，近海生物资源承受着日益巨大的压力，对今后当地的食物安全及民众生计造成一定威胁。

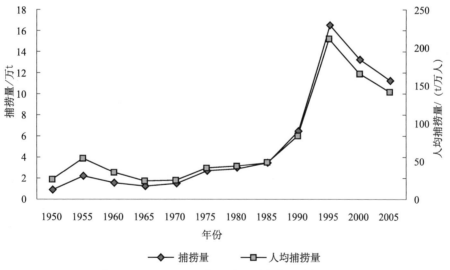

图2-20 1950～2005年盐城海洋水产品捕捞量变化

1950～1985年或许因为捕捞技术落后，没有造成水产品的过度开发，捕捞量呈现波动变化。自1990年捕捞量大幅上涨，1995年达到165 605t，随之缓慢减少至2005年的112 543t。其原因不在于捕捞技术的欠缺，而由于近海水域的污染改变了渔业资源物种的生存环境，而环境的改变导致海洋水产品的储量减少。近几年来休渔政策的实施，有利于改变渔业物种资源的生存环境，可提高海洋水产品的储量。

6. 政策驱动

江苏沿海滩涂围垦历史悠久，历史上较大规模的围垦活动有三次：一是北宋范仲淹修筑的捍海堤；二是清末实业家张謇组织发起，在现在的黄海公路一侧围地约27 000hm²；三是1949年以来的围垦造地活动。新中国成立以来，历届江苏省省委、省政府都十分重视滩涂围垦开发事业，始终把滩涂围垦开发作为有效增加耕地面积、增加粮棉油供给和促进沿海经济发展的一项重要举措来抓。据统计，江苏1949～2004年共围垦沿海滩涂252 400hm²。"九五"以来，江苏省省委、省政府从促进区域共同发展、实现全省耕地占补平衡和发展海洋经济的高度，提出了建设"海上苏东"的战略，先后出台了一系列鼓励开发的优惠政策，组织实施了"九五"百万亩滩涂开发工程，即围垦滩涂36 000 hm²，开发已围滩涂荒地10 667 hm²，改造滩涂中低产田20 000 hm²。进入"十五"，又提出了实施"新一轮百万亩滩涂开发工程"，即匡围潮上带滩涂13 333 hm²，开垦和改造已围垦区33 333 hm²，发展高涂和潮间带养殖20 000 hm²。"九五""十五"成为新中国成立以来江苏滩涂围垦开发利用最快的时期。至2004年，江苏省已累计匡围滩涂170多次，匡围滩涂总面积242 667 hm²。"十一五"期间，为了贯彻江苏省省委、省政府关于沿海大开发的重大战略，加快振兴苏北、推动区域经济共同发展，相关部门制定了《江苏省沿海滩涂围垦规划（2005～2015）草案》，规划目标至2005～2015年，全省共围垦23块，总面积34 200 hm²。毋庸置疑，滩涂围垦为江苏沿海经济发展、缓解人口增长压力、保持耕地动态平衡作出了重要贡献。

早期的政策片面强调对盐城沿海湿地资源的围垦、开发利用，不注意保护湿地资源，鼓励以多种形式对湿地资源进行围垦、开发利用，在多个政策中予以反映。例如，《江苏省政府鼓励开发滩涂的优惠政策》《江苏省政府鼓励发展海洋经济的优惠政策》《关于加快沿海滩涂开发的通知》苏政发〔1996〕5号、《盐城鼓励投资开发滩涂的优惠政策》等政策规定，以免收多种税费的方式鼓励企业开发利用滩涂湿地资源，并允许在期限内对土地使用权依法有偿转让、出租和抵押，依据"谁投资、谁开发、谁经营、谁得益"的原则，鼓励全社会对海洋和滩涂资源进行投资开发。《江苏省"九五"及到2010年海洋经济发展规划》明确提出，"九五"及到2010年省海洋经济发展的总体目标是："九五"期间，以滩涂农林牧业、海洋渔业和基础设施建设为重点，使滩涂农林牧业获得大发展，形成新的粮棉生产基地、畜禽基地，提高沿海防护林带。对盐城市沿海地区，充分发挥滩涂资源的优势和潜力，在东台、大丰、射阳等地，以开发百万亩滩涂为重点，优先发展粮棉生产，建设江苏省新的粮棉基地。大力发展水产养殖业，稳定和扩大对虾、鳗鱼、淡水鱼等传统养殖；发展贝类护养，重视恢复潮间带和浅海水产资源；加快外海捕捞和远洋渔业的发展。利用沿海滩涂丰富的鱼类资源，发展猪、牛、羊等畜牧业，逐步把这一地带建成新的外向型畜牧业基地。加快发展交通通信事业，建设连接沿海港口、城市的沿海公路，新建、扩建海滨城镇和204国道的联络公路，形成公路网络；开发灌河，沟通沿河、大运河、洪泽湖，形成淮河新的入海通道，为确立灌河口新的经济增长点创造条件；建设沟通通榆河的饮水工程，改善沿海地带的水源条件；

统筹规划，做好港口开发的前期工作，结合工业项目建设，实施小港起步，启动王港、中山港建设。实施工业带动战略，积极发展电力、石化等临海工业，近期内建设陈家港电厂，抓好中山港电厂建设的前期工作，利用当地资源，发展造纸和海水化工。

由此可见，盐城滨海湿地的变化与政策的导向具有密切的关系，今后在关于滨海湿地的相关政策制定时要综合考虑开发利用与保护的平衡与和谐，以实现滨海湿地的可持续发展。

四、 滨海湿地未来演变的趋势

海岸湿地演变受河口与近海水动力及含沙量变化、海岸发育过程、海岸资源开发利用、气候变化等众多因素的影响，从盐城滨海湿地演变的历史、开发现状及未来可能的气候变化等方面来看，滨海湿地未来的演变趋势呈现以下特征：

（1）海岸侵蚀范围逐渐扩大，淤涨呈逐步减缓趋势

从盐城海岸发育的历史以及 1980 年以来的固定潮滩断面高程观测资料分析，本区北侧的废黄河三角洲岸段自 1955 年黄河北归后强烈侵蚀后退，20 世纪 60 年代以来，由于永久固岸工程的修筑，侵蚀在由陆上岸线后退转为水下三角洲滩面高程蚀低的同时，侵蚀范围也在逐步向南扩展。平均高潮线的纵向进退平衡点位置已由 20 世纪 60 年代的双洋港口、70 年代的大喇叭口、80 年代初的射阳河口移至射阳盐场纳潮闸附近，表明近年来本岸段侵蚀扩展速度加快。随着北端海岸侵蚀向南扩展，淤涨岸线持续减少，已有研究结果显示（杨桂山，1997），20 世纪 50 年代苏北海岸淤积岸线长度约 406.4km，到 20 世纪 80 年代缩短到 364.6km 左右。年淤积总量则由 1954～1980 年的平均 $3597.3 \times 10^4 \mathrm{m}^3/\mathrm{a}$ 减少至 1980～1988 年的 $3298.1 \times 10^4 \mathrm{m}^3/\mathrm{a}$，平均减少近 $300 \times 10^4 \mathrm{m}^3/\mathrm{a}$。

（2）海平面上升加剧海岸侵蚀，湿地生态面临威胁

淤泥质潮滩海岸地形和缓，加之苏北沿海地下水开采以及地质构造引起的地面沉降等因素，该区是海平面变化影响最为敏感的地区。据测算，苏北滨海平原地面沉降速率约为 3.8mm/a，叠加未来全球海平面上升的影响，到 2050 年海平面上升可达 40cm 左右，海平面上升导致海岸侵蚀岸段的滩面下蚀和蚀退的速率加快，直接导致滨海湿地立地条件丧失或滨海湿地淹没。此外，海平面上升对淤积海岸也有较大影响，杨桂山（1997）等研究了苏北海岸海平面变化与海岸发育的关系，淤涨岸段海平面上升，多年平均潮位线以上滩面仍将淤积加高，但淤高的幅度除多年平均高潮位线附近滩面相对较大外，其余均较小，表明随海平面上升该滩带总体淤积速率将趋于减小；与此相反，多年平均潮位线附近及以下滩面则趋于蚀低，而且侵蚀的强度较大，表明该滩带的侵蚀有加剧的趋势，最终滩面总体的坡度江阴上带不断淤高和下带不断蚀低而逐渐变陡，剖面上凸形态的曲率不断加大。此外，海平面上升还进一步影响到岸滩形态和淹没频率、地下水水位及含盐量以及土壤养分等，影响到湿地的发育和演替方向。

（3）海岸带开发大于自然淤长速度，滨海自然湿地仍将持续减少

20世纪50年代以来，盐城滨海自然湿地的围垦速度远高于自然淤长的速度，海岸围垦一直是滨海自然湿地丧失的主要原因。尽管湿地保护的重要性逐渐被重视，但受利益的驱动，滨海湿地开发仍然是地方经济发展的重要方面，尤其是海岸带管理涉及较多部门，关系一直未能理顺，湿地保护的监管未能到位，近年来滩涂围垦速度未能有效遏制。

第四节　长江三角洲滨海湿地的演变

长江三角洲滨海湿地主要位于上海市和江苏省南通市境内，地理坐标介于121°36′～122°12′E，30°42′～31°56′N，主要包括崇明岛东滩、长兴岛头部岸滩、南汇东滩、横沙东滩、南支各沙洲、外海拦门沙洲，以及邻近的沿江沿海部分湿地，特别是在崇明东滩和九段沙地区还建立了自然保护区，以保护原生态的滨海湿地系统。长江三角洲滨海湿地的植被以芦苇、互花米草、海三棱藨草为主，是长江三角洲地区的生态屏障。芦苇湿地和海三棱藨草滩涂为鸟类迁徙提供了重要的停歇地和觅食场所。

长江三角洲滨海湿地资源丰富，每年大约有200万只水禽沿着"东亚—澳大利亚"迁飞路线在北半球的西伯利亚中部和阿拉斯加西部、亚洲沿海、澳大利亚和新西兰之间往返迁徙，是重要的中转站，对于亚太地区迁徙水禽完成生活史具有不可替代的作用，是东亚—澳大利亚水禽保护网络中十分重要的环节。长江三角洲崇明东滩滨海湿地已被列为《湿地公约》的国际重要湿地，九段沙、大小金山、南汇东滩、横沙岛和长兴岛也被列入国家重要湿地名录。

一、海岸发育模式与演变过程

（一）海岸发育模式

对于长江三角洲发育的时间，一般认为是自冰后期最大海侵，约距今7000年开始的。此时海平面已经达到或者接近现在海平面的高度，中国地貌格局、季风气候已经形成，黄海、东海的浪、潮、流等水动力状况进入现代阶段，长江河口为溺谷型漏斗状河口湾，湾顶在镇江、扬州一带，长江河口就是由该溺谷型河口发育而成的。对长江三角洲的历史演变过程目前已有较多的研究报道，主要通过钻孔资料、历史文献、古文化遗迹等资料来研究。对各项研究成果进行分析可以发现，各学者对长江三角洲的演变模式的观点基本上一致。根据前人的研究成果，可以把长江三角洲的演变特征概括为以下几点。

（1）北岸沙岛并岸

长江河口以沙岛并岸方式促进岸线向海推展，沙岛的形成与并岸具有明显的阶段性。据王靖泰等（1981）研究，最大海侵以来，共经历了 6 个主要发育阶段，河口沙坝的分布位置，自老至新，分别命名为红桥期、黄桥期、金沙期、海门期、崇明期和长兴期，各发育阶段的海岸位置如图 2-21 所示。

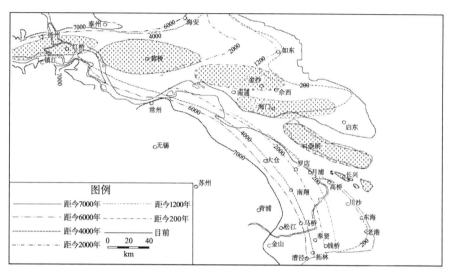

图 2-21　长江三角洲历史演变图

红桥期：红桥期是最大海侵以来，长江最早的亚三角洲发育时期，当时镇江、扬州一带形成了长江河口湾，呈喇叭状，类似今天的杭州湾。在强潮流的作用下，河口沙坝位于河口口门以内，河口沙坝的中心部位在邗江县的红桥。红桥期河口沙坝南北汊道的外侧，最大海侵时形成港湾。当海侵高潮时，北侧海水影响到江都、泰州、海安一带，形成海积平原和滨海平原，并在海平面稳定时形成了海岸滨海沙堤，这就是红桥期北岸古海岸线。据化石 ^{14}C 测年资料、古文化遗址资料，红桥期亚三角洲在海侵达到最鼎盛时期，即开始发育，其发育时间距今 8200～6000 年。

黄桥期：当红桥期河口沙坝形成以后，在黄桥和顾高庄一带，开始发育黄桥期亚三角洲。黄桥期河口沙坝呈东西方向展布，形体庞大。黄桥期沙坝形成之后，红桥期河口沙坝仍然为江中沙洲，它们的分布形势类似于今日的崇明岛、长兴岛。黄桥期，长江口以北海岸进一步向海展布，大约位于海安附近。当时随着长江上游携带大量泥沙，向河口加积，致使三角洲不断向前推进，形成海门、启东、崇明、上海一带的浅海沉积环境。据 ^{14}C 测年和古文化遗址资料分析黄桥期亚三角洲形成于 4000 年以前。

金沙期：黄桥期亚三角洲南汊道的河口沙坝逐渐发育成金沙期亚三角洲的主体。金沙期的亚三角洲中心位置大约在骑岸至南通金沙之间。在金沙期亚三角洲发育期间，长江古河床北岸黄桥期汊道河床，逐渐和泰州一带连成滨海平原，已淤塞废弃的黄桥期北汊道河口区，形成以拼茶为中心的海湾，长江口沿岸向北扩展的水体与苏北北岸南下的近岸流,于湾内相遇,向海扩散,形成以海湾为中心的辐射沙洲体系,辐射沙洲的特征和形成机理类似于现代海区弶港辐射沙洲体系。据金沙期古贝壳堤测年,金沙期古海岸线形成于 2000 年以前。

海门期:随着金沙期亚三角洲南汊道逐渐成为主要的泄水输沙河道,其河口沙逐渐发育成为海门亚三角洲主体,它的西端在海门一带,南汊道位于现今长江北岸,北汊道在南通市余东一带。金沙期亚三角洲北汊道于唐代废弃以后,汊道河口以东,形成了一个海湾,通常称为三余马蹄形海湾,海湾内再次出现辐射沙洲,形成 2～3 列辐射沙体。此时,长江北岸黄桥期沙坝完全和北岸并连成三角洲平原,长江以北的海岸线位置在南通市、余西一线。距今 2500～1200 年,海门期北汊道开始淤塞,河口沙坝与苏北陆地连接。

崇明期:崇明期亚三角洲的主体是由海门期南汊道河口沙坝发育起来的。崇明期河口沙坝呈长形,走向东南,位于现代长江口,使江流岐分。关于它的发育过程已有详细的历史记载。唐朝以前,河口沙坝处在水下发育阶段,唐朝开始,各部分相继露出水面,形成许多小岛,这些小岛有涨有坍,但总的趋势是连成一片,明末清初时各个沙岛才互相涨接,构成今日崇明岛的基本轮廓,故崇明期亚三角洲发育时间距今为1700～200 年。崇明期亚三角洲发育期间,江口两侧的海岸线曾发生过复杂的变化。长江北岸,海门期河口沙坝与苏北陆地连接之后,岸线推移到它的南缘。尔后,由于海潮侵袭,岸线开始坍塌,致使海门县三次内迁,清初海岸有大幅度的淤涨。

长兴期:长兴期亚三角洲由崇明期南汊道的河口沙坝发育而成,东南走向,由水下和水上两部分组成,上游部分已经露出水面,成为河口沙岛,下游部分仍在水下,即铜沙浅滩。长兴期亚三角洲的南汊道,即南港逐渐成为主要输沙河道,根据历史海图对比,19 世纪 80 年代,于汊道中央出现河口沙坝,近百年来它已迅速成长为长达 33km,宽约 9km 的九段沙。这期间长江三角洲北岸同时进一步向海推进,沿岸地带发展宽达2～5km 的潮间浅滩,其坡度平缓,不断淤高,逐渐转化为滨海平原。苏北三余马蹄海湾已大部分淤涨成陆,但在弶港又形成新的海湾,以它为顶点在海区发育新的辐射沙洲体系。

(2)南岸边滩推展

长江口涨落潮流流路分异的现象非常明显,落潮流在柯氏力作用下,6000 年以来现代长江三角洲的发育过程中,落潮槽不断南偏。径流挟带的泥沙随落潮流入海,在扩散过程中也呈向南偏转的趋向。因此,长江口的南岸边滩便成为泥沙沉降的一个重要场所。历史时期,长江口南岸边滩逐渐外伸,使陆地逐渐向海推展。经[14]C 测定,经过漕泾、马桥地带为距今 6000 年的海岸线;太仓、南翔、拓林地带为距今 4000 年的海岸线;罗店、钱桥为 2000 年的海岸线;经过月浦的钦公塘沿岸沙带为距今 1200 年的海岸线;经过川沙、东海、老港地带为 200 年前的海岸线。

(3)杭州湾向海不断扩大

杭州湾是随着长江三角洲的发育而形成的,仅是最近数千年的事,当长江南岸沙嘴推展到某一阶段,反曲沙嘴形成以后,这里脱离浅海条件,转化为海湾的形式。长江边滩向海伸展同时也改变了杭州湾北岸的水力条件，据陈吉余等研究，当长江南岸沙嘴向前伸展的时候，当时水流的情况以及潮流的情况和现在不同，流出长江的水流受风力和柯氏力的影响，向着东南方向偏转，带来大量的泥沙，有助于杭州湾北岸的淤涨。随着沙嘴的延伸，这一挟沙水流距离杭州湾内部的距离渐远，对杭州湾影响渐小，而自舟山群岛而来的涨潮流，受杭州湾束窄的影响，潮流作用渐强，杭州湾北岸出现强烈侵蚀，并伴随着岸坡的坍塌。

（4）河口束窄

6000年前，长江口原来为一溺谷型漏斗状海湾，北部岸线位于扬州、泰州和海安一带，南部位于常州、马桥、漕泾一带；2000年前北角在小洋口附近，南角在王盘山附近，南角与北角约为180km，现在的北角为启东角，南角为南汇嘴，二角之间的距离只有90km左右。河口口门以内的各个断面，如同口门断面一样，也经历了束窄过程。例如，徐六泾断面，江心沙围垦并岸以前，河岸宽度达13km，并岸以后只有4.86km，成为一个人工节点。

（5）河槽成形

2000年前，长江河口只在镇江、扬州以上才稍具正常河流的形态。镇扬以下，沙洲散漫，水流多汊。随着沙洲并岸，河面束狭，形成正常河形的河段逐渐向下游推移。17世纪，江阴以上河槽成形。20世纪50年代，徐六泾以上河槽逐渐成形，徐六泾以下分汊入海。

长江自宜昌向下，除下荆江河段成弯曲河型外，直到徐六泾位置，都是江心洲河型。这种河型之所以产生，也正是长江动力条件和边界条件作用的具体反映。从镇江扬州河段向下，1000多年来，已经形成了四个江心洲河段和它们之间的过渡段。这就说明长江河口在其发展过程中，随着成形河槽向下推展，其将形成的河槽类型仍是江心洲的形式。至于成形河槽以下的长江入海水道，在其发展过程中，仍然以分汊的形式向海伸展。

（6）河槽加深

2000年来随着河口河槽束狭，河槽成形，河槽深度加深。例如，20世纪70年代，长江河口拦门沙滩顶最大水深一般在6m左右；浏河口断面平均水深6.9m，局部深槽水深达20～30m；江阴夏港断面平均水深13.4m，最大水深在50m左右。

（二）海岸演变过程

长江河口成形河槽以下进入河口分汊。目前长江口上起徐六泾，下至口外50号灯标，长约182km。长江流域来水丰富，来沙巨大，以及河口中等潮汐强度的动力条件相互作用和相互制约下，长江河口发育成有规律的分汊的三角洲河口。从图2 22可以看出，自徐六泾向下，先由崇明岛将长江分成北支和南支，南支向下再由长兴岛将南支分成北港和南港，南港向下再由九段沙将南港分成北槽和南槽。这样，长江河口形成三级分汊四口入海的三角洲河口。

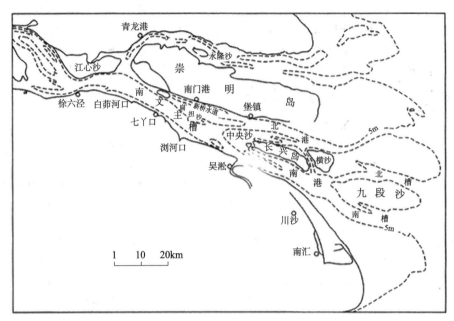

图 2-22　长江河口现状示意图

（1）北支河段演变

北支河段因崇明岛出现而形成，曾经是长江口入海的主要水道。18 世纪中叶以后，长江口主泓走南支、北支成为支汊。1915 年，长江口北支入海分流量占总量的 25%；1958 年洪季降为 8.7%；1971 年 9 月大潮期降为 -7.4%，潮量倒灌南支；近期分流量保持在 5% 以下。

北支河段河宽不断束狭。北支上口宽度：1842 年为 18km，1915 年为 5.8km，1958 年为 1.8km；北支下口宽度：1842 年为 50km，1915 年为 14km；1958 年为 12km。1958 年以来束狭趋势依旧。

北支河段束狭过程中，河槽性质发生转化。18 世纪末和 20 世纪初海门诸沙、启东诸沙向北并岸，北支河段变成单汊入海。1915 年 10m 深槽在北支上口纵深长度长16km，5m 等深线贯通，河道窄深，放宽率小，下泄径流量占总量 25%，落潮流速大于涨潮流速，北支河段河道形态为由落潮流动力塑造的弯道河型，拦门沙在口外。上述地貌特征表明当时北支是一条落潮槽性质的入海汊道。1958 年北支上口显著束狭。落潮流速小于涨潮流速，落潮输沙量小于涨潮输沙量，河道宽浅，放宽率增大，浅滩增多，下段出现潮流脊，拦门沙上移至口内，北支上口出现潮流三角洲，水、沙、盐向南支倒灌。上述地貌特征表明北支河段在 20 世纪 50 年代以前已经演变成涨潮槽性质的入海汊道。

1958 年以来，北支河段尽显淤积趋势。北支河段 0m 河槽容积：1958 年为 $20.6 \times 10^8 m^3$，1997 年为 $9.80 \times 10^8 m^3$，平均每年减少 $0.32 \times 10^8 m^3$。北支河段深泓线位于河道北侧，河道南侧崇明一岸滩地不断增大。多年来促淤圈围成了大片土地。根据长江河口动力以及沙岛向北并岸的模式分析，崇明岛自然演变情况下最终会因涨潮槽的消失而向北并岸。

北支目前面临的主要问题是水沙盐倒灌，不仅影响南支河段的演变，而且也影响其自身的变化不断趋向恶化。因此，北支河段综合整治工程很需要采取工程措施，减少或消除涨潮槽的不利因素，促进河槽渠化，使北支河段各种自然资源为区域国民经济建设持续产生有利影响。

（2）南支河段演变

南支河段，上起徐六泾节点，下止南北港分流口，长约65km。大体可分三段：上段，徐六泾到七丫口，为江心洲河型；中段，七丫口到南北港分流，由扁担沙和其两侧的深槽构成的W形复合河槽；下段，浏河口附近向下进入南北港分汊，下连北港和南港。

1）白茆沙河段演变：白茆沙河段，徐六泾到七丫口，长约35km，河段平面形态呈藕节状，它承袭长江平原河流分汊，合流的基本河型是一种比较稳定的江心洲河型。老白茆沙1860年以前已经形成，将南支分成老白茆沙河北水道和南水道，当时北水道是主泓，南水道是支汊。随着时间的推移，老白茆沙北水道从落潮槽转化为涨潮槽，南水道冲刷扩大为主泓。经过1949年和1954年特大洪水的作用，老白茆沙北水道因涨潮槽性质淤积衰亡，老白茆沙向北与崇明岛并岸。老白茆沙南水道冲刷扩大，并在它的中央重新形成一个长1.5km、宽0.5km的新沙体，这就是现在白茆沙的雏形。它的两侧形成了新的白茆沙南北水道，这个基本河型经过半个多世纪的变化一直延续至今。1958年以后，白茆沙不断扩大，白茆沙南北水道逐渐成形、加深，到1994年白茆沙南北水道10m线都贯通。20世纪末，可能北支上口局部工程的影响，白茆沙北水道淤积，导致10m线中断，白茆沙南水道发展。2004年白茆沙南水道15m线贯通。应予指出，白茆沙稳定对白茆沙南北水道稳定有利。白茆沙河段目前面临的问题主要有两个：一个是白茆沙冲淤多变，变化频繁，沙体的完整和稳定，航道难以长期稳定；另一个是白茆沙北水道的淤积问题。徐六泾深槽长期以来稳定指向白茆沙北水道，但白茆沙北水道容易产生淤积，其主要原因是北支泥沙倒灌。因此，本河段的治理除了稳定白茆沙确保白茆沙江心洲河型的相对稳定之外，对北支的全面整治也显得十分重要。

2）南支中段演变：南支中段，从七丫口到浏河口，约长12km，是一个"W"形的复式河槽河段。河道中间为扁担沙，北面为新桥水道，南面为南支主槽。这种复式河槽结构，1958年至今一直比较稳定。新桥水道位于扁担沙北侧，是扁担沙和崇明岛之间的一条涨潮槽。20世纪50年代至今一直保持着这样的河槽特性。由于崇明岛南岸兴建了一系列护岸保滩工程，形成了稳定的人工岸线，涨潮槽深水靠崇明一岸，而且比较稳定。南支主槽和新桥水道之间存在水位差，因此在扁担沙沙体上常有切滩形成多条大小不一的串沟现象，用以调节和平衡南支主槽和新桥水道之间的水量交换。特别是洪水期间，长江下泄流量通过串沟向新桥水道输送，增加新桥水道的落潮潮量。新桥水道涨潮优势流量值洪枯季不同，涨潮槽的上、中、下各个区段的量值也不同，导致新桥水道上段发生严重淤积，并向中段延伸，它的下段由于径流的补给作用，冲淤变化频繁，以冲为主，10m深槽保持良好。南支主槽一般介于七丫口和浏河口之间，长约12km。它是一条顺直向南微弯的落潮槽。20世纪50年代至今一直比较稳定。南支主槽河床形态稳定，南支主槽深泓线稳定，南岸边滩稳定，北岸扁担沙南沿有一定幅度的冲淤变化，但不影响南支主槽主体河床的基本稳定。因此，主槽水深长期保持在15m以上，航道水深优良。

3）南北港分流口演变：南支主槽下段，河道展宽，在展宽段形成心滩，使南支分流进入北港和南港，形成了南北港分流口河段和河口分汊河型。在径流量大和强劲潮流的作用下，落潮优势流使分流口沙洲冲刷下移，分流汊道随之下移，但分流通道在下移过程中上、中、下不同部位的速度不一，导致分流通道偏转扭曲，阻力加大，泥沙淤积，逐渐淤积衰亡。当分流通道不能适应分流要求时，落潮流的作用便会调整分流通道，选择落潮水流阻力最小的地方，常以切滩形式形成新的分流通道，用以代替原来的汊道。新通道形成以后，经过发展阶段，在自然演变的情况下，最终又会走向衰亡。因此，南北港分流口河段河槽演变具有明显的周期性。1861～1931年，分流口河段河槽演变经历了一个完整的演变周期，时间跨度为60年，分流口沙洲头部5m等深线年均下移212m，分流角从40°增大到80°以上。1931～1981年分流口河段河槽演变又经历了一个完整的演变周期，时间跨度为50年，分流口5m等深线年均下移170m，分流角从1963年的40°到扩大到1980年的80°，分流通道偏转扭曲，最终中央沙北水道走向衰亡。现在的南北港分流口形成于20世纪80年代初期，即中央沙北水道衰亡，新桥通道形成，分流口河段河槽演变进入了一个新的演变周期。

（3）北港河段演变

现在的北港河势大体上是20世纪80年代新桥通道形成时形成的。新桥通道是条落潮槽，落潮流占优势，其落潮流以东略偏北方向直冲堡镇岸段，然后折东向南直泻横沙北岸，弯顶在堡镇岸段，落潮流为主塑造的北港主槽是个弯道河型。北港主槽北侧有六效沙脊，沙脊北侧有一条宽度不大的涨潮槽；北港主槽南侧为弯道的凸岸，发育了青草沙，它从中央沙头部北侧向下游延伸，具有边滩沙咀性质，它的南侧有一条长兴岛北小泓，与长兴岛北岸隔泓相望，所以北港上段实际上是由多个地貌单元组成的复式河槽。20世纪80年代以来，北港上段最大的变化：青草沙尾冲刷，六效沙脊下段向南淤积扩张，从堡镇下泄的北港主流南偏直冲横沙北岸，近20年来，弯道河势保存良好，主槽水深航道优良。

北港下段即拦门沙河段，总体上比较顺直，但由于上弯道落潮水流直冲横沙北岸，深水紧靠南岸，北岸动力减弱，泥沙淤积形成北港北沙。其南岸横沙东滩正在进行大规模的促淤造地工程，大大改变了拦门沙河段南岸的边界条件，对河势趋向稳定有力。目前，拦门沙滩顶水深不足6m。

（4）南港河段演变

南港河段界于南北港分流口到南北槽分流口之间，位于长兴岛以南。

南港河段的最大特点是与南支河段有点类似，即河道中央分布着纵向沙体——瑞丰沙咀。在地貌形态上，瑞丰沙咀位于南港北侧沿中央沙南沿向下游发育的边滩沙咀。瑞丰沙咀北侧为长兴岛涨潮沟，南侧为南港主槽。这种复式河槽结构，自20世纪60年代至今一直保持着比较稳定的状态。

1）南港主槽：20 世纪 60 年代以来，南北港之间的分流量基本上保持在 50％左右，这是南港主槽维持和发展的最基本的动力条件。南港是一条比较宽深顺直的落潮槽，主体槽线在河槽断面上靠近南侧，10m 河槽的南边线比较稳定，北边线和主槽的水深时有变化。最近几年，主槽深泓线有所北移，主槽南侧局部岸段有所淤积，对外高桥港区带来一定的影响。

2）长兴岛涨潮沟：长兴岛涨潮沟是一个以涨潮流为主塑造形成的水道，涨潮流强、流路稳定，深水靠近北岸。长兴岛南岸护岸保滩工程兴建，形成了稳定的人工岸线，因此长兴岛涨潮沟平面形态甚为稳定。改变了长江口沙岛南坍北涨自然演变规律，使南北港分流比长期保持在各为 50％左右，并使南北港分汊口河槽较长时期处在稳定的变化期，成为一种比较稳定的分汊口河型。

3）鸭窝沙浅滩：鸭窝沙浅滩位于南港主槽和北槽上段主槽之间，属于过渡段浅滩，自然水深一般在 8m 左右。它是长江口南港自然航道与北槽人工深水航道衔接的关键区段，也是上海外高桥港区和南京以下沿江各港口码头大型船舶进江出海的必由之路。近年来，南港主槽水流在外高桥附近北偏，加大了对瑞丰沙咀南沿的冲刷力度，加上人工挖沙的影响，造成瑞丰沙咀尤其是下沙体沙尾的下伸和上挫，由此影响到鸭窝沙浅滩的水深变化。

目前，南港河段面临的问题不少：外高桥港区淤积问题，长兴岛沿岸工程的生产运行问题，圆圆沙航道的水深保护问题等。这里要密切关注上游新浏河沙护滩工程和南沙头通道下段护底工程相继兴建之后对南港河段水文泥沙和河槽地形演变的影响。必要时利用局部治理工程修复优良河势，使其有利于沿岸工程和航道建设。

（5）北槽河段演变

北槽是长江口最年轻的入海水道。1949 年和 1954 年长江特大洪水冲刷作用下形成了北槽，九段沙成为独立的河口沙洲，为南北槽分汊格局奠定了基础。20 世纪 50 年代形成，80 年代成为南港入海的主汊，成为长江口入海深水航道选择北槽的最基本条件。

长江口深水航道工程实施以来，通过兴建导堤、丁坝、鱼咀等工程，使北槽河势基本稳定，2005 年二期工程竣工时航道水深达 10m，整治工程取得重大进展。

目前，北槽主要面临两个问题：一是北槽分流量减少；二是上航道淤积。所以，要实现深水航道最终目标 12.5m 还有很多工作要做。

（6）南槽河段演变

20 世纪 50 年代北槽形成，南槽跟北槽形成鸳鸯水道。南槽河段在平面上向外海逐渐均匀展宽，放宽率较大，适应南槽河段向海方向各个断面上潮量不断增大的要求。

南槽河段在纵向上由两个不同的特征段组成。上段由落潮流动力为主塑造的落潮槽，其重要特征是等深线闭合指向下游；下段由涨潮流动力为主塑造的涨潮槽，其重要特征是等深线闭合指向上游。二者交汇点在铜沙浅滩，即南槽拦门沙滩顶附近。

长江口深水航道治理工程南北槽分汊口治理工程建成，稳定了南北槽分汊口和南槽上口河势。北槽实施治理工程后，南槽分流量有所增加，南槽上段出现冲刷，2007 年与 2006 年相比，10m 等深线端部下移了 8.1km，已在三甲港下游 4km 的地方。

二、 景观格局的演变

（一）景观变化

利用滨海湿地影像解译的土地数据分析 1980～2006 年滨海湿地变化特征。如图 2-23 所示，对各类用地统计分析发现，处于相对较高潮位的芦苇草滩大幅度减少，其中表现最明显的是城镇用地占用（长江口及以南地区）和耕地占用（主要集中于长江口北）。

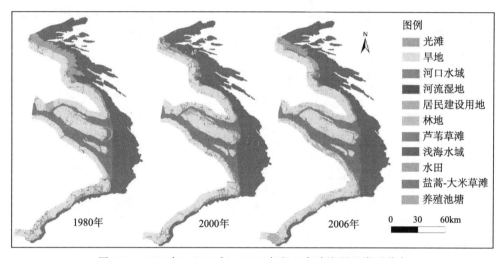

图 2-23 1980 年、2000 年、2006 年长三角滨海湿地类型分布

进一步统计分析天然湿地和人工湿地的变化，结果显示，天然湿地在1980s～1990s面积减少了 50 473.86 hm²，变化率为−26.97%，1990s～2000s 又减少了 94 960.91 hm²，变化率为−60.99%，18 年间总共减少了 145 494.77 hm²，总变化率为−77.72%，变化趋势为逐年减少。其中，盐蒿草滩由 1980s 的 45 629.95 hm² 减少到 1990s 的 35 001.16 hm²，减少了 10 628.79hm²，共减少了 30.72%。到了 2000s 减至 31 728.08hm²，减少了 678.61%。芦苇在这 18 年间共减少了 131 532.9hm²，与 1980s 的相比减少了 63.67%。

而人工湿地在 1980s～1990s 增加了 3 787.09hm²，变化率为 18.35%，1990s～2000s 增加了 4677.81hm²，变化率为 26.11%，总共增加了 8464.9hm²，18 年间的总变化率为 58.43%，变化趋势为逐年增加。池塘在 1980s～1990s 增加了 1001.2hm²，变化率为 5.28%，1990s～2000s 增加了 3867.29hm²，变化率为 18.38%。其次是耕地，1980s～1990s 增加了 14 462.3hm²，变化率为 73.28%，1990s～2000s 增加了 36 408.66hm²，变化率是 79%。建筑用地，由 1980s 的 3217.54hm² 增加到 1990s 的

4219.47hm²，共增加了1001.07hm²，变化率为31%，2000s增加到6014.96hm²，变化率为43.36%（表2-17、表2-18）。

表 2-17 天然湿地与人工湿地面积情况 （单位：hm²）

年份	耕地	池塘	建筑用地	盐田	盐蒿草滩	芦苇
1988	12 032.17	20 032.93	3 217.54	10 129.32	45 629.95	18 489.97
1998	20 821.72	21 034.13	4 216.47	12 228.21	35 001.16	10 644.9
2006	57 230.38	24 901.42	6 014.96	16 696.73	31 728.08	9 957.07

表 2-18 天然湿地与人工湿地变化量

时间	天然湿地		人工湿地	
	变化量/hm²	变化率/%	变化量/hm²	变化率/%
1980s~1990s	−50 473.86	−26.97	3 787.09	18.35
1990s~2000s	−94 960.91	−60.99	4 677.81	26.11
1980s~2000s	−145 494.77	−77.72	8 464.9	58.43

（二）景观破碎化分析

1986 年、1996 年及 2004 年各景观指数计算结果及变化趋势图如表 2-19 和图 2-24～图 2-27 所示。

表 2-19 景观指数计算

年份	景观多样性指数	景观优势度指数	均匀度指数	廊道密度指数	分形维数	斑块密度指数	斑块数破碎化指数	生境面积破碎化指数	斑块数
1986	1.730 9	1.122 7	0.576 9	0.354 4	1.786 0	0.167 9	0.167 9	0.537 3	2 213
1996	1.873 3	1.126 7	0.624 4	0.373 9	1.796 0	0.155 4	0.155 3	0.596 6	2 448
2004	1.876 5	1.293 4	0.592 0	0.382 0	1.598 5	0.166 5	0.166 5	0.585 5	2 667

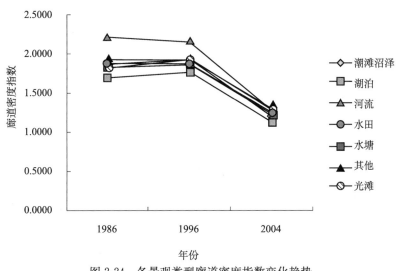

图 2-24 各景观类型廊道密度指数变化趋势

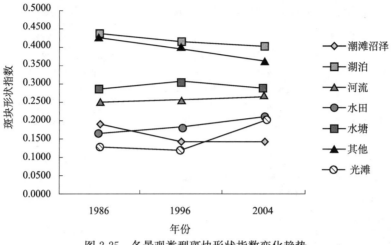

图 2-25 各景观类型斑块形状指数变化趋势

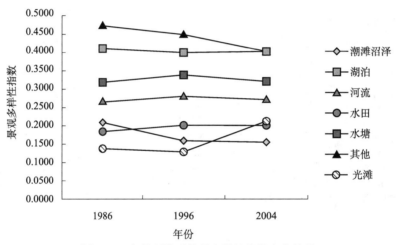

图 2-26 各景观类型景观多样性指数变化趋势

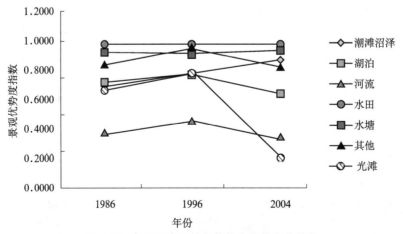

图 2-27 各景观类型景观优势度指数变化趋势

长江三角洲滨海湿地景观斑块数在不断增加，由 1986 年的 2213 块增加到 2005 年的 2667 块。

1986～2005 年，长江三角洲滨海湿地景观多样性指数在不断上升。其中在 1986～1995 年 10 年之间上升幅度较大，由 1.7309 上升为 1995 年的 1.8733，1995～2005 年上升幅度不大。景观多样性指数表示景观要素的多少和各景观要素所占比例的变化。景观多样性指数的增加，说明研究区可能受到一定的人为干扰，使土地产生镶嵌、分割、破碎、缩减和损耗等空间过程，从而造成整体景观格局的异质性越来越高。

景观优势度指数由 1986 年的 1.1227 增加到 2005 年的 1.2934。均匀度指数经历了 1986～1995 年的增长之后，又在 1995～2005 年呈现下降的趋势。一般而言，优势度指数常常与多样性指数、均匀度指数的变化规律相反，这是因为土地利用结构越多样化、均匀化，其主要集中土地利用类型对整个研究对象的控制程度就越低，优势度指数也就越小。但由上述的数据可以看出并不尽然，这主要是由于研究区处于长江河口区域，长江携带泥沙在此处沉淀下来，不断淤积，向大海方向拓展，在景观多样性增加的同时，其滨海湿地的总面积也在不断增长。这是河口区域景观格局变化与其他地区的不同之处。

景观形状指数增大，说明了景观斑块形状不规则或偏离正方形的幅度越大。而研究区景观形状指数在 1996～2004 年呈现不断增加的趋势，说明景观的形状趋于不规则，边界扩散程度增大，同时有效面积降低。从景观生态学的层次上来讲，其结构的退化必然导致相应功能的降低。

三、 滨海湿地演变的驱动机制

1. 自然驱动因素

长江三角洲的发育主要取决于河流流量、输沙量、波浪、潮汐、海流、海平面变化和构造特征等多种因素的综合作用。径流是决定沉积过程的主要因素，控制着三角洲的发育和演变。长江是世界第三大河，流域面积达 $1.8×10^8$ hm²，年径流量达 $9240×10^8$ m³，长江每年携带的泥沙量为 $4.86×10^8$ t。河水进入河口地区因水面比降减小、水面展宽、流速减小、咸淡水体混合凝聚等影响而发生泥沙沉积，从而为三角洲的发育奠定了物质基础。现代长江三角洲北部正进入废弃阶段、河流流量小，沉积速率低，为 0～1.0cm/a，南部（崇明岛轴线以南）则属建设时期，据 1879～1980 年海图资料对比，100 年来，水深 5m 的等深线向海推进了 5～12km，10m 等深线在南港口推进了 14km，据此推算近百年来，南部建设型三角洲前缘向海推进了 50～120m/a。现代长江三角洲是一个中等强度的潮汐河口，河口地区平均潮差为 2m。进潮量可观，约等于年平均径流量的 8 倍强，潮流自口门而入，上溯至江阴附近，潮波影响可至安徽大通。因此，潮波是塑造长江河口的另一主要动力因素。

2. 社会经济驱动因素

长江三角洲地区位于我国东部沿海开放带和沿江城镇产业密集带的交汇部，在国家经济社会发展全局中战略地位重要。改革开放以来，长江三角洲地区经济有了很大发展。改革开放前期的 1978～1990 年，长三角核心地区 GDP 年平均增长速度为 13.34%（可比价格），但还略低于全国平均增长速度；从 20 世纪 90 年代开始，随着浦东开发开放政策的实施，该地区的经济增长速度明显提高，1991~2006 年，GDP 的年增长率达到 19.53%，高出全国同期平均水平（16.65%）近 3 个百分点，对全国经济起到了强有力的拉动作用。经过 30 年的快速发展，长江三角洲核心地区在全国的经济地位明显提升。1978 年，长江三角洲核心地区 GDP 总量仅为 546 亿元，2006 年增长到 39 612 亿元，28 年间增长了 72.5 倍，GDP 占全国比重由 1978 年的 13.4% 增长到 18.8%，增长了 5 个百分点以上。该区人均 GDP 由 1978 年的 620 元提高到 2006 年的 47 532 元，增长了 76.7 倍，换算成美元，人均 GDP 达 7000 多美元，已达到世界中等发达国家水平，大概相当于全国平均水平的 3 倍（图 2-28、图 2-29）。

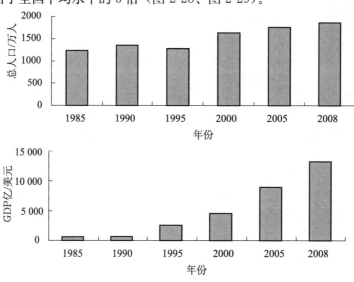

图 2-28　上海市人口与 GDP 变化

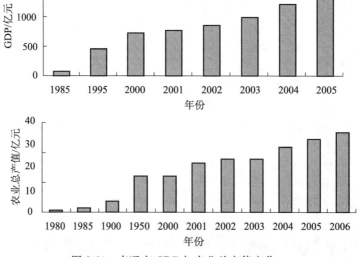

图 2-29　南通市 GDP 与农业总产值变化

经济高速发展造成土地资源紧缺矛盾日益突出，湿地的生态功能被忽视而围垦开发的经济功能得到强化，导致长江口湿地面积持续减少，滩涂原生植被及底栖动物适于生存的栖息地遭受破坏，生态系统内各营养级的生物或多或少受到不同程度的影响。从 1949 年到 1984 年，南汇县共围垦滩地 4339.9hm²，川沙县共围垦滩地 642.3 hm²，仅 1968 年一年，川沙新建圩、向阳圩就围垦滩地达 324.3 hm²。同一时期，长兴岛、横沙岛周围滩地都有大面积的围垦。1958 年，横沙岛面积比 1953 年拓展了一倍多，北面岸线不断向前推进，而崇明岛从 1952 年到 1994 年，由于围垦其面积也几乎增长了一倍。近 50 年来，上海市围垦的滩涂面积达 73 000 hm²。特别是近年来随着工程技术的发展，围垦由原来的高滩围垦发展为中低滩围垦，围垦强度越来越大。

经济高速发展带来的工农业污染使得河口滨海湿地污染严重，生态系统结构和功能大大受损。例如，长江口西区和南区排污口日排污量近 1000×10⁴ t。宝山石洞口到五好沟一带，水体污染导致许多水生生物已难以生存，加上长江下泄入海的污染物，导致长江口外沿海赤潮频发，湿地生态系统生态特征发生变化，并形成严重衰退的局面，水生生物群落结构发生显著变化，物种明显减少。与 1983 年相比，1998 年，浮游生物减少 69%；与 1992 年相比，底栖生物减少 54%，生物量减少 88.6%。国家保护物种，如中华鲟、白鳍豚、胭脂鱼等几乎灭绝，经济水产生物产量明显下降。

此外，上中游的大型水利工程、沿江地区经济快速发展，以及污染物排放等因素对河口湿地及三角洲滨海湿地的演变也有重要影响。

四、 滨海湿地演变的未来趋势

1. 河口水文与水质变化引起生态系统结构和功能的变化

河口是一个相对独立的生态系统，河口径流、盐分、泥沙、营养盐浓度是影响河口生态系统结构和功能的重要因素。近年来，受三峡工程、南水北调、上游梯级开发以及长江中下游地区污染物排放持续增加等影响，这些环境要素出现了大幅度变化，由此可能引发河口水域生态系统的结构和功能出现明显改变。

2003 年 6 月 1～15 日和同年 10 月 20～31 日三峡水库蓄水期间，6 月份水库蓄水后使下游大通流量减少了 37%，长江口的淡水资源的持续时数降低了 40%，长江口南槽口门附近最大盐度由 6 月上旬的 3.5 增加到中下旬的 10.9；10 月份水库蓄水使大通流量减少了 1/2，淡水资源的持续时间呈现下降趋势。2004 年 5 月，长江口及其临近海域平均盐度为 21.28，显著高于蓄水前 2001 年的 18.64 和 1999 年的 16.01。2007 年 5 月长江口及其临近海域平均盐度为 22.03，较 2004 年又有所提升。

近年来，长江输沙量大幅度减少，2007 年长江大通站输沙量比 2003 年三峡蓄水前减少了 63%。输沙量减少导致河口悬浮物显著减少，如三峡工程一期蓄水后的 2003 年 6 月下旬，长江口南支水域悬浮物浓度由蓄水前的 445 mg/L 降到 148 mg/L，2004 年该水域悬浮物平均浓度降为 33.33 mg/L。2006 年，在三峡蓄水和特枯水情的背景下，长江中下游水体含沙量仅为 2003～2005 年平均值的 20.6%，造成 2004 年和 2007 年长江口最大浑浊带水域的平均悬浮物浓度为 151.04mg/L，仅个别站位悬浮物浓度超过 200 mg/L，显著低于蓄水前水平。

水体悬浮物含量是影响长江口及邻近水域春季鱼类浮游生物群落格局的重要因子。混浊水体对仔稚鱼摄食有利，鱼类早期阶段游泳能力和视觉灵敏度较低，扰动条件增加了与食物的相遇率；并且，高浊度条件增加了残存率，因为鱼类浮游生物的捕食者较少出现在该区域。长江口口门地区的最大浑浊带就成为白氏银汉鱼和松江鲈等众多鱼类浮游生物躲避敌害、觅食繁育的最佳场所。近年来，长江口鱼类生物群聚栖息环境发生了一系列变化，其中水体盐度和悬浮体成为引起鱼类浮游生物群聚变异的主要环境影响因素。

河口地区是人类活动最为频繁、环境变化影响最为深远的地区，大量的工业废水和生活污水通过各种途径排入河口区，此外，流域中上游的经济发展也导致污染物排放逐年增加，河口及其邻近海域呈现水质下降和水体富营养化。除了引发赤潮外，还可能导致河口及附近水域的水体氧亏，甚至是缺氧，水体的氧亏通常导致相应水域生物群落结构的破坏，鱼类的饵料资源受到影响，浮游生物、水生植物、底栖生物等各种鱼类的饵料生物的种类组成和数量发生变化。

与 20 世纪 80 年代相比，长江口营养盐含量发生了显著变化：硅酸盐、硝酸盐和亚硝酸盐增加了一倍多，磷酸盐含量显著提高，氨氮减少了 50%，而水体溶解氧含量显著降低。这些环境因子的改变，直接影响浮游植物群落结构，通过生物生产过程作用于长江口生态系统的物质输运（表 2-20）。

表 2-20　长江口营养盐参数

环境变量	2004 年		1985~1986 年	
	全年平均值	变化范围	全年平均值	变化范围
$PO_4-P/(\mu mol/L)$	0.69	0.21~1.70	0.58	0.08~4.33
$SiO_3-Si/(\mu mol/L)$	45.59	1.50~148.90	21.5	0.22~118.00
$NO_3-N/(\mu mol/L)$	23.98	0.00~74.20	10.6	0.43~44.67
$NO_2-N/(\mu mol/L)$	0.50	0.11~1.40	0.19	0.04~0.51
$NH_4-N/(\mu mol/L)$	3.54	1.40~22.80	7.45	1.70~35.8
$DO/(mg/L)$	7.38	3.67~10.74	8.16	5.92~15.32

2. 城市扩展、围垦以及侵蚀将导致自然湿地进一步减少

过度围垦是目前长江河口湿地生态系统最主要的人为干扰类型，是造成自然湿地面积和数量减少以及生态功能退化的重要因素。大规模的圈围使长江河口湿地沿岸植物毁灭，植被群落结构变化，浮游生物和底栖动物大为减少，水生生物种类和数量的变化直接影响到以这些水生生物为食的各种鸟类的栖息和繁殖，一些珍贵鸟类已在湿地绝迹，还有一些种群数量则急剧减少。由于盲目围垦，鱼类产卵场和育肥场也遭到破坏，珍稀鱼类以及经济鱼类的生存面临威胁，许多经济鱼类消失或濒危灭绝。

由于泥沙来源是三角洲发育的物质基础，三峡工程建设与上游梯级开发导致近年来长江输沙量大幅度减少，这些变化必然导致河口地区水沙平衡破坏，海岸侵蚀加剧，并导致自然湿地的丧失。

3. 未来海平面上升改变滩涂水盐特征，危及滨海湿地生态

长江三角洲地区在第四纪形成深厚的松散沉积物，厚度达 100～400m，受基岩起伏控制，沉积物的固结变形对地面沉降产生了很大的影响。同时，沉积物孔隙度大、含水量高、强度差，受地下水开采的影响，经常会导致局部地区产生大量下沉，是海平面上升影响的敏感地区。表 2-21 是综合基岩下沉、地面沉降和绝对海平面变化估算的 2050 年相对海平面上升幅度。

表 2-21　2050 年长江三角洲相对海平面上升幅度预测　　　　（单位：cm）

年份	项目	浦东新区	南汇县	奉贤县	金山县	如东、启东
2050	基岩下沉	5	5	5	5	20.5
	地面沉降	24.1	13.3	11.3	13.3	20.5
	RSL	58.2～34	47.4～23.2	45.4～21.2	47.4～23.2	49.6～25.4
	最佳 RSL	44.2	33.4	31.4	33.4	35.6

海平面上升一方面造成海岸侵蚀加剧，另一方面还改变滨海湿地的环境条件，从而引起湿地生态发生变化。李恒鹏和杨桂山（2002）据长江口以北和以南两个断面地下水水位、地下水盐度、土壤有机质、土壤盐度和表土粒度的野外监测，利用二元回归、地统计学等方法对海岸带各环境因素的分布特征进行分析，并通过比较环境因素和生物群落分布特征来确定影响生物群落的限制性因素及临界值。利用地形潮位比较法和地下水水力学模型预测了未来 50 年海平面上升对潮浸和地下水水位的影响，确定未来 50 年生物群落主要限制性因素的变化幅度，进而推断未来海平面上升对生物群落分布的影响，研究结果得出，海平面上升对未来生物群落分布有明显影响，就启东庙基角断面和奉贤中港断面而言，海堤外潮滩植被向陆退缩 200～300m，启东大米草滩将可能消失，取而代之地是盐蒿滩，奉贤的芦苇滩因受块石堤的保护不至于完全消失，但因地下水抬升导致水土环境发生变化，芦苇可能变为斑块状分布，密集度降低；堤内围垦区盐渍化范围分布于自平均潮位向陆的 4～8km 内，尤其以 4km 内最为严重，到 2050 年，这一范围内目前已经通过改良措施脱盐的土壤将重新返盐。

第五节　珠江三角洲滨海湿地的演变

珠江口位于 $21°52'～22°46'$N，$112°58'～114°03'$E，含伶仃洋、黄茅海和横琴岛、南水岛附近水域，为珠江出海口。周边陆域由东到西有香港、深圳市、宝安县、东莞市、番禺市、中山市、珠海市、澳门、斗门县、新会和台山市。珠江系由西、北、东江及其他支流构成，是华南地区最大的水系，主要干支河道总长度为 $1.1×10^4$ km，流域面积达 $45.07×10^6$ hm²。其中，西江发源于云南省东部，自云南高原西下，贯穿广西壮族自治区和广东省，总长为 2214 km，广东省三水以上流域面积 $35.3×10^6$ hm²。西江主流由磨刀门出海，支流由横门、崖门、虎跳门、泯湾门等出海。北江发源于江西省信丰

县，由浈、武两水江合成，总长 573 km，流域面积 4.671×10^{6} hm²，主流由洪奇门出海，支流由蕉门及虎门出海。东江发源于江西省寻乌县，流域面积 2.704×10^{6} hm²，总长 562km。流溪河发源于广东省从化桂岭山，由虎门出海，长 156km。根据河流和径流相互作用，以及河口形态和沉积特征，珠江河口可分为河流近口段（由高要水文站起，西江至德庆，北江至马房，东江至企石）；河流河口段（西北江至思贤滘以下，东江至石龙以下）；口外海滨段（自思贤滘石龙一线至挂定角以外）。

一、 地质地貌的演变

全球低海平面时期，珠江口为大陆组成部分。到冰期后期，海平面上升，逐渐形成伶仃洋和黄茅海两个喇叭形湾之间的弧形沉积带。珠江口在纳汇西江、北江、东江、潭江和流溪河等河流后进入三角洲网河区，经过虎门、蕉门、洪奇门、横门、磨刀门、鸡啼门、虎跳门、崖门等八大口门注入珠江口出南海。

珠江三角洲是一个浅海湾。这个海湾由地盘断裂下陷而成。三角洲岩系一般不厚，只有 20～30m 或 50～60m，最厚不过 80 多米，如高要的金利为 82m，下伏的基岩常有具网纹状红色风化壳。三角洲岩系由河相、浅海相、三角洲相的疏松沉积物组成，表明它的形成经历过复杂的历史过程。

冰后期海侵，海水覆盖的地面并不平整。有的地方水势较深，有的地方只是沼泽、沮洳地带，有些过去的山体出露在海面之上，成为岛屿。在 3000 多年以前，海岸线的北界约在鸡洲附近。由此向西南，经桂洲、潮莲、江门直到沥水，向东北经沙湾至石楼附近。沿着这条岸线常分布着不相连续的贝壳沙地或沙堤。例如，新会沥水口、礼乐、睦州一带常见蛎壳，当地人称为壳龙。顺德的叠石海、贝壳堤长达数里。沙堤的后面和三角洲的顶部，有些地方分布着沼泽环境的泥炭层或腐木层。腐木常是水松等植物的残体。当时红树植物一直生长到三水附近，腐木层中也有一些是红树的残体，人类在三角洲上进行渔猎活动，居民点附近常有贝丘分布，组成贝壳的动物主要是淡水螺和瓣鳃类，如田螺、褶蜒螺、豆螺、黑螺等。另外，还有一些兽骨，如猪、犬等。在这一层沉积中还发掘出一些新石器时代的文物。当时的居民点已经有一定的规模，如广州北部有一个大居民点。这样的基面一直维持到西汉时期，顺德杏坛就曾发现西汉时代的文化遗址，有古陶器和铁刀等物。由于三角洲的发展，这些遗址和湖沼沉积被后期沉积物所掩埋，它们常在现代三角洲表面以下 1～3m。

人类很早就在珠江三角洲上从事农业生产。公元前 4 世纪时，三角洲的浅丘上，农业已颇发达，人烟也渐稠密。公元前 3 世纪，秦始皇统一中国，置南海郡，郡城就在广州。河流带来的泥沙在河口的一些岩岛或山体附近的静水地方沉积下来，扩展冲积海积平原，或形成新的沙岛，平原上也阡陌相连。2 世纪对广州附近的描述，有这样几句话，"负山带海，博敞渺目，高则桑土，下则沃野"，物产颇为繁殷。而且登高远望，可以看见"巨海之浩茫"。

　　和其他大河河口一样，珠江三角洲的迅速增长和流域的山地开发有着密切关系。珠江流域气候湿热，植物茂密。流域来沙不多，就是现在，它的水沙比也不大。三角洲的推展，在唐代以前比较缓慢。唐代以后，我国南方山地开发很为普遍。当时采用刀耕火种的方式，用畲刀把树放倒，大雨之前烧山，然后进行种植。公元前 8 世纪末刘禹锡就有描述连州畲田的诗句。这种畲田，三年一过，表层水土流失殆尽，肥力消失，便另烧一座山。因此，河流的固体径流显见增加。河口沙岛及沿河滩涂扩大。河口河槽逐渐成行。到了 9 世纪大海距离广州已经比较远了。《元和郡县志》于南海县下，有"南海在县南，水路百里"的说明，从广州出洋，要东到古斗村（今庙前村）才见到汪洋碧波的大海。当时，东江的中堂一带，水面宽阔，呈三角港海湾。海岸只在东莞城西 1km。

　　10 世纪末至 11 世纪初起，三角洲的一些沙田，为防止咸潮内侵，洪水横溢，开始有堤防工程。南海有桑园堤，顺德（当时还未设县）有扶宁堤，东莞有成潮堤和东江堤。这说明那时对高程较低的沙田和海堤也已利用，而堤防的建筑，在一定程度上控制河流的摆荡，同时也加速了边滩的发育。

　　三角洲海滨的一系列岩岛，在波场物质搬运下，有沙堤、沙拦的堆积，如濠镜澳（澳门）就是由沙拦连成的陆连岛。岩岛背风静水的地方，有沙坦生长，但中山一带山体和三角洲海岸之间，仍然水天一片。例如，中山市北境有一座浮虚山，宋人笔记称它是"苍然烟波之上，四望无不通，方空澄雨霁，一览无余"。香山在宋末建置，说明当时有些岩岛，已经与三角洲相连，如小榄与石破之间的西南十八沙农牧渔樵已很兴盛了，而东江下游，仍然"洲渚无多"。不过 14 世纪以前，三角洲河汊仍很宽阔。《顺德县治》说，那时的"所谓支流者，类皆辽阔，帆樯冲波而过，当时率谓之海，其名目至繁"。但是三角洲顶部的汊河则显见束狭。例如，南海县（广州）西有个浮邱，宋朝初年还有舟舰聚泊，到了明朝，"已去海四里"了。

　　经过几个世纪的淤积，到 18 世纪，三角洲前缘已经推展到磨刀门附近。香山已与三角洲相接。珠江口的西岸，还有两个小海湾向西伸入。以潭洲为界，其北的叫狮岭海，其南的叫香山海。北江主流在顺德以北，注入狮岭海，西江主流出磨刀门，而从仰船岗分出三支，其中有两支入狮岭海，一支注入香山海。西江再从江门分出一支，称横江，注入香山海。

　　18 世纪以后，三角洲主要就是淤涨磨刀门、香山海和狮岭海三处。19 世纪以来，三角洲以焦门和洪奇沥之间的万顷沙和磨刀门口的灯笼沙淤涨得最快，前者每年推展速度为 110m，后者为 80~100m。东江河口沙岛也连成一片平畴沃野，每年以 23m 的速度向外伸展。

　　18 世纪以前，三角洲上河流心滩和边滩虽有利用，但还不充分。18 世纪以后，不仅长草的滩涂洲渚尽加利用，就是白滩或浅滩，也都采用人工促淤措施。淤涨利用，使三角洲汊河显著的束狭。例如，三水区的基围，乾隆（1736～1795年）以前有19处，嘉庆时（1796～1819年）就增加到34处。顺德县咸丰年间（1851～1861年）记载的有修建年代的基围有54处，其中乾隆以前修建的为17处，乾隆以后修建的为37处，而那些没有修建年代的基围，大多也是乾隆以后修建的。

三角洲的伸展，降低了汊河的水面比降。滩涂围垦增大了水流阻力，从而洪潦为灾，日见增多。《新会县志》明确指出："乾隆间，沙地报垦尚少，西潦（指西江洪水）未大为害，后因承垦愈众，石坝愈多，水患也愈烈。沿海居民，西潦一至，田庐尽废，禾稻不登，民有其鱼之叹。"东江三角洲的情况，也是如此。而以三角洲的中上部水害尤甚。新中国成立前当权阶级"咸以修岸可谋利"，进一步加剧了水灾的危害。"准补助坏处，以应故事。"洪潦为灾，越演越烈。新中国成立以后，采取了一系列水利措施，即"联圩并堤，疏浚河道，建闸分流，控制水位"，确保三角洲地区高产稳产，旱涝丰收。

珠江三角洲是由西江、北江和东江三个小三角洲组成的，面积约1×10^6 hm²。三角洲平原上有160多个基岩山丘，距今6000～2000年，它们多是浅海湾中的岛屿。2000年来三角洲发展较快，因为流域来沙不多，每年总沙量不过1×10^8t左右，但是多岛屿的浅海湾有利于物质的停积。目前，三角洲上较大的水道近百条，较小的涌汊更多，交织成网，分别由八大口门入海，因而海岸线很曲折。由于各个口门的分水分沙条件不同，淤涨速率也不一致，蕉门与洪奇沥间的万顷沙平均每年外涨110m，磨刀门的灯笼沙为80～100m，而崖门、虎跳门一带则不足10m。在外涨快速的岸段有宽广的淤泥滩。

二、 景观格局的演变

（一）景观类型

20世纪90年代后半期至21世纪初，是珠江口经济地区经济发展最为迅速的时期，人类的经济活动对该区域湿地资源的空间格局和湿地系统内部结构产生了重大影响，尤其是对湿地资源进行掠夺式的开发，致使该区域滨海湿地景观格局发生了重大变化。为从中比例尺尺度上分析该时期珠江口滨海湿地景观格局变迁，选取1990年、2000年及2007年三期卫星遥感数据为数据源，参考国内湿地和滨海湿地分类系统，参照海岸带资源调查技术规程，综合遥感解译工作的可执行性，将珠江口滨海地区划分为自然湿地、人工湿地及非湿地区域三个大类，其中自然湿地包含6个子类，人工湿地包含3个子类，具体分类系统见表2-22。在对三期遥感图像进行几何校正、图像增强处理的基础上，采用人机交互方式对研究区三期遥感数据进行目视解译，获得1990年、2000年、2007年三个时段的珠江三角洲滨海湿地类型分布图（图2-30）。

表 2-22　珠江三角洲滨海湿地分类系统

湿地类型	序号	湿地子类	湿地类型	序号	湿地子类
自然湿地	11	浅海水域	人工湿地	21	水田
	12	河口水域		22	水库
	13	滩涂湿地		23	养殖池塘
	14	河流湿地	非湿地类型	31	旱地
	15	红树林		32	林地
	16	基岩海岸		33	居民建设用地

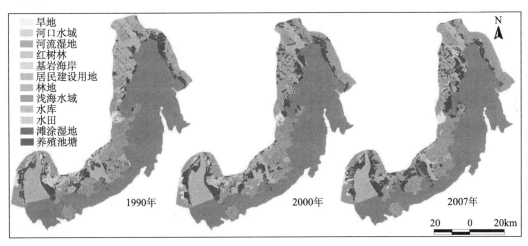

图 2-30　1990 年、2000 年、2007 年珠江三角洲滨海湿地类型分布

（二）景观格局的演变特征

根据 1990 年、2000 年与 2007 年三个时期珠江三角洲滨海湿地分布图统计各时期各种类型面积（表 2-23），继而分析珠江三角洲滨海湿地演变趋势特征。

表 2-23　1990～2007 年珠江三角洲滨海湿地面积变化　（单位：hm²）

湿地类型（大类）	湿地类型（子类）	1990 年	2000 年	2007 年
自然湿地	浅海水域	216 595	206 134	198 981
	河口水域	43 692	41 702	36 636
	滩涂湿地	8 518	7 487	9 944
	河流湿地	7 864	8 860	8 372
	红树林	779	372	900
	基岩海岸	146	107	119
人工湿地	水田	48 087	41 886	26 880
	水库	1 531	3 781	2 479
	养殖池塘	25 572	35 725	42 482
非湿地区域	旱地	11 324	7 943	10 504
	林地	46 511	44 708	47 819
	居民建设用地	31 934	43 846	57 433

根据对珠江三角洲三期滨海湿地影像的解译结果统计，总体上，1990～2007 年湿

地总面积呈持续减少趋势，而非湿地面积呈持续增加趋势。珠江三角洲滨海地区 1990 年、2000 年、2007 年湿地面积分别为 352 782 hm²、346 053 hm²、326 794 hm²，占滨海湿地区域的面积比例分别为 79.7%、78.2%、73.8%，呈持续递减趋势；1990 年、2000 年、2007 年非湿地类型区域面积分别为 89 768 hm²、96 497 hm²、115 756 hm²，占滨海湿地区域的面积比例分别为 20.3%、21.8%、26.2%，呈持续增加趋势。

滨海湿地包括自然湿地与人工湿地两大类。其中，自然湿地方面，1990~2007 年自然湿地面积比例呈持续减少趋势，人工湿地面积呈先增加后减少趋势。1990 年自然湿地面积 277 593 hm²，2000 年自然湿地面积 264 661hm²，2007 年自然湿地面积 254 953 hm²，占滨海湿地区域的面积比例分别为 62.7%、59.8%、57.6%，呈持续减少趋势；1990~2000 年自然湿地减少了 12 932 hm²，2000~2007 年自然湿地面积减少了 9708 hm²，1990~2007 年自然湿地总体减少了 22 640 hm²。人工湿地方面，1990 年、2000 年、2007 年人工湿地面积分别为 75 189 hm²、81 392 hm²、71 841 hm²，占滨海湿地区域的面积比例分别为 17.0%、18.4%、16.2%，呈先增加后减少趋势；1990~2000 年人工湿地面积增加了 6203hm²，2000~2007 年人工湿地面积减少了 9550hm²，1990~2007 年人工湿地面积总体减少了 3347 hm²。

各种自然湿地类型情况，珠江三角洲自然湿地包括浅海水域、河口水域、滩涂湿地、河流湿地、红树林、基岩海岸等 6 类。其中，浅海水域面积比例最大，约占滨海地区总面积的 50%；其次是河口水域约占滨海地区总面积的 10%，具体各种自然湿地类型比例见表 2-24。从表 2-24 中可以看出，各种湿地类型面积变化明显，其中，浅海水域面积比例持续减少，河口水域面积比例也持续减少；其他湿地类型面积比例较小，均表现出不同程度的变化。

表 2-24 珠江三角洲不同类型湿地占滨海地区面积比例 （单位：%）

湿地类型（大类）	湿地类型（子类）	1990 年	2000 年	2007 年
自然湿地	浅海水域	48.94	46.58	44.96
	河口水域	9.87	9.42	8.28
	滩涂湿地	1.92	1.69	2.25
	河流湿地	1.78	2.00	1.89
	红树林	0.18	0.08	0.20
	基岩海岸	0.03	0.02	0.03
	自然湿地合计	62.7	59.8	57.6
人工湿地	水田	10.87	9.46	6.07
	水库	0.35	0.85	0.56
	养殖池塘	5.78	8.07	9.60
	人工湿地合计	17.0	18.4	16.2
非湿地类型	旱地	2.6	1.8	2.4
	林地	10.5	10.1	10.8
	居民建设用地	7.2	9.9	13.0
	非湿地合计	20.3	21.8	26.2

各种人工湿地类型变化情况，水田面积比例持续减小，而养殖池塘面积比例持续增大，水库面积比例较小，呈先增大后减小趋势，而具体到各种非湿地类型变化情况，居民建设用地面积呈持续增加的状态。

表2-25～表2-27分别是1990～2000年、2000～2007年与1990～2007年珠江三角洲滨海湿地土地利用转移矩阵。从表中可以看出，从1990～2007年，珠江三角洲湿地总面积以及自然湿地面积均呈持续减少态势。其中明显的变化之一就是自然湿地转变为人工湿地，表现为滩涂变成了养殖池塘，甚至一些水田也成为养殖池塘，可见养殖业的扩张速度很快，对自然湿地的围垦强度很大。而由湿地向非湿地的演变速度更快，大量的自然湿地演变为水田、养殖区，甚至建设用地，导致珠江三角洲滨海湿地面积减少。

表 2-25　1990～2000 年珠江三角洲滨海地区土地利用类型转移矩阵

1990年 / 2000年	浅海水域	河口水域	滩涂湿地	河流湿地	红树林	基岩海岸	水田	水库	养殖池塘	旱地	林地	建设用地	合计
浅海水域	2048.67	8.20	1.37	0.03	0.00	0.54	0.02	0.00	0.09	0.01	0.73	1.71	2061.37
河口水域	26.65	384.93	1.12	2.32	0.64	0.00	0.59	0.00	0.45	0.00	0.14	0.18	417.03
滩涂湿地	6.12	21.86	41.29	0.18	0.68	0.03	2.57	0.00	0.99	0.00	0.17	1.00	74.88
河流湿地	5.92	9.44	1.98	60.02	0.28	0.04	6.16	0.05	3.85	0.07	0.15	0.66	88.58
红树林	2.06	0.17	0.15		1.14		0.14	0.00				0.01	3.70
基岩海岸	0.09		0.01			0.65					0.32		1.06
水田	14.43	3.72	5.73	7.14	1.62		281.04	0.94	41.33	34.74	12.97	15.22	418.89
水库	0.29		0.01	0.06	0.06		3.91	7.78	3.78	4.22	6.00	11.71	37.82
养殖池塘	53.06	7.37	27.77	5.81	2.09		78.27	1.24	166.26	4.70	3.53	7.18	357.28
旱地	0.00	0.00	1.36	0.10	0.48		8.73	0.32	1.07	42.88	10.40	14.12	79.46
林地	0.71	0.20	0.71	0.26	0.25	0.09	18.47	1.28	1.51	10.37	390.50	22.70	447.04
建设用地	7.97	1.02	3.67	2.60	0.55	0.14	81.14	3.69	36.36	16.28	40.22	244.79	438.43
合计	2165.97	436.91	85.16	78.55	7.79	1.44	481.05	15.30	255.69	113.26	465.13	319.28	4425.53

表 2-26　2000～2007 年珠江三角洲滨海地区土地利用类型转移矩阵

2000年 / 2007年	浅海水域	河口水域	滩涂湿地	河流湿地	红树林	基岩海岸	水田	水库	养殖池塘	旱地	林地	建设用地	合计
浅海水域	1968.48	14.21	2.79	0.41	0.00	0.06	0.05	0.04	1.05		0.76	1.95	1989.80
河口水域	10.75	345.91	1.52	5.43	0.10		0.94	0.00	0.83	0.00	0.23	0.60	366.33
滩涂湿地	20.18	35.55	33.92	1.46	0.34	0.01	1.23	0.00	5.16	0.07	0.58	0.98	99.47
河流湿地	2.54	13.14	1.75	54.28	0.14		5.56	0.13	3.54	0.00	0.27	2.27	83.70
红树林	0.08	0.43	0.34	0.32	0.91		0.80		2.52	0.40		3.20	9.00
基岩海岸	0.68		0.00	0.00		0.41	0.03		0.00			0.00	1.21
水田	1.82	1.73	2.46	9.27	0.04		196.45	1.23	23.83	8.74	2.12	20.91	268.88
水库	3.99		0.00	0.35	0.00		1.70	9.13	5.32	0.32	2.06	1.92	24.80
养殖池塘	30.29	3.01	25.87	10.19	0.25		102.07	1.99	232.58	6.84	4.59	7.08	424.75
旱地	0.13	0.51	1.09	1.26	0.01		19.70	0.52	11.51	41.50	13.76	15.02	105.02
林地	3.74	0.34	0.40	0.31	0.05	0.54	20.32	4.46	6.35	9.47	384.43	47.74	478.17
建设用地	18.70	2.20	4.73	5.30	1.61	0.00	70.05	20.33	64.57	12.02	38.12	336.75	574.39
合计	2061.37	417.03	74.88	88.58	3.70	1.06	418.89	37.82	357.28	79.46	447.04	438.43	4425.53

表 2-27　1990～2007 年珠江三角洲滨海地区土地利用类型转移矩阵

1990 年／2007 年	浅海水域	河口水域	滩涂湿地	河流湿地	红树林	基岩海岸	水田	水库	养殖池塘	旱地	林地	建设用地	合计
浅海水域	1968.02	14.10	3.71	0.85	0.00	0.12	0.00	0.00	0.29	0.28	0.97	1.46	1989.80
河口水域	30.64	330.93	0.77	1.47	0.24	0.00	1.03	0.00	0.50	0.03	0.16	0.56	366.33
滩涂湿地	22.52	48.92	22.82	0.81	0.50	0.20	2.08	0.00	0.37	0.00	0.50	0.75	99.47
河流湿地	7.67	14.78	2.29	46.93	0.30	0.00	6.16	0.01	3.28	0.37	0.38	1.53	83.70
红树林	2.58	0.48	0.28	0.17	1.92	0.00	2.41	0.00	0.89	0.00	0.00	0.26	9.00
基岩海岸	0.58	0.00	0.00	0.00	0.00	0.42	0.00	0.00	0.00	0.00	0.19	0.01	1.21
水田	11.33	5.58	3.02	11.27	1.69	0.00	170.73	0.06	22.12	24.14	4.15	14.79	268.88
水库	7.60	0.12	0.07	0.20	0.00	0.00	3.60	6.11	1.69	0.14	3.07	2.21	24.80
养殖池塘	74.55	15.28	43.10	9.19	2.00	0.00	121.43	0.54	131.94	16.21	4.00	6.51	424.75
旱地	0.30	1.11	2.04	1.70	0.15	0.00	22.23	0.12	9.10	37.53	12.12	18.61	105.02
林地	5.91	0.41	0.75	0.67	0.21	0.67	27.08	2.84	3.83	9.41	384.60	41.81	478.17
建设用地	34.27	5.22	6.30	5.31	0.77	0.03	124.29	5.61	81.68	25.13	55.00	230.77	574.39
合计	2165.97	436.91	85.16	78.55	7.79	1.44	481.05	15.30	255.69	113.26	465.13	319.28	4425.53

（三）景观破碎化分析

珠江三角洲 1986～2005 年滨海湿地景观指数计算结果表明（表 2-28、图 2-31、图 2-32），廊道密度指数 2000 年以前有较明显的下降，2000 年后略微回升，多样性指数、分形维数和均匀度指数都显示了逐渐下降的趋势，而优势度指数与生境破坏化指数曲线呈现缓慢上升。各个景观类型的斑块密度指数中，大部分指数在 1995 年出现高值，2000 年时略有下降，到 2005 年又出现了上升，只有养殖池塘的斑块密度指数在 2005 年呈现极高值，而人工建设用地的斑块密度指数在 2000～2005 年呈下降趋势。这些景观指数的变化说明，珠江三角洲地区滨海湿地出现一定程度的退化，并且 1995 年前后是开发利用的一个高峰，斑块密度大大上升，显示了剧烈的人类活动干扰的痕迹。2000年以后，又是另一个开发高峰，体现在水产养殖和人工建设用地的变化上，水产养殖出现了剧烈的增长，斑块出现严重的破碎化。人工建设用地则斑块密度减小，而绝对面积增大，表现城市化的进程大大加快了，已经形成了连片的城市群，而且城市化建设已经开发利用到滨海湿地的范围内。

表 2-28　珠江三角洲滨海湿地景观指数

年份	多样性指数	优势度指数	均匀度指数	斑块分形维数	廊道密度指数	景观内部生境面积破碎化指数	斑块密度指数
1986	2.005 5	0.579 5	0.775 8	2.537 1	3.039 0	0.859 8	23.512 5
1995	1.869 1	0.715 8	0.723 1	2.519 7	2.468 0	0.844 2	50.834 9
2000	1.892 9	0.692 1	0.732 3	2.420 0	2.113 4	0.910 7	31.066 4
2005	1.653 3	0.931 6	0.639 6	2.478 9	2.188 6	0.930 2	40.265 0

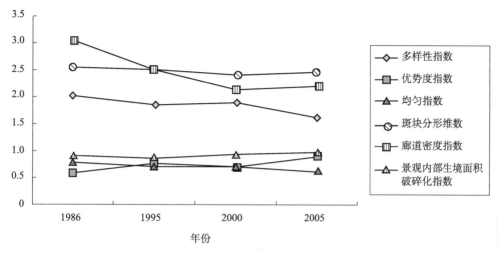

图 2-31 珠江三角洲滨海湿地景观指数变化

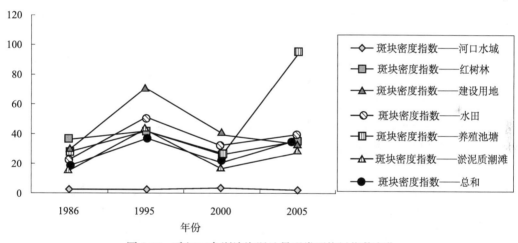

图 2-32 珠江三角洲滨海湿地景观类型格局指数变化

　　总的来看，珠江口滨海湿地 20 年以来的景观指数变化并不非常显著，存在一定的上升与下降走势，与该地区的经济发展是一致的，但景观指数的变化不如湿地类型的变化剧烈，表明对滨海湿地的开发利用是处于一种类型更迭的状态，将原有的湿地类型转换功能。2000 年以后由于围海造地、人工建设用地的面积增加，而养殖池塘受这一过程的影响，斑块的破碎化程度大大增加。前人研究表明，这一时间范围内，由于人类经济活动的发展，该地区湿地不同类型的转换是非常频繁和剧烈的（黎夏等，2006），但滨海湿地景观指数的变化相对而言不是那么剧烈。

三、 珠江三角洲滨海湿地演变的驱动机制

　　珠江三角洲滨海湿地演变趋势是综合自然和人文等诸多因素共同作用的结果，究其

主要影响因素，可以概括为自然因素和社会经济因素两个方面。

1. 自然因素驱动分析

影响珠江三角洲滨海湿地演变的自然因素主要包括地形地貌因子、水文因子、降水因子和它所处的地理区域因子等各要素。珠江三角洲由西江、北江共同冲积成的大三角洲与东江冲积成的小三角洲的总称，是放射形汉道的三角洲复合体，呈倒置三角形。珠江含沙量不多，珠江水系年均输沙量达 8000 多万吨，多岛屿的浅海湾有利于泥沙滞积，所以 2000 年来三角洲发展较快，河口附近三角洲仍在向南海延伸，在河口区平均每年可伸展 10~120 米，成为中国重点围垦区之一。

珠江三角洲是一个浅海湾。这个海湾由地盘断裂下陷而成。三角洲岩系一般不厚，只有 20~30m 或 50~60m，最厚不过 80 多米，如高要的金利为 82m，下伏的基岩常有具网纹状红色风化壳。三角洲岩系由河相、浅海相、三角洲相的疏松沉积物组成，表明它的形成经历过复杂的历史过程。全球低海平面时期，珠江口为大陆组成部分。到冰期后期，海平面上升，逐渐形成伶仃洋和黄茅海两个喇叭形湾之间的弧形沉积带。珠江口在纳汇西江、北江、东江、潭江和流溪河等河流后进入三角洲网河区，经过虎门、蕉门、洪奇门、横门、磨刀门、鸡啼门、虎跳门、崖门等八大口门注入珠江口出南海。

2. 社会经济因素驱动分析

社会经济因素是珠江三角洲滨海湿地景观格局变迁的主导因素，它对湿地景观的作用表现为对滨海湿地的开发利用活动。人类活动的最终目标是实现经济利益，因此人为因素最终归结为经济因素。海岸带区域经济发达、人口稠密、人地矛盾尤为突出。珠江三角洲区域人口的扩容与经济的快速发展必然对湿地环境带来巨大的压力，是滨海湿地演变的重要社会经济驱动因素。对珠江三角洲滨海地市（广州、深圳、中山、珠海、东莞、江门等）1990~2007 年的人口与区域生产总值做出统计，从图 2-33 与图 2-34 看出，珠江三角洲地区 1990~2007 年内人口快速增长，珠江口沿海的 6 个地市的总人口由 1990 年的 1509.87 万人，增加到 2000 年的 3095.81 万人，10 年间，人口增加了 1倍，到 2007 年区域常住人口达到 3370.19 万人；同时此 6 个地市的生产总值由 1990 年的 764.75 亿元，增加到 2000 年的 6681.97 亿元，增加了近 10 倍，至 2007 年增加到20 303.68亿元，比 2000 年又增加了 3 倍多。在经济利益的驱动下，人类加大对湿地资源开发利用强度，从而导致一些天然湿地丧失或骤减，如大量的河口滩涂被用于围垦养殖、河港建设及其他建设用地，从而导致河口滩涂大量丧失。这也是导致湿地总面积及自然湿地面积持续减少的主要因素。

3. 生态环境污染造成珠江三角洲滨海湿地严重退化

珠江三角洲由西江、北江、东江等多条河流汇聚而成，区内水系复杂、河流密布，主要的入海水道有虎门、蕉门、洪奇沥、横门、磨刀门、鸡啼门、虎跳门及崖门八大水道，其水系特征可简述为"三江汇合，八口分流"。随着珠江三角洲制造业迅猛发展和工业聚集，加之城市人口逐年增多，生活生产产生的废水、废气和固体废弃物造成特殊脆弱性也逐渐增强，水土、大气污染日益严重，灰霾天数和酸雨频率日益增加。以实测数据为基础，以氨氮为参数，以年均浓度为分析对象，采用线性分析法及滑动平均法，对 1984~2005 年以来，珠江口八大口门水道水质的年际变化趋势分析，表明八大口门水道氨氮年均浓度均呈现上升趋势，其中鸡啼门水道上升速率最快。各水道在不同时期水质变化虽各有特点，但从 2000 年前后氨氮年均浓度均迅速上升（闻平，2009）。

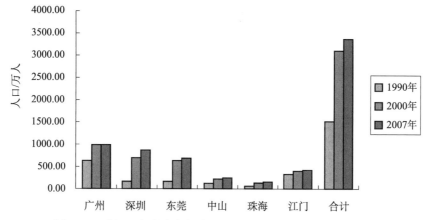

图 2-33　珠江三角洲滨海相关地市 1990~2007 年常住人口变化

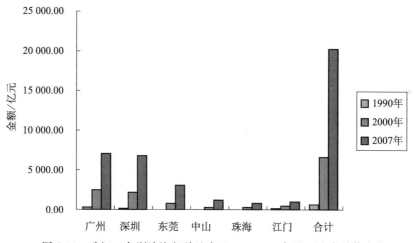

图 2-34　珠江三角洲滨海相关地市 1990~2007 年地区生产总值变化

珠江三角洲的流域面积仅占珠江流域总面积的 2.47%，2000 年废污水排放总量却占全流域排污总量的 54.8%，达 71.63×10^4 t/a；广州市附近的前航道、西航道、后航道、鸡鸦水道、佛山水道年纳污水已超过 1×10^4 t/a，是三角洲污染最重的河道。近年来，原以江河为水源的许多城市自来水厂，取水口水源因受污染而搬迁的情况屡见不鲜，不得不到远离城市几十公里甚至上百公里以外去取水。河口湾的水质污染，导致赤潮逐年增加。1998 年，珠江口发生严重的大面积赤潮，灾害之重为历年之最。水质污染同时威胁到河口海洋生物的生存，并通过生物个体数量的减少和食物链的营养富集机制破坏生态系统的结构和功能，如历史上有名的"八大渔汛"，目前已不再形成汛期。珠江三角洲土壤污染严重，硫、砷、铜、磷等典型的人为影响元素在土壤中大面积累积显著，区中汞、铬、铜等重金属的污染深度已达 80 cm，在广州市黄埔区、佛山市南庄可超过 2 m；毒害性有机质在土壤中也显著累积。这些已对农产品安全乃至人类造成严重的影响。

四、 滨海湿地演变的未来趋势

1. 人类持续对滨海湿地利用的压力巨大

从人类活动对滨海湿地的影响分析来看，珠江三角洲滨海湿地在未来很长的时间内，仍然会面临人类社会经济发展与湿地保护的矛盾。前面的分析指出，珠江三角洲发展历史久，加之人口稠密，有着悠久的湿地开垦利用的历史。这种矛盾短时间内难以控制，必将导致该区域滨海湿地面积的持续减少。

另外，由于污染的加重，尤其是来自点源及面源污染中的氮、磷等营养盐，对滨海湿地及近岸海域的水质形成严重威胁，近年来赤潮发生频率及面积规模有加重的趋势；重金属污染对水体及土壤的影响也非常严重。污染带来的生态环境质量下降影响深远，恢复任务艰巨。

2. 海平面上升对珠江三角洲滨海湿地未来趋势的影响

全球变暖、海平面上升是近十余年来科学界关注的重要环境问题。全球变暖、海平面上升将严重威胁低洼的岛屿及沿海地区，海平面变化是导致海岸带脆弱性重要的因素之一，已引起世界各国政府和科学家的广泛关注。珠江三角洲海平面上升趋势非常明显，不少科学家对珠江三角洲地区未来海平面的上升幅度进行了研究预测，陈特固等（2008）预测 2030 年（前后）珠江口海平面比 1980～1999 年高 13～17 cm。黄镇国和张伟强（2004）预测 2030 年或 2025 年珠江口相对海平面上升幅度为 20～25 cm。时小军等（2008）预计到 2030 和 2050 年珠江口绝对海平面将分别上升 6～14 cm 和 9～21 cm，若考虑地面沉降以及波动值，珠江口部分岸段相对海平面将可能分别上升 30cm 和 50cm。珠江口各验潮站近 40 年的潮位变化趋势分析表明，珠江口海平面正在加速上升（陈特固等，2008）。珠江三角洲海平面上升带来的后果也非常严重（王攀和彭勇，2003）。海平面上升对沿岸地区最直接的影响是高水位时淹没范围扩大。经研究计算，在珠江三角洲地区，如果未来海平面上升 40 cm，目前百年一遇的风暴潮位将降至 20 年一遇；如果海平面上升 60 cm，则变为 10 年一遇（何洪矩等，1995）。海平面上升影响的致灾虽然是一个累积性过程（黄镇国，2000），但已影响到珠江三角洲海岸的稳定性，珠江口沿岸各岸段脆弱性级别的分布较均匀，高脆弱级与低脆弱级岸段总数相当，大部分海岸为中等脆弱级（萧艳娥，2003）。虽然海平面上升的过程相对缓慢，但后果和危害是非常严重的。海平面上升会淹没湿地、农田、养殖池塘，导致湿地面积减少，湿地的护岸护堤功能降低，人民的财产和社会安全必将受到损失和威胁。因此，今后还需要针对海平面上升对珠江三角洲滨海湿地的效应和响应问题进行多学科、多部门的综合研究，为科学规划的制定奠定基础。

第三章
滨海湿地退化机制

　　滨海湿地退化是指在一定的时空背景下，由于自然因素、人为因素或二者的共同干扰下而引起的滨海湿地面积缩小、自然景观丧失、质量下降、生态系统结构和功能降低、生物多样性减少等一系列现象和过程（国家海洋局908专项办公室，2006）。

　　引起滨海湿地退化的原因主要是自然环境的变化或人类对滨海湿地资源过度、不合理利用而造成的滨海湿地生态系统结构破坏、功能衰退、生物多样性减少、生物生产力下降、滨海湿地生产潜力衰退和滨海湿地资源逐渐丧失等一系列生态环境恶化的现象，主要表现为滨海湿地生态系统的功能和结构，以及与生态系统相联系的生境的丧失和破坏，而由此可能导致的水资源短缺、气候变异、各种自然灾害频繁发生等。一旦滨海湿地生态系统形成退化，要想恢复已遭破坏的生态环境和失调的生态平衡是非常艰难的。若能恢复，所需时间和资金投入也是相当巨大的。况且，有些退化过程是不可逆转的，其结果可能是毁灭性的，有可能造成滨海湿地自然生态环境完全消失。

　　针对我国滨海湿地丧失、环境恶化、生态功能退化的现状与问题，采用"我国海洋灾害调查专题滨海湿地专题调查"（908-01-03-03）的数据和资料，收集、整理滨海地区经济发展、土地利用、工程建设、环境变化等相关资料，结合湿地调研，识别不同湿地类型湿地退化的自然和人为原因，阐明我国滨海不同区域、不同湿地类型退化的主导影响因素；研究典型湿地生态类型对环境条件变化的响应机制和过程，揭示我国滨海湿地退化的机理与规律；在此基础上综合分析不同湿地类型环境压力与生态敏感性，对我国滨海湿地退化原因与退化程度进行分区评价，本章选择辽河三角洲滨海湿地、黄河三角洲滨海湿地、江苏盐城滨海湿地、长江三角洲滨海湿地和珠江三角洲滨海湿地五大区域分析其退化现状及退化机制。

第一节　辽河三角洲滨海湿地退化的机制分析

　　辽河三角洲是我国经济发达、人类活动频繁的地区之一。随着大规模的农业和油田气资源开发，该地区的经济发展与自然保护矛盾日益突出。现在辽河三角洲油田井架林立、道路纵横交错，湿地生态系统处于分割状态；采油及运输过程中排放出的石油污染物对湿地生态环境的影响逐渐扩大。另外，大规模的农田开发，辽河三角洲原有的天然湿地变为稻田，野生动物栖息地大为减少。同时，修建的一些水利设施、拦海大堤等，使区域湿地原有的生态条件正在发生改变，生物群落结构正在发生变化。

一、经济发展与开发利用现状

　　辽河三角洲是我国重要的石油基地和粮食生产基地，对东北乃至全国的经济发展和社会稳定起着重要作用，周边各区县社会经济现状见表3-1。辽河三角洲经济有明显的二元结构，以石油开采为主的重工业占优势，油气资源不可再生、水资源相对不足以及生态环境脆弱是该区可持续发展的主要制约因素，由于人类在该区开发活动的广度和强度不断增加，湿地受到的威胁日益加重（王西琴和李力，2006）。

表 3-1　2007 年辽河三角洲周边各区县社会经济现状

地区	行政面积/km²	人口密度/（人/km²）	人均 GDP /万元
营口市辖区	701	1 231	4.60
大洼县	1683	238	4.56
盘山县	2145	135	4.20

辽河三角洲（营口市和盘锦市）土地总面积 612 100hm²，按照土地利用类型构成，耕地面积有 192 200hm²，占土地总面积的 31.4%，水域面积 224 700hm²，占土地总面积的 36.7%，其整体利用情况如表 3-2 所示。辽河三角洲的区域资源开发以油田、稻田、苇田和虾蟹田开发为核心，属于农业、油气、港口全方位综合开发型的三角洲（王凌等，2003）。辽河三角洲是东北地区重要的产粮基地，也是全国最大的芦苇生产基地，以芦苇为主要原料的造纸业是当地主要的轻工业；辽河三角洲陆上及外缘浅海区有丰富的油气资源，辽河油田是我国第三大油田，已经探明石油储量为 61.3×10⁸ t；辽河三角洲还是辽宁省主要的海盐生产基地，海盐产量在辽宁省海盐产量中占有较大的比重，应巩固和发展海盐生产，同时加强海水综合利用，发展海盐化工；辽河三角洲的海洋捕捞业和海水养殖业也很发达，鱼类、对虾、海蜇、滩涂贝类是主要的海洋渔业产品。辽河三角洲还有较丰富的港口资源，营口港和鲅鱼圈港是当地的主要港口。

表 3-2　辽河三角洲土地利用类型构成

一级土地利用类型	营口市		盘锦市	
	面积/km²	占总面积/%	面积/km²	占总面积/%
耕地	728	33.7	1194	30.2
园地	91	4.2	12	0.3
林地	378	17.5	40	1.0
牧草地	152	7.0	40	1.0
居民点及工矿用地	475	22.0	372	9.4
交通用地	38	1.7	97	2.5
水域	261	12.1	1986	50.1
未利用土地	35	1.6	210	5.5
特殊用地	4	0.2	—	—
合计	2162	100.0	3959	100

二、 退化的主要环境压力因素分析

1. 气候变化

气候变暖、变干是引起滨海湿地退化的重要自然原因。1985～1999 年，辽河三角洲气候暖干化态势明显（图 3-1、图 3-2），这是辽河三角洲滨海湿地退化的主要自然因素之一。1985～1999 年，盘锦地区年平均气温呈现上升趋势，年降水量呈现下降趋势，其平均温度的倾向率达 0.1059℃/a，年平均降水量正以－14.812 mm/a 的速度下降，盘锦地区气候变化与全球气候变暖变干的总趋势一致，而气温和降水是盘锦地区沼泽地、滩涂形成和发育的主要生态环境因子。因此，在气候变化背景下，天然湿地尤其是沼泽地、滩涂必然发生变化。沼泽地由于缺水而转变为旱地、裸地，面积逐渐较少，滩涂向海洋延伸，面积逐渐增加。

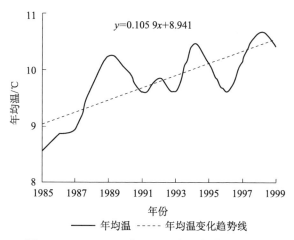

图 3-1　1985～1999 年辽河三角洲年均温的变化

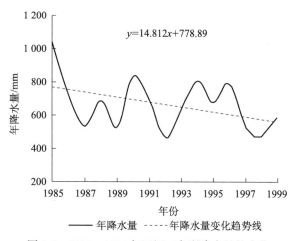

图 3-2　1985～1999 年辽河三角洲降水量的变化

2. 海平面变化

海平面变化是引起滨海湿地退化的另一个重要因素，海平面上升将导致海水入侵、海岸侵蚀加剧，加速滨海湿地的退化。海平面变化包括地动型海平面变化（相对海平面变化）和水动型海平面变化（绝对海平面变化）两种，现代海平面变化是由自然因素和人为因素共同作用引起的。滨海湿地是地球表面陆地与水体之间相互演化的产物，是该演化过程中地表自然地理系统的一种存在形式或者表现形式。海平面变化对滨海湿地的演化有重要影响，假如不考虑其他环境要素的变化，在海平面稳定或下降区域和淤积型海岸，滨海湿地会逐渐向海洋方向推进，发生向海湿地化，在海平面上升区域或者侵蚀海岸，滨海湿地向陆地方向迁移，发生向陆湿地化过程。

全球变暖是一个多世纪以来全球变化的基本趋势，全球变暖导致海水体积膨胀、极地冰川加速融化，引起绝对海平面上升。1991年，美国国家海洋和大气管理局的（NOAA）Douglas对世界21个具有代表性的验潮站的长期验潮资料进行了统计分析，认为剔除构造运动影响后过去的100年全球平均海平面上升速率为1.8mm/a（Douglas，1991），联合国教育、科学及文化组织（简称联合国教科文组织）认为过去100年的平均海平面上升速度为1.0～1.5mm/a，21世纪全球海平面上升幅度的估计值一般为50cm（国际地圈生物圈计划）或60cm（联合国教科文组织），IPCC的海岸带管理小组（CZMS）对21世纪全球海平面上升幅度最高估计为100cm，最低估计值为31cm，最佳估计值为66cm。沿海地区高强度的人类活动，导致人为作用引起的地面沉降、海岸侵蚀等地质灾害日益严重，这导致相对海平面上升加速。

根据过去50多年营口验潮站的相对海平面上升速率（5～6mm/a）估计，辽河口地区未来100年内海平面将会上升0.5～0.6m。海平面上升将直接淹没辽河口地区大片湿地。根据营口验潮站1951～1995年45年的验潮资料，在现在海平面条件下，3m高潮位是经常出现的，3m高潮海平面可淹没的辽河口地区面积为213 398 hm²，若海平面上升0.5m，10年一遇的大潮高潮时海水将淹没3.5m以下地区的面积为353 010 hm²。如果未来100年内海平面上升0.5m，大面积现有湿地将因海平面上升和因海平面上升引起的海岸侵蚀而消失。同时，海平面上升将使辽河口地区保留下来的滨海湿地发生向陆湿地化演化，芦苇湿地将因潮水淹没频率增大、土壤盐渍化演化为碱蓬湿地、盐地碱蓬湿地，甚至演化为裸露滩涂湿地。另外，淡水芦苇沼泽湿地向陆迁移受人工围海建筑物的限制，这样未来海平面上升将使辽河口滨海湿地总面积减小，淡水芦苇沼泽湿地面积的减小最为明显。

根据张锦文的中国沿岸海平面变化预测模型（杜碧兰，1997），辽河三角洲相对海平面变化值，计算结果如下（表3-3、图3-3）。

表3-3 辽河三角洲（盘锦市）海平面上升预测　　　　　　　　　　（单位：cm）

预测水平	2030年	2050年	2100年
低	9.5	16.2	49.3
中	10.8～12.0	18.5～20.6	56.6～63.2
高	13.1	22.5	69.0

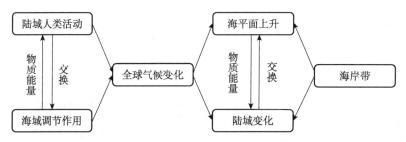

图3-3 全球海平面上升基本机制

在不考虑防护设施的前提下，计算出在不同背景潮位下、海平面上升不同幅度时，可能淹没区域内湿地面积及所占比例如下：在平均大潮潮位背景下，海平面上升13cm、69cm时，可能淹没的湿地面积分别为74 000hm²、80 200hm²，其中河流分别为8500hm²、9100hm²，滩涂分别为45 400hm²、45 500hm²，苇地分别为20 100hm²、25 600hm²；在历史最高潮位背景下，海平面上升13cm、69cm时，可能淹没的湿地面积分别为135 600hm²、152 500hm²，其中河流分别为13 600hm²、15 900hm²，滩涂分别为47 300hm²、49 300hm²，苇地分别为74 700hm²、87 300hm²；在百年一遇高潮位背景下，海平面上升13cm、69cm时，可能淹没的湿地面积分别为141 100hm²、156 700hm²，其中河流分别为14 700hm²、16 200hm²，滩涂分别为47 700hm²、49 600hm²，苇地分别为78 700hm²、90 900hm²（栾维新和崔红艳，2004）。

3. 入海河流径流量减少

辽河三角洲滨海湿地中的自然湿地以芦苇沼泽为主，占自然湿地面积的41.5%，是亚洲第一大芦苇湿地。芦苇生长的主要限制因子是水和盐度，而河水和海水的彼此消长决定着河口湿地的水分盐度，如果河道来水减少则会引起海水倒灌，使得湿地水分盐度升高，造成靠近河口的芦苇湿地退化，因此决定芦苇生长质量的关键因子是淡水。

由于近年来气候变暖、变干，降水减少，辽河三角洲天然径流降幅较大。1980～2000年，流经该区的大凌河和绕阳河多年平均降水比1956～1979年分别减少6.2%和5.4%，天然径流分别减少26.26%和21.39%。同时，上游水库的兴建使得下游来水减少（表3-4），仅大凌河、辽河干流、大辽河上游修建的7座水库库容就达71.9×10⁸ m³，占总径流量81×10⁸m³的88.8%。在淡水资源不断减少的同时，三角洲水田面积却不断增加，从1980年的6.96×10⁴hm²上升到2000年的1.76×10⁵ hm²，导致农业用水挤占苇田用水。尤其在春季，降水只占年降水量的15.5%，蒸发量达到全年最高，同时稻田生长进入最需要补水的时期，导致芦苇湿地缺水较大，需要人工灌溉来维持生长（王西琴和李力，2006）。

表3-4　辽河三角洲各河流上游水文站1956～2000年平均年径流量的比较

河流	水文站	1956～1979年/10⁴m³	1980～2000年/10⁴m³	1956～2000年/10⁴m³	后21a与前24a比较减少/%
大凌河	朝阳	88 193	49 621	70 193	43.74
辽河	毓宝台	371 894	331 373	353 032	10.92
浑河	那家窝棚	195 137	188 628	192 100	3.34

辽河三角洲芦苇湿地，在平水年至少需要5×10⁸～6×10⁸ m³的水进行灌溉，才能维持正常的面积和产量。目前，大凌河、双台子河、辽河的桃花汛，以及稻田、城镇回归水等不到3×10⁸m³，因为缺水，苇田面积已很难达到8×10⁴ hm²的水平，在正常年份一般维持在6.67×10⁴hm²左右。水量不足降低芦苇生长密度和高度，芦苇质量下降，不仅影响芦苇的经济价值，同时对芦苇湿地的生态服务功能产生严重威胁。

4. 海岸侵蚀

由于气候变化，加之在河流中和上游建设水库拦蓄径流为水田提供灌溉用水、为城市提供工业和生活用水，在海滩大量挖沙等原因，导致辽河三角洲的入海河流径流量、输沙量减小，使得辽河三角洲沿岸物质能量不平衡和海岸侵蚀，这也引起辽河三角洲滨海湿地的退化。例如，双台子河 1964 年在建闸后，其入海径流量、输沙量分别由 $39.5\times10^8\,m^3$ 和 $4940\times10^4\,t$ 降至 $27.5\times10^8\,m^3$ 和 $899\times10^4\,t$。

营口镇海岸自 20 世纪 70 年代起由于连续采掘海滩沙，造成海岸侵蚀后退。其中 1969～1976 年，营口田家崴子的跋窝海湾岸线后退了 15m；鲅鱼圈港以南的张家屯附近海岸 1997 年前的 15 年间后退了 60m 有余；兴城沿岸海滩和葫芦岛以北海滩 1971～1987 年后退了约 600m，平均蚀退速率 37m/a，1987～1994 年蚀退速率增至 100～200m/a。对比 1987 年和 1996 年 2 个年份的卫星遥感影像表明，期间整个辽东湾海岸出现了不同程度的后退。在护岸工程的共同作用下，1987～1996 年 10 年间辽河三角洲因侵蚀损失的土地面积约 22 000hm²。海岸侵蚀导致滩涂面积萎缩、滩涂土壤含盐量增加、海水沿河道入侵和盐地碱蓬湿地面积逐年萎缩（杨翠芬和田村正行，2004）。

5. 风暴潮

随着全球变暖，辽河三角洲沿岸的风暴潮灾害有频率和强度增大的趋势。一般来说，滨海湿地生态系统中，半咸水环境的生物多样性和物种丰富度最大，咸水环境和淡水环境较差。风暴潮灾害发生时，短时间内会发生剧烈的海岸侵蚀、半咸水环境会变为咸水环境，导致生物多样性水平下降。盐地碱蓬湿地会发生面积萎缩或者退化演替，改变原有的湿地顺行演替进程，盐地碱蓬湿地退化为裸露滩涂。

三、 退化的主要人类活动压力因素分析

1. 环境污染

污染导致辽河三角洲滨海湿地地表水和土壤环境质量下降，引起辽河三角洲滨海湿地温室气体排放增加、水体富营养化、潮下带近海湿地赤潮灾害增强、渔获物污染、湿地土壤含盐量变化等退化过程（张绪良等，2004）。

辽河三角洲滨海湿地的污染物主要来源于沿岸城市、工业的排污，这些污染物通过辽河、双台子河和大凌河等河流携带入海（表 3-5），其中油类和农药主要来自辽河和双台子河，其他污染物由大凌河携带入海的总量相对较大。

表 3-5 辽河三角洲主要河流的污染物入海量　　　　　（单位：t/a）

项目		化学需氧量（COD）	总汞	铜	铅	锌	镉	油类	农药
入海量	辽河	359 035.6	0.380	42.420	108.19	16.20	14.290	495.66	6.339
	双台子河	21 679.5	0.275	26.670	58.30	8.80	5.775	244.75	3.382
	大凌河	49 432.5	0.303	424.66	509.78	810.69	—	124.86	1.035

注：资料年代：1984 年

资料来源：中国海湾志编纂委员会（1998）

虾池开发占用自然湿地和造成湿地水质污染。2001 年，仅在保护区范围内修筑的虾塘、鱼池、河蟹孵化厂等占地超过 1333.3hm²，根据万亩虾池日排 COD5t、日排氨氮 0.4t，保护区虾田日排 COD10t、氨氮 0.8t。大部分虾池建在高潮带且分散，在一日

2次高潮和2次低潮的作用下一般不会对周围的水域环境产生明显影响，但少部分岸段虾田过于集中，使排出的污染物超出海域的稀释自净能力，影响了周围水域环境，导致海洋水质富营养化，甚至影响虾田，造成大面积对虾死亡、绝产，严重亏损（陈兵等，2001）。

2. 农业开发和石油开采

农业开发和石油开采导致湿地面积减少、景观格局破碎化。辽河三角洲的农业开发、石油开采及相应的基础设施建设不断占用自然湿地，湿地面积从1984年的$36.6\times10^4 hm^2$下降到1997年的$31.5\times10^4 hm^2$，减幅达14%，其中自然湿地减少了10.3%。许多自然湿地转变为人工湿地，如水田、虾蟹池，2000年水田面积比1980年增长了163.5%，达$17.6\times10^4 hm^2$，成为该区面积最大的湿地景观类型，虾蟹养殖占用湿地发展迅速，1986～2000年增加了5050 hm^2。

石油开采是引起辽河三角洲滨海湿地退化的重要因素之一，仅"八五"期间石油开发就占用湿地$3.19\times10^4 hm^2$。由于该地区石油开发强度大，井喷油管破裂、原油泄漏、油井的钻探、输油气管线的敷设等将对湿地表层土壤造成一定程度的破坏，直接或间接影响地表植被，导致较为严重的景观破碎化现象，破坏了湿地的原有生境，是造成湿地生态系统退化与苇田减产的主要因素。自然湿地斑块面积的减少、内部结构的简单化造成生态系统自我调节能力和抗干扰能力下降，增加了湿地的脆弱性（王西琴和李力，2006）。

3. 旅游开发

辽河三角洲滨海湿地具有很大的旅游开发潜力，双台子河入海口防潮大堤外沿海滩涂上的红海滩景观，被海内外游客称为天下奇观，是辽宁省"五十佳景"之一；盘锦市拥有世界上最大面积的苇田，宏伟、浩瀚的芦苇荡，景色壮观优美，是人们返璞归真、回归大自然的极好游览胜地。盘锦市在发展生态旅游的同时，必将对湿地产生以下两个方面的影响：一是占用土地，包括建筑道路、停车场、服务区及必要的房屋等；二是环境污染，包括交通尾气、游客消费的固体废弃物等（张常钟等，1994）。

第二节 黄河三角洲滨海湿地退化的机制分析

一、经济发展与开发利用现状

黄河三角洲是一片年轻的土地，其开发历史仅有百余年。它有全国第二大油田——胜利油田，石油工业的发展为黄河三角洲注入了蓬勃生机与活力；同时，黄河三角洲也是传统的农业经济区，人均粮食占有量居山东省第一位，但由于开发较晚，集约化程度低，农作物单产水平低。在石油工业的带动下，地方工业迅速发展，已基本形成了以石油化工、盐及盐化工、纺织、造纸、机电、建筑、建材、食品加工为主导的多元化工业体系。黄河三角洲周边地区社会经济状况如表 3-6 所示。

表 3-6　2007 年黄河三角洲周边地区社会经济状况

地区	行政面积/km²	人口密度/（人/km²）	人均 GDP/万元
东营市河口区	2365	121	10.28
东营区	1156	533	2.29
垦利县	2204	95	6.00
广饶县	1138	422	5.33
滨州市沾化县	2114	185	2.49
无棣县	1998	220	3.27

1. 油田开发

黄河三角洲是中国重要的石油工业生产基地，是我国第二大石油生产基地胜利油田所在地。1961 年，胜利油田在黄河三角洲境内开始勘探开发，第一口油井华 8 井位于当时广饶县辛店公社东营村。1964 年后，胜利油田进行开发会战，逐步建成了中国第二大石油工业生产基地，从此开始了快速持续的发展。

到 2001 年年底，累计探明黄河三角洲石油地质储量 41.71 亿 t，探明天然气地质储量 367.2 亿 m³；已投入开发油气田 67 个，动用石油地质储量 34.45 亿 t；有油井 20 197口，累计生产原油 7.46 亿 t。

胜利油田通过接收、划拨、租种、联合开发、正常程序报批等形式，在东营市境内共占地 27 015 宗，面积 8.53 万 hm²，占油田用地的 90% 以上，包括划拨用地 71 143hm²，出让用地 248hm²，授权经营用地 13 911hm²。其中，商业服务业用地 149hm²，占 0.17%；工业仓储用地 16 746.6hm²，占 19.63%；公用设施用地 1020 hm²，占 1.20%；公共建筑用地 1442.9hm²，占 1.69%；住宅用地 1804.9hm²，占 2.12%；交通运输用地 1586.7 hm²，占 1.86%；水利设施用地 31 238 hm²，占 36.62%；农业用地 15 615 hm²，占 18.31%；未利用土地 15 698 hm²，占 18.40%。

胜利油田的开发建设，带动了黄河三角洲地区经济的发展和城市化的进程，有力地支持着国民经济的健康发展。特别是在当前我国经济处于高速发展阶段、石油耗用量大幅增加的情形下，保证胜利油田的稳产和高产，具有重要的战略意义。但同时由于油田的建设，势必带来一定的环境问题，油田的开发与环境保护之间存在着尖锐的矛盾。

2. 黄河三角洲捕捞业的发展

20 世纪 70 年代以前，黄河三角洲的捕捞业处于自然状态，主要的作业方式以滩涂人工采捕为主，规模较小。进入 80 年代后，随着渔船数量的增加，机动船不断增多，马力不断增大，捕捞能力增强，捕捞强度也在不断加大。

1983 年，东营市拥有渔船 467 艘，其中机动渔船 146 艘（5434 马力）、非机动渔船 321 艘（载重吨位 1850t）。1983 年后，渔业生产由生产大队或生产队为基本核算单位逐渐改为以船为基本核算单位，"大包干"为主要承包形式。渔民单户或联户购置渔船的捕捞专业户、个体小型渔船迅速增加，特别是 1988 年后渔民自己建造 20 马力以下小型机动渔船的较多。1988 年，全市机动渔船达 1056 艘，比 1983 年增长 6.2

倍；其中 20 马力以下小型渔船 1020 艘，比 1983 年增长 7.5 倍；非机动船 144 艘，比 1983 年下降 55％。随着渔船的增加，近海作业方式更加多样化，捕捞网具由单一网具向多种网具生产转变。1995 年，全市从事海洋捕捞的机动渔船达 1552 艘，30 413 马力，分别比建市初期增长 9.6 倍和 4.6 倍；其中，个体渔船 1534 艘，28 976 马力，分别占全市渔船总数和总马力的 98.8％和 95.3％；非机动渔船仅有 5 艘，比 1983 年下降 98.4％（表 3-7）。

1996 年后，针对近海渔业资源日益匮乏的实际，东营市海洋捕捞生产结构开始调整，渔民放弃小渔船，改革渔具渔法，建造大功率渔船。1998 年，渔船改造步伐加快，东营市 1542 艘渔船普遍进行了维修、改造和更新，新增 80 马力以上渔船 12 艘；全市机动渔船共 1492 艘，总动力 32 493 马力，远洋捕捞开始起步。当年产量 4500t，产值 257 万元，获利 170 万元，至 2002 年外海捕捞产量在捕捞总产量中的比重达到 85.9％（表 3-7）。

表 3-7　东营市海洋捕捞生产量统计

年份	捕捞量/t	近海捕捞量/t	渔船马力总量	单位马力生产量
1983	5 380		5 434	0.990
1985	5 370		5 686	0.944
1988	13 642		16 540	0.825
1990	22 327		17 963	1.243
1992	33 742		28 562	1.181
1994	56 136		31 030	1.809
1995	62 300		30 413	2.048
1996	67 580		25 070	2.696
1997	91 753		28 176	3.256
1998	124 675		32 493	3.837
1999	147 000	98 049	34 118	4.309
2000	123 000	61 500	43 802	2.808
2001	119 585	48 910.3	54 526	2.193
2002	109 700	15 467.7	54 142	2.026

3. 农业开发

通过大力调整农业结构，积极推进农业产业化，努力提高农产品质量，黄河三角洲农业各业已经有了全面的发展，农业生产条件和农村基础设施也有了进一步的改善。

自 20 世纪 90 年代以来，随着农业种植业调整力度的加大，粮食播种面积减小，经济作物播种面积增大，种植业结构得到了进一步优化，2003 年全区粮食作物播种面积为 $45.6 \times 10^4 hm^2$，粮食总产量 $248.87 \times 10^4 t$，其中夏粮、秋粮每公顷产量达到了 5640kg 和 5400kg；棉花种植面积达 $19.17 \times 10^4 hm^2$，皮棉总产量 $20.82 \times 10^4 t$，蔬菜、瓜果种植面积 $11.22 \times 10^4 hm^2$，总产量 $510.35 \times 10^4 t$。

2003 年，全区生猪年末存栏 135.04×10^4 头，牛年末存栏 99.52×10^4 头，羊年末存栏 223.30×10^4 头，肉类总产量为 $37.19 \times 10^4 t$，禽蛋总产量 $28.65 \times 10^4 t$，奶类产量

11.90×10⁴t。

2003年，全区农业机械总动力635.34×10⁴kW，农村用电量10.58×108kW·h，有效灌溉面积43.97×10⁴hm²。全区7164个村通电话，7094个村通汽车，自来水受益村5897个。

二、 滨海湿地退化现状与存在的问题

（一）退化现状

1. 天然湿地面积呈现缩减趋势

黄河三角洲是世界上陆地增生速度最快的区域，在世界大河三角洲中绝无仅有。长期以来由于黄河尾闾的摆荡，黄河泥沙的淤积，黄河三角洲以惊人的速率向海生长，形成大面积新生土地。但经过近半个世纪以来的开发和黄河流域气候的变化、黄河水沙量减少，使得黄河造陆速率下降，黄河三角洲滨海湿地呈现出不断萎缩退化的趋势。

一向以高速增长著称的黄河三角洲，自1996年以来出现了负增长，水下岸坡不断刷深。根据实测资料分析，刁口河流路老河口自1976年改道清水沟流路到2000年的24年间，0m水深线蚀退10.5km，平均每年蚀退437m。孤东海堤堤前水深由1986年的0.3～0.6m发展到2002年的2.0～3.5m；1976～2000年20多年间，三角洲蚀退陆地28 398hm²，淤积造陆面积26 720hm²，净蚀退陆地总面积1678hm²，并且蚀退现象呈恶化趋势。

由于受渤海湾海洋动力等因素的影响，黄河三角洲北部沿岸的蚀退面积从1996年开始已大于黄河入海口新增土地面积。据山东省地矿局测算，1996年以来黄河三角洲以每年平均760hm²的速度在蚀退。至2004年，累计减少陆地面积6820hm²。

此外，风暴潮的侵袭破坏、滩涂的开发利用、油田开采占地、农业生产垦殖、水工建筑与道路的阻隔，都使三角洲地区的自然湿地不断减少，湿地生态系统受到严重损害。虽然黄河三角洲自然保护区的建立和发展对湿地的保护发挥了巨大作用，但并不能遏制整个三角洲滨海湿地损失退化的趋势。

2. 滨海湿地生产力不断下降

河口滨海地区是自然生产力相当高的区域，黄河口及邻近海域物产丰富，生物量高。但随着开发程度的不断加深，强度加大，资源量出现萎缩，生产力下降，许多物种甚至绝灭。

20世纪80年代前后，黄河河口及邻近海域初级生产力高于渤海平均水平；2002年5月，黄河河口及邻近海域初级生产力略低于渤海同期平均水平，初级生产力比1984年同期下降20％左右。1984年春季该海域浮游植物细胞数量明显高于渤海和山东半岛沿海平均水平，而2002年5月份海域浮游植物细胞数量低于渤海平均水平，与1984年该海域的同期相比，浮游植物细胞数量下降了近1个数量级。与1984年同期相比，2002年浮游动物生物量下降了近50％。

黄河口及其近岸海域是渤海区域重要的渔场，近 20 多年来，渔业生产力下降也很明显。1982 年 5 月鱼资源密度为 200～300kg/（网·h）降至小于 10～50kg/（网·h）；无脊椎动物密度也由 1982 年 5 月的 30～50kg/（网·h）降至小于 10kg/（网·h）。资源明显减少的有黄姑鱼、银鲳、牙鲆、对虾、蓝点马鲛、鹰爪虾等。据金显仕等分析，1998 年黄河口及其附近海域平均渔获量大幅度下降，分别仅为 1959 年、1982 年和 1993 年的 3.3%、7.3% 和 11.0%。

3. 生态环境状况未见好转

黄河三角洲多为新生土地，生态环境脆弱，在人们不断开发利用的过程中，生态环境受到了严重的破坏，生境衰退、环境质量下降、生物多样性降低。

2003 年，在东营市环保局所监测的 18 条河流中，黄河由于地上河的缘故，水位较高，各类污染水源难以汇入，一定程度上避免了遭受太多污染，水体污染程度较轻，水质达到了地表水环境国家质量标准Ⅲ类水质标准，而其他各条河流均为Ⅴ类或是超Ⅴ类水质。神仙沟、挑河、溢洪河等排海河流水质没有明显改观，污染依然严重。近岸海域水质虽能达到规划功能区水质目标，但水质总体维持在Ⅲ类标准，情形不容乐观。

由于污染的持续加重，加之黄河淡水来源减少，三角洲滨海湿地生态系统受到损害，系统结构的完整性和功能的正常发挥正面临着严重的威胁，特别是黄河断流导致滨海湿地生态环境发生深刻变化。断流直接造成湿地的干旱，影响了湿地植被的正常生长，湿地退化甚至消失，某些水鸟生境遭到破坏，范围萎缩，适宜性降低，土壤的次生盐渍化也不断加重；同时，淡水的减少使河口区营养盐入海量下降、盐度升高，导致河口及近岸海域的浮游生物、底栖生物及洄游性生物大量减少和死亡，物种减少，生物量下降。河口区表层海水近年来的最高盐度已达 34.2，与 1959 年同期相比，增加了约 25%，黄河口水域已丧失作为鱼类产卵地的功能。生态环境的恶化也使得黄河口海域频繁发生赤潮灾害，威胁当地水生生物的健康及渔业生产。

国家海洋局黄河口生态监控区 2008 年的监测表明，该区域生态系统处于亚健康状态。水体富营养化严重，氮磷比失衡，大部分水域无机氮含量超Ⅴ类海水水质标准。沉积环境总体质量良好。部分生物体内砷和镉的含量偏高。生物群落结构状况一般，生物多样性和均匀度较差，春季浮游动物密度偏高，平均密度为 74 129 ind/m³，生物多样性指数平均为 0.877，均匀度平均为 0.337；底栖动物栖息密度偏低，春季和夏季分别为 101 ind/m³ 和 88 ind/m³。鱼卵、仔鱼密度低，平均密度分别为 1.5 尾/m³ 和 1 尾/m³。连续 5 年的监测结果表明，黄河来水量的明显增加使河口湿地生态环境质量略有改善，黄河口生态系统健康状况总体处于恢复状态，生态系统健康指数有增加趋势，但水体富营养化、氮磷比失衡仍然严重。部分生物体内砷、镉和石油烃的含量偏高。渔业生物资源衰退等生态问题依然严重。外来物种泥螺数量持续增加，密度和分布范围超过邻近的莱州湾。陆源排污和过度捕捞等是影响黄河口生态系统健康的主要因素。

（二）存在的问题

由于人类活动与自然过程的共同作用，黄河三角洲滨海湿地损失退化现象明显，特别是油田分布区，退化程度已很严重，近年来虽有所恢复，但已形成的局面难以改变。黄河三角洲滨海湿地有黄河三角洲国家级自然保护区的保护，近年来地方政府努力进行环境建设，但也很难遏制其退化的趋势。在现有环境条件和基本状况未有大的改观的前提下，今后相当长的一段时期内，黄河三角洲滨海湿地的退化现象和过程不会有太大的改观。

黄河三角洲滨海湿地的开发利用，除自然保护区核心区内在努力减少生产性活动外，其他地区的开发活动非常活跃。开发利用的方式有海域的水产捕捞，沿海岸区域的水产养殖、晒盐，向陆区域的大面积开垦种植棉花，整个区域的油田开采等生产活动。改革开放以来，在经济利益驱使下，黄河三角洲滨海湿地农业生产活动几经变化，同一区域的利用方式在不同年代不断反复，而总的规模不断扩大，开发强度不断增强，对滨海湿地的破坏也越来越严重，生产建设与环境保护的矛盾也越来越突出。这一过程中，自然保护区的建设扮演着重要的角色，对缓解经济利益与环境保护的矛盾发挥着重要作用，但仍然存在不少问题，需要进一步地研究和探讨。

1. 资源的过度开发与利用

伴随着黄河三角洲经济发展，资源开发和利用进一步加速，到处呈现一种"欣欣向荣"的开发景象。随着黄河三角洲"高效生态经济区"的出现和推广，黄河三角洲滨海湿地资源和环境正在遭受新一轮的蚕食和破坏。

随处可见各种开发活动的实施。2008年位于桩西油田区域，已有所恢复的芦苇等植被生长良好的湿地正在被大型机械摧毁。海星养殖场正在建设667hm^{2}的养殖池，总施工面积达3333hm^2，主要用来建设虾池、卤池、盐场。2007年还发育良好的草甸已不见踪影，取而代之的是已被清理平整的待用土地。大规模的棉田开发也是随处可见，即使在自然保护区内的土地也不能幸免。2004年自然保护区一千二管理站南侧的大片柽柳林已被棉田所代替，2009年在该管理站辖区内依然存在大规模的开发活动。目前，黄河三角洲区域的农耕活动主要为棉花种植，很难看到还有其他方式的利用活动。

河口及海上捕捞活动也随着机械水平和捕捞技术的不断进步而有了很大提高，捕捞强度也在不断增大。河口滨海地区是自然生产力相当高的区域，黄河口及邻近海域物产丰富，生物量高。随着开发程度的不断加深，强度加大，资源量出现萎缩，生产力下降，许多物种甚至绝灭。

2. 自然保护区管理职能与权利的矛盾

滨海湿地保护和管理是一项系统工程，涉及自然、社会、经济的各个方面，实施过程中，也会出现各种矛盾。保护区管理局是实施滨海湿地保护和管理的具体职能部门，所担负的职责巨大。由于保护区的权限问题，特别是中国保护区普遍存在的土地权问题，往往使保护区内的地方性生产活动得不到有效的控制，毁坏湿地的开发行为时有发生，造成了滨海湿地损失退化。到目前为止在保护区内依然存在着生产性活动。虽然部分地方经济发展与湿地保护的矛盾得以解决，有些活动依然是保护区无法控制的。因此，滨海湿地保护和管理，要有地方政府切实的支持，赋予保护区相应的权利，协调与滨海湿地保护管理有关的各种关系，建立有效的、可操作的滨海湿地管理保护机制。地方政府应将滨海湿地保护和管理纳入到长期规划，并对具体的实施给予有力的支持，切实保障其有效性。

同时，滨海湿地本身是一个复杂庞大的系统，黄河三角洲滨海湿地处于频繁而剧烈的变化之中，长期以来缺乏有效的监测，因而对其变化特征及规律缺乏必要的了解。现有的研究只是在有项目支持的情况下，在有限的时间及区域内对其进行有限的调查、监测和研究，缺乏全面、系统、长效的监测和研究，所得到的结论也往往具有时限性和片面性，在应用上也有一定的限制。针对黄河三角洲滨海湿地的环境特征，应该建立长期的环境监测网络体系，将其作为一项常规工作纳入到黄河三角洲滨海湿地的保护、管理和研究中，而这方面的工作也应该纳入黄河三角洲国家级自然保护区的职能范围内。

3. 资源共享与研究的持续性

近年来，黄河三角洲是一个研究的热点地区，有关的项目很多，研究成果也很多。遗憾的是，在实际的调查中，资料的获得却不是一件容易的事，即使是已经完成的项目，却也往往作为一种"内部资料"加以控制或处于一种不公开的状态中。这对了解黄河三角洲研究现状及进展带来一定的困难，也不可避免地造成某些研究内容的重复和资源的浪费，对黄河三角洲滨海湿地的开发利用也会产生不利的影响。为了能使研究效率和研究水平持续提高，有必要建立黄河三角洲湿地研究资源数据库，开拓资源共享平台，提供有关研究的最新信息，以便能使其他的相关研究者掌握该区域和该领域的研究动态，指导其在现有的基础和水平上进行进一步的深入研究和探索，更好地揭示滨海湿地环境特征及演化规律，探讨滨海湿地损失退化的机制和过程，满足三角洲生态环境保护建设及社会发展的需要。

三、 退化的主要环境压力因素分析

（一）海岸侵蚀

黄河三角洲长期以来依靠黄河的泥沙淤积保持着高速的淤长，在黄河入海漫流时期，入海口地区大范围内都表现为向海淤积，陆地增生。当入海流路废弃改道时，故河道入海口区由于泥沙来源断绝，海陆作用的优势转化，海洋作用处于强势，侵蚀作用占据主导地位。特别由于人为作用导致黄河独流入海，沿岸泥沙输送范围受到限制，尤其是泥沙供应大量减少的现在，除现河口泥沙在有限范围内堆积有造陆外，沿岸大范围内普遍表现为蚀退，有些岸段侵蚀后退及下蚀刷深强烈。而且，因为蚀退作用发生在沉积物上，黄河三角洲的堆积体易遭受侵蚀。黄河三角洲沉积物堆积时间短，表层粉砂质或黏土质粉砂层的含水量较高，孔隙比大。这样的沉积物属于中等压缩性到高压缩性的沉积物，这里分布的地层一般为固结不好的软弱地层，欠压实，具软塑或流塑状态、压缩性高、强度小等特点，抗冲强度小。

1. 黄河三角洲海岸侵蚀特点

现代黄河三角洲海岸侵蚀呈现出两大特点：就空间上而言，黄河港或五号桩以北以西的刁口河岸段侵蚀强烈，港口以南岸段呈现出快速堆积趋势，但 20 世纪 90 年代以后，除行水河口有一定堆积外，其余部分均呈现出侵蚀的特征，而河口北部的侵蚀较河口南部更为严重一些（图 3-4）。

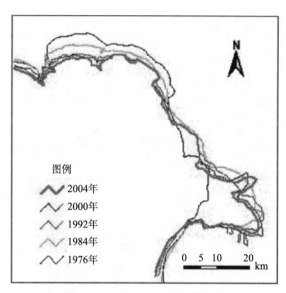

图 3-4 1976～2004 年岸线变化

根据油田资料，1976 年黄河改道后，这里的物源断绝，海岸线迅速蚀退。

0m 等深线：1976～2000 年，24 年蚀退 10.5km，平均每年 437m，水线目前已进入油田内部。

2m 等深线：1976～1999 年，23 年蚀退 7.89km，平均每年 343m，其中 1992～1999 年蚀退 2.05km，平均每年 293m，目前距油田边界线只有 2km。

5m 等深线：1976～1999 年，23 年蚀退 4.189km，平均每年 182m，其中 1992～1999 年蚀退 1.6km，平均每年 229m，推进速度有加快的趋势，目前距油田边界 6km。

10m 等深线：1976～1999 年，23 年蚀退 1.239km，平均每年 54m。距油田边界 12.5km。

卫星影像中，1996 年以前形成的河口大嘴明显侵蚀后退，2000 年在河嘴北侧已形成一条宽阔潮沟，2004 年潮沟以东南部分已完全被侵蚀掉。据测算，2000～2004 年，北部刁口河岸线最大蚀退距离 2410 多米，年均蚀退 600 多米，该区域岸段总体年平均蚀退 266m，四年间蚀退面积约 2222.4hm²，年均蚀退约 555.6hm²。五号桩南共蚀退 4058.5hm²，年均蚀退 1014.6hm²。而同期仅新河口有限区域内造陆 614.2hm²，年均造陆仅有 153.5hm²。四年间净蚀退 5666.7hm²，年均蚀退约 1416.7hm²。

就时间上而言，1976 年后刁口河岸段侵蚀速度很快，近 10 年来侵蚀速度明显减缓，岸线向陆退缩距离逐年减少。以刁口河河口为例，1976～1984 年，岸线蚀退年均约为 400m，1984～1992 年均约为 300m，1992～2004 年均蚀退 120m。这符合布容法则，当岸坡在水动力作用下逐渐形成均衡剖面时，侵蚀与堆积会达到一个相对稳定的状态，从而维持一定时段的平衡。

1999 年 5 月埕岛油田中心平台海区与 1988 年 6 月黄河海港西侧的监测资料对比，11 年来岸边至 12m 水深表现为冲刷为主的基调。岸边一般刷深 0.8～1.5 m，年刷深速率 0.1m 左右。5～10m 水深，是埕岛油田水下岸坡最不稳定的海区，表现为沟脊相间，冲刷严重，最大刷深达 3.8m，11 的年均刷深 0.18m。10m 水深以下，表现为略冲略淤或不冲不淤的准平衡状态。两个时段监测资料对比，今日埕岛油田海区年冲刷速率已显著降低。

自 20 世纪 80 年代中期以来随着沿岸堤坝的修建，孤东—桩西—埕岛一线大堤的建成，这部分的岸线基本固定下来，但堤外冲刷却很严重。例如，桩西海堤，1986 年修建海堤时地面高程为 1.53m，2000 年大堤外水下地面高程为 −1.48m，14 年地面平均下降 3.01m，平均每年 0.215m。孤东油田东大堤，堤内堤外最大高差于 2004 年已超过 5m，堤脚附近年均最大刷深达 0.38～0.45m。在孤东观潮站堤坝下呈北西方向分布有一下切深槽，2000 年沟槽中心深度 1.0～1.8m，2004 年已深达 1.0～2.4m，冲刷有加剧之势。正因为如此，在海堤大坝修成后每年都要投入大量资金进行不断的维修加固，一旦风暴潮发生，溃堤垮坝问题就难以避免。

2. 冲淤特点

一般而言，河口水域随着泥沙的淤积，岸线不断向外扩展，岸坡变陡。废弃河口区域遭受冲刷侵蚀，岸线后退，岸坡变缓。不同时期由于泥沙供应以及水动力状况的不同，冲淤会表现出不同的特点。

1959～1976 年是黄河走神仙沟流路的后期和全部刁口流路时期，三角洲东北部滨外出现大范围淤积区，其中刁口大嘴外偏西部淤积最烈，最厚达 13m 以上。河口附近泥沙淤积说明，大部分的入海泥沙扩散距离很近。从刁口大嘴外淤积厚度不对称分布说明，黄河当时的入海泥沙以向西运移为主（图 3-5（a））。

另外，在甜水沟口外偏南部有一块范围不大的冲蚀区，最大冲蚀厚度达 4m 以上。冲蚀区以南为一带状弱淤积区，以北则是大范围的较强淤积区。这说明甜水沟流路终结以后，河口附近发生了强烈的冲蚀。在这个过程中，蚀余物质大部分沿海岸向南北运移，致使南北两侧均发生淤积。而北侧由于处在岔河流路河口附近，有黄河物质的多次直接输入，淤积较厚。

1976～1988 年黄河走清水沟流路入海，在河口附近也形成一个强烈淤积区。若以河流及其延长线为轴，此淤积区也是不对称的。河口以南，淤积范围小而强度大；以北则相反，淤积强度较小，但范围较大［图 3-5（b）］。可以看出，黄河入海泥沙主要堆积在河口附近，部分泥沙沿海岸向南北方向运移，南向较多，北向较少。

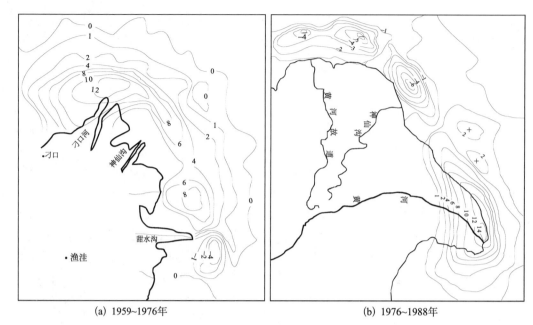

(a) 1959~1976年　　　　　　　　(b) 1976~1988年

图 3-5　黄河三角洲滨岸泥沙冲淤图

整体上，1976~1988 年间，以五号桩附近的冲淤零值线为界，西侧为冲蚀区，南侧为淤积区。冲蚀区正是 1976 年前黄河刁口流路入海沿岸海域，自刁口河流路停止行水改走清水沟起，整个强蚀型海岸及其水下岸坡普遍受到强烈冲刷，自 1976 年至 1988 年侵蚀范围从岸线延伸到岸坡坡脚（水深约 15m）；侵蚀宽度达 8~15km，平均宽度约 12km；侵蚀形态犹如涡状椭圆体，最大侵蚀深度达 6m 以上。对应原刁口流路不同时期的 3 个河嘴，形成 3 个冲蚀中心，最大冲蚀厚度自西向东分别为 5.0m、6.4m、6.6m。淤积区主要集中在当时黄河入海口外，入海泥沙向北运移很少进入五号桩以北的近岸海域，向南落淤可达永丰河口外。淤积中心在 1988 年河嘴北唇，最大淤积厚度达 14m，淤积等厚线呈南宽北窄形式，向海一侧等厚线密集，梯度大，说明东侧的海蚀作用较强。由 0~2m 淤积等厚线的分布看，泥沙在河嘴北侧主要是沿岸落淤，至孤东油田位置以北则渐渐在较远岸的海域落淤形成一个弱淤带，淤积厚度在 1m 以下，河嘴南侧的淤积相对均匀，等厚线依次展宽。

1996 年后，黄河三角洲的冲淤形势并没有发生大的改变，由于来水来沙量的变化，整体冲蚀的状况更为突出。1976~2000 年，国家海洋局第一海洋研究所对所设 6 条剖面的监测显示，1996 年 10 月至 2000 年 5 月 3 年多，所测剖面以冲蚀为主。距河口仅约 15km 的 F_3 剖面，平均冲蚀厚度达 1m 以上。仅靠近新开河口的 F_4 剖面（距河口仅 2m）发生较为强烈的淤积。总括 1996 年 7 月至 2000 年 10 月，较长时间的冲淤变化很明显，可以以 F_3 剖面为界将监测区分成南北两段。F_3 剖面是典型的上冲下淤剖面，以水深大约 10m 为界，上部强烈冲蚀，最大冲蚀厚度 2.7m，平均每年约 0.64m；下部较缓淤积，最大淤积厚度仅 0.4m，平均每年仅 0.09m。F_3 剖面以北仍处在冲蚀状态，以南则发生明显淤积。

黄河水沙来源的减少对河口冲淤变化的影响是很明显的。1996～1999 年，淤积主要集中于口门前方。在淤积区内淤积厚度是不对称的，口门右侧淤积较多，左侧较少。淤积范围 42 940hm²，其中淤积厚度 2m 以下的面积为 27 200hm²，占到 63.3%，淤积厚度 10m 以上的面积仅为 360hm²，距口门仅为 0.75～2.62km，而在河嘴南北两侧的根部即为两个冲刷区。

岸坡剖面随着冲淤的进程而发生变化。在冲蚀岸段，水下岸坡最上部冲蚀强度最大，随着离岸距离和水深的增大，岸坡下段逐渐变弱，并过渡为弱淤积区。岸坡上部的蚀余物质，一部分离岸向坡下运移，一部分沿岸运移。岸坡由上陡下缓的凸形渐渐向整体平缓的凹形均衡剖面发展。在淤积岸段，泥沙主要淤积在近岸，水下岸坡上部淤积量大，向下逐渐减少，从而使岸坡形态坡度变陡。

3. 发展趋势

黄河以水少沙多著称于世，接纳黄河入海泥沙的渤海又是水动力较弱的浅海。长期以来黄河三角洲冲淤变化总趋势是淤积增长，然而由于近期黄河入海泥沙数量的减少，黄河三角洲淤积增长速率也随之减少，并逐渐呈现出了整体蚀退大于淤积的趋势。在现行河口行水 8 年来，仅改汊当年形成明显突出的沙嘴，淤积造陆 2640hm²，之后沙嘴有伸有退，总体伸展缓慢。与 1996 年相比，1999 年河道长度增加 176m，平均每年 58m，基本上没有延伸，新口门两岸陆地面积不但没有增大，反而缩小 600hm²。与 1996 年相比，2004 年河道延长约 1300m，年均约 160m，河道向南移动约 20°，但沙嘴两侧持续遭受侵蚀，形态更加单薄。其间在 2002～2004 年实施了三次调水调沙，向海输沙 2.568 亿 t，对沙嘴的延伸有明显的影响。

另外，现代黄河三角洲遭受侵蚀的岸段范围扩大，冲蚀强度加大。在已有堤防的岸段，岸线已基本固定，没有强风暴潮破坏下，岸线基本稳定，但堤外的侵蚀刷深依旧严重。在没有堤防的岸段，岸线的向陆蚀退和水下岸坡的侵蚀刷深同时存在。在未来黄河来水来沙量不会有明显增多的情况下，总体蚀退的趋势将继续发展。

在北部刁口河岸段，仍为强侵蚀区，但蚀退速率已明显降低。例如，飞雁滩当前的形势，就类似于 20 世纪 80 年代中期黄河海港西侧海区岸段的境况。根据黄河海港西侧埕岛油田海区岸段情况推测，飞雁滩油田岸滩和水下岸坡冲刷后退速率将会逐年下降，估计 7～10 年后即可进入弱冲弱淤阶段，这也是河口海岸地貌演化的一般规律。

（二）海平面上升

1. 海平面上升趋势

国家海洋信息中心考虑了全球海平面上升（绝对海平面上升）及沿海地壳垂直运动和地面沉降的现实，对中国沿岸海平面变化作出了预测。预测中国沿岸相对海平面到 2030 年将上升 4～16cm，最佳估计 6～14cm；到 2050 年将上升 9～26cm，最佳估计 12～23cm；到 2100 年将上升 31～74cm，最佳估计 47～65cm。

根据 1955～1988 年地壳形变资料，在 30 多年的长趋势中黄河三角洲区域地壳以下降为主。东营附近等值线为 −5mm/a，自然地面下降速率为 3～4mm/a，加上全球性海平面上升速率，则过去 30 年的相对海平面上升速率为 4.5～5.5mm/a。未来 50 年，黄河三角洲地区相对海平面上升幅度的最佳估计值为 35～55cm。在不加防护的条件下，如果海平面上升 1m，黄河三角洲 4m 高程以下的区域都将遭受海水泛滥侵袭，估计面积约 447 957hm²，现代黄河三角洲基本全部受到影响。

2. 海平面上升对滨海湿地的影响及环境效应

滨海湿地是生态脆弱区，是全球变化的敏感地带，海平面上升会直接导致滨海湿地环境发生变化，并引起一系列生态环境问题。

20 世纪 90 年代，夏东兴等在海平面上升对渤海湾西岸的影响研究中，对海平面上升造成的黄河三角洲区域淹没面积进行了计算。如果海平面上升 30cm，自然岸线将后退 50km，淹没土地约 $10×10^5hm^2$；若海平面上升 100cm，岸线将后退 70km，淹没土地约 $11.5×10^5hm^2$。这种情况下，若无堤防作用，现代黄河三角洲将被全部淹没。若考虑风暴潮增水的影响，渤海西岸海水浸淹的最远距离超过 100km，整个影响面积将达到 $16×10^5hm^2$。在考虑了现有堤防条件的前提下，杜碧兰等对黄河三角洲区域在不同的海平面上升尺度下的淹没面积进行了模拟计算，数据分析表明，这一区域海岸堤防标准较低，只能在平均大潮高潮位时起到一定的防护作用，若海平面上升速度和幅度都很大时，有无堤防所造成的淹没面积差别不大，堤防难以发挥防护海岸的作用。

此外，海平面上升还会引发一系列其他海岸环境变化，如风暴潮灾的增多、海岸侵蚀的加剧、咸水入侵面积扩张、生物多样性的丧失等。中国沿海地区地面高程小于或等于 5m 的区域有 $14.39×10^6hm^2$，约占沿海 11 个省（自治区、直辖市）面积的 11.3%，占全国陆地面积的 1.5%。海平面的上升将使该区域的大片土地和城市被淹没。

（三）风暴潮灾

1. 黄河三角洲风暴潮特点

黄河三角洲由于其地形和地理环境较为特殊，沿岸易发生风暴潮，是中国风暴潮重灾区之一，同时也是世界上少数的温带风暴潮频发区。风暴潮不仅造成巨大的财产损失和人员伤亡，还破坏沿岸的生态环境。随着黄河三角洲地区的加速开发和经济的迅猛发展，沿海人口密度和工业产值的增加，风暴潮灾害所造成的损失也呈急剧增长的趋势。风暴潮已经成为影响和制约黄河三角洲地区国民经济、社会发展和胜利油田油气开发的重要因素。

引起风暴潮的主要天气系统有两大类：热带气旋和热带风暴以及温带气旋。黄河三角洲的风暴潮主要是受寒潮、台风和温带气旋的影响形成。

2. 黄河三角洲风暴潮灾及其危害

据调查和有关文献资料统计，明朝至新中国成立前，现黄河三角洲区域的东营市所在沿海地区曾出现较重或严重风暴潮灾害多达近 70 次，其中严重或特重风暴潮灾害达 20 余次。新中国成立后东营市平均每年发生 1.5 次轻度以上风暴潮灾害，其中较重或严重风暴潮灾害达 10 余次，3～4 年出现一次。近百年来，该区特重风暴潮灾害的发生频率约 10 年一次，给沿海地区国民经济和人民生命财产造成了巨大损失。在所发生的潮灾中，由温带系统引起的较重或严重风暴潮灾害居多。

黄河三角洲地势低平。新中国成立前，由于沿海地区很少有防潮措施，一般强度风暴潮可使海水溢涨陆地纵深 20km 以上，重者可溢涨纵深 40km，甚者超过 60km。由于新中国成立前沿海陆地纵深数十千米皆为沼泽、荒滩地，人烟稀少，一般海溢 20km 的风暴潮只是淹没荒地、溺毙少量人畜等灾情，直接经济损失较小。只有海溢 20km 以上的强风暴潮方能造成淹没大量耕地和村庄、溺毙大量人畜等严重灾情。新中国成立后，特别是 20 世纪 70 年代后期以来，随着胜利油田开发和其他经济建设的发展，黄河三角洲得到了空前的开发。改革开放以来海岸带经济开发和建设项目迅猛发展，昔日荒芜的沿海地带和浅海海域不断被港口、码头、钻井平台、水产养殖场、盐场、工厂等经济企业所替代，潮灾造成的经济损失额数倍于 20 世纪 70 年代前，并呈逐年增加的趋势。

3. 风暴潮灾对滨海湿地的影响

滨海湿地相当多的地区时常会处于潮水作用下，风暴潮是一种突发的、高强度的增水现象。当风暴潮发生时，沿岸水位比正常情况下高出 2～5m，波浪和潮流作用的边界迅速向陆地扩展，海岸受侵蚀、滩面遭冲刷、潮滩结构破碎、沉积物质改变、植被被毁坏、地貌形态改观等随之发生。在很短的时间里，滨海湿地的形态特征、物质组成、生态结构、环境状况等将发生显著变化，其所引发的一系列结果在之后相当长的时间里会存在并将产生深刻的影响。

风暴潮的潮位高、波浪能量大，发生时将使海岸迅速蚀退。例如，1981 年，14 号台风风暴潮使江苏海州湾北部的沙岸后退 110m，东灶港至新港 3200m 以内的海滩上，冲走泥沙近 6 780 000m³，相当于 1981 年 7 月至 1982 年 6 月一年内同一地区冲走的泥沙总量；1992 年，9216 号热带风暴引起的风暴潮过程中，山东沿岸沙质海岸后退 3～12m，最大达 30m，损失土地约 466hm²。风暴潮时海水水位的升高，还改变了原有的海岸均衡状态，导致岸坡重新塑造。根据对黄河三角洲岸线均衡剖面的观测，风暴潮作用影响较大的是在水深 2m 左右处。风暴潮的能量可以携带大量的沉积物，使原有岸线的坡度变化剧烈。2m 左右处的沉积物被搬运至向陆方向或向海方向，使原有的坡度趋于变缓。其沉积物一部分被波浪带至高潮线一带，另一部分被带至潮下带。

风暴潮巨大的破坏力能使原有的地貌形态发生迅速的变化。在黄河口门及其周围的淤积区，风暴潮往往改变河口流路及潮汐通道的形态和口门的方向；在蚀退型海岸，风暴潮使高潮线处的陡坎后退，在海滩上形成劣滩、贝壳滩及贝壳堤。风暴潮的高能潮流，卷起大量泥沙，或漫过沿岸堤，直接侵入潮上带平原地区，或沿河道、潮道上溯，造成河道、潟湖海水漫溢。伴随风暴潮能量的减弱及潮水的逐渐退却，其携带的大量泥沙及粗粒沉积物堆积在高潮线向陆的后方，形成风暴潮沉积。在潮间带形成的劣滩，其高约 15cm，其宽度为 20～30m。受波浪的影响，由陆向海方向可形成几级大小不等的阶地式劣滩。风暴潮在使岸线迅速后退的同时，使滩面遭受冲刷，潮沟扩宽，枝杈增多，滩面形态破碎化，使其更易于遭受侵蚀。

风暴潮来时，往往使植被遭受冲刷，根部裸露，严重的可使地表植被全部毁坏、死亡。例如，1997 年 8 月 20 日，黄河三角洲遭受特大风暴潮侵袭，在滨海区域经多年营造的总面积达 12 000hm² 的全国最大的人工刺槐林和白杨林被全部摧毁，昔日林海顿时变成了荒原。风暴潮期间，海水漫溢，淹没大片土地，大量的可溶性盐类被带至陆地，使大量盐类积聚，破坏土壤物质结构，形成大面积盐碱化土地；盐类物质侵入地下，形成高矿化度地下水，在蒸发作用下，盐类返于地表，形成轻重不同的盐碱土壤，植被难以生长。滨海地带，风暴潮的反复影响，使土质变坏，往往形成条带状分布的土壤带。在不同的土壤带上，发育的植被群落也不同，在黄河三角洲，植被呈线条带状分布。这是风暴潮对滨海湿地作用程度的强弱不同导致土壤结构发生变化的结果。

海水入侵是某些滨海低地重要的灾害之一，海水入侵的潜在危害大、治理难度大。海水入侵不仅能使滨海湿地水质变坏，恶化滨海湿地水环境，进而造成滨海湿地生态环境的整体恶化；海水入侵还直接引起水资源的破坏，影响人们的生产、生活和身体健康。风暴潮灾往往扩大海水入侵的范围，加剧海水入侵的危害。莱州湾沿岸是我国海水入侵较为严重的地区之一，这与该区频繁的风暴潮灾害有着直接的关系。

风暴潮灾害对滨海湿地的影响，不仅如此。风暴潮灾过后的自然资源退化、生态环境的其他恶化、偶发疾病的流行、湿地生产力的下降、大的风暴潮灾所造成的次生灾害等，往往在较长时间内难以消除。

黄河三角洲是风暴潮频发地区，在过去的100年中，高于3.5m的风浪就发生了7次。根据实测资料，本区100年、50年、10年一遇风暴潮位分别为3.95m、3.70m和3.10m。也就是说，不到10年一遇的风暴潮位即可将3m以下地区淹没。如果潮位上升0.5m或1m，则淹没的范围还将扩大。现代黄河三角洲地势非常低洼，大部分处于4m以下，自然保护区所在区域多处于2m。3m高程以下的面积占现代黄河三角洲的74.2%，4m高程以下的面积占到90%以上。当风暴潮发生时，会有大片土地将被淹没。考虑现有堤防标准，至2004年陆续完工的沿海大堤，主要为防御20～50年一遇风暴潮的标准，对百年一遇的风暴潮作用不大。

（四）黄河水沙变化及黄河断流

1. 断流形势及成因

黄河下游除1960年因三门峡工程截流发生断流外，经常性的天然断流开始于1972年，从1972年到1999年的28年中有22年断流。根据利津站实测资料，22年中累计断流1092天，平均每年断流49.6天（有断流的年份平均）。情况最为严重的是1997年，断流时间达226天，断流河段最长达704km，330天无水流入渤海，即使是在汛期也多次出现断流。1998年黄河首次出现跨年度断流，1999年因实施全流域水资源统一调配及采取经济手段等使断流天数大大减少，2000年至今未出现断流。30年来，黄河断流频数增加，利津站20世纪70年代至90年代分别有6年、7年、9年出现断流。断流时段增长，70年代至90年代累计断流分别为86天、105天、901天。断流日期提前，断流范围由河口向上延伸，里程不断增加，由70年代平均130km增加到90年代300km以上。

黄河断流的原因是多方面的，既有人类活动的显著影响，也与自然条件自身的状况密切相关。

（1）人为原因

1）用水需求迅速增加与利用的不合理性是导致黄河断流的直接原因。黄河流域是我国工农业较为集中的地区，农业灌溉用水和城市工业用水增加很快，相对而言水资源却较贫乏。上游宁蒙灌区和城市工业用水由 20 世纪 50 年代的 $50 \times 10^8 \, \text{m}^3/\text{a}$ 发展到 90 年代的 $150 \times 10^8 \, \text{m}^3/\text{a}$，中游工农业用水由 50 年代的 $15 \times 10^8 \, \text{m}^3/\text{a}$ 发展到 90 年代的 $40 \times 10^8 \, \text{m}^3/\text{a}$，下游工农业及油田用水由 50 年代的不足 $30 \times 10^8 \, \text{m}^3/\text{a}$ 发展到 90 年代的 $100 \times 10^8 \, \text{m}^3/\text{a}$。黄河流域水量调节能力低，故断流与弃水长期并存，在枯水年和中枯水年，水的供需矛盾十分突出。由于技术落后、设施不全，目前农业灌溉用水规模超前，大水漫灌、有灌无排现象非常严重，造成大量水资源浪费，而农业用水占总耗用河川水量的 92%，平均有效利用率只有 30% 左右。同时，城市工业用水重复利用率低、单位产值耗水量高，重复利用率只有 40%～60%。由于用水量大，沿黄各地除直接引用河水外，还大量开采地下水。流域内地下水开采利用量达 $97 \times 10^8 \, \text{m}^3/\text{a}$，造成地下水位下降，河水补给减少。此外，水质污染日益严重，恶化了用水形势，导致了引水及地下水的开采强度增大，带来了新的浪费和破坏。

2）蓄水与引提水工程利用过量是其重要的原因。目前黄河流域有大、中、小型蓄水工程 1 万余座，大、中、小型引提水工程 3 万余处（含下游引黄工程）。这些工程为黄河水资源的开发利用创造了良好的条件，同时也使流域耗水量迅速增加。据统计，1988～1992 年年均耗用黄河河川径流 307 亿 m³，据 1990 年统计资料，黄河流域总引用水量 478 亿 m³，其中地下水 114 亿 m³。一方面众多的蓄水、引提工程加速了黄河水的耗用；另一方面经过各工程的截流，也使入黄水量大大减少，人为地导致河川径流补给量下降，特别使黄河下游来水锐减，造成黄河水资源相对更加紧张，供需矛盾更加突出，对黄河断流有促进作用。目前，黄土高原实施的水土保持工作对入黄水量也有影响，平均每年由于水土保持减少的黄河径流量约为 30 亿 m³。在黄土高原小流域治理中，大规模的梯田建设、大量的淤地坝及一些雨水拦蓄工程的建设，产生了显著的减沙效果，同时增加了降雨期间的入渗水量，也具有明显的减水效果。例如，徐建华等用水保法计算 1970～1989 年黄河中游地区工程措施年减少径流量 48.97 亿 m³。

3）水资源管理不善是其制度因素。在黄河水资源的开发利用中存在明显的盲目性，缺乏统一的规划，导致滥蓄滥引、低效利用黄河水。据 1990 年的资料显示，在黄河流域内已建成及在建的水库、水利枢纽工程，总库容就达 700 多亿立方米，即使将黄河径流全部存蓄，仍有大量空余库容。除此之外，还有上文提到的数万座引提水工程以及下游两岸的引黄河闸、虹吸、机井等设施，引水蓄水能力远远超过了黄河可供水的能力。在水资源管理中，1987 年国务院下发的黄河水资源分配方案已明确规定了黄河可供水量为 370 亿 m³，并具体规定了沿黄各省（自治区）的引水配额。然而，沿黄工程及大型灌区分属不同的地区和部门，各地基本是各自为政，缺乏权威的统一管理机构，没有建立起全流域水资源统一管理的机制与体制，不能对引黄水量实行有效的监督和控制，很难做到全河统筹、上、中、下游兼顾。一遇缺水，沿河争抢引水，造成失控，更加剧了供需矛盾。同时，黄河流域水价普遍偏低，对用户不能形成约束，导致任意浪费，这无疑使水量本就并不丰裕的黄河雪上加霜，加剧了断流的趋势。目前，黄河灌区水价仅 0.006～0.4 元/m³，远远低于供水成本，黄河下游现行引黄渠首工程供水水费为

0.0025~0.0048 元/m³。由于水费过低，使工程设施年久失修，难以维持，也使供水管理难以进行，灾害隐患长期存在。

（2）自然原因

自然原因也是黄河断流的重要因素。历史时期曾有河竭的记载，例如，《晋书·怀帝本纪》载：永嘉三年（309 年），"淮、汉、河、洛皆竭可涉"。自然条件不仅直接导致黄河径流量的变化，在一定程度上也制约着人们的生活生产行为，加剧了黄河水的供需矛盾。1997 年之所以发生严重的断流，当年自然洪水的偏小是其天然背景。

1）气候的暖干化。黄河流域多年平均降水量 478mm，多年平均天然产流量 580 亿 m³，而实际径流量还会有衰减。例如，黄河上游兰州站 1954~1968 年年均天然径流量 359.98 亿 m³，实测为 347.67 亿 m³，1969~1990 年天然径流量为 343.59 亿 m³，实测为 320.20 亿 m³。近几十年来，气候暖干化趋势明显，降水量减少。自 1986 年来黄河流域普遍干旱少雨，地表及地下径流补给量少，为连续偏枯年份。据资料分析，与断流前的 20 世纪 60 年代相比，70 年代至 90 年代（至 1995 年）上中游区年均降水量分别减少 4.4%、5.5% 和 15.3%，花园口站径流量分别减少 24.1%、19.7% 和 43.6%，到达利津站的径流量分别减少 36.3%、40.2% 和 64.3%。通过对黄河径流及其影响因子的相关分析可知，黄河各段上下游间的径流密切相关，而与当地的降水、气温相关性极其微弱。因而上中游区的降水及来水量对下游径流量影响极大。由于上中游区降水量及来水量明显减少，对下游断流的影响是非常突出的。同时，气候的暖干化发展，导致人们生活生产用水量增加，使人为引水量增多，加剧了黄河水资源的紧张形势，增加了下游断流的机会。

2）黄河下游河床抬高。黄河泥沙是在人类活动作用下复杂的地质历史过程，非一时人力所能解决，而无论黄河流域新构造运动如何，泥沙在下游的堆积是非常显著的。华北平原年沉降速率为 1~3mm，而河床因泥沙淤高的速率为每年 5~10cm，形成悬河似是必然。泥沙淤积，河床抬高，加大了入渗，削减了水量，也导致了下游水流不畅，更造成淤积。干旱时期，水更少沙更多，加剧了这一情形，淤积更加严重。形成悬河之后，河川径流不能接受两岸河流及地下水的补给，只能靠基流补给。而基流补给也受河道状况影响，在淤积严重的河段，水流更加缓慢，同时淤积对水流还有阻滞作用，使水量损失严重，因而下游径流处于净消耗状态。这种情形促使了断流的发生。1987 年，国务院明确规定保留 200 多亿立方米的冲沙水量，但这一水量很难保证，枯水期时形势更为严峻。河床的不断淤高，使冲沙水量难以削减，上流来水量大大减少后，淤积加剧，断流时时有可能发生。因而黄河下游的泥沙也是形成断流的重要因素。

2. 黄河断流的生态后果

黄河是塑造黄河三角洲的主要动力来源与物质提供者，是黄河三角洲及其近海海域生态系统健康持续发展的维护者，也是黄河三角洲地区工农业生产生活最重要的淡水来源。黄河三角洲的海岸类型、海岸演变与生态环境是河-海体系相互作用达到动态均衡的结果。当黄河断流时，淡水径流与泥沙输送量骤减，造成海岸自然环境天然动态平衡被打破。黄河断流除直接导致三角洲建造的停滞甚至范围的退缩、地表景观的改变、水文特征的变化外，还会引发一系列深刻的生态问题，对黄河三角洲地区的发展产生了深远影响。

1) 黄河断流减少了河流行水维护河道的自然能力，导致河道萎缩、恶化。一般而言，河流流量越大，则输沙量越大，相应地，河道的淤积量会减少，甚至出现冲刷；相反，河流流量越小，则输沙量越小，沉积作用增强，河道淤积加重。黄河断流使黄河水流速减慢，流量明显减少，河道淤积加重，河道抬升速度加快；长时间断流也使黄河河道暴露地表，河床中的粉土质物质在风力作用下二次搬运，从而改变了河床的形态，减弱了行洪和防洪能力，危及大堤安全。

2) 黄河断流降低了径流作用，破坏了水盐平衡，导致三角洲水土系统环境恶化。断流的发生减少了河水泛滥淤泥压制沙碱的能力，使土壤性状恶化；多年持续性地河流间断，使地下水水面降低，淡水量下降，咸淡水平衡失调，海水与地下盐水必沿河道及地层孔隙向岸、向陆入侵，造成三角洲及下游地区水质恶化，加速土壤盐碱化。水土条件的改变，导致植被退化，植物群落的演替向着盐生植被发展。旱季，气候干燥，东北风盛行，会加重下游灌区土壤的沙化过程，使农田生态系统恶化；黄河断流除直接造成农业减产和绝产外，还改变了作物布局和耕作制度。黄河流量的减少，相对提高了河水污染浓度，断流期间部分河段的污染物还会发生积累，这会减弱河流海洋的自净能力、加重污染程度，使水质更加恶化。

3) 黄河断流减少了入海径流量，近岸水域及滨海环境恶化。水量的减少直接导致河口区域海水盐度升高，海洋生物生存环境改变。季节性中断淡水向海输运有机质与营养盐的过程，断绝了河口区高生产力之源，使鱼、虾产卵、栖息环境与洄游路线发生改变，降低鱼虾生产量。淡水中断使河口三角洲区的苇田、潮滩等湿地生态环境变化，对多种野生植物、水生生物及鸟类的繁衍造成损害，危及生物多样性，进而影响渤海海洋生物链与生态系统。

4) 黄河断流改变了河口地区水动力条件，加快了黄河三角洲海岸蚀退速度，影响河口生态环境。黄河每年入海的巨量泥沙是河口三角洲土地得以稳定存在并向海淤进的重要物质来源。河水是携运泥沙的动力。黄河断流改变了河口地区河流、海洋两大水动力条件，入海泥沙中断与锐减，必然使三角洲陆地的冲、淤动态均衡发生变化，断流期使原来的以淤积延伸为主改变为以海岸蚀退为主，从而影响了整个黄河三角洲的地貌塑造。加之全球海平面上升、风暴潮增多，由松散泥沙堆积的三角洲海岸抗蚀力低，海岸侵蚀更加剧烈。

3. 黄河三角洲滨海湿地对断流的响应

随着黄河断流的发生、发展，黄河三角洲滨海湿地随之也出现相应的变化。黄河断流直接导致三角洲地区淡水资源的缺乏，淡水生态环境遭受致命破坏，湿地逐渐向干旱化发展。久而久之，湿地渐渐失去其湿地特征，生态结构向旱生演进。受海水侵袭的影响，黄河三角洲盐碱化进一步加重，土地生产潜力下降，生物群落退化，鸟类及水生生物栖息环境恶化，湿地功能不断削弱。断流也直接决定了向海输入水沙量的多少。一方面，沙源减少导致海岸蚀退，陆域及浅海平面积减少，滨海湿地范围缩小；另一方面，入海水沙的减少导致河口水域理化环境及营养状况的改变，恶化了生态环境，河口生物种类和数量减少，生态结构遭到破坏，湿地生产力下降。

2002 年 5 月，国家海洋局开始组织开展了黄河口海域生态调查，根据外业调查数据、历史资料及卫星遥感数据，分析了黄河断流对海洋环境因子的影响。黄河三角洲湿地生态系统因断流、改道引起的输水输沙量减少和岸线变化等自然因素的影响，湿地面积正逐年减小，生物物种减少。刀鲚、日本鳗鲡和达氏鲟等品种面临灭绝威胁。2003年，河口区表层海水的最高盐度已达34.2，与1959年同期相比，增加了约25%，黄河淡水输入量的逐年减少，是导致该区域海水盐度增加的主要原因。盐度增加促使适宜低盐度环境发育和生长的海洋生物生境范围逐渐减小，鱼卵种类显著减少，密度降低。入海径流量的减少同时导致河口区域营养盐入海量下降，海洋初级生产力水平降低，浮游植物生物量仅为1982年的50%。底栖动物栖息密度和生物量降低，河口区生态结构发生较大改变。

黄河断流对滨海湿地的影响是广泛而深远的，滨海湿地的反应有些是迅速而显著的，但有些是长期的。断流从根本上影响并改变着黄河三角洲滨海湿地的水动力和水环境条件，促使滨海湿地的景观格局、生态结构、生产状况发生变化。

四、 退化的主要人类活动压力因素分析

1. 油田开发

(1) 油田开发的环境影响

油气开采是一项大规模的生产活动，整个过程需要庞大的生产设施及与其配套的各种各样的设置。在勘探、开发、输运、加工等整个生产过程中，不可避免地会对生态环境造成各种影响（图3-6）。在这些影响中，有些是长期的、不可恢复的，生态环境发生彻底的改变，原有的生境将不复存在，继而出现的是另一种完全不同的状况，有些改变是暂时的，原有的生境可以逐渐恢复。油田开采首先对地表结构和生态景观的影响。油田勘探开发建立的一系列基础设施，必定要占用一定的土地。这些设施和生产过程改变了原有的地貌形态和地表结构，毁坏了原有的地面植被，自然生态过程中断或停止，取而代之为主要的人为活动过程，自然景观被人工景观所替代。

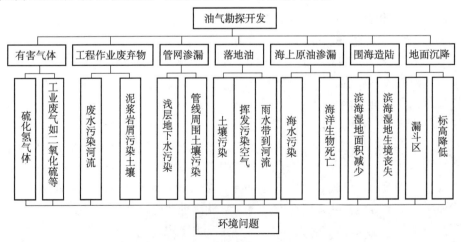

图3-6　油田开发对环境的影响

随着石油开发而产生的环境影响还有污染。石油的污染是很广泛的，导致的环境问题是相当严重的（图3-6）。石油的生产及其排放物对大气、土壤、水体均有污染，尤其以对水体的污染为重。水体作为油污染的载体和受体，容易使污染物输送、扩散。石油在土壤中的渗透是比较困难的，因而相对来说，土壤的石油污染范围较小、深度较浅。一般而言，油田区20cm土层以下的石油含量很少，平面范围仅局限在油井周围100～200m之内。

油田开发过程中，生产初期对生态环境的影响最严重。当油井建成，设施配套已经比较完备时，未被永久占据和改造的区域生态环境有可能渐渐恢复，如果采取适当的措施，辅以人工方法，恢复得可能更快、更好，有些还可能基本恢复到原有的状态。

（2）黄河三角洲的油田开发

黄河三角洲是中国重要的石油工业生产基地，是胜利油田所在地。1961年，胜利油田在黄河三角洲境内开始勘探开发，第一口油井华8井位于当时广饶县辛店公社东营村。1964年后，胜利油田进行开发会战，逐步建成了中国第二大石油工业生产基地，从此开始了快速持续的发展。

2007年年底，胜利油田共做二维地震测线246 346.5km、三维地震资料面积26 266.78km^2。完钻探井6280口，累计探井进尺1607.45万m。找到75个不同类型的油气田，累计探明石油地质储量47.25亿t，探明天然气地质储量2256.23亿m^3。投入开发72个油气田，动用石油地质储量40.95亿t。有油井22 891口，气井371口，注水井7455口。累计生产原油9.08亿t，累计生产天然气518.17亿m^3。为国民经济建设、石油石化工业的发展和地方经济社会发展做出了重大贡献。2007年，胜利油田整体发展水平全面提升，主要生产经营指标再创历史新高。全油田实现总收入突破千亿大关，达到1099亿元，实现企业增加值766亿元，实现税费344亿元，实现税前利润339亿元。2007年，新增预测石油地质储量1.14亿t，新增控制石油地质储量1.08亿t，新增探明石油地质储量1.02亿t，连续5年三级储量均过亿t。在东营西部滩坝砂油藏探明石油地质储量3700多万t、新增控制储量5300多万t，预测储量4900多万t，成为近年来油气勘探的最大亮点；在东营北带盐222块、渤南洼陷沙三段、滩海地区馆陶组、东营组以及富林洼陷等区域，均找到1000万t以上的规模储量。特别是在利津洼陷北部钻探的新利深1井，在老区深层实现具有战略意义的新突破，中途测试日产天然气25万m^3，产油128.6t，成为胜利油田历史上单井日产气量最高的井，也展示了胜利老区深层广阔的油气勘探远景。

（3）油田开发对滨海湿地的影响

黄河三角洲的石油开发始于20世纪60年代，80年代进入高速发展时期。伴随着油田的发展，油田对滨海湿地的影响也渗透到了各个方面，油田开发与湿地保护之间的矛盾也成为影响黄河三角洲区域经济、环境可持续发展的重要因素。

1）油田开发造成滨海湿地面积减少。油田的开发要占用一定的土地，必然造成滨海湿地的损失。1984年之后胜利油田新增加的油田，大部分集中在现代黄河三角洲的滨海沿岸地带。虽然油田占地面积的增长速度在减缓，但至2001年，油田占地面积相比 1984 年已增长了 2.28 倍（表 3-8）。

表 3-8　1984～2001 年油田集中区面积统计

年份	面积/hm²	年平均增长率/%
1984	21 904.47	
1986	33 880.82	24.37（1984～1986 年）
1991	49 247.91	7.77（1986～1991 年）
1996	62 838.38	4.99（1991～1996 年）
2001	71 884.42	2.73（1996～2001 年）

2）油田污染导致滨海湿地环境恶化。油田开发生产过程中大量废弃物是造成黄河三角洲环境污染的重要来源。目前，黄河三角洲 8 条感潮河口石油入海量年约 1500t，海洋石油入海量年约 50t，致使近岸海域遭受石油污染，河口水域更甚。排污河口附近滩涂石油污染严重，COD 超标达 11.1%。神仙沟口和孤东排涝站附近滩涂和邻近浅海海域明显受到挥发酚的污染。2002 年，东营市工业废气排放量为 367.88 亿 m³，油田占到 63.9%（表 3-9）。

表 3-9　胜利油田近几年工业废气排放量统计

年份	全油田工业废气排放量/10⁸m³	其中		
		SO₂/10⁴t	烟尘/10⁴t	NOₓ/10⁴t
1998	268.73	5.90	0.81	8.89
1999	253.46	4.53	0.41	8.34
2000	219.11	4.67	0.40	
2001	262.00	4.60	0.50	
2002	235.05	4.50	0.38	

3）油田对滨海湿地生物的影响。油田开发在改变地表面貌的同时也改变了生物的栖息环境，甚至摧毁其栖息地。即使未改变原有景观面貌，在油田生产过程中，也会干扰周围生物的正常活动，特别是鸟类，油田污染更使湿地生物遭受毒害而死亡，物种数量减少，生物多样性降低。崔毅对黄河口水域生物体内石油烃含量的检测结果，受试的生物体内均检出石油烃。其中，鱼类的石油烃平均含量为 4.55mg/kg，甲壳类为 5.97mg/kg，头足类为 6.45mg/kg，软体双壳类为 8.45mg/kg。不同海洋生物体内石油烃含量的差异，反映了它们积累和代谢石油烃能力的差异。

2. 环境污染

（1）污染对滨海湿地的危害

污染是当前环境损害和生境丧失的主要原因之一。滨海湿地是陆源污染的承泻区和转移区。滨海湿地的污染源主要是工农业生产、生活和沿岸养殖业所产生的污水。污染通过输入环境中的污染物，改变环境的理化特征，使生态环境的物质基础发生变化，生态环境的结构和面貌随之而产生相应的变化。这使得原有的生存环境渐渐消失，生物栖息地被破坏，与原有环境相适应的生物群落因此而退化以致绝灭，生态系统遭到破坏。严重的环境污染可以导致生态系统生产力严重下降，甚至使滨海湿地成为生态荒漠。污染物也能够直接毒害湿地生物，使生物出现病害等直接危害生物健康和生存的变化。同时，生物还能够通过自身对毒物的富集，并通过食物链向高营养级别的生物传递而毒害其他的生物并最终威胁到人类的健康。大量污染物的聚集，也可能诱发环境灾难。例如，大量营养盐类污染物输入湿地会导致富营养化的发生，在沿岸可能诱发赤潮等。污染对滨海湿地生产力的影响还直接表现在对渔业资源的损害上。

（2）黄河三角洲污染现状

《中国海洋环境质量公报》显示，渤海海域污染依然严重（图 3-7）。2007 年未达到清洁海域水质标准的面积约 240 万 hm^2，约占渤海总面积的 31%，比 2006 年增加约 40 万 hm^2。严重污染、中度污染、轻度污染和较清洁海域面积分别约为 60 万 hm^2、50 万 hm^2、60 万 hm^2 和 70 万 hm^2，严重污染和中度污染海域面积比 2006 年各增加约 30 万 hm^2。严重污染海域主要集中在辽东湾近岸、渤海湾、黄河口和莱州湾，主要污染物为无机氮、活性磷酸盐和石油类。近年来的连续监测结果显示，进入 21 世纪以后，渤海环境污染仍未得到有效控制，污染面积仍然较大，轻度、中度和严重污染海域的总面积呈上升趋势。黄河口海域污染范围明显扩大，污染程度明显加重，原有的清洁水域已基本被污染水域所占据，而且严重污染水域占有相当比例（图 3-7）。

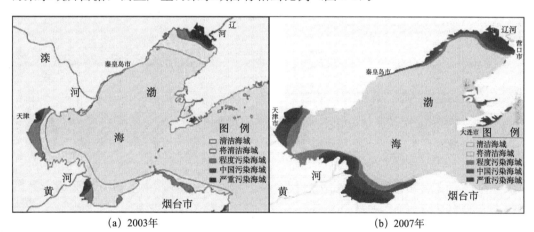

图 3-7 渤海污染海域分布示意图

2004 年，国家海洋局组织沿海省（自治区、直辖市）在我国近岸海域部分生态脆弱区和敏感区建立了 15 个生态监控区，监控内容包括环境质量、生物群落结构、产卵场功能以及开发活动的影响等。监测结果表明，主要海湾、河口及滨海湿地生态系统处于亚健康或不健康状态。其中，莱州湾、黄河口、长江口、杭州湾和珠江口生态系统均处于不健康状态。生态系统不健康主要表现在富营养化及营养盐失衡，生物群落结构异常，河口产卵场严重退化、部分产卵场正在逐步消失，生境丧失或改变等；主要影响因素是陆源污染物排海、围填海侵占海洋生境、生物资源过度开发。我国近岸海洋生态系统整体处于脆弱状态，生态环境恶化的趋势尚未得到缓解。

2007 年，黄河口生态监控区生态系统处于亚健康状态。水体富营养化严重，氮磷比严重失衡，春季，全部水域无机氮含量超Ⅲ类海水水质标准；秋季，63% 的水域无机氮含量劣于Ⅳ类海水水质标准。部分生物体内砷、镉、铅和石油烃的含量偏高。生物群落结构状况异常，浮游植物和浮游动物数量在春季高于正常波动范围，物种多样性和均匀度较差，浮游植物细胞平均密度为 $236×10^4$ 个/m^3，物种多样性指数变化范围为 $0.01\sim2.69$，平均为 1.11，均匀度变化范围为 $0.004\sim0.80$，平均为 0.36；小型浮游动物平均密度为 $140\,773$ 个/m^3，物种多样性指数变化范围为 $0.02\sim1.17$，平均为 0.74，均匀度变化范围为 $0.01\sim0.70$，平均为 0.35；产卵场退化，鱼卵和仔鱼的种类少、密度低。

近4年的监测结果显示，随着人工调控黄河水资源措施的实施，黄河来水量明显增加，湿地生态环境质量出现改善迹象，黄河口生态系统健康状况总体处于恢复状态。但黄河口面临的水体无机氮含量超标严重、氮磷比严重失衡、渔业生物资源衰退等生态问题仍然比较严重。陆源排污、黄河来水量偏低、油田开发建设、过度养殖和捕捞等仍然是黄河口生态系统健康的主要影响因素。

3. 滩涂开发与围海

滩涂资源的开发与围海是导致滨海湿地损失退化的主要原因之一。滩涂经人工改造后，表面形态结构、基底物质组成、生物群落结构、湿地水体交换等性质和特征发生改变，滨海湿地会受到严重损害并可能彻底丧失。在我国，滩涂长期以来被作为土地的后备资源而被积极开发，滩涂的开发与围垦成了解决土地资源矛盾，平衡土地资源不足的重要手段。

2004年，国家海洋局组织沿海省（自治区、直辖市）在我国近岸海域部分生态脆弱区和敏感区建立了15个生态监控区。监控结果显示，围填海与滩涂养殖开发成为我国滨海湿地损失退化的主要原因。在我国沿海，从南到北，普遍存在滩涂的围垦与养殖开发现状。例如，2004年，双台子河口区域芦苇湿地生境丧失与破坏严重，与1987年相比，已减少60%以上；苏北沿海仅2004年滩涂围垦近万公顷；近10年杭州湾南岸滩涂共围填海约20万 hm^2；长江口区滩涂围垦面积不断增加，潮滩湿地资源损失严重，近3年间围垦总面积1万多公顷，从1989年至今，一共围垦近4万 hm^2。近20年来的大规模围填海使莱州湾湿地严重萎缩，滨海湿地一半以上已被改造为人工湿地，莱州湾南岸80%的滩涂湿地成为盐田和养殖池。

黄河三角洲东营市有滩涂总面积 $95\,300hm^2$，可利用面积 $48\,300hm^2$，截至2002年年底已有滩涂养殖面积 $39\,753hm^2$，占滩涂总面积的41.7%，已占可利用面积的82.3%。加上现有盐田面积 $7071.58hm^2$，已利用的面积占到总面积的近一半，占到了可利用面积的96.9%。此外，为保证油田勘探开发的顺利进行，自20世纪70年代起，胜利油田开始建设海堤工程，至1990年年底，共围海造陆 $8830hm^2$。

滩涂的围垦开发不仅造成滨海湿地的直接损失，还导致湿地环境的恶化，使得植被的发育和演替中断，鸟类及底栖生物栖息环境破坏、退化，以致丧失。养殖等产业废水的产生、排放也成为直接污染滩涂及近岸环境的重要来源。崇明东滩在20世纪80年代记录到的小天鹅族群数量是3000~3500只，而近来的观测数据显示，到此过冬的小天鹅数量不到20只。崇明东滩鸟类自然保护区工作人员认为，造成小天鹅数量急剧减少的原因主要在于滩涂围垦。90年代初期崇明东滩的团结沙被围垦后，适于小天鹅栖息的开阔水面、充足的食物资源逐渐减少,加上沿海捕鳗苗等活动频繁,小天鹅的活动频频受到人为干扰。逐渐地,原本到崇明东滩过冬的小天鹅族群不再选择这里作为主要越冬地。

据《中国环境报》报道,有亚洲最大的天鹅越冬栖息地之称的山东荣成天鹅湖,近来也面临险境。去冬以来,已有10余只天鹅先后死去。调查发现,天鹅湖水主要来源之一的小江河上游的芦苇沼泽地上新建了许多鲍鱼养殖场,其原先的自然沙堤也被石砌的人工堤取代。原先的淡水河变成了养殖场现在的排污河,残存于芦苇沼泽里的淡水由于石堤阻拦无法流入小河,天鹅湖其他水源也遭受了不同程度的污染。天鹅湖区周边的原生栖息地主要为芦苇沼泽和滩涂。由于多年围垦、筑堤、开挖池塘以及近年来兴建旅游度假设施等开发活动,目前这两种栖息地已经被破坏殆尽。

4. 过度捕捞

(1) 过度捕捞及其对水生生态系统的影响

过度捕捞是当前滨海环境的最大威胁,是导致滨海生态系统结构变化、生产力下降的重要原因。1981年,Ryder等曾指出,过度捕捞和环境退化迫使生态系统已失去恢复力和完整性,生态系统的稳定性转差,而生态系统的产出在质和量上具有不可预见性。2001年,Jackson等在科学杂志撰文,通过对历史资料的考察和总结认为,导致海岸生态系统生态灭绝的人类因素中,过度捕捞是首要的,而且影响是深远的。联合国粮食及农业组织估计,世界上70%的鱼种或者已经充分捕捞,或者正在耗竭。在世界15个主要海洋渔场中,有13个捕捞量下降。联合国粮食及农业组织的专家认为,世界上53%的渔船是多余的。

过度捕捞对生态系统的影响是显然的,它直接造成生物数量和种类的变化,导致滨海生物群落组成和生态结构遭到毁坏,生态系统崩溃。那些有经济价值的生物,由于不断的捕捞,数量逐渐减少,甚至灭绝。那些非经济价值的种类,由于缺乏制约,可能会暂时大量繁殖。其结果可能会导致个体生物特征的畸变,生理发育适应新的外界环境,种群出现退化,生物群落组成和结构改变,食物链中断或重组,以致彻底破坏,最终导致生态系统整体崩溃。

新中国成立后,我国海洋捕捞业迅速发展,与此同时渔业资源迅速衰退。20世纪60年代前近海捕捞量约200万t,单位功率产量约为2.1,总捕捞量中以大型底层鱼类为主;70年代中期捕捞量约为300万t,单位功率产量下降至1.8左右,捕捞量中以小型中上层鱼类为主;80年代以后,海洋捕捞量迅速增加,至1999年总捕捞量达1497万t,单位功率产量降至0.8左右,总捕捞量中以小型中下层鱼类为主。近年的资源调查显示,处于食物链较高层次的传统优质经济鱼类越来越少,并且小型化、低龄化、性成熟提早。

2001年,山东省渔业拖网的产量达160多万吨,占总产量的60%。长期实施拖网作业,几乎把鱼子、鱼孙"一网打尽",对渔业资源有毁灭性破坏。目前,我国近海90%以上的水域基本上已无鱼可捕。近年来,尽管采取了各种控制捕捞强度和保护渔业资源的措施,但一些地方盲目造船势头未减,"沙滩船厂"屡禁不止,近海渔业资源的衰退趋势仍未得到有效遏制。

（2）过度捕捞导致黄河三角洲滨海湿地资源衰竭

酷渔滥捕导致黄河三角洲滨海湿地资源量不断下降，特别是滩涂与近海生物资源衰竭。到20世纪80年代中期，黄河三角洲滨海湿地的生物资源已明显呈现出衰退的景象。

1）滩涂采捕。以垦利县为例，垦利县适于贝蟹类动物生长的滩涂面积约2.67万hm²，蕴藏着丰富的贝蟹类资源。有经济价值的贝蟹类主要有：文蛤、缢蛏、四角蛤蜊、日本大眼蟹等。1978年前，文蛤资源较少得到利用，每年春、秋两季部分渔民及沿海农民有少量采捕。1978年后，外县渔民与当地群众大量进入当地滩涂及浅海进行采捕，多时达千余人，每日每人可采40～70kg。1980年后，外地渔民采用机船推进器采捕等不合理方法，对资源破坏很大，使文蛤资源处于衰退状态。1975年前，缢蛏分布面积小、储量小、个体小。每年春季，除当地少量渔民有采捕外，很少有人采捕。1976年黄河下游改道后，缢蛏迅速繁殖。1979年渔民开始采捕，1980年和1981年采捕量大增。垦利县水产公司每年春季可收蛏干2万～3万kg，全年约产缢蛏鲜品40万kg。1982年后，由于对缢蛏无计划的超量采捕，资源遭到严重破坏，至1985年可采捕的资源量已大为减少。其他种类的状况也相似，在不长的时间内，资源便出现衰退。

2）黄河捕捞。黄河鱼类的情形也不例外。刀鲚、鲤鱼等是黄河下游主要的经济鱼类。刀鲚属洄游鱼类，每年春季，成鱼由河口进入黄河，溯河向上进行生殖洄游。渔民利用刀鲚这种习性，常在春季展开捕捞。渔民一般使用拖网、刀鱼网或三层流网，除捕溯河产卵的刀鲚以外，还兼捕梭鱼、鲫鱼、鲶鱼等。20世纪50年代，黄河刀鲚捕获量1.5t左右，60年代中期，年捕获量增至200t。鲤鱼在黄河下游分布较广，渔民每年数十或上百人在黄河口或河道缓流处驾船用拖网或抢网捕捞。50年代，年捕获量2t左右，60年代，年捕获量达100t。由于滥捕，加之黄河断流，20世纪70年代至1985年，刀鲚、鲤鱼及其他黄河鱼类资源衰退，年捕获量甚微，黄河捕捞已形不成规模，近年来已近绝迹。

3）近海渔业。黄河口及其邻近海域是渤海渔业生物主要的产卵场、栖息地和渤海多种渔业的传统渔场，但渔业资源呈现出持续衰退的趋势。邓景耀、金显仕等通过对1959～1999年调查资料的分析，研究了渤海渔业资源的变化。结果表明，40年来，该区域渔业资源的种类组成、生物量、生态结构、经济结构以及资源分布发生了很大的变化。

1959年，渔业种类主要为小黄鱼和带鱼，在渔获物组成中占到93.6%。当时的捕捞强度较低，多样性较低，群落较稳定。随着捕捞强度的增加，多样性随着增加。但过高的捕捞强度又使多样性下降。渔业资源群落结构的持续性和稳定性呈现逐年降低和减弱的趋势。在随后的20余年，随着渤海对虾底拖网渔业的兴起与迅速发展，兼捕了大量的小黄鱼和带鱼等底层鱼类的幼鱼，导致主要经济底层鱼类资源量急剧衰退。1982年，带鱼几近绝迹，小黄鱼明显早熟和低龄化。个体较大、营养层次较高的带鱼和小黄鱼等优势种群逐步为黄鲫、鳀鱼、赤鼻棱鳀、枪乌贼等个体小、营养层次低的小型中上层鱼类所替代。

为了保护和恢复渤海底层渔业资源，从 1988 年秋季开始，底拖网全部退出渤海，但这并未扼制渔业资源严重衰退的趋势。近 20 年来，渔业资源优势种变化不大，渔获量却呈大幅度下降趋势。1998～1999 年主要种类的生物量下降至历史最低水平，平均渔获量分别仅为 1959 年、1982～1983 年和 1992～1993 年的 3.3%、7.3% 和 11.0%；季节生物量仅为 1992～1993 年同期的 3.5%～22.3%。小型中上层鱼类，90 年代初生物量最高的鳀鱼下降幅度最大，仅为 1992 年的 0.8%，黄鲫、斑鰶和赤鼻鲮鳀等小型中上层鱼类也有不同程度的下降，分布范围缩小。目前，渔业资源的主要优势种群，按黄鲫→鳀鱼→赤鼻鲮鳀顺序朝着更加小型化的方向演替。渔业资源密集分布区已由莱州湾—黄河口一带近岸水域转移到了秦皇岛和龙口一带的外海水域。

渤海优势种生物量和种类组成的变化是其生态系统退化的一个主要特征。种类组成变为那些更适合新的和恶劣的环境条件，即生命周期短的 R 选择性种类，其个体变小、生理发育变快、寿命变短。从生物群落的生态演替观点来看，这对应着渤海生物群落向较低成熟群落移动。生态系统改变的另一个重要特征是渤海物种多样性下降，以种类数较稳定的夏季为例，1959 年鱼类多于 71 种，1982 年为 61 种、1992 年为 53 种、1998 年仅有 32 种。生态系统改变的特征还包括部分食物网的毁坏，渤海很多肉食性鱼类的主要饵料种类资源的下降，也导致其生长发育出现不良反应。黄河口—莱州湾近岸海域生物量高密度分布区的丧失和转移反映了黄河三角洲滨海湿地在人为作用下的退化过程。

5. 垦殖与人工建筑

垦殖是将自然植被改造为人工植被的一种农业活动。垦殖活动破坏了原有生境，在低洼积水类型的湿地改造中，排干是一个重要过程，必然导致湿地的干化，湿地特征丧失，造成湿地损失和退化。黄河三角洲未开垦土地面积大，长期以来被作为开荒垦地，建立农牧业基地的重点地区。近年来，由于棉花经济效益的明显增长，黄河三角洲地区兴起了棉花种植热。在地势较高的地貌单元，湿地植被被毁，大量的棉田在原有湿地上建立起来。三角洲北部大片的柽柳林被破坏，代之而出现大片耕地（图 3-8）。

图 3-8　黄河三角洲上的柽柳林开垦

黄河三角洲滨海湿地的垦殖能带来明显的经济效益，但原有湿地的自然生态效益却彻底丧失，利弊得失不能简单而论。

在三角洲的发展中，道路设施、沿岸大堤等的修建是必然的也是必需的。这些人工建筑的出现，一方面在一定程度上保障了沿岸的安全，方便了人们的生产生活活动，促进了当地经济的发展和繁荣；另一方面这些设施切割了湿地，破坏了滨海湿地的完整性，使湿地景观趋向破碎化；同时也隔断了不同区域的水体交换，弱化了海洋和陆地的水文循环，进而影响到湿地的生产力和作为生物栖息地的作用。黄河三角洲的开发，特别是油田的开发，油井出现在哪里，道路和水工建筑等就会延伸到哪里。

如图 3-9 所示，在道路的两侧环境特征差异明显。以距 121 井约 1500m 的南北道路为例，在路西是密集的芦苇地，地面枯枝积累丰富，在路东便是滩地，地表植被为稀疏的芦苇和柽柳混生。

图 3-9　道路两侧不同景观

第三节　江苏盐城滨海湿地退化的机制分析

盐城滨海湿地于 1999 年被纳入"东亚-澳大利亚涉禽迁徙自然保护区网络"，2002年被批准为"国际重要湿地"（国际重要湿地编号：1156）的国家级丹顶鹤自然保护区和大丰麋鹿保护区（图 3-10）。这片太平洋海岸上的广袤滩涂，是东亚海鸟迁徙的重要通道和驿站，为 300 余种水禽提供了栖息、繁殖的环境，尤其为丹顶鹤等 10 余种国家一级保护珍禽提供了越冬条件。近年来，由于人为的围垦、开发、种植加快了滨海湿地生态系统的退化。

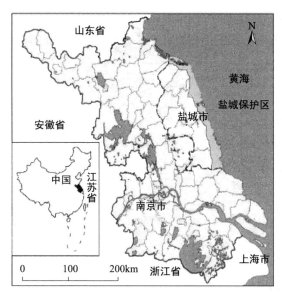

图 3-10 江苏盐城滨海湿地自然保护区及功能区划图

资料来源：董科等（2005）

一、 经济发展与开发利用现状

盐城是江苏省面积最大的市，市辖区面积 177 900hm²，市辖区 159 万人（各县市社会经济状况见表 3-10）。全市地势平坦，河渠纵横，交通发达，物产富饶，素有"鱼米之乡"的美称。

表 3-10 2007 年江苏盐城滨海湿地各县市的社会经济状况

地区	滨海县	大丰市	东台市	射阳县	响水县
行政面积/km²	1880	2367	2267	2795	1363
人口密度/（人/km²）	580	308	512	372	426
人均 GDP/万元	1.40	2.79	2.35	1.81	1.11

1）海洋和滩涂资源十分丰富，沿海滩涂面积为 45.7×10⁴hm²（张学群等，2006），约占江苏省沿海滩涂的 70%。目前，射阳河口以南沿海地段还以每年 10 多平方公里的速度向大海延伸，被称为"黄金海岸"，是江苏省最大、最具潜力的土地后备资源。

2）岸线港口资源得天独厚。盐城标准海岸线全长 582.0257 km，占江苏省的 56%。沿海陈家港距连云港 27nm、日照港 59nm，集、疏、运条件比较优越，为二级航道，国家二类开放口岸。大丰港北距青岛港 210nm、连云港 120nm，东距日本长崎港 460nm、韩国釜山港 465nm，南距台湾基隆港 620nm、上海港 280nm，已被国家规划为对外开放一类口岸。滨海港地处江苏沿海中部、连云港与长江口之内，与日本、韩国隔海相望，—10m 等深线离岸最近处为 1.215nm，深水直通大海，可建 5 万～10 万 t 级码头泊位，是江苏省沿海水深条件最好的岸段之一。射阳港现拥有千吨级码头 5 座，并开通了集装箱内河支线，港口年吞吐能力可达530万t，目前，射阳港已同沿海24个港口通航。

3）石油天然气资源蕴藏较多。已探明石油天然气蕴藏量达800亿m³，预计总储量达2000亿m³，为中国东部沿海地区陆上最大的油气田。沿海和近海有约10万km²的黄海储油沉积盆地，居全国海洋油气沉积盆地第2位，有着广阔的勘探开发前景。

4）农产品资源优势突出。盐城是江苏省最大的农副产品生产基地，已建成8个全国商品粮基地县、1个优质油料基地县和6个优质棉基地县，海洋及动植物资源丰富。粮棉油、桑果菜和禽蛋鱼等主要农产品的种养规模和总量均位居江苏省首位。

5）生态旅游资源独具特色。市域东部拥有太平洋西海岸、亚洲大陆边缘最大的海岸型湿地，被列入世界重点湿地保护区，正在规划建设盐城湿地生态国家公园，打造"东方湿地之都"。湿地保护区内建有世界上第一个野生麋鹿保护区和国家级珍禽自然保护区，为联合国人与自然生物圈成员。大丰野生麋鹿保护区目前麋鹿种群600多头，其野生种群总量、繁殖率和存活率均居世界首位。

二、 退化的主要环境压力因素分析

1. 海岸侵蚀

冰后期最大海侵之后，江苏海岸线长期稳定变化在5～10km的范围内。自1128年黄河从苏北入海后，盐城海岸以北部黄河三角洲沉积和南部潮成砂体并陆的形式迅速向海推进。黄河北归以后，泥沙来源断绝，岸滩处于动态调整期。根据前人研究成果，盐城滩涂的淤蚀总趋势是射阳河口以北冲蚀后退，斗龙港口以南淤积淤长，射阳河口至斗龙港口岸段北冲南淤，转折点逐渐南移，海岸线趋于平直。自灌河口至射阳河口段属于侵蚀岸段。1855～1970年河口附近以平均147m/a的速度迅速后退，废黄河三角洲有140 000hm²失陷于海中，近40年来渤海沿岸约40 000hm²的耕地、盐场和村庄被海水吞没，灌东等盐场海堤外的潮间带宽度已由新中国成立初期的1000m左右减少到20世纪90年代的几十米至百余米，滩面上的植被几乎丧失殆尽，仅在少数岸段分布有大米草滩，由于海堤的修建使侵蚀的方式表现为潮滩的急剧下蚀。射阳河口至斗龙港口段属于侵蚀海岸向淤积海岸的过渡类型，其岸滩的表现为高潮线附近继续淤长且速度逐渐变慢，低潮线附近开始侵蚀并有加快趋势。研究表明，岸滩进一步陡化，普遍出现侵蚀性的碟形洼地，波浪作用加强，很少潮沟发育。由于大米草的促淤作用，淤泥层在潮间带上带的大米草盐沼中广泛堆积。

海岸侵蚀可导致湿地基底流失，潮间带变窄，湿地生物赖以生存的生境被破坏，严重者甚至引起湿地生境全部丧失。同时，海岸线后退和滩面下降也会提高潮间带湿地的潮浸频度，使湿地植被发生反向演替。在盐城废弃黄河三角洲地区，由于海岸侵蚀，一些中低潮滩粉砂淤泥质泥滩被侵蚀消失，致使高潮区盐蒿退化为泥滩地，而禾草滩地又退化为盐蒿滩地，整个湿地向逆向演替。一些有人工海堤防护的海岸，堤外湿地植被无后退的新生空间，导致堤外湿地全部被海水淹没，湿地严重退化（图3-11）。

(a) 扁担河口附近发育在芦苇沼泽滩的侵蚀陡坎

(b) 淮河入海通道北侧因海岸侵蚀芦苇枯死

(c) 1号断面滩面的侵蚀凹坑

(d) 振东闸附近岸段因海岸侵蚀大面积养殖池废弃或沦入海中

(e) 射阳河口岸段的侵蚀陡坎

(f) 4号断面的侵蚀陡坎（互花米草滩）

图 3-11 盐城滩涂沼泽湿地海岸侵蚀特征照片

2. 海平面上升

低平的滨海湿地是全球变化敏感地区。海平面上升及其所诱发的一系列环境变化会直接在滨海湿地上得以反馈。一般而言，随着海平面的上升，滨海湿地会通过垂向上堆积沉积物和有机质来适应海平面的变化。如果湿地垂向堆积速度与海平面上升速度一致，滨海湿地一般不会受到很大影响，但如果海平面上升速度超过湿地的垂向加积速度，湿地则会逐渐被海水淹没。海平面上升会在近岸低洼的地方营造出新的湿地，使近岸陆地生态景观逐渐向湿地生态景观演替。但对于那些近岸没有低地的海岸或有海堤防护的海岸，湿地内移的幅度有限。在海平面持续上升的情况下，湿地在陆地得不到补偿的空间，必然会导致湿地大面积消亡。

据 IPCC 估计，在未来 100 年内，如果海平面上升 0.5m，就会有 50％的海岸湿地被淹没，湿地净损失（net-loss）为 17％～43％（IPCC，2001）。1999 年，Nicholls 预测，到 2080 年，由于海平面上升，会有约 22％的海岸湿地消失。如果考虑海平面与人为因素的综合作用，到 2080 年全球将有 36％～70％的海岸湿地损失。夏东兴等（1993）在研究海平面上升对渤海湾西岸的影响时，根据高程估算，如果绝对海平面上升 30cm，自然海岸线将后退 50km，淹没土地约 $1.0 \times 10^6 hm^2$；若海平面上升 1.0m，海岸线将后退 70km，淹没土地约 $1.15 \times 10^6 hm^2$，如果不考虑海岸湿地的垂向堆积和护岸工程的作用，现在渤海湾西岸的沼泽湿地将全部被海水淹没。季子修等（1994）等利用高程-面积法、沉积速率法和引入递减率的沉积速率法，对长江三角洲及附近地区的潮滩湿地损失进行了估算。海平面上升 50cm 造成的潮滩湿地淹没、侵蚀加剧和淤涨减缓的总损失，在江苏滨海平原为 $9 \times 10^4 hm^2$，平均损失率为 17.5％。需要指出的是，季子修等在估计海平面上升对长江三角洲及附近地区湿地损失时，将湿地定义为平均高潮位附近及以上的有植被生长的潮滩，因此上述计算结果要远远小于滨海湿地的实际损失值。2002 年，杨桂山利用高程-面积法，估算 2050 年我国海岸湿地的淹没损失面积可达 $14.8 \times 10^4 \sim 22.1 \times 10^4 hm^2$，平均损失率为 17％。经过模型估算，盐城淤涨型岸段，海平面上升，多年平均潮位线以上滩面高程仍将继续淤积加高，只是淤积幅度总体上趋于减小，多年平均潮位线以下滩面高程趋于蚀低，且强度较大，侵蚀加剧，最终导致滩面坡度不断变陡，能保证滩面在原有不受侵蚀的基础上略有淤长。侵蚀岸段虽然多年平均潮位线以上滩面强烈侵蚀降低，而多年平均潮位线以下滩面则强烈淤积加高，有效的护岸措施能保证滩面不受损失。

根据滨海港、翻身河闸、六垛闸、射阳河闸、新港闸、斗龙港闸、王港闸金额东台河闸的潮差资料，调查区潮差为 1.69～2.12m，属中等偏小潮差的海岸地区，因此对海平面上升的响应比其他湿地要明显。

过去 100 年全球海平面上升数据多是根据全球海平面观测系统（GLOSS）和平均海平面永久服务处（PSMAL）的世界各地验潮站的实测记录，进行分析计算得出的结果。由于各验潮站的地理位置、验潮站数目和记录长度不同，统计方法的差异以及陆地垂直运动的影响不同，各统计数据有所差别，但海平面上升是公认实事。最近，美国国家海洋和大气管理局 Douglas 在对全球具有代表性的 21 个验潮站的记录进行了统计，认为过去 100 年全球海平面平均上升速率为 1.8 mm/a；IPCC 研究分析表明，近 100 年来，全球海平面上升速率为 1.5～2.0mm/a；联合国教科文组织估计为 1.0～1.5mm/a；国际地球生物圈估算为 1～2 mm/a，结果基本一致。1994 年，任美锷认为过去 100 年全球海平面上升速率为 1.5 mm/a。

中国近海海平面变化的趋势与全球相同。根据国家海洋局发布的 1989 年和 1990 年《中国海平面公报》，中国大陆沿岸海平面根据 48 个长期验潮站资料统计，过去 100 年

里平均上升了 14cm。国家海洋局 2008 年和 2003 年的《中国海平面公报》认为，近 50
年来，中国沿海海平面平均上升速率为 2.5 mm/a，略高于全球海平面上升速率。2008
年，中国沿海海平面为近 10 年最高，比常年高 60mm；与 2007 年相比，总体升高
14mm。2008 年，江苏沿海海平面比常年高 76mm，与 2007 年基本持平。预计未来 30
年，江苏沿海海平面将比 2008 年升高 77～130mm。

盐城滩涂沼泽湿地对海平面上升的响应可以表现为以下几个方面。

1）灌河口至射阳河口岸段：该岸段为侵蚀岸段，在海平面持续上升的条件下，海
岸侵蚀必然加剧；该岸段的岸线基本是人工岸线，滨海湿地在海平面上升的影响下内移
的幅度有限，在海平面持续上升的情况下，湿地在陆地得不到补偿的空间，必然会导致
堤外滨海湿地消亡。

2）射阳河口至斗龙港岸段：该岸段属于侵蚀海岸向淤积海岸的过渡类型，近年来
研究发现，侵蚀与淤积分界点有逐渐南移的趋势，在海平面持续上升的条件下，淤蚀分
界点势必加速南移。由于潮间上带互花米草的促淤作用，高潮线附近的滩面继续淤长且
速度逐渐变慢，低潮线侵蚀加快，岸滩陡化，最终导致泥滩湿地被海水淹没，进而危及
近岸沼泽湿地。

3）斗龙港至琼港岸段：该岸段属于淤积型海岸，同时也是围垦力度最大的海岸，
潮上带已经基本被围垦殆尽。该段海岸虽受到辐射沙洲掩护，但在海平面持续上升的条
件下，波浪作用也会加强，势必加快辐射沙洲的动态调整，进而影响到近岸滨海湿地。
据杨桂山 2002 年研究，在海平面上升的条件下，淤积型潮滩的多年平均高潮线仍保持
向海推进的趋势，但多年平均潮位线则呈向岸后退的趋势。尤其是平均潮位线近海一侧
滩面，淤积强度将变小，甚至侵蚀。随着海平面上升，水深加大，导致潮流、波浪等动
力作用加强，潮流和波浪等对低潮滩的扰动增强，从而侵蚀环境，整个中潮位线以下滩
面侵蚀将逐渐加剧。

盐城滩涂沼泽湿地潜水、土壤与植被等各生态组分与潮位变化之间存在着密切的相
关关系。海平面上升导致潮位抬升，不仅增加了潮滩的潮浸频率，而且潮滩湿地潜水的
水位和矿化度也将随之升高，导致直接浸淹和潜水通过土壤毛细管向表土输送的盐分相
应增多，土壤表土积盐和有机质等养分含量降低，进而引起植被退化和生物生产量
下降。

盐城滩涂沼泽湿地生态类型由海堤向海顺次是茅草草甸、盐蒿草甸和大米草沼泽。
海平面上升，处于年潮淹没带以上的茅草草甸虽受潮浸频率增加的影响有限，但由于潜
水水位和矿化度升高的作用，已经淋洗脱盐的表土将重新返盐，发生次生盐渍化现象，
使得耐盐性很差的茅草生长受到抑制，产生逆向演替趋势。处于日潮淹没带上部的大米
草沼泽，其外缘因潮浸频率增加而不断退化为泥滩，将导致其分布范围逐渐变窄；处于
月潮淹没带范围内的盐蒿草甸则由于得到上部茅草草甸退化的补偿和下部大米草沼泽退
化的缓冲，其范围将有所扩大。演替的最终结果将使潮滩湿地生物多样性减少、生物生
产量下降和生态类型趋于单一。

3. 外来生物入侵

江苏沿海为保滩促淤从 1964 年开始引进米草，新洋港南侧是江苏第一批米草的引

种地，也是我国最早的试种地。大米草原产于美洲，江苏沿海的气候、水文、土壤等条件非常适宜其生长，在潮滩坡度小的滩面米草立地稳定，扩张迅速，相应地对泥沙粒度要求不高；米草生长所在区域的潮侵频率为 20%～50%，并且能够通过促淤改变米草滩外围的滩面坡度，减少潮侵频率，创造最佳的生存环境，加速扩张速度。米草的生长可使淤高速度成倍增加，让滩面的高度提前 10 年达到高潮面以上。

互花米草是一种耐盐耐淹的草本植物，其能生长的滩面位置比被称为海滩先锋植物的盐蒿更低，是海岸滩涂新的先锋植被。互花米草盐沼在保滩护堤、促淤造陆、改良土壤、绿化环境等方面作用是显而易见的；位于滩涂外侧的互花米草具有防浪和消浪能力，与工程护岸相比，互花米草护岸是最经济、合理和有效的方法。

据刘永学 2004 年的研究，1988～2001 年，双洋河口至梁垛河闸之间的互花米草盐沼扩张非常迅速，到 2001 年 7 月仅互花米草盐沼分布面积就达 12 928hm²，从射阳河口至梁垛河闸之间的潮间中上带泥滩大部分已被米草盐沼所覆盖。盐城沿海滩涂的不断扩大和米草的引进使滩涂湿地高等植物面积迅速增长，导致湿地植被结构改变，滩面淤高加快、坡度增大，泥滩面积相对缩小。互花米草的存在使得滩面淤高，其根、茎、叶的腐烂，使淤泥的有机质、腐殖质大量累积，根系扰乱了滩面的结构，一些生物的生态环境被破坏，从而使得原先生活在这里的生物或消失或迁移，但同时又可新生一些能适应新生境的生物。海滩高潮带下部至中潮带上部的潮间带，生长的生物主要为泥螺、四角蛤蜊、文蛤等滩涂贝类，互花米草的存在，使它们不能在这一带生存。特别是对于侵蚀型海岸，互花米草的引种，会使滩涂贝类的生存场所消失。据现场调查，位于东台河口（川水港）北侧的 5 号断面，互花米草向海扩展迅速，2007 年和 2008 年两次断面监测显示互花米草向海扩展了近 1.5km，2007 年原为泥滩的潮滩上生长了稀疏的互花米草。泥滩上为养殖户底播养殖的贝类，因互花米草的快速蔓延，给滩面上的贝类养殖带来了危害，养殖户虽采用了人工挖掘和喷洒灭草剂等手段消除互花米草，但因其繁殖能力强，效果不明显。互花米草对滨海湿地生态影响的功过是非，还有待于更深入的研究，但互花米草入侵已经改变了盐城滩涂沼泽湿地植被演替和滩涂蚀淤态势，也改变了湿地的生态服务功能。

三、 退化的主要人类活动压力因素分析

（一）围垦

江苏沿海滩涂开发历史悠久。历史上较大规模的开发活动有三次。一是北宋范仲淹修筑的捍海堰，保护盐仓和大片农田不受海潮侵袭。二是清末南通实业家张謇组织发起，在现在的黄海公路一侧围地约 2.7×10⁴hm²，垦殖约 8×10³hm²。三是 1949 年以来的围海造地开发。从 11 世纪修建范公堤，至今不到 1000 年间，江苏省共围殖开发近 200×10⁴hm² 滩涂，其中新中国成立后的 50 多年间，匡围了 23.3×10⁴hm²。匡围的土地主要为种养土地。1949 年以后，江苏大规模的滩涂围垦大致经历了以下几个阶段：20 世纪 50～60 年代，集中民力、财力全线修筑了挡潮海堤，开垦了堤内荒地 3.54×10⁵hm²。

70 年代，大规模的围垦移民开发兴建了一批沿海乡镇，主要单一经营粮棉和盐业。80 年代至"八五"期末，滩涂开发逐步实行由传统开发向科技开发、由单一经营向多种经营、由原料生产向多层次加工、由内向型向外向型方面发展，"八五"期末，建成了一批新的粮棉、林果、畜禽和水产等商品生产和出口创汇基地。"九五"期间，江苏省委省政府做出了开发百万亩滩涂的决策，计划新围滩涂 $3.6 \times 10^4\,hm^2$，开垦已围荒地 $1.1 \times 10^4\,hm^2$，改造滩涂中低产田 $2 \times 10^4\,hm^2$。到 1999 年，江苏建成 160 多个垦区；在老海堤内共垦荒超过 $50 \times 10^4\,hm^2$，建成了江苏南通、盐城和淮北商品粮棉基地；在老海堤外，新围垦滩涂 $2.33 \times 10^5\,hm^2$，潮间带滩涂也得到部分利用。1979 年以来，迅速形成了盐业、粮棉、对虾、鳗鱼、淡水鱼、文蛤、紫菜、林果、畜牧、芦苇等商品生产和出口创汇基地，并建成了麋鹿和丹顶鹤两个自然保护区。新围的 $2.33 \times 10^5\,hm^2$ 多滩涂主要的使用方式为种植业、养殖业、盐业，还有一部分作为港口用地和其他用地。同时，有约 $1.5 \times 10^4\,hm^2$ 的滩涂因刚刚围垦或缺乏配套设施没能投入使用出现围而不垦的现象（王艳红等，2006）。

由于盐城沿海中部处于黄海旋转潮波和东海前进潮波交汇处，加上其外侧有典型的辐射沙洲，淤积特征明显，这为盐城沿海的淤积及滩涂围垦提供了条件；在江苏沿海各地市中，盐城处于滩涂围垦的核心地段，据统计，目前盐城市滩涂围垦面积达 $14.32 \times 10^4\,hm^2$，围垦面积远高于其他地市（图 3-12）。

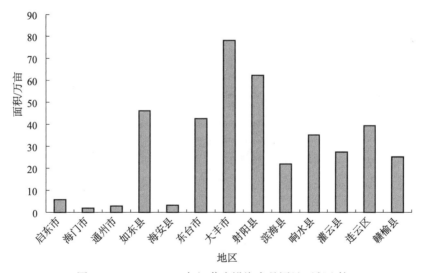

图 3-12　1951～2007 年江苏省沿海市县围垦面积比较

新中国成立以来，盐城市沿海各县（市）滩涂围垦，在盐城沿海的 5 个县（市）中，以大丰市境内垦区面积最大，其次为射阳。从围垦宽度来看，以响水围垦宽度最宽，向南基本呈现出递减趋势（表 3-11）。其中，响水县围垦宽度最大的主要原因是受灌东盐场的影响。射阳河口以北地区，由于海岸侵蚀和滩面变窄的影响，近年来围垦的力度不大。灌河东侧的陈家港镇正逐步兴建工业园区，进区企业已达 70 家。灌河口东岸，原先为芦苇沼泽和互花米草沼泽的滩地已被新建的船舶重工等工业基地占据，滨海湿地大部分消失。射阳河口附近，随着射阳港电厂、射阳港、双灯工业园区的建设，部分滨海湿地转变为工业用地。

表 3-11 盐城市新中国成立以来滩涂围垦情况

县（市）	垦区数/个	围垦面积/hm²	平均围垦宽度/km
响水	7	23 370	5.4
滨海	9	14 720	3.3
射阳	11	37 890	3.5
大丰	17	46 330	2.3
东台	18	20 930	1.2

对盐城市沿海县围垦面积大于 667hm² 的垦区统计，自 1990 年以来射阳县新围垦了东沙港垦区、金海岛垦区、下老胡垦区、芦东垦区等垦区，围垦面积约 6200hm²；大丰市围垦了东川垦区、竹川垦区、港北垦区、港南垦区、大丰港垦区、卯龙垦区、南港垦区等垦区，围垦面积达 18 700hm²；东台市围垦了三仓片垦区、笆斗垦区、笆斗垦区外滩、蹲门垦区、仓东片垦区、方南垦区和弶东垦区，围垦面积达 14 320hm²。响水县和滨海县自 1990 年以来无围垦大于 667hm² 的垦区。可见近年来，盐城滩涂湿地的围垦主要集中在射阳、大丰和东台等地，其中自斗龙港至弶港附近岸段是围垦最大的区域。

"十五"期间，江苏实施了新一轮百万亩沿海滩涂开发后，在新围垦滩涂基础上，又开工建设了大丰港、沿海风力发电、滨海工业园区等项目，成了国内外投资关注的热点。随着沿海开发热潮的掀起，沿海港口、能源、化工、物流、城镇、生态旅游等建设用地的围垦开发越来越多。根据《江苏沿海滩涂围垦开发规划（2009～2020 年）》，江苏沿海将新辟垦区 21 个，总面积 180 000hm²，其中盐城市 9 个垦区 87 700hm²（图 3-13）。盐城市即将围垦的地方主要集中在潮间带滩涂区域，必将导致大面积滨海湿地消失。

围垦对盐城滩涂沼泽湿地的影响主要体现在以下几个方面。

1. 通过围垦将滨海湿地改变为非湿地，直接导致滨海湿地面积减少

人们通过围填、堵口、疏浚或排干等手段将滩涂沼泽湿地变为可以耕种或适宜居住或适宜工业开发的干旱土地，致使湿地部分甚至完全丧失了湿地功能。

江苏是一个人口大省，又是一个陆地资源小省。2007 年，江苏省沿海 13 县（市）人均耕地面积 0.084hm²，低于全国人均耕地面积 0.094hm² 的平均水平。人多地少以及围垦带来的显著经济效益是江苏地方政府一直鼓励以围垦等方式开发利用滨海滩涂的主要原因。为促进江苏省耕地占补平衡，新中国成立以来，江苏省累计匡围的 250 667hm² 垦区，经过开发利用已形成各类农业用地面积约 139 333hm²。盐城市所辖 5 个沿海县（市）通过围垦滩涂增加农业用地约 86 667hm²，2007 年东台市在弶东垦区新围垦滩涂面积 2047 hm²，用于工业开发。上述围垦活动不但将滨海湿地改变为非湿地属性，也导致盐城多数岸段高潮滩滩涂缺失，海岸滩涂格局发生了根本性改变。

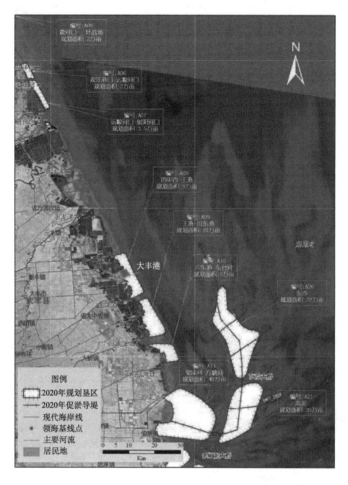

图 3-13 2009～2020 年盐城市沿海围垦方案

2. 围垦导致滨海湿地景观破碎化加剧

景观破碎化是指由于自然或人为因素的干扰作用导致景观由单一、均质和连续的整体趋向于复杂、异质和不连续的斑块镶嵌过程。景观破碎化与人类活动密切相关，由于人类干扰的介入，使得景观的构成趋向多元化发展。人们通过修筑堤坝和沟渠将湿地分割为小的生境斑块从事养殖、盐业、农业等开发活动，将原本整体的自然景观分化成为不同类型的景观斑块，造成湿地景观格局发生变化，湿地景观破碎化加重。1980～2008年盐城滩涂沼泽湿地的景观斑块数破碎化指数从 0.0034 增加到 0.0254，增大了 6.5 倍，破碎化程度也随之增强。目前，盐城滩涂沼泽湿地破碎化的主要表现为：①除自然保护区核心区外，大面积高潮滩滨海湿地被农田、养殖池和盐田等人工景观代替，原本比较均一的湿地基底被养殖池、盐田、港池、道路、沟渠、堤坝等分割为相对独立的小的湿地景观斑块，湿地景观斑块数和斑块密度大幅度增加。②随着堤坝、沟渠和道路等人工廊道面积和长度的增加，阻断了滨海湿地间物质和能量的正常流动，同时人工廊道的增加，也加剧了人类对滨海湿地的干扰活动。1980～2008 年，盐城滩涂沼泽湿地的廊道密度指数逐年变大，由 1980 年的 0.4955 增大到 2008 年的 6.8581，增大了十几倍，特别是在 1980 年到 1991 年这 11 年的时间内，廊道密度指数增加最为迅速，增大了近 4 倍。从整个景观布局来看，潮间带和潮上带滨海湿地景观破碎化最严重，斑块密度远高于潮下带湿地。

3. 围垦干扰了滨海湿地自然演替过程

据王艳红等（2006）研究，围垦后滩涂恢复到原有状况的年限取决于滩涂自然淤积速率和围垦的起围高程，盐城市滩涂淤蚀状况和围垦的适宜速度见表 3-12。从表 3-12 可以看出，要使滩涂恢复到围垦前的形态需要的时间周期比较短，适宜的围垦速度非常慢，即便是淤长最快的弶港附近，向海淤长 1km 所需的时间也在 6 年左右。近年来，盐城滩涂围垦活动的起围高程有所降低，围垦速率远快于滩涂的自然淤长速率，围垦活动不同程度超出了滩涂自然淤长所能承受的强度和植被恢复的速度，严重干扰到潮滩湿地的自然演替过程。在射阳河口以北岸段，自新中国成立以来围垦和海岸侵蚀，潮滩逐渐陡化，堤外天然盐沼面积越来越少，部分岸段互花米草已成为建群种，潮滩植被演替系列缺失，甚至有的岸段堤外已没有原生盐沼，这给海岸生态的平衡带来了负面影响。

表 3-12　盐城市沿海滩涂淤蚀状况和围垦的适宜速度

岸段	平均淤长速率 /（m·a⁻¹）	平均淤高速率 /（cm·a⁻¹）	潮滩平均坡度/‰	潮间带围垦 1km 宽度的恢复年限
射阳河口—新洋港	13	0.42	0.032	76
新洋港—斗龙港	31	0.78	0.025	32
斗龙港—四卯港	32	0.83	0.026	31
四卯港—王港	32	0.80	0.025	31
王港—竹港	59	2.07	0.035	17
竹港—川东港	59	1.48	0.025	17
川东港—东台河口	68	1.56	0.023	15
东台河口—粮垛河闸	54	1.46	0.027	19
粮垛河闸—三仓河口	180	4.23	0.024	6
三仓河口—新北凌口	120	4.68	0.039	8

资料来源：王艳红等（2006）

4. 围垦导致湿地生物多样性降低

围垦改变了潮滩高程、水动力、沉积物特性等多种环境因子，这些生物环境敏感因子的综合作用，将导致潮间带动植物群落结构及多样性发生改变。

（1）对湿地植被的影响

围垦后，围堤内外的潮滩生态环境有着不同的演化特征。堤内潮滩湿地与外部海域全部或部分隔绝，垦区水域盐度逐渐降低。土壤表层不再有波浪或潮汐带来的泥沙沉积，土壤因地下水位下降而不断脱盐。生境条件的变化将干扰潮滩盐生植被的正常演替，甚至导致盐生植被的逆向演替。同时，垦区外原有或新生湿地处于水动力环境和生境自我恢复和调整期，植被生长滞后，一些岸段湿地常因无固着泥沙的植被而变得易遭受海水的冲刷和侵蚀。

盐城滩涂沼泽湿地的植被组成主要有白茅、大穗结缕草、盐蒿、大米草和互花米草等群落。白茅群落是海滨沼泽演化到最末阶段的产物，通常出现在土壤已脱盐或基本脱盐的极大潮高潮位附近或以上。大穗结缕草群落主要分布于潮上带，它也是群落演替后期的产物；盐蒿是盐渍裸地上的先锋群落，主要分布在高潮滩。自20世纪60年代从国外引进大米草和70年代引进互花米草至今，米草盐沼在江苏沿海的分布越来越广，在一些岸段甚至已演化为优势种群；其他群落还有芦苇等，主要分布在低湿洼地及河口周围。随着江苏沿海滩涂兴垦的高涨，围垦高程越来越低，垦区海堤在五六十年代多在平均高潮位以上，主要是在白茅和大穗结缕草草甸上进行，部分涉及盐蒿群落。随着对土地的迫切需求，围垦速度加快，外堤高程逐渐降低，堤外盐沼湿地面积越来越少，各类型的宽度越来越窄，有的岸段堤外原生湿地景观已完全缺失。例如，东台市三仓垦区海堤外的部分地区已经缺失茅草滩，有茅草的地方其宽度也只有几十米，而在围垦之前这里的茅草滩的宽度达2km多。王港南垦区附近，由于围而不垦，垦区长期闲置，土壤发生旱化和盐渍化，植被群落表现出明显的次生演替，甚至演变为荒滩裸地（图3-14）。据王爱军等2005年的研究，王港地区的盐沼湿地共经历了四次大的围垦过程。其中，前三次是由大丰市滩涂局负责围垦的，最后一次是个体承包商向有关部门承包后自行围垦的。从1977年至2004年，王港地区的潮滩滩面宽度从原先的8～11km降低到4～6km，滩涂宽度迅速缩小，围垦速度远大于滩涂淤长速度，滩涂面积显著缩小。随着围垦活动的加剧，王港地区植被类型明显减少。2000年围垦后，剩下的盐沼植被类型主要是互花米草和盐蒿。2000年后，大量个体承包商在已有垦区外围实施了围垦工程，围垦后的湿地被开挖成池塘进行人工养殖。互花米草作为该地区的先锋植被，其扩展速度很快，已呈现出向陆侵入盐地碱蓬的逆向演替趋势。高潮滩附近的芦苇滩已被围垦殆尽，盐蒿滩面积迅速减小，部分米草滩也被围垦，目前纳潮水道至王港河之间的大片互花米草已经被围垦，海堤直逼互花米草边缘的泥沙混合滩。

图3-14 围垦后土壤发生旱化和盐渍化导致滩面植被稀疏

（2）对底栖生物的影响

潮滩围垦后，堤内滩涂在农业水利建设和各种淋盐改碱设施的改造下逐渐陆生化，潮滩底栖动物种类丰度、密度、生物量、生物多样性等明显降低或最终绝迹，陆生动物则逐渐得以发展。盐城海岸湿地的围垦，往往优先将生物密集区段尽多地匡在围区之内，其土地利用导致原来在此地的生物向外扩散，从而缩小其他生物资源的生活空间，降低了生物生产力水平。大丰市四卯酉外滩区段内原有的 6.7km 宽度，随着围垦开发利用及其导致的耐盐植物向外拓展，仅留下不足 3km 宽度的窄长条状贝类资源生活区，导致贝类生物量锐减，文蛤采捕量由原来的 100t/a 以上减少到 1997 年的不足 20t/a。竹港围垦后沙蚕在一两个月内便全部死亡，适生能力较强的螠蛏 7 年内也几乎全部消失，围垦使得土壤线虫群落种类多样性明显减少。因围垦导致的水文环境和沉积环境快速变化使得堤外淤积环境迅速改变，不适应快速淤埋的潮滩底栖动物发生迁移或窒息死亡。低潮滩因淤积速度较慢，动物适生空间变窄，导致底栖生物资源锐减。1990 年，陈才俊对竹港断面潮滩围垦前后动物量对比，围垦 1 年后滩外文蛤生物量显著减少。大丰港附近的 4 号断面的 2 号和 3 号站位，2007 年滩面还是互花米草滩，2008 年已开始围垦和开挖养殖池，滩面生物构成已发生变化，2008 年采集到的甲壳类动物比 2007 年减少了 3 种（陈才俊，1990b）。

（3）对其他动物的影响

目前，盐城滩涂湿地开发及围垦力度不断加强，除盐城国家级珍禽自然保护区核心区外，缓冲区和试验区的大部分滩涂湿地处于不同程度的开发利用之中。大规模的开发及围垦活动对原生滩涂湿地生态系统造成了严重破坏，导致野生动物栖息地不断丧失，对丹顶鹤等珍稀鸟类越冬带来了极大的威胁。

区域生态环境对湿地围垦压力响应的相关性明显，特别是丹顶鹤等珍禽数量强烈波动，且分布格局呈现破碎化。尽管目前滩涂湿地呈自然淤长，但与围垦速度相比，适宜丹顶鹤栖息的海岸湿地面积仍呈减少趋势：一方面原有核心区已不能涵盖丹顶鹤的需求范围，许多潜在的生境逐渐被丹顶鹤所利用；另一方面土地的开发使滩涂湿地面积逐渐减小，造成丹顶鹤生存环境破坏，丹顶鹤生境破碎度增大，造成栖息地迅速减少，而且农药和杀虫剂的使用对丹顶鹤构成了严重的生命威胁。1990 年，栖息地面积为 43 000hm²，到 1998 年，则减少至 18 000hm² 左右，不到 10 年的时间，栖息地面积丧失了将近 60%。1990 年以来，盐城海岸湿地的丹顶鹤数量长期呈强烈波动的不稳定状态，盐城北部的滨海县已近 10 年没有丹顶鹤的稳定分布，响水县也只在盐田中有少量丹顶鹤栖息。

由于对滩涂湿地的围垦，盐城滩涂沼泽湿地适宜丹顶鹤栖息的生境呈逐年降低的趋势。2001～2005 年监测数据显示，盐城市国家级珍禽自然保护区内丹顶鹤主要集中于 7 个区域（灌东盐场、射阳盐场及黄沙港、芦苇基地与核心区、四卯酉及王港、竹川、东川、笆斗），表现出明显的集聚特点。位于实验区的头灶、六灶、琼港的 3 个丹顶鹤分布区，自 1998 年之后越冬丹顶鹤数目一直为 0。雁鸭类、鸻鹬类及鸥类等鸟类及其他珍禽也主要集中于核心区及缓冲区。2007 年，国家环境保护总局对盐城市国家级珍禽自然保护区作了调整。调整后江苏盐城湿地珍禽国家级自然保护区总面积为 284 179hm²，比调整前的 45.3 万 hm² 减少了 168 821hm²。其中，自陈李公路和海堤公路之间的滨海县境内的滨海港以南区域、射阳县、大丰市和东台市全部，响水县境内陈李公路以东约 6 km、灌河以南约 10 km 的区域调整出自然保护区，原因在于该区域自 20 世纪 50 年代旱化围垦后已全部开垦为耕地，且有大量的城镇、村庄和工业区，适合丹顶鹤及其他保护物种生存的天然湿地不复存在，保护价值丧失。滨海港、大丰港及大丰开发区三卯酉河延伸线以南、华丰农场七中沟以北、海堤公路和盐场路及其延长线以东约 $1.9 \times 10^4 \mathrm{hm}^2$ 调出；滨海化工园区、射阳港及双灯工业园区、琼港镇区及动态开发区部分区域，约 $1.0 \times 10^4 \mathrm{hm}^2$ 调出，原因在于该部分区域为已建港口、工业园区和农、盐场地段，是保护区周边社区居民的主要经济依赖点。调整后的盐城国家级珍禽自然保护区见图 3-15。

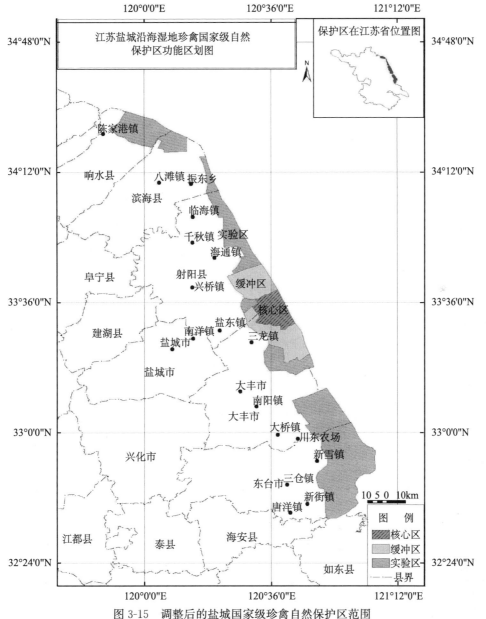

图 3-15　调整后的盐城国家级珍禽自然保护区范围

围垦不但对湿地鸟类造成很大的影响，对其他生活在滩涂沼泽湿地的动物也有很大的影响。陈珉等 2009 年研究，20 世纪初以来，随着滩涂围垦和各类开发活动的发展，獐的适宜生境面积及分布区向东缩小，20 世纪 50 年代开始，缩小到黄海公路以东的荒地，并从南部向中部收缩。80 年代时海堤外仍有比较开阔的草滩，獐在当时还可以通过海堤外的潮上带草滩进行迁移。在 90 年代的几次调查中，芦苇公司、盐城国家级珍禽自然保护区核心区、海丰农场、大丰的川竹王港地区、大丰麋鹿保护核心区、琼港与梁垛河闸间及新东乡海滩均有獐的种群分布。围垦是影响獐种群分布和导致种群数量减少的主要因素。1958 年以前，海滩尚未被围垦时，滩涂上有许多獐。随着围垦的大规模开展，獐的数量开始逐渐减少。围垦不仅减少和破坏了獐的栖息地，致使现有栖息地中植物多样性大幅下降。尤其是大量的沿海滩涂鱼塘开发占用和割裂了獐的栖息地，獐在盐城沿海地区的适宜栖息地面积已经急剧减小。每年大片的芦苇收割，不仅破坏了獐的隐蔽条件，频繁的人为活动影响了獐对栖息地的选择和利用。2007 年春季调查中，獐的分布缩小为芦苇公司、盐城自然保护区核心区和大丰麋鹿保护区核心区。据 1991～1992 年的调查，獐的种群数量为 1080～1790 只，1994 年调查所得的数量为 850～1523 只，2007 年春季调查到獐的数量总计为 372 只左右，盐城沿海地区獐的总数量在不断下降。

（二）污染

滨海湿地是陆源污染物的承泻区，沿岸生活污水和工农业废水的大量排放，以及近岸海水养殖业的迅猛发展，造成了滨海湿地以及近岸水域污染严重。湿地污染可引起湿地生物死亡，破坏湿地的原有生物群落结构，并通过食物链逐级富集进而影响其他物种的生存，严重干预了湿地生态平衡。

近年来，我国沿海地区每年直接排放入海污水 96 亿 t，比 20 世纪 90 年代前期每年增加约 11 亿 t；污染物年入海总量约 1500 万 t，其中河流携带量占总量的 90％以上，大部分河口、海湾以及大中城市邻近海域污染日趋严重，污染范围不断扩大，近海海洋环境状况已发生重大变化，海岸湿地和近岸海水富营养化程度明显加重。据不完全统计，1980～1992 年我国近海水域共发生赤潮近 300 起，特别是 20 世纪 80 年代末以来，发生赤潮的频度和规模越来越大，持续的时间也逐渐延长，已经对海岸湿地生物资源造成了严重损害。

当前，滨海湿地面临的主要环境污染为养殖废水、机动渔船的含油污水、农业生产污水以及城市工业和生活污水。以对虾养殖为例，在对虾养殖期间需投放大量饵料，养殖废水中的污染物主要为残余饵料、排泄物等，这些物质中有机质、氮、磷等营养盐物质非常丰富。据报道，在东南亚，对虾半精养池塘中仅有 5.8％的氮和 4％的磷以对虾产品形式收获，12.8％的氮和 40％的磷排入海中；在精养池塘中约有 21.7％的氮和 6％的磷被收获，8.4％的氮和 7.2％的磷排入海中。在墨西哥半精养池塘，约 35.5％的氮和 6.1％的磷以对虾形式收获，36.7％的氮和 30.3％的磷排入海中。1995 年，Suvapep-un 对泰国 Inner 湾养虾场的养殖面积和该海湾的平均氮浓度间的关系进行了研究，发现二者间呈正相关，虾池排出的污染物已经引起水体富营养化。翟美华（1996）在调查烟台市养虾废水的排放情况时，发现仅莱州市、牟平区所在的莱州湾和象岛湾年接纳虾池废水 230 600 万 t，COD 排放量约占烟台市北部海域入海总量的 10％以上。

2000 年，流经盐城滩涂的射阳河、新洋河、斗龙河、灌溉总渠、灌河等河流入海河口附近水质处于地面水 Ⅳ 类标准，影响水质的主要项目为石油类和高锰酸盐指数。5 个入海河口中灌河和灌溉总渠入海口石油类超标率分别为 41.7％和 55.6％；射阳河和新洋港高锰酸钾盐指数超标率分别为 33.3％和 77.8％，石油类超标率分别为 44.4％和 66.7％；斗龙港定类项目超标率为 66.7％（表 3-13）。

表 3-13 2000 年盐城滨海湿地入海河流河口水质评价结果

河流	监测点	定类项目	水质类别
灌河	陈港	石油类	Ⅵ类
灌溉总渠	六垛闸	石油类	Ⅵ类
射阳河	射阳河闸	高锰酸钾指数、石油类	Ⅵ类
新洋港	新洋港闸	高锰酸钾指数、石油类	Ⅵ类
斗龙港	斗龙港闸	石油类	Ⅵ类

资料来源：李杨帆和朱晓东（2006）

2007 年，江苏省海洋与渔业局分别对灌河、中山河、射阳河三条主要入海河流进行监测，结果显示（表 3-14），三条河流携带入海的主要污染物总量约 80 311 t，其中 COD 74 015 t，约占总量的 92.16％；营养盐 5922t，约占总量的 7.37％；石油类 229 t，约占总量的 0.29％；重金属 130 t，约占总量的 0.16％；砷 15 t，约占总量的 0.02％。与 2005 年监测结果相比较，射阳河 COD 增加了 10 760 t；石油类增加了 54 t；重金属增加了 42 t；污染物总量增加了 9788 t；中山河 COD 增加了 33 479 t；重金属增加了 3 t；污染物总量增加了 33 551 t；两条河流的污染物以 COD 增量最大，表明污染物排海有加重的趋势。

表 3-14 2008 年主要河流排放入海的污染物总量 （单位：t）

河流	COD	营养盐	石油类	重金属	砷	污染物总量
灌河	12 750	1 496	84	77	3	14 410
中山河	35 348	210	13	5	2	35 578
射阳河	25 917	4 216	132	48	10	30 323
总计	74 015	5 922	229	130	15	80 311

资料来源：江苏省海洋与渔业局.2008.江苏省海洋环境公报

20 世纪 90 年代以后，盐城海岸带的养殖水体由小面积的内塘养殖向几十到上百公顷的大匡围滩地养殖转变。养殖品种南鳊、鲤、鲢、草鱼和虾类向以银鲫、虾类为主体的多品种复合养殖转变；饲料投喂以草带料为主向以植物配方饲料为主转变。这一转变使得水体质量下降，影响了水产品与海岸带生态环境的质量和安全。欧维新等 2006 年研究，在盐城滩涂沼泽区域，养殖废水已成为滨海湿地的主要污染源。其中，养殖水域氮、磷排放量达 7641 t、480 t，分别占总排放量的 75.1％、63.5％，其次为居民工矿用地，其中生活生产污水中氮磷负荷排放量为 2083 t、231 t，占总排放量的 20.5％、30.7％，种植用地已不是盐城海岸带主要的陆源污染源，排放量仅占 4.4％和 5.8％。

2007 年 10 月和 2008 年 10 月，盐城滩涂沼泽湿地 5 个断面的水质和沉积物质量现场监测结果，水质中主要污染物有 DO、COD、BOD_5、油类、锌、铅。2007 年和 2008 年的 17 个水质调查站位的 COD 和 BOD_5 全部超标。锌超标站位 5 个，铅超标站位 4 个，石油类超标站位 4 个。2008 年水质评价结果与 2007 年评价相比，污染物均有加重的趋势，其中 2008 年的 17 个调查站位的石油类均超标，超标率为 100％。受上游双灯造纸厂污水排放波动变化的影响，2008 年在 2 号断面的 3 个调查站位 DO 全部超标，超标倍数在 3 倍以上。COD 超标倍数在 86 倍以上，BOD_5 超标倍数在 600 倍以上，严重超标。双灯造纸厂位于射阳县黄沙镇南部，距自然保护区核心区仅 12km，该厂每天有 5000～

8000t 的污水排放到附近的沼泽湿地和海岸带地区，给滨海湿地环境带来很大的污染。

2007 年和 2008 年的 19 个沉积物调查站位的沉积物质量评价结果显示，调查区沉积物质量较好，仅有铬一项超标，主要原因与调查站位布设和滩涂湿地植被对污染物质的吸收和降解有关。但 2007 年沉积物中铬超标站位 1 个，2008 年铬超标站位为 18 个，表明沉积物污染有加重的趋势。

滨海湿地污染的区域响应主要表现在污染引起的生境质量下降以及生物多样性受损上。盐城滨海湿地及其周边内陆区域的土地利用活动产生的废弃物通过直接或间接的途径在河流汇集，由于土地利用结构的变化，入河污染负荷成倍增加，加重了水质的污染，给湿地生物的栖息和生存带来潜在威胁，如有毒物质在潮滩聚集，降低了湿地生态系统的调节和恢复功能。排污口污染物的大量排海，已经导致滩涂沼泽湿地及近海环境污染的日益加剧，导致滩涂生物多样性降低。2004 年以来江苏生态监控区四年的连续监测，苏北浅滩区域环境污染、渔业资源衰退，特别是潮间带底栖生物多样性急剧减少等生态问题尚未得到有效遏制，其主要原因是陆源排污、滩涂围垦等。近年来，盐城沿海地区新建了一批化工园区、工业基地，工业废水的排海，势必会影响滩涂生物资源的可持续利用，导致生物多样性进一步降低（图 3-16）。

图 3-16　2007 年盐城王港排污区

照片引自江苏省海洋与渔业局.2007.江苏省海洋环境公报

（三）其他人类干扰活动

1.道路、堤坝等隔断了海陆水文与物质联系

潮滩特有的潮汐过程和水动力条件是滨海湿地发育的基础。随着沿岸防护工程以及围垦等堤防建设，1983 年以来，堤坝、沟渠和道路等人工廊道长度逐年增加，加剧了景观破碎化，人工廊道也阻断了滨海湿地的海陆水文联系，海洋与陆地间物质和能量的正常流动被隔绝，处于堤防内的滩涂因潮侵的减少或完全丧失，进而干扰了湿地生态系

统的演替方向，甚至导致湿地功能丧失。

另外，在滩涂湿地上修建道路、堤坝等设施，方便了人们进出滨海湿地，却加剧了人类对滨海湿地的干扰。丹顶鹤等大型杂食性鸟类一般喜欢栖息在无人类频繁活动或人类活动较少的区域，它们一般在距道路 1200m 以外的地方栖身。滩涂越大、距道路（人类活动）越远、盐度越小，单元面积越大，丹顶鹤的选择性越大。人工廊道的增加，加剧了湿地景观岛屿化趋势，势必会影响到丹顶鹤的栖息空间。目前，80%～90%的丹顶鹤主要集中在自然保护区的核心区和缓冲区中，表现出明显的集聚特点，适宜其栖息的空间逐渐减少。2005 年董科等研究，盐城自然保护区在空间上丹顶鹤的承载力为2000～2500 只。

2. 生物资源过度利用

过度捕捞一直是困扰盐城滨海湿地生物多样性保护的主要问题，近海捕捞、滩涂采集的强度远远超出了湿地生态系统的承载能力。对资源掠夺式经营使得滩涂湿地生态系统遭受严重破坏，水产资源品种、数量、品质逐年减少，尤其是鱼类的过度捕捞，已造成渔业资源衰退，自 1995 年后捕捞量基本上逐年递减。1995 年捕捞量为 165 605t，到2005 年减少为 112 543t。

长期以来，人们对滩涂生物资源的过度利用，严重削弱了滩涂湿地的自然再生能力和净化能力，不利于生物多样性的保护和持续利用。水产养殖是滩涂资源利用的主要形式之一，但盐城滩涂大面积、高密度、单一品种的水产养殖已超过自然界自身的净化能力，导致养殖产量和效益大幅度下降。芦苇作为滩涂重要的资源植物，可以加以利用，芦苇能富集水体中的污染物，为避免芦苇在水中的自然腐烂而造成的二次污染，适时收割是有利的，但如果对芦苇收割的数量和强度过大，必然会影响到在此栖息的水禽和其他野生动物，甚至导致部分栖息地消失。例如，每年大片的芦苇被收割，破坏了獐的栖息地和隐蔽条件，盐城沿海地区獐的总数量已从 1991～1992 年的 1080～1790 只下降到2007 年的 372 只左右。在自然保护区核心区的 3 条断面，2007 年在该断面的盐蒿滩双齿围沙蚕较多，当地许多渔民在此挖沙蚕，2008 年盐蒿滩上的双齿围沙蚕几乎绝迹，人们挖掘沙蚕的活动扩延到互花米草滩（图 3-17）。

图 3-17　2008 年当地渔民在保护区核心区的互花米草滩挖沙蚕

3. 将盐田开垦为水产养殖场

和养殖池塘相比，在盐田和盐库中栖息的水鸟数量更多，这是因为鱼塘通常面积较小，受到人类的干扰较大。出于经济因素的考虑，现在越来越多的盐田被开垦为水产养殖场，用来饲养虾、鱼和贝类动物。目前，灌西盐场中15%的盐田已被开垦为水产养殖场，灌东盐场和射阳盐城也有大面积盐田被改造为养殖池塘，大丰盐场现在已被改造为工业基地，盐田已经消失。由于单位面积的水产养殖所产生的净利润远高于盐田，预计将来盐城沿海地区盐田转变为养殖池塘的比例还将增长，这将导致适宜水鸟生活的栖息地面积会进一步减少。

4. 沿海风力发电

风力发电装置为典型的人工景观，对于滨海湿地鸟类来说，是强烈的干扰源。道路和风力发电装置的建设将强干扰源引入了自然景观内部，使得人工景观与自然景观混布程度增加。由于深入湿地内部的道路以及风力发电装置的修建，使得湿地斑块的形态大为改变，形状指数明显变大，内部面积减小，这对于鸟类等内部种的生存来说是极为不利的。

近年来，在盐城市滩涂沼泽湿地区域陆续建设风力发电场，至2009年，大丰市在沿海的风电总装机容量达到20万kW，共安装电机组174台，建设地点位于大丰市王港闸至川东闸海岸线东侧长约15km、宽约3km的区域，形成了巨大的风机群（图3-18）。目前，盐城市沿海滩涂风力发电建设进入正式施工阶段。盐城市沿海风电发展规划，未来几年内，盐城市将投资100多亿元，在沿海滩涂建设风力发电项目5个，总装机容量达100万kW，将沿海滩涂建成风力发电产业带。

图 3-18　大丰市庞大的风力发电群

　　在当地，风力发电装置被看作一道亮丽的风景，也是作为环保、创收的典型工程来宣传的，但在风景背后，却隐藏着巨大的生态危机，特别是给湿地鸟类带来了巨大威胁。目前，在国外和中国台湾等地区，许多生态学家已经认识到风力发电所带来的生态后果。风力发电场对鸟类影响有：①噪声。当风机运行时，风轮转动对鸟类低飞起到驱赶和惊扰效应。②碰撞事故。根据鸟类的习性，一般是在有雾天气和云层很低时，易发生鸟类低空飞行碰撞建筑物和高压线（图3-19）。

图 3-19　风机与鸟

第四节　长江三角洲滨海湿地退化的机制分析

一、经济发展与开发利用现状

　　上海市：中国大陆第一大城市，四个中央直辖市之一，是中国内地的经济、金融、贸易和航运中心。上海位于我国大陆海岸线中部的长江口，拥有中国最大的外贸港口、最大的工业基地。

　　启东市：地处万里长江入海口东侧，三面环水，形似半岛，集黄金水道、黄金海岸、黄金大通道于一身，是出江入海的重要门户，也是江苏日出最早的地方。作为全国首批沿海对外开放地区之一，启东市连续三届跻身全国农村综合实力百强县市行列，先后荣获全国科技百强县市、中国明星县市、全国卫生城市等称号。

海门市：地处黄海之滨，位于长江和沿海两大开放带的交汇点上，东临黄海，南依长江，是中国黄金水道与黄金海岸"T"字形的结合点。与国际大都市上海隔江相望，西靠港口城市南通，北倚广袤的江海平原，素有"江海门户"之称。境内气候宜人，环境优美，物产丰富，交通发达，经济繁荣（表3-15）。

表3-15　长江口评价区周边各区县社会经济现状（2006年）

所在地区	所在区县	总面积/km²	常住人口/万人	人口密度/（人/km²）
上海市	宝山区	270.99	132.70	4897
	浦东区	532.75	285.30	5355
	南汇区	677.66	93.05	1373
	奉贤区	687.39	74.55	1085
	金山区	586.05	63.46	1083
	崇明县	1185.49	67.06	566
南通市	启东市	1208	113	935
	海门市	939	102	1086

1. 海洋交通运输业

上海港是长江三角洲地区最为繁忙的区域之一。2008年，上海港国际航运中心建设取得新进展，全年货物周转量15 866.76亿t，吞吐量达到5.82亿t，连续四年保持全球第一位。全年港口集装箱吞吐量达到2800.6万TEU，继续名列全球第二位。

2. 滨海旅游业

上海的滨海旅游资源是上海旅游业发展的潜力和优势。这里地处江畔海隅，有着宽阔的浅滩、广袤的江海水域和点缀其间的河口沙岛，以其海滩、海水、海岛为特色的旖旎风光给人以美的享受。

1）滨海浴场：目前已开发的有宝山区横沙岛沙滩、南汇的东海农场和芦潮港沙滩、奉贤海湾旅游区的海湾泳场及上海石化海滨浴场。

2）滨海旅游度假区：主要有浦东新区的华夏文化旅游区，该区分为东西两块，西华夏为文化、居住区；东华夏为滨海旅游区，分为滨海高级休闲区、滨海大型游乐区等区域。长兴岛前卫农场与内蒙古自治区联营开办的具有草原风光的"蒙古村"。南汇的东南沿海近年来也开发成旅游度假区，包括东海射击游乐场、白玉兰度假村、东海影视乐园等。

3）森林公园：目前已开发的有崇明东平林场南侧的东平国家森林公园，占地6000多平方米，绿树环绕、环境幽雅，是回归自然的理想休闲胜地。

3. 自然保护区建设

已批准的有崇明东滩候鸟自然保护区，其中有许多种类属于国家重点保护的鸟类；金山三岛海洋生态自然保护区，包括大金山、小金山和浮山岛三个小岛及周围水域，它们分布在杭州湾金山岸线以南6km左右的海平面上。崇明岛、金山三岛、长兴岛与横沙岛已列入中国重要湿地名录，大丰麋鹿自然保护区、盐城沿海珍禽自然保护区、上海崇明东滩保护区被列入国际重要湿地名录（姚志刚等，2005）（表3-16）。

表 3-16 长江口滨海湿地自然保护区概况

保护区	行政位置	面积/hm²	保护对象	级别	建立时间
长江口（北支）湿地自然保护区	启东市	47 734	河口湿地及鸟类、鱼类资源	省级	2002 年
金山三岛自然保护区	金山区大小金山岛、浮山岛	45	海洋及海岸生态系统	省级	1992 年
崇明东滩鸟类自然保护区	崇明岛东侧	32 620	鸟类及河口湿地	国家级	1998 年
九段沙湿地保护区	浦东新区	11 500	河口湿地	省级	1999 年

4. 海洋水产业

上海的水产业经过 20 多年的发展，其综合生产能力已跃上一个新的水平，形成了以继续发展水产养殖、稳定近海捕捞、拓展远洋渔业、深化水产品加工和搞活水产品市场为重点的经济结构。海洋捕捞是上海海洋水产业的主要构成，捕捞的品种有黄鱼、带鱼、鲳鱼、鲐、马鲛、马面鱼及虾、蟹类。海水养殖占海洋水产业的比例较小，主要分布在奉贤、金山沿海，主要采取海、淡水混养，由原来单一的中国对虾，发展到刀额新对虾、草虾、锯缘青蟹等海水品种。

5. 滩涂综合开发利用

随着经济社会发展、产业结构调整和黄浦江两岸综合开发，为了更加科学地利用有限的滩涂资源，保障经济发展有一个良好的空间环境，滩涂资源的开发利用从原始的开发，经传统开发，步入了现代开发阶段，呈现出由单一农业向工业、港口、生态环境、风力能源、观光旅游业等转变的特点。自 1949～2001 年年底，上海共圈围滩涂 87 300hm²，使上海陆域面积扩大了 14%，圈围的滩涂主要用于交通枢纽、现代农业、工业基地、城市市政基础设施建设、国防建设以及旅游等方面。滩涂资源开发利用对工农业生产和城市发展以及国民经济的全面发展发挥了重要作用。其中，用于农业种植养殖业的面积有 66 332hm²，用于工矿企业的面积有 3504hm²，用于国防、市政、旅游等方面的面积有 2479hm²，用于工矿企业的滩涂面积几乎全部分布在本市大陆沿江沿海，其中 1987 年以后圈围的约占 70%（苏德源，2003）。

依据滩涂资源的区域特点，上海市确定了滩涂的区域功能定位：长兴岛南岸具有良好的深水条件，为振华港机集团、中船和中海公司的发展提供了优良的深水岸线，为建立中国港口工业、船舶工业和黄浦江沿线功能的调整与中国 2010 年上海世界博览会顺利举办创造了条件；南汇东滩滩涂不断淤涨，为临港新城的建设奠定了区域地理优势，为配合大小洋山深水港口和先进制造业基地建设提供了有利的独特条件；崇明候鸟保护区、九段沙湿地保护区、宝山炮台湾湿地公园、浦东新区黄浦江长江口交会处的生态公园建立，为改善市民生活休闲环境提供了良好的生态环境；杭州湾北沿沿线奉贤区碧海金沙和金山区城市沙滩建设，推进了海岸带观光旅游业的发展；积极配合长江口深水航道建设，既解决深水航道疏浚泥沙的出路问题，又促进滩涂促淤和圈围工程的实施，既达到了长江口航道整治目标，又增加了宝贵的滩涂资源和土地资源（徐双全和夏达忠，2007）。

上海地区海滨沼泽湿地的利用程度已达 70% 以上，这些滩涂资源的开发利用缓解了上海市土地紧缺的矛盾，为上海市第一、第二和第三产业发展提供了土地资源，对保证农业生产持续稳定发展、增强农业后劲、促进工业产值增长起了重要作用，产生了良好的社会、经济效益。除传统的开垦成芦苇地外，还有以下几类（由文辉，1997；茅志昌等，2003；徐双全，2007）：

1）水产养殖：主要分布于奉贤、南汇及崇明岛附近，养殖对象以对虾、罗氏沼虾、中华绒螯蟹为主。

2）农业用地：用于现代农业包括 15 个国有农场、3 个军垦农场、4 个垦区乡、5 个县属场、30 多个乡属垦区村场、崇明国家级绿色食品园区等，主要分布于崇明东旺沙，已辟为国家重要的粮食生产基地，当地居民还在滩地上放养家畜（主要是水牛）。

3）市政工程用地：主要分布于南汇、金山、奉贤及宝山，如固体废弃物老港处置场、芦潮港人工造岛工程、宝钢水库、陈行水库、蓄水量达 2000 万 m^3 的长江边滩水库等。目前，上海市的生活污水和工业废水也有很大部分是先引至海滨沼泽湿地处理后再流入东海的。

4）林业用地：上海地区海滨湿地上均造有不同程度的防护林，包括落叶防护林、常绿防护林和芦竹防护林，有些地区还建有森林公园（崇明岛）和果园（长兴岛）。

5）工业用地：杭州湾北岸滩涂为建造年产值超百亿元的特大型国家企业——上海石化股份有限公司、上海石化实业公司、金山漕泾化学工业区和石洞口电厂等提供了大量土地资源。

6）自然保护区：上海市统筹兼顾滩涂湿地保护和城市建设用地的双重需求，先后建立了华东地区最大的平原人造森林——崇明东平国家森林公园、世纪森林公园、崇明东滩鸟类国家级自然保护区、九段沙湿地国家级自然保护区、长江口中华鲟保护区和金山三岛海洋生态自然保护区等，强化了湿地动植物群落和滩涂资源的生态环境保护，取得了显著的生态和环境效益。

7）交通枢纽：包括停靠万吨轮的港区、上海浦东国际机场等，例如，浦东国际机场在岸堤之外向海东移 700m，圈围南汇边滩滩涂 1300hm²，为国家节约了大量资金。

8）旅游观光：有投资 13 多亿元的热带海宫旅游区、规划中的上海市奉贤区碧水金沙人工沙滩，以及金山区城市沙滩建设。

二、 长江三角洲滨海湿地退化特征

（1）自然湿地发育的空间减少，湿地生态对环境变化的适应能力下降

滨海湿地地处海陆相互作用的界面，因地形以及距海远近的差异，海陆作用强度不同，不同湿地类型沿垂直岸线的方向呈带状分布。在自然条件下，淤积岸段随着滩面的淤高，长江口以北发生泥滩—碱蓬—芦苇滩的演替，长江口地区发生泥滩—海三棱藨草带—芦苇带的演替；侵蚀岸段随滩面的刷低发生相反方向的演替。长期以来，受围垦以及城市扩展等因素的影响，从 20 世纪 80 年代至今，滩涂植被丧失 70% 以上，目前除了少数自然

保护区的岸段以外，中高滩几乎全部丧失。受入海河流泥沙减少以及海平面上升等因素的影响，海岸侵蚀加剧。由于自然湿地面积持续减小，潮滩湿地丧失适应海岸侵蚀以及海平面上升等因素的拓展空间，可能导致潮滩植被完全丧失，而植被丧失改变了地表粗糙度，泥沙淤积量进一步减少，潮滩对海岸侵蚀和海平面上升的应对能力进一步减弱。

（2）自然湿地净保有量下降，生态类型趋于单一，生态功能退化甚至丧失

滨海湿地是十分重要的生态资源，具有很高的自然能量和生物生产力。同时，滨海滩涂湿地在促淤保滩、水质净化、保护珍稀鸟类、自然灾害调控等方面也发挥着重要作用。由于长期以来并未意识到湿地的重要功能，随着社会和经济的发展，受湿地生物资源的过度利用和滩涂过早围垦的影响，长江三角洲 70％以上的滩涂植被丧失，自然湿地净保有量持续下降。目前，长江口以北多数岸段滩涂植被已丧失殆尽，多数岸段已不再分布有芦苇群落、碱蓬群落，仅保留少量的大米草植被群落，长江口及以南的除保护区外，多数岸段仅有泥滩分布。

自然湿地净保有量下降和生态类型单一直接导致滨海湿地生物生产力下降，同时其他生态功能的发挥也受到极大的限制，主要表现在以下几个方面：①栖息地功能退化：不同类型的滨海自然湿地在珍禽保护方面发挥着不同的作用，如隐蔽地、休憩地、饵料地，岸段芦苇草滩的丧失导致鸟类丧失隐蔽地丧失，栖息地质量下降，同时面积变小也导致容纳能力减少，抗干扰能力降低。②自然湿地向人工湿地转变，湿地净化近海水质的功能受限甚至丧失，周期性的潮汐淹没过程是湿地对近海水质净化的基础，人工湿地割断了海陆的水文联系。③促淤保滩能力，适应海岸侵蚀能力下降。

（3）湿地与近海水域的生物多样性下降，生态系统结构发生变化

潮滩湿地植被的变化改变滩面潮流作用与蚀淤过程，改变地表水土物质循环过程，导致生境发生变化，从而使原来的生物消失或迁移，生物多样性下降。同时，一些经济贝类，如泥螺、文蛤，也因人为干扰数量和品种急剧减少。

生态结构变化与生物多样性的减少还与近海水域污染与水文条件变化密切相关，从 1999 年至 2007 年，凤鲚和鳀始终在长江口鱼类生物中占据优势地位；白氏银汉鱼除在 2001 年出现过波动外，在其他年度也处于优势地位；松江鲈的优势度从 1999 年的 34.33 上升到 2007 年的 226.45，在长江口鱼类生物群落中的重要性逐步提升。长江口鱼类浮游生物种类数量呈现出先升高、后下降的趋势。种类丰富度指数也呈现类似的变化趋势。但均匀度和多样性指数则有不同的变化，均匀度指数除了 2001 年有一定的波动外，总体呈上升的趋势，多样性指数则刚好相反，呈下降的趋势。2004 年和 2007 年的生物多样性显著低于 1999 年和 2001 年的水平。2004 年长江口大型底栖生物有 202 种，其中多毛类 102 种，软体动物 51 种，甲壳动物 27 种，棘皮动物 7 种，其他生物 15 种。与 2001 年和 2002 年同期相比，大型底栖生物种类数量分别减少了 19.7％和 33.3％。

三、长江三角洲滨海湿地退化的原因分析

1. 城市扩展与不合理围垦是导致自然湿地面积减少和功能退化的主要原因

过度围垦是目前长江河口湿地生态系统最主要的人为干扰类型，是造成自然湿地面

积和数量减少以及生态功能退化的重要因素。长江三角洲地区滩涂围垦历史悠久,新中国成立以来,江苏省和上海市都十分重视滩涂围垦开发,始终把滩涂围垦开发作为有效增加耕地面积、增加粮棉油供给和促进沿海经济发展的一项重要举措。

1949～1984年,南汇县共围垦滩地4339.9hm²(薛振东,1992),川沙县共围垦滩地642.3hm²,仅1968年一年,川沙、向阳就围垦滩地达324.3hm²(朱鸿伯,1990)。同一时期,长兴岛、横沙岛周围滩地,都有大面积的围垦。1958年,横沙岛面积比1953年拓展了一倍多,北面岸线不断向前推进。崇明岛从1952年到1994年,由于围垦其面积也几乎增长了一倍。近50年来,上海市围垦的滩涂面积达73 000hm²(陈吉余,2000)。特别是近年来随着工程技术的发展,围垦由原来的高滩围垦,发展为中低滩围垦,围垦强度越来越大。

围垦导致湿地面积持续萎缩,野生动物生境遭到破坏,原生生物资源减少,生物多样性退化。大规模的滩涂围垦,尤其是事先没有经过科学论证的盲目围垦,带来了水源不足、盐量高等一系列问题,导致围垦后的土地无法利用。随着人类活动范围逐渐增加,动植物的活动空间越来越少,珍禽和水生生物逐渐缩小甚至丧失其栖息空间。围垦不仅直接减少了潮间带湿地生物栖息的空间,而且围垦后人类进入潮间带更为方便。围垦改变了人们难以进入潮间带、滩面太宽的局面,为人们对滨海湿地资源的低层次、掠夺式的攫取提供了方便,这种低层次、掠夺式的攫取导致生物资源急剧下降。

2. 长江大型水利工程引起河口水文情势变化,湿地发育基础条件发生变化

河口水沙条件是三角洲发育及演变的基础,长江每年携带大量泥沙进入河口地区,在河口三角洲前沿和水下三角洲地区产生堆积,在河口形成广阔的滩涂。上海现有土地面积的2/3是从这些滩涂中围垦获得的。近年来,三峡工程、南水北调,以及上游梯级开发等大型水利工程相继实施将不可避免地对长江河口的水文情势产生影响,尤其是近年来叠加极端气候事件的影响,使得一些问题更为突出。2003年6月1～15日和同年10月20～31日三峡水库蓄水期间,6月份水库蓄水后使下游大通流量减少了37%,长江口的淡水资源的持续时数降低了40%,长江口南槽口门附近最大盐度由6月上旬的3.5增加到中下旬的10.9;10月份水库蓄水使大通流量减少了1/2,淡水资源的持续时间呈现下降趋势。2004年5月,长江口及其临近海域平均盐度为21.28,显著高于蓄水前2001年的18.64和1999年16.01。2007年5月长江口及其临近海域平均盐度为22.03,较2004年又有所提升。

近年来,长江输沙量大幅度减少,2007年长江大通站输沙量比2003年三峡蓄水前减少了63%。输沙量减少导致河口悬浮物显著减少,如三峡工程一期蓄水后的2003年6月下旬,长江口南支水域悬浮物浓度由蓄水前的445 mg/L降到148 mg/L,2004年该水域悬浮物平均浓度降为33.33 mg/L。2006年在三峡蓄水和特枯水情的背景下,长江中下游水体含沙量仅为2003～2005年平均值的20.6%,造成2004年和2007年长江口最大浑浊带水域的平均悬浮物浓度为151.04 mg/L,仅个别站位悬浮物浓度超过200 mg/L,显著低于蓄水前水平。

水体悬浮物含量是影响长江口及邻近水域春季鱼类浮游生物群落格局的重要因子。

混浊水体对仔稚鱼摄食有利，鱼类早期阶段游泳能力和视觉灵敏度较低，扰动条件增加了与食物的相遇率；并且高浊度条件增加了残存率，因为鱼类浮游生物的捕食者较少出现在该区域。长江口口门地区的最大浑浊带就成为白氏银汉鱼和松江鲈等众多鱼类浮游生物躲避敌害、觅食繁育的最佳场所。近年来，长江口鱼类生物群聚栖息环境发生了一系列变化，其中水体盐度和悬浮体成为引起鱼类浮游生物群聚变异的主要环境影响因素。

3. 污染排放增加导致河口环境质量下降

随着现代工农业的发展，人类活动日益加剧，大量的工业废水和生活污水通过各种途径排入河口区，长江流域的污染状况已日益引起人们的重视。长江是我国七大江河中污染程度较轻的河流，但长江沿岸污染加重，趋势加快，特别在三角洲地区污染严重。长江流域接纳工业废水和生活污水分别占全国排放总量的45.2%和35.7%。河口是流域物质流的归宿，流域人类活动所导致的生态环境变化将在河口最终表现出来。

长江河口徐六泾以下在20世纪80年代初水质优良，近年来长江口邻近海域水环境迅速恶化，现在口外水质已是Ⅳ类或劣于Ⅳ类，几乎每5年水质降低一个级别，而且恶化程度和趋势还在增加。口外海域水质监测结果显示：崎岖列岛向东北一线已属超Ⅳ类水，Ⅳ类水已达距长江口100余千米的嵊泗本岛。

与20世纪80年代相比，长江口营养盐含量发生显著变化：硅酸盐、硝酸盐和亚硝酸盐增加了1倍多，磷酸盐含量显著提高，氨氮减少了50%，而水体溶解氧含量显著降低。这些环境因子的改变，直接影响浮游植物群落结构，通过生物生产过程作用于长江口生态系统的物质输运。长江口及邻近海域已成为我国沿海水质恶化范围最大、富营养化乃至赤潮多发的区域。作为海水污染富营养化标志的夜光虫，过去很少超过123°E，现在已达到126°E，甚至更远，已达到专属经济区以外的国际海域。由于水体富营养化，使长江口外、杭州湾外、浙闽沿海赤潮频发。20世纪60年代以前，中国沿海很少发生赤潮，70年代发生9次，80年代发生74次，90年代每年发生20~30次，到了2002年1~6月东海赤潮就发生了48次，危害面积达500 000多公顷。除了引发赤潮外，还可能导致河口及附近水域的水体氧亏，甚至是缺氧，水体的氧亏通常导致相应水域生物群落结构的破坏，鱼类的饵料资源受到影响，浮游生物、水生植物、底栖生物等各种鱼类的饵料生物的种类组成和数量发生变化。

4. 过度捕捞造成的野生鱼类资源量下降

河口地区淡水和海水交汇，营养盐丰富，许多大型渔场位于河口附近。近年来，随着海洋渔业的快速发展，捕捞渔具现代化和捕捞技术改良，捕捞强度远远超过了资源的增补能力，严重削弱了渔业补充资源的鱼类浮游生物，其群落发生了很大改变，甚至一些经济种类在原区域内消失，许多传统渔场已基本难以形成渔汛。例如，长江口海域，由于对带鱼和小黄鱼等重要经济种类幼鱼的捕杀，致使鱼体趋于小型化、早熟和低龄化现象加剧；银鱼在20世纪60年代为329 t/a，1989年几近绝种；凤鲚在1980年为674 t/a，现已很少。过度捕捞和环境退化使生物群落的生态系统失去恢复力和完整性，生态系统的稳定性变差，使依赖生态系统产出的渔业产量在质和量两个方面具有不可预见的变化。

长江河口及邻近海域由于渔业的发展，渔业资源的演变过程，既是渔业开发利用的过程，也是渔业资源结构不断调整和变化的过程。在持续增长的高强度的捕捞压力下，主要经济价值较高的资源遭受破坏是过度捕捞的直接结果。渔获资源不断向低值劣质转化，渔获日趋小型化，短生命周期，低营养级，是过度利用的重要表征。产量的增加并不表明资源状况良好，而是资源向劣质转化，渐趋恶化的结果。海洋生物与环境之间维持着一定的生态平衡，捕捞活动会使原有的生态平衡被打破，渔业资源出现此消彼长，是海洋生物种间结构和自身生物学性状的被动适应。河口及邻近海域的渔业资源处于持续变动中，资源的营养级不断向低级发展，资源结构发生很大变化，虾蟹类和低值的小型鱼比重越趋加重。捕捞渔获量远远超过资源的承载能力。

5. 堤防建设阻隔海陆水文与物质联系导致滨海湿地退化

长江口滨海海岸特有的潮汐过程及其他水文过程在不同的地形部位因作用强度不同和组合特征差异形成不同的水土条件，是滨海湿地发育的基础。受风暴潮防护、围垦、城市扩展等堤防建设工程的影响，海陆滨海湿地所依赖的海陆水文联系受到阻隔，潮汐侵入减少甚至完全丧失，同时堤防内因排水的需要建立的排水系统，导致地下水位减少，从而导致草滩湿地的生态系统结构和演替方向发生变化，部分湿地功能退化甚至丧失。例如，滩涂湿地因潮汐周期性的侵入，沉积海水带来的颗粒物质和营养成分，被湿地生态吸收和利用，从而达到净化海水的作用，但是堤防建设阻隔海陆水文联系后，滩涂湿地对海水的净化功能无法发挥，致使近海水环境恶化。

第五节　珠江三角洲滨海湿地退化的机制分析

一、 经济发展与开发利用现状

珠江三角洲地区各主要市县的经济状况：

广州市：为全国 14 个沿海开放城市之一。广州市已建成以轻工业为主、重工业有一定基础、工业门类较齐全的工业体系；机器制造、化工、食品、纺织、电子为主要工业部门，两车三电（标致汽车、五羊摩托、电梯、电池、家电）为其 5 种拳头产品；农业以蔬菜、水果、养殖为主，发展多种经营，正逐步建立贸、工、农的商品生产基地。

深圳市：为我国发展最快的经济特区，经济原以农业为主，辅以渔业。创办经济特区后经济结构发生了巨大变化，兴建了蛇口、南头、上步、八卦岭、水贝 6 个工业区，成为我国对外贸易和国际交往的重要口岸，已建立起电子、机械、纺织、轻工、医药、石化、建材、食品加工等多种行业，形成以工业为主的外向型经济结构，工业已从来料加工为主转为自产为主，出口值占总产值的一半以上。近年来，深圳市已成为旅游的新热点，有西丽湖度假村、香蜜湖度假村、世界之窗、中国民俗文化村、锦绣中华、小梅河度假营等景点。

珠海市：我国对外开放的第一批四个经济特区之一，重要的进出口岸和外贸基地。珠海市形成以工业为主，农渔牧业、商业、旅游业综合发展的外向型经济体系，主要工业有电力、电子、机械、建材、轻纺和食品加工等。

东莞市：珠江三角洲"四小虎"之一，全市各镇均为工业卫星城，主要工业有纺织、食品、服装、印刷、建材、电子等，传统手工业以烟花爆竹和草织品最著名，行销东南亚和欧美。

中山市：珠江三角洲"四小虎"之一，工业和商品经济发达，主要行业为制糖、食品、电子、家电、建材等，威力牌洗衣机、菊花牌马赛克、涤纶长丝等为拳头产品。

1. 土地资源与开发

（1）陆域岸段土地资源与利用现状

广州市岸段：地理位置优越，经济发展迅速，特别是利用对外交往中心和开放城市的优势，工农业、交通运输业、商业贸易、旅游服务业、城市现代化建设等得到很大的发展。广州市地形复杂多样，地势自北及东北向南及西南起伏下降，北部和东北部为中、低山地，山间谷地间杂其间。中部为丘陵台地、河谷平原区。珠江以南为珠江三角冲积平原。广州城区处于三角洲平原向丘陵台地过渡区，市区中心海拔 15～25m，北面有九连山脉终端——白云山，海拔 372m。珠江流经市区，把市区分为河南、河北两部分。

深圳岸段：沿岸的深圳湾以淤泥质为主，是红树林、养殖区、港口、工业区等用地。丘陵山地是林地和旅游区；沿海平原和台地为海滨大道、城市工业、商业、文教及交通用地；海域为港口、养殖区、捕捞区、海滨娱乐场；海岛及其周围海域则是林地、农业、交通用地，以及养殖和捕捞区。

伶仃洋东岸段：沿岸为淤泥质，虎门以北沿海多为宽广的冲积平原，以南沿海平原较窄，台地丘陵较多。平原主要是耕地、果园、村镇、经济技术开发区、港口、养殖区；台地丘陵为林业用地、果园。

伶仃洋西岸段：沿岸为淤泥质，地处珠江蕉门、洪奇沥、横门等分流水道入海处，河网密布，土地平坦低洼，为历史上围海造田而成。陆域有耕地、果园、淡水养殖和交通，海域有港口、种植水生植物，浅海是养殖和鱼虾捕捞区。

珠海岸段：为沙质及基岩海岸。南、北段地形平坦，中段丘陵逼近海岸，多为岩岸；丘陵多为林地；谷地为耕地、果园、菜地、花圃；沿海平原为城市、工业用地和旅游区；海域为港口、养殖区；南部沿岸有大片滩地，已逐步围海造地，供城市用地和发展工业。海域有 147 个海岛星罗棋布，海岛周围为海洋捕捞区和养殖区，桂山岛、高栏岛、淇澳岛、南水道、外伶仃岛、大万山岛、担杆岛、横琴岛等正在规划或开发为港口、加工区、工业区、旅游区和保护区。

（2）海涂土地资源与利用现状

沿海各市、县海涂面积约 48 870hm^2。其中，深圳市 2847hm^2，番禺市 9080hm^2，宝安县 4993hm^2，中山市 6740hm^2，东莞市 1847hm^2，珠海市 15 760hm^2，斗门县 7610hm^2。

珠江口的海涂开发利用主要是围垦造地和水产养殖，围后进行种植、养殖。近年来，随着城镇经济的发展，许多土地用于开办工业、旅游、交通、商业等，效益高。

2. 水产养殖

珠江三角洲处于南亚热带地区，气温较高，雨量大，珠江径流冲淡了该海区的海水，盐度变化范围大。由于海岛繁多，形成了复杂的地形和海流流向，生态环境也较为复杂，给海洋生物提供了良好的栖息和繁殖场所。因此，珠江口是许多水产生物的产卵、仔稚体生长发育的重要场所，有的水域被列为水产资源繁殖保护区。近年来，随着沿海经济的迅速发展，珠江口已成为重要的水产资源养殖基地。

珠江口的水产资源开发，贯彻"以养为主，养捕结合"的方针，合理利用资源，水产资源得到较好的利用。海水增养殖在珠江口海区已有很长的历史，近几年发展迅速。目前，水产资源养殖已成为珠江口沿海居民致富的一种重要手段，主要养殖品种有牡蛎、对虾、篮蛤、青蟹、鲻鱼、斑鲦和黄鳍鲷等。

网箱养殖是近10年来发展的一项高投资、高收益的产业，主要分布在桂山、万山、担杆等岛的海湾，主要养殖石斑、鲷鱼、章红、尖吻鲈、育鳍等。

3. 港口资源

广东省已经初步形成以广州为中心，以珠江三角洲为重点，由内河、海运、公路、铁路、民航和管道等多种运输方式组成的综合运输网。铁路、海运和民航是沟通省内外客货运输的主要运输方式，公路与内河是省内客货运输的主力。

珠江三角洲地区有港口63处，其中主要内河港口24个，占现有内河港口总数的38.8%，沿海港口主要有广州、蛇口、中山、赤湾、九洲等港。

根据地质地形背景以及动力条件组合的区域差异，珠江口的港口、海湾划分为以下三种类型。

山地溺谷港：有蛇口、赤湾、桂山、万山、荷包、庙湾、担杆等7个。

河口港：深圳、南头、沙角、宝安、新湾、虎门、广州、南沙、妈湾、唐家、珠海、九洲、湾仔、崖南等14个。

内河港：主要有容奇、市桥、井岸、小榄、石龙、东莞、新塘、河口、澜石、九江、沙田等11个。

4. 旅游资源

从南方门户的广州市到珠江口外的万山群岛，自西向东分布着南亚热带的滨海风光和海岸地貌风光，有曲折绵延的海岸线，倚靠逶迤错落、翠绿欲滴的山峦，海水碧蓝，气候温和，四季如春。辽阔的海域散布着百岛，如林木茂盛和石洞奇特的九洲岛，洞形各异的龙穴岛，国家级自然保护区的内伶仃岛，万家灯火的桂山岛，珠江口屏障的大、小万山岛等，这些海岛有得天独厚的阳光、沙滩和理想的周边环境，为珠江口周围城镇滨海旅游业的发展提供了良好的基础条件。

二、 珠江三角洲滨海湿地退化特征分析

湿地的退化是自然生态系统退化的重要组成部分，主要是由于自然胁迫和人为胁迫

引起的湿地生态系统的结构失调、能量流动失衡、景观结构破碎以及湿地功能衰退。宏观上表现为湿地面积减少、生物多样性降低以及生态环境退化等。通过对珠江三角洲滨海湿地 1990 年、2000 年及 2007 年遥感调查以及查阅相关资料文献,分析表明珠江三角洲滨海湿地退化特征主要表现在以下几个方面。

1. 滨海湿地面积持续减少

长期以来,由于不合理的开发和利用,珠江三角洲滨海湿地面积萎缩明显。20 世纪 50～70 年代,围海造田种水稻、甘蔗;80 年代围海造地搞房地产开发和城市化建设;90 年代围海用于城市、交通、机场、港口码头及工业用地、水产养殖等,造成珠江三角洲滨海湿地面积急剧减少,湿地资源遭受严重破坏(洪泽爱和贾乱,1998)。1949～1997 年,广东省共围垦浅海滩涂约 179 000hm^2,珠江三角洲地区滩涂围垦尤其严重,几乎所有的滩涂全被围垦(万向京等,2000)。根据对珠江三角洲 1990 年、2000 年、2007 年三期滨海湿地影像的解译结果统计,1990～2007 年湿地总面积呈持续减少趋势,而非湿地面积呈持续增加趋势。1990 年、2000 年、2007 年珠江三角洲滨海地区湿地面积分别为 352 782hm^2、34 6053hm^2、32 6794hm^2,占滨海湿地区域的面积比例分别为 79.7%、78.2%、73.8%,呈持续递减趋势;1990 年、2000 年、2007 年非湿地类型区域面积分别为 89 768hm^2、96 497hm^2、115 756hm^2,占滨海湿地区域的面积比例分别为 20.3%、21.8%、26.2%,呈持续增加趋势。1990～2007 年自然湿地面积比例呈持续减少趋势,1990 年自然湿地面积 277 593hm^2,2000 年自然湿地面积 264 661hm^2,2007 年自然湿地面积 254 953hm^2,占滨海湿地区域的面积比例分别为 62.7%、59.8%、57.6%,呈持续减少趋势;2000 ～ 1990 年自然湿地减少了 12 932hm^2,2007～2000 年自然湿地面积减少了 9708hm^2,2007～1990 年自然湿地总体减少了 22 640hm^2。滨海湿地面积的减少不仅破坏了适于滨海湿地生物的生存环境,直接导致资源生物产量的下降,而且也打破了滨海湿地系统原有的物质循环和能量流动方式。

2. 滨海水环境污染严重

水环境污染是珠江三角洲滨海湿地退化的明显特征之一,已经严重影响了滨海湿地区域生态系统的物质循环,并通过食物链的富集作用影响到滨海湿地的生物资源。城市生活污水的排放、农业化肥和农药的使用、工业化和城市化废弃物的不合理处理,以及旅游业垃圾直接堆放等,直接污染滨海湿地。珠江三角洲接纳了广东省 64% 的工业污染和 74% 的生活污水,珠江口海域近年来每年受纳周边地区排入的污水达 18×10^8 t;2004 年珠江排放入海污染物达 248.3×10^4 t,其中 COD 229.1×10^4、磷酸盐 5.4×10^4、氨氮 6.6×10^4、重金属 0.9×10^4、砷 0.3×10^4、石油类 6.0×10^4 t。2000 年监测结果表明,深圳市、珠海市和湛江市近岸海域水质超过 V 类水质标准(谢守红,2003;于锡军和李萍,2001;崔光琦等,2003)。

海水养殖自身生态结构和养殖方式的缺陷,使得大部分养殖存在养殖营养物的外排和化学药物的使用等环境问题,加剧了海水有机污染和富营养化,诱发有害藻类和病原微生物的大量繁殖。2000 年,广东省养殖面积和养殖产量分别比 1986 年增长了 2.8 倍和 16 倍,投饵量比 1990 年增长了 3 倍多,部分未利用饵料和排泄废物沉积,导致局部养殖水体富营养化（崔光琦等，2003）。海水养殖产生的大量污染物已经对滨海湿地造成污染，污染可引起湿地生物死亡，破坏湿地原有的生态群落结构，并通过食物链的富集作用影响其他物种的生存，严重影响滨海湿地的生态平衡。

3. 滨海湿地生物多样性下降

人类不合理的开发和利用改变和破坏了滨海湿地生物的生存环境，使越来越多的生物物种，特别是珍稀生物失去生存空间而濒危和灭绝，造成物种多样性下降，削弱了生态系统的自我调控能力，降低了生态系统的稳定性和有序性。

近 20 年来，珠江河口滩涂湿地水域生物多样性和生物量明显下降，冬季浮游植物种类由 158 种下降到 97 种，浮游植物生物量由 $1711 \times 10^4 \, \text{ind/m}^3$ 下降到 $100 \times 10^4 \, \text{ind/m}^3$；夏季浮游动物生物量由 $233.9 \, \text{mg/m}^3$，下降到 $69 \, \text{mg/m}^3$；潮间带生物物种减少十分明显，平均栖息密度从 $887.35 \, \text{ind/m}^3$ 下降到 $54.75 \, \text{ind/m}^3$；底栖生物平均栖息密度从 $342 \, \text{ind/m}^3$ 下降到 $153.33 \, \text{ind/m}^3$（崔伟中，2004）。1993～1998 年，深圳红树林区的陆鸟密度下降了 39%，加上害虫的捕食性和寄生性天敌昆虫种类密度降低，已严重威胁到整个红树林生态系统的维持与发展，一些红树林树种已在某些地区逐渐消失了（麦少芝和徐颂军，2005；麦少芝等，2005）。

外来物种的盲目引进也对滨海湿地生物多样性造成破坏和威胁。目前，对红树林造成危害的外来物种主要有薇甘菊、无瓣海桑、水葫芦和大米草。薇甘菊是菊科假泽兰属的多年生草质藤本植物，原产于中、南美洲，20 世纪 80 年代末传入中国广东沿海地区，主要危害天然次生林、风景林、水源保护林、经济林等特用途林，在深圳危害面积已达到 3000hm^2，造成林木枯死面积达 243hm^2。薇甘菊在珠江口的内伶仃岛也造成了严重的灾害；无瓣海桑于 20 世纪 80 年代从孟加拉国引入，初期为增加生物多样性引入植物园，后在深圳和湛江红树林保护区试验种植有疯长现象（周先叶等，2003；容宝文等，2004；韩永伟等，2005）。

4. 滨海湿地生态环境质量下降

滨海湿地具有特殊的生态价值，大面积的不合理开发会干扰甚至破坏滨海湿地生态系统的结构和功能，造成滨海湿地生态环境质量和功能衰退。大规模的围垦工程不仅会侵占潮间带沙滩和盐沼泥滩，改变区域的潮流运动特性，引起泥沙冲淤和污染物迁移规律的变化，破坏滨海湿地原有的生态环境；而且会使沿海地区失去大面积的水产动物天然栖息地、产卵场和索饵场，引起物种种群和数量的减少，对垦区附近广阔水域的海洋生物资源造成长期的影响。同时，围垦后改造利用不完善，还会引起航道阻塞和海岸侵蚀，影响排洪泄涝（韩秋影等，2006）。

红树林的砍伐和破坏会引起风蚀、土壤沙化、盐渍化、水土流失以及生境的巨大变化。随着沿海红树林的大量围垦，滩涂经济动物自然产量明显下降，近海鱼苗资源明显下降，海岸侵蚀和港口淤积率提高，台风暴潮经济损失剧增，海岸围垦闲置土地增多，海岸景观单调等一系列问题已逐步显现。

由于建造港口和围填海、渔业资源的过度捕捞、旅游业的迅速发展、沿海地区工农业发展产生的大量污染物质改变了海水的物理性质等，导致水产资源衰退、生态环境恶化等不良后果，已经严重影响了滨海湿地生态功能的发挥。

三、 珠江三角洲滨海湿地退化的原因分析

珠江三角洲滨海湿地退化有全球变暖、台风暴潮等自然因素，以及人口增长过快、资源需求量激增等客观因素，以及法制管理体系不健全、大众保护意识差及研究基础薄弱等原因。

1. 区域社会经济发展对滨海湿地带来巨大压力

区域社会经济快速发展对珠江三角洲滨海湿地带来了巨大的压力，是导致滨海湿地退化的主要原因之一。珠江三角洲海岸带区域经济发达、人口稠密、人地矛盾尤为突出。珠江三角洲区域人口的扩容与经济的快速发展必然给湿地环境带来巨大的压力，是滨海湿地演变的重要驱动因素。1990～2007 年，珠江三角洲滨海地市（广州、深圳、中山、珠海、东莞、江门等）的人口与区域生产总值统计，珠江三角洲地区人口快速增长，珠江口沿海的 6 个地市的总人口由 1990 年的 1509.87 万人，增加到 2000 年的 3095.81 万人，人口增加了 1 倍，到 2007 年区域常住人口达到 3 370.19 万人；6 个地市的生产总值由 1990 年的 764.75 亿元，增加到 2000 年的 6681.97 亿元，增加了近 10 倍，至 2007 年增加到 20 303.68 亿元，比 2000 年又增加了 3 倍多。在经济需求的驱动下，人类加大了对湿地资源开发利用强度，从而导致一些天然湿地丧失或骤减，大量的河口滩涂被用于围垦养殖、河港建设及其他建设用地，河口滩涂大量丧失，导致湿地总面积及自然湿地面积持续减少。

2. 滩涂开发利用不合理，甚至掠夺性围垦破坏湿地

滩涂开发利用不合理主要体现在以下三个方面：①过度围垦，致使航道阻塞。珠江口由于滩涂形成快、新垦地不断增长，已严重威胁西航道及蕉门、洪奇沥、横门等各口门出口航道，降低航运价值。②江河湖海水产养殖过多，影响排洪泄涝功能。由于滩涂围垦养殖发展过快，江、河、海湾淤积快，影响内陆洪涝的排泄和潮水的涨、退，湿地淤积垃圾，影响河口海岸的生态。③重商业开发，轻生态利用。珠江口围垦开发多用于城镇扩建、南油基地兴建、工业建设等，大量工业废水及生活污水排入海中，使东岸水域污染日趋严重。对具有重要生态利用价值的红树林种植速度慢、投入少、重视不够。

许多地方的围垦造陆，未经科学论证，只顾短期经济利益，缺乏长远规划，结果造成掠夺性开发，造成严重后果。珠江河口沿岸及海湾滩涂原有不少天然红树林，均被围垦破坏。红树林的破坏，不仅毁坏了湿地的生态环境，而且毁坏了护堤防浪、抗击台风的长城，直接影响当地居民生命和财产的安全，不利于社会可持续发展。

3. 河流湿地遭到破坏，入海河流水质下降，污染输入负荷增大

珠江主要河流有珠江河道、流溪河、增江河、蕉门水道、洪奇门水道等，珠江口一些河流遭到不同程度的破坏，破坏的方式主要有：①填埋河涌、占用河滩地；②不少河涌已通过硬底化、封闭渠箱式的改造，被用作排污通道；③污水处理能力滞后，一些生活污水未经处理直接排出；④一些河涌因得不到经常性水源的补充，河道干涸，低洼处垃圾污水积屯，发

黑发臭;⑤治理河岸护堤,大多采取垂直型护壁堤围的形式,破坏了河流的生态功能。

珠江三角洲由西江、北江、东江等多条河流汇聚而成,区内水系复杂、河流密布,其水系特征可用"三江汇合,八口分流"来描述。改革开放以来,珠江三角洲社会经济快速发展,但同时区内污染负荷也随之加重,陆源污染经珠江水系大量输入滨海地区导致水质明显下降。通过对各入海水道代表测站断面(分别为虎门水道的大虎、蕉门水道的南沙、洪奇沥水道的冯马庙、横门水道的横门、磨刀门水道的灯笼山、鸡啼门水道的黄金、虎跳门水道的西炮台及崖门水道的黄冲)近 20 年来的水质监测数据的分析,珠江八大口门水道水环境质量整体上一直存在下降的趋势,尤其是鸡啼门水道、虎门水道和崖门水道下降速度较快。2000 年后各水道 NH$_3$-N 年均浓度均呈现快速上升的趋势,其中虎门水道、鸡啼门水道和崖门水道有的年份其水质已劣于Ⅲ类水。珠江口的生态安全也日趋恶化,近年来排入珠江口的各种污水量每年超过 20 亿 t,其中城镇生活污水占 70%,约有 3/4 以上的城镇生活污水未经处理直接排放。国土资源部的一份调查报告显示,珠江口近岸海域约有 95% 的海水被重金属、无机氮和石油等有害物质重度污染,5% 为中污染级,尤其深圳、东莞附近海域污染现象特别严重(袁国明,2005)。随着入海河流湿地水质的下降,输入污染负荷快速增大,珠江三角洲滨海湿地的水环境水资源保护任重道远。

4. 过度捕捞、盲目发展水产养殖

近岸海域是虾贝类的主要生产基地,近海区域有开发的巨大潜力,湿地格局逐年向海洋方向变迁。近年来,随着经济发展,捕捞强度不断加大,捕鱼船只迅速增加,许多采用密目网具,母鱼子鱼一网打尽,酷渔滥捕使海洋生物多样性受到威胁。盲目发展水产养殖,在滩涂和红树林湿地任意开挖养殖鱼虾塘。缺少科学管理、密度大、过量投放饵料等,大大超出了养殖容量和环境容量,加剧了海水富营养化,频繁引发赤潮和咸水回流,导致珠江三角洲滨海湿地质量退化(邓培雁等,2004)。

5. 气候变暖带来的海平面升高、风暴潮加剧对滨海湿地的影响

海平面上升,使海岸侵蚀加剧,特别是砂质海岸受害更大。据统计,我国沿海已有 70% 的砂质海岸被侵蚀而造成后退。海平面上升造成第二个恶果是盐水入侵,水质恶化,地下水位上升,生态环境和资源遭到破坏。海平面上升直接影响沿海平原的陆地径流和地下水的水质,海水将循河流侵入内陆,使河口段水质变咸,影响城市供水和工农业用水,同时造成现有的排水系统和灌溉系统不畅和报废。

另外,海洋自然灾害频发,台风、暴雨、风暴潮强度加剧是海平面上升引起的另外的灾害。气温上升会导致台风强度增加,一些沿海地区的风暴潮灾也将频发,海平面升高无疑会抬升风暴潮位,原有的海堤和挡潮闸等防潮工程功能减弱,受灾面积扩大,灾情加重;由于潮位的抬升,本来不易受袭击的地区,有可能受到波及。经国家海洋局海洋信息中心分析表明,近百年我国海平面各海区不一,大多数海区为上升趋势,个别海区则下降,总的看仍呈上升状,年上升率为 1.4mm,其中渤海年上升率为 0.5mm,东海为 1.9mm,南海为 2.0mm。中国科学院地学部进行海平面变化的实地考察与研讨评估,我国海平面未来变化趋势的预测,总的认为我国海平面的变化与全球变化基本一致，呈上升趋势。2050 年，我国海平面的上升幅度，珠江三角洲为 40～60cm、上海地区为 50～70cm、天津地区为 70～100cm，上述变化速率，主要是从全球海平面上升、当地区域构造的沉降以及河流水位上升等因素考虑的，当然这些因素在某些方面与全球气候变暖也有着密切关系。

第六节　中国滨海湿地的退化现状

中国滨海湿地资源丰富，它的开发在沿海经济发展和建设中具有举足轻重的地位。早在 2000 年前，古人对滨海湿地的利用便有清晰的认识，如春秋战国时，沿海的齐国、吴国、越国便认为滩涂湿地的"渔盐之利"乃是"富国之本"，而将其称为"国之宝"。20 世纪 50 年代以来，滨海湿地资源逐步从单一开发利用发展为农、林、牧、副、渔、盐等多种经营的综合开发利用模式。改革开放后，沿海地区因地制宜地发展海洋经济，发挥了各自滨海湿地的资源优势。滨海湿地资源为沿海经济的繁荣作出了贡献，同时对沿海地区维持可持续发展具有重要的意义。

然而，滨海湿地的开发与利用就像一把双刃剑，在给人类带来利益的同时，也因为过度开发和不合理的利用而面临严重退化局面。滨海湿地的退化是一种普遍存在的现象，它是环境变化的一种反应，同时也对环境造成威胁，是危及整个生态环境的重大问题。滨海湿地的退化是自然生态系统退化的重要组成部分，主要是由于自然胁迫和人为胁迫引起的湿地生态系统的结构失调、能量流动失衡、景观结构破碎以及湿地功能衰退。宏观上表现为湿地面积减少、生物多样性降低以及生态环境退化等。滨海湿地的退化使得湿地生态系统的结构和功能遭到破坏，表现在物理、化学、生物三大主要方面，以及社会价值和物质能量平衡方面的变化上。

1. 滨海湿地面积不断减少

面积大小变化可作为衡量滨海湿地退化的重要标准之一。滨海湿地面积是否可以维持当前环境条件下的生态系统健康有序的发展，并有一定的抵抗外来干扰的能力，是否能够提供足够的物质资料满足当地人口的物质需求和经济发展需要，也是重要指标。

我国是滨海湿地大国，1970 年我国共有滨海湿地面积 5 843 066 hm^2，其中自然湿地面积高达 5 819 189 hm^2，占滨海湿地总面积的 99.6%；而人工湿地面积仅为 23 877 hm^2，仅见零星的养殖池塘、盐田和稻田分布；几乎不见有港口、居民建筑等非湿地侵占滨海湿地的现象。40 多年来，由于自然和人为因素的影响，特别是人类对海岸湿地资源的不合理开发和利用，滨海湿地资源遭受到极大的破坏。与 1970 年相比，2007 年滨海湿地总面积减少 6.8%，自然湿地面积减少 10.1%，人工湿地面积增加，是 1970 年的 8 倍，退化的自然湿地面积高达 425 231 hm^2。

滨海湿地面积的大规模减少，不仅改变潮间带沙滩和盐沼泥滩，改变区域的潮流运动特性，引起泥沙冲淤和污染物迁移规律的变化，破坏滨海湿地原有的生态环境；而且使沿海地区失去大面积的水产动物栖息地、产卵场和索饵场，引起物种种群和数量的减少，对垦区附近广阔水域的海洋生物资源造成长期的影响。同时围垦后改造利用不完善，还会引起航道阻塞和海岸侵蚀，影响排洪泄涝（韩秋影等，2006）。

我国南方地区红树林的砍伐和破坏已引起风蚀、土壤沙化、盐渍化、水土流失以及生境的巨大变化。随着沿海红树林的大量消失，滩涂经济动物产量和近海鱼苗资源明显下降；海岸侵蚀和港口淤积率提高，台风暴潮经济损失剧增；海岸围垦闲置土地增多，海岸景观单调等一系列问题已逐步显现。

2. 自然湿地发育的空间减少，湿地生态对环境变化的适应能力下降

滨海湿地地处海陆相互作用的界面，因地形以及距海远近的差异，海陆作用强度不同，不同湿地类型沿垂直岸线的方向呈带状分布。以典型生态区长江三角洲为例，在自然条件下，淤积岸段随着滩面淤高，长江口以北发生泥滩-碱蓬-芦苇滩的演替，长江口地区发生泥滩-海三棱藨草带—芦苇带的演替；侵蚀岸段随滩面的刷低发生相反方向的演替。长期以来，受围垦以及城市扩展等因素的影响，从20世纪80年代至今，滩涂植被丧失70%以上。目前，除了少数自然保护区的岸段以外，中高滩几乎全部丧失。受入海河流泥沙减少以及海平面上升等因素的影响，海岸侵蚀加剧，自然湿地面积持续减少。潮滩湿地丧失适应海岸侵蚀以及海平面上升等因素的拓展空间，可能导致潮滩植被完全丧失。植被丧失改变了地表粗糙度，泥沙淤积量进一步减少，潮滩对海岸侵蚀和海平面上升的应对能力进一步减弱。

3. 滨海湿地生态系统发生结构变化，景观结构破碎化严重

生态系统的结构包括系统的生物群落结构和生态景观结构。一般而言，湿地生态系统的结构越复杂，系统的组成越完整，发展越成熟，系统也就越稳定，主要表现为生物的种类多、数量大，食物链结构复杂，呈错综交织的网络状。景观结构中，基质、斑块、廊道等大小适中、数量适宜、布局合理，有利于湿地内的生物栖息、繁衍和迁移，能有效地促使系统中的物质、能量的流动和转化，维持系统在一种平衡状态下稳定地发展。对于退化的湿地，生物种群越简单，生物数量越少，食物链便越单调，甚至呈短直线结构。景观结构的组成不协调，景观破碎化严重，难以有效地维持湿地系统健康持续的发展。20世纪50年代以来，我国沿海已损失滨海湿地约$219\times10^4 hm^2$，天然红树林面积减少了73%，约80%的珊瑚礁被破坏。滨海湿地的景观破碎化日趋严重。

4. 滨海湿地的功能削弱甚至丧失

湿地的功能可以包括如前所述的物质生产、能量转换、水分调节、气候调节、生物多样性保育等方面的能力。一个成熟、健康的湿地生态系统，能够综合行使多种功能。它不仅能够满足人类和栖息生物的物质需求，还能够调节环境各要素，使其在一个稳定的水平上协调发展。湿地的退化意味着这些功能会部分地或全部地削弱或丧失，湿地系统变得越来越脆弱。

5. 污染严重影响滨海湿地生态系统的物质循环

污染作为滨海湿地生态系统面临的威胁之一，已经严重影响了滨海湿地生态系统的物质循环，并通过食物链的富集作用影响到滨海湿地的生物资源。城市生活污水的排

放、农业化肥和农药的使用、工业化和城市化中废弃物的不合理处理，以及旅游业中的垃圾直接堆放等，直接导致滨海湿地水环境与底质污染。海水养殖自身结构和养殖方式的缺陷，使得污染加剧，海水富营养化，诱发有害藻类和病原微生物大量繁殖。排放污染物，滨海湿地污染加剧。沿岸水体的污染，富营养化严重，近岸海域赤潮现象频繁发生，呈不断上升趋势，2000 年共记录到 28 起，2002 年发生 79 起。我国近海海域水质状况没有得到改善，污染范围进一步扩大。

6. 越来越多的生物失去生存空间，造成生物多样性减少

人类不合理的开发利用改变和破坏了湿地生物的生存环境，使越来越多的生物物种，特别是珍稀生物失去了生存空间，物种多样性下降，削弱了生态系统自我调控能力，降低了生态系统的稳定性和有序性。1999～2007 年，凤鲚和鳀始终在长江口鱼类浮游生物中占据优势地位；除在 2001 年，白氏银汉鱼在其他年度也处于优势地位；松江鲈的优势度从 1999 年的 34.33 上升到 2007 年的 226.45，在长江口鱼类浮游生物群落中的重要性逐步提升。长江口鱼类浮游生物种类数量呈现出先升高、后下降的趋势。种类丰富度指数也呈现类似的变化趋势。均匀度和多样性指数则有不同的变化，均匀度指数除了 2001 年有一定的波动外，总体呈上升的趋势，多样性指数则刚好相反，呈下降的趋势。2004 年和 2007 年的生物多样性显著低于 1999 年和 2001 年。2004 年，长江口底栖生物 202 种，其中多毛类 102 种，软体动物 51 种，甲壳动物 27 种，棘皮动物 7 种，其他生物 15 种。与 2001 年和 2002 年同期相比，底栖生物种类数量分别减少了 19.7% 和 33.3%。

7. 滨海湿地系统的物质能量平衡遭到破坏

湿地生态系统的物质能量流动主要表现为系统内外水的动态变化和生物地球化学循环。湿地是季节性或常年处于浅水状态，湿地水流特征的变化对维持湿地、保持健康状态具有十分重要的意义。水量的流入流出、水位的涨落、淹水时间的长短等直接影响着湿地系统的景观、生产力、功能水平和发展过程。生物地球化学循环体现着湿地系统有机环境和无机环境之间的联系，反映湿地系统多相界面之间物质能量的交换以及不同元素储存库间物质的流动，它控制着湿地生态系统的营养水平及其变化。在水陆边界的沿岸地带，物质能量的平衡还应包括沉积侵蚀的动态变化，它反映沿岸作用力的消长及其影响下的物质运移状况。淤蚀的变化对湿地面积有直接的影响，也影响到生物的栖息环境质量及其他相关的特征变化。

8. 湿地的社会价值不断削弱

湿地的社会价值应包括提供人们休闲娱乐场所的娱乐性价值、具有美学意义的观赏性价值、可作为环境教育基地的教育性价值以及具有重要科学研究意义的科学性价值等。对于一个自然状态下健康的湿地生态系统来说，它所具有的各种社会价值能够通过人们适当的实践活动得以有效的体现。当湿地生态系统出现退化时，这些价值会不断地被削弱，或者会最终丧失。

9. 法制体系和管理体系不完善

虽然中国已经制定了《土地管理法》《农业法》《海洋环境保护法》《水污染防治法》

和《野生动物保护法》等与滨海湿地相关的法律，同时也出台了《国务院办公厅关于加强湿地保护管理的通知》和《中国湿地保护行动计划》等文件。但是已有的相关法律、法规中有关湿地保护的条款比较分散，且不成系统，无法可依或法条相互交叉、重复的情况并存，难以有效地发挥作用。

中国涉及湿地管理的部门包括林业部、农业部、水利部、国土资源部、环境保护部、国家海洋局和有关地方单位，管理权限不清，缺乏湿地管理协调机制，影响滨海湿地的利用与保护。

另外，我国滨海湿地资源产权不清晰，产权关系混乱导致产权归属多元化，不能对滨海湿地资源进行高效利用和有效保护。在中国滨海湿地资源属于国家所有，个人或集体只有使用权，但实际上湿地名义产权与实际产权相脱离，不同利益主体之间为了获取自身利益，对滨海湿地资源围抢滥用的现象司空见惯。

10. 滨海湿地的保护意识薄弱

滨海湿地保护意识薄弱，保护手段落后，相关研究有待加强。人类中心主义和片面的发展观是导致滨海湿地退化的重要主观原因。人类中心主义忽视了人的存在和发展要以自然为前提，客观上导致了环境和生态的恶化。片面发展观将经济指标作为衡量国家或社会进步与发展的标准，忽视了环境保护。现代众多的生态环境问题都源于人们这种认识上的短视和盲区，表现在人与湿地关系问题上，就是对湿地的片面认识所产生的错误湿地观。长期以来，滨海湿地生态服务功能及其价值没有得到正确认知，公众受资源开发利用传统观念和片面发展观的影响，为了追求经济效益，不惜牺牲环境换取眼前的经济发展，是导致滨海湿地盲目过度开发的重要原因。

虽然我国已经对滨海湿地开展了不少项目的研究，但是目前关于滨海湿地景观格局与生态过程的关联研究，滨海湿地生态系统双向演替过程研究，以及受损滨海湿地生态系统的修复机理等方面还缺乏系统和深入的研究。同时，关于滨海湿地的保护、管理的技术手段和管理手段等也比较落后，这些方面亟待加强。

第四章
受损滨海湿地修复技术

　　湿地对污染物的净化功能已经在世界上得到了普遍认可，因而具有"湿地之肾"的称谓。滨海湿地的环境净化功能包括：①物理净化：主要是滨海湿地的过滤、沉积和吸附作用；②化学净化：滨海湿地在咸淡水交汇作用之后，由于物理化学条件的改变，将发生一系列的化学反应，使可溶态的物质变成颗粒态的物质，形成新生相物质，降低了污染物的活性，从而使水体得到净化；③生物净化：生物作用包括微生物作用和植物作用等（何文珊，2008；陆健健，1996b）。滨海湿地植被、微生物、浮游生物、底栖生物和一些鱼类组成生物群落，对近岸水体的环境净化起着非常重要的作用，上述的三个过程通常是交互发生的。

第一节　生物修复技术概述

　　生物是生态系统的基本构成要素，其在生态系统内物质循环过程中发挥着重要的作用，可以通过自身的生理代谢部分吸收、降解和转化环境中的有害物质。利用生物及其制品修复生态环境，具有高效、低成本和无二次污染等优点，具有广泛的应用前景（丁明宇等，2001）。

　　生物修复是指利用生物将土壤、水体中的污染物降解或去除，从而修复受污染环境的一个受控或自发进行的过程。生物修复主要是利用天然的或接种的生物并通过工程措施为生物生长与繁殖提供必要的条件，从而加速污染物的降解或去除，使其浓度降至环境标准规定的安全浓度之下。生物修复技术作为一门新兴的环境生物技术，与传统的物理、化学修复技术相比，具有如下优点：①处理费用低，如污染土壤生化治理费用为焚烧处理的1/3～1/2；②处理效率高，经过生化处理，污染物残留量可达到很低水平；③对环境影响小，无二次污染，生化治理最终产物为CO_2、水和脂肪酸，对人类无害；④可以就地处理，避免了技术过程的二次污染，节约了处理费用；⑤不破坏生物生长所需要的土壤环境；⑥便于应用。

　　生物修复主要包括两方面的内容：①利用具有特殊生理生化功能的植物或特异性微生物修复受污染的土壤或水体；②合理设计和应用生物处理或生物循环过程，阻断或减少污染源向环境的直接排放。

　　根据生物修复中人工干预的程度，可以分为自然生物修复、人工生物修复。后者又可分为原位生物修复、异位生物修复。

　　目前，生物修复技术在滨海湿地的研究和应用较多着眼于对海岸溢油的微生物修复，对重金属、有毒有机物和氮、磷营养盐等污染物的生物修复，尤其是植物修复研究还处于探索阶段。寻找能够适合不同滨海湿地环境并且能够显著恢复滨海湿地的生态环境和生物多样性的修复技术是滨海湿地生物修复的关键所在。

第二节　污染生境的生物修复技术

生物修复技术是治理滨海湿地环境污染、海洋生态系统功能紊乱的一副防治结合的良药，费用低、副作用少；污染前预防，污染后治理。但正像许多疾病一样，应对症下药，对于不同的污染物应采取不同的生物修复方案。以下就不同类型污染生境的修复技术做一简介。

一、重金属污染的修复技术

重金属在土壤中以多种形态存在，形态不同，毒性也不同，离子态的毒性常大于络合态，有机态的毒性大于无机态。价态不同毒性也不同，如 Cr^{6+} 毒性大于 Cr^{3+}，生物化学作用可改变重金属的价态和形态。重金属污染的特点不能被降解而从环境中彻底消除，只能从一种形态转化为另一种形态，从高浓度变为低浓度，能在生物体内积累富集。所以重金属的生物修复有两种途径：①通过在污染生境种植植物、经济作物，利用其对重金属的吸收、积累和耐性除去重金属。②利用生物化学、生物有效性和生物活性原则，把重金属转化为较低毒性产物；或利用重金属与微生物的亲和性进行吸附及生物学活性最佳的机会，降低重金属的毒性和迁移能力。

许多微生物，包括细菌、真菌和藻类可以生物积累（bioaccumulation）和生物吸着（biosorption）外部环境中的多种阳离子和核素（表4-1）。微生物对重金属的微生物修复包含两方面技术。一是生物吸附，是重金属被活的或死的生物体所吸附的过程；微生物与重金属具有很强的亲和性，能富集许多重金属。有毒金属被贮存在细胞的不同部位或被结合到胞外基质上，通过代谢过程，这些离子可被沉淀，或被轻度螯合在可溶或不溶性生物多聚物上。二是生物氧化还原，是利用微生物改变重金属离子的氧化还原状态来降低环境和水体中的重金属水平。生物积累是生物的主动吸收的过程，需要使用代谢能来同化；而生物吸着不需要代谢能，通常是无机污染物与细胞表面的配位体或官能团发生络合。微生物对无机污染物的吸着、氧化还原、沉淀和甲基化各种作用，各种生物转化对不同无机污染物（主要是重金属元素）的应用性见表4-2。

表4-1　重金属和放射性核素的微生物积累

微生物	元素	吸收量（干重，质量分数）/ %	微生物	元素	吸收量（干重，质量分数）/ %
细菌			藻类		
链霉菌属（*Streptomyces*）	铀	2～14	小球藻（*Chlorella vulgaris*）	金	10

续表

微生物	元素	吸收量（干重，质量分数）/ %	微生物	元素	吸收量（干重，质量分数）/ %
绿产色链霉菌（S. viridochromogene）	铀	30	规律小球藻（Chlorella regularis）	铀	15
铁氧化硫杆菌（Thiobacillus ferrooxidans）	银	25		锰	0.8
蜡样芽孢杆菌（Bacillus cereus）	镉	4~9	霉菌		
动胶菌属（Zoogloea）	钴	25	茎点霉属（Phoma）	银	2
	铜	34	青霉属（Penicillium）	铀	8~17
	镍	13	少根根霉（Rhizopus arrhizus）	铜	1.6
柠檬酸杆菌属（Citrobacter）	铅	34~40		镉	3
	镉	40		铅	10.4
铜绿假单胞菌（Pseudomonas aeruginosa）	铀	15		钍	19.5
混合培养	铜	30		银	5.4
混合培养	银	32		汞	5.8
芽孢杆菌（Bacillus）	铅	60.1	黑曲霉（Aspergillus niger）	钍	18.5
	铜	15.2		铀	21.5
	锌	13.7	酵母		
	镉	21.4	啤酒酵母（Saccharomyces cerevisiae）	铀	10~15
	银	8.6		钍	12
	镉	21.4		锌	0.5
	银	8.6	酵母	银	0.05~1

资料来源：沈德中（2002）

表 4-2 与重金属元素甲基化有关的微生物

微生物种类	甲基化的元素	微生物种类	甲基化的元素
细菌		假单胞菌属（Pseudomonas）	Hg, Se, Pb, Cd
不动杆菌属（Acinetobacter）	Pb	铜绿假单胞菌属（Pseudomonas aeruginosa）	Te
气单胞菌属（Aeromonas）	Se, As, Pb	荧光假单胞菌属（Pseudomonas fluorescenis）	Hg
气单胞菌（Aeromonas hydrophila）	Hg	金黄葡萄球菌（Staphylococcus aureus）	As, Cd
产碱菌属（Alcaligenes）	Pb, As	方锑矿锑杆菌（Stibiobacter senarmontii）	Sb

续表

微生物种类	甲基化的元素	微生物种类	甲基化的元素
双歧杆菌属 (Bifidobacterium)	Hg	真菌	
色杆菌属 (Chromobacterium)	Hg	黑曲霉 (Aspergillus niger)	Se, Te, As, Hg
匙形梭菌 (Clostridium cochlearium)	Hg	灰绿曲霉 (Aspergillus glaucus)	As
热醋梭菌 (Clostridium thermoaceticum)	Hg	杂色曲霉 (Aspergillus versicolor)	As
斯氏梭菌 (Clostridium sticklandii)	Hg	土生假丝酵母 (Candida humicola)	As, Se, Te
产气肠杆菌 (Enterobacter aerogenes)	Hg	粉红粘帚霉 (Gliocladium roseum)	As（有机）
大肠埃希氏菌 (Escherichia coli)	Hg, As, Pb	粗糙脉孢菌 (Neurospora crassa)	Hg
黄杆菌属 (Flavobacterium)	Se, As, Pb	产黄青霉 (Penicillium)	Se, Te, As
乳酸杆菌属 (Lactobacillus)	Hg	特异青霉 (Penicillium notatum)	Se, Te, As
甲烷杆菌属 (Methanobacterium)	Hg, As	短柄帚霉 (Scopulariopsis brevicaulis)	As, Se, Te, Hg
斯氏甲烷杆菌属 (Methanobacterium smeliansky)	Hg		

资料来源：沈德中（2002）

二、 滨海湿地石油污染的修复技术

自 1969 年发生第一次超级油船失事以来，世界上已有 40 处大的海洋泄漏，据估计每年有千万吨以上的石油污染海洋，对生物和生态环境造成了很大危害。石油污染问题引起了人们越来越多的关注，刺激他们发明有效的技术方法对之进行治理。

由于存在着严重的石油和有机物污染，滨海湿地的综合整治必然要涉及这些物质的降解。石油造成了严重的环境污染和生态破坏，进入土壤后所产生的危害主要体现在五个方面：①影响土壤的通透性，降低土壤质量；②阻碍植物根系的呼吸与吸收，引起根系腐烂，影响农作物的根系生长；③使土壤有效磷、氮的含量减少，影响作物的营养吸收；④石油中的多环芳烃具致癌、致变、致畸等作用，能通过食物链在动植物体内逐渐富集，危及人类健康；⑤石油烃中不易被土壤吸附的部分能渗入地下并污染地下水（齐永强和王红旗，2002）。

石油烃类是天然产物，海洋细菌一般具有降解石油的能力，并因降解过程是好氧过程，所以最常见的降解菌是好氧菌。最常见的石油降解菌为：细菌的无色杆菌属（*Archromobacter*）、黄杆菌属、不动杆菌属、弧菌属（*Vibrio*）、芽孢杆菌属（*Bacillus*）、节杆菌属（*Arthrobacter*）、诺卡氏菌属（*Nocardia*）、棒杆菌属（*Corynebacterium*）和微球菌属（*Micrococcus*）；真菌有酵母的假丝酵母属（*Candida*）、红酵母属（*Rhodotorula*）、短梗霉属（*Aureobasidium*）、藻类、原生动物，以及霉菌的青霉属和曲霉属（*Aspergillus*）等。影响石油降解的因素包括：油的物理状态、温度、营养物质、氧气、共代谢作用及抑减效应、水分、pH和盐度、土壤结构等（沈德中，2002；周少奇，2003）。

烃类基本上不溶于水，要同微生物接触才能被利用，因此烃类降解菌必定存在摄取烃类的机制，使疏水的不溶性烃类穿过细胞壁进入细胞内：细胞与溶于水相中的烃类相接触；细胞与乳化或"增溶"的烃类相接触；细胞与较大的烷烃微滴附着。可通过以下三种方法加速海洋石油污染的生物修复（沈德中，2002）：①接种石油降解菌；②使用分散剂，以增加细菌对石油的利用性；③使用氮磷营养盐（包括缓释肥料、亲油肥料和水溶性肥料）。

石油污染修复实例——Valdez油船在阿拉斯加溢油（沈德中，2002）。

1989年3月24日Exxon石油公司的超级油轮Valdez号满载着原油在美国风景秀丽的威廉王子湾（Prince William Sound）搁浅，导致42 000m³原油泄漏，污染了3200km的海岸带，成为美国最大的污染事件之一。而且威廉王子湾是一个冷水区，动植物繁殖速率低，是一个生态敏感区，海岸上有著名的国家公园和森林公园。

Exxongongsi最初使用物理方法，即用热水冲洗附着在海滩砾石上的油污，但效果并不明显，且花费高昂（100万美元/天）。后来美国环保局和Exxon公司达成协议，研究生物修复技术清除石油污染的可能性，该项目集中研究利用营养盐寸金土著微生物的生物降解效率。实验室研究表明，如果使用无机盐溶液或亲脂性的肥料，在6周内可以分解石油中的几乎全部正烷烃，如果不加氮磷则降解速率要慢得多。现场示范试验使用不同的肥料，包括水溶性的、缓释的和亲油性的肥料加到油污小区中，结果表明使用亲油肥料效果最为明显。由于生物修复的效能，它成为去除威廉王子湾石油污染的重要方法，估计施用肥料以后，石油污染去除的时间由10～20年降低到2～3年。

三、　有机质污染的生物修复技术

随着海水养殖的快速发展，养殖水体的自身污染和富营养化已成为严重的环境问题。Lam通过对香港海域24个鱼类养殖区进行调查，结果表明残饵和鱼类粪便的积累，是导致养殖区水体和底泥环境有机物、营养物含量增加的主要原因。养殖过程中的自身污染物输出主要包括未食饵料、粪便和排泄物等。许多研究证实，网箱养鱼过程中以渔产品形式收获的营养物质一般仅占投喂饵料营养物质总量的30%左右，其余部分均以不同的养殖废物（未食饵料、粪便和排泄物）形式（固态营养物或溶解态营养物）排入环境中，导致养殖水体污染。固态营养物常沉积于水底，使网箱下方底质中碳、氮、磷等含量和耗氧量明显增加，进而导致底质化学特性、底层浮游生物和底栖动物群落结构发生改变；而溶解态营养物则直接作用于养殖区域，使网箱区碳、氮、磷及浮游植物数量增加，水体透明度降低，导致养殖水域水质恶化（杨宇峰和费修绠，2003）。

作为生物滤器的大型海藻可以有效吸收、利用养殖环境中的氮、磷等营养物质。从而减轻养殖废水对环境的影响，并提高养殖系统的经济输出，被广泛应用于鱼、虾、蟹、贝类等综合养殖系统中，对富营养化海水养殖区进行生物修复（江志兵等，2006）。

在大型海藻与鱼类共养的水体中，通过控制海藻的生物量，可有效地降低营养物的浓度，维持水体中的溶氧量，降低鱼类发生窒息和水质恶化的危险性，从而保证养殖活动安全有序。在我国，根据养殖区的现状，探索并实施在海水鱼、贝类养殖区中，混、套养大型海藻的技术，使养殖区动物性养殖和大型海藻栽培平衡发展。利用大型海藻的生物修复功能，改善养殖区的水环境质量，是实现我国海水养殖可持续发展的有效途径。大型海藻规模化栽培可以改善养殖环境，机理如下：①大型海藻的生理特点是通过光能进行光合作用。在生长过程中可大量吸收碳、氮、磷等生源要素。规模化栽培海藻不仅可有效降低氮、磷等营养物的浓度，而且在水生态系统碳循环中具有重要作用。②人工栽培海藻的生长速度快，单位面积产量很高，且海藻产品容易收获。通过海藻吸收并固定的氮、磷等营养物质由海洋转移到陆地，可大大降低养殖水域营养物质含量，具有很好的环境效益。③大型海藻的生命周期较长。在同一海区，可根据不同海藻的生活习性和季节变化，交替栽培龙须菜、条斑紫菜等优良海藻品种，通过将海藻收获上岸，以达到净化水质的目的（杨宇峰和费修绠，2003）。

第三节　不同受损滨海湿地的生物修复实例

一、潮上带湿地的修复

潮上带湿地土壤含盐量低（小于 1%），可采用典型的潮上带植物——芦苇（*Phragmites communis*）、香蒲（*Typha angustatu*）、薹草类（*Carex*）进行人工快速繁殖技术和人工群落重建技术进行生境的修复。

芦苇和香蒲根系发达、繁殖力强，具有发达的通气组织，为人工湿地中常用的植物，芦苇在滩涂湿地中一般仅分布于高潮区，中潮区以下不能很好地形成优势群落。优势芦苇群落高度一般为 2~3 m，盖度在 80% 以上。发育良好的芦苇群落郁闭度很高，常形成单种植丛。

（一）芦苇的修复模拟实验及效果评价

1. 芦苇对环境中氮、磷的净化作用

从水质和土壤分析结果发现，未排出的氮、磷营养盐多数存留在土壤中，但是有部分被植物根系吸收、微生物转化和其他途径散失。系统对氮的总净化率随浓度变化分别为 75.60%、67.93% 和 66.05%，其中土壤吸附的氮量分别为 67.24%、59.08% 和 56.71%，另有其他途径取出的氮分别占 8.36%、8.85% 和 9.33%，主要有微生物转化、植物吸收、氨的挥发等；磷的净化率随浓度变化分别为 91.47%、83.15% 和 80.85%，其中土壤吸附的量分别占 81.54%、66.03% 和 63.90%，其他途径为 10%~20% 不等（表 4-3）。

表 4-3　加入系统的氮、磷在各途径中的分配　　　　　（单位：mg）

序号	TN				TP			
	加入量	排出量	土壤吸附	其他	加入量	排出量	土壤吸附	其他
1	492.0	120.05	330.82	41.12	120.0	10.23	97.84	11.93
2	2460.0	788.92	1453.44	217.64	600.0	101.12	355.43	143.45
3	4920.0	1671.08	2790.13	458.79	1200.0	229.85	746.47	223.68

2. 芦苇对土壤微生物的影响（赵先丽等，2007）

土壤中微生物数量是对土壤微生物生态条件的综合反应，细菌具有分解有机物质、合成腐殖质和转化矿质养分存在状态的作用；真菌分解枯枝落叶能力极强；放线菌则具有分解动植物残体中难分解组分、参与新鲜有机残体形成腐殖质的作用，并能在进行大量物质化的同时，通过菌丝的穿透作用和对土粒的机械束缚作用影响稳定的团聚体的形成。细菌、真菌、放线菌由于生态属性不同，它们的数量及在微生物中所占的比率也不相同。表 4-4 为盘锦芦苇湿地土壤微生物不同层次及总数数量的变化情况。

表 4-4　2005 年 6~9 月盘锦芦苇湿地土壤微生物不同层次
及总数数量的变化　　　　　（单位：$10^6 ind \cdot g^{-1}$）

月份	0~10cm			10~20cm			20~30cm			总数		
	细菌	放线菌	真菌	细菌	放线菌	真菌	细菌	放线菌	真菌	细菌	放线菌	真菌
6月	8.506	2.908	0.0001	20.0000	3.3303	0.0004	15.6033	1.0330	0.0003	44.1100	0.7240	0.0001
7月	4.756	0.404	0.0001	15.980	0.7000	0.0001	4.4900	0.2820	0.0001	25.2300	0.1390	0.0000
8月	0.903	0.322	0.0003	3.506	0.4130	0.0007	2.3400	0.4560	0.0005	6.7500	0.1200	0.0002
9月	4.890	0.583	0.0019	18.636	3.3690	0.0012	10.7100	1.1440	0.0010	34.2400	0.5100	0.0012

（二）低温微生物对石油的降解作用

微生物修复技术由于成本低、效果好、对环境负面影响小且无二次污染等优点，受到人们广泛关注。但它同时也存在一些缺点，如修复周期长、对高浓度污染物直接处理具有局限性、受环境及营养因素影响等。特别是我国北方滨海湿地低温季节较长，势必会影响到常温微生物对环境污染物的降解速率从而影响到生物修复的效果。在极地生存着丰富而多样的微生物，这些占生态优势的嗜冷、耐冷微生物群落，在极地自然生态环境中的物质循环与能量流动、生物地球化学过程中扮演着重要角色，同时在低温条件下污染物降解与生态修复中也具有巨大的应用潜力。项目组所在的国家海洋局海洋生物活性物质重点实验室是国内最早开展极端环境生物及生物活性物质研究的单位之一，多年来一直致力于极地微生物的适应机制及其活性物质的开发应用研究。近年来，在极地微生物的石油降解领域开展了大量的研究工作，为北方低温地区的生物修复提供了科学依据。

1. 极地原油降解菌株的降油能力和产脂肪酶能力

从极地微生物中筛选出的菌株均可在以石油为唯一碳源和能源的 MM 培养基中在低温条件下生长，具有一定的石油降解能力，其中菌株 P18、P28 和 P29 生长较好（表4-5）。对培养液观察发现（图4-1），筛选出的石油降解菌大多具有能使原油乳化，使其分散在整个培养液中的能力，在表面形不成油膜，这可能与原油降解菌产生生物表面活性剂有关，而对照此时可在培养液的表面形成一层明显的油膜。乳化可增加油与水接触的表面积，从而有利于细菌的吸收与利用。

表 4-5　菌株利用无机培养基生长的情况（14d，550nm）

菌株编号	P1	P2	P3	P4	P5	P6	P7	P8	P9
OD	0.185	0.271	0.223	0.290	0.194	0.213	0.224	0.448	0.220
菌株编号	P11	P12	P14	P15	P16	P18	P19	P20	P21
OD	0.260	0.282	0.337	0.219	0.256	0.565	0.241	0.282	0.186
菌株编号	P22	P23	P24	P28	P29	P30	P31	P32	
OD	0.386	0.280	0.230	0.558	0.872	0.381	0.336	0.280	

图 4-1　原油降解菌 P29 在原油和真空泵油中的生长情况

将活化的原油降解菌按 2% 接种量接种于含 50ml MM 原油培养基的 100ml 三角瓶中，于 5℃振荡（150rpm）培养 10d，按重量法计算的降油效率如表 4-6 所示。从表 4-6 可以看出，在上述实验条件下，除菌株 P4 外，其余测定的 7 株菌株对原油的降解率均可达到 20% 以上，其中菌株 P18、P28 和 P29 的降解效率较高，分别为 30.96%、34.85% 和 41.28%。

由表 4-6 可以看出，筛选到的 26 株极地原油降解微生物除菌株 P32 外，其余均能产生脂肪酶。以上结果说明微生物对石油的降解能力与脂肪酶产生情况有着良好的相关性，这与对石油污灌区微生物生态及降解石油的研究结果相一致（表 4-7），该研究表明，分离到 126 株细菌，60% 的菌株有解脂酶活性，真菌 71 株，89% 的菌株有解脂酶活性。从石油污染土壤处理系统中分离到的各类优势微生物均具有解脂酶活性，有解脂酶活性的菌株，就有降解石油烃的能力。

表 4-6　极地降油微生物去除原油的能力

菌株编号	P2	P4	P8	P18	P20	P22	P23	P28	P29
降解率/%	21.34	18.86	28.98	30.96	26.35	27.89	28.85	34.85	41.28

表 4-7 石油降解菌的产脂肪酶能力分析（Tween80 法，4℃，7d，以晕圈与菌落直径之比表征）

菌株编号	P1	P2	P3	P4	P5	P6	P7	P8	P9	P10	P11	P12
比值	2.26	5.08	2.96	3.07	3.53	4.01	2.26	4.71	1.89	2.89	2.36	2.5
菌株编号	P13	P14	P15	P16	P17	P18	P19	P20	P21	P22	P23	P24
比值	2.4	3.08	3.11	3.63	2.8	2.34	2.29	2.93	3.79	2.74	2.87	2.53
菌株编号	P28	P29	P30	P31	P32							
比值	2.59	1.66	2.66	2.34	未出现							

2. 极地原油降解菌株对原油的降解特性分析

不同菌株对原油各组分的降解特性不同，菌株 P29 对短链组分降解能力较强，而菌株 P4、P18、P20 等具有将原油长链组分生物裂解成短链组分的能力。将分离的北极原油降解菌活化后以 2% 的接种量接种于含 50ml 筛选培养基的 100ml 三角瓶中，于 5℃ 振荡（150r·min⁻¹）培养 14d。培养液用 10ml 正己烷萃取 2 次，收集合并上层有机相。对经极地原油降解菌株处理与未处理的原油进行 GC-MS 比较分析，研究降解菌对原油各组分的降解特性，如图 4-2 所示。

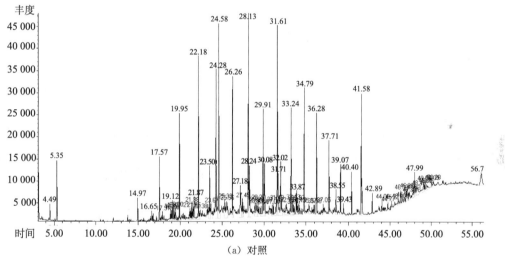

（a）对照

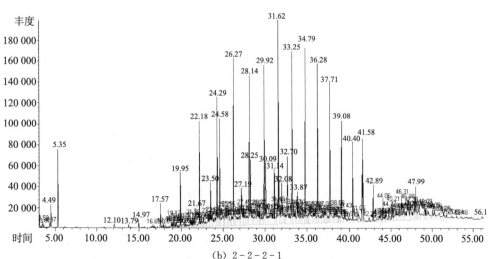

（b）2-2-2-1

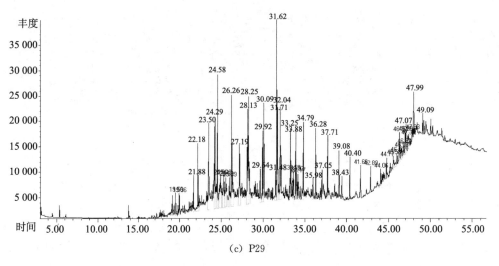

(c) P29

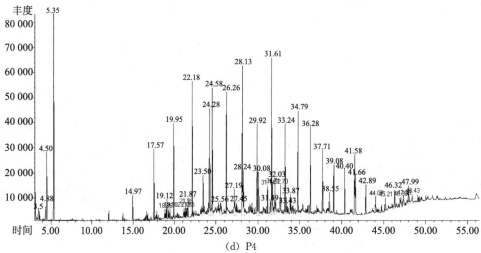

(d) P4

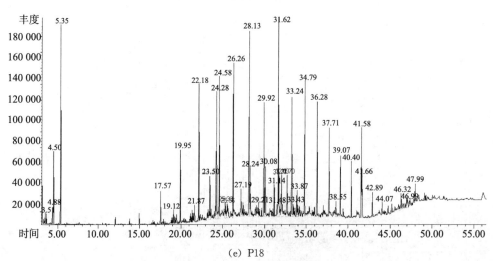

(e) P18

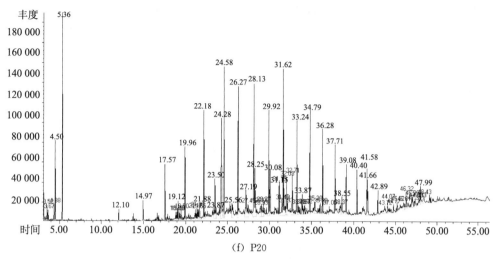

图 4-2 部分极地原油降解菌株对原油的降解特性

由图 4-2 可以看出，不同菌株对原油的降解特性可能有所不同。GC-MS 分析表明，经菌株 P29 降解后，与对照相比，原油的短链组分的相对含量明显减少，而长链组分相对含量明显增加，这说明菌株 P29 更易于降解短链组分；而其余菌株，如 P4、P18、P20 和 2-2-2-1（为本实验室保存，为产脂肪酶阳性菌株），对原油的长链组分也有明显的降解作用，并可造成短链组分如（七烷和八烷）相对含量的明显增加，这可能是这些菌株先将原油的长链组分降解成短链组分如七烷和八烷，再加以生物利用的缘故。

不同菌株对原油的降解特性有所不同，这就为利用混合菌株培养完全降解原油，从而实现原油污染环境的生物修复提供了理论依据和实验基础。同时，该实验结果也为利用生物对原油长链组分的生物裂解为短链组分提供了初步的理论依据，但仍需采用单一的长链烷烃化合物为底物进行进一步的实验证明。

二、 潮间带滩涂湿地的修复

潮间带位于高低潮水位线之间，在我国，潮间带资源集中于长江口以北各省，主要在江苏、上海和山东沿海地区。由于各个地区滩涂湿地的成因、土著生物、地形地势均不相同，故根据不同区域的特点采用不同的生物修复技术：山东东营主要通过比较碱蓬等几种常见的耐盐植物的耐盐特性、建群能力和群落稳定性，进行人工快速繁殖技术和人工群落重建技术的开发研究改良东营滩涂盐碱地；苏北地区是较早引进互花米草进行湿地修复的地区，通过比较互花米草的正负生态效应，评价互花米草的修复效果，并通过"地貌水文饰变微生态工程"促进芦苇对互花米草的替代，来控制互花米草的生态管理；通过比较滤食性动物埋栖贝类（如毛蚶、文蛤、菲律宾蛤仔、紫贻贝、栉孔扇贝等）的自然生境特点、耐污能力和颗粒有机质去除能力，分析增殖实验区中底质生境和水质生境，为滩涂湿地的修复提供科学依据。

（一）盐生植物对东营滨海盐渍土的改良作用

盐碱地生物改良主要是针对不同地段的含盐量水平，选择适当的耐盐植物进行人工种植，通过抑制地表水分蒸发，促进耕作层盐分的淋溶，从而有效降低盐荒地土壤盐量，形成良性循环。选择盐地碱蓬、中亚滨藜、碱茅（星星草）、白刺等多种植物进行人工栽培，通过研究其在不同生长阶段对土壤盐分、有机质及地表植被的影响证明每种植物的不同改良效果。

根据黄河三角洲地区盐生植物的耐盐性与生态特性，选择部分耐盐能力强、盖度大、生物量大的几种盐生植物进行改良研究与示范（图4-3、图4-4）。

图4-3　白刺重盐地护坡覆盖试验　　　　　图4-4　中亚滨藜在重盐碱地生长状况

1. 种植盐生植物对土壤脱盐的影响

从试验结果（表4-8、表4-9）来看，滨海盐渍土种植盐生植物后，有个显著的脱盐过程，中度盐渍土表层（0～20cm）土壤脱盐率为3.10%～6.41%，中层（20～40cm）土壤脱盐率为4.08%～7.66%，深层（40～60cm）土壤脱盐率为2.93%～4.47%，土壤脱盐率最高的是中层，其次是表层，最低的是深层。重盐土表层土壤脱盐率为3.03%～6.46%，中层土壤脱盐率为4.23%～7.20%，深层土壤脱盐率为2.94%～5.00%，土壤脱盐率最高的也是中层，其次是表层，最低的是深层。从土壤脱盐率来看，盐生植物对中度盐渍土和重盐土的脱盐效果相近。裸露土壤中含盐量不但没有降低，反而增加，这是因为这些盐生植物可以从土壤中吸收积累部分盐分而且主要积累在地上部分，因而随着盐生植物的收获，土壤盐分就实现了转移。种植盐生植物后，植被盖度增加，植物蒸腾取代了地面蒸发，避免了蒸发造成的地表积盐。因此，盐生植物种植降低了土壤含盐量，使土壤逐步脱盐。裸露的土壤中，由于地表得不到有效的覆盖，而本地区蒸发量远大于降水量（蒸降比为3.3∶1），使土壤表层继续积盐，土壤含盐量增加，表层积盐最为严重，其次为中层，深层最少。从植物类型上来看，在中度盐渍土上按表层和中层的土壤脱盐率排列顺序为：白刺＞星星草＞田菁＞碱蓬＞柽柳＞中亚滨藜＞沙枣＞海边月见草＞珠美海棠；在重盐土上按表层和中层的土壤脱盐率排列顺序为：白刺＞碱蓬＞柽柳＞中亚滨藜＞沙枣＞海边月见草。

表 4-8　种植盐生植物后中度盐渍土含盐量的变化　　　　　　（单位：%）

处理	种植前不同土壤层次含盐量			种植后不同土壤层次含盐量			土壤脱盐率		
	0～20cm	20～40cm	40～60cm	0～20cm	20～40cm	40～60cm	0～20cm	20～40cm	40～60cm
碱蓬	0510	0432	0.380	0.482	0.405	0.363	5.49	6.25	4.47
中亚滨藜	0.545	0.467	0.401	0.524	0.444	0.389	3.85	4.93	2.99
海边月见草	0.561	0.474	0.409	0.543	0.453	0.397	3.21	4.43	2.93
柽柳	0.542	0.465	0.402	0.513	0.437	0.388	5.35	6.02	3.48
白刺	0.515	0.431	0.380	0.482	0.398	0.362	6.41	7.66	4.74
沙枣	0.524	0.446	0.404	0.506	0.423	0.388	3.44	5.16	3.96
星星草	0.536	0.453	0.407	0.502	0.420	0.390	6.34	7.28	4.17
田菁	0.427	0.374	0.329	0.401	0.348	0.315	6.09	6.95	4.26
珠美海棠	0.451	0.392	0.348	0.437	0.376	0.336	3.10	4.08	3.80
裸露	0.512	0.441	0.396	0.538	0.458	0.409	−5.08	−3.85	−3.28

注：土壤脱盐率＝（种植前土壤含盐量－种植后土壤含盐量）/种植前土壤含盐量×100

表 4-9　种植盐生植物后重盐土含盐量的变化　　　　　　（单位：%）

处理	种植前不同土壤层次含盐量			种植后不同土壤层次含盐量			土壤脱盐率		
	0～20cm	20～40cm	40～60cm	0～20cm	20～40cm	40～60cm	0～20cm	20～40cm	40～60cm
碱蓬	1.46	1.28	1.07	1.37	1.19	1.02	6.16	7.03	4.67
柽柳	1.42	1.22	1.03	1.35	1.15	0.99	4.93	5.74	3.88
中亚滨藜	1.38	1.20	1.02	1.33	1.14	0.99	3.62	5.00	2.94
海边月见草	1.32	1.18	1.01	1.18	1.13	0.98	3.03	4.23	2.97
白刺	1.39	1.25	1.05	1.30	1.16	1.00	6.46	7.20	5.00
沙枣	1.29	1.16	0.98	1.24	1.10	0.94	3.87	5.17	4.08
裸露	1.41	1.22	1.03	1.51	1.27	1.07	−7.09	−4.09	−3.88

2. 种植盐生植物对土壤有机质含量的影响

土壤有机质是土壤肥沃度的一个重要指标，土壤有机质不仅能为植物提供所需的各种营养元素，同时对土壤团粒结构的形成，土壤水分、养分的供应和保持土壤肥力的演变产生重要影响，也将对土壤盐分的组成和性质、盐渍土的改良产生重要影响。从表 4-10 可以看出，滨海盐渍土在种植盐生植物后土壤有机质有了显著的增加，中度盐渍土土壤有机质含量增加了 21.1%～30.3%，重盐土土壤有机质含量增加了 27.5%～41.5%。在裸露土壤中，有机质含量不但没有增加，反而分别降低了 18.6% 和 31.7%。这是因为种植盐生植物后，其落叶和残留在土壤中的根系腐烂分解后增加了土壤中的有机物质，而且随着土壤含盐量的降低，出现了其他植物，其枯枝落叶和腐烂的根系也增加了土壤中的有机物质的含量。根系的代谢活动和枯枝落叶的腐解促进了土壤微生物的增加，加速了土壤有机质的转化，从而使土壤有机质有了显著提高。裸露的土壤中，植物覆盖率低，土壤中的有机物质得不到补充，只有消耗，使土壤有机质的含量显著下降。从土壤有机质的增加量来看，在中度盐渍土上，田菁＞星星草＞中亚滨藜＞沙枣＞柽柳＞海边月见草＞碱蓬＞白刺＞珠美海棠；在重盐土上，中亚滨藜＞沙枣＞柽柳＞海边月见草＞碱蓬＞白刺。

表 4-10　种植盐生植物后土壤有机质的变化　　　　　　　（单位：%）

处理		种植前土壤有机质含量	种植后土壤有机质含量	土壤有机质增加量占播种前的百分比
碱蓬	中度盐渍土	0.58	0.71	22.4
	重盐土	0.41	0.53	29.3
中亚滨藜	中度盐渍土	0.61	0.78	27.8
	重盐土	0.41	0.58	41.5
海边月见草	中度盐渍土	0.59	0.73	23.7
	重盐土	0.39	0.51	30.8
柽柳	中度盐渍土	0.58	0.73	25.8
	重盐土	0.43	0.58	34.9
沙枣	中度盐渍土	0.58	0.74	27.6
	重盐土	0.41	0.56	36.6
白刺	中度盐渍土	0.63	0.77	22.2
	重盐土	0.40	0.51	27.5
星星草	中度盐渍土	0.57	0.74	29.8
田菁	中度盐渍土	0.66	0.86	30.3
珠美海棠	中度盐渍土	0.57	0.69	21.1
裸露	中度盐渍土	0.59	0.48	−18.6
	重盐土	0.41	0.28	−31.7

3. 种植盐生植物对土壤无机养分含量的影响

表 4-11 可以看出，种植盐生植物后，滨海盐渍土土壤含盐量降低，有机质有了显著的提高，土壤微生物的数量增加，加速了有机物质的分解，促进了土壤无机养分的分解，土壤养分有了明显的增长，土壤中氮、磷、钾显著提高。在中度盐渍土上，氮增加了 18.0%～34.6%，磷增加了 42.2%～94.5%，钾增加了 11.6%～15.5%；在重盐土上，氮增加了 45.5%～67.7%，磷增加了 28.4%～57.0%，钾增加了 12.2%～18.3%。裸露的土壤中，土壤含盐量不仅没有下降，反而提高，土壤有机质在消耗的同时，得不到有效的补充，土壤微生物的数量下降，土壤养分含量下降。中度盐渍土上，裸露的土壤中氮、磷、钾分别降低了 12.7%、11.4% 和 9.4%；重盐土上，裸露的土壤中氮、磷、钾分别降低了 32.4%、16.6% 和 11.4%。

表 4-11　种植盐生植物后土壤氮、磷、钾含量的变化

处理		种植前土壤氮、磷、钾含量			种植后土壤氮、磷、钾含量			土壤氮、磷、钾含量增加量占播种前的百分比		
		氮/%	磷/(mg/kg)	钾/(mg/kg)	氮/%	磷/(mg/kg)	钾/(mg/kg)	氮/%	磷/%	钾/%
碱蓬	中度盐渍土	0.052	4.56	85	0.065	6.18	95	25.0	35.5	11.7
	重盐土	0.032	2.64	74	0.049	4.31	83	53.1	63.3	12.2
中亚滨藜	中度盐渍土	0.054	4.73	81	0.072	6.92	92	33.3	46.3	13.6
	重盐土	0.031	2.91	71	0.052	5.66	82	67.7	94.5	15.5
海边月见草	中度盐渍土	0.055	4.87	86	0.069	6.95	97	25.5	42.7	12.8
	重盐土	0.036	2.81	69	0.056	4.92	79	55.6	75.1	14.5
柽柳	中度盐渍土	0.051	4.84	84	0.062	6.34	96	21.5	30.1	14.3
	重盐土	0.033	2.58	71	0.048	3.67	84	45.5	42.2	18.3

续表

处理		种植前土壤氮、磷、钾含量			种植后土壤氮、磷、钾含量			土壤氮、磷、钾含量增加量占播种前的百分比		
		氮/%	磷/(mg/kg)	钾/(mg/kg)	氮/%	磷/(mg/kg)	钾/(mg/kg)	氮/%	磷/%	钾/%
白刺	中度盐渍土	0.053	4.90	82	0.065	6.89	93	22.6	40.6	13.4
	重盐土	0.033	2.79	72	0.050	4.64	83	51.5	66.3	15.3
沙枣	中度盐渍土	0.052	4.82	87	0.063	6.60	98	21.2	36.9	12.6
	重盐土	0.040	2.83	73	0.062	4.56	83	55.0	61.1	13.7
星星草	中度盐渍土	0.054	4.61	84	0.071	7.24	96	31.5	57.0	15.5
田菁	中度盐渍土	0.052	4.69	86	0.070	6.25	97	34.6	33.3	14.0
珠美海棠	中度盐渍土	0.050	4.76	86	0.059	6.11	96	18.0	28.4	11.6
裸露	中度盐渍土	0.055	4.72	85	0.048	4.18	77	−12.7	−11.4	−9.4
	重盐土	0.038	2.71	70	0.026	2.26	62	−32.4	−16.6	−11.4

从盐生植物对土壤全氮增加的影响来看，在中度盐渍土上，大小顺序为：田菁＞中亚滨藜＞星星草＞海边月见草＞碱蓬＞白刺＞柽柳＞沙枣＞珠美海棠；在重盐土上，大小顺序为：中亚滨藜＞海边月见草＞沙枣＞碱蓬＞白刺＞柽柳。从盐生植物对土壤速效磷增加的影响来看，在中度盐渍土上，大小顺序为：大小顺序为：星星草＞中亚滨藜＞海边月见草＞白刺＞沙枣＞碱蓬＞田菁＞柽柳＞珠美海棠；在重盐土上，大小顺序为：中亚滨藜＞海边月见草＞白刺＞碱蓬＞沙枣＞柽柳。从盐生植物对土壤速效钾增加的影响来看，在中度盐渍土上，大小顺序为：大小顺序为：星星草＞柽柳＞田菁＞中亚滨藜＞白刺＞海边月见草＞沙枣＞碱蓬＞珠美海棠；在重盐土上，大小顺序为：柽柳＞中亚滨藜＞白刺＞海边月见草＞沙枣＞碱蓬。

氮、磷、钾的含量提高不多，主要是盐生植物的生长需要消耗一部分养分。无论是盐生植物种植前还是盐生植物种植后，盐渍土的氮、磷含量都很低，钾含量较高，所以，在采取农业措施时应重视施用氮、磷肥。

4. 种植盐生植物对土壤容重、孔隙度和 pH 的影响

种植盐生植物后，土壤的物理性状有所改善（表 4-12），土壤容重降低，孔隙度提高，pH 也略有下降。在中度盐渍土上，土壤容重由 $1.33\sim1.35g/cm^3$ 降低为 $1.26\sim1.28g/cm^3$，土壤孔隙度由 49.23%～49.81%增加为 52.33%～53.51%。在重盐土上，土壤容重由 $1.43\sim1.44g/cm^3$ 降低为 $1.36\sim1.39g/cm^3$，土壤孔隙度由 46.96%～47.63%增加为 49.54%～50.14%。而碳、钾土壤的容重不但没有降低反而略有增加，孔隙度不但没有增加反而略有下降。这表明种植盐生植物有降低土壤容重、增加土壤孔隙度的作用，使过于紧实的盐渍土变得较为疏松，增加了土壤的通透性，有利于养分转化，同时为土壤微生物和作物根系提供呼吸条件，改良土壤结构。种植盐生植物后，土壤 pH 虽然略有下降，但变化不明显，与碳、钾差异不显著，这是因为滨海盐渍土的主要成分是氯化钠（NaCl），土壤 pH 受盐分变化影响不大。

表 4-12　种盐生植物后土壤容重、孔隙度和 pH 的变化

处理		容重/(g/cm³)		总孔隙度/%		pH	
		种植前	种植后	种植前	种植后	种植前	种植后
碱蓬	中度盐渍土	1.35	1.28	49.81	52.46	7.88	7.82
	重盐土	1.44	1.39	47.20	49.57	8.24	8.17
中亚滨藜	中度盐渍土	1.34	1.26	49.59	53.20	8.21	8.15
	重盐土	1.43	1.36	46.96	49.81	8.35	8.31
海边月见草	中度盐渍土	1.34	1.27	49.61	52.88	7.97	7.89
	重盐土	1.44	1.38	47.36	50.14	8.41	8.37
柽柳	中度盐渍土	1.35	1.28	49.43	52.67	8.22	8.19
	重盐土	1.43	1.37	47.13	49.54	8.19	8.07
白刺	中度盐渍土	1.33	1.25	49.75	53.35	8.54	8.47
	重盐土	1.44	1.36	47.28	50.09	8.13	8.06
沙枣	中度盐渍土	1.35	1.29	49.44	52.37	7.81	7.76
	重盐土	1.44	1.38	47.63	50.26	8.27	8.22
星星草	中度盐渍土	1.34	1.25	49.52	53.51	8.20	8.25
田菁	中度盐渍土	1.35	1.27	49.23	52.85	7.76	7.69
珠美海棠	中度盐渍土	1.35	1.30	49.39	52.33	7.91	7.84
裸露	中度盐渍土	1.35	1.36	49.58	50.12	8.06	8.11
	重盐土	1.44	1.46	47.46	47.08	8.35	8.36

5. 种植盐生植物对土壤微生物的影响

种植不同盐生植物后，土壤细菌数量有明显的增加（表 4-13），在中度盐渍土上，种植星星草和中亚滨藜后，土壤细菌数量增加了 216.4% 和 208.4%，其他依次是田菁、海边月见草、白刺、沙枣、柽柳、珠美海棠和盐地碱蓬，细菌数量分别较种植前增加了199.8%、191.3%、172.0%、167.9%、165.6%、157.6% 和 136.7%。碳、钾土壤细菌数量较种植前降低了 0.4%。在重盐土上，种植中亚滨藜和海边月见草后，增加了291.7% 和 234.0%，其他依次是白刺、沙枣、柽柳和盐地碱蓬，细菌数量分别较种植前增加了 203.4%、188.6%、187.8% 和 158.4%。

种植不同盐生植物后，土壤真菌数量也有显著的提高（表 4-13）：在中度盐渍土上，种植田菁，真菌数量增加了 14.71 倍；种植中亚滨藜，真菌数量增加了 14.25 倍；种植白刺、柽柳、沙枣、星星草、海边月见草、珠美海棠和碱蓬，真菌数量分别增加了13.5 倍、13.29 倍、12.33 倍、12.11 倍、11.67 倍、11.6 倍和 11.25 倍；而碳、钾土壤仅增加了 25%。在重盐土上，种植中亚滨藜，真菌数量增加了 81 倍；种植白刺、沙枣、海边月见草、柽柳和碱蓬，真菌数量分别增加了 75 倍、44 倍、38 倍、27.67 倍和11.25 倍；而碳、钾土壤真菌数量不变。

表 4-13　种盐生植物后土壤中细菌和真菌数量的变化

处理		细菌数量/(万/g)		相对增加值/%	真菌数量/(万/g)		相对增加值/%
		种植前	种植后		种植前	种植后	
碱蓬	中度盐渍土	520	1231	136.7	0.04	0.49	1125
	重盐土	437	1129	158.4	0.02	0.39	1850
中亚滨藜	中度盐渍土	542	1715	216.4	0.04	0.61	1425
	重盐土	410	1606	291.7	0.005	0.41	8100

续表

处理		细菌数量/(万/g)		相对增加值/%	真菌数量/(万/g)		相对增加值/%
		种植前	种植后		种植前	种植后	
海边月见草	中度盐渍土	531	1547	191.3	0.045	0.57	1167
	重盐土	426	1423	234.0	0.01	0.39	3800
柽柳	中度盐渍土	514	1365	165.6	0.035	0.50	1329
	重盐土	429	1238	188.6	0.015	0.43	2767
白刺	中度盐渍土	533	1450	172.0	0.04	0.58	1350
	重盐土	415	1259	203.4	0.005	0.38	7500
沙枣	中度盐渍土	524	1404	167.9	0.045	0.60	1233
	重盐土	436	1263	187.8	0.01	0.45	4400
星星草	中度盐渍土	546	1684	208.4	0.045	0.059	1211
田菁	中度盐渍土	532	1595	199.8	0.035	0.55	1471
珠美海棠	中度盐渍土	554	1427	157.6	0.05	0.63	1160
裸露	中度盐渍土	502	500	−0.4	0.040	0.05	25
	重盐土	390	359	−7.95	0.01	0.01	0.0

注：表中重量"g"为干量

（二）互花米草对苏北湿地的修复效果

互花米草有许多显著的生物学特征（如生长迅速、巩固地下结构、耐高盐、强大的无性生殖和有性生殖能力），这些生物特征使其成为一个良好的"生态系统工程师"（Chung，1982，1983，1985，1989，1994；钦佩等，1998；Chung et al.，2004；Zhang et al.，2005）或一种适合用来修复生态系统的物种（Hinkle and Mitsch，2005）。

互花米草是禾本科米草属多年生、地下茎、C4 植物[①]，原产于大西洋和北美洲海湾群岛。植株高度变化较大，主要随生长条件而定，但在非原产地（如在中国），其植株高度似乎更高一些，可达到 250cm。互花米草通过根状茎无性繁殖和种子有性繁殖而繁衍，因此是一种繁衍非常迅速的植物。互花米草是一种潮间带喜盐物种，虽然它也可以在淡水中生长，但它在淡水条件下似乎不能产生可育的种子。互花米草理想的生长和繁殖盐度范围为 8～33（Schaefer et al.，2007）。

因为互花米草具有降低强海浪甚至风暴的破坏作用以及加速泥沙沉积的作用，通过人工移植和自然生长分散，互花米草现在在中国东部和南部 14 个沿海省份中的 9 个有分布。它在西南部到达珠海（N22°17′，E113°33′），东北部到达葫芦岛（N38°56′，E121°35′），从热带地区延伸到温带地区。现在在中国沿海区域，互花米草已经扩展到大约 5 000 000hm²，包括超过 2 000 000hm² 分布在福建省，在江苏北部大约 1 500 000hm²，在浙江大约 1 000 000hm²，以及剩余的 500 000hm² 主要分布在长江入海口、黄河三角洲以及渤海滩涂（图 4-5）（Liu et al.，2007；Wang et al.，2008）。

---

① 在光合作用的过程中，最初形成的基本化合物的最小单位是由 3 个碳原子组成的叫 C3 植物，后又发现了 4 个碳原子的植物，叫做 C4 植物。

图 4-5　长有互花米草的盐沼在中国的分布
绿色区域代表长有互花米草的盐沼

　　近年来，由于工业和城市化的发展，每年有大量的工业和生活废水排入当地地表水系，沿海地区更是严重。由于水质的严重污染，渤海湾、北黄海、东海和南海相继爆发大规模的赤潮，对当地的经济和居民健康水平造成巨大的损失。但是地处南黄海的盐城海域，目前海洋环境基本稳定，至今没有关于赤潮的报道。该地区上游的淮河是我国地面水严重污染的地区，每年有大量的输入性污染进入该区，同时盐城市由于存在大量的造纸、纺织等重污染企业，当地的排污量也非常高。2000 年，盐城市全市共排放悬浮物 9 018.98 t、挥发酚 5.27 t、石油类 47.43 t、非金属硫化物 99.67 t、氰化物 1.34 t、五种重金属 1.45 t。此外，近年来盐城海岸带的水产养殖业也排放大量养殖废水入海，如此巨大的污染源，未造成该海域爆发赤潮，与该地区存在全国最大面积的互花米草、盐蒿盐沼湿地有直接关系。假设潮间带湿地全部被围垦，湿地吸收污染物功能丧失，本海区也会像中国其他海区一样发生赤潮。如果按照发生赤潮会造成 1/3 近岸海洋渔业的损失来估算盐沼湿地的污染物过滤效益，1988 年、1997 年和 2000 年盐城自然保护区盐沼湿地的污染物过滤的经济效益分别为 0.7 亿元、13 亿元和 14 亿元。

　　然而，由于外来种问题的困扰，互花米草的外来背景及其旺盛的生命力引起我国学术界部分人士的疑虑和恐惧，未加深入调研，从米草植被影响盐沼系统的生物多样性、影响海产养殖的角度片面地将其列入我国有害外来种"黑名单";这种草率的做法本身是错误的,极大地影响了我国海岸带盐沼植被的建设,影响了对海洋灾害的防范能力。

河口盐沼环境不能支持很高的生物多样性,因为生活在河口盐沼环境中的这些物种必须具有很强的生理耐受力(耐盐、耐淹、耐冲击等),但盐沼植被的初级生产力是非常高的。河口盐沼环境的水产非常丰富,而且还是一些水生生物和陆生生物的产卵地和孵育所;河口盐沼环境还能吸引许多鸟类(特别是水禽),甚至哺乳动物。只要搞好科学的规划布局,盐沼植被的建设将会与当地的自然保护、经济发展融为一体,不可或缺。在盐沼植物中,互花米草是典型的先锋植物,其先锋作用体现在:①河口盐沼是其他植物不能立足之处,互花米草的初级生产提供了大量营养,使盐沼系统和周边海域的许多生物赖以生存(如周边海域鱼虾可增产 70%~80%);②米草植被截留泥沙能力强,促淤效果好(是泥滩的 5~10 倍),可以促使提前围垦,为我国增加土地后备资源;③改土效果好(有机质和氮、磷等营养元素含量明显提高),为围垦后的土地利用(无论种植或养殖)提供了积极准备。

互花米草的正生态效应包括:抗风防浪,保滩护岸;促淤造陆,提供新生土地资源;提供高生产力,抑制温室效应;吸收营养盐,分解污染物等。例如,互花米草草带具有较强的消浪能力;5m 高的风浪通过 100m 的宽草带时,草带消浪能力为 97%;6m 高的风浪通过 100m 的宽草带时,其消浪能力为 81%;7m 高的风浪通过 100m 的宽草带时,其消浪能力为 65%。又如,根据江苏东台辐射沙洲淤长的最新资料,互花米草草滩的淤长速度是泥滩的 3~5 倍。2002~2004 年,江苏盐城围垦互花米草草滩获得新生陆地 10 000hm²。此外,互花米草具有很高的生产力,每年高达 3000 g(dw)·m⁻² 以上。据估测,我国 5 万 hm² 互花米草 2004 年可以固定 278 万 tCO_2 和释放 202 万 tO_2。

互花米草的负生态效应包括:生长旺、繁殖快,能改变盐沼生境,与本土种竞争强烈,能改变盐沼湿地生物多样性等。互花米草植株高而密,很快改变了淤泥质泥滩的景观和本土物种的栖息环境,譬如米草侵占滩涂贝类养殖的场所,导致贝类在密集的米草草滩中无法自由活动,健康生长,甚至会窒息死亡,一些贝类不得不迁移至米草滩外。

此外,运用"地貌水文饰变促进生物替代"关键技术可以有效地实现芦苇替代互花米草。芦苇湿地的恢复主要是生态系统功能的恢复,如可供丹顶鹤等珍禽栖息觅食。一定面积的芦苇湿地还可以容纳周边相同面积的养殖废水的不定期排放,有利于海滨湿地循环经济。根据大南盐生植物实验室和大丰新纪元海涂开发有限公司的研发经验,200hm² 芦苇湿地全面恢复,可年产芦苇 2100t,以净效益单价 500 元/t 计,200 hm² 芦苇湿地全部产业化,可获芦苇产业的年总经济效益 105 万元以上。

1. 互花米草的正面效益(Wang et al.,2008)

(1)保滩促淤、消浪护岸

英国的海岸侵蚀相当严重,1980 年为防止海水倒灌所修筑的泰晤士河防浪坝花了 5 亿英镑,其海岸侵蚀委员会通过在某些岸线试种大米草,效果很好。

荷兰曾利用种大米草促淤造出世界第一块新陆，面积达 490hm²。我国于 1963 年引种大米草和 1979 年引种互花米草，主要也是为了保滩护堤和促淤造陆。20 世纪 60 年代以前，我国福建以北的沿海滩涂潮间带是一片不毛之地，1986～1995 年，据苏北射阳水利局的资料，射阳北面沿海互花米草生态工程，从射阳河以北的侵蚀型潮滩上，占地面积达 1610hm²，受益海岸线达 22.47km，取代了块石护岸设施，节省了护岸工程投资、防汛修理费和人工等费用。

互花米草被引进中国的首要目的是阻止风暴潮对海岸岸堤和海岸线的侵蚀作用。中国有 18 000km 的海岸线和 9997km 的海岸岸堤，在这其中 300km 的海岸线上居住着 40% 的中国人口，同时维持着中国 60% 的 GDP。从每年的 7 月到 9 月，中国的海岸线经受着来自太平洋严峻的风暴潮侵蚀。在互花米草被引进之前，除中国南部的 1 500 000hm² 红树林之外，大多数的潮间带是裸露的。每年用来修复堤坝的费用要耗资几十亿元人民币。

在过去的 26 年中，互花米草被证明是沿海岸最有出色的保护者。一个有名的案例来自浙江的瓯海村。瓯海村有两个行政区域，一个是永强，另一个是林昆岛，在 1990 年受到第五次台风袭击，其中最大浪高 6.27m。在永强岸堤的前沿是 2000～3000m 没有任何大型植物覆盖的开阔泥滩，而在林昆岛岸堤前沿是 2000～4000m 广阔的盐沼，这块区域有着 100～300m 宽的互花米草类草本植物沿海分布。当第五次风暴到来时，巨大的海浪冲过永强岸堤并且完全摧毁了它，而林昆岛岸堤完好无损，只有飞溅的浪花到达堤坝（Lu and Wu，1996）。另一个证明例子来自浙江省的温州。当平均浪高 7m，最大浪高 10～11m 的第 17 次强台风在 1994 年袭击整个海岸的时候，巨大的海浪冲垮了大部分的岸堤，城市中 70% 的水库被冲毁（图 4-6），成千上万的人流离失所。然而由于一些堤坝前生长着互花米草，很好地免遭了损毁。例如，在盐城的东塘区，15km 的堤坝由于外沿 200m 宽互花米草类植物的分布，经历了数次台风侵袭而完好无损。在过去的 15 年中，由于互花米草的缓冲风暴潮的护堤作用，浙江省用于修复堤坝的费用节省了接近 1000 万元人民币（表 4-14）。

(a) 没有互花米草维护的堤坝被冲毁　　　　　(b) 生长互花米草的堤坝保存下来

图 4-6　1994 年第 17 次强台风袭击温州市东塘区

（L. Min 摄）

表 4-14　互花米草的消浪作用　　　　　　　　　　　　　　（单位：%）

草带宽度	5m	6m	7m	8m	9m	10m	11m
0m	0	0	0	0	0	0	0
10m	7	0	0	0	0	0	0
20m	15	6	0	0	0	0	0
30m	24	13	5	0	0	0	0
40m	34	21	11	4	0	0	0
50m	45	30	18	9	3	0	0
60m	57	40	26	15	7	2	0
70m	70	51	35	22	12	5	1
80m	81	63	45	30	18	9	3
90m	90	73	56	39	25	14	6
100m	97	81	65	49	33	20	10
110m	100	87	72	57	42	27	15
120m	100	91	77	63	49	35	21
130m	100	93	80	67	54	41	28
140m	100	95	81	69	57	45	33
150m	100	96	81	70	58	47	36
160m	100	96	82	70	58	48	37
170m	100	97	82	71	59	48	38
180m	100	97	83	71	59	49	38
190m	100	97	83	71	59	49	39
200m	100	98	84	72	60	49	39

资料来源：闵龙佑等，米草生态工程的应用，1996

（2）吸收营养物质和降解污染物

米草类草本植物能够通过吸收、转化和降解重金属和其他有机污染物来改善水质（Qin and Chung，1989）。因此，有人提议种植大面积米草类草本植物来处理氮、磷重金属和一些其他的有毒物质（Tanner et al.，1998；Qi et al.，1999）。此外，长有互花米草的湿地对处理养殖场和采油工业造成的污染有着重要作用（Hubbard et al.，1999；Lindau et al.，1999；Lin and Mendelssohn，1998）。Liu 和 Tian（2002）所做的实验表明，互花米草在处理下水道污物方面有着明显的潜力，对 TP 和 NH3-N 的降解率分别为 32.1% 和 38.3%。因此，长有互花米草的盐沼可以净化富营养盐的海水。

2002～2003 年，在江苏长有互花米草的盐沼观察的氮和磷动力学表明，互花米草具有较强的运输营养物质的能力。通过观察发现，在互花米草沉积物中的总氮含量不论在盐沼的任何时期和位置都高于泥滩（图 4-7（a））。在互花米草沉积物中的氮含量有向海方向下降的趋势，但是这种变化在不同季节也是不规律的。在泥滩栖息地，总氮含量在向海方向和时间上没有被发现任何不同。关于沉积物中的总磷含量，图 4-7（b）表明在相同的栖息地，它是随着季节变化而上升的。栖息地的互花米草有着更高的磷含量，尽管这种差异在某些季节不是很明显。然而，也发现在长有互花米草的江苏盐沼沉积物中的有机物含量也高于泥滩，并且这种季节性的波动与氮相似（图 4-8）。这表明长有互花米草的盐沼相对于光秃的盐沼具有较高的营养物质转化能力和令人满意的土壤结构。

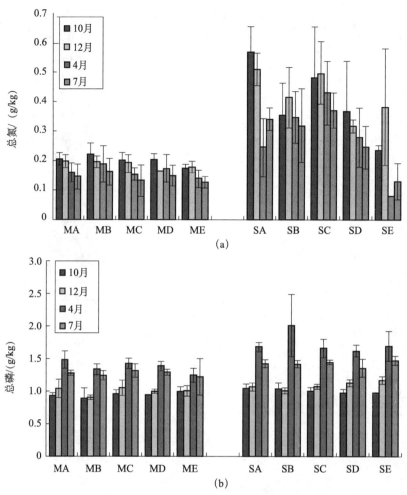

图 4-7　在不同季节，长有互花米草的盐沼（S）和泥滩（M）
朝海一向，沉积物中总氮和总磷的变化

A，B，C，D，E 为沿朝海一向；取样和分析方法见 Zhou 等（2008）

（3）米草的初级生产力很高

碳循环是湿地基本营养流动中的一种，同时湿地是作为温室气体主要成分的 CO_2 的主要调节体。互花米草是一种 C4 植物，它的光合呼吸比远远超过了 1（Mallott et al.，1975；Long et al.，1975；Pomeroy and Wiegert，1981），因此它的光合效率以及颗粒饲料生产率是评价它生态功用的一个主要指标。通过江苏北部草本植物初级生产力和当地滨海区盐沼土壤有机碳含量的田间测量，对互花米草在中国滨海区的固碳能力和它对降低温室气体贡献做了一个评估（图 4-9）。

互花米草在潮间带生长繁茂并且充分适应了当地的生境。互花米草营养生长的季节动力学表明，秋天它的茎增固同时长到最高。在凋谢和被涨潮冲走之前，茎的致密程度没有秋冬之分。春季和夏季，由于生长和新苗的产生，茎干的密度也随之提高。互

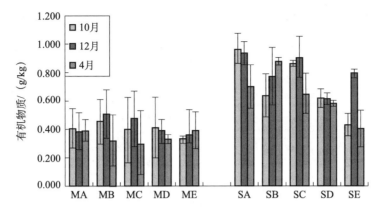

图 4-8　在不同季节，长有互花米草的盐沼（S）和泥滩（M）朝海一向，
沉积物中有机物质含量

A，B，C，D，E 为沿朝海一向；取样和分析方法见 Zhou 等（2008）

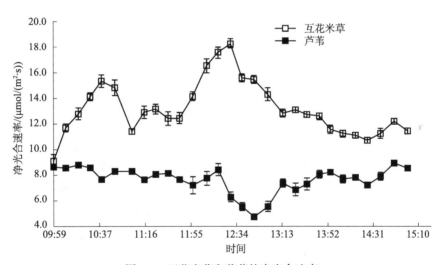

图 4-9　互花米草和芦苇的净光合速率

花米草在 10 月的生物量要高于其他月份，这表明物质的储存能力在秋季最强。经测定它的净初级生产力（NPP）是 3412.4 g（dw）m^{-2} yr^{-1}，这是一个相当巨大的数值。

　　科学家对大气中 CO_2 的累积和它的温室效应有着浓厚的兴趣。尽管在星球上，森林是吸收 CO_2 的主要系统，但它的存在区域由于建筑木材的需要而不断减少。类似于红树林这样一类盐沼区域，是一种非常富饶的生态系统，并且它是地球上 CO_2 的一类主要吸收者。所以互花米草类草本植物的固定 CO_2 和减缓温室效应的作用不容忽视。互花米草类草本植物固定 CO_2 能力由以下公式评估（Liu et al.，2007）

$$CO_2 yr^{-1} = \frac{NPP \times A}{0.614}$$

$CO_2 yr^{-1}$（kg）是互花米草在盐沼地区对 CO_2 的每年固定量，NPP 是互花米草在盐沼地区的净初级生产力，A 是互花米草在盐沼地区的所占面积，0.614 是 CO_2 对净初级生产力的转化系数。

在中国，互花米草的总净初级生产力（TNPP）从 1981 年的 18 186 t 增长到 2004 年的 1 706 126 t（表 4-15），同时 CO_2 的年固定量从 29 619 t 增长到 2 778 707 t（表 4-16）。

表 4-15　苏北海岸带互花米草不同季节的初级生产力

时间	密度（株）/m²	平均高度	地上生物量/gm⁻²	地下生物量/gm⁻²
4 月	200.2	36.1	376.4	459.2
7 月	106.7	104.3	1 871.0	1 491.0
10 月	117.0	145.9	2 593.3	1 654.6
12 月	111.0	142.9	2 093.3	1 154.6
NPP g (dw) m⁻²yr⁻¹				3 412.4

表 4-16　互花米草的固碳作用

时间、地点	区域/10²hm²	TNPP/t·a	CO_2固定量/t·a
1981 年中国（福建）	5.33ᵃ	18 186	29 619
2004 年福建	200ᵃ	682 472	1 111 518
江苏	150ᵇ	511 800	833 550
浙江	100ᵃ	341 236	555 759
其他	50ᵃ	170 618	277 879
2004 年中国	500ᶜ	1 706 126	2 778 707

（4）固滩和垦荒的促进

利用米草类草本植物加速固滩的方法来自荷兰。事实上，在中国第一个为固滩而引进的品种是大米草，它是 1963 年由英国引入的。由于这个品种在中国长得过于矮小，以至于最终被互花米草所取代。中国有三条主要河流，即黄河、长江和珠江，它们占世界河流水系的 3.9%，约占 10% 的大量泥沙通过这三条河流输送到海里，这样便对土地开发提供了良好的资源。Bruno 和 Kennedy（2000）报道，互花米草花圃能够降低平均水流流速的 50%，并且能对最大流速降低一个数量级。严格来讲，浓密分布的茎干降低了潮水的速度，在浓密根部的作用下引起了悬浮物质的沉积。结果，河水或者海水中大量的沉积物被固积到了滩涂上。

位于马萨诸塞州波士顿处的一块具有 490 年历史的盐沼地中，100 年间引起的堆积率达到 61cm，但是这其中包括 30cm 的沉积物沉淀和 31cm 的净堆积。环境容易恶化的位于路易斯安那州的巴拉塔里亚湾盐沼和环境稳定的位于 Four League 湾盐沼进行对比，前者每百年积聚量只有 27cm，而后者是 45cm（Mitsch and Gosselink，2000）。Chung 等（2004）发表的报告中称，在江苏省的东泰村潮间带的一块亚洲最大的辐散状冲积地上，关于互花米草栽培的 56 份测量结果花费了 3.4 年，测量结果表明堆积效果远大于控制情况，52.1cm 对 10.5cm 和 48.5cm 对 16.9cm。通过我们最近的调查发现，江苏盐城在 2002～2004 年通过草场堆积再生形成了新的大约 1 000 000hm² 的陆地。可见，互花米草在中国对陆地的形成作用远比其他国家报道得强。

对于中国来说，在共生的沿海泥滩中开垦新的陆地是非常重要的，这是因为中国拥有 13 亿多人口，并且每年的耕地面积在以 40 000 000～5 000 000hm² 的速度递减。另外，互花米草在海平面附近的加速堆积效应应该引起全世界的关注。举例来说，在海平面附近提升 52.1cm 和 48.5cm 的结果超过了预计到 2030 年的 18.0cm 和到 2100 年的 46.0cm 这两个世界范围内的预测（Myers，1993）。

（5）固定 CO_2、释放 O_2

根据化学反应方程式及每平方米的互花米草生物量，可以估算江苏互花米草生态系统每年固定的 CO_2 总量为 6.39×10^5 t，释放的 O_2 为 4.69×10^5 t。

2. 互花米草对生物多样性的影响

互花米草的负面效应主要包括：危害渔业生产、降低当地野生生物的多样性、威胁当地种的种质资源（可能与当地种的杂交）、阻塞航道等，其中对生物多样性的影响是最具有争议的。

徐玲等在《崇明东滩春季鸟类群落特征》一文中研究发现，互花米草的入侵妨碍了鸟类的栖息，导致了鸟类数量的减少。

周晓等在《长江口新生湿地大型底栖动物群落时空变化格局》的研究中发现，外来物种互花米草生境下底栖动物群落特征与土著种芦苇生境下无显著差异。而林如求等则认为互花米草的入侵直接导致了三沙湾滩涂"二都泥蚶"的消失。在江苏沿海滩涂，研究者们认为互花米草群落为沙蚕提供了大量的栖息地。

周虹霞则在《外来种互花米草对盐沼土壤微生物多样性的影响》一文中研究了江苏滨海外来种互花米草的生长对潮间带土壤微生物特征的影响，结果显示：与原有泥滩相比，互花米草的大面积生长，使当地潮间带土壤微生物量增加，并随植被的生长状况发生变化，潮间带土壤微生物对碳和营养物质的利用相对较少；同时微生物生理功能群中占优势的活动组分发生了变化，组成可能更复杂。

（1）对鸟类的影响

长江河口为东亚—澳大利西亚候鸟迁飞路线的候鸟提供了重要的停歇站。因此，最近长江河口为候鸟建立了两个国家自然保护区，在这里值得关注的问题就是互花米草的入侵会不会影响岸禽类。实际上，当米草属入侵世界其他地区的海岸地区如英国河口 Goss-Custard et al.，1995）、旧金山海湾（Callaway and Josselyn，1992）、华盛顿和新西兰时，类似的问题就已经被提出来了。

虽然对长江河口互花米草对岸禽类影响的研究仍在进行当中，但是初步的研究结果表明，由互花米草的入侵造成的泥滩向草地的转变对岸禽类具有重要影响（Chen et al.，2005）。研究结果显示，青脚鹬选择这三种栖息地的机会是均等的，相对互花米草地来说，大多数其他岸禽类更喜欢将泥滩或海三棱藨草地作为栖息地。更重要的是，先前的研究还表明，互花米草的存在会影响河口东滩湿地白头鹤（*Grus monachm*[2]）的分布。

米草属的入侵对岸禽类的影响可能是直接或间接的。如前所述，海三棱藨草是一种占主导地位的当地植被，它的种子和球茎是许多鸟类重要的食物来源（包括鹅、鸭子和鹤）。互花米草代替海三棱藨草后，这些鸟类的食物来源便减少了，因此降低了栖息地容纳鸟类数量的能力。互花米草的入侵还改变了湿地的物理特性，特别是将泥滩变成了互花米草湿地。然而，相对于互花米草地来说，大多数岸禽类更喜欢泥滩和海三棱藨草地，推测其原因，可能是因为泥滩和海三棱藨草地被互花米草入侵后便不能再被这些鸟类利用。实际上，在浓密的平均高度为2.5m的互花米草地里搜寻食物对这些鸟类来说变的几乎不可能，即使草地里有充足的食物。另外，互花米草可能通过改变其他类群如大型海底无脊椎动物和鱼类的丰富性而间接地影响了鸟类群体（Jing et al.，2007）。

另外需要指出的是，米草对鸟类的影响可能是长远的。一项由Goss-Custard和Moser进行的研究表明，入侵植物大米草因自然衰退而退化的河口的涉禽类如鹬类的数量并没有因此而增加。然而，长期的研究还比较少，因此将来极度需要互花米草的入侵对岸禽类的长期效应监测，因为大多数互花米草入侵的河口湿地与鸟类的生物多样性保护有关。

（2）对线虫群体的影响

线虫是土壤生态系统的重要组成部分，在生态系统功能中扮演着重要角色。植被组成的变化会影响线虫群体的组成。然而，虽然米草属的入侵对土壤生态系统具有重要影响，但这方面的研究还很少。为了调查互花米草的入侵对土壤线虫群体的影响，研究者对本地植被与崇明、九段沙岛和南汇的互花米草植被的土壤线虫结构的不同进行了比较。2004年，通过收集土样对线虫的丰富性和多样性作了调查，并将其鉴定到了属（如植食性线虫、杂食性线虫、食真菌线虫、食肉性线虫、食藻类线虫和食细菌类线虫），还计算了其分类学和营养机能香农多样性指数。

对线虫的研究中，一共鉴定8个目的48个属。然而，这三个植被群体中，无论是总体密度还是属的数量或多样性指数都有显著的差异。似乎初级生产力互花米草的入侵没有增加小型底栖生物的数量。互花米草生态群体中线虫的营养多样性指数明显较芦苇和海三棱藨草生态群体中的低，这意味着互花米草的入侵改变了土壤中线虫群体的营养结构。

对这些营养功能群的数字分析进一步揭示相对于芦苇和海三棱藨草生态群体而言，在互花米草生态群中食细菌类线虫的数量有显著提高，而植食性线虫和食藻类线虫的数量有所降低。进一步的实验研究证明，线虫群体的变化是互花米草入侵导致的枯枝落叶的变化引起的。受互花米草的影响，营养功能群的变化可能对被入侵的生态系统有重要的影响。特别是互花米草的存在很可能改变了枯枝落叶的分解过程、分解速率和分解途径，而线虫是生态系统中最重要的分解者（Chapin et al.，2002），因此毫无疑问地就改变了地下营养循环过程，从而影响了滨海湿地的结构和生态功能。

（3）对大型底栖生物的影响

生长在小洞、坑、小丘海滩的动物区系称为大型底栖生物（Gray，1981）。因为它们是环境质量很好的指标（Reice and Wohlenberg，1993），大型底栖生物的动力学组合有助于理解潮间带生态系统的生态过程（Yuan and Lu，2002）。在中国，大型底栖生物的研究重点是调查它们的物种组成及其分布。例如，Hu等（2000）报道了黄海渤海沿海区域大型底栖生物的结构、生物量和分布。其他研究重点集中于它们对污染和重金属污染的反应（Zhuang and Cai，1995；Hu et al.，1997；Cai et al.，2002），或者作为评价生态环境的生物指标（Zhang and Shao，1998；Wang and Zhang，1999）。

通过控制互花米草在贫瘠的滩涂上的生长，讨论了它对江苏潮间带大型底栖无脊椎动物生态系统的影响。一方面描述和分析互花米草对江苏潮间带大型底栖无脊椎动物生态系统的结构和多样性的影响；另一方面也为恢复中国近海地区的退化生态系统提供重要的基础。

第一，研究区域。

江苏北部沿海地区属亚热带季风气候（Ren et al.，1985），平均年降水量为 850～1000mm，冬季平均气温为 -1.5～2.5℃，夏季为 26.5～27℃。在此研究中，互花米草盐沼的取样在大丰沿海地区，泥沼的取样在如东县沿海地区。

大丰县的沿海线长 112km，拥有已经发展的互花米草盐沼和最高的沉积物堆积率。选择大丰县王口地区（33°17′N，120°45′E）的互花米草盐沼作为研究对象，1989 年在这里种植了互花米草。江苏沿海地区仍保留的泥滩位于如东县的小样口河口（32°36′N，120°59′E），潮间带泥滩没有植被，海岸线长 103km。两个取样地点距离大约 79km。选择大丰县盐沼取样是因为它是江苏沿海的代表，而且这里非常适合互花米草生长；泥沼的取样地点如东县是江苏沿海唯一的泥沼地，这里的表面动力学、土壤类型、沉积物来源、潮汐淹没、气候等环境特征与大丰县的盐沼相似。考虑到生态研究的时间和空间置换理论，如东县的泥沼可以看做是江苏省互花米草入侵前的自然地泥沼。

在两个取样点，从上部边缘的盐沼或与其等位的泥沼到低的没有植被的盐沼或与其等位的泥沼建立了不同的潮汐水平（高潮、中潮、低潮）（图 4-10）。有 15 块（1m×1m）的取样点，每两个取样点之间相隔 500～1000m（图 4-10）。取样时间为 2002 年 10 月、12 月和 2003 年 4 月、7 月。所有的取样时间在潮汐，落潮时，每个潮汐水平有两个取样点以便获得比较的数据。

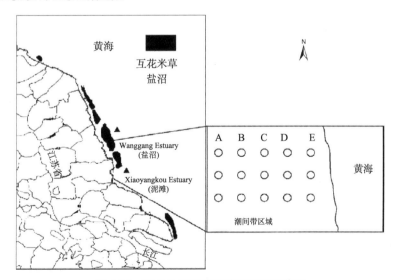

图 4-10　苏北地区互花米草滩的地理位置

第二，大型底栖动物生物量的时空动力学。

不同地点（互花米草盐沼和泥滩）的大型底栖动物以及它们的季节性动力学在表4-17中列出。在互花米草盐沼中，大型底栖动物数量沿梯度变化。近海地区高的生物量主要是因为与潮汐相关的软体动物的分布，如绯拟沼螺、拟蟹守螺、滨螺。这些软体动物被潮汐作用带到互花米草盐沼中并留了下来，然而由于远离近海的区域潮汐作用较少，所以软体动物的作用就相对降低了。另外，在远海点高的生物量是由于分布着高密度的双齿围沙蚕。一些样点的低生物量是由在盐沼里有不同特性的小生境造成的。例如，由于地理位置低，一些取样点含水量高，而有些取样点由于地理位置较高，相对来说就干一点。因此，互花米草盐沼双齿围沙蚕分布也受影响，它们的生物量在盐沼中也不是均一的。在泥沼中，大型底栖动物生物量沿朝海的方向不断增加（图4-11、图4-12）。

表4-17　不同季节互米花草盐沼和泥滩主要大型底栖生物的生物量

底质类型	月份	A	B	C	D	E	平均
互花米草盐沼	10月	40.09±3.31	35.55±6.05	40.25±3.33	17.28±0.54	74.45±1.91	41.53±15.51
	12月	4.59±1.20	1.59±0.54	2.55±0.26	7.47±2.11	39.81±7.27	11.2±12.11
	4月	31.08±0.23	42.43±8.01	46.81±7.82	49.45±0.49	93.07±11.98	52.57±17.78
	7月	67.39±15.46	79.76±10.40	30.05±19.19	39.07±15.91	38.93±4.46	51.04±16.01
泥滩	10月	4.36±0.55	6.04±2.12	3.61±0.77	24.75±7.71	161.55±19.28	40.06±51.35
	12月	0.44±0.19	4.09±0.64	0.21±0.04	4.6±1.68	10.28±3.23	3.93±3.06
	4月	3.37±0.36	11.67±3.21	47.6±7.16	118.05±37.62	48.6±8.37	45.86±33.95
	7月	52.89±1.26	120.91±1.17	20.85±1.18	28.25±3.38	138.48±8.65	72.28±40.57

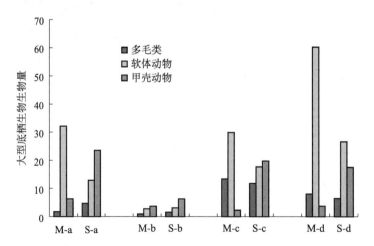

图4-11　不同季节互花米草盐沼（S）和泥滩（M）大型底栖生物的生物量

资料来源：Zhou等（2007）

a.10月；b.12月；c.4月；d.7月

在冬季，无论是互花米草盐沼还是泥滩的生物量都要低于其他季节。在互花米草盐沼中，生物量在4月和7月较高，在10月较低。而在泥滩中，生物量在10月较高，在4月和7月较低。在互花米草盐沼中，4月大型底栖动物生物量高的是软体动物，甲壳

图 4-12 盐城贝类从互花米草盐沼迁移至泥滩（P. Zuo 摄）

动物和环节动物大量分布。环节动物生物量在 7 月降低，但是软体动物和甲壳动物的生物量很高。在泥滩中，尤其在 4 月和 7 月高的生物量是由于软体动物的大量存在。

盐沼中的甲壳动物的生物量高于泥滩中，而软体动物正好相反（图 4-13）。在泥滩中，生物量占主要地位的只有软体动物。不过，4 月和 7 月软体动物和甲壳动物在盐沼中都有很高的生物量。在 7 月，泥滩中因为很高的软体动物生物量所以生物量高于盐沼。结果显示不同季节泥滩和盐沼中生物量没有显著区别（$P=0.84$）。此外，不管在米草属盐滩还是在泥滩，软体动物个体数量都大于环节动物和甲壳动物，可能由于软体动物有更强的活动能力。

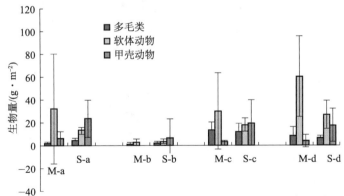

图 4-13 不同季节互花米草盐沼（S）和泥滩（M）主要大型底栖生物的生物量
a. 10 月；b. 12 月；c. 4 月；d. 7 月

第三，互花米草盐沼和泥滩的大型底栖生物的组成和生物多样性。

调查中，共发现 43 种大型底栖生物，分属 7 个门。其中，软体动物 19 种，占总数的 44.2%；甲壳动物 12 种，占总数的 27.9%；环节动物 7 种，占总数的 6%（表 4-18）。

在互花米草盐沼中发现 10 种大型底栖生物物种，在泥滩上发现 36 种。其中，有 3 种既出现在互花米草盐沼中又出现在沙滩上。这些表明互花米草盐沼的物种组成产生了明显的变化。

表 4-18 互花米草盐沼和泥滩大型底栖生物的组成

类群	互花米草盐沼	泥滩	共有物种	合计
腔肠动物	0	2	0	2
棘皮动物	0	1	0	1
腕足动物	0	1	0	1
环节动物	1	7	1	7
软体动物	3	16	0	19
甲壳动物	5	9	2	12
鱼类	1	0	0	1
总计（种数）	10	36	3	43

表 4-19 列出了互花米草盐沼和泥滩的生物种类和功能组的详情。在互花米草盐沼中，没有杂食和食粪的功能组，主要由食浮和食木的功能组成；在泥滩上主要由食粪和肉食的功能组组成，且所有 5 个功能组都存在。此外，互花米草盐沼上的物种主要是穴居和附着的；而泥滩上的物种多是群生和穴居的（表 4-19）。互花米草盐沼和泥滩的生物组成显示了明显的不同（$P=0.048$）。然而这两个地方的功能组组成却没有这么大的差别（$P=0.055$）。互花米草盐沼和泥滩的 GS 与 GSB 的比值分别为 0.43、0.29（表 4-19）。GS 与 GSB 的比值显示环境因子对这两个种群大型底栖生物物种数量的影响，数据表明，表面种群互花米草盐沼物种数量相对大于泥滩。

表 4-19 互花米草盐沼和泥滩大型底栖生物生命形式及生物群数量

生命形式、生物群		互花米草盐沼	泥滩
生命形式种数	附着	3	6
	游动	—	2
	底内	1	18
	穴居	6	10
生物群种数	表层（GS）	3	8
	表下（GSB）	7	28
	GS/GSB	0.43	0.29
功能群种数	食浮（PL）	2	5
	食木（PH）	7	6
	肉食（C）	1	9
	杂食（O）	—	6
	食类（D）	—	10

米草属的植物在秋季达到高度和数量的峰值。春季，由于新芽的出现，立木度增加，并在随后的夏季达到密度最大值。大量的地上和地下互花米草导致沉淀中高的有机碳量和显著增加的总氮量（表 4-21、表 4-22）。另外，由于密集的植物覆盖减少了水分从沉淀的蒸发，互花米草盐沼的沉淀含水量与泥滩比更高，尤其在冬季和春季（表 4-20、表 4-21）。同时，米草属植物的存在可以降低潮间带栖息地沉淀的 pH 和容积密度。而且，由于互花米草盐沼和泥滩都在潮间带内，虽然盐沼沉淀物盐度稍高，但都是有相似潮水活动和高盐分沉淀的栖息地（表 4-22）。

影响大型底栖生物组成的主要因子是土壤盐度、温度、光、土壤氧含量和颗粒直径（Gray，1981）。大型底栖动物聚集区的形式和分布主要由海底沉积物决定。互花米草盐沼的沉积物粒度比泥滩细（表 4-23），这是大型底栖动物组成改变如此之多的最根本的原因。

泥滩中数量较多的底栖动物区系生长在与沙滩结合的环境。但就单位面积上的动物数量来说，泥中的有机质含量越高可诱导的大型底栖动物的密度越大。虽然互花米草盐沼的沉积物密度低于泥滩（表 4-21），但沉积物中有机质的增加更有利于通风、合适的湿气和贮藏沉积物的营养物质。这种沉积物的改善有利于多毛类如沙蚕生活，并引起多毛环节动物生物量的增加。与此同时，互花米草盐沼沉积物颗粒大小（表 4-23）和沉积物还原性的降低不利于大型底栖动物适应泥滩环境（Gray，1981）。调查显示，同泥滩相比较，互花米草盐沼软体动物物种减少，并且其组成高度改变。

表 4-20　不同季节互花米草的植株特征

取样时间	项目密度/（个/m²）	平均高度/cm	地上生物量/gm²	地下生物量/gm²
2002 年 10 月	60.80±13.57	160.57±5.02	605.29±142.00	454.88±160.27
2002 年 12 月	61.47±5.13	141.53±18.62	466.71±82.07	266.46±55.93
2003 年 4 月	76.13±17.75	45.64±5.15	70.89±34.62	83.39±19.39
2003 年 7 月	109.47±58.29	100.12±13.36	246.68±93.23	231.89±81.98

表 4-21　不同季节互花米草盐沼和泥滩沉积物理化性质

位置	项目	2002 年 10 月	2002 年 12 月	2003 年 4 月	2003 年 7 月
互花米草盐沼	土壤总氮/（mg/g）	0.40±0.13	0.42±0.08	0.28±0.13	0.28±0.10
	土壤容积密度/（gm³）	1.26±0.19	2.08±0.13	1.49±0.21	1.23±0.04
	土壤有机碳/%	0.41±0.12	0.47±0.07	0.38±0.10	0.34±0.07
	水含蓄/（g/kg）	359.74±70.40	395.83±52.84	339.66±53.75	444.04±55.86
	pH	8.36±0.03	8.36±0.02	8.38±0.04	8.13±0.04
	盐度/（g/kg）	11.67±3.33	10.51±1.23	3.55±0.53	4.16±0.74
泥滩	土壤总氮/（mg/g）	0.20±0.02	0.18±0.01	0.16±0.02	0.14±0.01
	土壤容积密度/（gm³）	1.60±0.17	2.29±0.12	1.76±0.17	1.33±0.17
	土壤有机碳/%	0.23±0.03	0.25±0.04	0.20±0.03	0.16±0.07
	水含蓄/（g/kg）	306.83±18.44	306.00±44.37	281.29±17.00	295.73±28.95
	pH	8.50±0.05	8.45±0.06	8.42±0.02	8.32±0.13
	盐度/（g/kg）	10.61±1.77	11.07±3.91	2.95±0.42	3.06±1.01

表 4-22　不同季节互花米草盐沼和泥滩沉积物理化性质的统计差异

项目	2002 年 10 月	2002 年 12 月	2003 年 4 月	2003 年 7 月
总氮	*	**	NS[a]	*
容积密度	*	*	*	NS
有机碳	*	**	*	**
水含量	NS	*	*	**
pH	***	*	*	**
盐度	NS	NS	NS	NS

* 0.05 概率；

** 0.01 概率；

*** 0.001 概率；

a 无意义

表 4-23　互花米草盐沼和泥滩沉积物粒度

样品	体积/%		
	<2μm	<20μm	<200μm
盐沼 A	14.20	54.80	99.80
盐沼 B	12.90	45.30	99.90
盐沼 C	13.90	46.80	99.90
盐沼 D	16.90	58.30	99.90
盐沼 E	13.30	47.70	99.90
泥滩 A	6.15	16.50	100
泥滩 B	7.05	20	99.99
泥滩 C	6.20	16.50	100
泥滩 D	5.97	17	99.99
泥滩 E	6.26	15.90	100

每个季节，互花米草盐沼中大型底栖动物的多样性指数均低于泥滩（表 4-24）。冬季，互花米草盐沼中物种丰富度和数量都是最低的，在不同的季节，随着互花米草盐沼的生长，物种多样性日益增加。与泥滩相比，互花米草盐沼上的物种数量下降，相对丰富性增加。泥滩中更多种大型底栖动物，主要是软体动物被发现，在 7 月份的样本中，并没有发现优势种，除了明显丰富的明樱蛤、泥螺、托氏蜎螺外。

表 4-24　互花米草盐沼和泥滩大型底栖生物生物多样性因子

生物多样性指数	互花米草盐沼				泥滩			
	10月	12月	4月	7月	10月	12月	4月	7月
香农指数	1.536	1.267	1.499	1.536	2.571	1.693	2.603	1.745
辛普森指数	4.115	3.236	3.205	4.032	10.562	3.610	9.259	3.717
马格列夫指数	0.837	0.560	0.908	0.793	2.447	1.723	3.146	2.670
均匀度	0.790	0.914	0.721	0.790	0.908	0.771	0.855	0.549
丰富度	7	4	8	7	17	9	21	24
总种数	144	41	209	190	93	25	82	392

底栖生物功能群结构的变化反映了潮间带栖息地坡度和环境因素波动状况的综合影响（Engle and Summers，1999）。初级生产力（Douglas and Mistch，2003）、潮间带植被类型及覆盖物情况（Yuan，2001）可能直接影响营养来源的分布和食物结构，这将导致大型底栖动物功能群结构不同的分布格局。对大型底栖动物的丰富性和环境因素进行相应的分析（表 4-25），表明在互花米草盐沼中大型底栖生物多样性的季节变化同沉积物有机质、总氮、体积密度、深度和互花米草生物量呈负相关，与互花米草植被的密度呈正相关。

表 4-25　互花米草盐沼大型底栖生物丰度与环境因子的相关度

环境因子	相关度
高度	−0.69*
密度	0.59*
地上生物量	−0.66*
地下生物量	−0.66*
有机碳	−0.91***

环境因子	相关度
总氮	−0.88***
容积密度	−0.82***
pH	−0.33
沉积物水含量	−0.13

* 0.05 概率
*** 0.001 概率

潮间带大型底栖动物栖息在有它们能利用的食物和空间的小生境，其分布与沿海地区带状分布模式有关。泥滩中一些本地物种如泥螺、托氏昌螺、文蛤和豆形拳蟹，在夏季互花米草盐沼的潮滩上被发现。这表明互花米草的生长改变了本地大型底栖动物的栖息地，而且本地大型底栖动物的生态位也已被转移到海的另一边。

蔡则健和吴曙亮（2002）通过使用海洋宏观区系的物种多样性指数对海洋环境污染状况标准做出了评价。当香农指数低于 1 时被认为污染情况严重；香农指数介于 1 和 2 之间时污染被认为是适度的，香农指数在 2 和 3 之间时污染被认为是轻度的。互花米草盐沼的香农指数是 1 和 2 之间，泥滩的香农指数介于 2 和 3 之间。这在一定程度上揭示了在这两个生态系统中土壤有机质的变化。

（4）互花米草入侵对盐沼土壤微生物生物量和功能群的影响（周军等，2007）

目前，我国对互花米草的研究集中于促淤保堤和生态开发利用，以及扩展与分布特征等方面，对互花米草入侵后对土壤微生物多样性的影响已有报道，但是对具体土壤微生物功能群的影响未有报道。通过对互花米草侵入的潮间带土壤微生物量以及土壤微生物具体功能群的研究，探讨互花米草对潮间带生态系统的影响，为滨海湿地退化生态系统的恢复和重建提供了土壤微生物方面的依据。

第一，研究区域。

样地位于盐城国家自然保护区内（33°36′E，120°36′N）（图 4-14），属于亚洲季风气候，在亚热带和暖温带季风气候之间，每天被两次海潮淹没。年平均气温 18.7℃，最高平均温度为 26.2～26.6℃，出现在 7 月和 8 月份，一月份最低，为 0.5℃。年降雨量为 1000～1080 mm，50%～60% 出现在夏季。沿海梯度，从靠海的泥滩到接近海堤的芦苇群落（图 4-14），植物呈带状分布，为单一性的植物群落。从海堤向外，分别为芦苇群落、白茅群落、獐毛群落、碱蓬群落及互花米草群落。

第二，土壤理化性质。

土壤理化性质见表 4-26。与泥滩相比，互花米草盐沼土壤有机质、全氮、有效磷、速效钾和含盐量均较高，而 pH 相对较低，全磷则没有显著性差异。在季节变化方面，互花米草盐沼中，有机质在 8 月份和 10 月份较高；有效磷和速效钾在 5 月份和 8 月份最高；土壤全氮、含盐量和 pH 则在 2 月份和 10 月份较高；全氮和含盐量在 8 月份与 2 月份有显著差异。而在泥滩中，土壤全氮、含盐量、pH、有机质和有效磷季节变化与互花米草盐沼相似，但速效钾则在 8 月份和 10 月份最高；全磷没有显著性变化。8 月份 pH 在互花米草盐沼和泥滩中与其他月份有显著性差异。

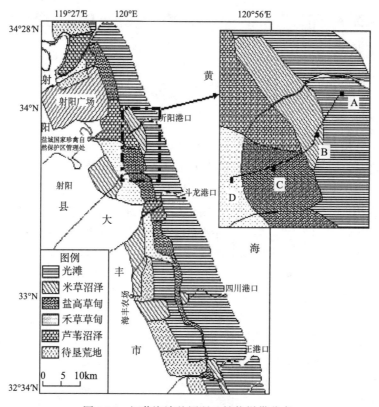

图 4-14　江苏海滨盐沼湿地植物样带分布

A. 泥滩；B. 互花米草群落；C. 碱蓬群落；D. 獐毛群落

第三，土壤微生物碳、氮季节变化。

土壤微生物生物量碳、氮变化见表 4-27。与泥滩相比，互花米草盐沼中微生物生物量碳含量较高。在互花米草盐沼中，微生物生物量碳在 10 月份最低，微生物生物量碳在 8 月份与 2 月份和 10 月份有显著差异；微生物生物量氮在 2 月份最高，且与其他月份有显著差异。在泥滩中，微生物生物量氮在 5 月份最高，但季节变化中没有显著差异；微生物生物量氮在 2 月份最低，且与 5 月份和 8 月份差异显著。

第四，土壤微生物功能群的变化。

与氮循环相关的微生物功能群主要为 3 个，分别是氨化菌功能群、硝化菌功能群和固氮菌功能群。与碳循环相关的微生物功能群为 3 个，分别是分解纤维素真菌功能群、分解纤维素细菌功能群和糖酵解菌功能群。图 4-14 显示，互花米草盐沼中，除 2 月份与氮相关的微生物功能群数量上比泥滩少以外，其他月份均比泥滩中要多，8 月份达到最高值。图 4-15 显示，互花米草盐沼中，与碳相关的微生物功能群数量上均比泥滩要多，8 月份达到最高值，且在泥滩中与碳循环相关的功能群的数量极少，尤其在 2 月份和 10 月份非常明显。

表 4-26　互花米草盐沼和泥滩土壤理化性质

参数	互花米草盐沼				泥滩			
	2月	5月	8月	10月	2月	5月	8月	10月
有机质 /(mg/g)	11.6±0.21[a]	11.9±0.23[a]	12.7±0.18[a]	12.5±0.16[a]	1.5±0.01[b]	1.9±0.02[b]	3.5±0.02[b]	2.2±0.11[b]
全氮 /(mg/g)	0.58±0.11[a]	0.40±0.10[a]	0.32±0.11[ab]	0.46±0.13[a]	0.13±0.01[b]	0.11±0.01[b]	0.11±0.01[b]	0.12±0.01[b]
全磷 /(mg/g)	0.60±0.01[a]	0.65±0.02[a]	0.72±0.02[a]	0.62±0.02[a]	0.70±0.02[a]	0.73±0.04[a]	0.72±0.01[a]	0.73±0.01[a]
有效磷 /(mg/kg)	22.4±1.14[a]	25.6±0.84[a]	28.3±1.25[a]	19.6±0.76[a]	5.7±0.25[b]	6.7±0.42[b]	7.5±0.20[b]	6.0±0.14[b]
速效钾 /(mg/kg)	422±38.8[a]	480±23.12[a]	540±18.61[a]	470±17.54[a]	157±1.41[b]	164±5.71[b]	178±15.46[b]	171±4.85[b]
含盐量 /(mg/g)	11.5±0.26[a]	8.6±0.35[a]	6.7±0.21[ab]	10.7±0.14[a]	5.7±0.06[b]	3.8±0.02[b]	3.5±0.01[b]	6.2±0.05[b]
pH	8.42± 0.11[a]	8.36± 0.12[a]	8.30± 0.05[b]	8.46± 0.03[a]	8.50± 0.05[a]	8.48± 0.02[a]	8.37± 0.02[b]	8.54± 0.02[a]

表 4-27　互花米草盐沼和泥滩土壤微生物量季节变化分析

参数	互花米草				泥滩			
	10月	2月	5月	8月	10月	2月	5月	8月
微生物量 碳/(mg/kg)	68.23± 5.52[ab]	75.26± 8.25[a]	84.24± 4.36[a]	64.45± 5.52[ab]	30.34± 1.25[b]	38.35± 3.25[b]	35.3± 6.46[b]	32.24± 3.20[b]
微生物量 /氮 (mg/kg)	15.26± 1.20[a]	8.25± 0.68[b]	8.47± 1.25[b]	7.25± 0.35[b]	4.12± 0.65[c]	6.27± 0.52[b]	6.82± 0.41[b]	5.57± 0.45[bc]

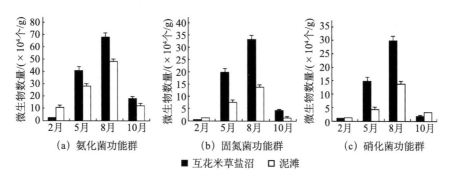

图 4-15　互花米草盐沼及泥滩与氮循环相关的微生物功能群的季节变化

第五，互花米草对土壤有机质及微生物的影响。

微生物生物量和活性大小与土壤肥力密切相关。互花米草盐沼中，土壤有机质、全氮、有效磷、速效钾和含盐量均比泥滩要高，互花米草盐沼中微生物生物量和活性大于泥滩，微生物生物量碳和氮的测定结果证明了以上结论。高的微生物生物量碳/氮，可能是因为占优势的活动微生物相对于休眠微生物具有更高的碳/氮。在泥滩中，土壤中原有碳/氮较低，互花米草的入侵，导致土壤中碳量增加大于氮量，使土壤中碳/氮上升，相应的微生物类群发生了改变。互花米草盐沼中土壤微

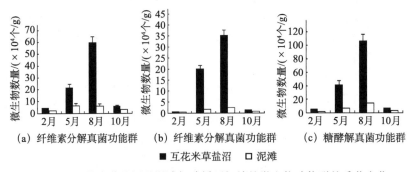

图 4-16　互花米草盐沼及泥滩与碳循环相关的微生物功能群的季节变化

生物生物量碳/氮高于泥滩，也说明了互花米草的生长使潮间带土壤中占优势的活动微生物群落组成发生了变化。土壤微生物在其生命活动中需要能量和养分，并对环境条件有一定的要求，在互花米草盐沼中，2 月份微生物生物量氮最高，这是由于冬季互花米草地上部分死亡，大量的枯落物进入土壤后分解，使土壤含氮提高，土壤微生物获得了充足的氮供应，而泥滩中由于得不到氮的补充，导致微生物生物量氮最低。

微生物功能群能敏感地反映生态环境的演变以及环境胁迫。土壤微生物数量及活性主要受碳源限制，对于根际微生物而言碳的限制作用更大，因此，海滨盐沼植物的定植和固碳作用是提高土壤质量及微生物活性的决定性驱动因素。泥滩土壤中有机质含量较低，可利用的碳源相对较少，多数微生物处于不活跃状态，与碳源相关的微生物功能群数量极少；而互花米草中由于有机质含量高，有丰富的碳源，所以与碳相关的微生物功能群数量较多。对于根际微生物来说，相比于氮，碳是更重要的限制因子。在互花米草盐沼中，利用氮源的微生物功能群在 2 月份数量均少于泥滩，这与微生物量氮的测定结果正好相反，主要是因为可培养条件下利用氮源的微生物功能群较少，不可培养的微生物群落较多，这可能与互花米草地上部分死亡，产生大量凋落物，对可培养的微生物群落产生了一定的抑制作用有关。

外来种互花米草在海滨盐沼中大面积地生长，改善了土壤理化性质，为土壤微生物提供了较丰富的碳源，增强了微生物的活动，也改变了土壤微生物功能群，尤其是与碳循环相关的土壤微生物功能群。采用的微生物功能群的划分方法，初步阐明了外来种互花米草的入侵对土壤微生物功能群的影响. 但互花米草入侵后土壤质量的演变特别是有机碳数量和质量变化对土壤微生物群落结构以及碳源利用特征的影响需要进一步研究。

第六，互花米草对其他生物多样性的影响。

互花米草为多种动物提供生存、繁衍场所。南京大学生物系调查，草滩区生物密度比无草区增加了 19 倍。大量底栖动物及草籽引来各种珍禽海鸟前来觅食栖息。互花米草盐沼生态系统为主的盐城国家级珍禽自然保护区，有国家一类保护鸟类 11 种、二类保护鸟类 36 种，中日候鸟协定保护鸟类 134 种，数百种鸟类南徙过程中在此停留栖息。互花米草生态系统对我国滩涂生物，特别是珍禽海鸟的生物遗传信息保护具有重要的生态经济价值。

目前，大丰麋鹿保护区野生麋鹿种群达 139 头，野生麋鹿已经适应了南黄海湿地的生态环境。野生麋鹿活动的临海约 2000 hm² 范围内，互花米草约占到 70%。2008 年 3 月，保护区科研人员发现野生麋鹿采食互花米草。保护区随即成立课题组，对野生麋鹿这一行为跟踪观察研究。野生麋鹿放养的第三核心区，人迹罕至、空间广阔，具备麋鹿所需的食物、水源和隐蔽物三个基本条件。这里有海水和自然降雨的混合水，有白茅、狼尾草、飞蓬等多种麋鹿的可食植物。芦苇、水烛密度高、茎秆长，既是麋鹿的喜食植物，又是麋鹿的隐蔽物。

保护区科研人员发现，野生麋鹿对采食互花米草和利用互花米草生态环境存在很大的依赖性。科研人员在野外连续观察显示：半数观察点互花米草留下麋鹿采食齿迹和坐卧痕迹，野生麋鹿采食利用互花米草的比率较芦苇高。麋鹿利用互花米草从早八点到晚六点之间的频率越来越高，下午两点到六点时间段内利用的频率达 81%。6 月份对互花米草的利用率最高，达 43.5%。

麋鹿专家、研究员丁玉华认为，南黄海湿地的互花米草对于野生麋鹿种群的恢复是有利的。以互花米草为食的野生麋鹿，体质状况良好，脱茸、换毛、发情、交配、产仔等生理现象有条不紊地更替运行。同时，野生麋鹿的采食行为也缓解了互花米草无节制的蔓延趋势，从而使南黄海湿地生态进一步得到平衡。

（三）苏北滩涂芦苇替代互花米草生态工程

在中国，还没有发现有哪种植物在亚热带和温带的自然条件下可以代替互花米草。然而，这种情况可以通过改变围观地理学和水文学的方式而发生变化。在沿海湿地自然草本植物的连续性可以通过海拔、海浪强度以及栖息地盐度的梯度变化而发生调整。当上述因素被自然或者人为干扰时，生物连续性就会引起巨大的变化。并且这种正常的生物连续性会出现一个转变甚至发生生物替代性。在江苏北部长有互花米草的盐沼地区，围坝圈起 5500hm²，围坝中海浪和海水被阻隔，雨水被存积以及土壤中的盐度就会下降，由此引发土著种芦苇群落的大量繁殖并最终取代互花米草（图 4-17）。围坝内的芦苇湿地现在吸引来了许多水禽，并且其他相关的生物多样性指标和其他参数将得到肯定。

互花米草具有保滩护堤、促淤造陆等作用，于 1979 年被引种到我国的苏北盐沼海滨湿地。但由于互花米草的繁殖能力特强，对其发展规模未加以任何控制，加上苏北海滨的多次围垦对芦苇、碱蓬植被的毁灭性破坏，导致苏北海滨湿地几近单一化的互花米草植被，降低了物种多样性，使得盐沼生态系统功能明显退化。

南京大学盐生植物实验室在苏北盐沼湿地生态系统的修复方面做了大量的研究工作，通过建立一个"地貌水文饰变促进芦苇替代互花米草生态工程"，在 50hm² 范围内实现了芦苇对互花米草的替代。周军等的研究表明，互花米草能增强土壤微生物的活动，改变土壤微生物的功能群。张茜等对芦苇凋落物对于互花米草种子的萌发和幼苗生

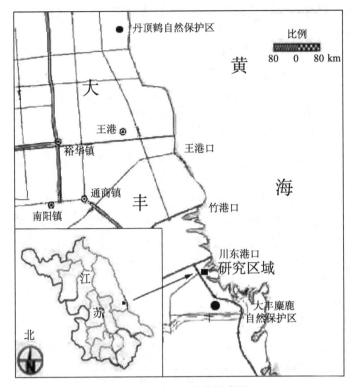

图 4-17　试验区方位示意图

长以及米草滩涂特有米草益生菌生长的影响进行了研究。

1. 芦苇替代互花米草生态工程区土壤酶变化

土壤酶类作为土壤的活性物质，能够促进或直接参与土壤中一系列生理生化反应，在土壤生态系统的物质循环和能量转化中具有重要作用，并能反映土壤肥力的高低。特别是磷酸酶、脲酶和过氧化氢酶的活性与土壤实际肥力状况接近。选择土壤磷酸酶、脲酶和过氧化氢酶这三种土壤酶作为分析对象。磷酸酶是土壤中广泛存在的一种水解酶，能够催化磷酸酯或磷酸酐的水解反应，其活性高低直接影响着土壤中有机磷的分解转化及其生物有效性；土壤脲酶将土壤中的有机化合物尿素水解为铵态氮，对提高氮素的利用率和促进土壤氮素循环具有重要意义；过氧化氢酶参与土壤中物质和能量转化，具有分解土壤中对植物有害的过氧化氢的作用，在一定程度上反映土壤中腐殖质的再合成强度。

国内外有关土壤酶活性的研究，主要集中在农业土壤或陆地森林土壤上，湿地土壤的酶活性的报道很少。研究苏北沿海海滨湿地中两种主要的植物群落的三种土壤酶活性季节变化动态，对其与土壤理化性质及群落中生物量的关系进行了研究，旨在为互花米草的生态控制以及苏北海滨湿地生态系统的研究和管理提供部分酶学方面的理论依据。

（1）示范区概况

盐城市大丰县理论海岸线 225.9km，标准海岸线 204.4km，为黄渤海平原的一部分，土壤以粉砂淤泥质为主；海岸潮间带面积达 12 500 000hm²，互花米草盐沼极充分发育，海岸带沉积速率较高。样地选择在盐城市大丰的川东闸以北 50hm² 芦苇替代互花米草生态工程区，地理区位：33°03′N，120°47′E（图 4-18）。

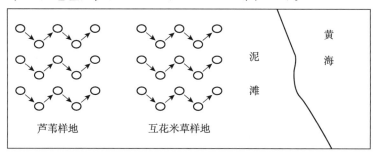

图 4-18　实验地采样点分布示意图

（2）土壤样品采集

供试互花米草群落土壤样品来自芦苇替代互花米草试验地发育成熟的互花米草群落；芦苇群落土壤样品来自实施微地貌水文饰变生态工程促进芦苇替代互花米草的 50hm² 试验地。在两种植物样地内分别设置三条平行的取样带，每两条相邻样带间相距约 200m，每条样带按向海梯度设置 5 个梯度采样点，这 5 个样点按照"之"字形排列，样点间距 100m。

2006 年 4 月、8 月、10 月、12 月，于植被和土壤基本一致的样地区选择具有代表性的芦苇群落和互花米草群落作为取样地。各群落中设定三条样带的每个样点取土样，样方设置为 25cm×25cm，深度为 25cm，装于袋中带回实验室，取出植物根系、石块等烘干，然后研磨、过筛、装入封袋，用于土壤养分、磷酸酶活性的测定。

（3）两种群落的土壤磷酸酶季节动态变化

土壤磷酸酶是一类催化土壤有机磷化合物矿化的酶。它将土壤中有机磷化合物水解，生成能被植物利用的无机态磷，其活性高低直接影响着土壤中有机磷的分解转化及其生物有效性。从图 4-19 中可以看出芦苇群落和互花米草群落的磷酸酶活性季节变化明显，变化动态均为单峰型曲线。两种群落的土壤磷酸酶活性最大值出现在夏季（8 月），在秋季、冬季依次降低。

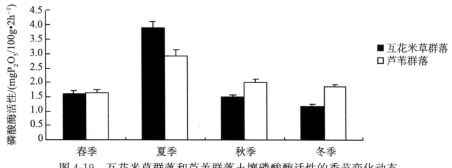

图 4-19　互花米草群落和芦苇群落土壤磷酸酶活性的季节变化动态

图 4-20 显示，芦苇群落春季和夏季的土壤脲酶活性较高，其中夏季达到最高，秋季脲酶活性降低并到达最低值，冬季略有回升；互花米草群落中，土壤脲酶活性春季最

高，夏季、秋季、冬季依次降低。这说明海滨盐土是一种低氮基质，另外在不同生境基质中脲酶活性变化不同。

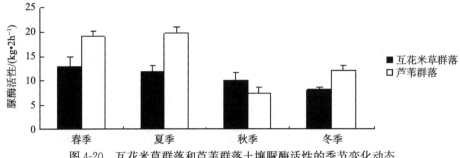

图 4-20　互花米草群落和芦苇群落土壤脲酶活性的季节变化动态

过氧化氢酶在土壤中分布广泛，其作用是促进土壤中多种化合物的氧化，对生物体具有保护作用。其活性变化从两种生境下过氧化氢酶活性季节动态均呈现出单谷型曲线，均是在夏季最低。春季和夏季互花米草群落土壤中过氧化氢酶活性高于芦苇群落，秋季和冬季则相反（图 4-21）。

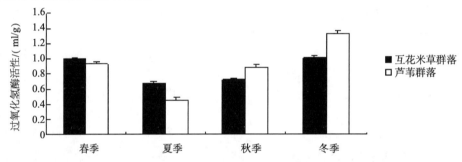

图 4-21　互花米草群落和芦苇群落土壤过氧化氢酶活性的季节变化动态

（4）两种植物群落生物量季节变化

春季芦苇群落的生物量比互花米草的高，这是因为芦苇的发芽时间比互花米草早。之后随着植物生长，互花米草群落表现出高生产力的特点，其生物量积累速度逐渐加快。夏季互花米草群落生物量已超过芦苇群落。到秋季，两种植物群落的生物量均达最大值，且互花米草生物量明显高于芦苇。冬季两者的生物量略有下降，互花米草群落的生物量仍是明显高于芦苇群落（图 4-22）。

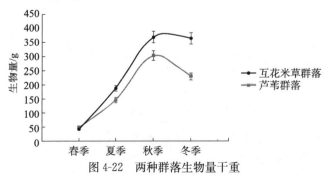

图 4-22　两种群落生物量干重

（5）土壤酶活性与土壤理化因子的关系

土壤铵态氮、速效钾和速效磷反映了土壤对当季群落植被养分的有效供应的状况。通过直接或者间接效应成为影响土壤酶活性的主要因素。一年中两种生境下土壤铵态氮的含量差别不大；互花米草群落土壤中的速效钾含量均高于芦苇群落，土壤有机质含量则低于芦苇群落。互花米草群落的土壤速效磷含量在冬春两季高于芦苇群落，夏秋两季则低于芦苇群落。互花米草群落土壤含盐量远远高于芦苇群落，且在冬季两种生境土壤含盐量均达到最大值（表4-28）。

表4-28 两种植物群落的土壤养分含量的季节动态比较

土壤养分	群落	春季	夏季	秋季	冬季
铵态氮/(mg/kg)	互花米草群落	12.77±0.68	13.60±1.05	11.89±0.75	14.16±0.27
	芦苇群落	11.60±1.35	13.20±0.76	12.42±0.05	10.50±0.55
速效钾/(mg/kg)	互花米草群落	214.17±5.89	222.93±2.93	212.40±5.10	225.27±4.65
	芦苇群落	184.90±7.30	183.53±8.64	174.93±5.08	183.27±3.21
速效磷/(mg/kg)	互花米草群落	11.03±0.49	11.57±1.43	3.60±0.87	6.67±0.44
	芦苇群落	4.90±0.23	13.07±0.57	4.27±0.44	2.80±0.44
有机质/%	互花米草群落	0.93±0.08	0.87±0.08	0.38±0.33	0.60±0.33
	芦苇群落	1.03±0.05	1.33±0.08	0.66±0.04	0.73±0.04
含盐量/%	互花米草群落	0.51±0.06	0.78±0.01	0.73±0.005	0.84±0.009
	芦苇群落	0.18±0.03	0.16±0.03	0.23±0.005	0.28±0.004

土壤养分也呈现出一定的季节变化动态。芦苇群落和互花米草群落的土壤铵态氮、速效磷含量均是在夏季比较高；秋季，则两种群落中的速效磷含量显著降低。一年中，两种群落的速效钾含量变化均不大，仅在秋季略有降低。秋季互花米草和芦苇群落土壤的有机质含量降低至最低点；冬季略有回升。

土壤酶在物质转化过程中与部分土壤养分的含量变化有着相关关系。为了进一步说明土壤酶活性与土壤理化因子的关系，对它们之间的相关性进行了分析（表4-29）。

表4-29 土壤酶与理化因子之间的相关系数

土壤养分	群落	有机质	速效磷	铵态氮	速效钾	生物量	含盐量
磷酸酶	互花米草群落	0.021	0.220	0.457	0.470	0.838**	0.879**
	芦苇群落	0.881**	0.891**	0.493	0.224	0.726*	−0.310
脲酶	互花米草群落	0.497	0.400	0.575	−0.029	−0.126	0.108
	芦苇群落	−0.274	0.216	0.028	0.066	0.314	0.090
过氧化氢酶	互花米草群落	0.458	0.049	0.038	−0.372	−0.917**	−0.806**
	芦苇群落	−0.692*	−0.949**	−0.464	0.247	−0.822**	0.098

注：$N=10$，$r_{a=0.05}=0.631$，$r_{a=0.01}=0.765$ *，$\alpha=0.05$ **，$\alpha=0.01$

表4-29显示，互花米草群落土壤磷酸酶活性仅与生物量显著相关，与其他理化因子无明显相关关系；而其过氧化氢酶活性仅与生物量呈极显著负相关，与其他理化因子无明显相关性。芦苇群落土壤磷酸酶活性与有机质、速效磷和生物量均相关，其中与有机质和速效磷显著相关；芦苇群落的过氧化氢酶活性与有机质呈负相关，与速效磷和生物量均呈显著负相关。互花米草群落中的土壤磷酸酶和过氧化氢酶与土壤含盐量均呈显著（负）相关；而芦苇群落土壤酶与含盐量相关性不明显。此外，两种生境下的土壤脲

酶活性与所测理化因子均无明显相关关系（本部分与表中数据仔细比较分析）。

（6）三种土壤酶之间的相关系数

考虑到土壤酶之间可能存在的相互影响，杨志勇等对三种土壤酶之间的相关系数进行了计算（表4-30）。结果显示，两种生境中的土壤磷酸酶活性与过氧化氢酶活性呈显著负相关，其他相关关系不明显。

表4-30　三种土壤酶之间的相关系数

土壤养分	群落	磷酸酶	脲酶	过氧化氢酶
磷酸酶	互花米草群落	1		
	芦苇群落	1		
脲酶	互花米草群落	−0.019	1	
	芦苇群落	−0.008	1	
过氧化氢酶	互花米草群落	−0.776	0.208	1
	芦苇群落	−0.797	−0.2	1

第一，盐沼土壤的特殊属性对土壤酶的影响。

土壤理化因子综合影响土壤酶活性，每个因子的影响程度不相同。生物量对两种生境土壤磷酸酶活性和过氧化氢酶均有显著影响，因为植物根系、植物残体和土壤动物是土壤酶的主要来源。有机质和速效磷对芦苇群落的土壤磷酸酶和过氧化氢酶均有显著影响，对互花米草群落土壤酶无明显影响，相同的理化因子对不同生境土壤酶的影响不同。所有理化因子对两种植物群落的土壤脲酶均无明显影响，因为脲酶是一种极为专一的酶，仅能水解尿素，反映土壤的氮素情况。样地无人工施加氮肥，所以土壤尿素含量微乎其微。一般耕地表层土壤含氮量为0.05%～0.3%，氨态氮的含量占全氮含量的13%～30%，苏北海滨湿地土壤含氮量很低，对土壤脲酶活性没有明显影响。

与芦苇群落的情况相反，互花米草群落中土壤有机质和速效磷含量对土壤磷酸酶和过氧化氢酶均无显著影响，而土壤含盐量与土壤磷酸酶和过氧化氢酶显著（负）相关。一年里互花米草群落土壤含盐量远远高于芦苇群落。这说明互花米草群落土壤含盐量高，成了影响土壤酶活性的重要因子，而芦苇群落土壤含盐量较低，对土壤酶活性无显著影响。张建锋等研究表明土壤含量盐对土壤门冬酰胺酶和葡萄糖苷酶活性有显著的影响。Garcia和Hermtndez研究了西班牙东南Calciorthid地区的土壤发现盐分对土壤中的磷酸酶具有明显的抑制作用。土壤含盐量与互花米草群落土壤磷酸酶活性呈显著正相关，分析其原因应该是盐沼植物即互花米草的作用结果。Garcia和Hermtndez的研究是仅将土壤用不同浓度的盐分进行处理，没有考虑植物因素的影响。互花米草是一种耐盐性很强的植物。石福臣等的研究表明当盐浓度低于100mmol/L的时候，可以促进互花米草的生长；周军等的研究表明与原有泥滩相比，互花米草的生长使当地潮间带的土壤微生物量增加，改善了土壤理化性质并增强了土壤微生物的活动；微生物对土壤酶的影响相当大。适度的土壤盐浓度促进了互花米草的生长，进而增强了土壤磷酸酶活性，使得土壤的盐含量与磷酸酶呈正相关关系。

第二，盐沼土壤酶的季节动态及其之间此消彼长的相关关系。

过氧化氢酶能促进过氧化氢的分解，有利于防止对生物的毒害作用，互花米草群落土壤过氧化氢酶活性在生长季节（春、夏季）比芦苇群落高，环境条件有利于互花米草的生存，互花米草可能通过改善逆境土壤条件使得自身更快地适应新的生境。

　　春季芦苇群落的土壤酶活性略高于互花米草群落，这与芦苇萌发芽早、春季根系发达有关；夏季植物生长旺盛，酶活性也显著增高，特别是互花米草群落土壤磷酸酶活性增加极显著（$P<0.01$），土壤磷酸酶活性的季节性变化特征与植物生长发育季节特征较为一致。但两种生境土壤中过氧化氢酶活性却呈现出与之相反的季节变化特征。土壤酶之间的相关系数表明，两种生境中土壤过氧化氢酶活性与磷酸酶活性显著负相关，在苏北海滨湿地中土壤磷酸酶与过氧化氢酶之间存在抑制效应。

　　第三，生态工程中植被演替格局与盐沼土壤酶的相互影响。

　　微地貌水文饰变生态工程利用芦苇替代互花米草没有生态风险，可以持续对互花米草进行控制，是实现生态修复的好方法。通过微地貌水文饰变促进芦苇对外来种互花米草的生物替代，其原因和机理是复杂的，但是其主要原因之一是围堰切断潮汐的传入，加之积蓄或补充淡水降低土壤含盐率，改变了原有的有利于互花米草生活而不利于芦苇生活的环境条件，降低了互花米草对芦苇的竞争潜力，提高了芦苇对互花米草的竞争潜力；另外，芦苇的萌发期早于互花米草，干扰、降低土壤盐度并提高了土壤速效氮含量有利于芦苇的生长，使得其植株的高度从幼苗期就高于互花米草，影响互花米草的光合作用。干扰条件下芦苇在竞争中取得优势而成为优势种，逐渐替代了互花米草。微地貌水文饰变生态工程在促进本地种芦苇替代互花米草方面效果明显。此工程实施五年后芦苇替代互花米草达90%，通过生态工程措施改变其生境条件可以有效控制外来入侵种的生存与扩展。芦苇群落土壤含盐量远远低于互花米草群落，芦苇群落土壤中过氧化氢酶活性总体上低于互花米草群落，而脲酶和磷酸酶活性却高于互花米草群落，芦苇群落基质的生存条件优越于互花米草，微地貌水文饰变生态工程很好地改善了生境中土壤的理化条件。另外，互花米草群落脲酶和磷酸酶活性低于芦苇群落，也可能与其土壤中含有较高的速效钾有关，酶活性受多种因素的影响并与土壤的理化特征和植被特征相联系，高钾对脲酶和磷酸酶具有抑制作用。

　　2. 苏北盐沼芦苇替代互花米草的化感效应（张茜等，2007）

　　(1) 芦苇水提物对米草种子萌发的影响

　　芦苇水提物对米草种子的萌发存在影响，分别体现在降低米草种子的萌发率和减缓其萌发速度上。其中，水提物对萌发率的影响存在着浓度效应，即较高浓度（质量浓度1:5，1:10）的处理液对米草种子的萌发率有显著的抑制作用，且随着浓度的降低影响变小直至与对照组差异不显著；而发芽速度指数与浓度变化的关系不明显，但水提物浓度为1:10时效果要大于其他处理（图4-23）。

　　(2) 芦苇腐解产物对米草种子萌发的影响

　　在腐解产物处理组中，米草种子的萌发率和发芽速度受到了明显的抑制，尤其是在高浓度的处理液中，母液能显著抑制米草种子的萌发，母液以及50%的母液能显著降低米草种子的发芽速度，这种抑制效应随着处理液浓度的降低而逐渐减弱（图4-24）。

　　(3) 芦苇水提物对米草益生菌生长的影响

　　芦苇水提物对米草滩涂特有的微生物有显著的抑制效应，但这种效应在试验所选择

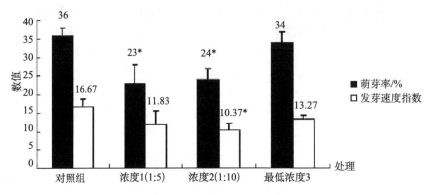

图 4-23　芦苇水提物对米草种子萌发的影响

* 受影响的点位

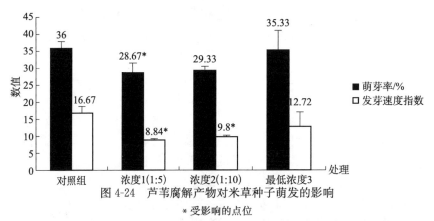

图 4-24　芦苇腐解产物对米草种子萌发的影响

* 受影响的点位

的 3 种浓度区间内没有显著差异；从 RI 值的绝对值大小可以看出，浓度为 1∶10 的处理液对微生物的生长抑制作用最强烈。与芦苇水提物的效应类似，芦苇腐解产物对米草滩特有的微生物也有显著的抑制效应，在试验所选择的浓度区间内，抑制效应随浓度变化没有显著差异。芦苇水提物以及腐解产物对于米草益生菌生长的抑制作用可以从照片上直观地观察到（图 4-25、图 4-26）。

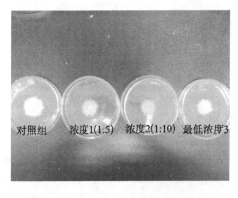

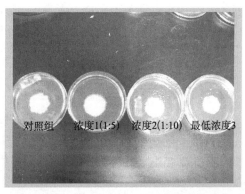

图 4-25　芦苇水提物处理组中菌落生长情况　　图 4-26　芦苇腐解产物处理组中菌落生长情况

在芦苇替代互花米草的生物修复过程中土壤微生物的活动至关重要，已有研究表明，植物可通过所提供的有机质质量和数量的差异来影响微生物群落；另外，植物根际微生物群落的结构又能够介导植物种间竞争，极大地影响生态系统中植物的相对丰度和生产力。芦苇的水提液和腐解产物对米草益生菌的生长有显著的抑制作用，芦苇可以通过其凋落物释放的化感物质抑制互花米草益生菌的生长，进而达到抑制互花米草生长的目的。芦苇通过其凋落物释放的化感物质，一方面可以直接抑制互花米草种子的萌发和幼苗生长，另一方面也可以通过抑制互花米草共生菌的生长进而抑制互花米草的正常生长和发育，从而促进互花米草群落向芦苇群落演替，这为外来植物互花米草的生态控制提供了一定的理论指导。

（四）滤食性埋栖贝类的修复作用

贝类通过滤食和排粪（生物沉积，biodeposition）将大量水层颗粒物输入海底，同时，部分生物沉积物通过潮流等的再悬浮作用又回到水层中（Fréchette and Bourget，1985；Asmus，1990；Prins et al.，1996；Black and Paterson，1997；Willows et al.，1998），另一部分被矿化分解后以营养盐的形式返回水层。

贝类生物沉积作用在向海洋底层输送营养物质、促进底层生物群落繁殖的同时，对水底层溶解氧和营养盐通量产生重要影响。研究发现，在一定养殖规模下，贝类养殖区下的沉积物可以吸收大量磷元素，而贝类生物沉积作用对沉积物中的有机碳、氮含量没有显著影响，造成这一结果的原因是，底层有机物负荷促进了底层生物的呼吸和代谢，使得绝大部分沉积下来的有机碳、氮被分解为无机碳、氮重新返回水层。其他研究也证实，贝类养殖区下的沉积物间隙水中 NH_4^+-N 浓度和底层向水层释放 NH_4^+-N 的速率明显比非养殖区高（Kaspar et al.，1985；Baudinet et al.，1990；Grant et al.，1995）。此外，贝类养殖区下的沉积物由于呼吸旺盛往往形成贫氧/厌氧环境，有利于生物脱氮，与贝类对有机氮的吸收同化作用一起对削减水体中的总氮做出贡献（Kaspar et al.，1985）。

贝类生物沉积作用促进底层的矿化过程，沉积物向水中释放无机氮营养盐速率增加，加速了颗粒有机氮向无机氮的转换（Dame et al.，1984）。此外，贝类自身还排泄部分营养盐，尤其在岩礁区（底层代谢可以忽略）牡蛎排泄的 NH_4^+-N 是无机氮的主要来源（Dame and Libes，1993）。不过在具有软相底质的环境中，贝类排泄与底层矿化相比对营养盐的再生贡献较小（Dame et al.，1989；Asmus，1990；Asmus et al.，1995；Prins and Smaal，1994）。在整个生态系统水平上，底层矿化与贝类排泄再生的营养盐可以成为支持浮游植物初级生产力的重要基础（Prins and Smaal，1994），尤其在营养盐贫乏的情况下，上述营养盐再生循环可以促进初级生产力的发展（Asmus and Asmus，1991；Dame and Libes，1993）。不仅如此，由于贝类摄食造成浮游植物的现存量减少，也会增加水体中可利用的营养盐（Sterner，1986）：荷兰沿海进行的围隔实验表明，较低的贻贝生物量时，系统内磷的再生循环作用最强；但在较高的贻贝生物量下，水体中的颗粒态磷最少而磷酸盐浓度最高。

1. 摄食与同化

毛蚶的摄食率最高，为 77.50μg/（g·h），贻贝最低，为 12.68μg/（g·h），可能与毛蚶的生理生态特征有关，毛蚶喜欢栖息于泥滩，其鳃的滤食性强，对浑浊海水的耐受力强，水质浑浊可以形成大量假粪排出体外（表4-31）。菲律宾蛤仔、文蛤栖息于沙泥滩，依靠水管被动索食，埋栖型贝类主要摄食底栖及悬浮性弱的硅藻和有机碎屑等，附着贝类主要摄食浮游藻类等。不同大小的文蛤对相同浓度的金藻的摄食率是不同的，随着个体的增大，其摄食率明显下降。

表4-31　埋栖型和附着型贝类摄食率和同化率的比较

项目/品种	毛蚶	文蛤	菲律宾蛤仔	紫贻贝	栉孔扇贝	海湾扇贝
摄食率/(g/g·h)	77.50	48.63	47.51	12.68	44.16	37.95
同化率/%	80.6	72.4	70.0	65.3	60.2	68.5
壳高/cm	4.0	4.2	3.0	4.0	5.0	4.5
数量/ind	10	10	9	14	6	6

2. 呼吸耗氧率

三种埋栖型贝类与附着型贝类的呼吸率不同（表4-32），在水温18℃左右，文蛤的呼吸耗氧率最高，毛蚶最低，文蛤的呼吸耗氧率是毛蚶的2倍，这是因为文蛤的呼吸器官鳃比毛蚶和扇贝等的进化发达，因而呼吸耗氧率也高；由于毛蚶喜欢栖息于腐殖质较多的泥滩，对环境低氧的耐受力强，其呼吸耗氧率规律与其生态环境相吻合。

表4-32　埋栖型和附着型贝类耗氧率的比较

项目/品种	毛蚶	文蛤	菲律宾蛤仔	紫贻贝	栉孔扇贝	海湾扇贝
耗氧率/(g/g·h)	0.620	1.239	0.940	1.100	1.003	0.918
壳高/cm	4.0	4.5	3.0	4.0	5.0	4.5
数量/ind	7	6	9	11	4	4

3. 固体排泄物（真、假粪便）

贝类固体排泄物（真、假粪便）的多少与个体大小、饵料的质与量、温度等环境条件有密切关系。随着个体的增长，总固体排泄量增加（表4-33）。温度对固体排泄量的影响不如个体大小的影响明显，在饵料充足的情况下，固体排泄量明显增加。其中，菲律宾蛤仔随着饵料量的增加，固体排泄量明显增加，但饵料量过大，假粪增加，同时摄食、消化吸收（同化）和排泄受到抑制，增加饵料量菲律宾蛤仔的固体排泄量增加2.6~2.9倍，假粪排泄率增加了2倍多。毛蚶真粪排泄量没有增加，假粪略有增加。

表4-33　不同大小的贝类不同温度下粪便总排泄率（真假粪便合计）

水温/℃	海湾扇贝			毛蚶			文蛤			菲律宾蛤仔		
	壳高/cm	g/(ind·h)	g/(g·h)	壳长/cm	g/(ind·h)	g/(g·h)	壳长/cm	g/(ind·h)	g/(g·h)	壳长/cm	g/(ind·h)	g/(g·h)
5.5~8.8				5.15	2724.8	1550.5	7.18	3910.8	1533.3	4.26	1675.0	4473.7
16~17	3.80	2648.7	4546.5	4.42	1505.0	627.8	6.04	820.7	549.2	3.36	1043.1	5003.9
22	2.55	1561.2	7698.9	3.02	1097.7	2812.5	2.47	1064.4	9202.2	2.15	450.1	4426.8

第四节　工程修复技术

一、近海水域现状及趋势

随着陆源污染物入海量的增加和海岸带开发带来的生态结构失衡，我国近岸海域有机物和无机磷浓度逐年上升，无机氮普遍超标，赤潮等自然灾害频发，渔业水域污染事故不断增加，水域生产力急剧下降，近海水域生态环境呈不断恶化趋势。

迄今为止，近海水域生态环境的保护主要集中在限制排放，加强海域使用管理的领域上，像治沙工程、退耕还林工程那样以生态建设为主要目标的近海水域修复工程还未见有较大的行动。

随着中国海洋经济的快速发展和海洋开发不断向广度和深度推进，生态目标与经济目标的冲突在长时期内将相伴始终，给海洋环境保护提出了严峻的挑战，近海水域生态修复工程终将提上议事日程。现有的近海水域修复研究主要局限在作用机理的应用性基础研究阶段，不足以满足各级政府决策近海水域修复工程所需的相关技术经济数据需要。工程化研究就是将应用性基础研究成果结合实际进行选择性集成和"产品化"设计，以期在经济成本和机会成本分析的基础上进行可行性评价。

如若率先在近海水域实施大尺度的区域生态修复工程，就如同在环绕中国内地的海洋中建设绿化带，它将会像治沙工程、退耕还林工程那样得到国际社会的高度关注和积极评价，也将为中国构建环境友好型社会的蓝天碧水添上亮丽的一笔。

二、大型海藻生态修复功能

营养代谢及主要营养盐的吸收动力学研究证明，大型海藻是海洋生态系统中的重要氮库和磷库，对富营养化水体具有很好的生态修复功能。据徐姗楠等 2002~2006 年的研究，开放海区紫菜对氨态氮的去除率最高为 79.6％，对亚硝酸态氮的去除率最高为 67.6％；海带养殖区氨态氮平均下降 42.5％，硝酸态氮平均下降 27.0％，亚硝酸态氮平均下降 57.4％，活性磷平均下降 55.0％；栽培江蓠使网箱养殖区中氨态氮最高下降 48.0％，硝酸态氮最高下降 58.9％，亚硝酸态氮最高下降 55.9％，活性磷最高下降 60.8％。

杨宇峰等研究，每收获 1t 紫菜鲜藻，从水体中转移出的氮、磷分别为 6.2kg 和 0.6kg。江苏省近年条斑紫菜产量折合鲜藻达 10 万 t 左右，据此推算可以从近海水域中转移的氮约为 620t。这个概念的生态学意义是：可以抵消目前江苏海水动物养殖（人工投饵动物）生态足迹约 40％（依据目前水产饲料的粗蛋白含量、消化率及溶散损失等平均指标粗略估测），这是一个不经意间的大环保工程。

总而言之，大型海藻对近海水域的生态修复作用已经在广泛领域取得共识并越来越为更多人关注。

三、 日照市山海天污水综合治理及人工湿地修复工程

山东省日照市作为新型海滨生态旅游城市已受到国内外游客的关注，其中山海天旅游度假区位于日照市旅游线路中心地带，该区污水大多汇入到该区海滨自然湿地内，由湿地降解。随着区内发展建设，迁入人口和游客人数快速增加，造成了污水排量剧增，湿地已无法有效净化，大量污水直接排入近海，降低了浴场的景观品质，给该区生态环境造成了巨大压力。为保障该度假区的持续发展，日照市新建了"山海天污水综合治理及湿地修复工程"（郭青芳等，2009）。

（1）项目概述

该项目处理污水能力为 8000m³/d，共占地 76 067m²，其中污水处理厂占地 1400 m²，人工湿地占地 74 667m²。

（2）污水处理工艺流程

污水处理采用"一级强化＋二级曝气生物滤池"工艺，工艺流程见图 4-27，出水 COD_{Cr} 及 TN 浓度基本在 50 mg/L 及 15 mg/L 以下（表 4-34）。

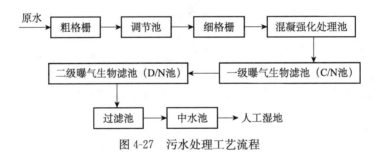

图 4-27　污水处理工艺流程

表 4-34　工程进出水水质

项目	pH	COD_{Cr}/（mg/L）	BOD_5/（mg/L）	SS/(mg/L)	TN/(mg/L)
进水	6～9	150	80	400	25
出水	6～9	40	5	6	10

（3）湿地修复工程概述

该修复工程是依据原有地形地貌和水流走势，稍加疏通和修葺而建成的人工湿地公园，修建了圆形廊道、观景亭、木栈道等景观，形成湖泊与河道相连、水陆共生的景象。水体面积为 $6.72 \times 10^4 m^2$，占湿地总面积的 90%，可容水 $13.92 \times 10^4 m^3$，水力停留时间为 17.4 d。

（4）湿地植物介绍

该度假区海滨湿地生态系统属温带河道型水生生态，原自然植物种类主要为温带季

节性淹水的水生、湿生植物。在选择人工湿地植物物种时，根据生物多样性、耐污性、生长适应能力、根系的发达程度及经济价值和美观需求，同时考虑因地制宜，选择了芦苇和蒲草作为该人工湿地公园挺水植物先锋物种，选择菱角、莲和芡实作为浮叶植物先锋物种，选择金鱼藻、苦菜作为沉水植物先锋物种。其中挺水植物种植在堤岸内侧 10m 以内浅水区域，浮叶植物栽种于靠近河道的地势低洼处，沉水植物配置在河道水深较深处。由此通过多种植物的优化配置，构成具有生物多样性、强水质净化能力和美观效果的人工湿地生态系统。

（5）水岸设计及水土保持

湿地水岸采用生态设计，水岸线以自然升起的湿地基质的土壤沙砾代替人工砌砖，建立水与岸的自然过渡区域。在湿地公园的周围栽植水杉、五角枫、旱柳等乔木作为防护林带，同时具有景观效果。在湿地内的景观区域种植的高大雪松及低矮的日本花柏划分湿地内景观区域，提高生态带层次感。在地势较高处栽种柳树、杨树等乔木和杏、木瓜、枣树槐等经济性树木，并配置广玉兰、女贞、日本晚樱等观赏性树种，形成湿地内部防护林带，增强景观效果，稳固河堤，加强湿地的生态稳定性。表 4-35 为湿地内大型植物统计结果。

表 4-35　湿地内大型植物统计结果　（单位：棵）

名称	数量	名称	数量
垂柳	98	水杉	22
银杏	27	旱柳	54
花柏	29	侧柏	31
栾树	24	落羽杉	38
枫树	54	广玉兰	34
毛白杨	38	雪松	24
白蜡	17	黑松	18

（6）人工湿地处理效果分析

在污水处理厂排放口及自然沟上游端取样，测得进出口水样的 COD_{Cr} 及 TN 浓度，连续监测 20d，旨在研究人工湿地对污染物的处理效果。COD_{Cr} 测定采用重铬酸钾法，总氮采用过硫酸钾氧化-紫外分光光度计法。COD_{Cr} 去除效率如图 4-28 所示，由图 4-28 可知人工湿地进水 COD_{Cr} 平均浓度在 45mg/L 左右，出水平均浓度在 30mg/L 左右，平均去除效率为 30%。进水 COD 大多为生物难降解有机物，且进水 SS 浓度小，该湿地去除 COD_{Cr} 主要是通过植物根系生物膜的吸附、吸收等作用。COD_{Cr} 去除效率较为稳定，该湿地具有污水流入及水中生物生长之间的动态平衡。TN 去除效率如图 4-29 所示，人工湿地进水 TN 平均浓度在 14 mg/L 左右，出水平均浓度在 9mg/L 左右，平均去除效率为 38%。该湿地具有一定的硝化反硝化能力，湿地的复氧能力较强。

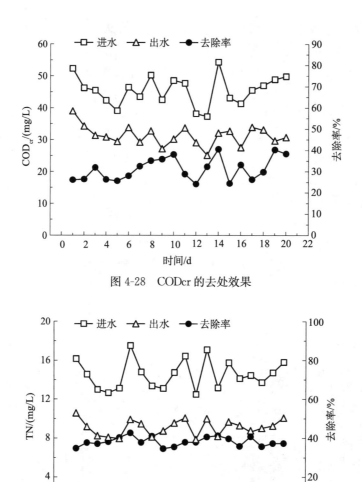

图 4-28 CODcr 的去处效果

图 4-29 TN 的去除效果

第五节　滨海湿地修复技术类型及其特点

随着工农业生产发展及人口增多，人类生存环境面临的压力也越来越大，大量的工矿业废水、生活污水及农业污水排入江河湖海，造成土壤、地表水及地下水受重金属、有机毒物、油类及氮、磷营养盐等的严重污染。特别是位于海陆交互作用的滨海湿地与河口沼泽区，虽然对污水有一定的自净能力，但是大量污水的长期排放还是在不同程度上对该地区生态环境带来负面影响。例如，大量的氮、磷营养盐入海后，造成近海海域富营养化严重，赤潮频繁发生，给养殖业和渔业带来了巨大的损失。

面对不断恶化的环境状况，人们一方面努力控制污染源，使之达标排放；另一方面积极探索有效的清除环境中污染物的方法。清除环境污染物的传统方法有物理修复法和化学修复法，这些方法存在着处理费用高、操作复杂，且有二次污染的可能性等缺点。生物修复技术是近年来新兴的一门环境生物技术，具有工程简单、处理费用相对较低、清洁水平较高等优点。欧洲和北美的许多发达国家早在 20 世纪 80 年代中期开展了生物修复技术的初步研究工作，并完成了一些实用的处理工程。目前，生物修复技术在清除或减少土壤、地表水、地下水、废水、污泥、工业废弃物及气体中的化学物质方面的应用已获得成功，将生物修复技术应用于受污染滨海湿地的治理，对于保护滨海湿地生态环境、发展沿海经济具有重要意义。

滨海湿地的修复技术多种多样，但尚没有一种修复技术能够适用于所有类型、所有地区的湿地修复。采用何种修复技术应当因地制宜，根据湿地类型、受损原因、修复成本等多方面出发，找出最适的修复技术，以达到最佳的修复效果。

（1）互花米草修复技术

滨海湿地的修复技术中，不得不提的就是互花米草，虽然现在很多观点认为互花米草是一种外来入侵种，破坏了原有的生态系统；但通过文中引用的数据发现，我国苏北地区（尤其是大丰和射阳等地），互花米草在保滩促淤、消浪护岸、降解污染物、提供初级生产力，甚至在对生物多样性（尤其是麋鹿、丹顶鹤等珍稀物种）等均发挥了极其重要的作用。不能简单地否定互花米草的生物修复作用，它在苏北地区湿地前期的修复作用是积极的，也是显著的。

（2）地貌水文饰变促进芦苇替代互花米草生态工程

互花米草的确对土著生态系统存在一定的负面作用，前期苏北地区滨海湿地的修复手段主要是保滩促淤、消浪护岸以及固滩和垦荒，随着时间的推移，显然上述修复效果已经达到；而下一步的修复原则主要是，恢复消除互花米草的负面效应、逐步恢复原生态系统，故在原互花米草修复区通过"地貌水文饰变"工程，进行芦苇对互花米草的逐步替代。已有的实验数据业已表明，此方法可以逐渐恢复当地原有的生态系统，消除互花米草带来的消极作用，但由于芦苇的耐盐性较互花米草差，所以芦苇的替代范围一般是潮间带和潮上带。

（3）碱蓬等盐生植物的修复技术

黄河三角洲地区有滨海盐荒地，多为退海之地，这里高地下水位、高地下水矿化度、高蒸降比是大量滨海盐碱地形成的根本原因，也是决定此类盐碱地难以彻底治理的主要因素。因此，修复原则主要是针对不同地段的含盐量水平，选择适当的耐盐植物进行人工种植，通过抑制地表水分蒸发，促进耕作层盐分的淋溶，从而有效降低盐荒地土壤盐量，形成良性循环。故选择盐地碱蓬、中亚滨藜、碱茅（星星草）、白刺等多种植物进行了人工栽培，研究发现盐生植物对土壤盐分、有机质及地表植被均有很好的修复效果。

（4）工程化修复技术

现有的近海水域修复研究主要局限在作用机理的应用性基础研究阶段，不足以满足各级政府决策近海水域修复工程所需的相关技术经济数据需要。工程化研究就是将应用性基础研究成果结合实际进行选择性集成和"产品化"设计，以期在经济成本和机会成本分析的基础上进行可行性评价。近海水域修复工程无疑会像治沙工程、退耕还林工程一样成为滨海湿地修复技术的发展趋势和主流。

　　总之，在滨海湿地开展生物修复技术研究，一方面要积极寻找和利用具有净化能力的土著物种；另一方面可在大量试验和风险评价的基础上，引进具有耐污、去污能力的生物种。鉴于植物和微生物在生物修复方面各有特点又相互关联，将植物修复和微生物修复结合应用于受污染滨海湿地的治理将会取得良好效果。同时，将基因工程技术应用于生物修复领域，培育具有耐盐、抗污染和较高生物量的湿地植物和高效微生物，将极大地推动生物修复技术在滨海湿地的应用。

第五章
滨海湿地生态系统评价

随着滨海沿岸区人口密度和沿海经济的高速发展，人类对滨海湿地资源的物质生产需求（如渔获量）和环境污染物排放量逐渐增加，围填海工程、港口码头和城市建设侵占了更多的滨海湿地资源，自然海岸线的人工化程度随之不断增加，阻断了滨海湿地的海陆水文连通，由此改变了滨海湿地的水文和生态系统健康状况。

当人类对滨海湿地资源的开发和利用或自然突发事件的强度超过滨海湿地生态系统的承载力时，滨海湿地的生态系统就会受损，良性平衡就会打破，生态系统就会发生逆向演变。滨海湿地生态系统受损宏观上最直接状态表现就是自然滨海湿地大量地被非湿地或人工湿地侵占，湿地面积大量减少，滨海湿地质量明显下降；同时伴随有内部生态结构特征破坏和功能价值的退化，滨海湿地污染加剧，生态景观破碎化明显，生物多样性减少。

以往湿地评价对象主要是河流、湖泊等淡水区域，从流域、景观生态的角度，集中在化学和生物指标上，建立湿地评价指标体系（蒋卫国等，2005；刘春涛等，2009），但对滨海湿地生态系统进行综合评价的报道较少。选择以压力-状态-响应（PSR）模型为基础，选取环境质量、生境质量和生物群落质量等一系列综合指标，建立滨海湿地生态系统综合评价模型，诊断和评估在自然因素和人类活动引起的外在压力情况下，从宏观尺度（如面积变化）到微观尺度（如景观破碎、环境污染等）对滨海湿地生态系统的生境状况、生态结构特征的健康程度进行评估，以此发出预警，为管理者、决策者提供目标依据，以便更好地利用、保护和管理滨海湿地，同时为滨海湿地受损修复提供参考依据。

第一节　受损滨海湿地评价技术和评价指标

一、滨海湿地评价框架模型——PSR模型

pressure（压力）-state（状态）-response（响应）模型最初由 Tony Friend 和 David Rapport 提出，用于分析环境压力、现状与响应之间的关系。20世纪70年代，经济合作与发展组织（OECD）对其进行了修改并用于环境报告；80年代末90年代初，OECD在进行环境指标研究时对模型进行了适用性和有效性评价；目前许多政府和组织都认为PSR模型仍然是用于环境指标组织和环境现状汇报最有效的框架（麦少芝等，2005）。

滨海湿地PSR模型从人类系统与滨海湿地生态系统之间的相互作用、相互影响的角度出发，对滨海湿地评价指标进行分类和组织，具有较强的系统性。PSR模型以因果关系为基础，即人类活动对滨海湿地生态环境施加一定的压力；因为这些压力，湿地生态系统改变了其原有的性质或自然资源的数量（状态）；人类又通过环境、经济和管理策略等对这些变化作出响应，以恢复滨海湿地生态环境质量或防止其进一步退化。它具有三个既相联系又相区别的指标（图5-1）。

压力指标主要包括对滨海湿地受损（退化）起驱动作用的间接压力（如人类的活动倾向），也包括直接压力（如资源利用、污染物质排放）、外来物种入侵。这类指标主要

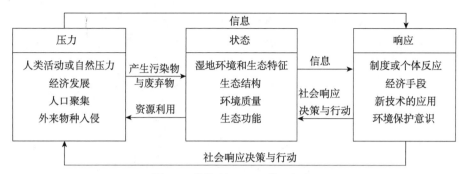

图 5-1　滨海湿地 PSR 模型框架

描述了人类社会活动和自然事件对湿地生态环境所带来的影响与胁迫，其产生与人类的消费模式有紧密关系，能够反映某一特定时期资源的利用强度及其变化趋势。

状态指标主要包括滨海湿地在外部压力驱动下所表现出的自然生态环境、生态系统结构特征等方面的状况。

响应指标反映了社会或个人为了停止、减轻、预防或恢复不利于人类生存与发展的环境变化而采取的措施，如法律法规、管理技术变革等。

采用 PSR 模型作为滨海湿地评价框架模型主要有如下考虑：PSR 模型从湿地生态系统受损原因（社会和自然压力）出发，通过压力、状态和响应三方面综合指标把人类社会-经济活动-湿地生态环境之间的因果关系充分展示出来，同时每个框架指标可以进行分级化处理形成次一级子指标体系，并且次级指标可以进行补充和调整。与其他的指标体系分类相比，PSR 模型框架指标体系更注重指标之间的因果关系及其多元空间联系。

二、 滨海湿地评价范围及评价单元确定

滨海湿地评价范围：滨海湿地是指沿岸线分布的低潮时水深不超过 6m 的滨海浅水区域到陆域受海水影响的过饱和和低地的一片区域（国家海洋局 908 专项办公室，2006）。综合考虑滨海湿地的定义以及滨海湿地现场调查范围（海图 0m 等深线至陆域受海水影响的滨海沼泽湿地），选取 20 世纪 80 年代的岸线（上界）至 0m 等深线（下界）作为滨海湿地的评价范围。

评价单元：为了能够获取滨海湿地评价结果更加细致的空间分布，以各地市行政区划所属的滨海湿地范围作为滨海湿地的基本评价单元；同时综合考虑滨海湿地指标的数据可获取性以及地理环境的完整性，对于某些地理环境完整性的滨海湿地可通过合并或拆分基本评价单元处理，形成新的评价单元。

三、 指标体系

（一）指标体系制定原则

由于评价范围覆盖我国整个滨海湿地，评价范围广、尺度大，所以为了保证评价结

果具有可比性，滨海湿地的评价指标体系的制定原则除了考虑数据的可获取性、代表性等一般性原则外，还应重点考虑指标数据的系统性、完整性，因此指标数据的获取主要采用"908专项调查"数据。

（二）指标选取

生态系统如此复杂，单一的观测或指标无法准确概括这种复杂性，因此需要构建不同类型的观测和评价指标，准确地反映生态系统的结构和功能，辨识已发生或将要发生的各种变化，特别是具有早期预警和诊断性的指标（葛振鸣等，2008）。在对滨海湿地生态系统评价理解的基础上，结合PSR模型框架以及国家"908"专项的卫星遥感、海洋灾害调查以及社会经济统计数据，同时考虑指标数据的可获取性、系统完整性等方面，将滨海湿地的指标体系划分为压力、状态和响应三个方面共15个指标。

压力指标主要以土地利用强度、岸线人工化指数、人口密度以及人均GDP等人为压力因素为主，同时考虑外来物种入侵这一自然压力因素。状态指标综合考虑滨海湿地的各组分（水体、沉积物、底栖生物、鸟类以及植被），同时包括了湿地受损最明显的表观特征（湿地自然性）以及景观生态结构（破碎化）。体系组织上分为湿地环境质量、生境质量和生物群落质量三个部分。响应指标则主要选取了反映污染治理状况的城市污水处理率以及反映湿地保护措施的政策法规两个指标。具体的指标体系构建如表5-1所示。

表5-1　滨海湿地评价指标体系列表

滨海湿地评价 PSR模型框架		评价指标	指标来源和获取方式	备注
（外部）压力指标（A1）		土地利用强度	"908"遥感专题数据	岸线向陆5km范围内，表征人类社会的土地开发利用对滨海湿地环境的潜在外压力。指标适用范围：岸线向陆5km
		岸线人工化指数	"908"岸线遥感数据	人工岸线与全部岸线长度的比值，表征滨海湿地的堤防建设情况。堤防建设阻断了滨海湿地的海陆水文连通，改变了滨海湿地的水文和生态系统状况
		人口密度	《中国城市统计年鉴》	人口密度的增加直接导致了人类对滨海湿地物质生产需求和污染废弃物排放量的增加。指标适用范围：范围评价单元所在辖区城市
		人均GDP	《中国城市统计年鉴》	经济发展对滨海湿地环境存在明显的压力。指标适用范围：范围评价单元所在辖区城市
		外来物种入侵	海洋灾害调查——海洋外来入侵生物调查	改变了本地生态系统，导致一些本地物种的减少或消失。指标适用范围：潮间带
（内在）状态指标（A2）	环境质量（B1）	水质污染	湿地调查	污染物因子依据湿地实地调查。指标适用范围：潮间带
		沉积物污染	湿地调查	污染物因子依据湿地实地调查。指标适用范围：潮间带
		湿地自然性	"908"遥感湿地调查和围填海调查	表征自然湿地和人工湿地，指数越高表示区域内天然湿地所占面积越大。指标适用范围：20世纪80年代岸线至潮间带下界

续表

滨海湿地评价PSR模型框架		评价指标	指标来源和获取方式	备注
(内在)状态指标(A2)	生境质量(B2)	景观破碎化	"908"遥感湿地调查	景观破碎化是人类活动干扰导致滨海湿地生态景观变化的一个主要结果,也是湿地生物多样性减少和功能退化的一个主要原因。指标适用范围:20世纪80年代岸线至潮间带下界
		海岸植被覆盖度	"908"遥感植被专题调查	表征滨海湿地海岸边缘的初级生产力及生态系统的活力状况。指标适用范围:岸线向陆5km
	生物群落质量	底栖生物多样性	调查数据、文献资料、专家咨询或调访	采用香农指数,表征湿地底栖生物群落的丰富性和均匀性。指标适用范围:潮间带
		鸟类种类与数量变化	调查数据、文献资料、专家咨询或调访	指标适用范围:潮间带
		植物生物量变化	调查数据、文献资料、专家咨询或调访	指标适用范围:潮间带
响应指标(A3)		污水处理率	《中国城市统计年鉴》	指标适用范围:范围评价单元所在辖区城市
		政策法规	调查数据、文献资料、专家咨询或调访	指标适用范围:范围评价单元所在辖区城市

(三)部分指标计算

1. 土地利用强度(land use intensity,LUI)

$$\text{LUI} = \sum_{i=1}^{n} Ai \times Ci/A \qquad i = 1,2,\cdots,n$$

式中,Ai 为指标适用范围内第 i 种土地利用类型面积,A 为指标适用范围的面积,Ci 为第 i 种土地利用类型的权重。研究主要考虑受人类活动影响较强的建设用地、耕地两类土地利用类型,其权重分布如表5-2所示。

表5-2 土地利用类型强度的权重分布表

土地利用类型	建设用地(包括居民地、港口码头、机场、工矿等用地)	耕地
归一化权重	1.0	0.6

2. 水质污染——综合污染指数法

对于水质污染评价,常用的综合污染指数是单因子指数的算术平均,较大的单因子指数贡献常常被削弱,无法很准确地反映水质状况。因此,采用综合污染指数法评价所有污染因子的超标状况。综合污染指数法采用半集均方差模式,它不仅通过算术平均值考虑某一因子指数对环境的影响,也通过半集均方差对因子指数中的大值给予较大的权重,该模式能较确切地反映环境质量状况(孟伟,2005)。

(1)非重金属污染因子评价

A. 评价因子算术平均

$$\bar{S} = \sum_{i=1}^{n} Si/n$$

式中，$Si = Ci/Cis$，Si 为污染物 i 的单因子评价指数；Ci 为实测污染 i 的浓度（mg/L）；Cis 为环境污染物 i 的环境质量标准（mg/L），参考海水水质标准（GB 3097—1997）中的 I 类水体标准（表 5-3）。

表 5-3　GB 3097—1997《海水水质标准》　　　　　　（单位：mg/L）

项目		I 类	II 类	III 类	IV 类
溶解氧	>	6	5	4	3
化学需氧量（COD$_{Mn}$）	≤	2	3	4	5
化学需氧量（BOD$_5$）	≤	1	3	4	5
无机氮	≤	0.20	0.30	0.40	0.50
活性磷酸盐	≤	0.015	0.030		0.045
汞	≤	0.000 05	0.000 2		0.000 5
镉	≤	0.001	0.005	0.010	
铅	≤	0.001	0.005	0.010	0.050
六价铬	≤	0.005	0.010	0.020	0.050
总铬	≤	0.05	0.10	0.20	0.50
砷	≤	0.020	0.030	0.050	
铜	≤	0.005	0.010	0.050	
锌	≤	0.020	0.050	0.10	0.50
石油类	≤	0.05		0.30	0.50

B. 半集均方差

$$S_h = \sqrt{1/m \sum_{i=1}^{m} (Si - \bar{S})^2}$$

式中，$\bar{S}$ 为某因子标准指数的算术平均值；n 为污染物因子个数；S_h 为半集均方差；m 为大于中位数半集的指数个数。且有 $m = n/2$（n 为偶数），$m = (n-1)/2$（n 为奇数）。

C. 水质综合污染指数

$$WPI = \bar{S} + S_h$$

非重金属水质指标因子主要依据湿地现场调查，主要选取工业废水中的主要污染物因子（如 COD、BOD$_5$）、对浮游植物生长繁殖起主要作用的氮磷等水质指标。

D. 依据表 5-4 制定的分级标准，内插求得非重金属污染因子的分值

内插公式如下：

$$Xi = V_{min} + (X - X_{min})/(X_{max} - X_{min}) \times Vs$$

式中，Xi 为最终得分值，X 为水质综合污染指数，V_{min} 为所在分级对应的最小分值，X_{min} 为所在分级对应的最小超标倍数，X_{max} 为所在分级对应的最大超标倍数，Vs 为等级分值的跨度，这里取 0.2。

表 5-4　非重金属污染因子的分级标准

分级	一级	二级	三级	四级	五级
对应分值	0~0.2	0.2~0.4	0.4~0.6	0.6~0.8	0.8~1.0
超标倍数	0~1	1~1.5	1.5~2	2~2.5	2.5~3

（2）水质重金属污染因子

由于海水重金属分级标准与其他污染因子差异较大，如铅二类浓度是一类浓度的 5 倍，四类浓度就是一类浓度的 50 倍，因此，重金属单独进行评价赋分值，之后与其他水质因子分值取平均，作为最后水质指数分值。

由于数据获取的限制，研究仅考虑重金属铅。具体赋值过程如下：

1）依据海水水质标准，将铅的 5 级浓度范围设置如表 5-5 所示。

2）利用实测铅浓度进行内插获取分值，内插公式如下：

$$Xi = V_{\min} + (X - X_{\min})/(X_{\max} - X_{\min}) \times Vs$$

式中，Xi 为最终得分值，X 为实测铅浓度，$V_{\min}$ 为所在分级对应的最小分值，$X_{\min}$ 为所在分级对应的最小浓度，$X_{\max}$ 为所在分级对应的最大浓度，Vs 为等级分值的跨度，这里取 0.2。

（3）水质污染指数分值

水质污染指数分值 ＝（水质非重金属污染指数分值＋水质重金属污染分值)/2

表 5-5　水质铅污染因子的分级标准

分级	一级	二级	三级	四级	五级
对应分值	0～0.2	0.2～0.4	0.4～0.6	0.6～0.8	0.8～1.0
浓度范围	0.0～0.001	0.001 0～0.005	0.005～0.01	0.01～0.05	0.05～0.1

3. 沉积物污染

由于滨海湿地沉积物重金属污染常用 Hakanson 潜在生态危害指数法进行评价。因此，将沉积物污染滨海湿地的沉积物污染指标分为重金属污染和其他沉积物污染因子，其中重金属污染常用 Hakanson 潜在生态危害指数法进行评价，其他污染因子则采用与水质污染评价相同的方法。最后取二者平均值。

（1）沉积物重金属污染——Hakanson 潜在生态危害指数法

此法最早由瑞典科学家 Hakanson 于 1980 年提出，在实际应用中取得了较好效果，在国际上有很大的影响（孟伟，2005；楚蓓等，2008）。潜在生态危害指数（RI）值的大小受以下几个因素的影响：①表层沉积物的浓度；②重金属的种类；③重金属的毒性水平；④水体对重金属的敏感性。RI 的计算方法

$$RI = \sum_{i=1}^{n} Eir$$

式中，Eir 为单一重金属的潜在生态危害指数。计算方法如下

$$Eir = Ti \times Ci/Cis$$

式中，Ci 为第 i 种重金属的实测浓度；Cis 为第 i 种重金属的标准值 [海洋沉积物质量标准（Ⅰ类），见表 5-6]。

Ti 为第 i 种重金属的毒性响应系数，此值用来反映重金属毒性水平及水体对重金属污染的敏感程度；n 为参与评价的重金属个数。

对主要几种重金属的毒性水平顺序为 Hg＞Cd＞As＞Pb＝Cu＞Cr＞Zn。对毒性响应系数做规范化处理后的定值为：Hg＝40，Cd＝30，As＝10，Pb＝Cu＝5，Cr＝2，

Zn=1。表5-7为潜在生态危害指数与污染程度的划分标准。由于原表中的危害程度划分与现有不符，因此对原表稍作修改（在轻微生态危害细分出无生态危害，同时将无法很好量化的极强生态危害归入很强生态危害，并设置RI值范围为525～1000），修改后的潜在生物危害指数和生态污染程度划分如表5-8所示。

表5-6 GB 18668—2002《海洋沉积物质量》 （单位：mg/kg或×10⁻⁶）

项目		第一类	第二类	第三类
汞	≤	0.20	0.50	1.00
镉	≤	0.50	1.50	5.00
铅	≤	60.0	130.0	250.0
锌	≤	150.0	350.0	600.0
铜	≤	35.0	100.0	200.0
铬	≤	80.0	150.0	270.0
砷	≤	20.0	65.0	93.0
有机碳	≤	2.0	3.0	4.0
硫化物	≤	300.0	500.0	600.0
石油类	≤	500.0	1 000.0	1 500.0

表5-7 潜在生态危害指数与污染程度的原划分标准

E_{ir}	RI	生态污染程度
<40	<135	轻微生态污染
40～80	135～265	中等生态污染
80～160	265～525	强生态污染
160～320	>525	很强生态污染
>320		极强生态污染

表5-8 修改后的潜在生态危害指数与生态受损程度

E_{ir}	RI	生态污染程度	分级分值
0～20	0～70	无生态污染	0.0～0.2
20～40	70～135	轻度生态污染	0.2～0.4
40～80	135～265	中度生态污染	0.4～0.6
80～160	265～525	生态污染较严重	0.6～0.8
160～320	525～1 000	生态污染严重	0.8～1.0

沉积物重金属潜在生态危害指数的最终得分值通过分级内插计算（下式）获得

$$Xi = V_{min} + (X - X_{min})/(X_{max} - X_{min}) \times Vs$$

式中，Xi为重金属潜在生态危害指数的最终得分值，X为计算得到的RI值，V_{min}为所在分级对应的最小分值，X_{min}为所在分级对应的RI最小值，X_{max}为所在分级对应的RI最大值，Vs为等级分值的跨度，这里取0.2。

（2）其他沉积物污染因子

评价方法参照水质污染评价方法——综合污染指数法。表5-9为其他沉积物污染因子综合指数法所对应分级分值。

表 5-9   其他污染物综合指数及其对应分值

超标倍数	0~1	1~2	2~3	3~4	4~5
分级分值	0.0~0.2	0.2~0.4	0.4~0.6	0.6~0.8	0.8~1.0

沉积物其他污染因子的最终得分值也同样通过分级内插计算（下式）获得

$$Xi = V_{min} + (X - X_{min})/(X_{max} - X_{min}) \times Vs$$

式中，Xi 为其他污染因子的最终得分值，X 为计算得到的超标倍数值，V_{min} 为所在分级对应的最小分值，X_{min} 为所在分级对应的超标倍数最小值，X_{max} 为所在分级对应的超标倍数最大值，Vs 为等级分值的跨度，这里取 0.2。

（3）沉积物污染指数分值

沉积物污染指数分值 ＝（沉积物重金属污染指数分值＋其他沉积物污染分值）/2

4. 湿地自然性指数（wetland nature index，WNI）

湿地自然性指数用于表征天然和人工湿地的面积及其占评价单元总面积的比例，天然湿地面积越大，所占比例越高，湿地自然性越好，反之则自然性越差。其中，盐碱地按非湿地。

$$WNI = (Cn \times An + Ca \times Aa)/A$$

式中，An、Aa、A 分别为天然湿地、人工湿地和指标适用范围面积；Cn 和 Ca 则分别为天然湿地和人工湿地的权重因子，为了使 WNI 值范围为 0~1，取 Cn 为 1，Ca 为 0.5。

当整个湿地均为天然湿地时，湿地自然性最好，WNI 值为 1；当没有任何天然和人工湿地时，WNI 值为 0。

5. 景观破碎化指数

景观破碎化是指由于自然或人文因素的干扰所导致的景观由简单趋向于复杂的过程，即景观由单一、均质和连续的整体趋向于复杂、异质和不连续的斑块镶嵌体的过程。在这过程中，人类的干扰因素常常起着主导作用（王宪礼等，1996）。由于海岸带开发活动，如城镇面积扩大、盐田开发、鱼塘开挖等，使原来完整的滨海湿地系统分割成大大小小许多斑块，形成破碎化的景观。一些要求较大生境面积的物种在破碎化的景观中由于找不到合适的栖息地、足够的食物和运动空间而面临更大的外界干扰的压力。

破碎化指数（FN）用来测定景观被分割的破碎程度，计算公式如下

$$FN = (Np - 1)/Nc$$

式中，Np 为指标适用范围内湿地各类型实地的总斑块数量；Nc 为指标适用范围内最小湿地斑块面积去除湿地总面积之值。$FN \in (0, 1)$，0 表示景观完全未被破坏，1 表示景观被完全破坏。

6. 海岸植被覆盖度指数（coastal vegetation fraction index，CVFI）

由于利用单幅遥感图像的归一化植被指数（NDVI）值表征植被覆盖度容易受遥感图像获取季相（如冬季和夏季植被 NDVI 值就差异大）影响，因此参照《生态环境状况评价技术规范》（国家环境保护总局，2006）的做法：

$$CVFI = \sum_{i=1}^{n} Ai \times Ci/A$$

式中，Ai 为指标适用范围内第 i 种植被类型面积，A 为指标适用范围的面积，Ci 为第 i 种植被类型覆盖度权重（表 5-10）。

表 5-10 各主要植被类型的植被覆盖度权重分布

主要植被类型	针叶、阔叶、灌丛	草丛、沙生、沼生等天然草本植被	木本栽培植被	草本栽培植被
归一化权重	1.0	0.7	0.5	0.3

7. 底栖生物多样性指数

底栖生物多样性指数统一采用香农指数，它综合了群落的丰富性和均匀性两个方面的影响（孟伟，2009），其计算公式为

$$H = -\sum_{i=1}^{s} P_i \ln P_i$$

式中，H 为多样性指数；P_i 是第 i 种的个体数（或生物量）与该样方总个体数（或生物量）之比值；S 为样方种数。

（四）指标分级标准的确定

评价分级标准的确定是滨海湿地评价的基础和重要组成内容，分级标准的准确与否将直接影响到评价结论。滨海湿地评价的分级标准主要依据以下几个方面。

1）国家、行业或地方的环境质量标准：包括《海水水质标准》（GB 3091—1997）、《海洋沉积物质量》（GB 18668—2002）以及国家环境保护行业标准——《生态环境状况评价技术规范（试行）》（HT/J 192—2006）。

2）指标本身的物理意义和取值范围：如景观破碎化指数、湿地自然性指数等。

3）参考相关公开文献：如人口密度、污水处理率以及岸线人工化指数等。

根据以上分级标准依据，分别将滨海湿地的 PSR 模型指标分为 5 级（表 5-11～表 5-13）。

表 5-11 滨海湿地压力指标分级及评判标准

分级标准	一级	二级	三级	四级	五级	备注
评判标准	几乎没有	能够承受	一般水平	超出承受	严重超出	
标准化分值	0～0.2	0.2～0.4	0.4～0.6	0.6～0.8	0.8～1.0	
土地利用强度	<0.2	0.2～0.4	0.4～0.6	0.6～0.8	>0.8	
岸线人工化指数	<0.2	0.2～0.4	0.4～0.6	0.6～0.8	>0.8	参考《中国海洋环境质量公报(2008)》(海岸带及近岸海域生态脆弱区状况)：沿海11个省（自治区、直辖市）的岸线人工化指数达到0.38。
人口密度 /(人/km²)	<200	200～400	400～600	600～800	>800	参考《长江口滨海湿地生态系统特征及关键群落的保育》以及《中国海洋环境质量公报（2008）》中沿海人口评价密度700人/km²
人均GDP /万元	<1	1～2	2～3	3～4	>5	参考《中国海洋环境质量公报(2008)》(海岸带及近岸海域生态脆弱区状况)：沿海11个省（自治区、直辖市）的人均GDP约为3万元。
外来物种入侵	基本没有	轻度入侵	中度入侵	入侵较严重	入侵严重	根据面积和危害程度，定性判断

表 5-12　滨海湿地状态指标分级及评判标准

分级标准	一级	二级	三级	四级	五级	备注
评判标准	无受损	轻度受损	中度受损	受损较严重	受损严重	
标准化分值	0～0.2	0.2～0.4	0.4～0.6	0.6～0.8	0.8～1.0	
水质污染	<0.2	0.2～0.4	0.4～0.6	0.6～0.8	>0.8	海水水质标准（I类）
沉积物污染	<0.2	0.2～0.4	0.4～0.6	0.6～0.8	>0.8	海洋沉积物质量标准（I类）
湿地自然性	1.0～0.9	0.9～0.8	0.8～0.7	0.7～0.6	0.6～0.5	
景观破碎化	<0.2	0.2～0.4	0.4～0.6	0.6～0.8	>0.8	
海岸植被覆盖度	>0.8	0.8～0.6	0.6～0.4	0.4～02	<0.2	生态环境状况评价技术规范
底栖生物多样性	>4	4～3	3～2	2～1	<1	海岸带生境退化诊断技术（孟伟，2009）
	生物种类丰富，多样性高	生物种类较多，多样性较高	生物多样性维持在一般水平	生物种类贫乏，多样性低	生物种类单一，多样性极差	当底栖生物多样性无法获取定量数据时，采用此定性标准判定。
鸟类种类与数量变化	无明显变化	略有减少	减少较多	明显减少	显著减少	定性判断
植物生物量变化	无明显变化	略有减少	减少较多	明显减少	显著减少	定性判断

表 5-13　滨海湿地响应指标分级及评判标准

分级标准	一级	二级	三级	四级	五级	备注
评判标准	响应积极	较为积极	一般响应	消极响应	无响应	
标准化分值	0～0.2	0.2～0.4	0.4～0.6	0.6～0.8	0.8～1.0	
污水处理率/%	100～80	80～60	60～40	40～20	20～0	2004年我国城市污水平均处理率达到45.6%
政策法规	有针对该地的专门法规，并且其他相关法规也较为完善	有针对性的保护法规，或其他相关法规也较为完善	没有专门的法规，但有一些其他相关法规	没有专门法规，其他相关法规也较不完善	没有专门法规，其他相关法规也很不完善	依据查阅的相关资料，定性判断 长江口滨海湿地生态系统特征

（五）指标标准化分值计算

指标标准化分值计算是将不同数量级和不同量纲的各指标计算值统一标准化为0～1，使各指标具有可比性。指标标准化处理大致可分定量和定性两种。

1. 定量指标

1）对于指标计算值为0～1且为等分标准（即各分级标准值的跨度均为0.2）的因子不进行任何处理，直接使用实际数值作为标准化分值，如景观破碎化指数。

2）对于其他的定量化指标，如岸线人工化指数或沉积物重金属污染指数等，对它们进行归一化处理，归一化公式如下。

正指标：$Xi = V_{\min} + (X - X_{\min})/(X_{\max} - X_{\min}) \times Vs$

负指标：$Xi = V_{\max} - (X - X_{\mathrm{Min}})/(X_{\max} - X_{\min}) \times Vs$

式中，Xi 为该指标的标准化分值，$V_{\min}$ 为所在分级的标准化分值最小值，$V_{\max}$ 为所在分级的标准化分值最大值，X 为该指标的实际数值，X_{min} 为 X 所在分级的最小数值，X_{max} 为 X 所在分级的最大数值，Vs 为综合评价指数跨度值，研究取 0.2。

3）定性指标。对于定性指标，如鸟类种类与数量变化指标和政策法规等，直接根据指标分级标准给出相应的标准化分值（表 5-14）。

表 5-14　定性指标标准化分值

分级标准	一级	二级	三级	四级	五级
定性指标标准化分值	0.1	0.3	0.5	0.7	0.9

四、 指标权重确定

滨海湿地生态系统评价是涉及多因素、多因子的综合性评价，各评价指标对评价目标的贡献作用不同，表征这种贡献作用大小的数值就是权重。权重大小反映了不同评价因子间的相对重要性。

目前，权重的确定方法主要有主观赋权法和客观赋权法两类。主观赋权法是依据相关学科专家对各指标的重要程度来决定权重的方法。该方法可能会因专家的专业知识领域限制及对某一具体环境系统的结构和功能等方面认识上的局限性而导致赋权结果出现一定偏差。因此，在综合考虑相关公开文献（表 5-15）和专家咨询法（表 5-16）的基础上确定最终的指标权重，以尽量减少权重确定误差。各指标层的结合策略如下。

表 5-15　相关公开文献资料中相关指标的权重分布

评价层	相对权重（表示形式）	引用文献
压力-状态-响应	0.3-0.6-0.1（归一权重）	蒋卫国（2003）
	0.30-0.54-0.16（归一权重）	刘晓丹（2006）
	0.14-0.73-0.13（归一权重）	周昕薇（2006）
压力层 人口密度-外来物种 人口密度-土地利用 人口密度-GDP 人口密度-GDP	1:1/3（相对值） 1:1/2（相对值） 1/3（AHP） 1（AHP）	葛振鸣等（2008） 葛振鸣等（2008） 孟伟（2005） 蒋卫国等（2009）
状态 环境-生境-生物 环境-生态 环境-生态 环境-生境	0.5-1-1（相对值） 1/3（AHP） 1/2（AHP） 1/3（AHP）	葛振鸣等（2008） 戴新等（2007） 孙磊（2008） 刘佳（2008）
环境质量 水质-底质 水质-重金属 水质环境-土壤环境 水质指数-重金属 水质-沉积物 水环境-沉积环境	3（AHP） 1:1（相对值） 2（AHP） 1（AHP） 3（AHP） 15-10（百分制-相对值）	孟伟（2009） 葛振鸣等（2008） 戴新等（2007） 孙磊（2008） 刘佳（2008） 国家海洋局（2005）

续表

评价层	相对权重（表示形式）	引用文献
生境质量 边缘植被-湿地变化	1/4-1（相对值）	葛振鸣等（2008）
生物群落质量 生物多样性-生物量	1-1（相对分值）	葛振鸣等（2008）
响应指标 污水处理率-政策法规贯彻粒度 ＋管理和科研水平	0.1275-（0.0512＋0.0623）	魏文彪（2007）

表 5-16　专家咨询法获取的各种类型指标权重

项目层	归一权重	二级指标	归一权重	指标层指标	归一权重
压力	0.36			土地利用强度	0.24
				岸线人工化程度	0.21
				人口密度	0.19
				人均 GDP	0.17
				外来物种入侵	0.19
状态	0.34	环境质量	0.33	水质污染	0.50
				沉积物污染	0.50
		生境质量	0.36	湿地自然性	0.36
				景观破碎化	0.31
				海岸植被覆盖度	0.33
		生物群落质量	0.31	底栖生物多样性	0.36
				鸟类数量变化	0.29
				植物生物量变化	0.35
响应	0.30			污水处理率	0.51
				政策法规	0.49

注：研究共分发 30 份专家咨询表格，共收回 23 份，咨询专家涵盖海洋、环境科学等各领域。通过均值统计并归一化

1）指标框架层，压力-状态-响应：根据现有相关公开文献资料，压力-状态-响应指标的权重分配一般为（0.15～0.3），（0.5～0.7），（0.1～0.2）。由于专家打分与公开文献的权重分配有较大差异，所以，研究主要参考公开文献的权重分配，最终的权重取值为 0.25，0.6，0.15。

2）压力层指标，土地利用强度-岸线人工化程度-人口密度-人均 GDP-外来物种入侵：分析现有文献中的一些压力指标相对重要性可知，人口密度较为重要，土地利用强度、岸线人工化程度以及人均 GDP 重要性次之，而外来物种入侵重要性最低，据此确定压力指标各权重值为 0.2，0.2，0.3，0.2，0.1，并与专家咨询法的结果取平均值作为最终权重。

3）状态指标层，环境质量-生境质量-生物群落质量：参考现有文献可知，生境质量与生物群落质量的重要性相当，而环境质量则相对次要。据此确定环境质量-生境质量-生物群落质量的权重为 0.2，0.4，0.4，并与专家咨询法结果取平均值作为最终权重。

4）环境质量指标，水质污染-沉积物污染：水质污染和沉积物污染的权重根据近岸

海洋生态系统健康评价指南中河口与海湾生态系统评价中的相对权重值（10～15）确定，归一权重取值 0.6 和 0.4 作为最终权重。

5）生境质量指标，湿地自然性-景观破碎化-海岸植被覆盖度：参考专著《长江口滨海湿地生态系统特征》可知，湿地变化（湿地自然性）的重要性要明显高于边缘植被（海岸植被覆盖度），而海岸植被覆盖度与景观破碎度相对重要性参考专家咨询结果，取相同权重。据此，生境质量指标中的 3 个指标依据文献取值分别为 0.6，0.2，0.2，并与专家咨询法结果取平均值为最终权重。

6）生物群落质量指标，底栖生物多样性-鸟类数量变化-植物生物量变化：由于没有更多的相关公开文献数据，直接采用专家咨询法（表 5-16）获取的权重作为最终权重。

7）响应指标，污水处理率—政策法规：根据专家咨询法（表 5-16），最终权重取相同权重，即（0.5，0.5）。经过以上处理，最终确定的各种类型指标权重见表 5-17。

表 5-17　最终确定的各种类型指标权重

项目层	归一权重	二级指标	归一权重	指标层指标	归一权重	权重值
压力	0.25			土地利用强度	0.22	0.055
				岸线人工化程度	0.21	0.053
				人口密度	0.25	0.063
				人均 GDP	0.18	0.045
				外来物种入侵	0.14	0.035
状态	0.6	环境质量	0.26	水质污染	0.60	0.094
				沉积物污染	0.40	0.062
		生境质量	0.38	湿地自然性	0.48	0.109
				景观破碎化	0.26	0.059
				海岸植被覆盖度	0.26	0.059
		生物群落质量	0.36	底栖生物多样性	0.36	0.078
				鸟类数量变化	0.29	0.063
				植物生物量变化	0.35	0.076
响应	0.15			污水处理率	0.50	0.075
				政策法规	0.50	0.075

五、　综合评价方法

得到各个单项指标评价值和指标权重之后，就要对滨海湿地生态系统进行综合评价。采用各单项指标的加权平均法来获取滨海湿地生态系统综合评价指数。

$$D = \sum_{i}^{n} w_i \times X_i$$

式中，D 为滨海湿地生态系统综合评价指数，其值为 0～1，w_i 为第 i 评价指标的权重，X_i 为第 i 指标的标准化分值，n 为评价指标个数。

综合评价指数反映了滨海湿地生态系统受损程度，其标准化分值以及评判标准含义，如表 5-18 所示。

表 5-18　滨海湿地综合评价等级划分

综合评价指数	级别	含义
0~0.2	一级（无受损）	滨海湿地基本上无受损。生态系统来自人类活动的干扰小，湿地生态景观结构合理，主要以天然湿地为主，水体与土壤基本不受污染，生态功能完善，生态系统稳定，处于良好的可持续状态
0.2~0.4	二级（轻度受损）	滨海湿地轻度受损。生态系统受到一定的人类活动干扰，但湿地的生态景观结构尚合理，湿地面积有一定减少或被人工湿地替代，湿地生态系统生态功能较完善，湿地生态系统尚可持续
0.4~0.6	三级（中度受损）	滨海湿地生态系统中度受损。生态系统受人类干扰较大，生态景观破碎化加大，天然湿地面积减少较多，湿地生态系统自我维持能力减弱，稳定性下降
0.6~0.8	四级（受损较严重）	滨海湿地生态系统受损较严重。湿地生态系统受到较为严重的人类干扰，组织结构出现缺陷，景观破碎化严重，天然湿地面积大幅减少，湿地生态功能已不能满足维持湿地生态系统的需要
0.8~1.0	五级（严重受损）	滨海湿地生态系统严重受损。生态系统受到严重的人为干扰，湿地生态结构极不合理，天然湿地损失殆尽，生态景观破碎化非常严重，活力极低，湿地生态系统功能严重退化

第二节　辽河三角洲滨海湿地生态系统评价

一、生态系统综合评价

以营口市区、盘锦市大洼县和盘山县作为辽河三角洲滨海湿地的基本评价单元，压力、状态、响应三类，压力包括土地利用强度、岸线人工化指数、人口密度、人均GDP、外来物种入侵，状态包括水质污染、沉积物污染、湿地自然性、景观破碎化、海岸植被覆盖度、底栖生物多样性、鸟类种类与数量变化、潮间带植物生物量变化，响应包括污水处理率和相关政策法规，总计15项指标共同构成辽河三角洲滨海湿地生态系统的评价体系。

15项评价指标加权平均计算，得到辽河三角洲滨海湿地生态系统评价的综合得分为0.45，综合评价等级为三级，辽河三角洲滨海湿地生态系统处于中度受损的现状，生态系统受人类干扰较大，自我调节能力减弱，稳定性下降。其中，营口市区和大洼县综合评价结果为三级受损，盘山县为二级受损（图5-2、表5-19）。

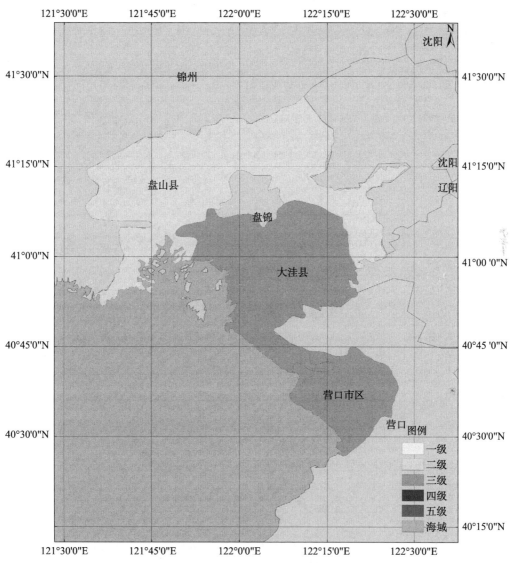

图 5-2　辽河三角洲滨海湿地生态系统综合评价分布图

表 5-19　辽河三角洲滨海湿地生态系统综合评价

综合指标	营口市区	大洼县	盘山县	辽河三角洲
压力	0.69	0.50	0.39	0.53
状态	0.45	0.50	0.41	0.45
响应	0.25	0.28	0.28	0.27
综合评价得分	0.48	0.47	0.39	0.45

（一）压力分析

将上文所述的 5 项相关压力指标加权平均计算，得到辽河三角洲滨海湿地的压力现状评价综合得分为 0.53，其目前承受的外在压力处于一般水平的状态，但如果人类的干扰活动继续加剧，将超出滨海湿地所能承受的压力范围（图 5-3、表 5-20）。

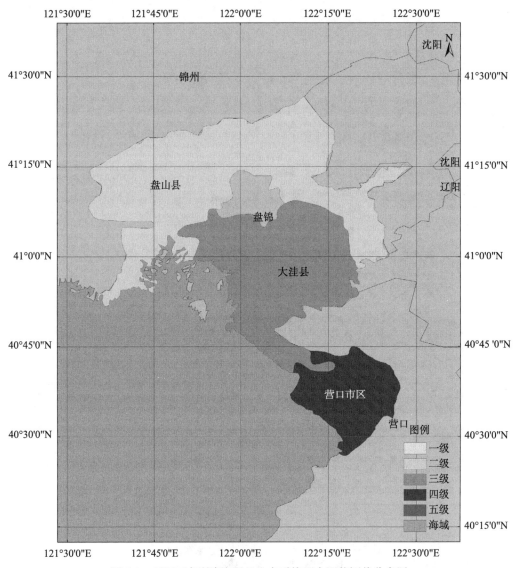

图 5-3　辽河三角洲滨海湿地生态系统压力现状评价分布图

　　辽河三角洲滨海湿地所面临的外在压力主要表现为：土地利用强度不断加大，越来越多的自然湿地被围垦开发成水产养殖场、稻田、水库池塘等，破坏了滨海湿地的自然属性；沿岸大量的堤防建设阻断了滨海湿地的海陆水文连通；经济的发展和人口密度的增加，产生了大量的生产和生活废弃物，污染了滨海湿地的环境。人类活动对滨海湿地环境的剧烈干扰，势必影响湿地的生态系统健康。

表 5-20 辽河三角洲滨海湿地生态系统压力现状评价

压力指标	营口市区	大洼县	盘山县	辽河三角洲
土地利用强度	0.32	0.33	0.02	0.22
岸线人工化指数	0.91	0.91	0.90	0.91
人口密度	1.00	0.24	0.14	0.46
人均GDP	0.92	0.91	0.84	0.89
外来物种入侵	0.10	0.10	0.10	0.10
压力综合得分	0.69	0.50	0.39	0.53

1. 土地利用强度

经遥感解译分析，1988～2007年辽河三角洲滨海湿地土地利用强度不断加大，大量的自然湿地被围垦开发成水产养殖场、稻田和水库池塘，其中，水产养殖场面积增幅最大，由1988年的5129.81 hm² 增加到2007年的14 488.88 hm²，占滨海湿地总面积的比例也由1988年的3.15%增加到2007年的8.9%，年均增幅为467.95 hm²；稻田面积有小幅的减小，1988年为7682.08 hm²，占滨海湿地总面积的4.72%，2007年减少到7099.70 hm²，占滨海湿地总面积的4.36%；水库和池塘面积在20年间增加了1239.07 hm²（图5-4）。

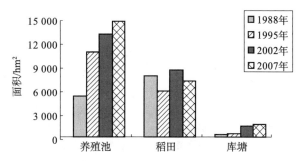

图 5-4 1988～2007年辽河三角洲滨海湿地人工湿地类型面积变化图

2. 岸线人工化指数

辽河三角洲滨海湿地岸线人工化指数均值达到0.90，沿岸大量的堤防建设阻断了滨海湿地的海陆水文连通，势必影响滨海湿地的水文和生态系统状况。

3. 人口密度与人均GDP

辽河三角洲是我国重要的石油基地和粮食生产基地，区域资源开发以油田、稻田、苇田和虾蟹池开发为核心，属于农业、油气和港口全方位综合开放型的三角洲，2007年人均GDP达4.45万元；区域内人口密度较高，平均达535人/km²，特别是营口市区，人口密度高达1231人/km²（表5-21）。经济的发展和人口密度的增加，给辽河三角洲滨海湿地生态状况带来明显的压力，大量的生产、生活废弃物污染了滨海湿地环境，过度的资源开采必将破坏滨海湿地的生态平衡。

表 5-21 2007年辽河三角洲周边地区社会经济概况

地区	行政面积/km²	人口密度/(人/km²)	人均GDP/万元
营口市市辖区	701	1 231	4.60
盘锦市大洼县	1 683	238	4.56
盘山县	2 145	135	4.20

4. 外来物种入侵

辽河三角洲滨海湿地未发现有外来物种入侵。

(二) 状态分析

将环境质量、生境质量和生物群落质量等三类，包括 8 项相关状态指标加权平均计算，得到辽河三角洲滨海湿地的状态评价综合得分为 0.45，系统中度受损（图 5-5、表 5-22）。

辽河三角洲滨海湿地生态现状不容乐观。滨海湿地环境质量较差，水体有机物和营养盐污染较为严重；由于围垦开发，自然湿地总面积呈逐年萎缩趋势，景观破碎化日趋严重，海岸植被结构发生急剧变化，植被面积大量减少；生物群落结构不甚理想，底栖生物种类贫乏、多样性较低，鸟类栖息地受到破坏，潮间带关键植物群落芦苇和碱蓬分布面积锐减。

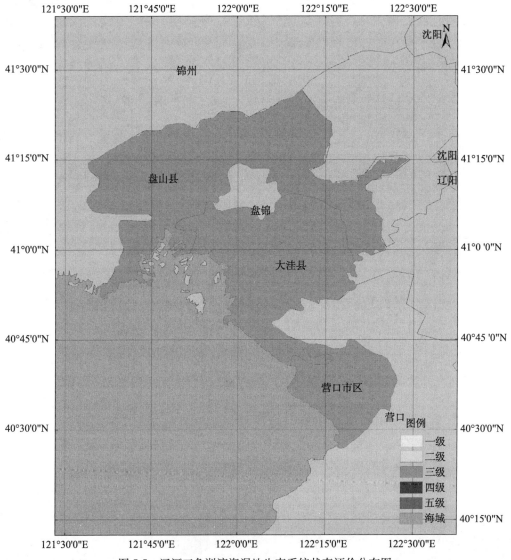

图 5-5　辽河三角洲滨海湿地生态系统状态评价分布图

表 5-22 辽河三角洲滨海湿地生态系统状态评价

状态指标	营口市区	大洼县	盘山县	辽河三角洲
环境质量	0.51	0.52	0.53	0.52
生境质量	0.30	0.44	0.20	0.31
生物群落	0.55	0.55	0.55	0.55
状态综合得分	0.45	0.50	0.41	0.45

1. 环境质量

2007～2008 年中国滨海湿地调查结果显示，辽河三角洲滨海湿地环境质量较差，主要表现为水体污染，主要污染物为有机物和营养盐，普遍为 Ⅳ 类或超 Ⅳ 类水质，而重金属、石油类等污染较为轻微，重金属中铅含量较高。从污染物的空间分布趋势看，主要受双台子河上游排污控制，其次是受苇田施肥和养殖投饵等面状污染源的影响，其中双台子河口排污主要来源可能是新生农场附近的造纸厂排污，与造纸厂排污相关的化学需氧量、溶解氧、总有机氮指示污染物含量大多超过Ⅲ、Ⅳ类水质标准。

相较于水体，沉积物环境质量则较好，只有少量重金属含量超标，而湿地区沉积物土壤化程度不高，陆上站位全磷与全氮含量可以达到 4 级、5 级土壤标准。

2. 生境质量

(1) 湿地自然性

由于过度围垦开发，1988～2007 年，辽河三角洲滨海湿地自然湿地总面积呈逐年萎缩的趋势。1988 年有自然湿地面积 149 006.36 hm²，1995 年减至 142 899.504 4 hm²，2002 年自然湿地面积减至 138 707.74 hm²，到 2007 年为 137 933.80 hm²，年均减少幅度为 553.63 hm²。自然湿地中，碱蓬的面积减少幅度最大，20 年间减少了 75％，为 2439.63 hm²，其次为河流、滩涂及芦苇、河心洲和潮沟湿地，分别减少了 34％、20％及 19％、19％和 19％。

相反，人工湿地面积呈逐年递增的态势，1988 年人工湿地面积 13 190.94 hm²，1995 年增至 17 034.82 hm²，2002 年、2007 年分别增加到 22 815.88 hm² 和 23 206.70 hm²，年均增幅 500.79 hm²。人工湿地中，水产养殖场的增加幅度最大，20 年间增加了 182％，为 9359.07 hm²，水库池塘增加了 327％，为 1239.07 hm²，稻田面积则减少了 8％，为 582.38 hm² (图 5-6)。

由于石油开采、港口建设和城镇扩张等湿地开发，部分湿地类型转化成非湿地类型，如建筑用地、港口码头等。

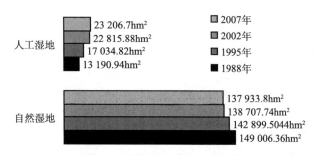

图 5-6 1988～2007 年辽河三角洲滨海湿地类型面积变化图

（2）景观破碎化

虽然辽河三角洲仍有相当面积的湿地，但破碎化较严重，在 2007 年，各种类型的斑块达 205 个，造成野生动物生境破碎化，适宜生境大幅减少，带来生境隐性损失。双台河口自然保护区核心区内适宜丹顶鹤营巢的芦苇沼泽由建区初期的 9500 hm²，减少到目前的 1500 hm²。按照每对丹顶鹤需要湿地 300 hm² 计算，核心区的丹顶鹤承载力从 32 对锐减到 5 对。据野外观测，整个辽河三角洲湿地丹顶鹤繁殖由 1998 年前的 30 多对减少到近两年的 10 对左右，而栖息在辽河口的国家保护动物斑海豹从 1982 年的 100 余头减少到 1990 年的不足 30 头。

在辽河三角洲滨海湿地，造成景观破碎化的很重要因素有油田开发和农业开发，这些人类活动已直接导致湿地退化和滨海湿地生物多样性减少。冷延慧等对苇田生态系统的研究结果表明：尽管油田开发不是芦苇产量降低的主要因素，但已经起到了很大的影响。被石油污染的芦苇，苇叶枯萎或死亡，栖息在芦苇中的鸟类缺乏必需的隐蔽物，影响了鸟类的栖息及繁殖；石油污染使水中虾、蟹、鱼等动物数量锐减，影响了鸟类的食物来源和质量。例如，曙光一区的苇田，由于油田的生产活动影响水质，产苇量由原来的 6.5 t/hm² 下降到 5 t/hm² 左右。排灌设施及围海大堤的修建，破坏了原有的水文联系，造成滩涂退化，大洼三角洲农业开发使得许多原先适宜黑嘴鸥栖息繁殖的红海滩退化。

采油和输运设施广泛分布，影响鸟类的飞行活动。李晓文等（2002）通过 LEDESS 模型对辽河三角洲湿地现状及各预案导致的生态后果进行了模拟，研究结果表明，油田的开发、建成区扩展等人为活动导致的生境破碎化是影响该湿地濒危水禽丹顶鹤生境适宜性的主要因素、油田开发对滩涂生境的破坏是影响以黑嘴鸥（*Larus saundersi*）为代表的滨海滩涂鸟类生境适宜性的主要因素之一。

（3）海岸植被覆盖度

辽河三角洲海岸植被主要包括玉米地、灌丛、草地和树林。汲玉河等报道，1988～2006 年，海岸植被面积减少了 20%，为 103 290 hm²。其中，玉米地的减少面积最大，达 62 220 hm²；变化幅度最大的则是草地，减幅达 78%；灌丛减少了 9%，6200 hm²；树林则增加了 2100 hm²（表 5-23）。

表 5-23　1988～2006 年辽河三角洲海岸植被面积及其变化幅度

类型	1988 年面积/hm²	2006 年面积/hm²	变化面积/hm²	变幅/%
玉米地	386 080	323 860	−62 220	−16
灌丛	73 240	67 040	−6 200	−9
草地	47 460	10 490	−36 970	−78
树林	8 600	10 700	2 100	24
总计	515 380	412 090	−103 290	−20

资料来源：汲玉河和周广胜（2010）

辽河三角洲海岸植被结构发生急剧变化，主要是因为人类追求经济利益，对植被结构进行激烈的人为干扰。例如，由于水稻的经济价值比玉米和芦苇高，当地把一部分玉米地和芦苇湿地改造成水稻田；而天然草地面积减少，主要是种植芦苇和养殖鱼虾能给人们带来更大的经济效益，因此，大量的草地被改造成苇田和水产养殖场。另外，全球气候变暖诱发的风暴潮、海岸侵蚀，以及干旱和水涝等自然灾害也改变辽河三角洲海岸植被结构的潜在力量（付在毅等，2001；栾维新和崔红艳，2004）。

3. 生物群落结构

（1）底栖生物多样性

2007 年，辽河三角洲滨海湿地潮间带鉴定大型底栖动物 18 种，其中，软体动物最多，有 6 种，多毛类、甲壳动物、棘皮动物和其他动物分别有 4、5、1、2 种。底栖生物多样性指数值仅为 1.83，辽河三角洲滨海湿地底栖生物种类较为贫乏，物种多样性低。

（2）鸟类种群变化

丹顶鹤是辽河三角洲重要的水禽代表，同时该区为世界野生丹顶鹤繁殖地的最南限，也是丹顶鹤南北迁徙路线上的重要停歇地，在国际鹤类保护中占有重要地位。双台子河口自然保护区核心区内适宜丹顶鹤营巢的芦苇沼泽由建区初期的 9500 hm^2，减少到目前的 1500 hm^2，按照每对丹顶鹤需要湿地 300 hm^2 计算，核心区的丹顶鹤承载力从 32 对锐减到 5 对。据野外观测，整个辽河三角洲湿地丹顶鹤繁殖由 1998 年前的 30 多对减少到近两年的 10 对左右。

辽河三角洲滨海湿地是全世界面积最大、种群分布最为集中的黑嘴鸥栖息与繁殖地，占全球黑嘴鸥种群数量的 70% 以上。然而，近年来由于"红海滩"——碱蓬群落大面积萎缩，以及大量的滩涂被开发成水产养殖场，破坏了黑嘴鸥的繁殖栖息环境，直接影响到保护区生物多样性保护功能的发挥，主要保护物种黑嘴鸥数量锐减（台培东等，2009）。

（3）潮间带植物群落

芦苇：芦苇是辽河三角洲的主要植物类型，辽河三角洲共有芦苇面积 10 000 多公顷，是全国沿海最大的芦苇基地，茫茫苇海、浩无边际，它不仅是湿地鸟类、鱼类、甲壳类的动物天堂，还是旅游者观光旅游和休闲度假的乐园。然而自 20 世纪 60 年代以来，由于对湿地不断进行开发，原有湿地面貌发生了彻底改变，人工、半人工湿地占相当大的比例，同时灌溉水源不足，连年干旱，潮沟设闸拦水，切断潮水补给，致使芦苇沼泽退化严重。1988 年，辽河三角洲共有芦苇湿地面积 13 338.95 hm^2，2007 年芦苇湿地面积减少了 19%，只剩下了 10 792.43 hm^2（表 5-24）。

碱蓬：在辽河入海口绵延上百里的海滩上，生长着大片大片的碱蓬草，每到夏秋时节，碱蓬变成赤红色，宛若一幅巨大的红地毯横铺在平坦的海滩上，这便是被誉为天下奇观的"红海滩"。但近几年来，由于沿岸堤坝的修筑，造成滩涂泥沙沉积迅速抬升，潮位降低，致使"红海滩"出现了大面积退化现象（台培东等，2009）。1988 年，辽河三角洲共有碱蓬湿地面积 3259.83 hm^2，2007 年仅剩下 820.20 hm^2，减幅高达 75%（表 5-24）。

表 5-24　辽河三角洲滨海湿地潮间带植物群落变化　　　　　　　　　（单位：hm²）

类型	1988 年	1995 年	2002 年	2007 年
芦苇	13 338.95	12 236.12	7 320.54	10 792.43
碱蓬	3 259.83	816.48	690.83	820.20

（三）响应分析

将上文所述的 2 项相关响应指标加权平均计算，得到辽河三角洲滨海湿地的响应评价综合得分为 0.27，政府的保护意识和保护政策是比较积极的（图 5-7、表 5-25）。

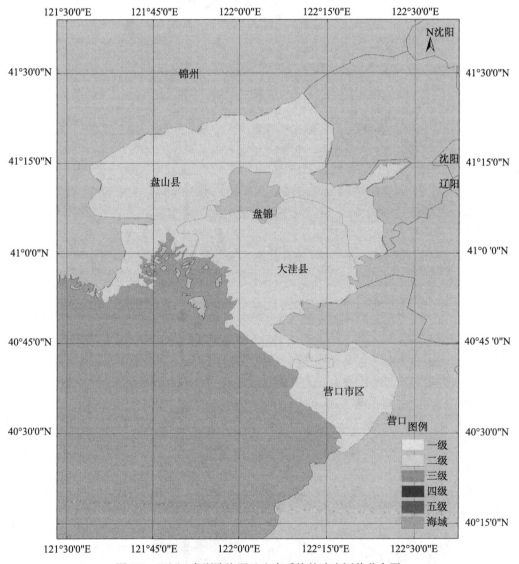

图 5-7　辽河三角洲滨海湿地生态系统的响应评价分布图

表 5-25 辽河三角洲滨海湿地生态系统的响应评价

响应指标	营口市区	大洼县	盘山县	辽河三角洲
污水处理率	0.20	0.46	0.46	0.37
政策法规	0.30	0.10	0.10	0.17
响应综合得分	0.25	0.28	0.28	0.27

盘锦市大力提高自然保护区建设水平。双台子河口国家级自然保护区位于盘锦市西南，地处辽东湾辽河入海口处，面积 128 000 hm²，占盘锦市辖区面积的 33.3%。双台子河口保护区不仅是水禽的重要繁殖地，也是珍禽丹顶鹤的自然繁殖地的最南端，还是珍禽黑嘴鸥在全球仅有的少数几处繁殖地之一；区域内还有省级自然保护区辽东湾湿地，主要保护对象为湿地生态系统、黑鸟类、渤海斑海豹等珍稀动物。

随着人们环保意识的提高，政府相关部门宣传力度的加强以及资金投入的增加，辽河三角洲周边区域污水处理率逐年增加，2008 年年末城市污水处理厂日处理能力达 10 万 m²，污水处理率达到 53.58%（盘锦市统计局，2008）。

（四）压力-状态-响应机制分析

辽河三角洲滨海湿地是我国重要的湿地之一，也是我国重要的石油基地和粮食、芦苇生产基地，辽河油田是我国第三大油田，在地区经济中起着支柱作用。然而，滨海湿地在给人们创造经济价值和社会效益的同时，也在人类的激烈干扰下变得日益脆弱，生态健康引人担忧。辽河三角洲滨海湿地面临的主要问题是农业开发和石油开采导致湿地面积日益减少，在自然和人为干扰下湿地来水减少、水盐失衡、生境质量下降，芦苇群落、碱蓬群落和各种珍稀鸟类面临严重威胁。

幸运的是，辽河三角洲滨海湿地保护的重要性和紧迫性逐渐引起了政府相关部门的重视，也开展了一些滨海湿地保护的工作，如双台子河口国家级自然保护区以及辽河省级保护区的建立。然而，对辽河三角洲湿地的保护力度还是远远不够的，不合理的湿地开发时有发生，环境污染问题依然严峻。

二、 生态系统服务功能

辽河三角洲滨海湿地主要具有如下生态系统服务功能。

（1）保护土壤功能

辽河三角洲湿地的保护土壤功能（侵蚀控制功能）主要体现在两个方面：一是减少了水土流失保护土壤；二是减少了水土流失造成的土壤肥力损失。

（2）物质生产功能

辽河三角洲滨海湿地生态系统通过初级生产和次级生产过程生产的可以进入市场交换的物质产品，主要包括水稻（稻米和秸秆）、芦苇、虾蟹田产出的养殖水产品及少量晒盐。

（3）气候调节功能

绿色植物通过光合作用吸收 CO_2、释放 O_2，调整大气的组成成分，这是湿地生态系统的重要功能之一。辽河三角洲湿地植被覆盖面积广阔、植物种类丰富、生物量巨大，对气候调节有重要意义。但是，湿地同时也是温室气体甲烷的重要排放源。研究湿地对气体调节的贡献时，必须考虑温室气体排放带来的负面影响。

（4）涵养水源和调蓄洪水功能

辽河三角洲滨海湿地生态系统具有强大的蓄水和补水功能，在洪水期间可以积蓄大量的洪水，缓解洪峰造成的损失，平时储备大量的水资源可在干旱季节提供生活、生产用水。辽河三角洲湿地中具有水文调节功能的湿地类型有水稻田、芦苇、养殖区及盐田，最大可能蓄水深度分别为 0.2m、1m、1m、0.6m，可得到湿地总的蓄水量为 $12.57×10^8 t$。

（5）降解污染物功能

湿地被誉为"地球之肾"，一方面湿地土壤能吸附一部分有毒有害物质；另一方面湿地生态系统中旺盛的生命活动能截留大量营养物质，降解相当数量的有机污染物，并能过滤和消灭大部分有害微生物和寄生虫。湿地内水体流动缓慢，具有较强的缓冲能力，对氮、磷等营养元素有一定的储存和滞留作用。

当含有毒物和杂质（农药、生活污水和工业排放物）的流水经过湿地时，水流流速减慢有利于毒物和杂质的沉淀和排除。此外，一些湿地植物如芦苇能有效地吸收有毒物质。国内外有不少人工湿地被建成了小型生活污水处理厂，这能提高生态系统中水的质量，有益于人们的生产和生活。

（6）生物栖息地功能

辽河三角洲滨海湿地独特的地理位置和特殊生境为各种涉禽、游禽提供了丰富的食物来源和营巢避敌的良好场所，为生物多样性的存在和发展提供了良好的环境条件，是珍稀濒危野生生物的天然衍生地，是鸟类、鱼类、两栖动物的繁殖、栖息、迁徙越冬的场所，在保护珍稀濒危物种方面具有重要价值。

（7）教育科研功能

辽河三角洲滨海湿地的教育科研功能主要体现在国家级自然保护区"辽宁双台子河口国家级自然保护区"内。自然保护区内复杂的湿地生态系统、丰富的动植物群落、多样的珍稀濒危物种等，在自然科学教育和研究中都具有十分重要的作用，是教育的实习基地和科学研究的重要对象和研究基地。这里不仅是研究河口生态系统以及生态系统内部各种生物形成、发展、演替的重要基地，而且是探索各种生物系统的结构、功能及其在自然和人为干扰下动态变化的场所。

（8）旅游休闲功能

辽河三角洲滨海湿地的自然景观具有"奇、特、野、新"等美学特征，油田景观也很有特色。作为独具特色的旅游资源，吸引了大量的海内外游客。辽河三角洲湿地旅游已经显示出强劲的发展势头。盘锦市旅游局统计数据显示，旅游休闲功能已粗具规模。2005 年，辽河三角洲湿地旅游收入为 $16.547×10^8$ 元。

三、 价值评价

1. 直接价值（经济价值）评价

采用市场价值法对湿地生态系统生产的物质产品的市场价值进行估算。辽河三角洲滨海湿地生产的物质产品主要包括水稻（稻米和秸秆）、芦苇、虾蟹田产出的养殖水产品及少量晒盐。辽河三角洲滨海湿地的物质生产价值可以利用下述公式计算

$$Vi = Si \times Yi \times Pi - Ri$$

式中，Vi 为物质产品价值，Si 为第 i 种类型的生产面积，Yi 为第 i 类型的物质单产，Pi 为第 i 类型的市场价格，Ri 为生产第 i 类型的成本投入。其中，稻米和秸秆的成本投入只计算一次。

根据《中国农产品价格调查年鉴（2005）》，并调查研究区各主要湿地类型的单位面积产量及其投入成本，利用上述公式估算得到辽河三角洲滨海湿地不同物质生产功能的价值。研究区具有物质生产功能的各湿地类型总面积为 275 501.7 hm^2，其中水稻田占 42.23%、芦苇占 24.73%、养殖区占 4.55%、盐田占 0.27%、旱地占 6.84%、其他类型总共占 4.43%。物质生产功能总价值为 25.763 亿元，水稻田的物质生产价值 15.986 亿元，其次为芦苇、旱地和养殖区，其物质生产功能价值占总物质生产功能价值的比重依次为 11.18%、8.77% 和 6.46%（表 5-26）（索安宁等，2009）。

表 5-26 辽河三角洲滨海湿地物质生产功能的价值

湿地类型	面积/hm^2	所占比例/%	产品价值/10^8元	所占比例/%
水稻田	140 082.19	42.23	15.986	72.76
芦苇	82 044.64	24.73	2.905	11.18
养殖区	15 100.48	4.55	4.756	6.46
盐田	891.14	0.27	0.101	0.68
旱地	22 701.09	6.84	1.984	8.77
其他	14 682.16	4.43	2.133	0.15
总计	275 501.70	83.05	25.763	100.00

2. 间接价值（服务功能）评价

（1）大气组分调节功能价值

植物光合作用反应方程式为

$$CO_2 (264g) + H_2O (108g) \rightarrow C_6H_{12}O_6 (108g) + O_2 (193g) \rightarrow 多糖 (162g)$$

植物每产生 162g 干物质可吸收固定 264g 干有机物质，即植物每生产 1g 干物质需要 1.63g CO_2。参考有关对辽河三角洲主要植被类型的物质生产观测结果，估算辽河三角洲湿地各主要植被类型的平均年生产力，其中水稻田为 8150 kg/($hm^2 \cdot a$)、芦苇为 14 150kg/($hm^2 \cdot a$)、翅碱蓬为 3700 kg/($hm^2 \cdot a$)、湿草甸为 2778 kg/($hm^2 \cdot a$)（刘红玉等，2001）。采用碳税法来评估辽河三角洲湿地植被吸收 CO_2 的经济价值。碳税法计

算单价采用国际碳税标准的平均值 770 元/t。芦苇和水稻田释放大量的温室气体，具有负面功能，因此去除掉其负面经济价值（索安宁等，2009）。

依据辽河三角洲湿地不同类型植被的单位面积年干物质生产量，估算出各类主要湿地类型碳同化量和同化价值（表 5-27）。辽河三角洲湿地年吸收 CO_2 为 294.719×10^4 t，按照国际碳税法标准的平均值计算，其经济总价值为 22.694×10^8 元。其中贡献较大的有水稻田、芦苇、其他（包括滩涂、河漫滩、灌丛、河流和坑塘水域等）和旱地，贡献比重依次为 38.74%、31.76%、14.02% 和 7.54%。

表 5-27　辽河三角洲滨海湿地的大气组分调节功能价值

湿地类型	水稻田	芦苇	盐地碱蓬	旱地	草甸	养殖区	其他	总计
碳同化量 /$\times 10^4$ t	114.167	93.610	6.078	22.208	12.402	4.922	41.325	294.714
同化价值 /$\times 10^4$ 元	8.793	7.205	0.479	1.710	0.958	0.380	3.184	22.694
温室气体回扣 /$\times 10^4$ 元	0.091	0.076	0	0	0	0	0	0.167
净同化价值 /$\times 10^4$ 元	8.702	7.129	0.479	1.710	0.958	0.380	3.184	22.526

同时，水稻田、芦苇等湿地释放大量的 CH_4 等温室气体，具有负面效应，应给予扣除。根据对该地区温室气体排放的实测研究，估算出各类湿地的实际温室气体排放量，应用 Pearce 等在 OECD 中提出的排散值（薛达元等，1999），得出温室气体排放造成的经济损失总共为 0.167×10^8 元。从碳同化价值中扣除温室气体排放造成的经济损失得到辽河三角洲湿地大气组分调节价值为 22.526×10^8 元。

（2）提供水源和调蓄洪水功能的价值

湿地生态系统具有强大的蓄水和补水功能，在洪水期间可以积蓄大量的洪水，缓解洪峰造成的损失，平时储备大量的水资源可在干旱季节提供生活、生产用水。根据辽河三角洲湿地生态系统蓄水量的最大值与最小值之差计算湿地生态系统的蓄水量和补水量，应用影子工程法计算水文调节功能价值。

辽河三角洲湿地中具有水文调节功能的湿地类型有水稻田、芦苇、养殖区及盐田，最大可能蓄水深度分别为 0.2m、1m、1m、0.6m。可得到湿地总的蓄水量为 12.57×10^8 t。用影子工程法计算如果人工修建此容量的水库，需要 8.421×10^8 元。另外，本区域有水库 7 座，总调洪量为 2.293×10^8 t，灌溉渠系总长 54.432km，可贮水 1.25×10^8 t，河流 21 条，按其流量的 10% 计算调洪量为 6.0×10^8 t。以上三项合计 34.0×10^8 t，采用影子计算法其价值为 2.774×10^8 元。另外，水库贮水量的总价值为 0.603×10^8 元，地下含水层的调洪功能为 2.614×10^8 元。以上各项的总和为 14.412×10^8 元。

（3）降解污染物功能价值

湿地生态系统具有很强的污染物净化功能。辽河三角洲湿地所在的盘锦地区常用污水对芦苇进行灌溉，根据对泵站的水质监测结果，分析灌溉前后污水中污染物浓度的变化，并结合污水处理的市场成本，可以估算单位面积芦苇湿地净化功能价值。辽河三角洲芦苇湿地总面积为 82 044.6hm²，以每公顷芦苇湿地每年灌溉污水 30 000 t 计算，湿地的净化功能价值为 1.231×10^8 元。这种方法只考虑到对主要污染物质的净化功能进行的估算，忽略了芦苇湿地对污水整体质量的净化作用，导致计算结果显著偏小。

因此，这里根据谢高地等（2003）的研究，中国单位面积陆地湿地净化水质的生态系统服务价值为 16 086.6 元/hm²，湿地的净化功能价值为 13.198×10^8 元。

（4）保护土壤功能价值

湿地的保护土壤功能（侵蚀控制功能）主要体现在两个方面：一是减少了水土流失保护土壤；二是减少了水土流失造成的土壤肥力损失。首先求辽河三角洲湿地减少土壤侵蚀的总量。其计算方法可用公式表述如下

$$V = S \times P_i \times \frac{1}{r} \times \frac{1}{h} \times m$$

式中，V 为物质产品价值；S 为湿地面积；P_i 只为第 i 类物质市场价格；r 为土壤容重；h 为土壤表层平均厚度；m 为土壤侵蚀差异量。

用湿地区与湿地破坏区的土壤侵蚀差异平均值乘以湿地面积，即得辽河三角洲湿地减少侵蚀差异总量。根据周晓峰等《黑龙江省森林效益计量与评价》一书关于森林地与无林地土壤侵蚀量差异的研究，无森林地较有林地每年侵蚀量大约差 36.85t/hm²。湿地减少土壤侵蚀总量＝湿地面积×侵蚀差异量÷土壤容重＝302 200×36.85÷1.10＝10 123 700m³。保护土壤的价值用土地废弃的机会价值来代替，即认为湿地完全破坏后这些土地将退化乃至废弃。辽河三角洲湿地土壤表层平均厚度为 0.3m，因此，年废弃土地面积＝年减少土壤侵蚀总量÷土壤表土平均厚度＝10 123 700÷0.3÷10 000＝3374.6hm²。减少土壤侵蚀价值＝相当的废弃土地面积×土地交易价格＝3374.6×7000＝2.36×10^7元。

湿地减少土壤养分流失的价值公式为：$V = f \times S \times P_i \times m$。式中，$V$ 为物质产品价值；f 为土壤中氮、磷、钾的含量；S 为湿地面积；P_i 为第 i 类物质市场价格；m 为土壤侵蚀差异量。

湿地减少土壤养分流失的价值用土壤中氮、磷、钾养分的价值代替。实际调查中，辽河三角洲湿地土壤的全氮、磷、钾含量为：全氮含量为 0.56～1.16g/kg，全磷含量 0.36～0.54g/kg，全钾含量为 21.80～22.90g/kg（周广胜等，2006），化肥的平均价格为 2400 元/t。因此，减少土壤肥力流失价值＝每年废弃土地面积×土壤层厚度×土壤容重×单位质量土壤中氮、磷、钾养分总含量×氮、磷、钾化肥平均价格＝3374.60×10^4×0.30×1.10×2.46％×2400＝6.57×10^8元。

辽河三角洲湿地保护土壤功能（即侵蚀控制功能）价值＝减少土壤侵蚀价值＋土壤

肥力流失价值＝2.36×10⁶＋6.57×10⁸＝6.83×10⁸元（王铁良等，2008）。

（5）生物多样性维持服务价值

辽河三角洲湿地内大面积的芦苇、滩涂和水域为野生动物提供了栖息、繁衍、迁徙和越冬的良好生态环境。为了加强保护和管理湿地生态环境，在辽河三角洲湿地范围内建有国家级自然保护区"辽宁双台子河口国家级自然保护区"，主要目的是保护丹顶鹤等珍稀水禽及其赖以生存的湿地生态环境。

参考2005年保护区的实际投资（包括保护管理、科研、旅游和维护）和该地区人们对生态功能的认知水平，物种保护功能采用替代法估算。生态系统生物多样性维持服务价值体现在传粉维持植物种群繁衍、对种群营养级动态进行生物控制、为定居和临时迁徙种群提供繁育、栖息地的庇护服务和提供遗传资源四个方面上（Costanza et al.，1997）。滨海湿地的生物多样性维持价值主要表现在生物栖息地庇护方面上，Costanza等计算的单位面积海岸带盐沼湿地的生物庇护服务价值按当年汇率换算为人民币后为3689元/(hm²·a)，谢高地等估算的我国单位面积湿地的生物多样性维持服务价值（包括授粉、生物控制、庇护地和遗传资源价值）为2212.2元/(hm²·a)（谢高地等，2003）。以上述2个计算成果的算术平均值2950.6元/(hm²·a)作为辽河三角洲滨海湿地各种自然湿地类型平均的单位面积生物多样性维持服务价值，乘以2003年黄河三角洲各类自然湿地总面积179 391.5hm²，计算得到辽河三角洲湿地总的生物多样性维持服务价值为5.293×10⁸元。

（6）教育科研功能

对教育科研价值的估算主要通过利用科研投资来估算或者利用科研者的实际花费来估算。由于辽河三角洲湿地科研开展比较晚，目前只有中国科学院和国家林业局在内的少数几个单位在区域内开展了科研活动，总体投资量不过千万元，平均每年仅几十万元。若按这种方法估算会低估实际科研价值，因此不可取。为了真实反映本区域湿地的实际科研价值，采用Costanza等对全球单位面积湿地生态系统科研文化功能价值861美元/hm²（当年美元与人民币的汇率为1∶8.27，换算人民币为7120.47元/hm²）和赵同谦等（2004）估算的我国单位面积生态系统平均科研价值382元/hm²的平均值3539.9元/hm²作为估算标准，计算辽河三角洲湿地的科研价值。

辽河三角洲湿地总面积为451 300.5hm²，各种湿地类型总的教育科研功能价值为15.976×10⁸元。

（7）旅游休闲功能价值

湿地生态系统的休闲娱乐功能是指湿地生态系统为人类提供观赏、旅游和娱乐的场所。采用费用支出法来估算辽河三角洲湿地的休闲娱乐功能。估算中用旅游者费用支出的总和（包括交通费、食宿费等一切用于旅游方面的消费）作为湿地休闲娱乐功能的经济价值。

公式为：休闲娱乐价值＝旅行费支出＋消费者剩余＋旅游时间价值＋其他花费。

旅行费支出主要包括游客从出发地到旅游景点的直接往返交通费用、游客在整个旅游过程中的食宿费用、门票和景点的各种服务费用。消费者剩余的计算主要取决于费用与旅游人次。根据薛达元等（1999）的研究，消费者剩余价值约为其他各项费用支出的 10%。旅游时间价值是由于进行旅游活动而不能工作损失的价值都是对旅游投入的一部分。其他费用包括用于购买旅游宣传资料、纪念品等方面的消费。

2005 年，辽河三角洲湿地所在的盘锦市接待国内游客 260 万人次、国外游客 1.4 万人次，国内旅游收入 16.0×10^8 元，外汇收入 0.547×10^8 元，旅游总收入 16.547×10^8 元，以上部分为旅行费用支出和其他消费的总和。旅行时间价值分别按照国内、外的平均收入水平和平均旅行时间估算，其总价值为 4.879×10^8 元；消费者剩余按照以上消费总和的 10% 计算，为 2.158×10^8 元。以上旅游花费的总和为 23.584×10^8 元（索安宁等，2009）。

辽河三角洲湿地生态系统总的生态服务价值为 127.582×10^8 元，以物质生产功能价值、大气组分调节功能价值和旅游休闲功能价值最大，分别为 25.763×10^8 元、22.526×10^8 元和 23.584×10^8 元，三者总共占到系统总服务功能价值的 56.33%。其次为提供水源和调蓄洪水功能价值、降解污染物功能价值、生物多样性维持服务价值、教育科研服务价值和保护土壤功能价值，分别为 14.412×10^8 元、13.198×10^8 元、5.293×10^8 元、15.976×10^8 元和 6.83×10^8 元。可以看出，非物质生产功能价值占到辽河三角洲湿地生态系统服务功能总价值的 79.807%，是物质生产功能的 3 倍以上。

第三节　黄河三角洲滨海湿地生态系统评价

一、生态系统综合评价

以东营市河口区、东营区、垦利县、广饶县和滨州市沾化县、无棣县作为黄河三角洲滨海湿地的基本评价单元，压力、状态、响应三类，压力包括土地利用强度、岸线人工化指数、人口密度、人均 GDP、外来物种入侵；状态包括水质污染、沉积物污染、湿地自然性、景观破碎化、海岸植被覆盖度、底栖生物多样性、鸟类种类与数量变化、潮间带植物生物量变化；响应包括污水处理率和相关政策法规，总计 15 项指标共同构成黄河三角洲滨海湿地生态系统的评价体系。

15 项评价指标加权平均计算，得到黄河三角洲滨海湿地生态系统评价的综合得分为 0.40，综合评价等级为二级，黄河三角洲滨海湿地处于轻度受损的现状，系统受到一定的人为干扰，但滨海湿地的生态景观结果尚合理，生态系统生态功能较完善，滨海湿地生态系统尚可持续。其中，无棣县和沾化县的综合评价结果为三级受损，其他评价单元为二级受损（图 5-8、表 5-28）。

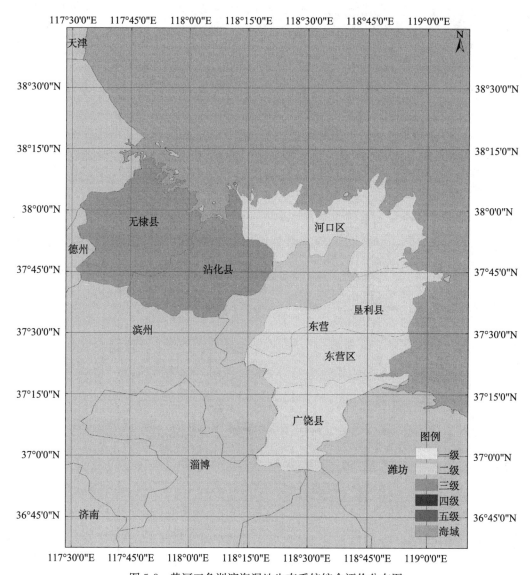

图 5-8 黄河三角洲滨海湿地生态系统综合评价分布图

表 5-28 黄河三角洲滨海湿地生态系统综合评价

综合指标	河口区	东营区	垦利县	广饶县	沾化县	无棣县	黄河三角洲
压力	0.48	0.55	0.43	0.66	0.48	0.60	0.53
状态	0.37	0.36	0.33	0.35	0.48	0.47	0.39
响应	0.18	0.18	0.18	0.18	0.31	0.31	0.22
综合评价得分	0.37	0.38	0.33	0.40	0.46	0.48	0.40

（一）压力分析

将上文所述的 5 项相关压力指标加权平均计算，得到黄河三角洲滨海湿地的压力

现状评价综合得分为 0.53，处于一般水平的压力范围，但仍需引起关注（图 5-9、表 5-29）

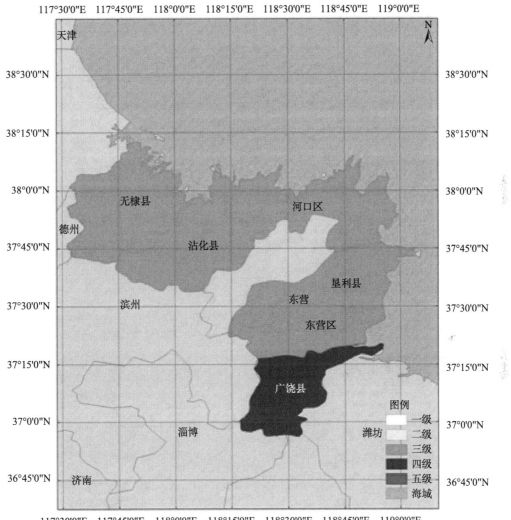

图 5-9　黄河三角洲滨海湿地生态系统压力现状评价分布图

表 5-29　黄河三角洲滨海湿地生态系统压力现状评价

压力指标	河口区	东营区	垦利县	广饶县	沾化县	无棣县	黄河三角洲
土地利用强度	0.21	0.26	0.32	0.43	0.54	0.84	0.43
岸线人工化指数	0.71	1.00	0.40	1.00	0.76	0.82	0.78
人口密度	0.12	0.53	0.10	0.42	0.18	0.22	0.26
人均 GDP	1.00	0.46	1.00	1.00	0.50	0.65	0.77
外来物种入侵	0.50	0.50	0.50	0.50	0.50	0.50	0.50
压力综合得分	0.48	0.55	0.43	0.66	0.48	0.60	0.53

黄河三角洲滨海湿地所面临的外在压力主要表现在：土地利用强度不断加大，虾池、农田和水库池塘面积呈明显增加趋势，使区域生态环境与土地利用的景观格局发生了显著变化；石油工业与湿地保护冲突明显；大米草和互花米草等外来物种入侵逐年加重。人类活动对滨海湿地环境的剧烈干扰，势必影响湿地的生态系统健康。

1. 土地利用强度

20 世纪 70 年代，黄河三角洲受人为干扰较少，只有河流、沼泽和滩涂三种自然湿地类型，进入 80 年代以后，黄河断流天数增多，黄河来水减少，为满足该地区工农业和生活用水的需求，相继建设了十多处水库，沟渠和池塘更是随处可见。农业结构调整、沿海养殖业的发展和石油开采，使该地区水田、虾池和油田面积显著增加，人工湿地面积所占份额逐渐增大。

黄河三角洲人工湿地中养殖池所占比重最高，占总面积的 10.6%，占人工湿地的 80.8%，达 22 399 hm²；人工水面 8351 hm²，占总面积的 4.0%；水库 3935 hm²，占总面积的 1.9%。相当部分已经非湿地化的农地占总面积达 23.4%，达 49 250 hm²，在所有类型中处于首位。近年来，由于大面积地开垦种棉，农地的扩展非常迅速（图 5-10、图 5-11）。

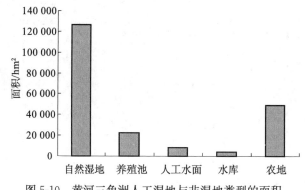

图 5-10　黄河三角洲人工湿地与非湿地类型的面积

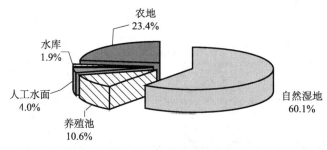

图 5-11　黄河三角洲人工湿地与非湿地类型占总面积的比例

2. 岸线人工化指数

黄河三角洲滨海湿地岸线人工化指数均值达到 0.78，沿岸大量的海岸工程建设阻断了滨海湿地的海陆水文连通，影响滨海湿地的水文和生态系统状况。

3. 人口密度与人均 GDP

黄河三角洲是一片年轻的土地，开发历史仅有百余年。有全国第二大油田——胜利油田，石油工业的发展为黄河三角洲注入了蓬勃生机与活力。在石油工业的带动下，地方工业迅速发展，已基本形成了以石油化工、盐及盐化工、纺织、造纸、机电、建筑、建材、食品加工为主导的多元化工业体系。黄河三角洲也是传统的农业经济区，人均粮食占有量居山东省第一位，由于开发较晚、集约化程度低，农作物单产水平低。

2007 年，黄河三角洲周边地区人均 GDP 达 4.94 万元，区域内人口密度为263 人/km^2（表 5-30）。经济的高速发展，特别是石油工业，不但侵占了大量的湿地，也破坏了鸟类栖息环境，给黄河三角洲滨海湿地生态状况带来了明显的压力。由于油田开发多集中在滨海湿地区域，部分油气资源与黄河三角洲自然保护区在地域上严重交叉，使得油田开发与湿地保护严重冲突。

表 5-30　2007 年黄河三角洲周边地区社会经济概况

地区	行政面积/km²	人口密度/（人/km²）	人均 GDP/万元
东营市河口区	2365	121	10.28
东营区	1156	533	2.29
垦利县	2204	95	6.00
广饶县	1138	422	5.33
滨州市沾化县	2114	184	2.49
无棣县	1998	220	3.27

4. 外来物种入侵

黄河三角洲滨海湿地外来物种中度入侵。1985 年、1987 年，黄河三角洲地区先后引进大米草在无棣岔尖套儿河口、小清河口两侧滩涂种植，1990 年又引进互花米草在东营市仙河镇五号桩栽种，现米草已扩展到 614.59 hm^2（田家怡等，2008）。

外来物种的入侵，在局部地区形成了大片单一群落，排挤了本土植物种的生长，由于柽柳林、芦苇等本土种为许多候鸟重要的食物和栖息地，米草并不能代替这种生态功能。所以米草的入侵和取代本土种，将会严重影响滩涂鸟类的种类和数量，从而影响滩涂湿地正常生态功能的发挥。

（二）状态分析

将环境质量、生境质量和生物群落质量等三类，包括 8 项相关状态指标加权平均计算，得到黄河三角洲滨海湿地的状态评价综合得分为 0.39，系统轻度受损（图 5-12、表 5-31）。

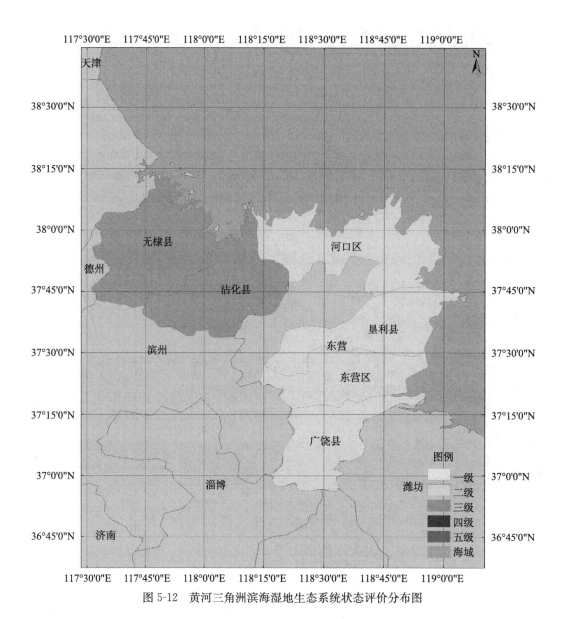

图 5-12　黄河三角洲滨海湿地生态系统状态评价分布图

表 5-31　黄河三角洲滨海湿地生态系统状态评价

状态指标	河口区	东营区	垦利县	广饶县	沾化县	无棣县	黄河三角洲
环境质量	0.44	0.39	0.45	0.36	0.49	0.49	0.44
生境质量	0.31	0.33	0.19	0.32	0.58	0.54	0.38
生物群落	0.38	0.38	0.38	0.38	0.38	0.38	0.38
状态综合得分	0.37	0.36	0.33	0.35	0.48	0.47	0.39

　　黄河三角洲滨海湿地生态现状仍不容乐观，主要表现在：滨海湿地水体污染严重，主要污染物有有机污染物、营养盐和石油类；由于湿地开发，虾池、农田、水库池塘等

人工湿地面积大幅度增加，河流、沼泽湿地等自然湿地锐减；农耕和滩涂开发等人为的大规模开发导致景观破碎化加剧；随着滩涂开发、水产养殖、道路建设和种植业生产的规模不断扩大，天然草地面积急剧减少；底栖生物群落种类偏少，多样性不高；由于黄河淡水流量锐减、海水侵蚀、海岸线蚀退以及湿地开发，鸟类适宜生境减少，鸟类种群数量减少较多。

1. 环境质量

2007~2008年中国滨海湿地调查结果显示，黄河三角洲滨海湿地环境质量较差。水体污染污染较为严重，主要污染物为有机污染物、营养盐和油类；相较于水体，沉积物环境质量则较好。

近年来，随着黄河三角洲高效生态经济的迅速发展，每年工业和生活污水的排放量达到了8000万t左右，这些污水有相当一部分未经处理就排放到了河道和近海，加上黄河和其他河流上游地区未经处理污水的顺流而下，尤其是区内小清河和广利河两条河流的有机物污染严重超标，综合污染超过国家Ⅴ类标准（排水系统以Ⅴ类水为评价标准），对整个地区湿地生态环境构成了较大的威胁。例如，1986年和1987年，因暴雨行洪，小清河污染物爆发性外泄，造成河口1300hm²滩涂贝类死亡。又如，1998年和1999年，黄河三角洲沿海地区连续发生了较大规模的赤潮现象。湿地农业耕作中化肥和农药的污染、乡镇企业的工业污染以及人工养殖鱼虾所造成的富营养化，对人工湿地的环境质量造成了一定的负面影响，降低了湿地功能效益。

油田开发的环境污染问题不容忽视，对苇地、滩涂的影响主要表现在油污染、油管破裂、泄露原油及井喷等事故造成苇地、滩涂水体污染。黄河故道和现河口处已建10余个油田，生产油井已有数千个，对湿地环境将产生一定的影响。据统计1996年黄河三角洲工业废水排放量为3.365×10^7t，其中石油矿产开采业占排放总量的49.6%，工业废气排放量为2.8429×10^{10}m³，矿产采掘业占排放总量的32.6%。

2. 生境质量

（1）湿地自然性

黄河三角洲滨海湿地主要为天然湿地，占总面积的60.1%。其中，光滩的面积最大，达45 741 hm²，占总面积的21.7%；其次，碱蓬的分布面积为42 190 hm²，占总面积的20.1%；芦苇、自然水面和林地的分布面积分别为27 364 hm²、7456 hm²、3647 hm²，占滨海湿地总面积的比例分别为13.0%、3.5%、1.7%（图5-13、图5-14）。

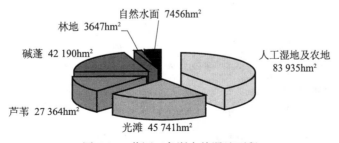

图5-13　黄河三角洲自然湿地面积

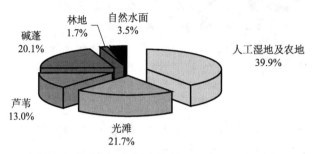

图 5-14　黄河三角洲自然湿地占总面积的比例

（2）景观破碎化

A. 景观水平上的变化

1992～2008 年，黄河三角洲滨海湿地的景观缀块数目增加比较多。在 1992～2000 年，景观缀块数目减少约 1/3，相应的缀块平均面积增大，缀块形状复杂化，平均距离及蔓延度均有一定的增大，多样性指数变化不大；2000～2008 年，缀块数目有了大幅度的增加，缀块平均面积下降很多，缀块形状复杂程度却明显降低，平均最近距离与邻近指数及蔓延度表现的变化一致，景观斑块虽然增加，但其特征简单化、规则化（表 5-32）。总体上分维值基本稳定，平均最近距离不大，离散程度不高，景观多样性没有显著变化，景观构成中虽有较优势的缀块类型但没有明显优势存在，缀块分布较为均匀，破碎化程度增加但程度不高。

表 5-32　景观水平的黄河三角洲滨海湿地景观格局指数变化

年份	缀块个数	缀块平均面积	面积加权的平均形状指数	面积加权的平均分形指数	平均最近距离	蔓延度指数	平均邻近指数	香农多样性指数	香农均度指数
1992	904	661.55	8.50	1.19	416.20	54.20	3166.81	1.76	0.85
2000	600	996.73	9.06	1.20	522.73	55.38	3596.82	1.73	0.83
2008	1769	332.57	8.48	1.18	370.24	57.21	7738.12	1.75	0.80

黄河三角洲滨海湿地景观结构的这种变化特点与人类的开发活动密切相关。人类活动的结果往往在初期导致景观结构的复杂化，后期多形成形状规则的建造群体。黄河三角洲的开发特别表现在农耕与滩涂的开发上，形成规模后，总体占地广、外形规则，但地块分割明显，这也可能造成原有的一些零散斑块的重新结合而形成较大规模的景观类型。

B. 类型水平上的变化

黄河三角洲滨海湿地不同的景观类型的变化有明显的差异。1992～2008 年，滩地是其中较大的缀块类型，缀块平均面积大（表 5-33）。1992～2000 年，缀块数量不多且基本稳定，但滩地缀块形状的复杂程度明显降低，分维值也有所下降，相邻的缀块类型增多，人类活动作用明显；2000～2008 年，滩地面积迅速减少，但缀块数量却又大幅度增加，平均缀块面积减小很多，面积的复杂程度进一步降低，分维值也降低，平均最近距离与并列散布指数呈相反趋势发展，滩地开发强度有明显增大，破碎化程度加剧。

表 5-33 类型水平的黄河三角洲滨海湿地景观格局指数变化

类型	年份	缀块类型面积	景观类型百分比	缀块个数	缀块平均面积	面积加权的平均形状指数	面积加权的平均分形指数	平均最近距离	散布与并列指数
滩地	1992	53 756.19	14.34	44	1 221.73	11.74	1.26	476.94	71.52
	2000	54 634.05	9.14	39	1 400.87	8.56	1.23	107.27	62.90
	2008	45 111.56	7.67	127	355.21	7.35	1.22	483.45	58.50
水域	1992	19 571.58	5.22	132	148.27	5.55	1.20	729.04	82.23
	2000	22 874.76	3.83	150	152.50	10.91	1.27	576.84	75.77
	2008	36 007.81	6.12	301	126.88	9.62	1.25	412.05	69.38
草地	1992	44 906.40	11.98	170	264.16	15.84	1.29	315.15	62.71
	2000	55 120.23	9.22	154	357.92	15.12	1.28	108.73	72.36
	2008	38 338.19	6.52	514	74.59	9.81	1.26	274.69	62.37
农地	1992	71 744.94	19.14	214	335.26	23.14	1.31	273.06	60.95
	2000	82 182.51	13.74	52	1 580.43	18.74	1.29	81.29	64.12
	2008	97 955.31	16.65	247	396.58	25.19	1.31	219.73	53.84
苇地	1992	22 696.56	6.05	125	181.57	9.91	1.25	484.43	52.95
	2000	23 281.11	3.89	81	287.42	11.21	1.27	455.81	42.58
	2008	24 988.13	4.25	355	70.39	9.57	1.25	309.03	48.28
林地	1992	33 984.81	9.07	197	172.51	7.70	1.24	316.13	37.45
	2000	9 519.12	1.59	117	44.73	5.80	1.22	574.89	36.62
	2008	7 736.94	1.32	200	38.68	4.96	1.21	455.73	43.85

水域是各种景观类型中面积及缀块数增加最快也最多的类型，但缀块平均面积变化不大，分维值略有增大，平均最近距离不断减小，散布并列指数也呈减小趋势。这种变化表明，在黄河三角洲区域水产养殖业的发展，使原有的其他类型景观单一化向人工水域变化，同类型景观总面积增大，但呈块状连片分布，开发活动造成景观破碎化及区域上的单一化。

草地与农地均有较高的分维值，在草地面积减少的同时，农地面积有显著增加。1992~2000 年，草地面积增大的同时，平均缀块面积也在增大，说明该类型曾有过恢复时期。但 2000 年之后，草地面积迅速减少，平均缀块面积大幅减小，形状复杂程度也有明显降低。该变化说明这期间人类活动剧烈，开发活动持续而频繁。2000 年之后的农地变化也显得比较特别，在面积不断增加的情况下，地块数有明显增多，平均地块面积减小，而形状的复杂程度却增大，平均最近距离与并列散布指数呈相反趋势发展，破碎化表现非常明显。这种综合的表现与通常所接触到的农业开发活动有所不同，这种状况表明该时期的开发强度很大，但在农业开发中，人们已不再完全选择地势有利于机械化作业的区域大规模开发，而是因地就势，尽可能地开发能够开发的区域，这也显示了该区域开发的过度性和某种无序性。

与此同时，苇地的变化与人为活动也有直接的关系。总体上苇地面积变化不大，但缀块数在 2000 年后有了明显增多，景观趋向破碎化。

林地是几种景观类型中面积减少最多也是最快的类型，1992～2000 年，林地减少的速度可谓惊人。与此同时，林地景观的缀块数、缀块平均面积、形状指数均有不同程度的减少，平均最近距离增大、并列散布指数减小，破碎化程度增大明显。这其中既有自然原因，也有人为原因，但人为的大规模开发应该是其变化的主要原因。

（3）海岸植被覆盖度

黄河三角洲原有草地 18.5×10^4 hm²，具有大力发展天然草地畜牧业的优势。近年来，随着滩涂开发、水产养殖、道路建设和种植业生产的规模不断扩大，天然草地面积急剧减少，每年减少天然草地约 10 000 hm²，现存草场的生产力也严重退化，只有不到 30% 的草地保持 10 年前的生产力，其余退化为三、四、五级草场，产草量和理论载畜量大副降低。此外，过度采挖也使甘草、草麻黄、单叶蔓荆等植物处于濒危状态。

3. 生物群落结构

（1）底栖生物多样性

在黄河河口湿地共发现大型底栖动物 41 种，隶属于 33 科 38 属，其中节肢动物 23 种，软体动物 9 种，环节动物 8 种，昆虫幼虫 1 种。底栖动物主要生态特征为广温性、广盐性和耐低氧环境。其区系组成为海洋动物、半咸水种类和淡水种类并存。

黄河河口湿地底栖动物种类偏少，多样性偏低，大型底栖动物群落多样性指数沿不同植物群落类型变化趋势一致，总体表现为：9 月＞5 月；水生植物群落＞旱生植物群落＞湿生、中生植物群落（图 5-15）（郑莉，2007）。

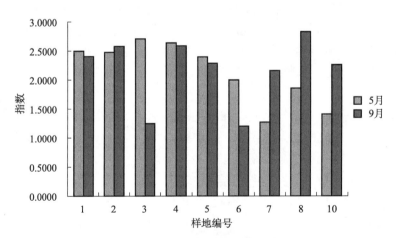

图 5-15 黄河河口大型底栖动物群落多样性指数比较

资料来源：郑莉（2007）

1、2：海岸滩涂；3：河滩上柽柳群落；4：深水芦苇群落；5、7：浅水芦苇群落；

6：水塘边草地群落；8：棉田；10：白蜡林

（2）鸟类种群变化

近年来，由于黄河淡水流量锐减、海水侵蚀、海岸线蚀退以及湿地开发，导致鸟类适宜生境减少，鸟类种群数量减少较多。

黑嘴鸥：黑嘴鸥是世界濒危鸟类，黄河三角洲是黑嘴鸥繁殖地之一。1991年调查到的黑嘴鸥的繁殖区主要在一千二管理区及其外围的刁河口滩涂、大汶流管理区和黄河口滩涂区。

1995年的调查中，在一千二管理区及其外围的刁河口滩涂未见1只黑嘴鸥，其原因是黄河改道、海岸蚀退造成的生境破坏；而在大汶流河沟发现了黑嘴鸥的繁殖区，统计到黑嘴鸥200余只，巢40余个。

1998年在广利河东岸发现繁殖种群100只，觅食种群300只，亚成体60只，而在2002年的调查中仅发现繁殖种群30只，觅食种群10只，巢1窝。当年调查时已围垦到泥质滩涂，准备开发水产养殖，部分区域正在开采石油，新修的道路也加剧了景观破碎化程度。

近几年，此区域再没有发现巢区，黑嘴鸥数量明显减少，其原因是黄河淡水注入量减少，造成了生境恶化（赵长征等，2004）。

黑脸琵鹭（*Platalea minor*）：黑脸琵鹭作为全球性易危物种，种群只分布于东亚区（约翰·马敬能等，2000），由于数量稀少，受国际社会的高度关注。在2000年前的野外调查中没有发现黑脸琵鹭的踪迹。2002年首次发现黑脸琵鹭的大迁徙种群，数量达49只（单凯等，2002），然而，从2002年开始，黑脸琵鹭的数量却在逐年减少，到2005年，在黄河三角洲仅发现5只（表5-34）。

表5-34　黄河三角洲黑脸琵鹭的数量和分布野外调查汇总表

年份	数量	地点	生境
1996～2001	0		
2002	49	黄河入海口	入海近海滩涂
2003	15	五号桩	近海滩涂
2004	11	黄河口芦苇养殖区	芦苇沼泽
2005	5	大汶流湿地生态恢复区	芦苇沼泽中浅水域区

资料来源：王广豪等（2006）

（3）潮间带植物群落

黄河三角洲滨海湿地有碱蓬湿地42 190.14 hm²，芦苇湿地27 363.60 hm²，生物多样性丰富、生物生产量高，优越的地理位置和良好的生态环境是鸟类迁徙路线上重要的中转站和栖息地。

（三）响应分析

将上文所述的2项相关响应指标加权平均计算，得到黄河三角洲滨海湿地的响应评价综合得分为0.22，政府相关部门针对保护区所采取的各种活动还是比较积极的（图5-16、表5-35）。

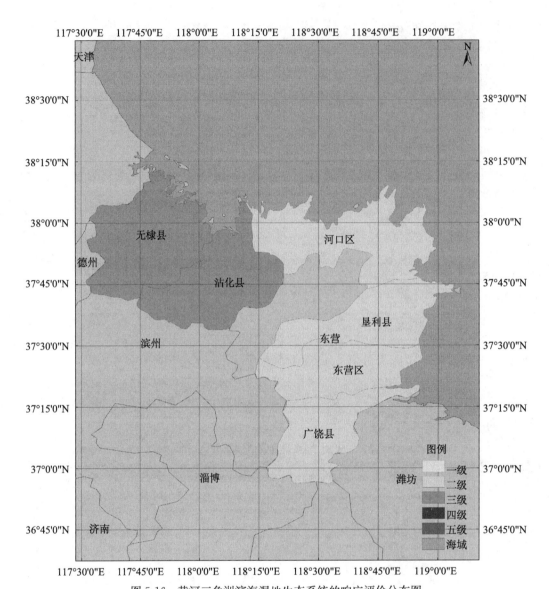

图 5-16 黄河三角洲滨海湿地生态系统的响应评价分布图

表 5-35 黄河三角洲滨海湿地生态系统的响应评价

响应指标	河口区	东营区	垦利县	广饶县	沾化县	无棣县	黄河三角洲
污水处理率	0.25	0.25	0.25	0.25	0.32	0.32	0.27
政策法规	0.10	0.10	0.10	0.10	0.30	0.30	0.17
响应综合得分	0.18	0.18	0.18	0.18	0.31	0.31	0.22

黄河三角洲于 1992 年成立国家级自然保护区，总面积 153 000 hm²，其中核心区 79 000 hm²，缓冲区 11 000 hm²，实验区 63 000 hm²，以保护新生湿地生态系统和珍稀濒危鸟类为主的湿地类型；省级自然保护区无棣贝壳堤岛与湿地是世界上贝壳堤最完整、唯一的新老贝壳堤并存的以保护贝壳堤岛与湿地生态系统和珍稀濒危鸟类为主体的保护区。

东营市 2008 年完成限期治理项目 39 项，环境污染治理完成投资 26 170 万元，城市污水集中处理率 70%，政府部门也出台了相应的环境保护政策、法律和法规（东营市统计局，2008）。

（四）压力-状态-响应机制分析

黄河三角洲是一片年轻的土地，其开发历史仅有百余年。它有全国第二大油田——胜利油田，石油工业的发展为黄河三角洲注入了蓬勃生机与活力；同时，黄河三角洲也是传统的农业经济区，人均粮食占有量居山东省第一。不幸的是，近些年来，随着黄河来水量的减少，湿地生态用水难以保障，黄河断流对湿地生态系统的影响严重；再加上湿地资源的不合理开发和高效生态经济的迅速发展，导致黄河三角洲滨海湿地环境污染严重、生物多样性锐减。

值得欣慰的是，黄河三角洲滨海湿地的响应工作做得比较到位，作为国家级自然保护区，政府相关部门投入了大量的财力，也制定了相应的保护法规。鉴于黄河三角洲滨海湿地的重要性，湿地保护的政策法规的执行度有待进一步加强。

二、 生态系统服务功能

黄河三角洲滨海湿地主要具有如下生态系统服务功能。

（1）成陆造地功能

由于黄河是高含沙量河流（径流平均含沙量为 $37kg/m^3$），因此平均每年有 $12 \times 10^8 t$ 泥沙在河口沉积，河口平均以每年 5km 的速度向海淤进，年均造陆 $3240hm^2$。这使得黄河三角洲面积逐年增加，成为世界上土地面积增长最快的三角洲。

（2）物质生产功能

物质生产是指黄河三角洲滨海湿地生态系统通过初级生产和次级生产过程生产可以进入市场交换的物质产品，这包括全部的植物产品和动物产品。黄河三角洲物产丰富，滨海湿地的生产力主要表现为渔业生产力，广阔的浅海和滩涂为发展水产养殖提供了条件，主要水产品主要有南美白对虾（*Penaeus vannamei*）、日本对虾（*P. japonicus*）、文蛤（*Meretrix meretrix*）、四角蛤蜊（*Mactra veneriformis*）、近江牡蛎（*Crassostrea rivularis*）、长牡蛎（*C. gigas*）、三疣梭子蟹（*Portunus trituberculatus*）、天津厚蟹（*Helice tientsi*）等。2004 年，黄河三角洲淡水和海水养殖池面积 106 845hm²，水产品总产量 258 745t。此外，黄河三角洲芦苇沼泽面积广阔、产量大，自然湿地中还分布有丹参、薄荷、黄芩、板蓝根、甘草、黄芪等珍贵的植物药材。

（3）气候调节功能

绿色植物通过光合作用吸收 CO_2、释放 O_2，调整大气的组成成分，这是湿地生态系统的重要功能之一。黄河三角洲湿地植被覆盖面积广阔、植物种类丰富、生物量巨大，大约有 60% 的土地被草甸、灌丛、疏林和稻田覆盖，对气候调节有重要意义。但是，湿地同时也是温室气体甲烷的重要排放源。在研究湿地对气体调节的贡献时，必须考虑温室气体排放带来的负面影响。

（4）涵养水源功能

黄河三角洲地区的水源主要由黄河等河流供给，黄河为三角洲地区带来了充沛的水量，黄河利津水文站多年平均径流量为 $320.26 \times 10^8 \mathrm{m}^3$，湿地的水量较为充足，东营市 90% 以上的用水来自黄河。

（5）调蓄洪水功能

黄河三角洲滨海湿地是一个巨大的蓄水库，特别是沼泽、沟渠和水库湿地，可以在暴雨和河流涨水期储存过量的降水，均匀地把径流放出，减少和滞后了降水进入江河的水量和时间，减少了洪水径流，削减和滞后了洪峰，因此黄河三角洲是一个陆地水入海前的一个巨大天然蓄水库，具有强大的蓄水调洪功能。

（6）降解污染物功能

湿地被誉为"地球之肾"，一方面湿地土壤能吸附一部分有毒有害物质，另一方面湿地生态系统中旺盛的生命活动能截留大量营养物质，降解相当数量的有机污染物，并能过滤和消灭大部分有害微生物和寄生虫。湿地内水体流动缓慢，具有较强的缓冲能力，对氮、磷等营养元素有一定的储存和滞留作用。

当含有毒物和杂质（农药、生活污水和工业排放物）的流水经过湿地时，水流流速减慢有利于毒物和杂质的沉淀和排除。此外，一些湿地植物如芦苇能有效地吸收有毒物质。国内外有不少人工湿地被建成了小型生活污水处理厂，提高了生态系统中水的质量，有益于人们的生产和生活。

（7）保护土壤功能

湿地因具有特殊的植被和潮湿环境，所以具有防止土壤因风、径流和其他移动过程而流失的作用。

（8）生物栖息地功能

黄河三角洲滨海湿地独特的地理位置和特殊生境为各种涉禽、游禽提供了丰富的食物来源和营巢避敌的良好场所，为生物多样性的存在和发展提供了良好的环境条件，是珍稀濒危野生生物的天然衍生地，是鸟类、鱼类、两栖动物的繁殖、栖息、迁徙越冬的场所，在保护珍稀濒危物种方面具有重要价值。

（9）教育科研功能

黄河三角洲滨海湿地的教育科研功能主要体现在黄河三角洲自然保护区内。自然保护区内的湿地具有新生性、脆弱性、自然性和典型性特点，其复杂的湿地生态系统、丰富的动植物群落、多样的珍稀濒危物种等，在自然科学教育和研究中具有十分重要的作用，是教育的实习基地和科学研究的重要对象和研究基地。这里不仅是研究河口生态系统以及生态系统内部各种生物形成、发展、演替的重要基地，而且是探索各种生物系统的结构、功能及其在自然和人为干扰下动态变化的场所。

（10）旅游休闲功能

黄河三角洲滨海湿地的自然景观具有"奇、特、旷、野、新"等美学特征，作为独具特色的旅游资源，吸引了大量的海内外游客（李平等，2004）。置身黄河三角洲滨海湿地，会让人感觉心旷神怡，并体验到"天苍苍、野茫茫"的感觉；黄河三角洲的河口日出日落景观、油田景观也很有特色。

三、 价值评价

（一）直接价值（经济价值）评价

1. 成陆造地功能（DUV_1）

由于泥沙淤积，黄河三角洲湿地每年新增土地面积 2000～3300 hm^2，但是 1996～1999 年，黄河断流和海岸侵蚀导致黄河三角洲以平均 7.6 km^2/a 的速度蚀退，自 2000 年连续 4 年的调水调沙试验，黄河口蚀退现象基本得到解决。因此，在对黄河成陆造地功能价值的估算时，暂时不考虑其侵蚀造成的损失。

成陆造地功能价值采用市场价值法进行评估，计算公式如下：成陆造地价值＝每年造地面积×当年土地使用权转让价格。根据东营市沿海新增土地使用权转让价格 300～1500 元/hm^2（取平均值 900 元/hm^2），每年新增土地面积取平均值 2650 hm^2，所以黄河每年成陆造地功能价值为：DUV_0＝2650 hm^2×900 元/hm^2＝0.024 亿元。

2. 物质生产功能

黄河三角洲滨海湿地的物质生产功能的价值采用市场价值法进行评估。

（1）水产品的产出价值（DUV_2）

黄河三角洲滨海湿地产出的水产品主要有南美白对虾、日本对虾、文蛤、四角蛤蜊、近江牡蛎、长牡蛎、三疣梭子蟹、天津厚蟹等。2004 年，黄河三角洲淡水和海水养殖池面积 106 845 hm^2，水产品总产量 258 745t，总产值 18.32×10^8 元。其中淡水养殖面积 28 933 hm^2，产量 87 143t，实现淡水产品产值 7.91×10^8 元；海水养殖面积 77 912 hm^2，产量 171 602t，产值 10.41×10^8 元，扣除当年水产养殖投入 0.23×10^8 元，2004 年黄河三角洲养殖池的水产品产出价值为 18.09×10^8 元（张晓慧，2007）。黄河三角洲滩涂和浅海有采捕价值的贝类及蟹类中文蛤分布面积约 6.0×$10^4 hm^2$，资源量约 5.2×10^4t，四角蛤蜊分布面积约 3.8×$10^4 hm^2$，资源量约 5.8×10^4t，天津厚蟹分布面积约 5.4×$10^4 hm^2$，资源量约 1.4×10^4t，自 20 世纪 70 年代以来，每年在黄河三角洲浅海捕获的梭子蟹约 8000t（辛琨等，2006）。按照 2004 年当年的价格，文蛤、四角蛤蜊和天津厚蟹 5600 元/t、三疣梭子蟹 4×10^4元/t，黄河三角洲浅海和滩涂有采捕价值的贝类、蟹类的价值共约 9.92×10^8 元。

（2）芦苇的产出价值（DUV_3）

黄河三角洲滨海湿地的芦苇主要作为造纸原料采收利用。芦苇沼泽湿地总面积 27 175.74 hm^2，干芦苇单产平均为 7.9 t/hm^2，总产量 21.47×10^4t，市场均价为 600 元/t，每年产值 1.29×10^8 元。

（3）原盐的产出价值（DUV_4）

2004 年，黄河三角洲盐田生产面积 4300 hm^2，产盐 55.9×10^4t。按照《2004 山东统计年鉴》原盐销售的平均价格为 225 元/t，黄河三角洲年产原盐价值约为 1.26×10^8

元。黄河三角洲地下还蕴藏着极丰富的盐卤资源，具有形成年产 600×10^4 t 原盐生产能力的资源条件，因此对原盐产出价值的估算是比较保守的。

（4）牧草的产出价值（DUV_5）

黄河三角洲滨海湿地的河流、坑塘、沟渠、沼泽和草甸、路边湿地、滩涂等 6 个湿地类中很多湿地植物可以作为牧草利用。根据文献的统计资料，利用各群丛的年净初级生产力和面积计算了上述各湿地类型的柽柳灌丛（Ass. *Tamarix chinensis*）、杞柳灌丛（Ass. *Salix integra*）、柽柳＋獐毛灌草丛（Ass. *Tamarix chinensis*，*Aeluropus littoralis*）、白刺灌丛（Ass. *Nitraria sibirica*）、杞柳野大豆灌草丛（Ass. *Salix integra*，*Glycine soja*）、白刺＋盐地碱蓬灌草丛（Ass. *Nitraria sibirica*，*Suaeda salsa*）、荻群丛（Ass. *Miscanthus sacchm² riflorus*）、黑三棱群丛（Ass. *Sparganium stoloniferum*）、大穗结缕草群丛（Ass. *Zoysis japonica*）、朝鲜碱茅群丛（Ass. *Puccinellia chinampoemum*）、牛鞭草群丛（Ass. *Hemarthria altissima*）、浮萍＋紫萍群丛（Ass. *Lemna minor*，*Spirodela polyrhiza*）、浮叶眼子菜＋水鳖群丛（Ass. *Potamogeton matans*，*Hydrocharis dubia*）、槐叶萍群丛（Ass. *Salvinia natans*）、竹叶眼子菜群丛（Ass. *Potamogeton malaianus*）、菹草＋茨藻群丛（Ass. *Potamogetoncrispus*，*Najas marina*）、金鱼藻群丛（Ass. *Ceratophyllum demersum*）等 17 个湿地群丛的年总生产量，以此作为黄河三角洲牧草总产量。黄河三角洲滨海湿地各自然湿地类牧草的年总产量为 28.065×10^4 t（吴巍和谷奉天，2005）。湿地中的芦苇由于被采收后主要用作造纸原料，所以芦苇不作为牧草参与计算。此外，稻田产出的稻草也是优质的饲草，2004 年黄河三角洲有稻田 19 103hm²，按照地上部分年净初级生产力 3.13t/ hm²、秸秆与水稻生物量比值 1∶0.9 计算，稻草的年产量为 3.147×10^4 t（张晓慧，2007）。合计 2004 年黄河三角洲滨海湿地产出的牧草总量为 30.897×10^4 t，按当年的平均市价 800 元/t 计算，黄河三角洲滨海湿地产出的牧草价值为 2.50×10^8 元。

（5）水稻的产出价值（DUV_6）

2004 年，黄河三角洲有稻田 19 103hm²，按照地上部分年净初级生产力 3.13t/ hm²、秸秆与水稻产量 1∶0.9 计算，当年水稻的总产量为 2.832×10^4 t。按照当年山东省水稻平均价格 2500 元/t 计算，当年产出的水稻价值为 0.708×10^8 元。

按照公式 $DUV = DUV_1 + DUV_2 + DUV_3 + DUV_4 + DUV_5 + DUV_6$ 计算，黄河三角洲滨海湿地总物质产出功能价值为 15.702×10^8 元。

（二）间接价值（服务功能）评价

1. 调节气候功能

（1）固定 CO_2 释放 O_2 价值（IUV_1）估算

采用碳税法和造林成本法进行估算。湿地的气体调节服务价值是指自然湿地中湿地植物的光合作用这一初级生产过程吸收 CO_2 合成有机物并释放 O_2，起到调节大气成分、减缓全球变暖的作用。湿地的气体调节服务价值属于湿地的间接使用价值。自然湿地的初级生产过程（光合作用）的化学反应方程式如下

$$CO_2 + H_2O \xrightarrow{\text{光合作用}} C_6H_{12}O_6 + O_2$$

二氧化碳　　　　　　　有机物　氧气

湿地吸收 CO_2 的价值（IUV_{1A}）。根据前文计算，黄河三角洲滨海湿地芦苇年总净初级生产量 21.47×10^4 t，各自然湿地类牧草的年总净初级生产量 28.065×10^4 t；稻田 $19\,103 hm^2$，地上和地下部分总的年净初级生产力 $6.88 t/hm^2$（张晓慧，2007），年总净初级生产量 13.143×10^4 t；另据王海梅等（2007）对黄河三角洲植被的研究，潮间带盐地碱蓬群落的年净初级生产力为 $6.22 t/hm^2$，群落分布总面积 $101\,914 hm^2$，年净初级生产量为 63.391×10^4 t；合计黄河三角洲滨海湿地总的年净初级生产量为 126.069×10^4 t。

按照湿地光合作用过程每形成 1g 有机质需吸收 1.63g CO_2（即固定纯 C 量 0.44g），国际上为削减温室气体排放制定了不同的碳税率，其中 1990 年瑞典的碳税率 150 美元/t C 是在国际上被普遍接受和认可的（Anderson，1990），按照当时 1 美元兑换 8.28 元人民币的汇率这一税率折合人民币 1242 元/t。按照上述数据计算，黄河三角洲滨海湿地吸收 CO_2 的年生态系统服务价值为

$$IUV_{1A} = 126.069 \times 10^4 t \times 0.44 \times 1242 \ 元/t = 6.889 \times 10^8 \ 元$$

湿地释放 O_2 的价值（IUV_{1B}）。采用造林成本法估算黄河三角洲滨海湿地释放 O_2 的价值。按照 O_2 的造林成本 352.93 元/t（欧阳志云等，1999），湿地光合作用过程每形成 1g 有机质释放 $1.19 gO_2$ 计算，黄河三角洲滨海湿地释放 O_2 的生态系统服务价值为

$$IUV_{1B} = 126.069 \times 10^4 t \times 1.19 \times 352.93 \ 元/t = 5.295 \times 10^8 \ 元$$

（2）温室气体排放损失估算（IUV_{1C}）

主要计算芦苇湿地和稻田湿地排放 CH_4 造成的价值损失。黄河三角洲滨海湿地中芦苇沼泽湿地的 CH_4 的平均排放通量约为 $0.52 mg/(m^2 \cdot h)$，芦苇沼泽湿地的面积为 $41\,984 hm^2$，得出芦苇沼泽湿地 CH_4 的年排放总量为 76.02×10^4 kgC（即 101.38×10^4 kg CH_4）。

采用中国北方稻田甲烷排放量的研究结果，稻田湿地 CH_4 的平均排放通量为 $2.984 mg/(m^2 \cdot h)$，稻田面积 $19\,103 hm^2$，得到稻田 CH_4 的年排放总量为 10.90×10^4 kgC（即 13.67×10^4 kg CH_4）。

综合上述计算结果，黄河三角洲滨海湿地每年排放 CH_4 86.92×10^4 kgC。按照 150＄/t C 的碳税，甲烷排放造成的经济损失为 107.96×10^4 元。将湿地吸收 CO_2、释放 O_2 的价值扣除温室气体排放损失，得到黄河三角洲滨海湿地的调节气候功能价值为 12.173×10^8 元。

2. 提供水源功能价值（IUV_2）

黄河三角洲的水资源包括当地水资源和黄河输入的客水资源，黄河三角洲的客水资源约 90％ 来自黄河，10％ 来自地下。对黄河三角洲滨海湿地涵养水源的生态服务价值主要根据生产生活实际利用的水资源进行计算。据统计，2004 年东营市工业用水 2.88×10^8 m^3、生活用水 0.97×10^8 m^3、农业用水 7.39×10^8 m^3，按照工业用水价格 1.9 元/m^3、生活用水价格 1.4 元/m^3、农业用水价格 1.2 元/m^3 计算，黄河三角洲滨海湿地涵养水源的生态服务功能价值为：

$$IUV_2 = 2.88 \times 10^8 m^3 \times 1.9 \ 元/m^3 + 0.97 \times 10^8 m^3 \times 1.4 \ 元/m^3$$
$$+ 7.39 \times 10^8 m^3 \times 1.2 \ 元/m^3 = 15.698 \times 10^8 \ 元$$

3. 调蓄洪水功能（IUV₃）

采用影子工程法进行评估。由于黄河在下游及三角洲地区河床高于两岸地面、黄河径流年际变化大等原因，黄河三角洲地区受到黄河等河流的洪水威胁较大。黄河三角洲滨海湿地调蓄洪水的生态功能价值主要是由水库、坑塘、稻田、芦苇沼泽湿地等湿地均化洪水实现的。2004 年，在黄河三角洲已建成 $1000 \times 10^4 m^3$ 以上库容的平原引黄调蓄水库 23 座，总库容 $5.4 \times 10^8 m^3$；当年，黄河三角洲有芦苇沼泽湿地 27 175.74hm²、坑塘 34 778.4 hm²、稻田 19 103hm²，将芦苇沼泽湿地、坑塘、稻田均按 8100m³/hm² 的蓄水能力计算（肖寒等，2000；孟宪民等，1999），上述 3 类湿地的年蓄水总量为 $6.57 \times 10^8 m^3$。根据物价指数将 2000 年的不变价格换算为 2004 年的价格，按照水库单位库容蓄水成本 5.714 元/m³ 计算，黄河三角洲滨海湿地调蓄洪水的生态服务价值为 68.397×10^8 元。

4. 降解污染物功能的价值（IUV₄）

采用替代法估算降解污染物功能的价值，根据污水处理厂净化污染物的总花费和湿地对污染物的去除率来估算湿地降解污染物功能的价值。沼泽湿地、坑塘等自然湿地可以减缓地表径流的流速，沉淀并排除地表径流、工农业生产废水、城市生活污水中含有的氮、磷等过量营养盐和其他有害物质，起到净化水质的功能。稻田等人工湿地也能起到吸收、净化水中含有的氮、磷等过量营养盐的作用。根据谢高地等（2003）的研究，中国单位面积陆地湿地净化水质的生态系统服务价值为 16 086.6 元/hm²，黄河三角洲共有沼泽和草甸、河流、坑塘、沟渠、路边湿地、稻田 230 157.6hm²，这些湿地净化水质的生态功能价值为 37.024×10^8 元。

5. 保护土壤功能（IUV₅）

采用替代法计算黄河三角洲滨海湿地保护土壤功能的价值。黄河三角洲滨海湿地保护土壤的生态服务价值是通过湿地减少土壤侵蚀和肥力流失实现的。黄河三角洲滨海湿地主要有潮土、盐土和水稻土 3 个土类，其全氮、全磷和可溶性钾的平均含量分别为 0.050%、0.055%、0.007%（田家怡等，1999；宋创业等，2008），黄河三角洲共有沼泽和草甸、坑塘、沟渠、路边湿地 179 633.3hm²，根据对中国土壤侵蚀的研究结果，采用湿地保护土壤的能力（以草地中等侵蚀深度 25mm/a 代替）、湿地土壤容重 1.3t/m³（中国生物多样性国情研究报告编写组，1998），氮、磷、钾肥的平均价格为 3666.7 元/t（何浩等，2005），计算湿地抗御土壤侵蚀的生态服务价值。计算过程为：湿地减少土壤流失的重量＝湿地保护土壤的能力×湿地面积×湿地土壤容重，湿地保护土壤的生态服务价值＝湿地减少土壤流失的重量×单位质量土壤中氮磷钾养分总含量×氮、磷、钾化肥的平均价格（崔丽娟，2004）。计算结果为黄河三角洲滨海湿地保护土壤的生态服务价值约 2.398×10^8 元。

6. 旅游休闲功能价值（IUV₆）

采用费用支出法估算黄河三角洲滨海湿地旅游休闲功能的价值。黄河三角洲广阔的芦苇沼泽湿地、滨海盐沼湿地、黄河入海口等具有极大特色的生态旅游资源，在旅游休闲方面具有较高的生态服务价值。采用旅游花费法，根据旅游者在旅游活动中的所有支出和花费计算黄河三角洲滨海湿地旅游休闲的生态服务价值。2004 年，东营市共接待国内外游客 165 万人次，实现旅游总收入 9.1×10^8 元。参与与湿地景点相关的旅游活动，特别是黄河口生态旅游的游客人数占东营市接待的游客总数的 80% 左右，按照游客人数比例计算，黄河三角洲滨海湿地旅游休闲的生态服务价值为 7.28×10^8 元。

按照公式 $IUV = IUV_1 + IUV_2 + IUV_3 + IUV_4 + IUV_5 + IUV_6$ 计算，黄河三角洲滨海湿地总的间接服务功能价值为 142.970×10^8 元。

（三）湿地的非使用价值评价

1. 生物栖息地功能（NUV_1）

采用替代法估算。生态系统生物多样性维持服务价值体现在传粉维持植物种群繁衍、对种群营养级动态进行生物控制、为定居和临时迁徙种群提供繁育、栖息地的庇护服务和提供遗传资源 4 个方面上（Costanza，1997）。滨海湿地的生物多样性维持价值主要表现在生物栖息地庇护方面上，Costanza 等计算的单位面积海岸带盐沼湿地的生物庇护服务价值按当年汇率换算为人民币后为 3689 元/（$hm^2 \cdot a$），谢高地等估算的我国单位面积湿地的生物多样性维持服务价值（包括授粉、生物控制、庇护地和遗传资源价值）为 2212.2 元/（$hm^2 \cdot a$）（谢高地等，2003）。以上述 2 个计算成果的算术平均值 2950.6 元/（$hm^2 \cdot a$）作为黄河三角洲滨海湿地各种自然湿地类型平均的单位面积生物多样性维持服务价值，乘以 2004 年黄河三角洲各类自然湿地总面积 573 019.1hm^2，计算得到 2004 年黄河三角洲湿地总的生物多样性维持服务价值为 16.908×10^8 元。

2. 教育科研功能（NUV_2）

黄河三角洲滨海湿地是我国重点保护的环渤海滨海湿地的重要组成部分，近年来，国内很多高校和科研机构对近现代三角洲演化、黄河河道变迁、三角洲范围内的生物多样性特征、第四纪环境变化、海岸侵蚀、湿地退化等科学问题进行了广泛、深入研究。山东大学、中国海洋大学和山东师范大学等高校还把黄河三角洲自然保护区滨海湿地作为学生的野外实习和科研基地。以 Costanza（1997）估算的全球湿地生态系统教育科研功能价值 861 美元/hm^2（当年美元与人民币的汇率为 1：8.27，换算人民币为 7120.47 元/hm^2）和赵同谦等（2004）估算的我国单位面积生态系统平均科研价值 382 元/hm^2 的平均值 3539.9 元/hm^2 作为估算标准，乘以黄河三角洲自然保护区面积153 000hm^2，得到科研文化服务价值为 5.416×10^8 元。

按照公式 $NUV = NUV_1 + NUV_2$ 计算，黄河三角洲滨海湿地总的非使用价值为 22.324×10^8 元。

黄河三角洲滨海湿地总得的生态系统服务价值为直接使用价值、间接使用价值和非使用价值的总和（即 DUV＋IUV＋NUV），合计为 180.996×10^8 元。在评价的 10 项主导服务功能价值中，以调蓄洪水和降解污染物功能的价值最大，分别占黄河三角洲滨海湿地生态系统服务总价值的 37.79％和 20.46％。这说明黄河三角洲滨海湿地的生态系统服务以调蓄洪水、降解污染物、物质生产和气候调节为主。

第四节　江苏盐城滨海湿地生态系统评价

一、 生态系统综合评价

以盐城市滨海县、大丰市、东台市、射阳县和响水县作为江苏盐城滨海湿地的基本评价单元，压力、状态、响应三类，压力包括土地利用强度、岸线人工化指数、人口密度、人均 GDP、外来物种入侵，状态包括水质污染、沉积物污染、湿地自然性、景观破碎化、海岸植被覆盖度、底栖生物多样性、鸟类种类与数量变化、潮间带植物生物量变化，响应包括污水处理率和相关政策法规，总计 15 项指标共同构成江苏盐城滨海湿地生态系统的评价体系。

15 项评价指标加权平均计算，得到盐城滨海湿地生态系统评价的综合得分为 0.43，综合评价等级为三级，盐城滨海湿地生态系统处于中度受损的现状，生态系统受人类干扰较大，自我调节能力减弱，稳定性下降。其中，响水县的综合评价结果为二级受损，其他评价单元为三级受损（图 5-17、表 5-36）。

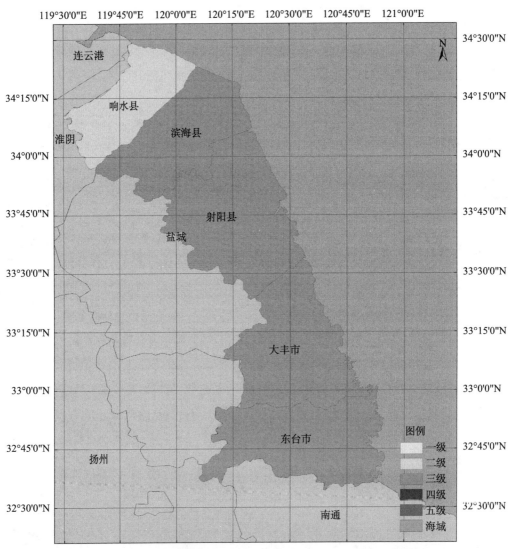

图 5-17　江苏盐城滨海湿地生态系统综合评价分布图

表 5-36　江苏盐城滨海湿地生态系统综合评价

综合指标	滨海县	大丰市	东台市	射阳县	响水县	江苏盐城
压力	0.62	0.52	0.60	0.52	0.54	0.56
状态	0.53	0.44	0.41	0.42	0.41	0.44
响应	0.15	0.15	0.15	0.15	0.15	0.15
综合评价得分	0.49	0.41	0.42	0.41	0.40	0.43

（一）压力分析

将上文所述的 5 项相关压力指标加权平均计算，得到江苏盐城滨海湿地的压力现状评价综合得分为 0.56，其目前承受的外在压力处于一般水平的状态，但如果人类的干扰活动继续加剧，将超出滨海湿地所能承受的压力范围（图 5-18、表 5-37）。

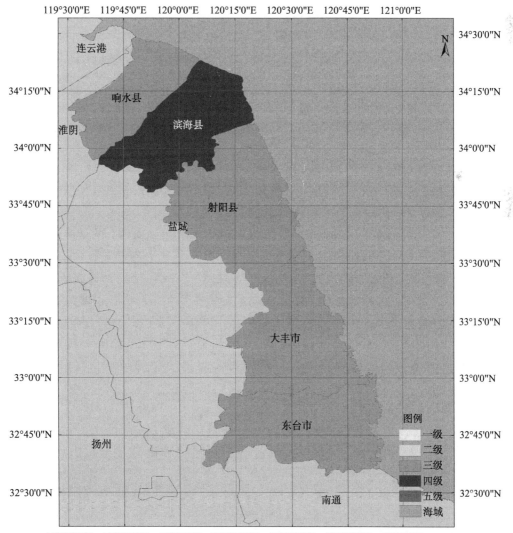

图 5-18　江苏盐城滨海湿地生态系统压力现状评价分布图

表 5-37　江苏盐城滨海湿地生态系统压力现状评价

压力指标	滨海县	大丰市	东台市	射阳县	响水县	江苏盐城
土地利用强度	0.54	0.14	0.35	0.23	0.39	0.33
岸线人工化指数	1.00	1.00	1.00	1.00	1.00	1.00
人口密度	0.58	0.31	0.51	0.37	0.43	0.44
人均 GDP	0.28	0.56	0.47	0.36	0.22	0.38
压力综合得分	0.62	0.52	0.60	0.52	0.54	0.56

江苏盐城滨海湿地所面临的外在压力主要表现在：由于围垦开发，研究区域内养殖池、耕地、盐田和建筑用地面积增加迅速，挤占了大量的自然湿地面积，使区域生态环境与土地利用的景观格局发生了显著变化；区域内岸线人工化指数值较高，人工化程度达到百分之百，沿岸成片的堤坝以及滩涂围垦所造就的人工岸线，破坏了天然湿地固有的属性，对自然环境产生了深远的影响；外来物种入侵较为严重，侵占了本地物种的生存空间，破坏了珍稀水禽的栖息地，影响了鸟类的生存与繁殖。

1. 土地利用强度

江苏沿海滩涂面积超过 5×10^5 hm^2，占全国沿海滩涂总量的 1/4。自从 11 世纪苏北修筑范公堤以来，江苏共围垦了近 2×10^6 hm^2 滩涂，特别是"九五"期间，江苏省实施了百万亩滩涂开发和"十五"期间新一轮百万亩滩涂开发，在沿海滩涂已初步形成了工厂化养殖、无公害农业和苗种繁育、饵料加工等六大基地，引进了一批港口、电力、风电、石化等重大项目。新一轮的江苏沿海滩涂围垦开发规划围垦的总目标为：2020年围垦总面积 1.8×10^5 hm^2，其中第一阶段 2009～2012 年围垦 5.1×10^4 hm^2，第二阶段 2013～2020 年围垦 1.29×10^5 hm^2。

江苏盐城滨海湿地大面积的湿地已被围垦开发。其中，面积最大的是养殖池，2008年面积达 66 064.7 hm^2，占滨海湿地总面积的 15.5%，而 1980 年仅有养殖池面积 486.4 hm^2，28 年间增加了 65 578.3 hm^2，年均增加池塘面积 2342.1 hm^2；其次是耕地面积，2008 年面积为 50 711.0 hm^2，占滨海湿地总面积的 11.9%，比 1980 年增加了 40 356.9 hm^2，年均增加农地面积 1441.3 hm^2；2008 年有盐田面积 32 261.0 hm^2，占滨海湿地总面积的 7.5%，与 1980 年相比减少了 11 348.1 hm^2，年均减负为 405.3 hm^2，这主要是因为水产养殖的经济效益比盐场高 3～4 倍，近年来越来越多的盐田被改造为水产养殖池塘，用来饲养虾、鱼和贝类；1980 年，江苏盐城的建筑用地尚未占用滨海湿地，随着城镇扩张的需要，部分的湿地也被开垦成建筑用地和工业用地，2008 年建筑用地面积 3303.2 hm^2。

大规模的水产养殖、农田建设、盐田和城镇扩张，挤占了大量的自然湿地面积，使区域生态环境与土地利用的景观格局发生了显著变化（图 5-19）。

2. 岸线人工化指数

江苏盐城滨海湿地岸线人工化指数值达到 1.0，沿岸大面积的水产养殖场和堤防建设阻断了滨海湿地的海陆水文连通，势必影响滨海湿地的水文和生态系统状况。

3. 人口密度与人均 GDP

盐城滩涂水质肥沃，饵料充足，适宜鱼、虾、蟹、贝类的生存和繁衍，鳗鱼苗产量居

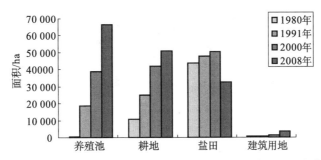

图 5-19　1980～2008 年江苏盐城滨海湿地人工湿地类型面积变化图

全国第一；盐城是全国八大盐产地之一，盐产量占江苏省的 3/5；江苏省经济发展规划一直将滩涂开垦列为一项重要的海洋开发战略，自 20 世纪 50 年代以来滩涂的围垦一直没有停止，随着人口增长和经济发展的压力加大，围垦态势仍将持续下去，并将不断扩大。

4. 外来物种入侵

互花米草原产于大西洋沿岸，适宜生长在潮间带上带，互花米草具有一系列利于种群生存和扩散的机制，在许多被引入地区快速扩散（Daehler and Strong，1994；Daehler and Strong，1996；齐相贞，2007）。1979 年，我国从美国引进互花米草，现已扩张到我国沿海的大部分淤泥质滩涂，其中，江苏盐城滨海湿地已成为我国面积最大的互花米草分布地区（沈永明，2001）。

1980 年，盐城滨海湿地互花米草分布面积仅为 585.0 hm^2，2000 年爆发增殖至 19 828.7 hm^2，20 年间增加了 30 倍之多，几乎占据整个淤长海岸，形成近 1～2 km 宽的植物堤，成为滩涂的单优势种群。近几年，互花米草的分布面积有所缩减，2008 年的分布面积为 12 606.6 hm^2，主要是因为一些地区互花米草因无海水继续淹侵，生长衰退，部分互花米草滩被围垦开发成水产养殖场和耕地（图 5-20）。

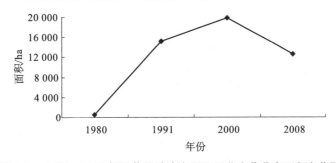

图 5-20　1980～2008 年江苏盐城滨海湿地互花米草分布面积变化图

2007～2008 年调查显示，由于互花米草对潮流的强烈阻挡作用（沈永明等，2003），潮水的自然蔓延受到影响，抑制了滩涂原生植被的演替，盐地碱蓬大面积被互花米草侵吞，互花米草群落直接与芦苇群落相接，显示植被逆向演替趋势，从而影响了依赖碱蓬群落繁殖的鸟类，如黑嘴鸥、普通燕鸥、白额燕鸥和红脚鹬等。尽管互花米草群落内底栖生物与生物量十分丰富，但其植株高度通常在 1.5 m 以上，生长稳定期盖度可达 100%，不再适宜鸟类的栖息和繁衍（刘春悦，2009a）。

（二）状态分析

将环境质量、生境质量和生物群落质量等三类，包括8项相关状态指标加权平均计算，得到江苏盐城滨海湿地的状态评价综合得分为0.44，系统中度受损（图5-21、表5-38）。

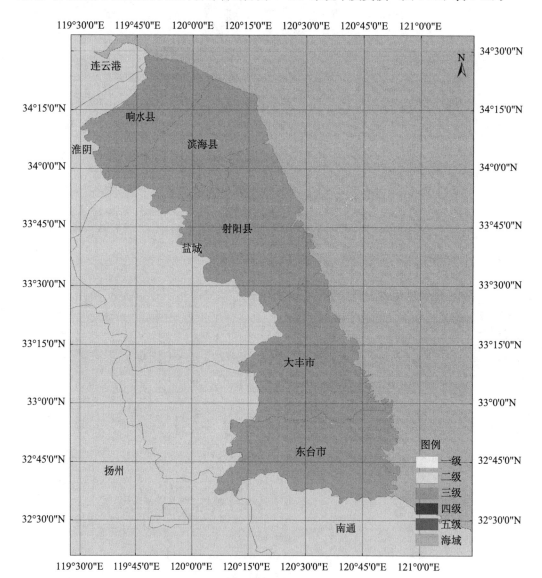

图 5-21　江苏盐城滨海湿地生态系统状态评价分布图

表 5-38　江苏盐城滨海湿地生态系统状态评价

状态指标	滨海县	大丰市	东台市	射阳县	响水县	江苏盐城
环境质量	0.27	0.24	0.26	0.25	0.28	0.26
生境质量	0.61	0.43	0.32	0.38	0.27	0.40
生物群落	0.63	0.59	0.62	0.60	0.65	0.62
状态综合得分	0.53	0.44	0.41	0.42	0.41	0.44

江苏盐城滨海湿地生态现状堪忧。滨海湿地水体环境质量较差，水体有机物、油类和重金属污染较为严重；随着滩涂围垦力度的不断加大，自然湿地面积锐减，景观破碎化日趋严重，海岸植被覆盖度较低；底栖生物种类贫乏、多样性较低；滩涂围垦、开发以及外来物种入侵，造成鸟类栖息地受到破坏，繁殖地逐渐消失，种群数量和总巢数呈下降趋势；关键群落碱蓬和芦苇的分布面积锐减。

1. 环境质量

2007～2008 年中国滨海湿地调查结果显示，江苏盐城滨海湿地水环境质量不佳，主要污染物有 COD、BOD_5、油类、锌、铅，在水产养殖场、射阳河口三角洲上游的造纸厂以及附近的射阳港和射阳电厂所产生的污染最为严重；沉积物质量总体较好。

盐城滨海湿地的污染源主要有工业废水的排放，农业生产中使用的农药、化肥、除草剂的残留物，船舶的排油，生活污水，入海河流带来的陆源污染物等。由于目前重视不够和处理技术落后，污染给滩涂生态系统产生诸多不利影响，如有毒物质的积累，生物多样性的降低，食物网的简化等，降低了生态系统的调节和恢复功能。2000 年，盐城自然保护区内的射阳河、新洋河、斗龙河、灌溉总渠、灌河等河流入海河口附近水质处于地面水 Ⅳ 类。5 个入海河口非离子氨超标率为77.8%～100%，其中灌河和灌溉总渠入海口石油类超标率分别为 41.7% 和 55.6%，射阳河和新洋港高锰酸盐指数超标率分别为 33.3% 和 77.8%，石油类超标率分别为 44.4% 和 66.7%，斗龙港定类项目石油类超标率为 66.7%。

水产养殖是滩涂区资源利用的主要形式之一，目前盐城滩涂区过度的大面积养殖已超过自然界自身的净化能力，带来严重的环境污染，导致养殖产量和效益均大幅度下降。近几年响水、射阳对虾病害对滩涂养殖业的发展是一致命制约因素。对虾病害的发生是由"环境地质病"造成的，主要由于水产养殖过程中造成的环境污染超过了区域内环境的净化能力。

2. 生境质量

(1) 湿地自然性

江苏盐城滨海湿地目前存在的最主要的问题是滩涂围垦，大规模的农田、水产养殖场、盐田和城镇扩张，侵占了大量的自然湿地，由于围垦的速度远大于滩涂自然淤长的速度，造成自然湿地面积锐减，破坏了野生动物天然的栖息环境。

1980 年，江苏盐城滨海湿地自然湿地类型面积达 409 386.8 hm^2，占滨海湿地总面积的 88.3%；1991 年锐减至 287 209.4 hm^2，占滨海湿地总面积的 76.0%；2000 年减少至 206 062.4 hm^2，占滨海湿地总面积的 61.0%；2008 年增加到 275 310.8 hm^2，占滨海湿地总面积的 64.4%，这主要得益于盐城自然淤长加快，光滩面积比 2000 年增加了 84 357.4hm^2，其他类型的自然湿地面积依然减少。28 年间自然湿地面积减少了 134 076.0 hm^2，年均减幅达 4788.4 hm^2（图 5-22）。

相反，人工湿地面积呈逐年递增的态势。1980 年，盐城滨海湿地人工湿地类型面积仅为 54 449.5 hm^2，占滨海湿地总面积的 11.7%；1991 年、2000 年和 2008 年人工湿地面积分别为 90 926.1 hm^2、131 819.3 hm^2 和 152 340.0 hm^2，占滨海湿地总面积的比例分别为 24.1％、39.0％和 35.6％。28 年间人工湿地面积增加了 97 890.4 hm²，年均增幅达 3 496.1 hm²（图 5-22）。

由于城镇扩张等湿地开发，部分湿地类型转化成非湿地类型，如建筑用地、工业用地等。

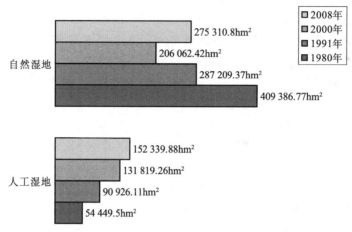

图 5-22　1980～2008 年江苏盐城滨海湿地类型面积变化图

（2）景观破碎化

盐城滩涂沼泽湿地景观格局及破碎化分析结果如下（表 5-39～表 5-44）：

1）从 1980 年到 2008 年，盐城湿地景观多样性指数由 1.4474 增为 2.1213，增加了 0.5 倍；优势度指数从 1.5526 减小到 0.8787，减小了近一半；均匀度指数由 0.4825 增加到 0.7071，增加了 0.5 倍。在 1980 年，因为开发程度较低，盐城湿地的大部分区域处于自然状态下，受人类干扰较少，盐城湿地景观缺少建筑用地这一景观，但是盐蒿滩面积较大，在整个景观类型中起着控制性作用，因此优势度指数最大多样性和均匀度最低。此后，随着人类的湿地开发利用活动明显加强，许多自然景观被分割成面积较小的斑块，特别是耕地的开辟，造成景观类型多样性和均匀度增加，优势度下降。

表 5-39　盐城湿地景观格局指数

年份	H	Do	E
1980	1.4474	1.5526	0.4825
1991	2.1878	0.8122	0.7293
2000	2.4423	0.5577	0.8141
2008	2.1213	0.8787	0.7071

2）四个时期的景观斑块分形维数中，养殖池和盐田的分形维数相对较低，是由于三者的斑块形状一般近似于方形，斑块的形状比较简单，斑块间的自相似程度较高，因此分形维数最低。耕地的板块规律性比较强，但相似度不如养殖池和盐田，因此分形维数稍大一点。其他湿地景观斑块形状比较多样，分形维数较大。

表 5-40　盐城湿地景观斑块分形维数

景观类型	D			
	1980 年	1991 年	2000 年	2008 年
河口水域	1.1308	1.1795	1.1876	1.2040
建筑用地	—	1.0470	1.0539	1.0517
盐蒿滩	1.0228	1.0372	1.0685	1.0929
芦苇沼泽	1.0316	1.0904	1.0902	1.1071
互花米草滩	1.0289	1.0465	1.0476	1.0849
耕地	1.0216	1.0322	1.0456	1.0443
养殖池	1.0091	1.0281	1.0428	1.0390
盐田	1.0204	1.0255	1.0329	1.0278
光滩湿地	1.0350	1.0585	1.0632	1.0489

3）研究区域内各景观斑块密度指数整体趋于逐年变大，特别是盐田和耕地两大景观，在这四期的斑块密度指数比较中成倍数增大，破碎化指数也较大。

表 5-41　盐城湿地景观斑块密度指数

景观类型	$f(x)$ / $($个 $\cdot$ ha$^{-1})$			
	1980 年	1991 年	2000 年	2008 年
河口水域	0.0024	0.0113	0.0093	0.0153
建筑用地	0	0.0913	0.068	0.0439
盐蒿滩	0.0011	0.0010	0.0018	0.0036
芦苇沼泽	0.0012	0.0039	0.0056	0.0082
互花米草滩	0.0017	0.0049	0.0036	0.0053
耕地	0.0016	0.0018	0.0020	0.0038
养殖池	0.0021	0.0022	0.0023	0.0026
盐田	0.0009	0.0009	0.0015	0.0048
光滩湿地	0.0001	0.0004	0.0003	0.0001

4）盐城湿地廊道密度指数逐年变大，由 1980 年的 0.495 5 增大到 2008 年的 6.858 1，增大了十几倍，特别是在 1980 年到 1991 年这 11 年的时间内，廊道密度指数增加最为迅速，增大了近 4 倍；1991 年以后到 2008 年增大速度相对稳定。由于人类不断干扰和湿地开发利用，特别是耕地的增加使道路总长度迅速增加，使廊道密度指数逐年增大。

表 5-42　盐城湿地廊道密度指数

年份	1980	1991	2000	2008
$l(x)$ /m $\cdot$ ha^{-1}	0.4955	2.2506	4.4687	6.8581

5）城湿地景观斑块数破碎化指数由 1980 年的 0.0034，逐年递增，最后增加到 2008 年的 0.0254 增大了 6.5 倍，表明盐城湿地的破碎化程度随着时间的推移逐渐加剧，当前破碎化程度已经比较强烈。

表 5-43　盐城湿地景观斑块数破碎化指数

年份	1980	1991	2000	2008
FN	0.0034	0.0133	0.0185	0.0254

6）由于光滩湿地这一景观类型的单个斑块面积最大，景观内部生境面积破碎化指数最低，FI_1 和 FI_2 最大不超过 0.8，而其他景观类型景观内部生境面积破碎化指数大于

0.8。这是因为在整个盐城湿地景观中，除了光滩湿地以外，其他都是由较小面积斑块组成的，说明整个盐城湿地的景观内部生境面积破碎化比较严重。

表 5-44　盐城湿地景观内部生境面积破碎化指数

景观类型	1980 年		1991 年		2000 年		2008 年	
	FI$_1$	FI$_2$	FI$_1$	FI$_2$	FI$_1$	FI$_2$	FI$_1$	FI$_2$
河口水域	0.9954	0.9981	0.9916	0.9982	0.9888	0.9981	0.9905	0.9988
建筑用地	—	—	0.9991	0.9999	0.9966	0.9998	0.9923	0.9985
盐蒿滩	0.8657	0.9887	0.8879	0.9869	0.9414	0.9849	0.9705	0.9878
芦苇沼泽	0.9567	0.9925	0.9367	0.9939	0.9553	0.9906	0.9670	0.9936
互花米草滩	0.9987	0.9987	0.9597	0.9967	0.9413	0.9944	0.9705	0.9981
耕地	0.9777	0.9931	0.9347	0.9960	0.8763	0.9921	0.8814	0.9913
养殖池	0.9990	0.9990	0.9510	0.9955	0.8855	0.9927	0.8455	0.9937
盐田	0.9060	0.9325	0.8747	0.9768	0.8515	0.9886	0.9246	0.9971
光滩湿地	0.3008	0.6308	0.4646	0.8957	0.5633	0.8935	0.4577	0.7287

（3）海岸植被覆盖度

遥感解译显示，江苏盐城滨海湿地海岸植被覆盖度指数较低，均值仅为 0.17。

3. 生物群落结构

（1）底栖生物多样性

2007 年，盐城滨海湿地潮间带大型底栖生物多样性指数值仅为 1.83，盐城滨海湿地大型底栖生物种类较为贫乏，物种多样性低。

（2）鸟类种群变化

黑嘴鸥：近 10 多年来，江苏盐城国家级自然保护区黑嘴鸥种群数量基本维持在 1000 只左右，但 2007 年锐减到 575 只；巢数也由 1999 年的 272 个减少到 2007 年的 109 个；其巢区由 1994 年的 7 处（Wang and Zhu，1994），减少到 1998 年的 3 处（楚国忠等，2000），2000～2006 年，黑嘴鸥巢区仅分布在保护区核心区，2007 年分布在保护区核心区以及东台县方塘河口南碱蓬滩涂，滩涂围垦和开发是黑嘴鸥繁殖地消失的最主要原因，直接影响黑嘴鸥巢区空间分布格局（表 5-45）（江红星等，2008）。

表 5-45　1999～2007 年江苏盐城国家级自然保护区黑嘴鸥种群大小与其巢数

年份	1999	2000	2001	2002	2003	2005	2006	2007
种群数量	923	993	1 073	991	993	1 083	1 001	575
总巢数	272	270	216	184	190	226	179	109

资料来源：江红星等（2008）

丹顶鹤：20 世纪 80 年代前期和中期，丹顶鹤在整个保护区呈均匀分布，核心区的丹顶鹤数量与邻近地区相比变化不大。自 20 世纪 80 年代后期以来，丹顶鹤的分布范围逐步缩小，核心区的丹顶鹤数量快速上升而其他地区的数量却有所下降，有些地区已经没有丹顶鹤的分布。丹顶鹤数量在 2000 年前呈逐步上升趋势，2000 年后有所下降，不仅整个保护区的数量有所减少，核心区的数量更是急剧下降 50% 左右，这可能是由于"海上苏东"开发战略导致大面积原生湿地被转换为农田或水产养殖场，鸟类生境丧失，承载力下降（刘奕琳，2006）。

（3）潮间带植物群落

碱蓬：近年来，随着盐城滩涂围垦速度的不断加大，外堤线的高程越来越低，围垦的速度也远大于堤外湿地景观恢复的速度，堤外湿地面积越来越少，潮滩逐渐陡化（李杨帆和朱晓东，2006）。

遥感解译分析显示，1980 年，江苏盐城滨海湿地碱蓬群落的分布面积为 62 293.2 hm²，占滨海湿地总面积的 13.4%；1991 年减少到 42 398.1 hm²，占滨海湿地总面积的 11.2%；到 2000 年仅剩下 19 813.6 hm²，占滨海湿地总面积的 5.9%；2008 年，碱蓬群落的分布面积就只剩下 12 628.4 hm²，只占滨海湿地总面积的 3.0%。28 年间碱蓬群落分布面积减少了 49 664.9 hm²，年均减幅达 1773.8 hm²（图 5-23）。

芦苇多分布于盐度较低的河口区，在新淮河口、滩盐场内堤外侧、翻身河口、扁担河口、双洋河口、大喇叭口、射阳河口及三角洲、新洋港口及芦苇基地、核心区近海堤边缘、三里闸堤外、斗龙港口、海丰农场、川东港河口、蹲门外滩、海堤外均有大面积分布。河口群落盖度达 90%～100%、堤外群落盖度达 60%～70%，植株平均高度 1.14m。

芦苇群落是盐城沿海滩涂生物量最大的植被类型，遥感解译分析显示，1980～2008 年，芦苇群落的分布面积逐渐缩小。1980 年，芦苇群落的分布面积为 20 094.7 hm²，占滨海湿地总面积的 4.3%；1991 年分布面积有所增加，面积为 23 943.9 hm²，占滨海湿地总面积的 6.3%；2000 年减少至 15 089.5 hm²，占滨海湿地总面积的 4.5%；到 2008 年，芦苇群落分布面积为 14 113.8 hm²，占滨海湿地总面积的 3.3%。28 年间芦苇群落分布面积减少了 5 980.9 hm²，年均减幅为 213.6 hm²（图 5-23）。

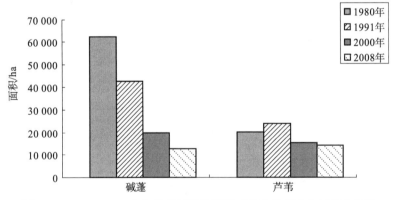

图 5-23　1980～2008 年江苏盐城滨海湿地碱蓬和芦苇分布面积变化图

（三）响应分析

将上文所述的 2 项相关响应指标加权平均计算，得到江苏盐城滨海湿地的响应综合得分为 0.15，政府部门对保护区响应积极（表 5-46、图 5-24）。

表 5-46　江苏盐城滨海湿地生态系统的响应评价

响应指标	滨海县	大丰市	东台市	射阳县	响水县	江苏盐城
污水处理率	0.20	0.20	0.20	0.20	0.20	0.20
政策法规	0.10	0.10	0.10	0.10	0.10	0.10
响应综合得分	0.15	0.15	0.15	0.15	0.15	0.15

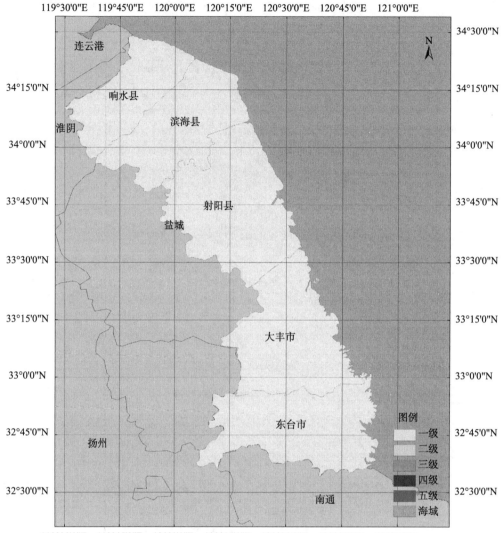

图 5-24　江苏盐城滨海湿地生态系统的响应评价分布图

　　江苏盐城国家级珍禽自然保护区又称盐城生物圈保护区，由江苏省人民政府于1983年批准建立，1984年10月挂牌。1992年经国务院批准晋升为国家级自然保护区，同年11月被联合国教科文组织世界人与生物圈协调理事会批准为生物圈保护区，成为中国第九个"世界生物圈保护区网络成员"，1999年被纳入"东亚-澳大利亚迁徙涉禽保护网络"。2002年1月被列入《湿地公约》国际重要湿地名录，总面积453 300 hm²，辖东台、大丰、射阳、滨海和响水五县（市）的滩涂，其中核心区为17 400 hm²。保护区管理处为科研事业单位，属环境保护部、江苏省环境保护厅和盐城市人民政府三重领导。主要保护丹顶鹤等珍稀野生动物及其赖以生存的栖息地即滩涂湿地生态系统。
　　区域内还有大丰麋鹿国家级自然保护区，是一个集动物保护、生态旅游、科研培训于一体的科普宣传教育基地。

江苏盐城滨海湿地周边区域污水处理率逐年增加，环境质量总体趋好。2009 年，全市地表水水质达标率为 87%，比上年提高 8 个百分点；空气环境质量有所好转，全市环境空气质量良好天数 329 天，占比达 90.2%；COD 排放量 6.64 万 t，比上年下降 4.7%；SO$_2$ 排放量为 3.94 万 t，比上年下降 2.0%（盐城市统计局，2009）。

（四）压力-状态-响应机制分析

盐城滨海湿地是我国最大的滨海湿地自然保护区，沿海滩涂总面积达 427 651 hm^2，占江苏滨海湿地的 60%，占全国滨海湿地的 1/4 强。然而，强烈的人为干扰贯穿盐城滨海湿地发育的每一个阶段，区域内 50% 的湿地已被围垦开发，甚至连保护区的缓冲区和实验区也不能幸免于难。近年来，江苏省实施"海上苏东"发展计划，大量的自然湿地被开发利用，再加上外来物种的严重入侵，致使盐城滨海湿地生境单一化，鸟类群落多样性下降。如再不加以合理规划和管理，盐城滨海湿地将面临退化的局面。

二、生态系统服务功能

盐城滨海湿地处于陆地、海洋和大气之间各种过程相互作用最活跃的界面，湿地生态系统环境复杂，生物多样性丰富，具有很高的自然能量和生物生产力。在资源供应、生态保护、社会和经济活动、人类居住和娱乐等方面起着至关重要的作用。针对盐城滩涂湿地的特点和主要生态服务功能组合特征，参照 Costanza 全球生态系统服务功能分类及 MA 提出的生态系统服务功能分类方法，建立盐城滨海滩涂生态系统服务功能分类体系（表 5-47）。

表 5-47　盐城滨海滩涂生态服务功能分类体系

服务类型	具体功能和范例	
供给服务	食物生产	鱼类、海藻、贝类等
	原材料生产	造纸、制药等原材料
调节服务	调节气候	调节温室气体、气温等
	涵养水源	地下水补给，防止海水入侵
	净化水质	保留、恢复、消除过多的养分
	促淤保滩	防护侵蚀
	调控自然灾害	防风暴潮、防洪
支撑服务	初级生产力	生物量
	维持生物多样性	提供栖息地
	养分循环与土壤形成	养分储存、聚集
文化服务	休闲旅游	提供旅游休闲的机会
	科研教育	提供科研教育的机会

1. 湿地的供给服务

（1）食物生产

盐城滩涂湿地在食物供给方面主要包括各类经济底栖动物、鳗苗和蟹苗，如产量在万吨以上的有青蛤、文蛤、四角蛤蜊、泥螺等。作为江苏省的后备土地资源，经过围垦或发展池塘养殖还提供大量的淡水鱼类、粮食、油料、水果、蔬菜、水产品、畜产品等。

（2）原材料生产

盐城滩涂湿地生态系统原材料生产功能表现在提供盐业化工原料、造纸原料、制药原料、木材、燃料、饲料等。盐城滩涂北部地区有利于盐业生产，盐产量占全省的3/5。盐城滨海地区具有药用价值的植物有200多种。大面积的芦苇滩涂生产的芦苇可以作为民用建筑和造纸的优质原料。

2. 湿地的调节服务

（1）调节气候

滩涂生态系统的调节气候的功能包括大气调节和气候调节。滩涂生态系统中绿色植物通过光合作用，不断吸收CO_2，放出O_2；而异养生物则不断消耗O_2，产生CO_2，两者之间相互平衡，使得地球大气成分维持稳定。同时，滩涂生态系统对于区域性气候具有直接的调节作用，射阳林场、东台林场、大丰林场等已成为沿海天然"氧吧"。沿海防护林可有效降低风速，并增加空气的湿度。

（2）涵养水源

潮滩湿地长期积水，生长着茂密的植物，其下根茎交织，残体堆积，尤其是芦苇与大米草滩，草根层疏松多孔，能保持大于本身绝对干重3～15倍的水量，具有很强的持水能力。对维持海陆水压平衡，防止海水入侵具有重要作用。滩涂湿地储蓄大量水分，通过植物蒸腾和水分蒸发，把水分源源不断地送回大气中（Boumans et al.，2002）。

（3）净化水质

滩涂湿地具有较高的生产力，对流经的地表径流、壤中流具有较强的过滤作用。可以吸收多余的氮、磷养分，减少进入地下水及排入近海的营养物质。同时，潮汐过程周期性的淹没对近海水体中的颗粒物沉降、养分吸收、防止赤潮爆发具有重要作用。芦苇、大米草等还可以用于污水净化，具有良好的效果。上海教育学院生物系实测研究表明，芦苇对污水中的总氮、氨氮、汞、铬、BOD等有明显的降解作用。净化铅、锰、铬的能力分别是80.18%、94.54%和100%（安树青，2003）。互花米草同样具有滞尘、富集汞等多种重金属和降解农药的作用。据仲崇信和钦佩（1983）研究，自然状况下互花米草富集汞的能力可达4.43×10^{-5}g/g。

（4）促淤保滩

滩涂植被改变地表糙度，对滩面动力沉积作用有明显的影响。当水流和波浪从盐沼间穿过时，植物的摩擦使部分能量消耗，既可以减轻水流对土壤的冲刷，又可使水体携带的部分细颗粒泥沙沉降。据陈宏友（1990）在射阳、滨海的试验表明，互花米草的促淤率为3.4～4.3cm/a；陈才俊（1994）等试验表明，淤长型潮滩米草的促淤率为4.2cm/a；徐国万等（1993）对东台边滩的研究表明，互花米草的平均促淤速率为10cm/a。引种互花米草后，增加了江苏沿海滩涂盐沼湿地的面积。互花米草滩涂每平方千米每年比光滩多淤积 $4.28 \times 10^4 \mathrm{m}^3$ 的泥沙（沈永明等，2002）。

（5）调控自然灾害

滩涂湿地对控制洪水、消浪、防止风暴潮具有重要的作用。湿地具有较强的持水能力，可以减少地表产流、降低洪峰流量、延缓洪峰出现时间。互花米草具有显著的消浪效果，波浪每传入密集的互花米草滩 1m，波能就损失约 2.6%。研究试验表明，种植宽度约 40m 的互花米草，其消浪效果就相当于建造 2.0m 高潜坝的消浪效果（安树青，2003）。在滩地围垦利用中，预留 100m 的大米潮滩可以抵御常规风暴潮对堤防的侵蚀和破坏。1986～1995 年，射阳县通过实施互花米草保滩护堤生态工程，在双洋以北的侵蚀性海滩上，互花米草占滩面积达 1610hm²，使 22.47km 长的海岸线受益（钦佩等，2004）。

3. 湿地的支撑服务

（1）初级生产力

地球上几乎所有的生物都依赖绿色植物吸收太阳能，同化 CO_2 产生的有机物。因此，绿色植物产生的初级生产力是维持整个地球生物的基础。盐沼生态系统的初级生产是全球最高者之一，净生产达到 8000g/（m²·a）。其中，地上部分为 94～3700g/（m²·a），地下部分为 220～6200g/（m²·a）（安树青，2003）。盐沼 75% 以上的初级生产直接被分解者利用，并通过碎屑食物链进行流动和转化。据钦佩等研究，互花米草的地上部分生物量平均为 3000 g/（m²·a），滩涂互花米草植被年固碳率为 1727g C/（m²·a），高于 Georgia 盐沼中互花米草的初级生产率 1400g C/（m²·a）（钦佩等，2004）。滨海滩涂湿地水产非常丰富，这里成为水生生物和陆生生物的产卵地和孵育所，并吸引众多鸟类（特别是水禽）。芦苇初级生产力更高，赵平等（2005）在对崇明东滩湿地研究表明，芦苇地上部分生物量最高为 1783.8g C/（m²·a）。

（2）维持生物多样性

湿地生态系统维持生物多样性功能包括庇护、遗传和传粉。盐城滩涂湿地生物多样性富集，生长着众多的植物、动物和微生物，是重要的物种基因库（王云静等，2002）。盐城滩涂共有高等植物 111 科 346 属 559 种；哺乳动物 31 种，隶属于 7 目 15 科；鸟类 394 种，隶属于 19 目 52 科。保护鸟类有丹顶鹤、白头鹤、白鹤（*Grus leucogeranus*）、白尾海雕（*Haliaeetus albicilla*）、东方白鹳（*Ciconia boyciana*）等国家一级重点保护鸟类 10 种；黑脸琵鹭、大天鹅（*Cygnus cygnus*）、鸳鸯（*Aix galericulata*）、白枕鹤（*Grus viopio*）、灰鹤（*Grus grus*）、大鵟（*Buteo hemilasius*）、红隼（*Falco tinnunculus*）等国家二级重点保护鸟类 65 种（欧维新等，2006）。

（3）养分循环与土壤形成

滩涂湿地生态系统养分循环功能主要表现在固定氮、磷、钾和其他营养元素方面上。钦佩等（2004）研究表明，互花米草植株中氮、磷、钾的百分含量分别为 1.35%、0.142% 和 0.544%，高于同纬度落叶阔叶林，反映盐沼湿地生态系统的养分循环功能强于同纬度森林生态系统。同时，滩涂湿地植被根系发达，可以使土壤空隙度增大，导致土壤容重低于无植被的裸滩。滩面丰富的落叶枯枝残体及浅滩海洋动物残体，增加了草滩有机物沉积，这些有机物的增加有利于土壤通气、保水、保肥，提高土壤的肥力。

4. 湿地的文化服务

（1）科研教育

滩涂生态系统的文化多样性功能包括美学、艺术、教育、科研、文化传承等方面。盐城丹顶鹤自然保护区、大丰麋鹿自然保护区等已成为重要的教育与科研场所。江苏岸外的辐射沙洲由于其规模之大、沉积环境之特殊、水动力之复杂，成为世界罕见的自然遗存。沿海的海盐文化、古范公堤等具有独特的乡土风情。

（2）休闲旅游

滩涂生态系统的休闲旅游功能表现在提供生态旅游、垂钓运动和其他户外娱乐活动的场所上。到大自然（nature）中去，缅怀人类曾经与自然和谐相处的怀旧（nostalgic）情结，融入自然天堂（nirvana）的旅游热，现代旅游所崇尚的"三N"生态旅游已成为江苏沿海滩涂旅游的核心（张忍顺等，2003）。规划中的江苏中部沿海盐城湿地国家公园，集中了盐城国家级珍禽自然保护区、大丰国家级麋鹿自然保护区以及射阳林场、东台林场和大丰林场等旅游资源优势，年接待能力将超过120万人次，将建成东方"湿地之都"（国家环境保护总局南京环境科学研究所，2005）。

三、 价值评价

（一）生态系统服务价值识别

湿地效益是湿地所提供的功能、用途和属性的总称，并通过湿地生态系统的生态服务功能价值来体现。从生态经济学和环境经济学来看，湿地生态系统有特殊经济价值，它具有持续为人类提供食物、原材料和水资源的潜力，并在防洪抗旱、保护生物多样性以及旅游休闲等方面发挥着重要作用，给人类带来了巨大的经济效益、生态效益和社会效益（Kaplowitz，2000）。由于这些非实物型生态服务功能间接影响当地居民的生产和生活，其经济价值还不能通过商业市场反映出来而时常被忽视，从而导致人们在对湿地资源的开发利用过程中存在着短期行为，造成对湿地生态环境的严重破坏，最终将损害湿地生态系统的服务功能，使湿地生态系统向各人群提供的福利减少，直接威胁到滨海地区可持续发展的生态基础（国家林业局野生动植物保护司，2001）。

为了确定盐城滨海地区湿地生态系统服务及其经济价值水平，设计了"盐城湿地生态系统保护与利用"的调查问卷。以不同机构、不同群体作为调查对象，总共发放调查问卷43份，回收有效问卷41份，其中大学和科研机构问卷12份；当地政府部门问卷11份；企业问卷8份；农（渔）民问卷10份。经加权汇总统计，确定盐城滨海湿地服务的主要价值类型。滨海湿地生态系统服务功能包括供给服务、调节服务、支持服务、文化服务。湿地的主要价值包括物质生产、调蓄洪水、稳定滨海岸线、净化水质、固定营养物、调节气候、提供重要物种栖息地、旅游、科研教育等（表5-48）。

表5-48　盐城滨海湿地服务价值表现及其重要性

服务功能	价值表现	重要性
供给服务	物质生产	＊＊＊
调节服务	调节气候	＊＊
	涵养水源	＊＊
	促淤保滩	＊＊＊
	水质净化	＊＊＊
	干扰调节	＊＊＊
支撑服务	生物多样性	＊＊＊
	养分循环	＊＊
文化服务	休闲娱乐	＊＊
	科研教育	＊

注："＊"的多少表示重要的程度，越多越重要

　　湿地生态系统服务功能的少数部分能够在传统经济学获得规范的价值计量，主要表现在生产功能和承载功能的内容。生态系统服务功能的绝大多数部分，尤其是调节功能和支撑功能，均难以得到价值评价。湿地生态系统的各个功能间可能存在相互依存或相互制约的关系。在进行湿地服务功能的价值计量中，必须考虑功能之间的不同相互影响（湿地国际，1997）。

（二）生态系统服务价值利用类型

　　湿地生态系统服务功能的经济价值包括使用价值（UV）和非使用价值（NUV）。使用价值是指通过直接或间接利用环境资源而获得的效益，它是人类目前已享受到的福利，包括直接使用价值和间接使用价值。非使用价值包括选择价值和存在价值。使用价值与非使用价值的界限在于人类当前对区域提供的产品和服务是否已加以利用。

　　1. 直接利用价值

　　直接利用价值主要指生态系统产品所产生的价值，包括食品、医药及其工农业生产原料、景观娱乐等带来的直接价值。它包括直接实物价值和直接服务价值。

　　（1）物质生产价值及其参数

　　1）渔业或水产养殖业生产价值：渔产品生活区域面积、单位渔产品产量（kg/hm²）、渔产品价格；水面面积、内陆水域水产品总量，其中捕捞量、养殖量；渔业从业人数等。

　　2）农业生产价值：水稻种植面积、产量、价格；盐产品分布面积、产量、价格等。

　　3）水生植物生产价值：植物（如芦苇、薹草）资源面积、资源单位面积产量、资源单位面积纯收入；芦苇产值、其劳务费用、运输费用、加工后的纸浆产量，节约木材采伐量等。

　　（2）旅游价值及其参数

　　旅游价值＝游客人次×旅游费用支出/人次

　　相关参数包括游客人次、平均旅游费用支出、机构和设施成本等。

旅行费用支出主要包括游客从出发地至景点的直接往返交通费用；游客在整个旅游时间中的住宿费、餐饮费；门票和景点费、设施使用费、摄影费、购买纪念品和土特产品费用、购买或租赁设备费用、停车费和通信费等。

（3）科研教育价值及其参数

科研教育价值的相关参数包括吸引科技教育人数、吸引科技项目数、保护区投资及其结构等（谢高地等，2001）。

2. 间接利用价值

间接利用价值是指由生态系统的自然生态功能提供的对经济活动和财产的间接支持和保护功能，以及可调节的服务功能。间接利用价值主要指无法商品化的生态系统服务功能，主要包括支撑和维持地球生命支持系统的功能。主要间接利用价值类型及其参数如下。

1）调蓄洪水功能价值：蓄水量、消减洪峰流量比例、修建水库库容的平均价格、防洪工程费用等。

2）稳定滨海岸线功能价值：保护面积、保护带长度、防护费。

3）净化水质功能价值：废水排放总量（工业、农业、生活废水排放量）、废水处理率、废水达标排放量、废水处理成本、污水处理厂投资成本等。

4）固定营养物功能价值：入流出流营养物量差、最佳营养物量、设施成本。

5）提供重要物种栖息地功能价值：栖息地面积、珍稀物种数量、设施成本等。

6）调节气候功能价值：温度调节、湿度调节、降水量、替代工程成本等（Costanza and Voinov，2001）。

3. 选择价值

选择价值是人们可能在将来某个时刻选择使用生物多样性资源，应付将来生态和社会经济中有可能发生的不可预料的事件的价值。

4. 存在价值

存在价值是指人们为了将来能直接利用和间接利用某种生态系统服务功能而愿意支付的费用，它是生态系统本身具有的内在价值，它属于非利用价值类型。

由于选择价值和存在价值与现行市场价格无关，这类价值是对未来可能价值的一种推测和希望，其价值量依赖于人类的主观意识，并随人类对湿地生态系统功能的认识而不断变化，价值量评估比较困难，因此这里不进行定量评估。

（三）生态系统服务功能的经济价值估算

盐城滨海湿地生态系统服务功能价值评估框架包括系统结构、功能、服务、价值、管理决策以及它们之间的反馈。湿地的功能、用途和属性进入特定的社会环境，在湿地周边经济背景控制下，其经济价值最终将以当地市场价值表达出来。其价值的大小取决于湿地的规模、作用性质和湿地所处的区域社会经济环境（薛达元等，1999）。

湿地的总经济价值是指湿地为经济系统所提供的各项服务的经济价值的总和。对盐城湿地生态系统服务功能的总经济价值的估算，采取分别计算各类价值后加总的方法。盐城滨海湿地生态系统服务价值评估重点如表 5-49 所示。盐城湿地生态系统服务功能的多样性决定了其具有多价值性，因而也决定了盐城湿地生态系统服务的经济价值评价方法的多样性（崔丽娟和宋玉祥，1997）。

表 5-49　盐城滨海湿地生态系统服务价值评估重点

功能类型	生态系统	耕地	池塘	林地	盐田	碱蓬	芦苇	米草	河流	光滩
供给服务	物质生产	*	*	*	*	*	*	*		*
调节服务	调节气候	*		*			*	*		
	涵养水源	*	*						*	
	促淤保滩					*	*	*		
	水质净化					*	*	*		*
	干扰调节									
支撑服务	生物多样性									
	养分循环	*		*		*	*	*		
文化服务	休闲娱乐			*			*	*	*	*
	科研教育			*		*	*	*	*	*

注：用"＊"表示评估重点

在实地调查的基础上，根据评价目的和评价原则，明确符合区域特征的以上不同湿地生态系统价值评价指标，在当地相关部门进行收集相关资料和数据，访问相关专家和业务人员，确定计算参数，并将计算结果加以校验。

1. 供给服务

由于物质产品有明确的市场价格，可以进行市场交换，所以这里采用市场价值法对湿地产品的供给价值进行评估。计算公式如下

$$V = \sum Si \times Yi \times Pi$$

式中，V 为湿地产品的价值，Si 为第 i 类湿地产品的分布面积，Yi 为第 i 类湿地产品的单产，Pi 为第 i 类湿地产品的市场价格。

耕地、池塘、林地、盐田、光滩是通过面积乘以单产及价格得出的，池塘产有各类咸淡水鱼类；光滩上产出甲壳动物、软体动物；芦苇为造纸、苇席等的原材料，其价格为当地的收购价；盐蒿是作海鲜菜用的价格；米草作为绿肥用的价格，后两者在当地的利用尚未广泛普及。汇总如表 5-50 所示，2006 年物质生产价值达到 1 920 988 939 元（2000 年不变价）。

表 5-50　物质生产供给价值评估

湿地类型	分布面积/hm²	生产价值/元
耕地	49 493.2	75 863 922
池塘	68 199.7	1 598 474 536
林地	33.0	186 510
盐田	34 513.1	46 729 794
光滩（含辐射沙洲）	178 452.7	106 863 333
芦苇＋禾草	13 825.1	68 446 349
碱蓬	12 456.3	16 630 588
米草	12 119.0	7 793 908
总计	369 092.1	1 920 988 940

2. 调节服务

(1) 调节气候

湿地生态系统气候调节功能主要指湿地植被通过光合作用和呼吸作用与大气交换 CO_2 和 O_2，维持大气中 O_2 和 CO_2 平衡作用能力。计算方法有碳税法、造林成本法、工业制氧成本法等。

生态系统固定 CO_2 与 O_2 释放价值，是通过植被固碳功能的价值实现的。利用光合作用方程式算出研究区植被固碳总量，再利用碳税法或造林成本法得出固碳的总经济价值。

$$CO_2 (264g) + H_2O (108g) \xrightarrow{\text{光能}} C_6H_{12}O_6 (108g) + O_2 (193g) \longrightarrow 多糖 (162g)$$

根据光合作用的反应方程式可知，即每生产 1g 干物质，需要 1.63g CO_2，释放 1.19g O_2。则有：年固定 CO_2 量 = 年植物生产量 × 1.63。根据 CO_2 分子式和原子量，$C/CO_2 = 0.2727$，则有：固定纯 C 量 = 固定 CO_2 量 × 0.2727。

同样，释放 O_2 量 = 植物生物量 × 1.19。

研究区植被可分为：林地、农田、碱蓬、芦苇和米草，分别算出五大类植被生物量。其中，农田的单位面积生物量，根据徐琪等（1989）对中国水稻、小麦、油菜等单位面积生物量研究，取水稻、小麦和油菜的平均值作为本研究区粮食单位面积生物量，为 8.355t/hm²，根据李高飞和任海（2004）对中国不同气候带各类型森林的生物量和净第一生产力研究，我国温带落叶阔叶林单位总生物量为 53.88t/(hm²·a)，根据赵平等（2005）、钦佩等（2004）得出的数据计算碱蓬、芦苇和米草的单位面积干物质产量（表 5-51）。

表 5-51 盐城滩涂湿地主要植被群落生物量情况

种类	分布面积/hm²	单位面积干物质产量/（kg/m²）	总干物质产量/t
耕地	49 493.2	0.835 5	413 515.4
林地	33.0	5.388	1 776.4
碱蓬	12 456.3	0.111	13 826.5
芦苇	13 825.1	1.783 8	246 612.1
米草	12 119.0	3.154 8	382 330.2

计算固定 CO_2 价值时，采用《中国生物多样性国情报告》中使用的瑞士碳税率 150 美元/t，折合人民币 1200 元/t，这是国际上环境经济学家普遍使用的一种碳税率；计算释放 O_2 的价值时，采用中国工业氧的现价为 400 元。根据其干物质总量及其换算关系得出调节气候的价值总量为 1 038 917 929 元（2000 年不变价）（表 5-52）。

表 5-52 盐城滩涂湿地调节气候价值

种类	固定 C 量/t	释放 O 量/t	固定 CO_2 价值/元	释放 O_2 价值/元	合计/元
耕地	183 807.987 4	492 083.268 6	214 561 853	191 472 089	406 033 942
林地	789.622 066 6	2 113.944 084	921 737	822 547	1 744 284
碱蓬	6 145.880 097	16 453.500 25	7 174 179	6 402 140	13 576 319
芦苇	109 619.340 1	293 468.439 2	127 960 319	114 190 054	242 150 373
米草	169 946.161 6	454 972.952 3	198 380 733	177 032 277	375 413 010
合计			548 998 821	489 919 107	1 038 917 928

（2）涵养水源

赵同谦等（2004）在研究中国森林生态系统涵养水源价值时，采用替代工程法进行评价，水库蓄水成本取 0.67 元/m³，得出中国温带、亚热带落叶阔叶林单位水分涵养量为 616.278m³/（hm²·a），单位经济价值为 412.9 元/hm²。盐城滨海林地涵养水源价值为132 427 231元（2000 年不变价）。自然河流多为闸下引河，调节水分功能微弱，可以忽略不计。

（3）促淤保滩

促淤保滩受到潮侵频率以及与地表粗糙度密切联系的植被盖度和高度等因素影响，互花米草处于月潮淹没带和日潮淹没带之间，潮侵频率较高，植被密集，具有显著的促淤保滩效果（李加林等，2003）。碱蓬处于米草滩上部，促淤功能较弱；而芦苇一般分布于年潮淹没带以上，淹没频率不到 5%，促淤功能不显著。评估重点针对米草滩和碱蓬滩的促淤保滩作用进行评价。据陈宏友（1990）在射阳、滨海的试验表明，互花米草的促淤率为 3.4~4.3cm/a；陈才俊（1994）试验表明，淤长型潮滩米草的促淤率为 4.2cm/a；沈永明等（2002）研究表明，苏北互花米草滩涂每平方公里每年比光滩多淤积 4.28×10^4 m³的泥沙。碱蓬的促淤功能研究较少，考虑到碱蓬滩潮侵频率为大米草滩的一半左右，群落盖度为 50%~80%，远低于大米草的 92% 以上的盖度，此外，碱蓬高度仅为米草高度的 1/3 左右。综合以上因素，评估采用米草滩淤积量的 20% 估算碱蓬的促淤作用。

采用机会成本法，以无草条件下，土壤侵蚀及肥力丧失的经济价值替代互花米草在土壤形成中的价值。以我国耕作土壤的平均厚度 0.5m 计，根据射阳垦区农业生产的平均效益 24 013 元/hm²，则促淤保滩消浪护岸价值为 61 648 657 元（2000 年不变价）（表 5-53）。

米草和碱蓬的促淤价值为 V_1

$$V_1 = 4.28 \times 10^4 \text{m}^3/\text{km}^2 \times \text{米草面积} \div 0.5 \times \text{单位平均效益} + 4.28$$
$$\times 10^4 \text{m}^3/\text{km}^2 \times 20\% \times \text{碱蓬面积} \div 0.5 \times \text{单位平均效益}$$

互花米草的土壤形成价值为 V_2，其值为

$$V_2 = \text{每年淤积面积} \times \text{单位平均效益}$$

表 5-53　盐城滩涂湿地促淤保滩消浪护岸价值

类型	单位土壤平均收益/（元/hm²）	多淤积的面积/淤积面积/hm²	土壤厚度/m	草滩面积/hm²	价值/元
促淤（米草）		1 037.39	0.5	12 119.0	24 232 256
促淤（碱蓬）	24 013	213.25		12 456.3	4 981 331
土壤价值		1 388.55			32 435 069
合计					61 648 657

（4）干扰调节

干扰调节是生态系统对环境波动的生态容纳、延迟和整合能力，主要表现为防止风暴、控制洪水、干旱恢复以及其他由植被结构控制的生境对环境变化的反应能力。苏北

滩涂对风暴潮、洪水、海岸侵蚀、围垦等自然和人为干扰具有显著的调节作用，可有效地减轻风暴潮灾害损失，减轻波浪对海堤和岸滩的冲刷侵蚀，并通过滩涂均衡态的调整促使围后淤涨，因而具有极大的干扰调节价值（Costanza，1998）。根据 Costanza 等的研究成果，滩涂生态系统干扰调节的单位价值分别为 1839 美元/（hm²·a）。盐城滨海湿地的干扰调节价值为 549 558 746 元（2000 年不变价）。

(5) 水质净化

湿地生态系统净化环境功能主要指废弃物处理、污染控制和毒物降解等，降解污染物可分为沉淀物、营养物、毒物的固定与移出，在盐城滨海湿地主要表现为营养物质的截留。此项估算主要以芦苇湿地对氮磷营养物的净化为基础，最后通过其他湿地类型对氮磷的年净化量与芦苇湿地年净化量的替代，估算其他湿地类型的净化功能价值。根据欧维新（2004）采用的净化水体价值 V＝人工去除相同数量污染物成本的方法，计算净化水体参数值。处理单位 TN 产生的水价值为 37.58 万元，处理单位 TP 产生的水价值为 78.63 万元。2006 年盐城滨海湿地的水质净化的价值为 1 030 357 281 元，其中芦苇的水质净化价值为 479 373 239 元（2000 年不变价），米草、碱蓬、光滩的水质净化价值合计为 550 984 042 元（2000 年不变价）（表 5-54）。

表 5-54 盐城滩涂湿地水质净化价值

湿地类型	面积/hm²	TN/(t/hm²)	TP/(t/hm²)	价值/元
米草	12 119.0	0.029 25	0.036 754	470 281 098
碱蓬	12 456.3	0.009 965	0.000 47	49 854 298
芦苇	13 825.1	—	—	479 373 239
光滩（含辐射沙洲）	178 452.7	0.000 385	0.000 042	30 848 646

3. 支撑服务

(1) 生物多样性、物种遗传价值

根据 Costanza（1997）关于湿地提供栖息地的价值为 439 美元/hm²，则盐城滨海滩涂湿地的栖息地价值 740 844 511 元（2000 年不变价）。

(2) 养分循环

湿地生态系统养分循环功能指养分的获取、形成、内部循环和存储。根据养分循环的服务机制，可以认为构成植被第一生产力的营养元素即为参与循环的养分量（欧维新等，2006）。参与评价的营养元素仅考虑含量相对较大的氮、磷、钾（赵同谦等，2004）。养分循环价值评估中，我国平均化肥价格取 2 549 元/t。据赵同谦等（2004）研究，中国温带、亚热带落叶阔叶林植物体营养元素含量氮为 0.531%、P 为 0.042%、K 为 0.201%。据钦佩等（2004）研究，互花米草植株中氮、磷、钾的百分含量分别为 1.35%、0.142% 和 0.544%。碱蓬植株中氮、磷的百分含量分别为 1.883%、0.166%。经计算，盐城滨海湿地养分循环价值为 39 643 079 元（2000 年不变价）（表 5-55）。

表5-55　盐城滩涂湿地养分循环价值

类型	氮含量	磷含量	钾含量	重量/面积/(g/hm²)	平均化肥价格/(元/t)	合计/元
阔叶林	0.531%	0.042%	0.201%	1 776.423 6g		34 093
互花米草	1.35%	0.142%	0.544%	382 330.212g	2 549	19 301 591
芦苇/(g/m²)	38.97	18.22	—	13 825.1hm²		19 604 921
碱蓬	1.883%	0.166%	—	13 826.470 8g		702 474
合计						39 643 079

4. 文化服务

（1）休闲娱乐

2006年，盐城滨海地区接待游客61万人次，按照保护区游客人均消费350元计算，盐城滨海地区休闲娱乐的价值为207 684 825元（2000年不变价）。

（2）科研教育

根据我国湿地生态系统的科研价值为382元/hm²（陈仲新和张新时，2000）计算，2006年盐城滨海湿地的科研教育价值为137 152 879元（2000年不变价）。

5. 湿地生态系统服务总价值

通过汇总以上各项服务价值，计算得出2006年的盐城湿地生态系统服务的总价值为5 859 224 077元（2000年不变价），占盐城滨海地区GDP的9.50%。湿地生态系统服务的分类价值中，物质生产、调节气候和水质净化的服务价值均达到10亿元以上（图5-25）。

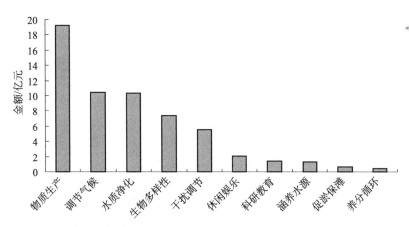

图5-25　2006年盐城湿地生态系统服务的分类价值

第五节　长江三角洲滨海湿地生态系统评价

一、生态系统综合评价

以上海宝山区、浦东区、南汇区、奉贤区、金山区、崇明县和南通启东市、海门市作为长江三角洲滨海湿地的基本评价单元,压力、状态、响应三类,压力包括土地利用强度、岸线人工化指数、人口密度、人均 GDP、外来物种入侵,状态包括水质污染、沉积物污染、湿地自然性、景观破碎化、海岸植被覆盖度、底栖生物多样性、鸟类种类与数量变化、潮间带植物生物量变化,响应包括污水处理率和相关政策法规,总计 15 项指标共同构成长江三角洲滨海湿地生态系统的评价体系。15 项评价指标加权平均计算,得到长江三角洲滨海湿地生态系统评价的综合得分为 0.55,综合评价等级为三级,长江三角洲滨海湿地生态系统处于中度受损的现状,生态系统受人类干扰较大,自我调节能力减弱,稳定性下降。其中,宝山区和奉贤区的综合评价结果为四级受损,其他评价单元为三级受损(图 5-26、表 5-56)。

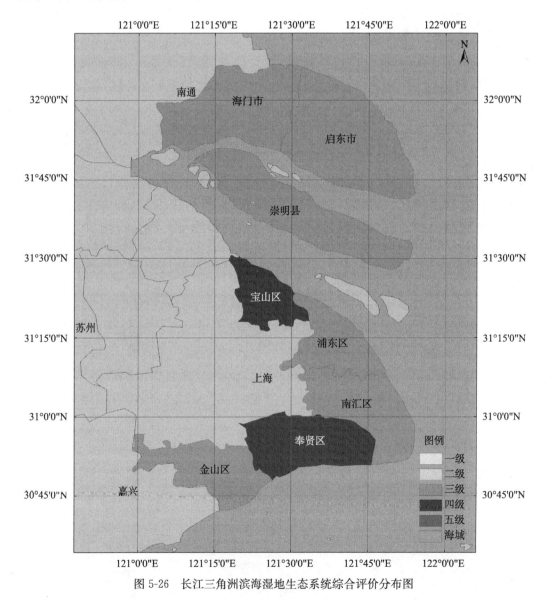

图 5-26 长江三角洲滨海湿地生态系统综合评价分布图

表 5-56　长江三角洲滨海湿地生态系统综合评价

综合指标	宝山区	浦东区	南汇区	奉贤区	金山区	崇明县	启东市	海门市	长江三角洲
压力	0.91	0.87	0.78	0.82	0.88	0.70	0.77	0.82	0.82
状态	0.56	0.47	0.53	0.61	0.45	0.45	0.48	0.50	0.51
响应	0.38	0.18	0.38	0.38	0.18	0.18	0.14	0.24	0.26
综合评价得分	0.62	0.53	0.57	0.63	0.52	0.47	0.51	0.54	0.55

（一）压力分析

将上文所述的 5 项相关压力指标加权平均计算，得到长江三角洲滨海湿地的压力现状评价综合得分为 0.82，系统所面临的外在压力严重超出了系统所能承受的范围，如再不引起注意且采取必要措施，滨海湿地将面临更为严重的退化局面（图 5-27、表 5-57）

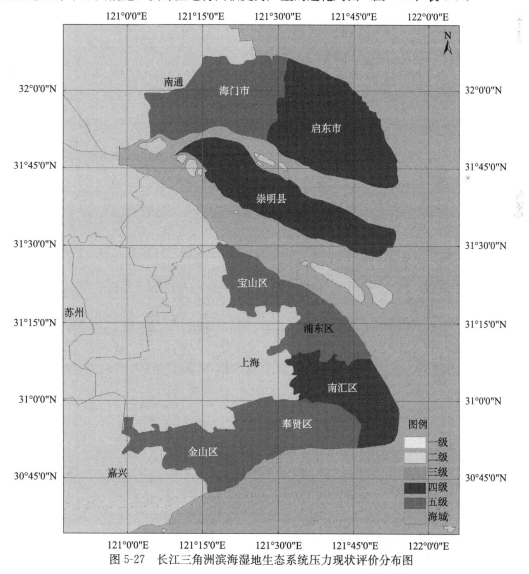

图 5-27　长江三角洲滨海湿地生态系统压力现状评价分布图

表 5-57　长江三角洲滨海湿地生态系统压力现状评价

压力指标	宝山区	浦东区	南汇区	奉贤区	金山区	崇明县	启东市	海门市	长江三角洲
土地利用强度	0.79	0.60	0.28	0.52	0.66	0.52	0.60	0.64	0.58
岸线人工化指数	0.99	0.98	0.99	0.99	1.00	0.99	1.00	1.00	0.99
人口密度	1.00	1.00	1.00	1.00	1.00	0.57	0.94	1.00	0.94
人均GDP	1.00	1.00	0.89	0.83	1.00	0.74	0.56	0.70	0.84
外来物种入侵	0.70	0.70	0.70	0.70	0.70	0.70	0.70	0.70	0.70
压力综合得分	0.91	0.87	0.78	0.82	0.88	0.70	0.77	0.82	0.82

　　长江三角洲滨海湿地所面临的外在压力主要表现在：由于城市扩张的需要和利益的驱动，区域内建筑用地和养殖水塘面积增长迅猛，自然湿地转化成人工湿地，人工湿地又改造成非湿地类型，使区域生态环境与土地利用的景观格局发生了显著变化；长久以来，长江三角洲滨海湿地滩涂的土地利用并没有得到有效的管理，城市扩张、港口建设与城市旅游对岸线资源的需求非常强烈，破坏了长江三角洲滨海湿地原有的自然海岸形态；长江三角洲地区人口密度极大，经济异常发达，人口增长和经济发展给湿地环境带来了大量的生产和生活废弃物，给湿地生态造成巨大的压力；外来物种入侵较为严重，互花米草形成大片单一优势群落，严重排挤本土物种的生长，进而影响了鱼类和鸟类等动物的食物来源，降低了滩涂的生物多样性。

　　1. 土地利用强度

　　近年来，为了经济的快速发展，长江三角洲滨海湿地区域内居民地和建筑用地面积增长迅猛。由 1986 年的 176 399 hm^2 增加到了 1995 年的 204 580 hm^2，2005 年又增加到 264 199 hm^2；占滨海湿地总面积的比例也由 1986 年的 11.7% 增加到 2005 年的 16.5%；20 年间增加了 87 800 hm^2，年均增幅达 4390 hm^2。

　　由于水产养殖的效益较高，近年来区域内水塘的分布面积增长也较为迅速。1986 年有水塘面积 26 005 hm^2，占滨海湿地总面积的 1.7%，2005 年增加到 56 407 hm^2，占滨海湿地总面积的 3.5%，20 年间增加了 30 402 hm^2，年均增幅为 1520 hm^2。

　　水库的面积也从无到有，2005 年水库面积达 3731 hm^2。

　　由于水田的经济效益远远不如建筑用地，近年来，长江三角洲滨海湿地区域内水田面积呈减少趋势，水田等人工湿地面积转化为非湿地类型。1986 年有水田面积 632 607 hm^2，占滨海湿地总面积的 41.8%，2005 年减少到 562 667 hm^2，占滨海湿地总面积的 35.1%，20 年间减少了 69 940 hm^2，年均减幅 3497 hm^2（图 5-28）。

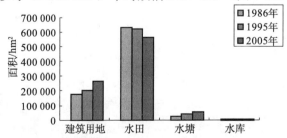

图 5-28　1986~2005 年长江三角洲滨海湿地人工湿地类型面积变化图

2. 岸线人工化指数

长江三角洲滨海湿地岸线人工化指数值达到 0.99。长久以来，长江三角洲滨海湿地滩涂的土地利用并没有得到有效的管理，城市扩张、港口建设与城市旅游对岸线资源的需求非常强烈，破坏了长江三角洲滨海湿地原有的自然海岸形态。

3. 人口密度与人均 GDP

长江三角洲地区人口密度大、经济发达，人口密度高达 1840 人/km^2，人均 GDP 达 5.42 万元（表 5-58）。上海是中国内地的经济、金融、贸易和航运中心，拥有中国最大的工业基地、最大的外贸港口，有超过 2000 万人居住和生活在上海地区，由于大量人口迁入和外来流动人口增长迅速，上海人口总量不断扩大，这势必给生态系统带来巨大的压力。

表 5-58　2007 年长江三角洲滨海湿地各县市的社会经济状况

地区	人口密度/(人/km^2)	人均 GDP /万元
上海宝山区	5189	5.85
上海浦东区	3405	13.48
上海南汇区	1373	4.47
上海奉贤区	1085	4.16
上海金山区	1083	5.39
上海崇明县	566	3.70
南通启东市	935	2.80
南通海门市	1086	3.49

4. 外来物种入侵

1997 年，为了浦东国际机场航空安全，在九段沙进行了大规模"种青引鸟"工程，引入了互花米草，种植在中沙。近年来，互花米草迅速扩散，一些区域已经完全郁闭，形成单优势种群。崇明东滩也于 20 世纪 90 年代初引入互花米草，现在局部地区也已形成了大片单一群落，严重排挤了本土物种的生长。

崇明东滩和九段沙湿地位于长江口，属于典型的河口湿地生态系统，藻类、浮游动物、底栖动物、鱼类等物种资源极其丰富，这些资源为众多的鸟类提供了充足的食物源。两个保护区地处我国东部和东亚候鸟迁徙路线的中点，是候鸟迁徙中间停留的重要驿站。但是雁鸭类、小天鹅和白头鹤等多数鸟类均以海三棱藨草的球茎和小坚果以及芦苇的根状茎为食，并不采食互花米草，同时互花米草生长密度极高，抑制了底栖动物的生长，必然也影响了以底栖动物为食的行鸟鹬类和白鹭类等鸟类。

互花米草根系极其发达，具有极强的入侵和扩张能力，在滩涂上形成纯种群落后，会抑制其他植物生长，使贝类在密集的米草草滩中活动困难，甚至会窒息死亡，威胁了鱼类、鸟类的食物来源，降低滩涂的生物多样性，会严重破坏崇明东滩和九段沙这两个非常脆弱的生态敏感区的自然平衡（秦卫华等，2004）。

（二）状态分析

将环境质量、生境质量和生物群落质量三类，包括 8 项相关状态指标加权平均计算，得到长江三角洲滨海湿地的状态评价综合得分为 0.51，系统中度受损（图 5-29、表 5-59）。

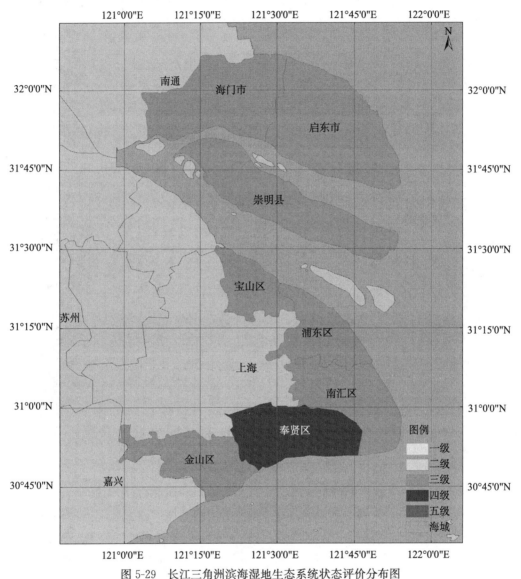

图 5-29 长江三角洲滨海湿地生态系统状态评价分布图

表 5-59 长江三角洲滨海湿地生态系统状态评价

状态指标	宝山区	浦东区	南汇区	奉贤区	金山区	崇明县	启东市	海门市	长江三角洲
环境质量	0.64	0.64	0.61	0.64	0.58	0.62	0.62	0.62	0.62
生境质量	0.58	0.34	0.51	0.69	0.33	0.35	0.44	0.48	0.47
生物群落	0.49	0.49	0.49	0.49	0.49	0.43	0.43	0.43	0.47
状态综合得分	0.56	0.47	0.53	0.61	0.45	0.45	0.48	0.50	0.51

　　长江三角洲滨海湿地生态现状不甚理想。滨海湿地环境质量较差，水体有机物、油类和重金属污染严重，沉积物中重金属含量也存在超标现象；区域内湿地自然性较差，人工湿地和非湿地类型比例较高，景观破碎化日益严重，海岸植被覆盖度也较低；滨海湿地潮间带底栖生物种类贫乏，多样性低；由于围垦开发和外来物种入侵，鸟类的栖息环境遭到破坏，种群数量有所下降；潮间带植物群落结构单一，群落类型少。

　　1. 环境质量

　　2007～2008 年中国滨海湿地调查结果显示，长江三角洲滨海湿地水环境质量较差。2007 年，BOD_5 单因子污染指数均值为 5.76，超标率达 87%；COD 单因子污染指数均值为 2.04，超标率达 73%；2008 年 BOD_5 单因子污染指数均值为 3.22，超标率达 60%；COD 单因子污染指数均值为 3.81，超标率达 100%；油类单因子污染指数均值为 0.68，超标率为 12%；铅单因子污染指数均值为 102.87，超标率 100%；镉单因子污染指数均值为 0.36，超标率为 4%；铜单因子污染指数均值为 0.99，超标率为 24%；锌单因子污染指数均值为 7.42，超标率为 100%，汞单因子污染指数均值为 36.55，超标率为 96%。在所测指标中，除砷外，均未达到第Ⅰ类海水水质标准（表 5-60）。

　　沉积物环境质量基本能符合一类沉积物质量标准，仅有铜的污染程度较高。

表 5-60　水体中各项单因子评价指数

因子	最小值	最大值	均值	超标率
		2007 年		
BOD_5	0.10	17.58	5.76	87
COD	0.73	3.39	2.04	73
		2008 年		
BOD_5	0.34	10.50	3.22	60
COD	1.30	5.51	3.59	100
油类	0.27	2.36	0.68	12
砷	0.90×10^{-4}	5.35×10^{-4}	2.23×10^{-4}	0
铅	12.70	412.00	102.87	100
镉	0.17	1.06	0.36	4
铜	0.22	7.58	0.99	24
锌	1.57	27.90	7.42	100
汞	0.98	227.03	36.55	96

　　注：采用中华人民共和国国家标准《海水水质标准》GB 3097—1997 中的Ⅰ类海水水质标准值

　　从地理位置可以看出，上海市和江苏省的南通市是长江三角洲滨海湿地最主要的城市，这两个城市中工业生产、居民生活污水、畜禽养殖、农药化肥等通过河流或排污口直接或间接的排放，在这些污水中含有大量的有机污染物、石油类、重金属等污染物质，尤其是工业废水中，由于企业工程作业的特殊性，排放污水中重金属的排放量尤其严重（郑学芬等，2008）。目前，上海市每天产生的工业废水和生活废水量达 550 多万吨，其中仅有 5% 经过初步处理，其余则由西、南区排污口和竹园排污口及黄浦江直接排入长江口。

　　上海港海洋交通运输非常发达，据最新统计资料，2006 年上海港引领船舶达到 5.5 万艘次，全年货物吞吐量预计完成 5.37 亿 t，约占全国规模以上港口吞吐量的 12%，是世界第一大货运港口。大量的船在长江口往返，它们在航行、停泊港口、装卸货物的过程中对周围环境和大气环境会产生严重污染，主要包括：船舶含油污水、船舶生活污水、船舶垃圾、粉尘、溢油、有毒化学品、废气等。

滨海浴场、度假区、公园、自然保护区等旅游景点在吸引大量游客观光，促进上海城市旅游经济的同时，也带来大量的垃圾污水，造成长江口水环境的污染。

长江口渔业水域的污染物超标较为严重，主要是氮、磷、石油类、铜。另外，残饵、生物排泄物、滥用药物等渔场日常作业也成为长江口水体污染的来源渠道之一。养殖生产中所用的药物种类和剂量日益增多。例如，在网箱养殖中常用激素、肌肉色、麻醉剂等，长期滥用各种抗生素消毒剂、水质改良剂等，这些药品直接进入水体，严重影响了海洋水体的微生态环境。

2. 生境质量

(1) 湿地自然性

每年，长江流域携带大量的泥沙在长江三角洲地区沉积，使得长江三角洲滨海湿地总面积的增长较快。1986年，长江三角洲滨海湿地总面积为 1 513 390 hm^2；1995年增长至 1 572 279 hm^2；2005年滨海湿地总面积就达到了 1 601 383 hm^2，20年间增长了 87 993 hm^2，年均增加湿地面积 4400 hm^2。

然而，遥感解译分析可知，1986年，区域内有自然湿地面积 678 377 hm^2，到1995年增加至 705 868 hm^2，2005年自然湿地面积为 714 378 hm^2，20年间，长江三角洲自然湿地面积仅增加了 36 001 hm^2，说明每年仍有相当一部分的自然湿地转化为人工湿地或非湿地类型（图5-30）。

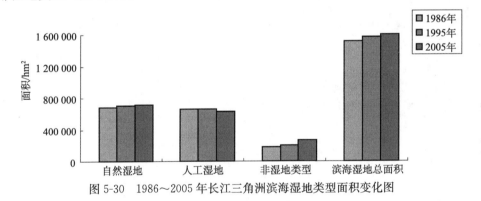

图5-30　1986～2005年长江三角洲滨海湿地类型面积变化图

(2) 景观破碎化

长江三角洲滨海湿地景观斑块数在不断增加，由1986年的2213块增加到2005年的2667块（表5-61、图5-31、图5-32）。

表5-61　景观指数计算表

年份	景观多样性指数	景观优势度指数	均匀度指数	廊道密度指数	分形维数	斑块密度指数	斑块数破碎化指数	生境面积破碎化指数	斑块数
1986	1.7309	1.1227	0.5769	0.3544	1.7860	0.1679	0.1679	0.5373	2213
1995	1.8733	1.1267	0.6244	0.3739	1.7960	0.1554	0.1553	0.5966	2448
2005	1.8765	1.2934	0.5920	0.3820	1.5985	0.1665	0.1665	0.5855	2667

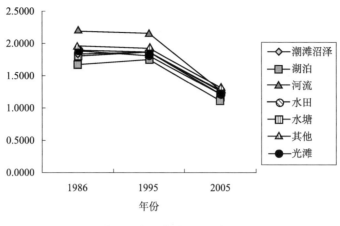

图 5-31　各景观类型廊道密度指数变化趋势图

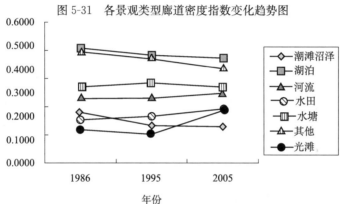

图 5-32　各景观类型斑块形状指数变化趋势图

　　计算结果表明，1986～2005 年，长江三角洲滨海湿地景观多样性指数在不断上升。其中在 1986 年至 1995 年 10 年之间上升幅度较大，由 1.7309 上升为 1.8733，自 1995 年至 2005 年上升幅度不大。景观多样性指数表示景观要素的多少和各景观要素所占比例的变化。景观多样性指数的增加，说明区域可能受到一定的人为干扰，使土地产生镶嵌、分割、破碎、缩减和损耗等空间过程，从而造成整体景观格局的异质性越来越高（图 5-33）。

　　景观优势度指数由 1986 年的 1.1227 增加到 2005 年的 1.2934。均匀度指数经历了 1986 年到 1995 年的增长之后，又在 1995 年到 2005 年呈现下降的趋势（图 5-34）。一般而言，优势度指数常常与景观多样性指数、均匀度指数的变化规律相反，这是因为土地利用结构越多样化、均匀化，其主要集中土地利用类型对整个研究对象的控制程度就越低，优势度指数也就越小。但由上述的数据可以看出并不尽然，这主要是由于区域处于长江河口，长江携带泥沙在此处沉淀下来，不断淤积，向大海方向拓展，在景观多样性增加的同时，其滨海湿地的总面积也在不断增长。这是河口区域景观格局变化与其他地区的不同之处。

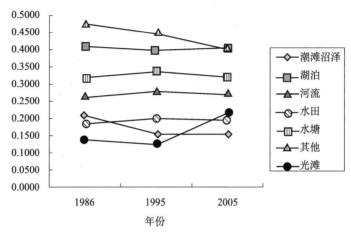

图 5-33　各景观类型景观多样性指数变化趋势图

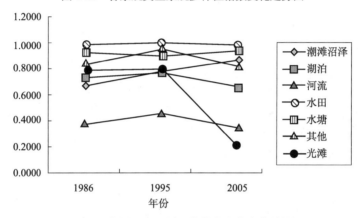

图 5-34　各景观类型景观优势度指数变化趋势图

景观形状指数增大，说明了景观斑块形状不规则或偏离正方形的幅度越大。而区域景观形状指数在 1996～2005 年呈现不断增加的趋势，说明景观的形状趋于不规则，边界扩散程度增大，同时有效面积降低。从景观生态学的层次上来讲，其结构的退化必然导致相应功能的降低。

（3）海岸植被覆盖度

遥感解译显示，长江三角洲滨海湿地海岸植被覆盖度指数较低，均值仅为 0.17。

3. 生物群落结构

（1）底栖生物多样性

2007 年海岸带调查结果显示，长江三角洲滨海湿地潮间带底栖生物多样性指数值仅为 1.52，长江三角洲滨海湿地底栖生物种类较为贫乏，多样性低。

（2）鸟类种群变化

小天鹅：上海市崇明东滩自然保护区是亚太地区春秋季节候鸟迁徙极好的停歇地和驿站，也是候鸟的重要越冬地。然而，随着上海城市化进程加快与土地资源紧缺的矛盾日益突出，东滩经历多次的围垦，围堤外的海三棱藨草地几乎消失殆尽，鸟类赖以生存的栖息

地大部分被围占，食物来源得不到保障。在 20 世纪 80 年代，崇明东滩曾是小天鹅的主要
越冬地，每年来此越冬的小天鹅数量达 3000～3500 只（虞快，1991）；1997 年长江口地区
（包含九段沙）尚存越冬小天鹅 160 只（唐仕华等，1997）；但在 2000～2001 年的冬季调查
中仅记录到 51 只（李波等，2002），而 2004 年的调查仅记录到 2 次，小天鹅最大的种群
数量也仅有 9 只（徐玲，2004）。崇明东滩湿地已不再是小天鹅的主要越冬场所，围垦导
致的生境破碎化和消失迫使小天鹅另觅他处。

白头鹤：崇明东滩的围垦和开发同样影响白头鹤的生存。1998 年，东滩滩涂围垦
将海三棱藨草带一分为二，围垦后失去了潮汐的作用，堤内海三棱藨草群落逐渐变成芦
苇杂草群落，不能再维持白头鹤的越冬觅食活动。由于滩涂的自然淤涨使海三棱藨草带
向外延伸，2000 年冬季白头鹤完全觅食于 98 堤外，围垦后形成的芦苇杂草群落成为夜
宿地。2000 年冬季后期，98 堤内的夜宿地不断被开垦，至 2001 年秋季全部被开垦为蟹
塘，白头鹤夜宿地完全消失。2000 年冬季，为促淤在东旺沙北侧种植了大量互花米草，
互花米草的快速入侵可能影响海三棱藨草的分布格局从而改变滩涂的植被组成和结构，
对白头鹤及其栖息地产生严重的影响（敬凯等，2002）。

4. 潮间带植物群落

崇明东滩和九段沙湿地植物群落具有相同的特点，植物种类单一，群落类型少，崇
明东滩共有高等植物约 96 种，九段沙仅 17 种。植物群落均处于快速演替过程中，首先
由低潮位的光滩逐渐演变为以海三棱藨草为优势种，间有藨草、糙叶薹草的群落，中潮
位和高潮位则演替为以芦苇或互花米草为主的群落。在中高潮位的滩涂上形成了芦苇和
互花米草相互竞争的局面（秦卫华等，2004）。

（三）响应分析

将上文所述的 2 项相关响应指标加权平均计算，得到长江三角洲滨海湿地的响应综
合得分为 0.26，政府的保护意识和保护政策比较积极（表 5-62、图 5-35）。

表 5-62 长江三角洲滨海湿地生态系统的响应评价

响应指标	宝山区	浦东区	南汇区	奉贤区	金山区	崇明县	启东市	海门市	长江三角洲
污水处理率	0.27	0.27	0.27	0.27	0.27	0.27	0.18	0.18	0.25
政策法规	0.50	0.10	0.50	0.50	0.10	0.10	0.10	0.30	0.28
响应综合得分	0.38	0.18	0.38	0.38	0.18	0.18	0.14	0.24	0.26

近年来，长江三角洲滨海湿地的管理与保护越来越引起政府相关部门的重视。1998
年成立了崇明东滩鸟类国家级自然保护区，并制定了专门的法律法规——《上海市崇明东
滩鸟类自然保护区管理办法》，管理部门在职人员 35 人以上，用于保护和修复湿地的财政
支出达 2000 万元人民币；2000 年成立了九段沙湿地自然保护区，由保护区管理署进行管
理，制定了《上海市九段沙湿地自然保护区管理办法》，保护法规体系比较完善，并在九
段沙湿地范围内有组织地进行常规的巡查和不定期的检查，保障了保护政策的执行力度；
区域内还有长江口中华鲟湿地自然保护区、金山三岛等一批国家级和省级自然保护区，主
要保护对象为候鸟、中华鲟等珍稀动物、河口沙洲地貌以及河口生态系统。

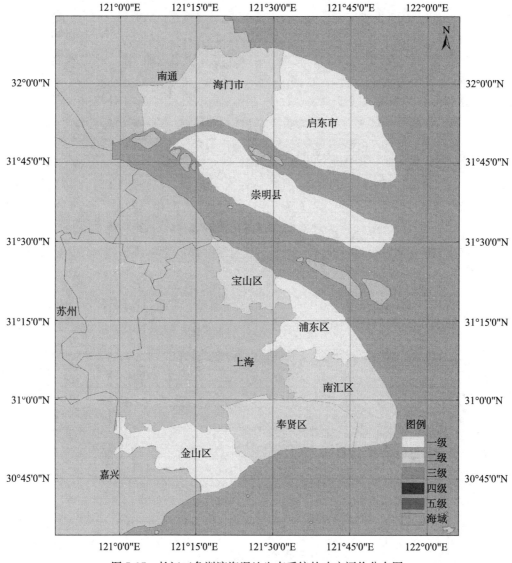

图 5-35 长江三角洲滨海湿地生态系统的响应评价分布图

1996～2005 年，上海市污水排放总量呈减少趋势（周念清，2009）。特别是工业污水的排放总量，由 1996 年的 11.41 亿 t，减少到 2005 年的 5.11 亿 t，污水处理厂不断增加，工业废水排放达标率和工业重复用水率也有一定程度的提升。污水处理率逐年递增，由 1996 的 5.64% 增加到 2005 年的 59.01%（表 5-63）。

2008 年，上海市用于环境保护的资金投入为 422.37 亿元，相当于全市生产总值的比例达到 3.08%，年内建成了白龙港污水处理厂升级扩容工程和 9 座郊区污水处理厂；完成总计装机容量 622.5 万 kW 的燃煤机组烟气脱硫改造；上海市的污水处理能力达到 673.25 万 m³/d，比 2007 年增加 116.7 万 m³/d，城市污水集中处理率达到 75.5%。

表5-63　长江三角洲地区废（污）水排放处理情况

年份	排放总量/亿 t	工业/亿 t	生活及其他/亿 t	工业废水排放达标率/%	工业重复用水率/%	污水处理厂/个	污水处理率/%
1996	22.85	11.41	11.44	87.4	39.8	20	5.64
1997	21.10	9.99	11.11	86.6	41.8	22	7.01
1998	20.81	9.00	11.81	88.2	40.2	22	7.50
1999	20.28	8.52	11.76	89.9	44.5	22	8.62
2000	19.37	7.25	12.12	93.2	46.5	27	11.89
2001	19.50	6.80	12.70	95.4	50.4	26	15.12
2002	19.21	6.49	12.72	94.9	47.9	27	15.96
2003	18.22	6.11	12.11	94.9	49.3	30	21.89
2004	19.34	5.64	13.70	96.3	56.4	37	49.28
2005	19.97	5.11	14.86	97.1	58.1	42	59.01

（四）压力-状态-响应机制分析

长江三角洲滨海湿地是人类活动最为频繁，受影响最为广泛而激烈的区域之一。中国最大的城市——上海市以及江苏省南通启东市、海门市依长江河口而建，依赖长江的地理优势和资源蓬勃发展。

随着该区域经济、社会的不断发展和人口的急剧膨胀，长江三角洲滨海湿地所面临的外在压力已远远超过了系统所能承受的范围，不合理的开发利用湿地资源导致了长江三角洲滨海湿地的生态环境日益恶化，生物多样性严重丧失。

虽然政府相关部门也采取了相应的保护和管理措施，如在崇明岛、九段沙湿地、金山三岛等地建立了一批国家级和省级自然保护区，投入巨额资金用于改善环境质量，但这些还是远远不够的。长江三角洲滨海湿地的生态健康现状愈发地引人担忧，如不加强应对措施，及时减轻滨海湿地所承受的压力，最终将导致整个生态系统的崩溃。

二、 生态系统服务功能

参考 Constanza 的服务功能分类，根据长江三角洲生态系统的特点，长江三角洲两部分区域即湿地部分以及水域部分提供的生态系统服务功能包括：①基础功能：成陆造地、物质生产（包括水产和原材料生产）、大气调节、水分调节、水质净化（废物处理）、生物栖息地；②社会功能：科研文化和旅游。

（1）成陆造地功能

长江为我国第一大河，每年携带悬沙约 4.35 亿 t 入海，造就了长江三角洲河口地区丰富的滩涂资源。1949～1998 年，上海通过围垦 7.67 万 hm² 的滩涂，使上海市的土地面积扩大了约 13%，长江三角洲湿地年自然造地 1500～3000 hm²，缓解了日益增加的上海市人口对土地的需求。

（2）物质生产功能

长江三角洲海域渔业资源丰富，渔业水域面积超过 200 000hm²，提供了大量的水产品，包括淡水鱼种、半咸水鱼、溯河性和降海性鱼种、海水种，同时又是中华绒螯蟹和日本鳗鲡繁殖的天然的优良场所，盛产大量的蟹苗、鳗苗等，丰富的水产品为当地居民创造了生产价值。河口区植物如芦苇、海三棱藨草等为农业提供了饲料，也为工业生产提供了大量的原材料。

（3）大气组分调节功能

长江三角洲海域生态系统通过光合作用和呼吸作用与大气交换 CO_2 和 O_2，对大气中的 CO_2 和 O_2 动态平衡起着重要的作用。

（4）水分调节功能

长江三角洲区域湿地部分具有巨大的渗透能力和蓄水能力，由于植物吸收、渗透降水，致使降水进入江河的时间滞后、入河水量减少，从而减少了洪水径流，达到削洪的目的。

（5）水质净化（废物处理）功能

长江三角洲生态系统具有减少环境污染的作用。湿地部分的净化功能通过生物净化来实现，过剩的营养物质和部分污染物质在生物体内累积、富集、转化为生物自身组织，通过收获生物的方式从区域中去除；水域部分的净化功能通过径流和生物降解来实现，长江三角洲区域每年径流量达到 9335 亿 m^3（徐六泾站），对地区水体有很大的自净能力。

（6）生物栖息地功能

长江三角洲海域具有丰富的动植物资源，其中浮游植物共有 83 属 129 种，浮游动物 130 种，甲壳动物占 60.5%，鱼类 169 种，隶属 17 目 67 科。区域为野生动植物的生存和繁殖提供了栖息地，也是中华鲟、中华绒螯蟹等生物索饵洄游的良好场所。长江三角洲地处候鸟亚太迁徙路线上，丰富的底栖动物和游泳动物为鸟类提供了饵料。为了保护野生动植物的栖息地，上海市政府先后成立了崇明东滩鸟类自然保护区、九段沙生态自然保护区，长江三角洲中华鲟自然保护区等海洋自然保护区，对资源的保护具有重要的意义。但是随着人类活动的增加，崇明东滩自然保护区内已被破坏或改变栖息地利用方式的湿地面积已达到 8000 hm^2，中华鲟保护区也遭到了破坏，因此恢复和重建保护区得到了上海市政府的高度重视。

（7）旅游功能

旅游价值是指生态系统或者景观为人类提供观赏旅游的场所，常常被称作是美学价值。长江三角洲区域景观丰富，建造了很多公园景区供人们观赏和旅游，主要有崇明东平国家森林公园、长兴岛旅游区、崇明湿地公园、横沙岛旅游度假区等。

（8）科研文化功能

长江三角洲海域独特的咸淡水交汇，区域内湿地所具有的水陆交互作用地形，以及丰富的自然资源，使该区域具有较高的科研文化价值，此项服务主要来源于科学研究对人类知识体系的贡献。

三、 价值评价

对每一项服务功能进行价值评估时，以 2005 年作为评估基准年，即所有资料尽可能采用 2005 年的数据，如果不能则采用折现的办法将其折算到 2005 年，主要采用市场价值法，并且结合影子工程法、费用替代法以及专家评估法等方法，分别计算湿地部分价值以及水域部分的价值，总和即为长江三角洲生态系统该项服务的价值。

1. 成陆造地价值

长江三角洲成陆造地价值主要是指湿地部分的自然造地价值，运用市场价值法进行评估，即成陆造地价值＝当地土地使用权转让价格×每年造地面积。

通过市场调查，取 2005 年上海市土地使用权转让价格的平均值 60 万元/hm^2 进行估算，并选择长江三角洲地区年自然造地 1500～3000 hm^2 的平均值 2250 hm^2 作为 2005 年该地区的造地面积，则 2005 年该区域的成陆造地价值为 13.5 亿元/a。

2. 物质生产价值

长江三角洲海域生态系统物质生产价值主要包括两个部分：丰富的水产品直接提供的价值；芦苇等通过用做饲料、造纸原料和建筑材料等间接提供的原材料价值。

采用市场价值法对水产品价值进行评估，2005 年上海市水产品产量约为 34.41 万 t，渔业总产值约为 61.3 亿元，则单位产值为 1.78 万元/t，参考往年上海市水产品产量构成，海洋捕捞与海水养殖平均占总产量的 45.52%，从而依此推算出 2005 年长江三角洲提供的水产品总价值约为 27.88 亿元/a。

长江三角洲大于 3 m 高程的芦苇面积为 1.1 万 hm^2，芦苇的单位面积产量平均为 1.53 kg/m^2（由于缺少 2005 年的相关数据，采用 2004 年数据代替进行计算），芦苇价格取优良和一般芦苇的平均价 410 元/t，2005 年芦苇提供的价值约为 0.69 亿元/a；海三棱藨草主要是作为家畜的饲料，价格等同于市场上的类似饲料，以产品替代估价法进行估价，长江三角洲有 1.3 万 hm^2 海三棱藨草湿地，海三棱藨草的单位面积产量平均为 0.55 kg/m^2，根据农业部的调查统计，按照 2005 年家畜饲料的平均价格 2.5 元/kg 对其估算，则价值约为 1.79 亿元/a。原材料总价值为 2.48 亿元/a。

3. 大气组分调节价值

大气组分调节功能分为两部分：植物固定 CO_2、释放 O_2，气体组分调节功能价值为植物固定 CO_2 价值与释放 O_2 价值的总和。

（1）固定 CO_2 价值

植物固定 CO_2 的价值包括湿地植被固定 CO_2 价值和水体浮游植物固定碳的价值。由于我国的造林成本是以 1990 年不变价格计算的，严重偏低，因此采用更为适中的瑞典碳税法进行估算，碳税率以瑞典政府提议的 150 USD/t（C）即 1291 元/t 为标准。依照光合作用反应方程式推算每形成 1g 干物质，需要 1.62 gCO_2，释放 1.19 gO_2。根据单位面积植物年碳素的净增长量和瑞典碳税率以及植物面积总数，三者乘积计算植物固定碳价值。主要考虑芦苇和海三棱藨草，2005 年其单位面积产量分别为 1.53 kg/m^2 和 0.55kg/m^2，单位面积碳素的净增长量为 2.48 kg/m^2 和 0.891kg/m^2，面积为 1.1 万 hm^2 和 1.3 万 hm^2，从而得出植被固定 CO_2 价值 5.01 亿元/a。

2005 年，长江三角洲水域叶绿素平均含量为 2.01mg/m^3，Ryther 等通过多年的研究，并根据文献的数据得到了在光饱和的情况下每克叶绿素（a）每小时可以固定

3.7gC，从而估算 2005 年长江三角洲水域初级生产力为 65.15g/(m²·a)，水域面积约为584 097hm²，利用碳税法得到浮游植物固定碳的价值为 4.91 亿元/a。

（2）释放 O_2 价值

利用工业制氧影子价格法进行估算，工业制氧价格为 400 元/t，根据 2005 年芦苇和海三棱藨草产量以及面积等数据，参考光合作用反应方程式，得出 2005 年植物释放 O_2 价值为 1.14 亿元/a。

根据 2005 年长江三角洲水域初级生产力和光合作用反应方程式，估算出浮游植物释放 O_2 的价值为 1.12 亿元/a。

4. 水分调节价值

区域内水分调节价值主要是由分布在湿地部分的芦苇和海三棱藨草提供的，采用影子工程法进行估算，通过建立蓄水量 1 t 水库影子工程的费用来估算涵养水源的价值，即水分调节价值＝总水分调节量×单位蓄水量库容成本。长江三角洲有 1.1 万 hm² 芦苇湿地和 1.3 万 hm² 海三棱藨草湿地，挺水植物一般蓄水深度为 1 m 左右，根据公式

$$Q=\sum S \cdot D$$

式中，Q 为总水分调节量；S 为调节水分的土地面积；D 为蓄水深度，则总水分调节量 Q 等于 $2.4\times10^8 m^3$。单位蓄水量的库容成本以 1988~1991 年全国水库建设投资计算，以每年新增投资量除每年新增库容量，计算出建设 $1m^3$ 库容需投入成本为 0.67 元，目前国内在此方面的研究多采用此数据。从而得出区域 2005 年水分调节价值为 1.6 亿元/a。

5. 水质净化（废物处理）价值

利用湿地去除营养盐（主要指氮）和重金属的价值总和来估算区域的湿地部分的水质净化价值，湿地能阻止向临近水域迁移氮 2000 t/(km²·a)，区域湿地面积约为 215 000hm²，则湿地除氮量为 $430\times10^4 t/a$，根据公式

$$E_N=\frac{T_N}{N_N\%}\times P_N$$

式中，E_N 为湿地去除营养盐价值；T_N 为 N 去除量；$N_N\%$ 为合流污水含氮量，这里为 2.9%；P_N 为污水处理厂去除污水单位费用，按照 2005 年的平均价格 0.9 元/t 计算，得出湿地去除营养盐价值为 1.33 亿元/a；根据专家评估法，以湿地去除重金属的环境效益价值占总环境效益价值的 40% 来估算去除重金属的价值，湿地去除营养盐的价值占 60%，则湿地去除重金属价值为 0.887 亿元/a。湿地水质净化的总价值约为 2.22 亿元/a。

对于区域的水域部分废物处理价值，采用污水排入量以及废水处理成本来计算，即废物处理功能价值＝污水排放量×单位污水的处理成本。2005 年，上海市市政综合排污口和企业直排污口排入该海域的污水总量约为 21.73 亿 t，上海市污水处理厂污水处理费用平均为 0.9 元/t（包括固定资产折旧），因此水域部分价值为 19.56 亿元/a。

6. 生物栖息地价值

采用替代法对生物栖息地价值进行评估，通过栖息地保护投资以及制造投放人工渔礁成本来反映该价值，2005 年总价值约为 2.822 亿元/a。其中，保护投资运用生

态价值法，根据 2005 年自然保护区规划的年投资与生态价值系数的乘积来计算。上海对自然保护区的年均投入已达到 1.5 万元/km²，包括修建码头、科考站、执法点等基础设施以及生态修复，崇明东滩自然保护区占地面积为 32 620hm²，九段沙湿地自然保护区面积（0 m 线以上）约为 11 428 hm²，中华鲟保护区总面积约为 27 600hm²，因此长江三角洲自然保护区面积约为 71 648hm²，生态价值系数为 8.3（生态价值系数与恩格尔系数成反比，恩格尔系数取生态城市的标准 0.12），则保护投资价值为 0.89 亿元。

长江三角洲航道管理局与有关单位一起从 2001 年起在长江三角洲共放流中华鲟幼鱼 3080 尾、牡蛎 300 万只、中华绒螯蟹蟹苗 2.5 万只，这些放流生物，以工程建设的人工导堤为家，到 2005 年南北导堤逐步形成了一个长达 147 km、面积约达 7500hm² 的人工鱼礁，创造了长江三角洲以牡蛎为主的新生态群落。参考韩国到 2005 年已建造人工鱼礁 142 440hm²，总投资 5316 亿韩元（约合人民币 36.67 亿元，当时的汇率大约平均为 1：145），每平方公里造价为 0.026 亿元，因此长江三角洲南北导堤人工鱼礁价值为 1.93 亿元/a。

7. 旅游价值

长江三角洲湿地部分的旅游价值采用旅行费用法估算，旅游价值由旅行费用支出、旅行时间花费价值以及其他费用三部分构成。旅行费用支出为交通费用、食宿费用、公园门票、景点门票及服务费用；旅行时间花费价值＝游客旅行总时间×游客单位时间的机会工资；其他费用为摄影、购物费用。

崇明湿地的旅游价值用 2005 年崇明县旅游收入估算，其价值为 1.7 亿元/a（参考《崇明年鉴（2006）》，由于该年鉴给出的是 2004 年和 2005 年的旅游收入总和，所以这里取其 1/2 作为 2005 年的旅游收入）；对于长兴岛和横沙岛湿地的旅游价值，两地的游客人数总和按照 2005 年崇明湿地游客人数计算，约为 77 万人次，旅行费用按照两日游计算，根据旅行社的平均报价，其费用约为每人 175 元，游客单位时间的机会工资一般为实际工资的 30%～50%，以 40% 计算，参考当时的人均收入水平，游客的实际工资计为 80 元/天，因此人均旅游时间花费价值＝2×80×40%＝64 元，其他费用设为每人 100 元，从而得出长兴岛和横沙岛湿地的旅游价值＝（175＋64＋100）×770 000＝2.61 亿元/a。2005 年，长江三角洲湿地部分的旅游价值为 4.31 亿元/a。

根据 Costanza 等对河口的研究结果进行估算，即河口生态系统的美学价值为 381 美元/hm²，将人民币与美元汇率定为 8：1，那么长江三角洲水域部分的旅游价值＝河口水域面积×381 美元/hm²×8.1＝18.03 亿元/a。

8. 科研文化价值

根据全球的湿地和浅海文化科研价值对长江三角洲海域湿地部分和水域部分的科研文化价值分别进行估算，湿地和浅海的全球价值基准分别为 881 美元/(hm²·a) 和 76 美元/(hm²·a)，将当时人民币与美元汇率定为 8：1，长江三角洲海域湿地面积约为 215 000hm²，水域面积约为 584 097hm²，湿地部分和水域部分该服务的价值分别为

15.34亿元/a和3.6亿元/a，该区域此项服务的价值为18.94亿元/a。

9. 长江三角洲生态系统服务价值总量估算

2005年，长江三角洲生态系统服务价值约为123.5亿元，相当于2005年上海市GDP的1.35%，单位面积服务价值约为$15×10^5$元/(km²·a)，远远大于全国生态系统单位面积服务价值$54×10^4$元/(km²·a)，这是由于河口生态系统的相对丰富性和多样性，其中物质生产价值最大，水质净化（废物处理）、旅游价值以及科研文化价值次之，水分调节价值最小。各项服务功能的贡献率（各项价值所占比例）分别为：成陆造地11%，物质生产25%，大气组分调节10%，水分调节1%，水质净化18%，生物栖息地2%，旅游18%，科研文化15%。长江三角洲生态系统提供了大量的物质生产价值，这主要来源于该区域丰富的资源。由于该区域强大的自净功能，以及丰富的植被资源，水质净化价值相当的高，分担了上海市废水处理的重担。长江三角洲景观丰富，自然保护区以及公园吸引了大量的游客，还具备很高的科研价值，这两项服务的价值总和占总价值的33%。

第六节　珠江三角洲滨海湿地生态系统评价

一、　生态系统综合评价

以广州市番禺区、东莞市、中山市、深圳市、珠海市和江门市作为珠江三角洲滨海湿地的基本评价单元，压力、状态、响应三类，压力包括土地利用强度、岸线人工化指数、人口密度、人均GDP、外来物种入侵，状态包括水质污染、沉积物污染、湿地自然性、景观破碎化、海岸植被覆盖度、底栖生物多样性、鸟类种类与数量变化、潮间带植物生物量变化，响应包括污水处理率和相关政策法规，总计15项指标共同构成珠江三角洲滨海湿地生态系统的评价体系。15项加权平均计算，得到珠江三角洲滨海湿地生态系统评价的综合得分为0.52，综合评价等级为三级，珠江三角洲滨海湿地生态系统处于中度受损的现状，生态系统受人类干扰较大，自我调节能力减弱，稳定性下降。其中，江门市的综合评价结果为二级受损，其他评价单元为三级受损（表5-64、图5-36）。

表5-64　珠江三角洲滨海湿地生态系统综合评价

综合指标	番禺区	东莞市	中山市	深圳市	珠海市	江门市	珠江三角洲
压力	0.73	0.74	0.69	0.84	0.69	0.34	0.67
状态	0.48	0.59	0.53	0.57	0.55	0.45	0.53
响应	0.29	0.31	0.35	0.13	0.19	0.20	0.25
综合评价得分	0.52	0.59	0.54	0.57	0.53	0.38	0.52

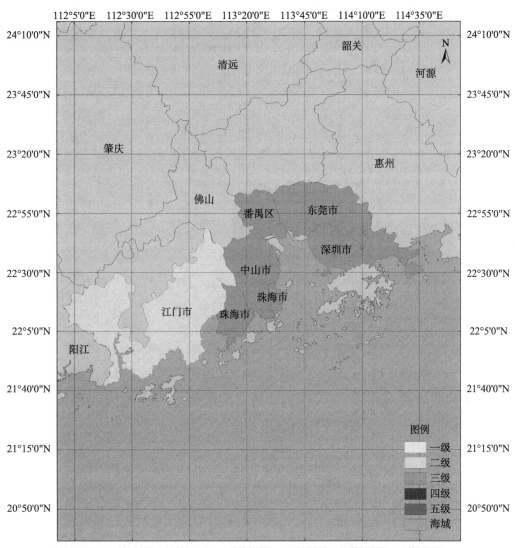

图 5-36　珠江三角洲滨海湿地生态系统综合评价分布图

（一）压力分析

将上文所述的 5 项相关压力指标加权平均计算，得到珠江三角洲滨海湿地的压力现状评价综合得分为 0.67，系统所面临的外在压力超出了系统所能承受的范围，需引起注意且采取必要措施，否则滨海湿地将面临更为严重的退化局面（表 5-65、图 5-37）。

表 5-65　珠江三角洲滨海湿地生态系统压力现状评价

压力指标	番禺区	东莞市	中山市	深圳市	珠海市	江门市	珠江三角洲
土地利用强度	0.15	0.39	0.13	0.80	0.31	0.17	0.33
岸线人工化指数	0.93	0.92	0.93	0.80	0.85	0.46	0.82
人口密度	1.00	1.00	1.00	1.00	0.88	0.37	0.88

续表

压力指标	番禺区	东莞市	中山市	深圳市	珠海市	江门市	珠江三角洲
人均GDP	1.00	0.92	0.99	1.00	1.00	0.26	0.86
外来物种入侵	0.50	0.30	0.30	0.50	0.30	0.50	0.40
压力综合得分	0.73	0.74	0.69	0.84	0.69	0.34	0.67

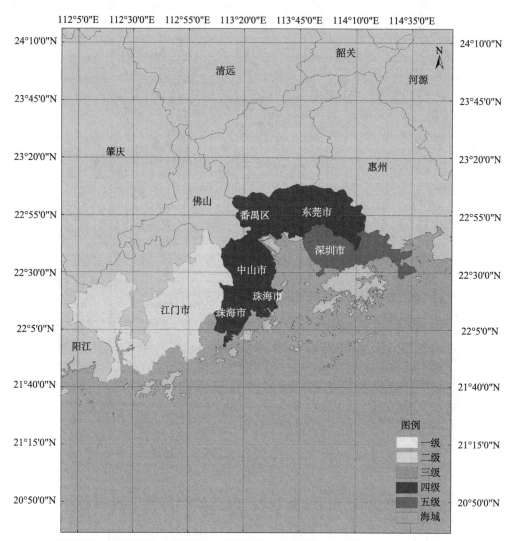

图5-37 珠江三角洲滨海湿地生态系统压力现状评价分布图

珠江三角洲滨海湿地所面临的外在压力主要表现为：在经济发展和城市扩张的驱动下，区域内滩涂围垦开发力度不断加大，大量的湿地被改造成建设用地，改变了滨海湿地原有的生态功能；城市扩张、港口建设对岸线资源的需求非常强烈，破坏了珠江三角洲滨海湿地原有的自然海岸形态；区域内人口密度大，经济发达，人类活动对滨海湿地的干扰显著。

1. 土地利用强度

近年来，随着滩涂围垦开发力度的不断加大，珠江三角洲滨海湿地生态环境与土地利用的景观格局发生了显著变化（图 5-38）。

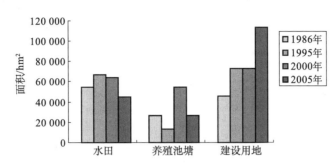

图 5-38　1986～2005 年珠江三角洲滨海湿地人工湿地与非湿地类型面积变化图

1986 年，区域内建设用地占地面积 45 241 hm²，占滨海湿地总面积的 32.1%；1995 年增加到 72 712 hm²，占滨海湿地总面积的 41.9%；2000 年的建设用地面积为 72 611 hm²，与 1995 年相比变化不大；到 2005 年，建设用地面积增至 113 059 hm²，占滨海湿地面积的比例高达 57.7%。20 年间建设用地面积增加了 67 818 hm²，年均增幅高达 3391 hm²。

水田的分布面积和比例总体有所下降。1986 年有水田面积 53 884 hm²，占滨海湿地总面积的 38.2%；1995 年增加到 66 666 hm²，占滨海湿地总面积的 38.4%；2000 年减少到 63 836 hm²，占滨海湿地总面积的 31.5%；到 2005 年水田面积仅剩下 44 400 hm²，占滨海湿地总面积的比例也仅有 22.7%，20 年间水田面积减少了 9483 hm²。这主要是因为 2000 年以后，珠江三角洲经济圈人口增长较快，工业发展迅猛，在经济发展和城市扩张的利益驱动下，大量的水田不得不让位于建设用地。

养殖池塘面积在 1986 年为 26 364 hm²，占滨海湿地总面积的 18.7%；1995 年减少到 13 106 hm²，2000 年又增加到 54 102 hm²，2005 年减少到 26 092 hm²。与水田的变化类似，2000 年以后，大面积的养殖池塘被开发成了建设用地。

2. 岸线人工化指数

珠江三角洲滨海湿地岸线人工化指数值较高，均值达 0.82。城市扩张、港口建设对岸线资源的需求非常强烈，破坏了珠江三角洲滨海湿地原有的自然海岸形态。

3. 人口密度与人均 GDP

珠江三角洲由广州、东莞、深圳、珠海等城市组成，区域内人口密度较大，经济发展较快（表 5-66），城镇工业较为发达，农村劳动力迅速向非农业部门转移，成为全国城镇化进程最快的地区之一。珠江三角洲以轻工业为主，重工业也有一定基础，工业门类较齐全，被称为"世界工厂"，同时也是我国对外贸易和国际交往的重要口岸。

表 5-66　2007 年珠江三角洲滨海湿地周边地区社会经济现状

地区	行政面积/km²	人口密度/(人/km²)	人均 GDP/万元
广州番禺区	1314	1530	7.18
东莞市	2465	2661	4.60
中山市	1800	1399	4.95
深圳市	2020	4342	7.96
珠海市	1701	877	6.17
江门市	6371	375	1.31

4. 外来物种入侵

珠江三角洲滨海湿地的外来物种入侵压力较小，为轻度入侵。外来物种互花米草湿地主要分布在珠海淇澳岛和黄茅海西部，宽度不大，估算两地面积分别约为 2.4 hm² 和 179 hm²。

（二）状态分析

将环境质量、生境质量和生物群落质量等三类，包括 8 项相关状态指标加权平均计算，得到珠江三角洲滨海湿地的状态评价综合得分为 0.53，系统中度受损（图 5-39、表 5-67）。

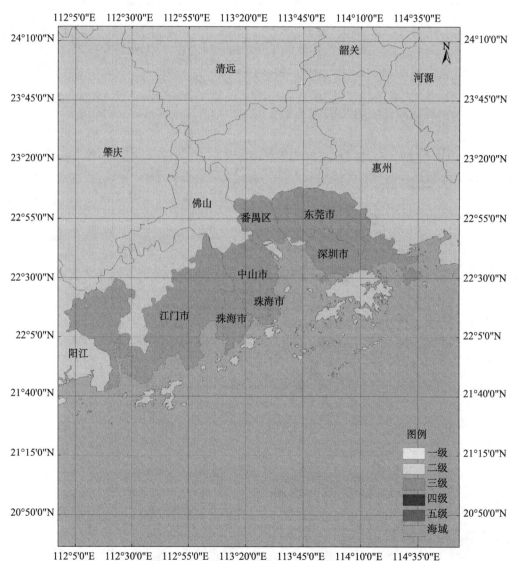

图 5-39 珠江三角洲滨海湿地生态系统状态评价分布图

表 5-67　珠江三角洲滨海湿地生态系统状态评价

状态指标	番禺区	东莞市	中山市	深圳市	珠海市	江门市	珠江三角洲
环境质量	0.52	0.52	0.56	0.47	0.55	0.49	0.52
生境质量	0.32	0.61	0.41	0.60	0.55	0.30	0.47
生物群落	0.63	0.63	0.63	0.62	0.56	0.57	0.61
状态综合得分	0.48	0.59	0.53	0.57	0.55	0.45	0.53

　　珠江三角洲滨海湿地生态健康状况较差。主要表现在：滨海湿地总体环境质量较差，水体有机物和油类污染严重，沉积物中重金属含量严重超标；人工建设用地面积增长迅猛，已经占据整个海岸带面积的一半以上，湿地自然性较差，湿地活动与功能主要是由人工湿地来承载；景观破碎化日益严重，海岸植被覆盖度较低；滨海湿地潮间带底栖生物种类贫乏，多样性低；滩涂围垦和填海造地，破坏了河口和海岸带的生态环境，鸟类的栖息环境遭到破坏，种群数量有所下降；潮间带植被生物量较低，红树林面积锐减。

　　1. 环境质量

　　2007～2008 年中国滨海湿地调查结果显示，珠江三角洲滨海湿地总体环境质量较差，污染较为严重。按照中华人民共和国家标准《海水水质标准》GB3097－1997 中的Ⅰ类海水水质标准值，水体部分两年间单因子污染指数显示，2007 年水体中 COD 单因子污染指数均值为 1.956，超标率为 100％；BOD$_5$ 单因子污染指数均值 2.706，超标率为 100％；油类单因子污染指数均值为 1.671，超标率为 57.14％；2008 年水体中 COD 单因子污染指数均值为 1.728，超标率为 100％；BOD$_5$ 单因子污染指数均值 2.978，超标率为 100％；油类单因子污染指数均值为 1.891，超标率为 93.55％（表 5-68）。按照第一类沉积物标准，沉积物部分两年间单因子污染指数，2007 年沉积物中铜单因子污染指数均值为 1.736，超标率为 77.42％；铅单因子污染指数均值为 0.757，超标率为 19.35％；锌单因子污染指数均值为 0.998，超标率为 14.94％；镉单因子污染指数均值为 1.940，超标率为 51.61％；汞单因子污染指数均值为 0.620，超标率为 3.23％；砷单因子污染指数均值为 2.819，超标率为 80.56％；硫化物单因子污染指数为 0.273，超标率为 3.23％。2008 年沉积物中铜单因子污染指数均值为 1.464，超标率为 83.87％；铅单因子污染指数均值为 0.687，超标率为 6.45％；锌单因子污染指数均值为 0.855，超标率为 38.71％；镉单因子污染指数均值为 1.900，超标率为 51.61％；汞单因子污染指数均值为 0.401，超标率为 3.23％；砷单因子污染指数均值为 0.714，超标率为 12.9％；硫化物单因子污染指数为 0.522，超标率为 22.58％（表 5-69）。

表 5-68　2007～2008 珠江三角洲滨海湿地水质调查结果统计　（单位：mg/L）

分析项目	珠江口	淇澳岛红树林	香洲	磨刀门	崖门口	福田红树林	大铲湾
COD	3.64	3.92	3.46	2.82	3.35	3.82	4.34
BOD$_5$	2.87	2.29	2.67	2.49	3.05	4.25	2.74
石油类	0.09	0.054	0.092	0.06	0.08	0.17	0.1

　　为追求经济效益而盲目发展水产养殖，珠江口水产养殖密度过大且布局不合理，大大超过了所在海域的养殖容量，加剧了海水富营养化，频频引发赤潮灾害。这些污染远远超出了沿海湿地系统的自净能力，不仅破坏了湿地的降解功能，还对湿地系统的生物

多样性造成严重损害，使湿地的其他各项功能也出现退化或丧失。

表 5-69　2007～2008 珠江三角洲滨海湿地沉积物调查结果统计　（单位：×10⁻⁶）

分析项目	珠江口	淇澳岛红树林	香洲	磨刀门	崖门口	福田红树林	大铲湾
石油类	82.1	31.1	116	59	28.5	168	99.6
Cu	56	65	14	39	45	66	104
Pb	43	58	19	50	45	48	37
Zn	139	183	53	165	132	181	111
Cd	0.96	1.5	0.36	2.8	0.54	0.37	0.17
Hg	0.1	0.11	0.079	0.13	0.1	0.087	0.093
Cr	31	42	10	32	33	32	36
As	29	40	6.4	34	43	17	32
硫化物	125	161	72.7	77.7	39.9	364	27

2. 生境质量

（1）湿地自然性

1986～2005 年，珠江三角洲自然湿地面积在 1995 年以前增长较快，1986 年有自然湿地面积 15 573 hm²，占滨海湿地总面积的 11%，1995 年增加到 21 218 hm²，年均增加自然湿地面积 627 hm²；但 1995 年以后自然湿地面积逐渐减少，到 2005 年自然湿地面积仅剩下 12 326 hm²，占滨海湿地总面积的 6.3%。这主要是因为大量的自然湿地被开发成建设用地等非湿地类型，满足经济发展和城市扩张的需要。

人工湿地面积在 2000 年以前增长较为迅速，1986～2000 年共增加人工湿地面积 37 691 hm²，但在 2000 年以后让位于建设用地，5 年间人工湿地面积减少了 47 446 hm²，年均减幅达 9489 hm²。

珠江口地区的人工建设用地在整个海岸带中占据了极大的比例，超过一半，各类型湿地总和也是接近一半，这是一个人类活动干扰极度频繁、剧烈的地区。各类型湿地中，水田与养殖池塘占据了绝大部分的比例，天然湿地的面积极小，珠江口地区湿地的活动与功能主要由人工湿地来承载。过去 20 年中，20 世纪 80 年代到 90 年代中期的水田占较大比例，这个时期的人类活动还是以传统的农业种植业为主。90 年代中期以后，水产养殖业开始发展，养殖池塘的面积大幅增长，水田的面积开始萎缩。2000 年以后，港口、工业和人类的居住度假等活动兴起，人工建设用地大幅增加，水田与养殖池塘的面积大大减少（图 5-40）。

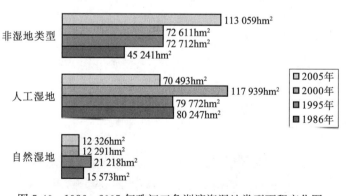

图 5-40　1986～2005 年珠江三角洲滨海湿地类型面积变化图

（2）景观破碎化

1986～2005 年，珠江三角洲滨海湿地景观指数计算结果表明（表 5-70、图 5-41、图 5-42），廊道密度指数在 2000 年以前有较明显的下降，2000 年以后略微回升，多样性指数、分形维数和均匀度指数显示了逐渐下降的趋势，优势度指数与生境破坏化指数曲线呈现缓慢上升。各个景观类型的斑块密度指数中，大部分指数在 1995 年出现高值，2000 年时略有下降，到 2005 年又出现了上升，只有养殖池塘的斑块密度指数在 2005 年呈现极高值，人工建设用地的斑块密度指数在 2000～2005 年呈下降趋势。这些景观指数的变化说明，珠江三角洲地区滨海湿地出现一定程度的退化，并且 1995 年前后是开发利用的一个高峰，斑块密度大大上升，显示了剧烈的人类活动干扰的痕迹。2000 年以后，又是另一个开发高峰，体现在水产养殖和人工建设用地的变化上，水产养殖出现了剧烈的增长，斑块出现严重的破碎化。人工建设用地则斑块密度减小，绝对面积增大，表明了城市化的进程大大加快，已经形成了连片的城市群，而且城市化建设已经开发利用到滨海湿地的范围内。

表 5-70　珠江三角洲滨海湿地景观指数

年份	多样性指数	优势度指数	均匀度指数	斑块分形维数	廊道密度指数	景观内部生境面积破碎化指数	斑块密度指数
1986	2.0055	0.5795	0.7758	2.5371	3.0390	0.8598	23.5125
1995	1.8691	0.7158	0.7231	2.5197	2.4680	0.8442	50.8349
2000	1.8929	0.6921	0.7323	2.4200	2.1134	0.9107	31.0664
2005	1.6533	0.9316	0.6396	2.4789	2.1886	0.9302	40.2650

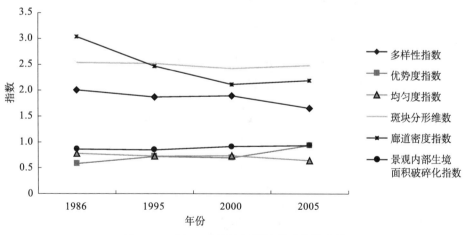

图 5-41　珠江三角洲滨海湿地景观指数变化

珠江口滨海湿地 20 年以来的景观指数变化并不非常显著，存在一定的上升与下降走势，与该地区的经济发展是一致的，但景观指数的变化不如湿地类型的变化剧烈，表明对滨海湿地的开发利用是处于一种类型更迭的状态，将原有的湿地类型转换功能。2000 年以后，由于围海造地，人工建设用地的面积增加，而养殖池塘受这一过程的影响，斑块的破碎化程度大大增加。这一时间范围内，由于人类经济活动的频繁，该地区湿地不同类型的转换是非常频繁和剧烈的（黎夏等，2006），但滨海湿地景观指数的变化相对而言不是那么剧烈。

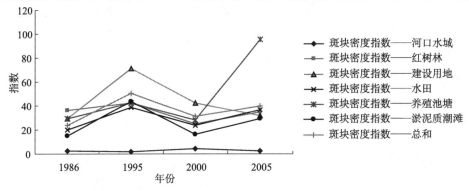

图 5-42　珠江三角洲滨海湿地景观类型格局指数变化

（3）海岸植被覆盖度

遥感解译显示，珠江三角洲滨海湿地海岸植被覆盖度指数较低，均值仅为 0.27。

3. 生物群落结构

（1）底栖生物多样性

2007 年海岸带调查结果显示，珠江三角洲滨海湿地潮间带大型底栖生物多样性指数值仅为 1.84，说明珠江三角洲滨海湿地底栖生物种类较为贫乏，多样性低。

珠江口海域每天有 100 余艘采沙船、1000 余艘运沙船，每天采沙量超过 10 万 t，每年采沙量为自然推移质年输沙量的 10 倍以上，大量的采沙减少了湿地的泥沙来源，引发了河口流态紊乱和湿地演变加快，造成滩涂湿地的萎缩。部分海域的海床越挖越深，改变了水动力状况，同时搅动沙层中的有毒物质，严重污染了水质，甚至造成海岸侵蚀，出现海堤崩塌，导致海岸后退、道路和良田遭到破坏、毁坏防护林和旅游资源，严重威胁沿海居民的生产和生活。挖沙操作不仅破坏了海床，且严重破坏了底栖生物的栖息环境，底栖的鱼虾、贝壳类一揽子被挖沙机抽走，海域一片荒芜，底栖生物、鱼虾繁殖区的生态环境受到严重破坏。

（2）鸟类种群变化

据内伶仃岛-福田国家级自然保护区管理局副局长王勇军持续十几年跟踪观察红树林栖息鸟类，自 1993 年福田红树林保护区鸟类数量开始大为减少，其中陆鸟减少了 34.8%，水鸟减少了 30.2%。其中原因主要是盲目填海围垦，减少了鸟类的栖息地和食物来源。

由于地方经济发展，需要大量土地，对滩涂进行大面积围垦和填河、填海造陆。据南沙围垦公司对海域围垦的资料，1985～1997 年围垦了 5987 hm²。不合理和过早过快地填海围垦造地，破坏了河口和海岸带的生态环境，天然的红树林被毁灭，海滩被蚕食，水生生物丧失了天然栖息地。鸟类失去了栖息的生态环境、觅食的场所和食物来源。近年来，随着经济发展，捕捞强度不断加大，捕鱼船只迅速增长，许多渔船由小船改用机轮，马力不断加大，渔民为了增加渔获量，采用密目网具，造成珠江口海岸湿地经济鱼类资源日趋衰退，渔获量不断减少，许多天然鱼类、贝类明显下降，许多水鸟亦失去食物来源，从而威胁这些珍稀鸟类的生存。

（3）潮间带植物群落

20世纪50年代，广东省红树林面积达21 300 hm²，1980～2000年20年间，红树林面积减少了7912 hm²，其中毁林养殖占用了7767.5 hm²，占红树林减少总面积的98.2%；基础设施建设占用139.4 hm²，占1.76%；其他如航道调整仅5.3 hm²，占0.04%。在红树林面积迅速减少的同时，红树林质量也明显下降，现存红树林中近97%的树高在4m以下。

1985年前珠海市红树林超过1400 hm²，近10多年来因城市楼房、道路和桥梁建设，导致红树林分布区域迅速减少，目前仅剩498 hm²。自1988年以来，深圳城市建设就有8项工程占用福田红树林鸟类保护区红线范围内土地面积达147 hm²，占原整个保护区面积的48.8%，共毁掉茂密红树林35 hm²，占原红树林面积的31.6%。

珠江三角洲芦苇湿地的分布面积也较小，仅分布在磨刀门河口沙洲地区，面积约为19 hm²。

（三）响应分析

将上文所述的2项相关响应指标加权平均计算，得到珠江三角洲滨海湿地的响应综合得分为0.25，政府相关部门针对保护区所采取的各种活动还是比较积极的（图5-43、表5-71）。

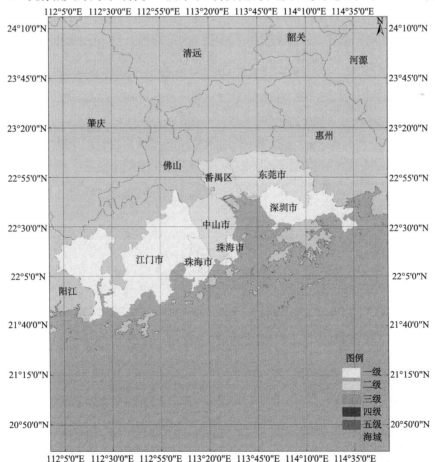

图5-43　珠江三角洲滨海湿地生态系统的响应评价分布图

表 5-71　珠江三角洲滨海湿地生态系统的响应评价

响应指标	番禺区	东莞市	中山市	深圳市	珠海市	江门市	珠江三角洲
污水处理率	0.28	0.12	0.20	0.15	0.28	0.30	0.22
政策法规	0.30	0.50	0.50	0.10	0.10	0.10	0.27
响应综合得分	0.29	0.31	0.35	0.13	0.19	0.20	0.25

近年来，政府相关部门认识到珠江口及邻近海域污染严重、生态退化的严峻现实，组织技术力量编制《珠江口及邻近海域环境生态修复规划编制实施方案》，拟启动珠江口及邻近海域环境生态修复工程，并大力提高自然保护区建设水平。区域内有香港米埔和后海湾国际重要湿地、深圳内伶仃岛-福田红树林自然保护区和珠海中华白海豚自然保护区等一批国家级、省级和县级自然保护区，主要保护对象为红树林、迁徙鸟类、珍稀动物及河口湾湿地。

（四）压力-状态-响应机制分析

与长江三角洲滨海湿地类似，珠江三角洲滨海湿地也是人类活动干扰极度频繁剧烈的区域之一。我国第三大城市广州、经济特区深圳和珠海、经济发达的东莞和中山等城市依珠江河口而建，依赖珠江的地理优势和资源蓬勃发展。然而，随着社会经济的快速发展，掠夺式的开发和不加节制地利用湿地资源导致珠江三角洲滨海湿地的生态环境问题日显突出，红树林大面积损毁、海洋渔业资源衰退、近岸海域富营养化加剧、赤潮频发、生物多样性严重丧失。

珠江三角洲滨海湿地的生态健康现状引人担忧，响应工作也做得不够到位，没有引起政府相关部门的足够重视。可以预见，如不加强滨海湿地保护工作、科学地规划管理湿地开发、开展适当的湿地修复工程，珠江三角洲滨海湿地的生态环境恶化将会进一步加剧，生态系统濒临崩溃的边缘。

二、 价值评价

（一）滨海湿地资源资产价值评估技术

滨海湿地生态服务功能效益不同，其资产价值评估技术的方法也不一样，某种滨海湿地效益可用不同的评估方法，而同一评估方法也可适用于对多个滨海湿地效益的评估；对于滨海湿地效益的选取，应选择效益最突出的类型，而对于评估方法的选取，则应视其可行性和可操作性。基于以上原则，珠江三角洲滨海湿地资源资产价值的评估方法如表 5-72 所示。

表 5-72　珠江三角洲滨海湿地资源资产价值评估技术

价值类型	湿地生态经济效益	评价方法
直接利用价值	动、植物产品价值	市场价值法
	科考旅游价值	旅行费用法
	供水与蓄水价值	资产价值法

价值类型	湿地生态经济效益	评价方法
间接利用价值	调节气候价值	碳税法和造林成本法
	生物多样性价值	生态价值法
	净化水质价值	影子工程法
	消浪促淤护岸价值	成果参照法
非利用价值	存在价值和遗产价值	

（二）珠江三角洲滨海湿地生态系统服务价值评估

1. 直接利用价值

（1）供给服务价值

A. 水产品资源

$$L_{水产} = \frac{1}{n}\sum_{i=1}^{n} S_i W_i C_i (1+\lambda_i)$$

式中，$L_{水产}$为滨海湿地水产资源价值量（元/年），S_i为湿地水产品生活区域面积（hm²），以浅海水域计算，约 198 981hm²，W_i为单位水产品产量（kg/hm²），C_i为水产品第 i 年的平均价格，λ_i为水产品价格与第 i 年水产品价格的增长率。珠江三角洲范围很大，参考广州市城区各种水产品的平均市场价格，约为 10 元/kg。依上式计算得出珠江三角洲滨海湿地水产品价值量约为 89.6 亿元。

B. 植物资源

$$L_{植} = \frac{1}{n}\sum_{i=1}^{n} S_i W_i C_i (1+\lambda_i)$$

式中，$L_{植}$为珠江三角洲滨海湿地植物年生产价值量，S_i为 i 年植物资源面积（hm²），W_i为植物资源单位面积产量（t），C_i为 i 年植物资源单位面积纯收入价格（元/hm²），λ_i为价格的增长率。由于珠江三角洲滨海湿地植物资源具有多样性与复杂性，为便于计算，主要以红树林资源价格计算为主，得出单位红树林产品单位面积价格 1501 元/（hm²·a）（杨志峰等，2005）。珠江三角洲红树林湿地面积约 900 hm²，依上式计算得出珠江三角洲滨海湿地植物资源年平均价值为 66.4 万元。

珠江三角洲内的芦苇、牧草、植物药材等植物资源未计算在内，故珠江三角洲滨海湿地植物价值的总价值量可能偏小。

（2）科考旅游价值

$$L_{旅} = l_i B_i$$

式中，$L_{旅}$为科考旅游价值量（元/a），l_i为单位湿地科考旅游效益（元/hm²），B_i为珠江三角洲滨海湿地科考旅游的面积（hm²）；按照 Costanza 等对全球湿地生态系统科考旅游的功能价值 861 美元/hm²（庄大昌，2004）作为珠江三角洲滨海湿地科考旅游的价值，以自然湿地面积作为科考旅游区（254 952hm²），计算出珠江三角洲滨海湿地科考旅游的总价值量为 16.5 亿元。

（3）供水与蓄水价值

$$L_水 = \frac{1}{n}\sum_{t=1}^{n} b_t(K_x + C)$$

式中，$L_水$为供水与蓄水价值量（元），b_t为珠江三角洲滨海湿地蓄水量，K_x为单位供水与蓄水平均价值量 0.3 元/m^3，C为价格增长系数，从而计算出珠江三角洲滨海湿地供水和蓄水而产生的经济价值为 29.95 亿元。

2. 间接利用价值

（1）生物多样性价值

珠江三角洲滨海湿地生物多样性极为丰富，具有重要的生态保护价值和研究价值，据统计，珠江三角洲已建立了广东内伶仃岛-福田国家级自然保护区、珠江口中华白海豚国家级自然保护区和珠海淇澳红树林市级自然保护区，总面积达 244 800hm^2。目前，发达国家用于自然保护区的投入每年约为 2058 美元/km^2，发展中国家也达到 157 美元/km^2，而我国仅为 52.7 美元/km^2。根据广州市湿地提供生物栖息地服务功能的重要性，应以发达国家和发展中国家每年用于自然保护区投入费用的平均值 1107.5 美元/km^2为准，人民币汇率按 1:7.5 计算，运用生态价值法，算得广州市湿地为生物提供栖息地的生物多样性保育价值为 20.33 亿元。

（2）调节气候价值

滨海湿地对于大气调节的正效应主要是指通过大面积挺水植物芦苇、海草、红树林以及其他水生植物的光合作用固定大气中的 CO_2，向大气释放 O_2。根据植物光合作用方程式：$CO_2 + H_2O \rightarrow C_6H_{12}O_6 + O_2 \rightarrow$ 多糖，可知，植物每生产 162g 干物质可吸收 264g CO_2（沈满洪，1997）。芦苇、海草、红树林以及其他水生植物群落生物量平均按 2778kg/($hm^2 \cdot a$) 计，得出珠江三角洲滨海湿地生态系统形成的植物干物质约为 134 941t，可固定 CO_2 219 954 t，释放 O_2 161 929 t。湿地固定 CO_2 功能价值采用造林成本法进行估算，我国的造林成本为 260.90 元/t（王金南，1994），由此得出珠江三角洲滨海湿地吸收 CO_2 功能价值为 5 738.60 万元；湿地释放 O_2 功能价值采用工业制氧成本法进行估算，我国工业制氧成本为 0.4 元/kg（任志远和张艳芳，2003），由此得出广州市湿地释放 O_2 功能价值为 6477.16 万元。由此，珠江三角洲滨海湿地生态系统的大气调节价值＝固定 CO_2 价值＋释放 O_2 价值，其结果为 1.22 亿元。

（3）净化水质价值

$$L_净 = \frac{1}{n}\sum_{i=1}^{n} c_i V_i(1 + x_i)$$

式中，$L_净$为珠江三角洲滨海湿地净化水质的价值，c_i为单位污水处理成本，x_i为价格增长率；V_i为珠江三角洲滨海湿地每年接纳周边地区废水污水量。红树林能固定湿地系统中氮 150~250kg/($hm^2 \cdot a$)，磷 15~20kg/($hm^2 \cdot a$)；根部吸收的重金属占总吸收量的 90% 以上。以广州市污水排放量、处理率和处理成本进行计算。2005 年广州市城区生活污水处理率已达 61.71%，但每天仍然有 63.5×10^4 t 的生活废水未经处理直接排放，生活污水中氮的浓度为 20 mg/l，磷的浓度为 8 mg/l。目前，生活污水处理成本氮为 1.5 元/kg，磷为 2.5 元/kg。国内外有关研究表明，湿地对氮和磷的去除率可分别达到 60％和 90％（庄大昌，2004）。据此计算出广州市湿地净化水质而产生的价值量为 833 万元。

（4）消浪促淤护岸价值

根据研究成果，岸滩防御风暴潮的价值为（9140～30 760 美元）/hm²。考虑到珠江三角洲海域南亚热带强风暴潮和海浪灾害出现的频次，取其中间值（折合人民币 149 625 元/hm²）进行计算。珠江三角洲滨海湿地中的滩涂、基岩海岸和红树林湿地都具有护岸功能，这三类湿地的总面积为 10 963 hm²，应用专家评估法（陈鹏，2006）可估算出珠江三角洲滨海湿地每年消浪促淤护岸功能的经济价值为 16.40 亿元（图 5-44）。

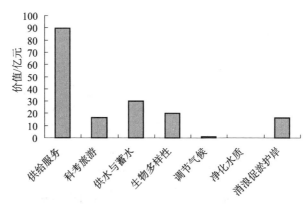

图 5-44　珠江三角洲滨海湿地生态系统服务价值

3. 非利用价值评估

珠江三角洲滨海湿地的非利用价值主要包括其存在价值和遗产价值。遗产价值源于人们将价值置于湿地生态系统的保护之上，供后代利用，并涉及关于未来收益以及未来收益与技术的可用性的一些假设条件。存在价值是人们为了将来能直接利用与间接利用某种生态系统服务功能的支付意愿，被认为是生态系统的内在价值，是争论最大的价值类型，是对生态环境资本的评价，这种评价与其现在或将来的用途都无关；这类价值是对未来可能价值的一种推测和期望，其价值量依赖于人类的主观意识，并随人类对湿地生态系统功能的认识而不断变化。由于价值量的评估比较困难，所以这里不进行定量评估。

对珠江三角洲滨海湿地资源资产的直接和间接利用价值进行评估，得出其总价值量为 212.89 亿元，其中湿地生态系统直接利用价值为 135.00 亿元，占 63.4％。可见珠江三角洲滨海湿地的资产价值主要表现在湿地生态系统的直接利用价值上。因此，在开发利用城市湿地资源时，必须注意珠江三角洲滨海湿地生态环境的保护，制定符合城市湿地生态系统特点的开发方案，实现城市湿地资源的可持续利用。

数据的缺乏给准确的定量化评估带来困难，如缺乏珠江三角洲滨海湿地珍稀物种数量、废水排放总量、达标率、流域涉及的城市工业农业用水量及价格等。基于珠江三角洲滨海湿地的生态经济效益估算尚属首次，故以上价值估算可能还存在一些误差，有些是统计数据的误差引起的，有些是因为价值估算过程中的评估方法的差异造成的，如城市湿地的湖草资源价值、红树林底栖生物的价值等。

第七节　浙江滨海湿地生态系统评价

浙江近海与海岸湿地位于我国海岸带中段，濒临东海，位于 $27°06'\sim31°03'N$，$119°38'\sim123°10'E$。1994～2000 年年底，原浙江省林业厅组织成立了浙江省湿地资源调查研究课题组，开展了浙江省历史上首次全面、系统的湿地调查研究，研究采用《湿地公约》中关于湿地的定义，结合浙江省的具体情况，将浙江省天然湿地分为四大类、16 种类型（国家林业局等，2000；浙江省海岛资源综合调查领导小组，1995；中国海湾志编纂委员会，1993）。其中，近海与海岸湿地包括 8 种湿地类型，总面积 57.4×10^4 hm^2（陈征海等，2002），分别是：浅海水域、岩石性海岸、潮间沙石海岸、潮间淤泥海岸、潮间盐水沼泽、海岸性淡水湖、河口水域、三角洲湿地。

浙江海岸基本以淤泥质海岸、基岩海岸和沙砾滩地貌为主，在浙东和浙中沿海局部有断裂构造影响地段。复杂的海岸地貌造成全省滨海湿地类型的多样化。全省滨海湿地类型，除了生物礁湿地类型之外的其他 8 种湿地类型都有分布，其中泥沙质滩涂湿地为主要湿地类型（表 5-73），在东部和中部沿海山丘入海的滨海地带和沿海岛屿，还有基岩滨海湿地类型分布。另外，全省沿海虽有草本植物潮滩湿地类型分布，但一般面积较小，高盐碱湿地类型则少见（中国湿地植被编辑委员会，1999）。

表 5-73　浙江省沿海滩涂湿地分布与环境特征

湿地	总面积[*] $/hm^2$	面积为 2000hm² 以上湿地数/个	主要成因	底质类型	平均生物量[**] $/（g/m^2）$
杭州湾	44 686	5	河口冲积	粉沙、沙质泥	62.86
浙北海岛	14 667	4	岛陆堆积	粉沙、泥沙	63.95
象山港	96 674	7	港湾淤积	淤泥	94.47
三门湾等	66 554	8	河口港湾淤积	淤泥	180.95
乐清湾	19 730	3	港湾淤积	淤泥	27.39
浙南沿海	44 260	5	河口冲积	泥质沙	35.25
合计	286 571	32			

资料来源：王自磐（2001）

[*] 以理论基面以上的海涂面积计算，海域面积未计

[**] 以软相潮间带生物量为主统计的面积

新中国成立以来，浙江省对理论基准面以上的滨海滩涂湿地资源做了五次全面调查，第一次是在 1958～1960 年进行的，全省滨海滩涂湿地资源面积为 201 653hm²；第

二次是 1977～1978 年组织的，调查结果为 266 667hm²；第三次是 1980～1985 年进行的，该次调查规模最大、历时最长，专门成立了调查领导小组，量算出全省滨海滩涂湿地面积为 288 593hm²；第四次是在 1996 年调查的，滩涂湿地资源为 258 840hm²；最近一次是在 2004 年，理论深度基准面以上滩涂湿地资源面积为 260 667hm²，理论深度基准面与 2m 深度基准面之间为 132 667hm²，2m 深度基准面与 5m 深度基准面之间有 236 667hm²。按照 1982 年修正的《关于特别是作为水禽栖息地的国际重要湿地公约》规定，滨海湿地是指低潮时水深不超过 6m 的水域。由沿海潮位站统计分析，浙江省以大潮平均低潮位线作为湿地定义中的"低潮"线，则滨海滩涂湿地基本上相当于理论基准面以下 5m 深度基准面以上的浅水海域。根据 2004 年的调查结果，目前浙江省的滨海滩涂湿地资源应有 630 000hm²。

浙江省滨海滩涂湿地主要分布在河口地区、开敞式海岸及半封闭的海湾地区。滨海滩涂湿地资源的分布与海域泥沙来源密切相关，浙江省海域泥沙的主要来源是长江口的入海泥沙，其次是钱塘江等河流。从省内各个河口地区潮流含沙量的分布及颗粒级配来看，长江口的入海泥沙由北向南逐渐落淤，其中输移至钱塘江河口杭州湾和舟山地区每年约有 1.2 亿 t，椒江河口及台州湾地区 2900 万 t，瓯江、飞云江、鳌江口及温州湾 2000 万～3000 万 t。钱塘江等六条入海河流每年约有 1300 万 t 泥沙输移入海，而且极大部分沉积在河口区域。按照行政区划来分，浙江省的滨海滩涂湿地资源（理论基准面以上）以宁波市最为丰富，占全省的 33.49%，为 87 207hm²；其次是温州市，占 24.43%，台州市占 22.62%。按滩涂土壤分，浙江省大部分滩涂湿地为泥涂，分布在河口两侧和大部分开敞式平直海岸以及岛屿地带，约占 50%；其次是粉砂涂，主要分布在甬江口以北的杭州湾和钱塘江河口，约有 25%；分布在象山港、三门湾、乐清湾等半封闭港湾内的滩涂湿地主要是黏涂，约有 20%。按高程分，理论基准面以上占 41%，理论深度基准面与 2m 深度基准面之间占 21%，2m 深度基准面与 5m 深度基准面之间占 38%。

一、　杭州湾滨海湿地生态系统综合评价

以嘉兴市、绍兴市和宁波市作为浙江杭州湾滨海湿地的基本评价单元，压力、状态、响应三类，压力包括土地利用强度、岸线人工化指数、人口密度、人均 GDP、外来物种入侵，状态包括水质污染、沉积物污染、湿地自然性、景观破碎化、海岸植被覆盖度、底栖生物多样性、鸟类种类与数量变化、潮间带植物生物量变化，响应包括污水处理率和相关政策法规，总计 15 项指标共同构成杭州湾滨海湿地生态系统的评价体系。15 项评价指标加权平均计算，得到杭州湾滨海湿地生态系统评价的综合得分为 0.54，综合评价等级为三级，杭州湾滨海湿地生态系统处于中度受损的现状，生态系统受人类干扰较大，自我调节能力减弱，稳定性下降（图 5-45、表 5-74）。

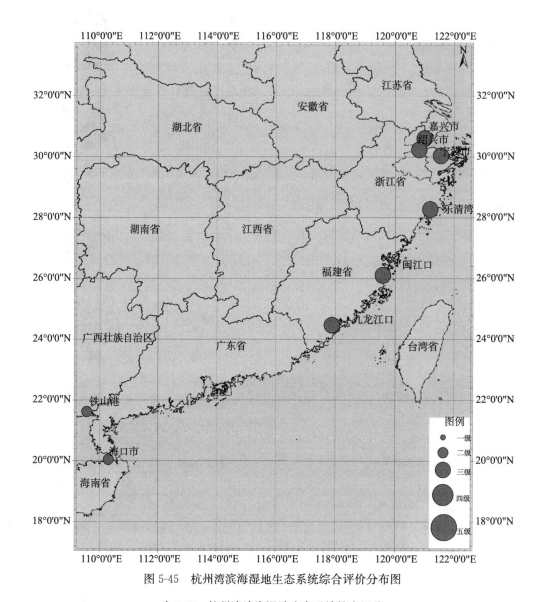

图 5-45 杭州湾滨海湿地生态系统综合评价分布图

表 5-74 杭州湾滨海湿地生态系统综合评价

各项指标	嘉兴市	绍兴市	宁波市	杭州湾
压力	0.76	0.70	0.78	0.75
状态	0.48	0.52	0.50	0.50
响应	0.41	0.36	0.31	0.36
综合评价得分	0.54	0.54	0.54	0.54

(一)压力分析

将上文所述的 5 项相关压力指标加权平均计算,得到杭州湾滨海湿地的压力现状评价综合得分为 0.75,系统所面临的外在压力超出了系统所能承受的范围,需引起注意且采取必要措施，否则滨海湿地将面临更为严重的退化局面（图 5-46、表 5-75）。

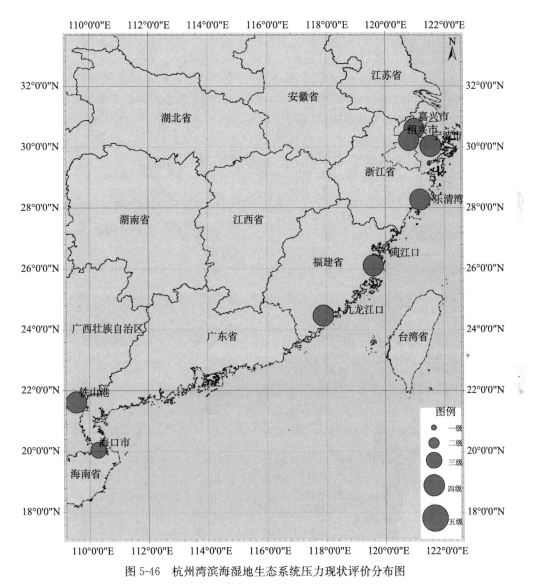

图 5-46　杭州湾滨海湿地生态系统压力现状评价分布图

表 5-75　杭州湾滨海湿地生态系统压力现状评价

各项指标	嘉兴市	绍兴市	宁波市	杭州湾
土地利用强度	0.33	0.36	0.47	0.39
岸线人工化指数	0.92	1.00	0.95	0.96
人口密度	0.86	0.55	0.78	0.73
人均 GDP	1.00	1.00	1.00	1.00
外来物种入侵	0.70	0.70	0.70	0.70
压力综合得分	0.76	0.70	0.78	0.75

杭州湾滨海湿地地处环杭州湾产业带，也是长江三角洲经济区的重要组成部分。经济的高速发展和人口的急剧膨胀迫切地需要土地资源，杭州湾滨海湿地的土地利用强度不断加大，大量的自然湿地转化为人工湿地和建设用地；经济的发展和人口密度的增加，产生了大量的生产和生活废弃物，污染了滨海湿地的环境；杭州湾滨海湿地外来物种入侵的趋势也较为严峻，必须引起有关部门的足够重视。

1）研究区域是浙江省环杭州湾产业带的一部分，也是长江三角洲地区的重要组成部分，所涉及的行政区域包括嘉兴海宁市、海盐县和平湖市，绍兴上虞市，宁波市区、慈溪市、余姚市等。区域内经济较为发达，城市化、工业化水平高。2008年，行政面积841 600hm²，区域内平均人口密度高达1238人/km²，人均GDP达到5.16万元，是浙江现代化进程最快的区域（表5-76）。然而，随着环杭州湾产业带开发规划的实施，未来经济发展与湿地保护的矛盾将日益突出。

表5-76　2008年杭州湾周边地区社会经济概况

所含沿海县	行政面积/km²	人口密度/(人/km²)	人均GDP/万元
嘉兴海宁市	668	958	5.69
嘉兴海盐县	508	728	4.32
嘉兴平湖市	537	894	5.71
绍兴上虞市	1403	549	4.52
宁波慈溪市	1154	897	6.06
宁波余姚市	1346	617	2.96
宁波市市辖区	2560	834	6.53

2）杭州湾滩涂围垦历史悠久，海涂围垦对沿海地区发展农业生产，满足人民生活需求起了不可忽视的作用。但是多年来沿海各地的过度围垦已经使许多滩涂资源遭受难以修复的破坏（浙江省土地管理局，1999）。浙江省沿海、沿江自新中国成立以来截至2004年年底共围垦滩涂面积188 000 hm²，其中杭州湾共围垦滩涂面积126 000 hm²（嘉兴市6000 hm²、杭州市43 333.33 hm²、绍兴市27 333.33 hm²和宁波市49 333.33 hm²），占浙江省总围垦面积的67%，年均围垦面积2250 hm²（浙江省发展和改革委员会和浙江省环保厅，2006）。

2005～2020年杭州湾南、北两岸规划滩涂围垦面积总计38 633.33 hm²（年均围垦为2600 hm²）。其中，近期（2005～2010年）陆续围垦面积约14 346.66 hm²（年均围垦约2869.33 hm²），近期（2005～2010年）新建围垦面积约10 306.67 hm²（年均围垦约2061.33 hm²），中期（2011～2015年）新建围垦面积约6793.33 hm²（年均围垦约1358.67 hm²）以及远期（2016～2020年）新建围垦面积约7186.67 hm²（年均围垦约1437.33 hm²）。

由此可见，近期（2005～2010年）陆续围垦面积最大，约占总围垦规划面积的37%，年均围垦面积2866.67 hm²，围垦力度最大，且主要集中在杭州湾南岸。例如，慈溪徐家浦两侧围涂工程（2004～2008年）围垦面积为7080 hm²，其次是绍兴县口门治江围涂（2002～2009年）、上虞市世纪丘治江围涂（2003～2009年）和余姚治江围涂一期（2002～2007年），围垦面积合计约5733.33 hm²。杭州湾浙江省岸段滩涂资源及围垦造地规划区分布如表5-77所示。

表5-77　杭州湾浙江省岸段各县（市、区）围垦造地规划区分布　　（单位：hm²）

市、县（市、区）	围垦造地资源	在各岸段中占有的造地资源
嘉兴市	6 620	
平湖市	1 353.33	①区：1 353.33
海盐县	3 733.33	①区：2 193.33
		②区：1 540
海宁市	1 533.33	②区：1 533.33
杭州市	1 186.67	
萧山区	1 186.67	③区：1 186.67
绍兴市	3 953.33	
绍兴县	286.67	③区：286.67
上虞市	3 666.66	③区：3 666.66
宁波市	40 393.33	
余姚市	4 033.33	③区：4 033.33
慈溪市	36 000	④区：36 000
镇海区	360	④区：360

资料来源：浙江省发展和改革委员会和浙江省环保厅（2006）

目前，随着浙江省环杭州湾产业带建设规划的实施，开发海涂扩大土地面积的要求日益迫切。杭州湾区域内人工湿地类型多样，包括水田、水产养殖场、滩涂水库和盐田等四类。杭州湾滩涂上主要以各种工农业开发园区建设为主，各类开发林立，如杭州经济技术开发区、宁波经济技术开发区、浙江大学科技园、国家大学科技园等国家级经济技术开发区，以及慈溪市正在建设总面积 1.2×10^4 hm² 的省级开发区，上虞市的省级医药化工园区等。

3）杭州湾滨海湿地外来物种入侵形势较为严峻。根据实地调查及卫片解译分析，杭州湾南岸潮滩1997年开始有稀疏互花米草分布，至今已形成面积达3838 hm²的互花米草盐沼，潮滩覆被发生显著变化，并改变着潮滩的水动力条件和沉积过程（李加林和张忍顺，2003；李加林等，2003）。

（二）状态分析

将环境质量、生境质量和生物群落质量三类，包括8项相关状态指标加权平均计算，得到杭州湾滨海湿地的状态评价综合得分为0.50，系统中度受损（表5-78、图5-47）。

表5-78　杭州湾滨海湿地生态系统状态评价

各项指标	嘉兴市	绍兴市	宁波市	杭州湾
环境质量	0.62	0.62	0.62	0.62
生境质量	0.28	0.37	0.37	0.34
生物群落	0.60	0.61	0.55	0.59
状态综合得分	0.48	0.52	0.50	0.50

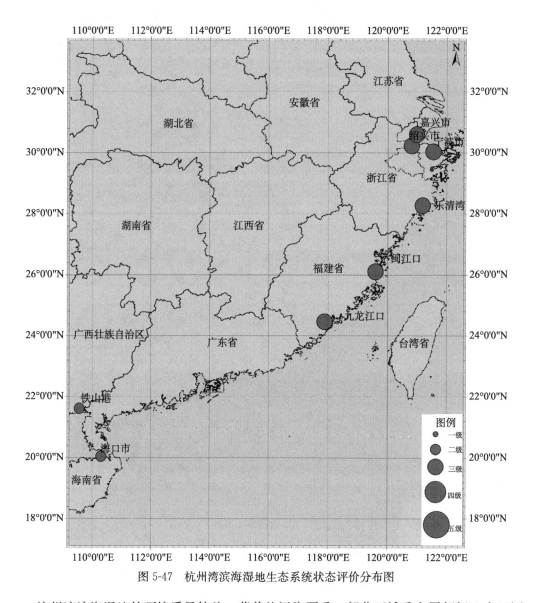

图 5-47　杭州湾滨海湿地生态系统状态评价分布图

　　杭州湾滨海湿地的环境质量较差，营养盐污染严重，部分区域重金属超标；由于围垦开发速度快，杭州湾滨海湿地面积日益减少，原生态的滩涂沼泽湿地面积急剧缩减，生物的栖息环境遭到破坏；生物群落结构处于不健康状态，生物多样性指数偏低。

　　1. 环境质量

　　2009 年，浙江省海洋环境公报显示，杭州湾海域均为劣Ⅳ类海水，是全省重点港湾、河口海域水环境中营养盐污染程度严重的海域，主要污染物为无机氮和活性磷酸盐。大部分海域水体重金属铅超Ⅰ类海水水质标准，局部海域水体重金属铜超Ⅰ类海水水质标准，石油类超Ⅱ类海水水质标准。与 2008 年相比，无机氮、活性磷酸盐和石油类污染程度均有不同程度的加重。水体呈严重富营养化状态，氮磷比失衡；而沉积物质量良好，综合潜在生态风险低。杭州湾海域污染基本属于外源输入性污染，长江、钱塘江、甬江及曹娥江每年携带着大量的陆源污染物质进入杭州湾海域（表5-79），成为杭州湾陆源污染的主要贡献因子，沿岸工业和生活污水入海排放也是影响杭州湾海域环境质量的重要原因之一。

表5-79　2008年杭州湾主要河流污染物入海总量　　　　　（单位/t）

河流名称	COD$_{Cr}$	营养盐	油类	重金属	As	合计
钱塘江	312 800	19 712	3 640	690	44	336 886
甬江	142 800	11 170	452	63	4	154 488

资料来源：国家海洋局（2009）

2. 生境质量

由于围垦开发速度远远大于淤涨速度，杭州湾滨海湿地面积日益减少，原生态的滩涂沼泽湿地面积急剧缩减。例如，第一批被列入的国家重要湿地——庵东沼泽湿地在大开发的背景下，遭受了严重破坏，除十塘（2003年建成海堤）内外尚有成片的苇塘和潮间带沼泽外，其他仅在河渠和水塘等人工水域附近有零星的滩涂沼泽分布。据"九五"期间原浙江省林业局开展的浙江省湿地资源调查资料（浙江省海岛资源综合调查领导小组，1995），杭州湾湿地区域总面积41.4×10⁴ hm²，而自然湿地面积仅占14.3%，为5.9×10⁴ hm²。杭州湾自然湿地类型以浅海水域和潮间淤泥海滩为主，其他尚有潮间盐水沼泽、岩石性海岸和溪河流域等。

围垦虽然增加了土地面积，也使海岸湿地面积大幅度减少，湿地水生和底栖动物及湿地水鸟适栖面积缩减。滩涂湿地生态系统的破坏给整个海洋生态系统带来负面影响，如改变海域的水动力条件和导致海岸线收缩等。

3. 生物群落结构

杭州湾滨海湿地海洋生物多样性指数偏低，生物群落结构处于不健康状态。2009年杭州湾生态监控区共调查鉴定到浮游植物35种，浮游动物43种，底栖生物35种，潮间带生物54种，鱼卵、仔稚鱼和幼鱼等14种。

随着杭州湾沿海地区经济、社会的发展和大规模开发活动，加之缺乏严格的论证和有效的管理手段，滨海湿地生态系统受到严重影响。尤其是一些未经科学论证的围海、海岛采石、海底挖砂、排污倾废等活动，改变了海域的自然规律和形态，导致重要港湾纳潮量减少，港口、航道与海湾淤积，海岸变化，破坏鱼类产卵、索饵场和洄游通道，对海洋生态环境造成不可逆的毁灭性损害，许多优良的鱼类产卵场、采苗场、育肥场和增养殖场功能丧失，生态环境严重失调，近岸海域生物种类减少，海洋和渔业资源日趋衰减。例如，杭州湾南岸的青蟹和海瓜子等苗种资源近年已明显减产，镇海化工区排污口附近底栖生物种类少、生物量低，耐污种类多毛类占绝对优势，1430 hm²的监测海域中有50 hm²无生物存在。

滩涂围垦等剧烈的人为干扰造成生态环境改变，破坏了生态系统原有的平衡机制，直接影响生物的自然演替，致使滨海湿地生物资源面临退化甚至是枯竭的风险。杭州湾滨海湿地由于大面积围垦破坏了沙蚕等底栖动物的生存环境，越来越多的码头、化工和电力企业大面积侵占了潮间带生物的生存空间；原生的滨海沼泽湿地严重退化乃至丧失，许多鸟类等珍禽物种因失去食物来源和栖息场所弃之而不回，滨海湿地生物多样性下降。

（三）响应分析

将上文所述的 2 项相关响应指标加权平均计算，得到杭州湾滨海湿地的响应评价综合得分为 0.36，政府的保护意识和保护政策是比较积极的（图 5-48、表 5-80）。

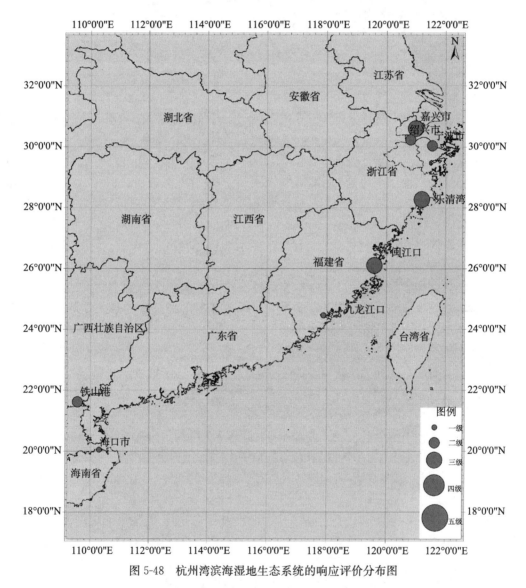

图 5-48 杭州湾滨海湿地生态系统的响应评价分布图

表 5-80 杭州湾滨海湿地生态系统的响应评价

各项指标	嘉兴市	绍兴市	宁波市	杭州湾
污水处理率	0.33	0.22	0.31	0.29
政策法规	0.50	0.50	0.30	0.43
响应综合得分	0.41	0.36	0.31	0.36

杭州湾滨海湿地是我国滨海湿地的南北过渡带，在维持区域生态平衡、提供珍稀动物栖息地和保护生物多样性等方面具有非常重要的作用（王宪礼等，1997），同时也是该区域防御海洋灾害的生态屏障，其强大的环境净化和污染物过滤作用对环杭州湾和舟山群岛的水域质量和渔业安全具有不可替代的作用。为了保护鸟类和海洋遗迹，舟山市和宁波市分别成立了五峙山鸟岛海洋自然保护区和宁波海洋遗迹保护区。

然而，从《浙江省滩涂围垦总体规划（2005～2020）》中可以看出，杭州湾滨海湿地的生态健康现状与未来并未引起有关部门的足够重视，为了经济的发展，为了城市不断扩张的需要，为了环杭州湾产业带建设规划的实施，开发滨海湿地资源以扩大土地面积的要求日益迫切，杭州湾滨海湿地的保护与经济发展的需求之间的矛盾将会日益突出。

（四）压力-状态-响应机制分析

杭州湾湿地作为中国南北沿海湿地的分界线（陈建伟和黄桂林，1995）和中国重要湿地以及重点湿地监测对象，类型和生物多样性丰富，具有重要的生态系统和生物多样性保护意义。杭州湾湿地又是重要的区域生态安全屏障，其强大的环境净化和污染物滤过作用对环杭州湾和舟山群岛的水域质量和渔业安全起了不可替代的作用（吴明，2004）。然而，正是由于杭州湾湿地特殊的地理位置和长期不合理的开发利用，致使湿地资源已遭到较大的破坏，生态健康现状引人担忧。

由于城市扩张、工农业发展以及人口的迅速增加，杭州湾滨海湿地面临严峻的考验。目前，在"杭州湾大桥"经济的带动下，随着环杭州湾产业带的逐步形成，沿湾各类工农业开发园区和基地的围海造地需求不断增长，造成该区域的原生态滩涂湿地不断减少，杭州湾近5年内的滩涂湿地面积减幅大于10%，湿地水生生物和水禽栖息面积缩减。水体呈严重富营养化状态，营养盐失衡，浮游植物生态群落结构趋向简单，浮游动物呈现小型化趋势，底栖生物栖息密度逐年呈现下降趋势，甚至存在着无大型底栖动物区，产卵场退化，鱼卵、仔鱼种类少，种类数年际波动较大，密度低，数量一直处于较低水平，围垦和人造堤岸的不断增加逐渐压缩潮间带生物的生存空间，潮间带自然生境受到破坏。而且随着现代社会和经济的快速发展，该区域的围涂进程将不会减缓，滩涂湿地资源面临巨大考验（浙江省发展和改革委员会和浙江省环保厅，2006）。

二、　乐清湾滨海湿地生态系统综合评价

以温岭市、玉环县和乐清市作为浙江乐清湾滨海湿地的基本评价单元，压力、状态、响应三类，压力包括土地利用强度、岸线人工化指数、人口密度、人均GDP、外来物种入侵，状态包括水质污染、沉积物污染、湿地自然性、景观破碎化、海岸植被覆盖度、底栖生物多样性、鸟类种类与数量变化、潮间带植物生物量变化，响应包括污水处理率和相关政策法规，总计15项指标共同构成乐清湾滨海湿地生态系统的评价体系。

15项评价指标加权平均计算，得到乐清湾滨海湿地生态系统评价的综合得分为0.52，综合评价等级为三级，乐清湾滨海湿地生态系统处于中度受损的现状，生态系统受人类干扰较大，自我调节能力减弱，稳定性下降（图5-45、表5-81）。

表5-81　乐清湾滨海湿地生态系统综合评价

各项指标	指标值
压力	0.67
状态	0.46
响应	0.55
综合评价	0.52

（一）压力分析

将上文所述的5项相关压力指标加权平均计算，得到乐清湾滨海湿地的压力现状评价综合得分为0.67，系统所面临的外在压力超出了系统所能承受的范围，需引起注意且采取必要措施，否则滨海湿地将面临更为严重的退化局面（图5-46、表5-82）。

表5-82　乐清湾滨海湿地生态系统压力现状评价

各项指标	指标值
土地利用强度	0.25
岸线人工化指数	0.57
人口密度	1.00
人均GDP	1.00
外来物种入侵	0.50
压力综合得分	0.67

乐清湾滨海湿地所面临的外在压力主要表现在：土地利用强度较大，海涂资源开发利用率平均达到80%；区域内经济发达，人口较为密集，产生了大量的生产和生活废弃物，污染了滨海湿地的环境；外来物种互花米草扩散迅速，对滨海湿地生态健康构成一定的威胁。

1. 土地利用强度

乐清湾理论基准面以上的海涂面积约为22 080 hm²，约占乐清湾总面积的48%，其中岸线至平均海平面的海涂面积约为10 310 hm²，占海涂总面积的47%左右。海涂成片集中在内湾和外湾的西侧，滩面平坦，涂质细软，适宜于海水养殖和苗种自然生长，其中可养殖海涂面积达17 700 hm²。目前，乐清湾海涂资源开发利用率平均达到80%，主要的开发利用方式有海水养殖、围涂种植、港口和建设用地等，其中以海水养殖为主（金建君等，2009；恽才兴等，2009）。乐清湾是多种经济水产资源的集中分布区，也是浙江省重点海水增养殖基地。

2. 人口与经济

乐清湾地跨台州和温州两市，沿岸分属温岭市、玉环县和乐清市三县（市）管辖，人口较为密集，平均人口密度达到1161人/km²；周边地区经济发达，3个县市均为全国百强县之列（表5-83）。

表 5-83　2008 年乐清湾周边地区社会经济概况

所含沿海县	行政面积/km²	人口密度/(人/km²)	人均GDP/万元
温岭市	836	1 376	2.66
玉环县	378	1 076	5.45
乐清市	1 174	1 030	3.34

3. 外来物种入侵

乐清湾外来物种互花米草扩散迅速。乐清湾内现有互花米草 932.3 hm²，在消浪护堤、保滩促淤的同时，由于互花米草繁殖和扩散能力极强，已给滩涂养殖生产带来不利影响。

（二）状态分析

将环境质量、生境质量和生物群落质量等三类，包括 8 项相关状态指标加权平均计算，得到乐清湾滨海湿地的状态评价综合得分为 0.46，系统中度受损（图 5-47、表 5-84）。

表 5-84　乐清湾滨海湿地生态系统状态评价

各项指标	指标值
环境质量	0.62
生境质量	0.23
生物群落	0.57
状态综合得分	0.46

乐清湾滨海湿地的环境质量较差，营养盐和重金属铅污染严重，多为劣 Ⅳ 类水质；生境质量不容乐观，区域内围垦、围涂未得到有效控制，滨海湿地逐年减少，自然生态功能逐渐丧失；海洋生物群落结构不稳定，变化幅度较大，生物多样性指数较低，生物群落结构处于不健康状态。

1. 环境质量

乐清湾是浙江省三大海湾之一，位于瓯江口外北侧，湾域形似葫芦，口门宽约 21 km，纵深达 40 km，平均宽约 10 km，中部最窄处为 4.5 km。1977 年温岭和玉环之间漩门水道被封堵，造成乐清湾周围陆上的生活污水和工业污水直接排入湾中，水产养殖、网箱养殖剩余的有机物质流入，致使湾内水质遭受到严重污染。

2009 年浙江省海洋环境公报显示，乐清湾 85.7% 的测站为劣 Ⅳ 类海水，是全省重点港湾、河口海域水环境中营养盐污染程度较严重的海域。主要污染物是无机氮、活性磷酸盐和重金属铅；大部分海域水体重金属铅超 Ⅰ 类海水水质标准，是全省近岸海域水质重金属铅污染较为明显的海域之一。与 2008 年相比，重金属铅和石油类污染程度有小幅上升，无机氮和活性磷酸盐污染程度大幅度上升，是污染程度变化最大的港湾。

2. 生境质量

乐清湾滨海湿地生境质量不容乐观，区域内围垦、围涂未得到有效控制，滨海湿地逐年减少，自然生态功能逐渐丧失，与 1934 年相比，海湾自然水域实际面积缩小近 1/4。2005～2009 年，乐清湾新增围、填海面积约 1900 hm²，5 年间，乐清湾滨海湿地面积减少了 10.8%。

基于 RS 和 GIS 对乐清湾湿地景观变化研究可见，1993～2003 年以来，乐清湾湿地景观格局发生了较大变化。养殖水面、水田两类人工湿地景观占有比例有所增长，分别达到了 0.46% 和 0.71%；其他湿地景观均有不同程度降低，其中滩涂景观减小比例最大，达 1.17%；非湿地景观中的建设用地面积和占有比例有了大幅提高，增幅达到了 1.4%。斑块总数呈增长趋势，从 1993 年的 1406 块增加到 2003 年的 1833 块。

1993～2003 年景观类型间的转化趋势表现为自然湿地景观转化为人工湿地和非湿地类型。例如，滩涂有 3.83% 的转化为养殖水面、4.97% 的转化为水田、3.8% 的转化为建设用地；同时，人工湿地景观中的养殖水面、水库坑塘也有较大变化，到 2003 年仅剩原有面积的 69.48% 和 63.98%，养殖水面主要转化方向是建设用地，达到原有面积的 22.95%；水库坑塘主要转化方向是水田和建设用地，分别达 16.15% 和 18.56%（付春雷等，2009）。

3. 生物群落结构

乐清湾海洋生物群落结构不稳定，变化幅度较大，生物多样性指数较低，生物群落结构处于不健康状态。2009 年 8 月乐清湾生态监控区共调查鉴定到浮游植物 46 种，浮游动物 72 种，底栖生物 44 种，潮间带生物 61 种。

乐清湾滩涂湿地被国际鸟盟（Bird Life International）列为重要鸟区（Crosby，2003）。乐清湾海水中营养盐含量适度，水温适宜，海涂面积大而平坦、稳定、底质细软，孕育了丰富的浮游生物和底栖动物资源，为湿地鸟类提供了良好的食物条件和栖息环境，1997 年、1999 年和 2003 年在乐清湾共观察到水鸟 54 种，隶属 4 目 7 科 24 属。近年来，大量的围垦活动以及滩涂上的生产等人为干扰行为，乐清湾的鸟类多样性呈明显的下降趋势（杨月伟等，2005）。

（三）响应分析

将上文所述的 2 项相关响应指标加权平均计算，得到乐清湾滨海湿地的响应评价综合得分为 0.55，政府的响应较为一般（图 5-48、表 5-85）。

表 5-85　乐清湾滨海湿地生态系统的响应评价

各项指标	指标值
污水处理率	0.59
政策法规	0.50
响应综合得分	0.55

区域内有乐清西门岛国家级海洋特别保护区，保护区总面积 3080 hm^2，主要保护滨海湿地、海洋生物资源、红树林群落以及黑嘴鸥、中白鹭等多种湿地鸟类。2007 年，乐清市海洋行政主管部门加大了对保护区的监管力度，通过媒体发布了红树林管理通告，树立公告牌，宣传标语等，开展红树林引种扩种试验，并取得一定成效。

（四）压力-状态-响应机制分析

乐清湾是一个天然良湾，与象山港、三门湾并列为浙江省著名的三大半封闭海湾，是浙江省重要的海水增养殖基地和贝类苗种基地。近年来，由于缺乏严格的法规、规范和宏观调控，在发展沿海经济和大规模的海洋开发活动中，如围涂造地、河口造田、炸岛采石等改变了乐清湾海域的自然地形地貌、底质分布和潮流条件，导致港口海湾淤积、航道萎缩、海岸被侵蚀；亿万年来自然形成的优越水产动物产卵场、育肥场和越冬场等逐渐消失，近岸海域生物种类不断减少，海洋和渔业资源日趋衰退，海洋生态环境遭到不可逆转的损害。

第八节　福建滨海湿地生态系统评价

福建省海湾地处闽浙沿海山地丘陵的东南翼和闽粤沿海丘陵的北部之间。海岸线北起福鼎沙埕的虎头鼻，南至诏安洋林的铁炉港，岸线总长 3324km，曲折率高达 1：6.21，多属海湾海岸，地貌类型复杂多样。沿海有大小几十条河流注入海湾，流域面积大于 10 000hm² 的河流有 33 条。全省沿岸大小海湾 125 个，近海及湾内大于 500m² 的岛屿有 1546 个，岛屿岸线总长 2802km。

福建省海岸类型复杂，南北区域差异显著。闽江口以北沿岸群山峻岭，谷岭相间，冈峦起伏的山地丘陵直逼海岸，以海湾基岩岸为主，构成曲折而破碎的海岸形态，岸线十分曲折，其曲折程度为全国之最。闽江口以南沿岸地形较为低缓，丘陵、台地和平原交错，岬湾相间，海岸类型齐全，既有陡峭的基岩海岸，又有平直的沙砾海岸、宽阔平坦的河口平原海岸及淤泥质海岸。

福建沿海位于温、热带的过渡地带，区域气候类型大体以闽江口为界，北部属于中亚热带海洋性季风气候，南部属于南亚热带海洋性季风气候。沿海年平均气温20℃左右。年平均降水量为 1000～1400mm，4～6 月为全年降水的最高峰，约占全年降水量的50%左右。8月和9月因受台风影响，雷雨增多，出现降水第二个峰值。福建省流域面积在 500 000hm² 以上并汇入近海的一级河流有闽江、九龙江、晋江和赛江，此外还有敖江、霍童溪、木兰溪、漳江、诏安东溪、筱芦溪和龙江等。福建沿岸海区除浮头湾以南海区为不正规半日潮以外，其余均为正规半日潮。受台湾海峡及地形影响，福建省沿海潮差较大，厦门湾及其北海区平均潮差在 4m 以上，最大潮差在 6m 以上。沿海潮流的运动方式：闽江口以北海域为左旋转流，闽江口以南海域一般为往复流，表层流速一般为 60～100cm/s，最大可达150cm/s. 潮流垂直变化不大，最大值通常出现在5～10m层，表层略小，底层最小。

福建海岸侵蚀从整体上看主要有以下几个特点：①地域分布广泛性。从北到南，断续可见。②侵蚀程度不均匀性。侵退率各处不相同，严重的每年可达若干米。③侵蚀原因多样性。海岸侵蚀主要与地形、构造条件、水动力条件等有关。一般发生在面临开阔海域、岩土抗蚀能力弱、强浪作用的岸段。④人为因素影响显著。海岸开发利用的不合理、海岸管理薄弱及人为破坏等因素，明显地加剧了海岸侵蚀。

近年来，附近海域污染问题非常突出，赤潮常发生区有沙埕港、三沙湾、福清湾、兴化湾、厦门湾、东山湾等海域。其中，以三沙湾、兴化湾、厦门湾和东山湾为多发区，三沙湾、兴化湾和东山湾海水养殖密集区是赤潮多灾区。赤潮主要发生在春夏之交和秋季。赤潮类型多为海湾型赤潮。赤潮原因主要是角毛藻、裸甲藻、夜光藻、具齿原甲藻、中肋骨条藻、海链藻等。2000～2004 年，福建海域共发生 66 起赤潮。其中，2000 年 2 起，2001 年 6 起，2002 年 12 起，2003 年 29 起，2004 年 12 起，给赤潮发生区的水产养殖业和人民身体健康造成不同程度的危害。其中，2003 年 5 月 20 日闽江口连江近岸海域的赤潮持续 35 天，造成鲍和牡蛎的大量死亡，直接经济损失 2500 万元。

一、 闽江口滨海湿地生态系统综合评价

以闽江口滨海湿地作为基本评价单元，压力、状态、响应三类，压力包括土地利用强度、岸线人工化指数、人口密度、人均 GDP、外来物种入侵，状态包括水质污染、沉积物污染、湿地自然性、景观破碎化、海岸植被覆盖度、底栖生物多样性、鸟类种类与数量变化、潮间带植物生物量变化，响应包括污水处理率和相关政策法规，总计 15 项指标共同构成闽江口滨海湿地生态系统的评价体系。15 项评价指标加权平均计算，得到闽江口滨海湿地生态系统评价的综合得分为 0.51，综合评价等级为三级，闽江口滨海湿地生态系统处于中度受损的现状，生态系统受人类干扰较大，自我调节能力减弱，稳定性下降（图 5-45、表 5-86）。

表 5-86　闽江口滨海湿地生态系统综合评价

各项指标	指标值
压力	0.69
状态	0.42
响应	0.54
综合评价得分	0.51

（一）压力分析

将上文所述的 5 项相关压力指标加权平均计算，得到闽江口滨海湿地的压力现状评价综合得分为 0.69，系统所面临的外在压力超出了系统所能承受的范围，需引起注意且采取必要措施，否则滨海湿地将面临更为严重的退化局面（表 5-87、图 5-46）。

表 5-87　闽江口滨海湿地生态系统压力现状评价

各项指标	指标值
土地利用强度	0.18
岸线人工化指数	0.72
人口密度	1.00
人均 GDP	1.00
外来物种入侵	0.50
压力综合得分	0.69

闽江口滨海湿地所面临的外在压力主要表现在：由于城市扩张、港口建设、工农业以及水产养殖发展的需要，至今已进行了多次的围垦开发，土地利用强度不断加大；岸线人工化程度较高，城市扩张、港口建设与城市旅游对岸线资源的需求非常强烈，破坏了闽江口滨海湿地原有的自然海岸形态，阻断了滨海湿地的海陆水文连通；区域内经济发达，人口较为密集，产生了大量的生产和生活废弃物，污染了滨海湿地的环境。

1）福州近几十年来人口剧增，经济快速发展，对闽江口滨海湿地的资源与环境造成极大的压力。闽江口周边地区人口较为密集，平均达到 1038 人/km²，人均 GDP 为 33 660 元（表 5-88）。

表 5-88　2008 年闽江口周边地区社会经济概况

所含沿海县	行政面积/km²	人口密度/(人/km²)	人均 GDP/万元
福州市区	1043	1687	4.09
长乐市	724	912	3.54
连江县	1186	514	2.47

闽江口港区是目前福州港的主体，是我国主要外贸口岸和沿海 19 个主枢纽港之一，是交通部确定的两个对台直航的试点口岸之一。在河口内主要有马尾、青州、筹东、松门、琯头等作业区，河口外有松下港区。已建成万吨级以上深水泊位 16 个，年货物吞吐量达 1500 万 t 以上。

2）闽江口垦区开发利用以种植、养殖为主，兼顾盐、林、城镇建设、工商贸开发等。据不完全统计，闽江口历史围垦共计 17 余项，总面积超过 2000 hm²（张珞平等，2008）（表 5-89）。闽江口垦区开发已形成大规模的粮食和海、淡水养殖生产基地，同时，为城镇开发区建设提供了大量土地。从不同历史时期看，新中国成立初期，闽江口一带的围垦主要用于造田种粮，增加粮食产量，解决人民温饱问题。改革开放以来，由于全国粮食供给情况比较充裕，围垦造农田的项目越来越少，主要用于水产养殖和港口开发，也有部分用于工业建设用地等。

湿地围垦，势必会对湿地生态系统造成不利的影响。围垦开发改变了湿地原有的自然属性，破坏了动植物的栖息环境，水产养殖等生产活动产生的污染物也影响着滨海湿地的环境质量。

表 5-89　闽江口地区历史围垦情况汇总表

项目名称	地点	围垦面积/hm²	时间	主要用途
亭江围垦	亭江	673	1955 年	农业为主
金沙围垦	金沙	287	1961 年	水产养殖
魁岐围垦	魁岐—块洲	180	1973 年	农业、建设
道沃	连江县	73	1980 年	水产养殖
南屿、南通、义序等	南港南北两岸	不详	1990 年以前	耕地、种植业
浦下、建新、鳌峰洲等	北港南北两岸	不详	1990 年以前	耕地、种植业
蝙蝠洲、三分洲、雁行洲	梅花水道	207（雁行洲）	1990 年以前	耕地、种植业
鳌峰洲围垦沿江部分	北港	不详	1990 年以前	港口工业区
青洲围垦	马尾	213	1990 年以前	农业、工业、港口
快安围垦	马尾	不详	1990 年以前	快安开发区

续表

项目名称	地点	围垦面积/hm²	时间	主要用途
百胜	连江县	22	1990 年以前	水产养殖
云龙围垦	琅岐	136	1991 年	水产养殖
晓澳围垦	连江县	207		水产养殖
连江上宫洋垦区回填	连江县	49.63	2005 年	工业
可门火电厂贮灰场工程	连江县	16.91	2005 年	工业
可门火电厂附属生产工程	连江县	49.20	2006 年	工业
松下码头仓储用地填海	长乐市	44.38	2006 年	工业、港口
合计	17 处	2000 以上		

资料来源：张珞平等（2008）

3）外来物种入侵。2004 年，互花米草开始在闽江河口上呈点状零星分布，2006 年
12 月面积超过 150 hm²，现在互花米草在闽江口的分布面积已经超过 200 hm²（郑丽
娟，2009）。

（二）状态分析

将环境质量、生境质量和生物群落质量等三类，包括 8 项相关状态指标加权平均计
算，得到闽江口滨海湿地的状态评价综合得分为 0.42，系统中度受损（图 5-47、表 5-90）。

表 5-90　闽江口滨海湿地生态系统状态评价

各项指标	指标值
环境质量	0.61
生境质量	0.15
生物群落	0.57
状态综合得分	0.42

1. 环境质量

近年来，闽江口滨海湿地海水中氮、磷营养盐含量迅速上升的趋势，分别从 20 世
纪 80 年代满足Ⅲ类和Ⅱ类海水水质标准，至今已分别达到劣Ⅳ类和Ⅳ类水质；沉积物
质量总体而言处于清洁状态，石油类和硫化物平均含量略有增加，基本符合一类海洋沉
积物标准。

2005～2006 年调查显示，闽江口滨海湿地环境质量较差。水体主要污染物无机氮、
活性磷酸盐和汞，其中，无机氮污染较严重，为劣Ⅳ类水质，活性磷酸盐为Ⅳ类水质，
部分汞含量超Ⅱ类水质标准；沉积物环境质量尚属良好，仅个别站位的汞和镉出现超Ⅰ
类标准，但均满足Ⅱ类海洋沉积物标准。

区域内的点源污染以工业污染和城镇生活污染源为主，COD 污染占到点源总污染
量的 88.8%，氨氮占到总量的 79.9%；非点源污染中以渔业养殖污染最为严重，COD
污染占到非点源总污染量的 97.7%，氨氮占到总量的 94.9%（表 5-91～表 5-94）（余兴
光等，2008）。

表 5-91　2005 年 10 月闽江口水质状况　　　　　　（单位：mg/L）

项目	层次	范围	均值
COD$_{Mn}$	表层	0.48～3.40	1.92
	底层	0.36～3.60	1.30
无机氮	表层	0.300～1.996	1.201
	底层	0.303～2.052	0.762
活性磷酸盐	表层	0.011～0.036	0.030
	底层	0.031～0.035	0.033
石油类	表层	0.019～0.090	0.036
砷	表层	$0.3 \times 10^{-3} \sim 2.4 \times 10^{-3}$	1.2×10^{-3}
铜	表层	$0.9 \times 10^{-3} \sim 4.0 \times 10^{-3}$	1.86×10^{-3}
铅	表层	$0.8 \times 10^{-3} \sim 5.2 \times 10^{-3}$	2.6×10^{-3}
锌	表层	$6.0 \times 10^{-3} \sim 23.0 \times 10^{-3}$	14.6×10^{-3}
镉	表层	$0.05 \times 10^{-3} \sim 0.3 \times 10^{-3}$	0.21×10^{-3}
汞	表层	$0.01 \times 10^{-3} \sim 0.31 \times 10^{-3}$	0.16×10^{-3}

资料来源：余兴光等（2008）

表 5-92　2006 年 4 月闽江口水质状况　　　　　　（单位：mg/L）

项目	层次	范围	均值
COD$_{Mn}$	表层	0.45～1.24	0.80
	底层	0.36～1.52	0.83
无机氮	表层	0.216～0.720	0.448
	底层	0.201～0.432	0.320
活性磷酸盐	表层	0.017～0.028	0.022
	底层	0.014～0.032	0.020
石油类	表层	0.026～0.060	0.040
砷	表层	$0.3 \times 10^{-3} \sim 1.0 \times 10^{-3}$	0.68×10^{-3}
铜	表层	$0.4 \times 10^{-3} \sim 1.5 \times 10^{-3}$	0.96×10^{-3}
铅	表层	$0.55 \times 10^{-3} \sim 2.8 \times 10^{-3}$	1.38×10^{-3}
锌	表层	$6.5 \times 10^{-3} \sim 15 \times 10^{-3}$	10.8×10^{-3}
镉	表层	$0.05 \times 10^{-3} \sim 0.2 \times 10^{-3}$	0.1×10^{-3}
汞	表层	$0.04 \times 10^{-3} \sim 0.26 \times 10^{-3}$	0.12×10^{-3}

资料来源：余兴光等（2008）

表 5-93　2006 年 4 月闽江口潮间带沉积物质量状况

项目	范围	均值
有机质（10^{-2}）	0.006～1.278	0.41
硫化物（10^{-6}）	5.7～192.3	46.2
石油类（10^{-6}）	1.5～477.5	77.5
砷（10^{-6}）	1.66～9.8	4.7
铜（10^{-6}）	1.89～31.19	10.15
铅（10^{-6}）	11.52～47.4	26.46
锌（10^{-6}）	26.1～137.55	61.35
镉（10^{-6}）	0.05～0.55	0.18
汞（10^{-6}）	0.003～0.274	0.078

资料来源：余兴光等（2008）

表 5-94 2004 年闽江口入海污染物源强汇总表

污染源	污水量/(×10⁴t/a)	污染物总量/(t/a)			
		COD	氨氮	TP	石油类
工业污染	2 764.5	2 991.9	205.7		
城镇生活污染	2 768.53	9 027.13	1 003.01		
规模化畜禽养殖污染	384.22	1 515.36	303.23		
陆源非点源		1 594.13	240.73		
渔业养殖污染		71 174.09	4 570.17	416.83	18.3
渔船生活污染	0.975 1	3.90	0.39	0.03	
货船污染	10.134 2	40.5	4.1	0.3	133.0
合计	5 928.359	86 347.01	6 327.33	417.16	151.3

资料来源：余兴光等（2008）

2. 生境质量

随着闽江沿岸城市规模的扩大、土地利用强度的增大，区域内景观斑块数量增加、平均斑块面积减少的趋势比较明显，景观呈现破碎化趋势（表 5-95）。1986 年、1996 年、2003 年研究区景观斑块数量分别为 285 块、330 块、401 块，景观平均斑块面积分别为 188hm²、163hm²、134hm²，18 年间研究区内自然湿地、人工湿地、非湿地斑块数量和面积的变化，反映了不同类型斑块数呈现上升的趋势，而自然湿地、人工湿地面积出现减少，非湿地面积出现增加的态势。

表 5-95 闽江口不同景观类型斑块的变化情况

景观类型	年份	斑块数	斑块面积/hm²	平均斑块面积/hm²	斑块密度/(n/km²)
研究区	1986	285	53 670	188	0.531
	1996	330	53 654	163	0.615
	2003	401	53 624	134	0.748
湿地景观	1986	225	48 913	217	0.460
	1996	251	46 927	187	0.535
	2003	298	45 629	153	0.653
自然湿地景观	1986	175	41 370	236	0.423
	1996	182	39 529	217	0.460
	2003	211	37 528	178	0.562
人工湿地景观	1986	50	7 543	151	0.663
	1996	69	7 398	107	0.933
	2003	87	8 101	93	1.074
非湿地景观	1986	60	4 757	133	0.750
	1996	79	6 727	85	1.174
	2003	103	7 995	78	1.288

湿地景观（包括自然湿地和人工湿地）的斑块数量和面积与整个研究区景观斑块的变化基本一致。湿地景观的斑块数量出现增加的趋势，而面积呈现减少的趋势。从 1986 年到 2003 年，研究区内湿地景观的面积从 48 913 hm² 减少到 45 629 hm²，减少约 6.71%。湿地面积的减少、斑块数量的增加，说明由于城市化的发展，城市防洪堤、工业区等建设占用了河滩湿地用于城市建设用地。

相反，研究区内非湿地景观面积从 1986 年的 4757 hm² 增加到 2003 年的 8995 hm²，增幅达 89.09%，非湿地景观面积的增加，说明研究区的湿地景观转化为城镇用地景观、其他非湿地景观（如林地等）。

3. 生物群落结构

闽江口滨海湿地处于淡咸水交汇处，天然饵料丰富，鱼虾蟹和经济贝类品种繁多，尤其是闽江口南岸长乐文岭坛赶兜漳港一带的海蚌（西施舌）为我国沿海质量最优的海珍品，誉称"闽江蚌"。然而，近年来由于过度开发和不合理的采捕方式，其资源遭受严重破坏。1985 年开始建立闽江蚌增养殖保护区，效果不明显。

1990～1991 年，闽江口潮间带生物已鉴定的有 152 种，2005 年 10 月减少到 140 种，2006 年 4 月为 132 种，优势种也发生了明显的改变，说明闽江口潮间带生物近十几年来种类上略有减少，生物多样性有所降低，生物群落结构不稳定（表 5-96）（陈尚等，2008）。

表 5-96　闽江口潮间带生物多样性变化

时间	物种数	优势种	物种多样性指数
1990～1991 年	152	齿吻沙蚕、彩虹明樱蛤、宽身大眼蟹、宁波泥蟹、模糊新短眼蟹	
2005 年 10 月	140	绿螂、鸭嘴蛤、圆球股窗蟹、活额寄居蟹、四齿大额蟹	0.76
2006 年 4 月	132	中国绿螂、圆球股窗蟹、光滑河篮蛤、小亮樱蛤、沙钩虾	2.34

资料来源：陈尚等（2008）

闽江河口区湿地冬候鸟 72 种、夏候鸟 12 种、留鸟 19 种、旅鸟 15 种，冬候鸟构成了本区湿地鸟类组成的主体。然而，近年来，由于湿地开发以及人类的剧烈干扰，鸟类的适栖面积逐渐减少，生境恶化，闽江口的鸟类种群数量明显减少。黑脸琵鹭本来在闽江口湿地终年可见，现在有相当长时间没有在闽江口出现了。

（三）响应分析

将上文所述的 2 项相关响应指标加权平均计算，得到闽江口滨海湿地的响应评价综合得分为 0.27，政府的保护意识和保护政策是比较积极的（图 5-48、表 5-97）。

表 5-97　闽江口滨海湿地生态系统的响应评价

各项指标	指标值
污水处理率	0.77
政策法规	0.30
响应综合得分	0.54

（四）压力-状态-响应机制分析

闽江是福建省第一大河流，被誉为福建省的"母亲河"。闽江河口区湿地是福建省最重要的湿地之一，具有典型的环境生态保护保育功能。但是，随着福建东南沿海地区经济的快速发展，人口的不断增加，土地资源的有限性和人口、城市不断扩张之间的矛盾日益突出，闽江河口区湿地被大面积开发，湿地面积逐渐减少，湿地环境遭到严重干扰和破坏。

二、 九龙江口滨海湿地生态系统综合评价

以九龙江口滨海湿地作为基本评价单元，压力、状态、响应三类，压力包括土地利用强度、岸线人工化指数、人口密度、人均GDP、外来物种入侵，状态包括水质污染、沉积物污染、湿地自然性、景观破碎化、海岸植被覆盖度、底栖生物多样性、鸟类种类与数量变化、潮间带植物生物量变化，响应包括污水处理率和相关政策法规，总计15项指标共同构成九龙江口滨海湿地生态系统的评价体系。15项评价指标加权平均计算，得到九龙江口滨海湿地生态系统评价的综合得分为0.50，综合评价等级为三级，九龙江口滨海湿地生态系统处于中度受损的现状，生态系统受人类干扰较大，自我调节能力减弱，稳定性下降（图5-45、表5-98）。

表5-98 九龙江口滨海湿地生态系统综合评价

各项指标	指标值
压力	0.76
状态	0.47
响应	0.16
综合评价得分	0.50

（一）压力分析

将上文所述的5项相关压力指标加权平均计算，得到九龙江口滨海湿地的压力现状评价综合得分为0.76，系统所面临的外在压力超出了系统所能承受的范围，需引起注意且采取必要措施，否则滨海湿地将面临更为严重的退化局面（图5-46、表5-99）。

表5-99 九龙江口滨海湿地生态系统压力现状评价

各项指标	指标值
土地利用强度	0.38
岸线人工化指数	0.99
人口密度	1.00
人均GDP	1.00
外来物种入侵	0.30
压力综合得分	0.76

九龙江口滨海湿地所面临的外在压力主要表现在：土地利用强度较大，由于港口建设的需要，20世纪50年代至今进行了多次的围垦开发，岸线人工化程度较高，城市扩张、港口建设与城市旅游对岸线资源的需求非常强烈，破坏了九龙江口滨海湿地原有的自然海岸形态，阻断了滨海湿地的海陆水文连通；区域内经济发达，人口较为密集，产生了大量的生产和生活废弃物，污染了滨海湿地的环境。

1）九龙江口周边地区经济较为发达，厦门市的人均GDP高达62 651元，龙海市

作为全国百强县，人均 GDP 也达到 28 902 元；区域内人口密度较高，厦门市的人口密度高达 1587 人/km²，龙海市也达到 700 人/km²（表 5-100）。经济的发展与人口的增加，必然对环境资源产生了巨大需求，不合理的围垦开发和经济社会发展所产生的污染废弃物势必给滨海湿地生态环境带来巨大的压力。

表 5-100　九龙江口周边地区社会经济概况（2008 年）

所含沿海县	行政面积/km²	人口密度/(人/km²)	人均 GDP/万元
厦门市	1569	1587	6.27
龙海市	1128	700	2.89

2）海水增养殖。九龙江河口的养殖主要集中在紫泥、海澄、浮宫石码一带，冬季为鳗苗捕捞地，近年产量有所下降。厦门海水养殖分布在西海域、东部海域、同安海湾及大嶝三岛海域。由于在开发早期缺乏对海洋的生态保护意识和合理的管理规划，导致周边海域生态环境急剧下降，海域水质和底质恶化，原有养殖地的单位面积产量下降。20 世纪 90 年代末期尽管海水养殖的面积不断提高，单位面积产量却处于停止和下降状态。

3）外来物种入侵。九龙江口红树林保护区至今虽未发现严重的生物入侵事例，但已经发现肿柄菊、马缨丹和某些攀援植物侵入红树林海岸影响红树植物光合作用和呼吸作用的现象。近年来，福建宁德市、泉州市许多红树林被互花米草严重侵入，九龙江口也已经发现互花米草的踪迹，这给红树林区敲响了警钟（刘佳，2008）。20 世纪 90 年代在九龙江口浮宫段引种的红树植物无瓣海桑被证实自然生长和繁殖速度远远超过当地的其他红树植物，无瓣海桑是否会对当地生态造成危害仍存在争议，还需要进一步调查研究（薛志勇，2005）。

（二）状态分析

将环境质量、生境质量和生物群落质量等三类，包括 8 项相关状态指标加权平均计算，得到九龙江口滨海湿地的状态评价综合得分为 0.47，系统中度受损（图 5-47、表 5-101）。

表 5-101　九龙江口滨海湿地生态系统状态评价

各项指标	指标值
环境质量	0.59
生境质量	0.38
生物群落	0.48
状态综合得分	0.47

九龙江口滨海湿地的环境质量较差，营养盐污染严重，水质总体呈现恶化的趋势，赤潮频发；滩涂的大量围垦直接导致滩涂总体面积减少、海湾潮间带面积缩小、海岸线发生变化，由此引起潮水对海岸环境作用加剧，同时也破坏了生物的栖息地和繁殖地，并将带来新的海岸冲淤问题；生物群落结构不稳定，赤潮频发，中华白海豚、鹭鸟等珍稀物种种群数量减少明显，红树林面积锐减，生物多样性下降。

1. 环境质量

社会经济的高速发展所产生的污染源的大幅度上升造成九龙江口滨海湿地环境质量下降。九龙江携带大量上游地区的污染物入海（表 5-102），使九龙江口滨海湿地的水质总体呈现恶化的趋势。20 世纪 90 年代中期以后的水质恶化趋势较为明显，基本上为劣Ⅳ类水质，属于赤潮频发区，无机氮为九龙江口滨海湿地历年来最主要的污染物；1982年九龙江口滨海湿地的重金属污染较为严重。1990 年后各项指标均达到Ⅰ类标准，沉积物质量总体上呈现改善趋势，质量较好。

表 5-102　2004 年九龙江口入海污染物源强汇总表　　　　　　（单位：t/a）

项目	污染物总量		
	COD_{Mn}	TN	TP
直排口	140	1 700	258
河流	31 050	31 461	1 381
农业化肥污染		242.2	16.1
水土流失污染	729.5	19.4	5.3
生活污染	700.7	205.1	12.7
畜禽养殖污染	8	11.8	2.2
淡水养殖污染	12 77.2	364.3	139.9
海水养殖污染	2 141	444	145
总计	36 046	34 448	1 960

2004 年调查显示，九龙江口滨海湿地环境质量较差。水体主要污染物有无机氮、活性磷酸盐和铜，其中无机氮污染较严重，为劣Ⅳ类水质；沉积物环境质量良好，仅石油类超出Ⅲ类海洋沉积物标准（表 5-103、表 5-104）。

表 5-103　2004 年九龙江口水质状况　　　　　　（单位：mg/L）

项目	范围	均值
COD_{Mn}	0.13~3.72	0.74
无机氮	0.092~1.041	0.649
活性磷酸盐	0.005~0.039	0.022
石油类	0.00175~0.108	0.037
砷	5.85×10^{-3}~8.63×10^{-3}	7.45×10^{-3}
铜	7.65×10^{-3}~37.3×10^{-3}	20.6×10^{-3}
铅	0.41×10^{-3}~6.99×10^{-3}	2.21×10^{-3}
锌	0.05×10^{-3}~53.8×10^{-3}	13.9×10^{-3}
镉	0.03×10^{-3}~0.35×10^{-3}	0.12×10^{-3}
汞	0.01×10^{-3}~0.13×10^{-3}	0.04×10^{-3}

表 5-104　2005 年 10 月九龙江口潮间带沉积物质量状况

项目	范围	均值
有机质（10^{-2}）	0.23~2.30	1.34
硫化物（10^{-6}）	27.9~555.6	103.0
石油类（10^{-6}）	41.9~2067.7	376.4
砷（10^{-6}）	5.60~13.90	8.32
铜（10^{-6}）	11.2~49.2	27.8
铅（10^{-6}）	24.0~120.0	55.4

项目	范围	均值
锌 (10^{-6})	59.5～308.0	134.7
镉 (10^{-6})	0.102～1.640	0.493
汞 (10^{-6})	<0.001～0.089	0.036

2. 生境质量

滩涂围垦改变了滩涂的性质和用途。围垦活动包括：造地和造田用以发展农业生产；将滩涂改造成盐田发展盐业；另外一部分用于港口建设和水产养殖。滩涂的大量围垦直接导致滩涂总体面积减少、海湾潮间带面积缩小，使海岸线发生变化，由此引起潮水对海岸环境作用加剧，破坏了生物的栖息地和繁殖地，并将带来新的海岸冲淤问题。20世纪50年代至今，九龙江口海域共有围填海工程14处，围填海面积696.32 hm²。20世纪50～70年代间九龙江口的围填海工程主要以围垦为主，基本反映了当时的社会经济发展状况；80年代以后的围填海活动以填海造地为主，主要用于港口建设（表5-105）。

表5-105 九龙江口围填海历史情况表

项目名称	地点	围垦面积/hm²	时间	主要用途
甘文围垦	紫泥镇	240	20世纪50～70年代	农业为主
海沧4# 泊位	河口湾	2.57	1999年	港口
海沧岸壁工程1#	河口湾	11.47	2001年	港口
海沧岸壁工程4～8#	河口湾	55.97	2001年	港口
海沧弃土岸壁工程	河口湾	70	2001年	港口
海沧10# 泊位	河口湾	4	2002年	港口
海沧19# 泊位液体化码头首期工程	河口湾	12.7	2002年	港口
海沧港区一期工程（1#、5#、6# 泊位）	河口湾	25	2002年	港口
海沧6# 泊位	河口湾	9.68	2004年	港口
海沧10# 泊位后方海域回填工程	河口湾	13.8	2004年	港口
海沧岸壁工程14～19#	河口湾	139.59	2005年	港口
海沧20#～22# 泊位	河口湾	48.34	2006年	港口
嵩屿港区二期岸壁工程	河口湾	48	2006年	港口
海沧12# 泊位液体化码头工程	河口湾	15.2	2006年	港口
合计	14处	696.32		

3. 生物群落结构

(1) 中华白海豚

中华白海豚属于暖水性小型鲸类，国家一级保护动物，是一个相对稳定和独立的地理种群。九龙江口河口内湾水域是中华白海豚重要的栖息地，近年来，由于填海工程、海岸工程以及陆源污染的影响，中华白海豚的活动区开始向其他海域移动。20世纪60年代，厦门平均每天（肉眼观察到）有3.5次中华白海豚出现。近几十年来，随着海域污染的加重，中华白海豚种群数量日益减少。1994～1999年，厦门湾共记录死亡的中华白海豚有 11 只，2002～2004 年上半年的最近 3 年就记录了 11 只，其中 2004 年上半年记录了 5 只，主要死亡原因是海底炸礁冲击波。

（2）红树林

20 世纪 60 年代厦门的海沧、青礁、篙屿、东屿、石塘、马銮、东渡、胡里、高殿等地海岸带湿地均有大片红树林自然分布，面积总计约 320 hm²，同安的丙州湾和长厝湾等地也有成片的天然红树林（吝涛等，2006a，2006b）。由于港湾围海造田、围滩养殖、填滩造陆和码头与道路建设，厦门红树林的面积迅速下降。1979 年，厦门天然红树林面积下降到 106.7 hm²，约为 1960 年的 1/3；2000 年，厦门红树林面积仅有 32.6 hm²，90% 以上的天然红树林已经消失。2004 年，天然红树林仅余 21 hm² 左右（林鹏，2003），93% 以上的天然红树林已经消失，加上人工造林也仅有 43.4 hm²（刘佳，2008）。

九龙江河口湾红树林主要分布在龙海的甘文尾、角尾—白礁、浮宫、海澄一带。海沧—青礁海域曾有过大面积的红树林，20 世纪 80 年代以后，因人为破坏而逐渐减少，目前青礁的红树林主要是 1998 年为补偿海沧大道占用红树林而人工补种的。种植的红树林从海沧 17# 泊位开始，一直延伸到漳州角美的白礁，全长约为 3km，种植宽度约为 20 m，总面积约为 6 hm²。红树林长势良好，树冠茂盛，树高 1.2 m 左右，时常可见白鹭栖息在林中觅食。龙海白礁以西岸段分布的红树林为天然生长的，分布较散，但个体相对较大。

（3）鹭鸟

厦门是鹭鸟的主要繁殖地，根据厦门市环保局保护区管理处 2004 年的观察结果，大屿岛鹭鸟总数约有 5000 只，虽然与 2000 年相比有较大的回升，但与 1996 年前后比仍有较大差距（表 5-106）。

表 5-106　厦门大屿岛鹭鸟主要种类年变化　　　　　　　（单位：只）

种类	1996 年	1997 年	1999 年	2000 年	2001 年	2002 年	2003 年	2004 年
白鹭	4 146	4 160	1 304	474	638			
池鹭	3 754	5 352	896	98	78			
夜鹭	6 394	3 064	1 848		112			
牛背鹭	10	10	56		20			
黄嘴白鹭			8					
鹭鸟总数	14 304	12 586	4 112	572	848	3 000	5 000	5 000

（4）赤潮

赤潮是指一些浮游植物、原生动物或细菌在一定环境条件下暴发性繁殖引起水体变色的现象，大多发生在内海、河口、港湾或有上升流的水域，特别是暖流内湾水域。在正常情况下，海洋环境中营养盐（氮、磷）含量低，往往成为浮游植物繁殖的限制因子。但当大量富含营养物质的生活污水、工业废水和农业废水入海，加之海区的其他理化因子（如温度、光照、海流和微量元素等）有利于生物的生长和繁殖，赤潮生物便急剧繁殖而形成赤潮。赤潮不仅破坏海洋渔业和水产资源及海洋生态平衡，还会危害人类健康。

厦门海域是赤潮的高发地区之一。1986～1987 年，厦门海域曾发生 4 次赤潮。20

世纪 90 年代开始，尤其是近几年来，厦门海域的赤潮有逐年加剧的趋势，频率增加，持续时间加长。《厦门市海洋环境质量公报》显示，2002 年厦门海域共发现赤潮 4 次，其中西海域 3 次，同安湾 1 次，与上年持平，虽然对海洋经济未造成大的损失，但对水产养殖和海洋生态造成了一定的影响。2004 年，厦门海域共记录了 3 次赤潮，赤潮面积共 10 100 hm²。2006 年厦门海域发生 4 起赤潮事件，赤潮发生面积比 2005 年有所扩大，特别在东部海域和同安湾发生了 5 年来面积最大的一次赤潮。

（5）潮间带底栖生物

20 世纪 80 年代至今，九龙江口潮间带生物的种类数量急剧减少，多毛类占总种类数量的比例明显增多，而棘皮动物种类明显减少。

（三）响应分析

将上文所述的 2 项相关响应指标加权平均计算，得到九龙江口滨海湿地的响应评价综合得分为 0.16，政府部门对保护区响应积极（图 5-48、表 5-107）。

表 5-107　九龙江口滨海湿地生态系统的响应评价

各项指标	指标值
污水处理率	0.21
政策法规	0.10
响应综合得分	0.16

1. 保护区建设

相关部门对九龙江河口区域的保护工作还是比较到位的，区域内有厦门珍稀海洋物种国家级自然保护区、中华白海豚自然保护区、白鹭自然保护区、厦门文昌鱼自然保护区和龙海九龙江口红树林自然保护区，主要保护对象为中华白海豚、文昌鱼、白鹭等珍稀濒危物种，以及滨海湿地和红树林生态系统。

2. 相关法律法规

从 1999 年开始，福建省实施了《九龙江流域水污染与生态破坏综合整治方案》，至今已历时 16 年，取得了有效的进展；省九龙江综合整治领导小组办公室每年都在汇总并征求厦门、漳州、龙岩市人民政府和省有关部门意见的基础上，制定《九龙江流域水污染与生态破坏综合整治年度工作计划》。福建省闽江、九龙江流域水环境综合整治联席会议制订的《2008 年度闽江、九龙江流域水环境综合整治计划》中要求加大资金投入，完善流域上下游的生态补偿机制和专项资金管理办法。

福建省委、省政府把九龙江流域水污染与生态破坏综合整治列为 2001 年为民办实事项目，发布了《九龙江流域水污染防治与生态保护办法》，批准实施了《九龙江流域水环境与生态保护规划》和《九龙江流域水污染物排放总量控制标准》。

2004 年厦门市人民政府组织编制了《厦门市海洋环境保护规划》和《厦门市濒危物种保护中心管理方案》；启动编制了《厦门市海岸滩涂种植红树林规划》和《厦门市湿地保护规划》；组织实施了《厦门市海洋赤潮防灾减灾工作方案》和《厦门市赤潮防治技术支撑小组工作机制和规则》。2006 年，厦门市政府又出台了《厦门市海洋环境保护规划》，成为厦门市海洋环境保护工作的纲领性文件。

（四）压力-状态-响应机制分析

九龙江是福建第二大河，全长 1923 km，流域面积 1 474 100hm²，入海河口位于福建省东南部沿海、台湾海峡西岸，上游地区为龙岩市，中下游地区包括漳州市和厦门市。近年来，九龙江流域周边地区经济快速发展、人口明显增加，以及九龙江上游地区的排污问题给九龙江口滨海湿地带来巨大的环境压力。九龙江口滨海湿地环境质量逐渐恶化，水体严重富营养化，赤潮频发；围垦开发以及港口建设使湿地面积减少，生境退化，破坏了野生动植物及珍稀濒危物种的栖息环境；生物群落结构不稳定，红树林面积锐减，珍稀濒危保护物种种群数量逐渐减少，生物多样性降低。

第九节　广西滨海湿地生态系统评价

以铁山港滨海湿地作为基本评价单元，滨海湿地生态系统的评价体系由压力、状态、响应三类组成，压力包括土地利用强度、岸线人工化指数、人口密度、人均GDP、外来物种入侵；状态包括水质污染、沉积物污染、湿地自然性、景观破碎化、海岸植被覆盖度、底栖生物多样性、鸟类种类与数量变化、潮间带植物生物量变化；响应包括污水处理率和相关政策法规，总计15项指标共同构成铁山港滨海湿地生态系统的评价体系。15项评价指标加权平均计算，获得铁山港滨海湿地生态系统评价的综合得分为0.37，综合评价等级为二级，铁山港滨海湿地生态系统处于轻度受损的现状，系统受到一定的人为干扰，但滨海湿地的生态景观结果尚合理，生态系统功能较完善，滨海湿地生态系统尚可持续（图5-45、表5-108）。

表 5-108　铁山港滨海湿地生态系统综合评价

各项指标	指标值
压力	0.61
状态	0.30
响应	0.26
综合评价得分	0.37

（一）压力分析

将上文所述的5项相关压力指标加权平均计算，得到铁山港滨海湿地的压力现状评价综合得分为0.61，系统所面临的外在压力超出了系统所能承受的范围，需引起注意且采取必要措施，否则滨海湿地将面临更为严重的退化局面（图5-46、表5-109）。

铁山港滨海湿地所面临的外在压力主要表现在：面临着工业、房地产、养殖业和旅游业开发的强大压力，区域内盲目、过度开垦和改造的现象比较严重；海岸线长度不断减少，岸线形态的曲率变小，岸线由曲折向平直化发展，尤其在被围垦的岸段；互花米草泛滥生长，与红树林争夺生存空间。

表 5-109　铁山港滨海湿地生态系统压力现状评价

各项指标	指标值
土地利用强度	0.36
岸线人工化指数	0.89
人口密度	0.48
人均 GDP	1.00
外来物种入侵	0.30
压力综合得分	0.61

1. 土地利用强度

广西沿海处于经济活跃地带，面临着工业、房地产、养殖业和旅游业开发的强大压力，盲目、过度开垦和改造的现象比较严重。一些沿海工程的建设存在着不合理和破坏性，一定程度上加剧或改变了潮流和波浪活动模式，导致岸滩侵蚀的范围日益扩大，使滨海湿地生态系统遭到破坏。

1955~1977 年的 22 年间，广西沿海围垦滩涂湿地 10 000hm²，平均每年开发 450hm²；1989~1998 年，10 年间开发滩涂 1700hm²，平均每年围垦 170hm²，主要是用于海水养殖。近年来，由于广西实施沿海基础设施大会战，港口码头及临海工业建设得到了快速发展，围垦滩涂进入加速开发时期，2005 年至 2006 年上半年沿海三市围垦用海面积达19 900hm²，2008 年，仅钦州保税区填海就达 300hm²。

2. 岸线变化

近 50 年来，广西海岸线总长度不断减少，年平均减少 9.51 km，其中不同阶段岸线长度递减的幅度不同：1955~1978 年岸线长度递减最快，年均高达 13.04 km，向海要地、围垦滩涂的大规模、无序化的开发，使海岸线总长度缩短了 286.89 km；1978~1988 年和 1988~1998 年分别减少了 42.93 km 和 79.02 km（表 5-110）（黄鹄等，2006）。

岸线形态的曲率变小，岸线由曲折向平直化发展，这主要出现在被围垦的岸段。

表 5-110　广西各时相海岸线长度变化表　（单位：km）

时相区间	减少长度	年平均减少长度
1955~1978 年	286.89	13.04
1978~1988 年	42.93	3.90
1988~1998 年	79.02	7.90
合计	408.84	9.51

3. 开发强度

铁山港在行政区域上隶属于广西北海市铁山港区和合浦县管辖，沿岸共有铁山港区的南康镇、营盘镇和兴港镇，合浦县的沙田镇、山口镇、白沙镇、公馆镇、闸口镇等 8

个乡镇。2006 年铁山港沿岸 8 个乡镇总人口为 50.42 万人，土地总面积为 1047km²，平均人口密度为 482 人/km²。

合浦县是广西经济较发达的县（市）之一，改革开放后，经济发展迅速，经济实力显著增强。20 世纪 90 年代初，合浦列广西农村经济十强县榜首，跻身"全国农林牧渔业总产值最高的百强县"，并被评为"全国农业百强县"；铁山港区是未来大西南重要的出海口，是北海市的主要工业基地，以石油化工、钢铁、能源等大型临水工业的为主要发展方向。

4. 外来物种入侵

1979 年，广西合浦县在丹兜海山角滩涂上引种了面积不足 0.014 hm² 的互花米草，1994 年广西红树林研究中心将丹兜海的互花米草再次引种到英罗港海塘村滩涂种植。这些互花米草经过适应、驯化和生长，已经同化了当地的环境，繁育扩散分布面积达 206.7 hm²，分别占滩涂植被和宜林滩涂总面积的 20.4％和 87.2％（李武峥，2008）。

互花米草的泛滥生长，侵占了山口红树林保护区内的宜林滩涂，与红树林争夺生存空间；由于互花米草大量淀积泥沙、碎屑和固土作用，造成海滩涂的抬高和硬化，破坏了海洋底栖动物的生存环境。

（二）状态分析

将环境质量、生境质量和生物群落质量等三类，包括 8 项相关状态指标加权平均计算，得到铁山港滨海湿地的状态评价综合得分为 0.30，系统轻度受损（图 5-47、表 5-111）。

表 5-111　铁山港滨海湿地生态系统状态评价

各项指标	指标值
环境质量	0.22
生境质量	0.19
生物群落	0.49
状态综合得分	0.30

铁山港滨海湿地环境质量良好，属于清洁海域，随着污染物排放的增加，环境质量存在恶化的趋势，应引起足够的重视；生境质量一般，滨海湿地面积日益减少；生物群落结构健康状态前景堪忧，合浦海草床正遭受着严重的人为破坏，面积锐减，总经济价值下降，红树林面积也呈现逐年减少的态势。

1. 环境质量

2008 年广西壮族自治区近岸海域海水环境质量监测结果表明，铁山港滨海湿地属于清洁海域，但与 2007 年相比，近海无机氮、无机磷含量明显增高，分别较去年升高 18.5％和 15.2％。

由于部分排污口设置在海洋增养殖区和滨海旅游度假区邻近海域，排污口大量向邻近海域排放污染物，导致部分生态区域的健康状况每况愈下，环境恶化的趋势加剧，已对山口的红树林和合浦海草床及儒艮自然保护区生态系统构成了威胁。

2. 生境质量

广西滨海湿地面积日益减少。1988～1998 年仅 10 年间，广西滨海滩涂面积减少了 1700 hm²（黄鹄等，2007）。以潮间带的红树林和海草床为例，20 世纪 50 年代，红树林面积为 10 000 hm²，到 20 世纪末，红树林减少 34%，面积仅为 5654 hm²（张乔民，2001）。英罗港及英罗港口门外的两个海草床的面积也已从 1994 年的 267 hm² 减少到 2000 年的 32 hm²，2001 年的 0.1 hm²（范航清，2005）。滨海湿地面积的减少，使越来越多的生物失去生存空间，导致物种多样性下降，一些红树林树种在逐渐消失，如红海榄（*Rhizophora stylosa*）在钦州和防城港已经消失，角果木（*Ceriops tagal*）在整个广西沿岸消失（范航清，1995）。随着广西滨海湿地面积减少，滩涂经济作物自然产量已下降 60%～90%，近海鱼苗资源明显下降（梁维平和黄志平，2003）。广西滨海湿地面积的减少削弱了生态系统自我调控能力，降低了生态系统的稳定性和有序性。红树林的砍伐和珊瑚礁的破坏引起风蚀、土壤沙化、盐渍化、水土流失等生境的巨大变化，影响了其保护海岸免受侵蚀的生态功能，广西沿海地区台风暴潮等自然灾害多，造成的广西海岸侵蚀较严重，港口淤积率提高，经济损失剧增。2001～2006 年，广西沿海因台风、风暴潮、大浪等海洋灾害造成直接经济损失达 43 亿多元，仅 2008 年的风暴潮灾害造成直接经济损失达 15.728 亿元，受灾范围包括北海市、钦州市、防城港市等城市的几十个沿海村镇。

3. 生物群落结构

（1）海草床

海草床是南中国海重要生态系统之一，为海洋生物提供繁殖场所和食物来源，对沿海生态系统具有重要意义（den Boer，1970；Hillman et al.，1989）。广西合浦海草床位于北海市合浦县境内海域，地处北部湾北缘，属南亚热带海洋性季风气候，总面积 540 hm²，以喜盐草（*hm²lophila ovalis*）为优势种。合浦海草床所在海域还是合浦国家级儒艮（*Dugong dugon*）自然保护区。

近年来，合浦海草床正遭受着严重的人为破坏，渔业活动频繁，滩涂养殖、围网养殖等人为干扰愈演愈烈，同时由于台风、风暴潮等自然因素的影响，海草床面积锐减。下量尾海草床因受挖沙虫、耙螺、电鱼电虾等人为活动的影响，从 2005 年起逐渐衰退，面积逐渐减小，2007 年草场已基本殆尽；北暮盐场五七海区海草床分布面积约 6.2 hm²，较 2007 年略为减少，海草种类为喜盐草和二药藻混生，盖度为 20%～95%，生长状况较好；英罗港海草床为喜盐草单生，因长期受人为活动的干扰破坏，生长状况一直不良，海草稀疏，海草叶片多污损海洋生物附着，常被杂质和泥沙掩埋。

1980 年合浦海草床面积为现在的 5.5 倍，约为 2970 hm²。海草床退化趋势明显。合浦海草床生态服务总经济价值从 1980 年的 48 159.06 万元减少到 2005 年的 13 501.11 万元，造成经济价值损失 34 657.95 万元，价值损失率达 71.97%，海草床已经受到了严重的破坏（表 5-112）。间接经济价值损失 39 110.83 万元，直接经济价值增加了近 12 倍，说明人们忽略了海草床间接服务价值，对海草床过度开发利用，造成海草床总经济价值下降，得不偿失（韩秋影等，2006）。

表 5-112　人类活动对海草床生态系统服务价值的影响　　　　（单位：万元）

服务价值内容	1980 年	2005 年	价值量变化	变化趋势
直接利用价值（食物生产价值）	356.94	4 809.82	+4 452.88	↑
间接利用价值	47 802.12	8 691.29	-39 110.83	↓
调节大气	62	11.27	-50.73	↓
生态系统营养循环	45 148.75	8 208.86	-36 939.89	↓
净化水质	84.99	15.45	-69.54	↓
维持生物多样性	2 376	432	-1944	↓
科学研究	130.38	23.71	-106.67	↓
总经济价值	48 159.06	13 501.11	-34 657.95	↓

（2）红树林

无论是以往还是现在，破坏性利用是导致红树林湿地面积逐年减少的主要因素。大约在 150 年前，广西沿海地区有红树林 2.4×10^4 hm²，是目前红树林面积的 3 倍左右。在大量移民迁居广西沿海围垦造田生产粮食的年代里，红树林湿地被一小块一小块地围垦成农田。新中国成立初期，广西尚有红树林 1.59×10^4 hm²，但 20 世纪 60 年代中后期又有 3500 hm² 被围垦成农田；80 年代沿海围垦造地破坏红树林湿地的活动略有减少，但 90 年代养殖业的短期高回报，使一些人不顾国家法令，强行进入红树林生长区进行围垦养殖。90 年代初期广西沿海 2557 hm² 养殖塘大部分来自对红树林湿地的围垦。在钦州港岛群红树林湿地，许多 1~2 hm² 的湾汊被群众用来围垦养虾。原来钦州市著名的水路相通的"七十二泾"风景区，如今水路能相通的已不到四十泾。

（三）响应分析

将上文所述的 2 项相关响应指标加权平均计算，得到铁山港滨海湿地的响应评价综合得分为 0.26，政府的保护意识和保护政策是比较积极的（图 5-48、表 5-113）。

表 5-113　铁山港滨海湿地生态系统的响应评价

各项指标	指标值
污水处理率	0.42
政策法规	0.10
响应综合得分	0.26

（1）山口红树林保护现状

山口红树林保护区是广西滨海湿地中保护得最好的一片湿地。保护区已建立了完善的管理机构、管理队伍，完备基础设施，建立标本展览室，开展红树造林、生态养殖试验等方面的科研工作，还积极做好国内外交流与合作、宣传教育、保护人员培训工作等。

同时，法律法规也相对较为完善，1994 年开始施行《广西山口国家级红树林生态自然保护区管理办法》和《中华人民共和国自然保护区条例》，1995 年施行《海洋自然保护区管理办法》，2000 年施行《中华人民共和国海洋环境保护法》。

（2）合浦海草床保护现状

这几年相关政府意识到海草床的巨大生态经济价值采取了各种行动保护合浦海草床。1994 年起，开始对合浦海草资源进行不定期的监测。2004 年起，开始对海草资源、生物多样性和环境因子进行定期的监测。2005 年，合浦海草床成为 UNEP/GEF "扭转南中国海和泰国湾环境退化趋势"的示范区。2006 年合浦海草床成为 UNDP/GEF "中国南部沿海生物多样性管理"项目示范区的一个组成部分。关于合浦海草床的系统监测、生态经济价值、监测指南、生态恢复等工作也正在进行中（王献溥和崔国发，2003）。

（四）压力-状态-响应机制分析

铁山港（109°26′~109°45′E，21°28′~21°45′N）是广西最重要的滨海湿地之一，位于广西沿海东部，北部湾东北部。铁山港口门宽 32 km，全湾岸线长约 170 km，其中人工岸线长 70km 左右，海湾面积约 34 000hm²，其中滩涂面积约 17 330hm²。区域内有山口红树林国家级自然保护区、合浦儒艮国家级自然保护区和合浦海草床湿地等重要湿地类型。近年来，随着不合理围垦开发现象的加剧，滨海湿地面积不断减少，红树林、海草床、儒艮等野生动植物的栖息环境破坏严重，铁山港滨海湿地的生态健康面临严峻的考验。

第十节　海南滨海湿地生态系统评价

海口市滨海湿地生态系统综合评价

以海口市滨海湿地作为基本评价单元，压力、状态、响应三类，压力包括土地利用强度、岸线人工化指数、人口密度、人均 GDP、外来物种入侵，状态包括水质污染、沉积物污染、湿地自然性、景观破碎化、海岸植被覆盖度、底栖生物多样性、鸟类种类与数量变化、潮间带植物生物量变化，响应包括污水处理率和相关政策法规，总计 15 项指标共同构成海口市滨海湿地生态系统的评价体系。15 项评价指标加权平均计算，得到海口市滨海湿地生态系统评价的综合得分为 0.35，综合评价等级为二级，海口市滨海湿地处于轻度受损的现状，系统受到一定的人为干扰，滨海湿地的生态景观结果尚合理，生态系统生态功能较完善，滨海湿地生态系统尚可持续（图 5-45、表 5-114）。

表5-114　海口市滨海湿地生态系统综合评价

各项指标	指标值
压力	0.57
状态	0.30
响应	0.15
综合评价得分	0.35

（一）压力分析

将上文所述的5项相关压力指标加权平均计算，得到海口市滨海湿地的压力现状评价综合得分为0.57，其目前承受的外在压力处于一般水平的状态，如果人类的干扰活动继续加剧，将超出滨海湿地所能承受的压力范围（图5-46、表5-115）。

表5-115　海口市滨海湿地生态系统压力现状评价

各项指标	指标值
土地利用强度	0.42
岸线人工化指数	0.26
人口密度	0.80
人均GDP	1.00
外来物种入侵	0.30
压力综合得分	0.57

海口市滨海湿地所面临的外在压力主要表现在：随着海口市经济的快速发展，海口市滨海湿地面临着来自工业发展、房地产和旅游业开发的强大压力，区域内过度开垦和改造的现象比较严重；区域内经济发达，人口较为密集，产生了大量的生产和生活废弃物，污染了滨海湿地的环境。

（二）状态分析

将环境质量、生境质量和生物群落质量等三类，包括8项相关状态指标加权平均计算，得到海口市滨海湿地的状态评价综合得分为0.30，系统轻度受损（图5-47、表5-116）。

表5-116　海口市滨海湿地生态系统状态评价

各项指标	指标值
环境质量	0.31
生境质量	0.15
生物群落	0.45
状态综合得分	0.30

1. 环境质量

海口湾近岸海域监测面积约60km²。其中清洁海域面积约57.19km²，占监测海域总面积的 95.32%；较清洁海域面积约 0.77km²，占监测海域总面积的 1.28%，中、重度污染海域面积约为 2.04km²，占监测海域总面积的 3.4%，监测海域的污染因子主要是无机氮。

2. 生境质量

海口市滨海湿地的生境质量较好，自然湿地占滨海湿地总面积的比例较高，景观破碎化与海岸植被覆盖度均较为理想。

3. 生物群落结构

(1) 鸟类

每年有数万只水禽在东寨港红树林栖息和越冬，随着红树林面积的急剧减少，在短短 10 年间东寨港红树林内鸟类的多样性降低很多。2001 年邹发生等（2001）的调查表明，东寨港的鸟类跟 20 世纪 80 年代相比，水鸟种类普遍减少；各种鸟类的数量也大为减少，如白鹭、池鹭、环颈鸻和红颈滨鹬；世界极度濒危物种黑脸琵鹭也有逐年减少的现象。

(2) 红树林

近 50 年来，东寨港红树林面积减少了将近 50%，人类活动的激烈干扰是造成此现象的主要原因。

20 世纪 60 年代以前，东寨港红树林主要以天然红树林为主，在没有人类活动干扰的情况下，其自然演化过程不断向海扩展，当时以自然经济为主，缺少经济利益驱动，交通又不便利，环境污染小，故红树林受人类活动影响较小。

20 世纪 60～80 年代，天然红树林面积大幅度减少，1989 年面积只有 1959 年的 52%。三江地区是红树林面积减少最大的一块区域。一方面由于对红树林的价值认识不足；另一方面主要是响应国家的"围海造田"号召，大片的红树林湿地被围垦成水稻田，之后又由于旅游区建设发展的需要，水稻田被改造成"万亩椰林"。北部塔市沿海地区的红树林也被大片砍去，大面积的围垦和水产养殖场占据了原本该长红树的区域。

1980 年开始，东寨港（当时海南属广东管辖）被广东省政府批准为中国第一个红树林自然保护区，1986 年升级为国家级保护区，1992 年最先被列入国际重要湿地名录。红树林湿地保护得到了前所未有的重视，到 1996 年，红树林面积相对 1989 年增加了 361 hm²，保护效果初显成效。

然而，好景不长，受经济利益的驱动，以及保护措施的不力，新生红树林又惨遭虾塘养殖的破坏，近年兴起的红树林湿地旅游活动也对红树林产生了威胁。到 2002 年东寨港红树林面积为 1553 hm²，低于 1989 年的 1658 hm²，与 1996 年相比减少了 466 hm²（图 5-49）。

最近几年，随着红树林保护措施的加强，以及人们对红树林的关注，东寨港红树林湿地面积与 2002 年相比有所增加，但与 20 世纪 60 年代相比还有不小的差距（表 5-117）。

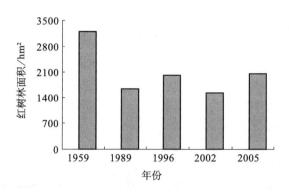

图 5-49　东寨港 4 个时相的红树林面积变化

表 5-117　东寨港红树林湿地生态系统及其驱动力变化

时间	20 世纪 60 年代以前	1959～1989 年	1989～1996 年	1996～2002 年	2002～2005 年
主要驱动力	自然因素为主，海洋动力、气候因素	人类干扰活动强烈，大面积破坏	红树林大面积隔离保护，部分地区恢复为主	旅游、水产养殖，局部破坏，整体保护	保护力度加大，红树林得以恢复
红树林面积	不断增加	大规模减少	局部增加	局部减少	局部增加
红树林景观	天然红树林景观	天然红树林景观	天然红树林＋人工红树林景观	天然红树林＋人工红树林＋半人工红树林	天然红树林＋人工红树林＋半人工红树林

（三）响应分析

　　将上文所述的 2 项相关响应指标加权平均计算，得到海口市滨海湿地的响应评价综合得分为 0.15，政府部门对保护区响应积极（图 5-48、表 5-118）。

表 5-118　海口市滨海湿地生态系统的响应评价

各项指标	指标值
污水处理率	0.20
政策法规	0.10
响应综合得分	0.15

　　海南东寨港红树林自然保护区位于琼山区东北部的东寨港，绵延 50km，面积 4000多公顷，是我国建立的第一个红树林保护区。东寨港红树林自然保护区于 1980 年 1 月经广东省人民政府批准建立，此为中国第一个红树林保护区。1986 年 7 月 9 日经国务院审定晋升为国家级自然保护区。1992 年被列入《关于特别是作为水禽栖息地的国际重要湿地公约》组织中的国际重要湿地名录，是中国七个被列入国际重要湿地名录的保护区之一。

（四）压力-状态-响应机制分析

　　海口市是海南省经济较为发达的地区，不管从人口总量，还是从经济总量上来考量，海口市均在海南省的经济社会发展中起到举足轻重的作用。海口市滨海湿地包括海口湾滨海湿地、东寨港红树林湿地等重要湿地类型，是生物多样性较为丰富的区域之一。

　　然而，随着工业化和城市化进程的加快，影响海口市滨海湿地环境的压力逐渐增大，城市建设挤占了大量的滨海湿地资源，海水养殖过度发展，环境污染的加剧致使滨海湿地环境质量日益下降，滨海湿地资源被过度或不合理的开发利用。保护滨海湿地环境，促进滨海湿地资源的可持续利用已迫在眉睫。

第十一节　中国滨海湿地生态系统健康现状

　　PSR框架是一个具有较强系统性的评价模型，压力、状态和响应三项指标相互关联、相互作用、相互影响。压力直接影响系统的状态，而响应可以直接影响状态，也可以通过改善压力，间接地影响系统的状态。

　　11个评价区域按滨海湿地生态系统综合评价得分高低排列顺序是：长江三角洲、杭州湾、珠江三角洲、乐清湾、闽江口、九龙江口、辽河三角洲、江苏盐城、黄河三角洲、铁山港和海口市。其中，黄河三角洲、铁山港和海口市3个评价区域生态系统综合评价等级为二级，轻度受损；其他区域综合评价等级为三级，中度受损（表5-119）。

表 5-119　中国滨海湿地生态系统的综合评价指标及主要影响因素

评价区域	综合	级别	主要的人为影响因素
辽河三角洲	0.45	三级（中度受损）	石油开采、环境污染、围垦（水产养殖、农田等）
黄河三角洲	0.40	二级（轻度受损）	石油开采、环境污染、围垦（农田、水产养殖等）
江苏盐城	0.43	三级（中度受损）	围垦（水产养殖、耕地、盐田等）、外来物种入侵、环境污染
长江三角洲	0.55	三级（中度受损）	环境污染、湿地开发（港口、码头、建筑用地等）、外来物种入侵
杭州湾	0.54	三级（中度受损）	环境污染、滩涂围垦（港口、工农业开发园区、耕地、水产养殖等）、外来物种入侵
乐清湾	0.52	三级（中度受损）	环境污染、海涂资源开发（水产养殖、围涂种植、港口和建设用地等）
闽江口	0.51	三级（中度受损）	环境污染、围垦（水产养殖、港口建设、农业用地等）
九龙江口	0.50	三级（中度受损）	环境污染、围填海（港口建设、农业用地等）
珠江三角洲	0.52	三级（中度受损）	环境污染、滩涂围垦（建设用地、港口建设、农业用地、水产养殖等）
铁山港	0.37	二级（轻度受损）	滩涂围垦（港口码头、水产养殖等）
海口市	0.35	二级（轻度受损）	围垦（水产养殖、农业用地、旅游开发）

　　滨海湿地生态系统健康现状较差的区域往往分布在我国经济较为发达的滨海城市，如长三角经济圈和珠三角经济圈（图5-50）。这是因为社会经济越是发达，人类活动对滨海湿地的干扰就愈发的强烈，对滨海湿地资源的开发利用欲望就越发的强烈，有时往往是以牺牲环境的代价来换取一己之利的。

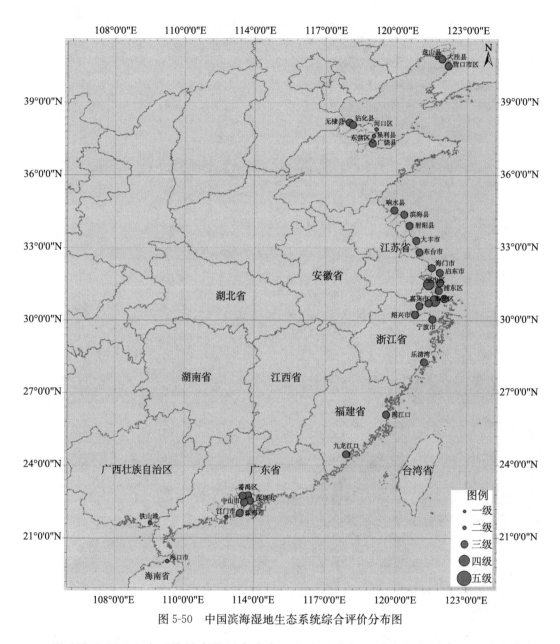

图 5-50　中国滨海湿地生态系统综合评价分布图

影响滨海湿地生态系统健康的因素众多，在这里我们只讨论人为因素，因为人类的活动是影响滨海湿地生态系统健康的最主要因素。各评价区域的主要人为影响因素差异较为明显。

1) 辽河三角洲滨海湿地：辽河三角洲的油气资源非常丰富，油田开发过程中对滨海湿地生态系统健康的影响主要包括采油和输送设施影响鸟类等滨海生物的栖息与繁衍，油污污染滨海环境等；环境污染主要是受双台子河上游排污控制，其次是受苇田施肥和养殖投饵等面状污染源的影响，主要污染物为有机物和营养盐；滨海湿地围垦的主要用途包括水产养殖场、稻田等。

2）黄河三角洲滨海湿地：与辽河三角洲类似，黄河三角洲油田开发与滨海湿地保护的冲突明显，区域生态环境与土地利用的景观格局发生了显著变化；环境污染主要是受黄河流域以及区内小清河、广利河等河流的影响，主要污染物为有机污染物、营养盐和油类；围垦也是影响黄河三角洲滨海湿地生态系统健康的主要因素，湿地开发的主要用途包括农田、水产养殖场等。

3）江苏盐城滨海湿地：滨海湿地开发与围垦（主要用途包括水产养殖、耕地、盐田等）一直以来是影响盐城滨海湿地最主要的人为因素，未来的发展趋势也与围垦规划息息相关；外来物种互花米草的快速扩散也是一个不容忽视的生态问题，由此引起的一系列生态问题值得我们深深的思考和探讨；环境污染主要是受水产养殖场、射阳河口三角洲上游的造纸厂以及附近的射阳港和射阳电厂的影响，主要污染物有 COD、BOD_5、油类、锌、铅。

4）长江三角洲滨海湿地：长江三角洲的环境污染问题是影响滨海湿地生态系统健康的最主要因素，水体有机物、油类和重金属污染严重，沉积物中重金属含量也存在超标现象，主要的污染源包括长江流域带来的入海污染物、上海港海洋交通运输污染以及滨海沿岸的工农业生产、居民生活污水等；滨海湿地的开发与利用主要用途包括港口、码头、建筑用地等；与盐城滨海湿地类似，互花米草的入侵也严重干扰着滨海湿地正常的生态秩序。

5）杭州湾滨海湿地：影响杭州湾滨海湿地生态系统健康的首要因素是环境污染，区域内营养盐污染严重，部分区域重金属超标，基本属于外源输入性污染，长江、钱塘江、甬江、曹娥江以及沿岸工业和居民生活污水严重影响滨海湿地的环境质量；杭州湾滩涂围垦历史悠久，主要用途有港口建设、工农业开发园区等等，由于围垦开发速度过快，杭州湾滨海湿地面积日益减少，原生态的滩涂沼泽湿地面积急剧缩减；互花米草的入侵形式较为严峻。

6）乐清湾滨海湿地：1977 年，温岭和玉环之间的漩门水道被封堵，造成乐清湾周围陆上的生活污水和工业污水直接排入湾中，加上水产养殖、网箱养殖剩余的有机物质流入，致使湾内水质遭受到严重污染；乐清湾海涂资源开发利用率平均达到80％，主要的开发利用方式有海水养殖、围涂种植、港口和建设用地等，其中以海水养殖为主。

7）闽江口滨海湿地：闽江口滨海湿地近年来海水中氮、磷营养盐含量呈迅速上升的趋势，区域内的点源污染以工业污染和城镇生活污染源为主，非点源污染中以渔业养殖污染最为严重；滨海湿地的开发利用以农业种植、水产养殖为主，兼顾盐、林、城镇建设、工商贸开发等。

8）九龙江口滨海湿地：与闽江口滨海湿地类似，困扰九龙江口滨海湿地生态系统健康的主要因素包括环境污染和湿地的开发利用问题。九龙江流域携带大量的污染物以及沿岸工农业和海水增养殖等是造成九龙江口滨海湿地环境质量下降的主要原因，区域内土地利用强度较大，港口建设、城市扩张等对岸线资源的需求非常强烈。

9）珠江三角洲滨海湿地：珠江流域以及沿岸工农业所带来的污染物是影响滨海湿地总体环境质量的主要因素，水体有机物和油类污染严重，沉积物中重金属含量也严重超标；区域内人类活动干扰极度频繁剧烈，港口建设和建筑用地面积增长迅猛，已经占据着整个海岸带面积的一半以上，湿地自然性较差，滨海湿地活动与功能主要是由人工湿地来承载。

10）铁山港滨海湿地：影响铁山港滨海湿地生态系统健康的最主要人为因素是滨海湿地的围垦开发，近年来，由于广西实施沿海基础设施大会战，港口码头及临海工业建设得到了快速发展，围垦滩涂进入加速开发时期。

11）海口市滨海湿地：海口市滨海湿地过度开垦和改造的现象比较严重，由于农业生产和旅游区建设发展的需要，红树林湿地被改造成耕地、椰林、水产养殖场等。

一、 压力分析

压力是滨海湿地健康状态恶化的直接原因。滨海湿地的环境承载能力是有限的，当压力超过了滨海湿地生态系统的自身调节能力或代谢功能时，就会造成结构和功能的破坏，进而影响滨海湿地生态系统的健康状态。

中国滨海湿地所面临的外在压力主要表现在：滨海沿岸人口的急速增加以及沿海经济的高速发展，致使滨海湿地的土地利用强度不断加大，港口码头、农田、水产养殖场、居民建筑等人工湿地或非湿地类型取代了自然湿地，自然海岸线也逐渐被人工岸线所代替。另外，外来物种的入侵也是一个不容忽视的问题。

11个滨海湿地评价区域的压力指标显示，辽河三角洲、黄河三角洲、江苏盐城和海口市4个区域滨海湿地的压力处于一般水平；杭州湾、乐清湾、闽江口、九龙江口、珠江三角洲和铁山港6个区域滨海湿地的压力已超出了系统所能承受的范围；长江三角洲滨海湿地所面临的外在压力已严重超出了系统所能承受的范围。各评价区域的压力现状及分布以及主要的贡献指标详见表5-120和图5-51。

表5-120 中国滨海湿地生态系统的压力指标

评价单元	压力	土地利用强度	岸线人工化指数	人口密度	人均GDP	外来物种入侵
辽河三角洲	0.53	0.22	0.91	0.46	0.89	0.10
黄河三角洲	0.53	0.43	0.78	0.26	0.77	0.50
江苏盐城	0.56	0.33	1.00	0.44	0.38	0.70
长江三角洲	0.82	0.58	0.99	0.94	0.84	0.70
杭州湾	0.75	0.39	0.95	0.73	1.00	0.70
乐清湾	0.67	0.25	0.57	1.00	1.00	0.50
闽江口	0.69	0.18	0.72	1.00	1.00	0.50
九龙江口	0.76	0.38	0.99	1.00	1.00	0.30
珠江三角洲	0.67	0.33	0.82	0.88	0.86	0.40
铁山港	0.61	0.36	0.89	0.48	1.00	0.30
海口市	0.57	0.42	0.26	0.80	1.00	0.30

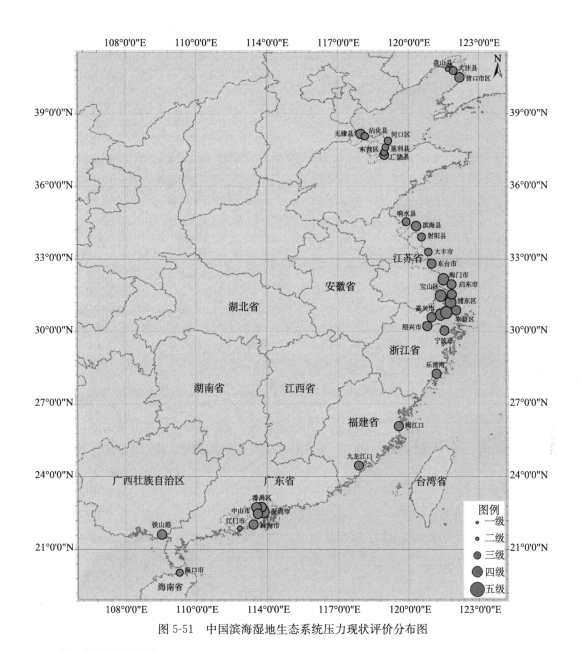

图 5-51　中国滨海湿地生态系统压力现状评价分布图

1. 土地利用强度

滨海湿地的土地利用压力主要来自对自然湿地的围垦。而土地利用压力对滨海湿地生态系统的影响直接体现在湿地自然性以及景观破碎化等方面上，造成了滨海生物生境质量的下降甚至生境的丧失，进而严重影响滨海湿地生物多样性的发挥以及各种珍稀濒危物种的生存与繁殖。

合理开发利用滨海湿地资源对缓解城市土地紧缺矛盾、保证工农业生产持续稳定发展、改善海上交通以及繁荣港口经济等方面起着重要的作用。然而，长久以来，滨海湿地的开发利用并没有得到有效的、科学的管理。随着滨海沿岸城市人口密度的暴增和沿海经济的高速发展，人类对滨海湿地资源的开发利用欲望愈发的强烈，越来越多的围填海工程、港口码头和城市建设侵占了大量的滨海湿地资源，破坏了野生动植物的栖息环境，改变了滨海湿地固有的自然属性。

滨海湿地的土地利用强度一般与地区的经济发展程度成正比，越是经济发达的地方，滨海湿地的开发利用强度越大。以长三角地区为例，长江三角洲滨海湿地区域内居民建筑用地面积由 1986 年的 176 399 hm² 增加到了 1995 年的 204 580 hm²，2005 年又增加到 264 199 hm²，年均增幅高达 4 390 hm²；由于水产养殖效益较高，水塘的分布面积也由 1986 年的 26 005 hm²，增加到 2005 年的 56 407 hm²，年均增幅为 1520 hm²。

长江三角洲滨海湿地的土地利用强度是整个中国滨海湿地土地利用强度的一个缩影。1970 年，我国仅有人工滨海湿地面积 23 877 hm²，而到了 2007 年猛增到 196 999 hm²，不到 40 年的时间人工湿地面积增加了 8 倍。

2. 岸线人工化程度

岸线人工化指数是指人工岸线与全部岸线长度的比值，表征滨海湿地的堤防建设情况。岸线人工化程度对滨海湿地生态系统状态的影响主要体现在湿地自然性以及景观破碎化等方面。滨海湿地处于咸淡水交汇处，人工化岸线阻断了滨海湿地正常的海陆水文连通，改变了滨海湿地的水文、地质地貌以及生境的多样性，可能导致红树林、碱蓬等滨海植物群落得不到及时的淡水补充而面临退化局面，进而影响滨海动植物的生存。

近年来，随着海岸开发力度的逐渐加大，海岸线开发利用中存在的问题正逐步凸显。大量的堤坝、港口码头、盐田、沿海公路等人工建筑设施使海岸线发生了巨大的变化，自然岸线被大量的水泥堤坝或石堤等人工岸线所替代，海岸结构面临巨大挑战。2008 年中国海洋环境质量公报显示，沿海 11 个省、自治区、直辖市的岸线人工化指数达到 0.38。上海、天津、浙江、江苏和广东的沿海地区已经处于高强度开发状态。

3. 人口与经济

滨海沿岸人口密度的增加以及沿海经济的高速发展给滨海湿地生态系统带来巨大的环境压力。沿海 11 个省（自治区、直辖市）人口总数约为 5.5 亿人，平均人口密度高达 700 人/km²，人均 GDP 也达到 3 万元（国家海洋局，2009）。人口密度及人均 GDP 对滨海湿地生态系统状态的影响主要体现在环境质量和生物群落质量等方面。人类的生活与生产活动产生巨量的废弃物和污染物，这些废弃物和污染物的排放影响着滨海湿地的环境质量。人类对潮间带生物以及鸟类等滨海生物低层次、掠夺式的攫取，严重影响着滨海湿地生物多样性。

4. 外来物种入侵

对我国滨海湿地生态系统影响较为深远的外来物种主要是互花米草等。互花米草秆密集粗壮、地下根系发达，能够促进泥沙的快速沉降和淤积，在保滩促淤方面发挥了不小的作用。然而，由于互花米草具有较强的适应能力和旺盛的繁殖能力，在自然和人为的合力下，造成了爆发性的扩散蔓延，可能导致原来生存在滨海湿地的本土植物，如红树林、碱蓬和芦苇等植物加速消亡，从而影响到滨海湿地鸟类等野生动植物的觅食和栖息空间，影响到滨海湿地生物多样性以及其正常生态功能的发挥。

以江苏盐城滨海湿地为例，互花米草的植株高度通常在 1.5 m 以上，生长稳定期的盖度可达 100%，并不适宜鸟类的栖息和繁衍，再加上互花米草对潮流的强烈阻挡作用，潮水的自然蔓延受到影响，抑制了滩涂原生植被的演替，影响碱蓬群落的盖度和高度，对依赖碱蓬群落繁殖的鸟类，如黑嘴鸥、普通燕鸥、白额燕鸥和红脚鹬等产生不利影响。同时，互花米草的快速扩张加速了滩涂成陆的进程，促进了滩涂围垦的风险，进而影响到主要依赖芦苇群落和草滩栖息的物种，如丹顶鹤和河麂等（刘春悦等，2009b）。

2008 年《中国海洋环境质量公报》显示，互花米草在我国滨海湿地的分布面积已达 34 451 hm²，分布范围北起辽宁，南达广西，覆盖了除海南岛、台湾岛之外的全部沿海省份，其中江苏、浙江、上海和福建四省（直辖市）的互花米草面积占全国互花米草总分布面积的 94%，江苏省分布范围最广，面积最大，达 18 711 hm²。

二、状态分析

滨海湿地生态系统的状态是对其过去所承受的各种干扰的反映。滨海湿地生态系统的状态指标包括环境质量、生境质量和生物群落质量。

中国滨海湿地生态系统的状态不容乐观：滨海湿地环境质量较差，普遍存在着水体有机物和营养盐严重超标的现象，个别区域沉积物中重金属污染也较为严重；自然湿地总面积呈逐年萎缩趋势，景观破碎化日趋严重，海岸植被结构发生急剧变化，覆盖度逐年降低，滨海湿地的生境质量下降甚至生境丧失；滨海生物群落质量严重下降，底栖生物种类贫乏，多样性较低，潮间带生物群落结构变化明显，芦苇、碱蓬、红树林等湿地分布面积锐减，鸟类的种类与数量下降明显。

11 个滨海湿地评价区域的状态指标显示，黄河三角洲、铁山港和海口市 3 个区域滨海湿地生态系统处于轻度受损的状态；辽河三角洲、江苏盐城、长江三角洲、杭州湾、乐清湾、闽江口、九龙江口、珠江三角洲 8 个区域滨海湿地生态系统处于中度受损的状态。各评价区域的状态指标及分布详见表 5-121 和图 5-52。

表 5-121　中国滨海湿地生态系统的状态指标

评价单元	状态	环境质量	生境质量	生物群落质量
辽河三角洲	0.45	0.52	0.31	0.55
黄河三角洲	0.39	0.44	0.38	0.38
江苏盐城	0.44	0.26	0.40	0.62
长江三角洲	0.51	0.62	0.47	0.47
杭州湾	0.50	0.62	0.34	0.59
乐清湾	0.46	0.62	0.23	0.57
闽江口	0.42	0.61	0.15	0.57
九龙江口	0.47	0.59	0.38	0.48
珠江三角洲	0.53	0.52	0.47	0.61
铁山港	0.30	0.22	0.19	0.49
海口市	0.30	0.31	0.15	0.45

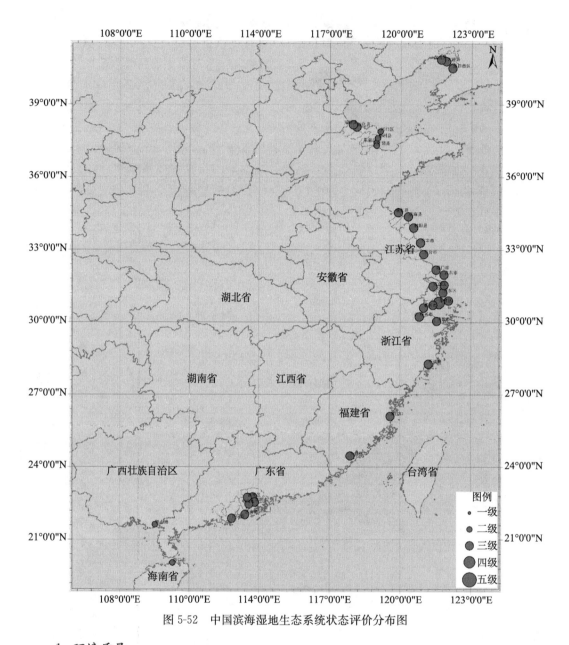

图 5-52　中国滨海湿地生态系统状态评价分布图

1. 环境质量

　　环境污染是导致滨海湿地退化及引发生态健康失衡的最主要原因之一。滨海湿地特殊的地理位置，使其生态系统状态极易受沿岸人类活动的干扰。滨海湿地环境质量与经济的发达程度存在一定的相关性。例如，长三角经济圈和珠三角经济圈的环境质量明显比盐城、铁山港等区域差。2008 年《中国海洋环境质量公报》显示，全国污染海域主要分布在辽东湾、渤海湾、莱州湾、长江口、杭州湾、珠江口和部分大中城市近岸局部水域。滨海湿地环境质量的下降主要是受沿岸的工农业生产、居民的生活排污、水产养

殖、港口码头的航运排污以及入海河流带来的污染物的影响（表5-122）。滨海湿地环境
质量直接影响滨海生物的生存与繁衍，影响着人类的健康。

表5-122　2008年部分河流排放入海的污染物量　　　　　（单位：t）

河流名称	COD_{Cr}	营养盐	油类	重金属	砷	合计
长江	5 668 246	100 803	19 546	22 600	2 052	5 813 247
珠江	1 550 000	68 100	40 200	8 813	3 760	1 670 873
闽江	805 227	37 732	3 398	3 105	55	849 517
南渡江	449 005	1 934	153	387	13	451 493
黄河	336 899	24 200	—	773	23	361 895
钱塘江	312 800	19 712	3 640	690	44	336 886
椒江	272 588	7 941	253	264	28	281 074
西江	154 859	8 996	2 110	462	47	166 474
甬江	142 800	11 170	452	63	4	154 488
潭江	133 476	10 689	1 686	439	29	146 319
大风江	114 841	274	106	121	2	115 344
南流江	61 079	1 391	242	171	6	62 889
敖江	56 321	1 265	144	78	1	57 809
小清河	52 205	2 046	383	33	3	54 670
茅岭江	35 573	1 447	107	37	2	37 166
射阳河	25 917	4 216	132	48	10	30 323
钦江	27 182	2 716	109	111	2	30 120
晋江	16 525	10 673	1 228	70	14	28 511
碧流河	25 288	159	44	2	4	25 497
东江北支流	19 852	1 526	50	648	3	22 079
大凌河	20 800	424	4	—	8	21 235
小凌河	14 850	1 557	8	1	1	16 417
灌河	12 750	1 496	84	77	1	14 409
东江南支流	9 814	1 639	66	448	3	11 970
防城江	10 704	1 092	50	15	—	11 861

2. 生境质量

滨海湿地生境质量的下降将直接影响滨海生物的生存与繁殖。全国滨海湿地生境质量的整体变化趋势是：自然湿地面积锐减、景观破碎化加剧、海岸植被覆盖度降低。

1970年，我国共有自然湿地面积5 819 189 hm²，占滨海湿地总面积的99.6%；2007年自然湿地面积减少到5 233 254 hm²，占滨海湿地总面积的96.1%，与1970年相比，减幅为10.1%，年均减少自然湿地面积15 836 hm²。其中，减幅最大的自然湿地类型包括光滩、红树林湿地和三角洲湿地等。

自1980年以来，沿海地区土地压力大，土地需求紧迫，在各种因素作用下，对滨海湿地的开发围垦持续不断，造成自然湿地面积迅速减少，人工景观大幅增加。各研究区景观类型减少，景观多样性降低，景观破碎度增大。滨海湿地景观破碎化主要表现为：① 大面积潮间带及潮上带滨海湿地被养殖池和盐田等人工湿地代替，原本比较均一的湿地基底被养殖池、盐田、港池、道路、沟渠、堤坝等分割为相对独立的小湿地景观斑块，湿地景观斑块数和斑块密度大幅度增加。② 随着堤坝、沟渠和道路等人工廊

道面积和长度的增加，阻断了滨海湿地间物质和能量的正常流动，同时人工廊道的增加，加剧了人类对滨海湿地的干扰活动。潮间带和潮上带滨海湿地景观破碎化最严重，斑块密度远高于潮下带湿地。

滨海湿地海岸植被结构发生急剧的变化。这主要是因为人类追求经济利益，对植被结构进行强烈的人为干扰。以黄河三角洲为例，黄河三角洲原有草地 18.5×10^4 hm²，具有大力发展天然草地畜牧业的优势。近年来，随着滩涂开发、水产养殖、道路建设和种植业生产的规模不断扩大，天然草地面积急剧减少，每年减少天然草地约 10 000 hm²，现存草场的生产力严重退化，只剩不到30%的草地保持10年前的生产力，其余退化为三、四、五级草场，产草量和理论载畜量大幅降低。此外，过度采挖也使甘草、草麻黄、单叶蔓荆等植物处于濒危状态。

3. 生物群落质量

无序地开发和滥捕滥猎是造成滨海湿地生物多样性减少的最主要的人为因素。为了经济的快速发展以及城市扩张的需要，人们开始向沿岸的滩涂湿地伸手要地，大量的红树林湿地、碱蓬湿地和芦苇湿地等被开发成港口码头、工厂居民楼等，人类在满足了自己的生存欲望时，大量原本定居的野生动植物不得不失去了赖以生存的栖息环境。近20年来，由于保护和管理措施的不到位，大量的野生动植物惨遭灭顶之灾，甚至是国家重点保护的珍稀鸟类也不例外。

芦苇是辽河三角洲的主要的植物类型，辽河三角洲共有芦苇面积 10 000 多公顷，是我国沿海最大的芦苇基地，茫茫苇海，浩无边际，它不仅是湿地鸟类、鱼类、甲壳类的动物天堂，还是旅游者观光旅游和休闲度假的乐园。然而自20世纪60年代以来，由于对湿地不断进行开发，原有湿地面貌发生了彻底改变，人工、半人工湿地占相当大的比例，同时灌溉水源不足，连年干旱，潮沟设闸拦水，切断潮水补给，致使芦苇沼泽退化严重。1988~2007年，辽河三角洲芦苇湿地面积共减少了 2546.52 hm²，约占19%。

近年来，人类对红树林等潮间带植物群落的破坏速度是相当惊人的。我国的红树林主要分布在广西、海南、广东和福建沿岸，20世纪50年代全国红树林面积约 55 000 hm²，1970年便仅剩下 16 912 hm²，至2002年，红树林面积已不足 15 000 hm²（国家海洋局，2003），而到了2007年，我国的红树林面积仅剩下 6081 hm²。

滨海湿地区域内鸟类、鱼类和滩涂生物的滥捕滥猎现象也十分突出。滨海湿地周围地区偷猎候鸟的现象时有发生，再加上栖息环境的破坏，鸟类的多样性呈明显减少趋势；对鱼类和滩涂生物的过度捕捞非常严重，滨海湿地滩涂上贝苗、蟹苗等经济种类资源非常丰富，掠夺性的开发方式破坏了原有湿地的生态环境，造成滨海湿地生物多样性的严重退化。

三、 响应分析

响应指标反映了社会或个人为了停止、减轻、预防或恢复不利于人类生存与发展的环境变化而采取的措施，如法律法规、管理技术变革等。选择污水处理率及相关的政策法规作为人类对滨海湿地生态系统健康的响应指标。各评价区域的响应指标及分布见图 5-53 和表 5-123。

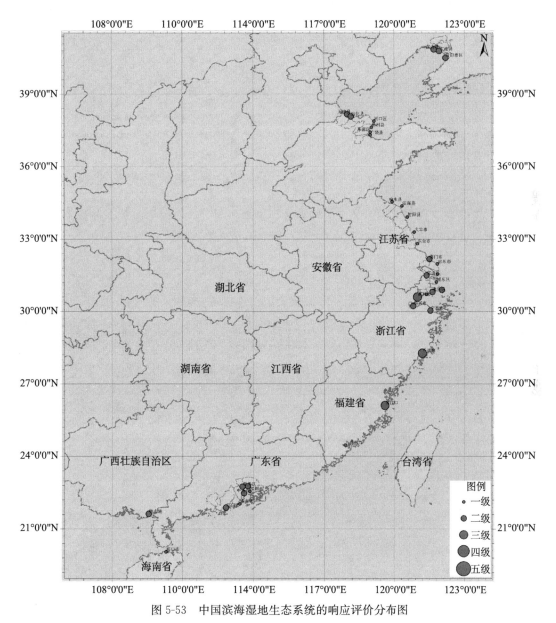

图 5-53　中国滨海湿地生态系统的响应评价分布图

表 5-123　中国滨海湿地生态系统的响应指标

评价单元	响应	污水处理率	政策法规
辽河三角洲	0.27	0.37	0.17
黄河三角洲	0.22	0.27	0.17
江苏盐城	0.15	0.20	0.10
长江三角洲	0.26	0.25	0.28

评价单元	响应	污水处理率	政策法规
杭州湾	0.36	0.29	0.43
乐清湾	0.55	0.59	0.50
闽江口	0.54	0.77	0.30
九龙江口	0.16	0.21	0.10
珠江三角洲	0.25	0.22	0.27
铁山港	0.26	0.42	0.10
海口市	0.15	0.20	0.10

近年来，国家和地方环保部门在污水处理等环保设施的投入和监督方面取得了一定的成效，各地逐渐意识到污水处理的重要性，污水处理率不断提高。然而，这些还是远远不够的，我国的污水处理厂大多分布在大中城市，广大的小城市、城镇以及农村几乎很少有污水处理厂。

人们逐渐意识到滨海湿地的重要性，各地纷纷建立了自然保护区，如双台子河口国家级自然保护区、黄河三角洲国家级自然保护区、江苏盐城国家级自然保护区、崇明东滩国家级自然保护区、九段沙湿地自然保护区、漳江口红树林自然保护区、东寨港红树林自然保护区等，先后制定了相关的管理办法或条例。

然而，这些还是远远不够的，我国目前尚无针对滨海湿地相关的保护法，对滨海湿地的保护还做不到有法可依；对于我国 1.8×10^4 km 的海岸线，5 445 862 hm^2 的滨海湿地面积，仅仅依靠建立几个保护区也是远远不够的。如何恢复滨海湿地生态系统的健康状态，促进滨海湿地与经济社会发展和谐共处，值得我们深刻地反思并付出更多的实际行动。

第六章
中国滨海湿地的保护对策

第一节　中国滨海湿地管理存在的主要问题

由于滨海湿地能为人类生产生活提供丰富的生物资源和优美的生态环境，故随着沿海经济的快速发展，加剧了人类的索取速度，直接导致滨海湿地数量锐减、生态功能下降，并危及我国国土的生态安全。据不完全统计，自 20 世纪 50 年代以来，沿海地区已累计丧失滨海滩涂湿地面积约 119 万 hm²，另因城乡工矿占用湿地约 100 万 hm²，两项加起来相当于沿海湿地总面积的一半，其中，红树林面积由 40 年前的 4 万 hm² 减少到 1.88 万 hm²，减少的面积约占 73%，珊瑚礁约 80% 被破坏。虽然自《国务院办公厅关于加强湿地保护管理的通知》（国办发〔2004〕50 号）下达后，各级政府加强了湿地的保护管理工作，取得了一些令人欣慰的成果，但滨海湿地总的退化趋势并未明显改善，其开发利用中存在的突出问题主要表现在以下几个方面。

1. 盲目开垦滨海湿地，致使面积锐减、功能剧降

特别是近 10 年来，随着沿海城市化进程的加快，围海造地、围海养殖、乱砍滥伐等人为因素的影响，导致围垦区附近的湿地生态系统遭到严重破坏，如风蚀加重、土壤局部沙化、盐渍化、水土流失加重、旱灾次数增多等，对滨海湿地的保护和发展带来了严峻挑战。河北省唐山市滨海湿地面积由 1987 年的 31.48 万 hm² 缩减为 2004 年的 29.56 万 hm²，丧失率为 6.09%；厦门天然红树林由于港湾围海造田、围滩（塘）养殖、填滩造陆和码头、道路的建设，面积已由 1960 年的 320 hm² 降到 2005 年的 21hm²，导致厦门海湾生物多样性下降，外来物种（如互花米草等）的大量入侵。

2. 污染的日益加剧，导致湿地生物多样性丧失

滨海湿地是入海污染物的承泻区，大量工业废水、生活污水排放，油气开发等引起漏油、溢油事故，以及农药、化肥施用引起的污染等，造成近岸赤潮频发，且规模越来越大，持续时间逐渐延长，不仅破坏了滨海景观，也导致生物多样性丧失。河北省唐山市有 20 多条河流流经湿地入海，每年工业和生活污水相当一部分未经处理直排进入河道和近海，对滨海湿地的土壤及水源均造成不同程度的污染。另外，海水养殖产生的大量污染物已严重破坏了滨海湿地的生态群落结构，并通过食物链的富集作用影响到其他物种的生存。近年来，江苏滨海的盐城、南通、连云港等湿地，杭州湾以南的钱塘江口—杭州湾等湿地因污染赤潮频发，对近海养殖业造成了严重危害，经济损失十分惨重。

3. 过度利用湿地资源，造成生态功能丧失

在我国重要的经济海区，酷渔滥捕现象十分严重，不仅使重要的天然经济鱼类资源受到破坏，严重影响滨海湿地的生态平衡，威胁其他水生物种的安全。另外，水资源的过度利用，直接影响沿海地区经济社会的全面、协调与可持续发展，并危及人们的生存环境。

4. 海岸侵蚀不断扩展，导致湿地面积减少

20 世纪以来，随着气候的暖干化，海平面不断上升，导致海水入侵，沿岸风暴潮

等灾害频发，海岸侵蚀加剧。另外，由于滨海地区过量抽取地下水及沿岸挖沙、建设海岸工程、水库拦沙等人为因素的影响，使地面下沉，海平面相对上升，导致海岸侵蚀严重，湿地面积不断减少。据统计，至 20 世纪末期，我国已有 70% 的砂质岸滩和淤泥质海岸出现了不同程度的侵蚀，减少滩涂湿地 39.7 万 hm^2，导致其抗风减灾、抵御自然灾害等功能的大幅降低。

除了上述滨海湿地开发利用中存在的问题外，我国滨海湿地保护与管理中还存在法制体系不完善、管理机构不健全、管理水平落后、管护经费短缺、公众保护意识淡薄等一系列问题，严重制约滨海湿地保护与管理事业的健康发展。

一、 法制体系不健全

在我国湿地与森林、海洋三大生态系统中，森林和海洋均已通过立法得到保护，唯独湿地尤其是滨海湿地目前尚无一部专门的法律、法规，已有的相关法律、法规中有关滨海湿地保护的条款还比较分散、无法可依或法律条文相互交叉、重复的情况并存，尚未形成完善的体系，难以很好地发挥作用。在执法方面，也存在执法力量分散，缺少必要的技术装备及交通、通信等设施，影响执法工作的正常开展，致使许多对滨海湿地的破坏行为无法制约、管理不规范、保护效率低下，特别是由于执法环节薄弱，使得当前滨海湿地保护和管理工作基本处于人为主导，随意性较强，整个滨海湿地管理形势十分严峻。

二、 管理机构协调差

由于滨海湿地是一个完整的生态、环境与经济系统，故此应统一管理一个自然湿地单元的利用与保护。然而，目前我国的滨海湿地管理却被人为地按行政区域分而治之，保护与管理牵涉部门多，在开发利用和保护方面，各部门多从自身利益出发，各行其是、各取所需，矛盾突出，尚未形成良好的协调机制，例如，采油、旅游、造纸、晒盐、围垦、捕捞、养殖等都在向滨海湿地要产品、要效益，出现问题难以协调和解决。又如，上海崇明东滩保护区的管理现在就是多头进行：近海捕捞由渔政管，滩涂植被及水产资源由水务管，而保护区管理处则负责生态环境和鸟类保护。这种不科学的管理体制，既影响工作效率，又容易因在保护、利用和管理方面的目标与利益不同，从而影响滨海湿地的科学保护和有效管理。

另外，目前我国已建的滨海湿地自然保护区中，大部分管理机构都不健全，缺乏有效的科学规划和规章制度，其管理工作大多停留在一般的看护与管理上，缺少对保护区功能的综合研究，尚处于粗放、不规范的状态，管理制度不健全，管理能力较为薄弱，有些地方仍在盲目围垦和随意侵占湿地。为此，应建立健全滨海湿地管理的协调机制，加强各部门统一、协调管理，把滨海湿地保护得更好。

三、 资金严重匮乏

目前，资金严重不足是我国滨海湿地保护与管理工作面临的主要问题。近些年来，有关方面从区域经济可持续发展的要求出发，正逐步把滨海湿地保护与管理提到议事日程，但由于经费投入太少，工作力度不大，在湿地调查、保护区及示范区建设、污水治理、湿地监测、研究及人员培训、执法手段与队伍建设等方面缺乏专门的资金支持，对滨海湿地的保护远远不足。管理和建设资金的严重匮乏，使得许多滨海湿地保护项目和行动难以实施，造成有关部门的监管职能和监管能力不断下降，已建立的滨海湿地自然保护区不能发挥正常的保护功能，保护与开发利用矛盾十分突出，严重影响了滨海湿地保护与管理事业的健康发展。

四、 自然保护区管理水平低

我国虽在一些地区已建立了不同级别、不同类型的滨海湿地自然保护区，仍存在诸如自然保护区体系不完善、保护区布局、类型尚未进行空缺分析评估、禁猎、禁渔、禁伐等其他保护形式发育不足、湿地自然保留区域相对偏少、现有保护区的管理薄弱及管理水平不高等一系列问题，严重影响滨海湿地自然保护管理工作的全面开展。

五、 基础研究极为薄弱

目前，滨海湿地保护的基础研究还非常薄弱、家底不清，特别是对湿地的结构、功能、演替规律、价值和作用等方面缺乏系统、深入的研究；滨海湿地保护和恢复的前沿技术研究几乎没有开展；全国从事滨海湿地研究的人员很少，人才严重缺乏；同时滨海湿地保护与管理的技术手段比较落后，缺乏现代、先进的技术和手段，严重制约了我国滨海湿地保护和管理工作的有效进行。

六、 监测体制与环评制度不健全

我国还未形成较为完善的滨海湿地资源调查和生态环境监测体系，不同部门在使用的监测方法、设备上存在差异，在布点数量、测定时间等方面未达到要求，监测标准不统一，导致对滨海湿地生态、生物多样性的系统监测与动态分析不足，难以为各级政府在制定滨海湿地保护对策时提供科学依据。

滨海湿地环境影响评价制度不健全，缺乏科学统一的滨海湿地评价指标体系，未能满足政府部门和社会公众对滨海湿地效益进行全面、系统、科学和准确评价的要求，极大地影响了滨海湿地保护和管理能力的提高。

七、 公众保护意识十分淡薄

目前，滨海湿地主要依靠政府管理，缺乏公众参与，大多数湿地保护的宣传与教育处于滞后状态，宣传教育工作的广度、力度、深度不够，公众对湿地的生态功能缺乏认识和理解，对湿地的保护意识较为淡薄，一些地方政府领导不能正确处理眼前和长远利益、局部与整体利益的关系，重开发轻保护现象十分严重，由此产生的错误的政策导向和经济利益驱动的短期行为，导致我国滨海湿地不能有效地受到保护，生态、经济及社会效益难以持续获取。宣传普及滨海湿地知识，提高全民的保护意识，是今后我国滨海湿地保护管理工作的重要任务之一。

第二节　滨海湿地的管理与保护倡议

中国滨海湿地的退化形势相当严峻，生态系统健康状况面临着诸多方面的考验和挑战，影响其健康的因素既包括全球气候变化所带来的海洋灾害和海岸侵蚀等自然因素，也包括人类对滨海湿地资源过度开发利用以及环境污染等人为因素。人类活动对滨海湿地的干扰形式存在着明显的时空差异，如20世纪80年代以前，滨海湿地的开发主要用于农业生产，改革开放以后，滨海湿地开发的目的更多的是缘于港口建设、建筑用地等城市扩张和工业发展的需要；人类对北方滨海湿地的干扰主要体现在油田的开发破坏和污染，而南方滨海湿地主要是红树林及珊瑚礁的破坏。

自然因素在大时间尺度上控制着滨海湿地的演化，人为因素则是在较短时间尺度上影响滨海湿地的动态变化。随着社会的进步，人类对资源的需求不断增加，对滨海湿地的影响越来越大，这种人为作用对滨海湿地的影响有正、负效应，但是以负效应为主导的。沿海地区是人口密集区，人类经济活动频繁，是近几十年来滨海湿地开发利用最强劲的地区，滨海湿地被严重破坏。

人类活动对滨海湿地的干扰总结起来有以下几点：①滨海湿地的开发利用强度逐渐加剧，自然湿地面积锐减，被人工湿地和非湿地类型所取代，景观破碎化日趋严重；②自然岸线逐步被水泥堤坝、石堤等人工岸线所代替；③流域污染、沿岸工农业生产和居民生活所带来的环境污染严重影响滨海湿地的环境质量；④对滩涂资源的过度捕捞以及对滨海鸟类的乱捕乱猎造成滨海湿地生物多样性的锐减；⑤湿地的围垦开发，芦苇、碱蓬、红树林等湿地面积大幅减少；⑥生境质量的下降甚至丧失严重影响鸟类、底栖生物等滨海生物的生存与繁衍；⑦围垦开发，海岸植被结构发生急剧变化，植被面积大量减少；⑧互花米草的入侵严重干扰着滨海湿地的结构和组成。

滨海湿地生态环境和生物多样性的保护已刻不容缓，根据中国滨海沿岸人口、经济发展特点、资源、生态和环境的现状，以维护滨海湿地系统生态平衡、保护滨海湿地功能和生物多样性，实现资源的可持续利用为基本出发点，坚持"全面保护、生态优先、突出重点、合理利用、持续发展"的方针，有以下几点滨海湿地的管理与保护倡议。

一、 合理开发滨海湿地，促淤与开发并重

滨海湿地的合理利用是一种与维持生态自然性并行不悖的方式造福于人类的可持续利用。每年，长江、黄河等流域携带大量的泥沙在河口区沉积，造就了面积相当可观的新生滨海湿地。如果人类在合理开发利用滨海湿地资源的同时，也同样注重促淤，那么滨海湿地的可持续利用是可以实现的。因此，滨海湿地的土地开发利用与滨海湿地生态系统的保护并不绝对的对立，只要加强管理，坚持可持续的利用，严格贯彻执行有关方面提出的"促二围一"的方针，仍然可以做到经济发展与生态环境保护两不误。

二、 科学规划，加强围填海管理

对滨海湿地的开发利用，需综合考虑其自身价值、自然条件和生产力发展布局，正确处理好湿地开发与海洋生态系统保护的关系，做好海洋功能区划，权衡围填海的利弊得失，做到科学规划、统筹安排、综合利用。对围填海工程前期和后期进行生态环境影响评估研究，重视围填海工程设计和施工技术研究。

三、 发展绿色生态经济，加强入海污染物的控制与治理

滨海湿地尤其是滨海沼泽，如芦苇湿地，具有净化水质、蓄积污染物等重要的生态功能，对改善滨海湿地环境质量有着重要的生态意义。然而，当环境污染的强度超过滨海湿地生态系统的承载力时，滨海湿地生态系统会受损，良性平衡会被打破，其固有的生态功能价值将大打折扣。

近年来，在环保部门及政府相关部门的努力下，污染控制有所加强。然而，不可否认的是，部分地区的污染仍较为严重，湿地保护的形势依然严峻。因此，必须进一步加强环境污染的治理力度，采用更为先进的污染控制技术，有效地控制污水等污染物的排放，改善滨海湿地的环境质量，充分发挥滨海湿地的生态功能，实现滨海湿地生态功能价值的最大化。

四、 加强滩涂资源管理，保护滨海生物多样性

无序地开发和乱捕滥猎是造成滨海湿地生物多样性减少的最主要人为因素，近20年来，由于保护和管理措施不到位，大量野生动植物惨遭灭顶之灾，甚至国家、国际重点保护的珍稀鸟类也不例外。因此，相关部门需加强滩涂资源管理，对乱捕滥猎的现象要予以监管和控制。

五、 谨慎引入，遏制外来物种的扩散趋势

对我国滨海湿地生态系统影响较为深远的外来物种主要是互花米草。互花米草秆密集粗壮、地下根系发达，能够促进泥沙的快速沉降和淤积，在保滩促淤方面发挥了不小的作用。然而，由于互花米草具有较强的适应能力和旺盛的繁殖能力，在自然和人为的合力下，造成了爆发性的扩散蔓延，如在江苏盐城和长江三角洲滨海湿地。互花米草的入侵，可能导致原来生存在滨海湿地的本土植物，如红树林、碱蓬和芦苇等植物加速消亡，影响到滨海湿地鸟类等野生动植物的觅食和栖息空间，进而影响到滨海湿地生物多样性以及其正常生态功能的发挥。

因此，对外来物种的引进需谨慎并加以科学的论证，而对于已经造成入侵现象，肆意蔓延扩散的区域，应采取有效的防治措施，以减缓由于外来物种入侵蔓延而造成的生物多样性的减少和生态功能的退化趋势。

六、 加强自然保护区的建设，保护重要的典型滨海湿地生态系统

为保护海洋生物资源和特殊生境，我国政府高度重视海洋自然保护区的建设。截止到 2010 年年底，我国已建立与滨海湿地保护相关的国家级自然保护区 29 个，省级及以下自然保护区 181 个。实践证明，建立滨海湿地自然保护区是避免和减少人类活动干扰，保护海洋生态系统完整性的有效途径。然而，在某些地方，自然保护区的保护工作并没有完全落实到位，甚至开展围填海等改造滨海湿地用途的开发活动，使自然保护区面临严峻的考验与挑战。

必须采取有效措施提高滨海湿地自然保护区的管理水平。对我国沿海地区已建的国家级滨海湿地自然保护区，可以随滩涂湿地冲淤变化趋势，结合其保护目标经专家科学论证后调整其所需要的核心区位置和保护区面积，且应按国家有关规定向国务院保护区主管部门申报批准后进行。另外，还可根据实际情况，适当增建滨海湿地自然保护区。

七、 增强科学研究，修复受损滨海湿地

目前，我国对滨海湿地相关的研究还只停留在初级阶段，基础较为薄弱。对滨海湿地的结构和功能、演变规律、价值评估等方面缺乏系统、深入的研究，对滨海湿地保护和修复技术的研究也几乎空白，同时滨海湿地保护与管理的技术手段也比较落后，缺乏现代、先进的技术和手段，这些问题均严重制约了我国滨海湿地保护和管理工作的有效进行。

必须加强滨海湿地相关的科学研究，积极开展国际合作，了解我国滨海湿地的特

征、功能、利用、保护现状；对滨海湿地的退化机制与恢复技术进行系统研究，尤其要加强湿地恢复与重建技术、可持续利用技术及管理技术等方面的研究，为滨海湿地保护管理提供决策依据；同时，以生态经济学、系统生态学和生物工程学等先进理论与方法为指导，研究湿地资源开发利用的最佳模式，建立湿地质量、功能和效益评价指标体系，进行资源开发潜力、阈值与生态风险分析，在保护滨海湿地资源的基础上，充分发挥其生态、社会与经济效益。

八、　加强宣传，提高公众的保护意识

目前，滨海湿地主要依靠政府管理，缺乏公众参与，使大多数滨海湿地保护的宣传与教育处于滞后状态，重开发、轻保护现象十分严重。宣传普及滨海湿地知识，提高全民的保护意识，是今后我国滨海湿地保护管理工作的重要任务之一，应使人们充分认识到滨海湿地一旦遭到破坏，就很难恢复的严峻性。对滨海湿地保护和资源的合理利用，很大程度上取决于社会公众对其重要性的认识。针对目前我国滨海湿地保护和合理利用的宣传、教育工作滞后，宣传教育工作的广度、力度、深度不够的现状，应加大对滨海湿地保护意识的宣传教育，充分利用广播、电视、报纸、网络等各种媒体，大力宣传保护湿地的必要性、重要性和紧迫性，积极开展如"世界湿地日""爱鸟周""野生动物保护宣传月""禁渔期""禁猎区"等有关活动；还可在滨海湿地自然保护区建立教育基地，在学校建立生态教育网络，培训生态教育师资，进行全面的生态教育。同时，对保护好的典型要大力宣传，对肆意毁坏滨海湿地的典型案例要公开曝光，用强大的社会舆论压力遏制不利于滨海湿地保护的行为，例如，上海崇明东滩的农民因使用"牛舢板"旅游车拖着游客观光，结果东滩硬是被这些"牛舢板"拖出一条数米宽寸草不生的泥泞大道，经媒体曝光后，在社会上引起强烈反响，当地政府立即制止了这种破坏湿地的行为。

九、　加强法制建设，切实保障滨海湿地的管理和保护

在我国湿地、森林、海洋三大生态系统中，森林和海洋均已通过立法得到保护，唯独湿地尤其是滨海湿地目前尚无一部专门的法律、法规，已有的相关法律、法规中有关滨海湿地保护的条款比较分散、无法可依或法律条文相互交叉、重复的情况并存，尚未形成完善的体系，难以很好地发挥作用。执法方面，存在执法力量分散，缺少必要的技术装备及交通、通信等设施，影响执法工作的正常开展，致使许多对滨海湿地的破坏行为无法制约，管理不规范，保护效率低下，特别是由于执法环节薄弱，随意性较强，整个滨海湿地管理形势十分严峻。

滨海湿地的管理实践表明，完善的政策和法制体系是有效保护湿地的关键，由于我国至今还缺乏专门针对滨海湿地保护与管理的法规或条例，为了从根本上解决滨海湿地管理中所面临的种种问题，应加紧制定有关专门保护滨海湿地的法律法规，逐步建立完

善的滨海湿地保护法律体系，促使我国滨海湿地保护和管理纳入法制管理轨道，确保滨海湿地生态经济的可持续发展。

　　基于我国目前滨海湿地的管理现状，滨海湿地保护立法建议采用自上而下的方式，由宏观到微观加以推进。首先，由国务院有关部门制定专门的国家滨海湿地保护行政法规，如《滨海湿地法》《滨海湿地保护条例》等，宏观上明确我国滨海湿地保护与管理的方针、原则和行为规范、各部门管理职责及滨海湿地自然保护区的管理原则，建立滨海湿地的生态补偿制度以及法律责任制度等；其次，在国家滨海湿地保护行政法规的指导下，地方政府结合当地湿地保护的特殊需要，再制定出台符合当地实际情况的地方性滨海湿地保护法规或条例。通过建立健全滨海湿地管理的法制体系，为各级管理者与开发利用者提供基本的行为准则，使滨海湿地的保护和管理逐步步入法制化、规范化和科学化的轨道，逐步与国际滨海湿地保护与管理相接轨。

参 考 文 献

安娜，高乃云，刘长娥 . 2008. 中国湿地的退化原因、评价及保护 . 生态学杂志，27（5）：821-828.

安树青 . 2003. 湿地生态工程——湿地资源利用与保护的优化模式 . 北京：化学工业出版社 .

安芷生 . 1998. 黄土、黄河、黄河文化 . 郑州：黄河水利出版社 .

白军红，邓伟 . 2001. 中国河口环境问题及其可持续管理对策 . 水土保持通报，21（6）：12-15.

包晓斌，李恒鹏 . 2008. 盐城滨海湿地生态系统服务功能及其价值评估//GEF湿地项目办公室组织 .
  盐城滨海湿地生态价值评估及政策法律利用分析 . 南京：南京师范大学出版社 .

布仁仓，王宪礼，肖笃宁 . 1999. 黄河三角洲景观组分判定与景观破碎化分析 . 应用生态学报，10（3）：
  321-324.

蔡庆华 . 1997. 湖泊富营养化研究方法 . 湖泊科学，9（1）：89-94.

蔡庆华，唐涛，邓红兵 . 2003. 淡水生态系统服务及其评价指标体系的探讨 . 应用生态学报，14（1）：
  135-138.

蔡则健，吴曙亮 . 2002. 江苏海岸线演变趋势遥感分析 . 国土资源遥感，（3）：19-23.

操文颖，李红清，李迎喜 . 2008. 长江口湿地生态环境保护研究 . 人民长江，39（23）：43-59.

曹勇，陈吉余，张二凤，等 . 2006. 三峡水库初期蓄水对长江口淡水资源的影响 . 水科学进展，
  17（4）：554-558.

柴超，俞志明，宋秀贤，等 . 2007. 三峡工程蓄水前后长江口水域营养盐结构及限制特征 . 环境科学，
  28（1）：64-69.

常弘，彭友贵 . 2005. 广州南沙湿地鸟类群落组成、多样性和保护策略 . 生态环境，14（2）：242-246.

常弘，粟娟，廖宝文，等 . 2006. 广州新垦红树林湿地鸟类多样性动态研究 . 生态科学，25（1）：4-7.

常弘，陈先仁，粟娟，等 . 2008. 广州新垦红树林湿地鸟类多样性及生物量 . 城市环境与城市生态，
  21（2）：17-21.

常青，钱谊，王国祥 . 2005. 江苏盐城沿海湿地珍禽国家级自然保护区综合科学考察报告 . 南京师范
  大学 .

陈兵，李晓红，张万敏 . 2001. 人类活动对辽河三角洲湿地的影响及对策 . 现代农业科技，（2）：
  317-318.

陈才俊 . 1990a. 灌河口至长江口海岸淤蚀趋势 . 海洋科学，（3）：11-16.

陈才俊 . 1990b. 围垦对潮滩动物资源环境的影响 . 海洋科学，14（6）：48-50.

陈才俊 . 1994. 江苏滩涂大米草促淤护岸效果 . 海洋通报，13（2）：55-61.

陈刚起，牛焕光，吕宪国，等 . 1996. 三江平原沼泽研究 . 北京：科学出版社 .

陈国强，王颖 . 2003. 海岸带综合管理的若干问题 . 海洋通报，22（3）：39-44.

陈海鹰 . 2006. 中国南部沿海湿地现状及其保护和利用研究 . 资源环境与发展，（3）：15-19.

陈宏友 . 1990. 苏北潮间带米草资源及其利用 . 自然资源，18（6）：56-65.

陈宏友，徐国华 . 2004. 江苏滩涂围垦开发对环境的影响问题 . 水利规划与设计，（01）：18-21.

陈洪全，张忍顺，等 . 2006. 互花米草生境与滩涂围垦的响应——以海州湾顶区为例 . 自然资源学报，
  21（2）：280-287.

陈吉余.1995.长江河口的自然适应和人工控制.长江河口最大混浊带和河口锋研究文选集,华东师范大学学报,1-14.

陈吉余.2000.开发浅海滩涂资源拓展我国的生存空间.中国工程科学,2(3):27-31.

陈吉余,陈沈良.2002.河口海岸环境变异和资源可持续利用.海洋地质与第四纪地质,22(2):1-7.

陈吉余,陈沈良.2002.中国河口海岸面临的挑战.海洋地质动态,18(1):1-5.

陈吉余.2007.中国河口海岸研究与实践.北京:高等教育出版社.

陈吉余,恽才兴,徐海根,等.1979.两千年来长江河口发育的模式.海洋学报(中文版),1:31-37.

陈吉余,恽才兴,徐海根,等.2009.长江河口综合整治与生态保护//杨桂山,马超德,常思勇.长江保护与发展报告2009.武汉:长江出版社.

陈坚,蔡锋.2001.厦门岛东南部海岸演变与泥沙输移.台湾海峡,20(2):135-141.

陈建伟,黄桂林.1995.中国湿地分类系统及其划分指标的探讨.林业资源管理,(5):65-71.

陈立,吴门伍,张俊勇.2003.三峡工程蓄水运用对长江口径流来沙的影响.长江流域资源与环境,12(1):50-54.

陈璐璐.2008.上海九段沙湿地自然保护区鸟类资料研究.上海师范大学硕士学位论文.

陈梦熊.1996.关于海平面上升及其环境效应.地学前缘,3(2):133-140.

陈鹏.2006.厦门湿地生态系统服务功能价值评估.湿地科学,4(2):101-107.

陈尚,李涛,刘键,等.2008.福建省海湾围填海规划生态影响评价.北京:科学出版社.

陈沈良,陈吉余.2002.河流建坝对海岸的影响.科学,54(1):12-15.

陈特固,时小军,余克服.2008.近50年全球气候变暖对珠江口海平面变化趋势的影响.广东气象,30(2):1-3.

陈先德.1996.黄河水文.郑州:黄河水利出版社.

陈显维,许全喜,陈泽方.2006.三峡水库蓄水以来进出库水沙特性分析.人民长江,37(8):1-6.

陈燕.2005.近50年来盐城海岸线和海岸湿地景观演变研究.中国科学院南京地理与湖泊研究所博士后出站报告.

陈宜瑜.1995.中国湿地研究.长春:吉林科学技术出版社.

陈宜瑜.2003.湿地功能与湿地科学的研究方向.湿地科学,1(1):7-11.

陈增奇,陈飞星,李占玲,等.2005.滨海湿地生态经济的综合评价模型.海洋学研究,23(3):47-55.

陈征海,胡绍庆,丁炳扬.2002.浙江省珍稀濒危植物物种多样性保护的关键区域.生物多样性,10(1):15-23.

陈仲新,张新时.2000.中国生态系统效益的价值.科学通报,45(1):17-22.

成国栋.1991.黄河三角洲现代沉积作用及模式.北京:地质出版社.

程天文,赵楚年.1984.我国沿岸入海河川径流量与输沙量的估算.地理学报,39(4):418-427.

楚蓓,李取生,蔡莎莎,房剑红.2008.珠江口湿地土壤重金属潜在生态风险评价.海洋环境科学,27(3):250-252.

楚国忠,侯韵秋,钱法文,等.2000.江苏盐城沿海地区繁殖季节几种水鸟的数量及分布研究Ⅰ.林业科学,36(3):87-92.

崔保山,刘兴土.2001.黄河三角洲湿地生态特征变化及可持续性管理对策.地理科学,21(3):250-256.

崔保山,刘兴土.1999.湿地恢复研究综述.地球科学进展,14(4):358-345.

崔保山,杨志峰.2001.湿地生态系统健康研究进展.生态学杂志.20(3):31-36.

崔保山，杨志峰．2001．吉林省典型湿地资源效益评价研究．资源科学，23（5）：55-61.

崔保山，杨志峰．2002．湿地生态系统健康评价指标体系Ⅱ．方法与案例．生态学报，22（8）：1231-1239.

崔保山，杨志峰．2002．湿地生态系统健康评价指标体系Ⅰ．理论．生态学报，22（7）：1005-1011.

崔承琦，施建堂，张庆德．2001．古代黄河三角洲海岸的现代特征——黄河三角洲潮滩时空谱系研究Ⅰ．海洋通报，20（1）：46-52.

崔光琦，黄国锋，张永波，等．2003．广东省生态环境现状、存在问题和对策．生态环境，12（3）：313-316.

崔丽娟．2001．湿地价值评价研究．北京：科学出版社．

崔丽娟．2004．鄱阳湖湿地生态系统服务功能价值评估研究．生态学杂志，23（4）：47-51.

崔丽娟，宋玉祥．1997．湿地社会经济评价指标体系研究．地理科学，17（增刊）：446-450.

崔丽娟，张曼胤．2006．扎龙湿地非使用价值评价研究．林业科学研究，19（4）：491-496.

崔伟中．2004．珠江河口滩涂湿地的问题及其保护研究．湿地科学，2（1）：26-30.

崔毅．1994．黄河口附近海域海洋生物体中石油烃总量变化的研究．中国水产科学，1（2）：60-67.

戴新，丁希楼，陈英杰，等．2007．基于AHP法的黄河三角洲湿地生态环境质量评价．资源工程与环境，21（2）：135-139.

邓景耀，金显仕．2000．莱州湾及黄河口水域渔业生物多样性及其保护研究．动物学研究，21（1）：76-82.

邓培雁，陈桂珠，孙海燕．2004．广东海岸湿地退化现状及保护对策．热带地理，24（2）：159-162.

丁东，董万．1988．现代黄河三角洲的蚀退作用的初步研究．海洋地质与第四纪地质，8（3）：53-60.

丁东，李日辉．2003．中国沿海湿地研究．海洋地质与第四纪地质，23（1）：109-112.

丁东，任于灿，李绍全，等．1995．黄河三角洲及邻区的风暴潮沉积．海洋地质与第四纪地质，15（3）：25-34.

丁明宇，黄健，李永祺．2001．海洋微生物降解石油的研究．环境科学学报，21（01）：84-88.

东营市史志办．2008．东营年鉴．2008卷．北京：中华书局．

东营市统计局．2008．东营市国民经济和社会发展统计公报．

董厚德，全奎国，邵成，等．1995．辽河河口湿地自然保护区植物群落生态的研究．应用生态学报，6（2）：190-195.

董科，吕士成，Terry Healy．2005．江苏盐城国家级珍禽自然保护区丹顶鹤的承载力．生态学报，25（10）：2608-2615.

杜碧兰．1997．海平面上升对中国沿海主要脆弱区的影响及对策．北京：海洋出版社．

范航清．1995．广西沿海红树林养护海堤的生态模式及其效益评估．广西科学，2（4）：48-52.

范航清．2005．山口红树林滨海湿地与管理．北京：海洋出版社．

范兆木，郭永盛．1992．黄河三角洲沿岸遥感动态分析图集．北京：海洋出版社．

方涛，李道季，李茂田，等．2006．长江口崇明东滩底栖动物在不同类型沉积物的分布及季节性变化．海洋环境科学，25（1）：24-48.

方圆，倪晋仁，蔡立哲．2000．湿地泥沙环境动态评估方法及其应用研究：（Ⅱ）应用．环境科学学报，20（6）：670-675.

冯利华，鲍毅新．2004．滩涂围垦的负面影响与可持续发展战略．海洋科学，28（4）：76-77.

付春雷，宋国利，鄂勇．2009．马尔科夫模型下的乐清湾湿地景观变化分析．东北林业大学学报，37（9）：117-119.

付在毅，许学工．2001．区域生态风险评价．地球科学进展，16（2）：267-271．

付在毅，许学工，林辉平，等．2001．辽河三角洲湿地区域生态风险评价．生态学报，21（3）：365-372．

高宇，王卿，何美梅，等．2007．滩涂作业对上海崇明东滩自然保护区的影响评价．生态学报，27（9）：3752-3760．

高智勇，蔡锋，和转，等．2001．厦门岛东海岸的蚀退与防护．台湾海峡，20（4）：478-483．

葛继稳．2007．湿地资源及管理实证研究．北京：科学出版社．

葛振鸣，王天厚，王开运，等．2008．长江口滨海湿地生态系统特征及关键群落的保育．北京：科学出版社．

耿玉清，白翠霞，等．2006．北京八达岭地区土壤酶活性及其与土壤肥力的关系．北京林业大学学报，28（5）：7-11．

巩彩兰，恽才兴．2002．应用地理信息系统研究长江口南港底沙运动规律．水利学报，4：18-22．

谷东起．2004．山东半岛潟湖湿地的发育过程及其环境退化研究——以朝阳港潟湖为例．中国海洋大学博士学位论文．

谷东起，赵晓涛，夏东兴．2003．中国海岸湿地退化压力因素的综合分析．海洋学报，25（1）：78-85．

关松荫．1986．土壤酶及其研究法．北京：农业出版社．

郭程轩，徐颂军．2007．基于3S与模型方法的湿地景观动态变化研究述评．地理与地理信息科学，23（5）：86-90．

郭青芳，何晓科，赵龙高，乔鹏．2009．日照市山海天污水综合治理及人工湿地修复工程介绍．给水排水，（35）：99-101．

国家海洋局908专项办公室．2006．我国近海海洋综合调查与评价专项——海洋灾害调查技术规程．北京：海洋出版社．

国家海洋局．2003．2002年中国海洋环境质量公报．http://www.soa.gov.cn/soa/hygb/hjgb/webinfo/2003/01/1271382648954620.htm［2011-04-10］．

国家海洋局．2005．中华人民共和国海洋行业标准——近岸海洋生态系统健康评价指南（HY/T 087-2005）．

国家海洋局．2009．2008年中国海洋环境质量公报．http://www.soa.gov.cn/soa/hygb/hjgb/webinfo/2009/02/1271382648927217.htm［2011-04-10］．

国家环境保护总局南京环境科学研究所．2005．盐城湿地生态国家公园总体规划环境影响报告书．

国家环境保护总局．2006．中华人民共和国环境保护行业标准——生态环境状况评价技术规范（试行）（HJ/T192—2006）．

国家林业局《湿地公约》履约办公室．2001．湿地公约履约指南．北京：中国林业出版社．

国家林业局．2001．湿地管理与研究方法．北京：中国林业出版社．

国家林业局等．2000．中国湿地保护行动计划．北京：中国林业出版社．

国家林业局野生动植物保护司．2001．湿地管理与研究方法．北京：中国林业出版社．

韩美．2009．黄河三角洲湿地生态研究．济南：山东人民出版社：1-3．

韩秋影，黄小平，施平，张乔民．2006．华南滨海湿地的退化趋势、原因及保护对策．科学通报，51（增刊）：102-107．

韩永伟，高吉喜，李政海，等．2005．珠江三角洲海岸带主要生态环境问题及保护对策．海洋开发与管理，（3）：84-87．

何池全，崔保山，赵志春．2001．吉林省典型湿地生态评价．应用生态学报，12（5）：754-756．

何桂芳，袁国明．2007．用模糊数学对珠江口近 20a 来水质进行综合评价．海洋环境科学，26（1）：53-57．

何浩，潘耀忠，朱文泉，等．2005．中国陆地生态系统服务价值测量．应用生态学报，16（6）：1122-1127．

何洪矩，邹武，庄广树．1995．海平面上升对广东沿海风暴灾害的可能影响及对策．广州：广东水文总站．

何文珊．2008．中国滨海湿地．北京：中国林业出版社．

洪泽爱，贾乱．1998．中国沿海湿地开发利用、管理与保护．海洋通报，15（1）：78-83．

胡颢琰，施建荣，刘志刚．2009．长江口及其附近海域底栖生物生态调研．环境污染与防治，31（11）：84-106．

胡雪峰，朱琴，等．2002．污水处理厂出水的环境质量和农业再利用．农业环境保护，21（6）：530-534．

胡远满，舒莹，李秀珍，等．2004．辽宁双台河口自然保护区丹顶鹤繁殖生境变化及其繁殖容量分析．生态学杂志，23（5）：7-12．

黄鹄，胡自宁，陈新庚，等．2006．基于遥感和 GIS 相结合的广西海岸线时空变化特征分析．热带海洋学报，25（1）：66-70．

黄鹄，陈锦辉，胡自宁．2007．近 50 年来广西海岸滩涂变化特征分析．海洋科学，31（1）：37-42．

黄桂林，徐庆元，李玉祥．2000．双台河口自然保护区功能区划和管理对策．林业资源管理，（6）：44-46．

黄桂林，张建军，李玉祥，等．2000．3S 技术在辽河三角洲湿地监测中的应用——辽河三角洲湿地资源及其生物多样性的遥感监测系列论文之二．林业资源管理，（5）：51-56．

黄桂林，张建军，李玉祥．2000．辽河三角洲湿地分类及现状分析．林业资源管理，（4）：51-56．

黄妙芬，宋庆君，唐军武，等．2009．石油类污染水体后向散射特征分析——以辽宁省盘锦市双台子河和绕阳河为例．海洋学报，31（3）：12-20．

黄锡畴．1988．中国沼泽研究．北京：科学出版社．

黄镇国．2000．广东海平面变化及其影响与对策．广州：广东科技出版社．

黄镇国，张伟强．2004．南海现代海平面变化研究的进展．台湾海峡，23（4）：530-535．

汲玉河，周广胜．2010．1988～2006 年辽河三角洲植被结构的变化．植物生态学报，34（4）：335-367．

季中淳．1991．中国海岸湿地及其价值与保护利用对策//中国海洋湖沼学会．第四次中国海洋湖沼科学会议论文集．北京：科学出版社．

季子修．1996．中国海岸侵蚀特点及侵蚀加剧原因分析．自然灾害学报，5（2）：65-75．

季子修，蒋自巽，朱季文，等．1993．海平面上升对长江三角洲和苏北滨海平原海岸侵蚀的可能影响．地理学报，48（6）：516-526．

季子修，蒋自巽，朱季文．1994．海平面上升对长江三角洲附近沿海潮滩湿地的影响．海洋与湖沼，25（6）：582-590．

贾建华，田家怡．2003．黄河三角洲湿地鸟类名录．海洋湖沼通报，（1）：77-81．

贾文泽，田家怡，王秀凤，等．2002．黄河三角洲浅海滩涂湿地鸟类多样性调查研究．黄渤海海洋，20（2）：53-59．

贾文泽，田家怡，王秀凤，等．2003．黄河三角洲浅海滩涂湿地环境污染对鸟类多样性的影响．重庆环境科学，25（3）：10-13．

江春波，惠二青，孔庆蓉，等．2007．天然湿地生态系统评价技术研究进展．生态环境，16（4）：

1304-1309.

江红星，楚国忠，侯韵秋，等.2008.黑嘴鸥巢址的时空变化.动物学报，54（2）：191-200.

江苏省 GEF 湿地项目办公室.2008.盐城滨海湿地生态价值评估及政策法律、土地利用分析.南京：南京师范大学出版社.

江苏省海岸带和海涂资源综合考察队.1986.江苏省海岸带和海涂资源综合调查报告.北京：海洋出版社.

江苏省盐城地区沿海滩涂珍禽自然保护区管理处.1992.盐城地区沿海滩涂珍禽自然保护区综合考察报告.

江志兵，曾志宁，陈全震，等.2006.大型海藻对富营养化海水养殖区的生物修复.海洋开发与管理，23（4）：57-63.

姜中鹏，刘宪斌，曹佳莲.2006.海岸带湿地生态系统破坏原因及修复策略.海洋信息，14-15.

蒋炳兴.1993.江苏盐城地区海岸的蚀淤动态.海洋学报，15（2）：57-62.

蒋卫国.2003.基于 RS 和 GIS 的湿地生态系统健康评价——以辽河三角洲盘锦市为例.南京师范大学硕士学位论文.

蒋卫国，王文杰，谢志仁，等.2003.基于 RS 和 GIS 的三江平原湿地景观变化研究.地理与地理信息科学，19（2）：28-31.

蒋卫国，李京，李加洪，等.2005.辽河三角洲湿地生态系统健康评价.生态学报，25（3）：408-414.

蒋卫国，李京，王文杰，等.2005.基于遥感与 GIS 的辽河三角洲湿地资源变化及驱动力分析.国土资源遥感，（65）：62-66.

蒋卫国，潘英姿，侯鹏，等.2009.洞庭湖区湿地生态系统健康综合评价.地理研究，28（6）：1665-1672.

金建君，恽才兴，张灵杰.2009.基于分等定级的海岸带资源价值评估方法研究.海洋通报，28（3）：86-91.

金显仕.2001.渤海主要渔业生物资源变动的研究.中国水产科学，7（4）：22-26.

敬凯，唐仕敏，陈家宽，等.2002.崇明东滩白头鹤的越冬生态.动物学杂志，37（6）：29-34.

郎惠卿.1998.中国湿地研究与保护.上海：华东师范大学出版社.

郎惠卿.1999.中国湿地植被.北京：科学出版社.

郎惠卿，祖文辰，金树仁.1983.中国沼泽.济南：山东科学技术出版社.

冷延慧，郭书海，聂远彬，等.2006.石油开发对辽河三角洲地区苇田生态系统的影响.农业环境科学学报，25（2）：432-435.

黎夏，刘凯，王树功.2006.珠江口红树林湿地演变的遥感分析.地理学报，61（1）：26-34.

李爱民，刘新成，田淑媛.1994.滩涂大米草根区微生物调查.天津农业科学，（1）：27-28.

李波，苏岐芳，周晏敏，等.2002.扎龙湿地的生态环境评价及防治对策.中国环境监测，18（3）：33-37.

李博文，杜孟庸，周健学，等.1991.冀中冲积平原潮土的酶活性.河北农业大学学报，14（4）：33-36.

李春晖，郑小康，崔嵬，等.2008.衡水湖流域生态系统健康评价.地理研究，27（3）：565-573.

李高飞，任海.2004.中国不同气候带各类型森林的生物量和净生产力.热带地理，24（4）：306-310.

李广兵，王曦.2000.中国的湿地保护政策与法律.中国环境管理，（4）：6 10.

李国宏，秦幸福.2005.黄河三角洲造地呈现负增长.中国环境报.

李国英.2004.黄河第三次调水调沙试验.人民黄河，26（10）：1-7.

李恒鹏.2001.长江三角洲海平面上升海岸主要响应过程与海岸易损性研究.中国科学院南京地理与

湖泊研究所．

李恒鹏，杨桂山．2000．海平面上升的海岸形态响应研究方法与进展．地球科学进展，15（5）：598-603．

李恒鹏，杨桂山．2001．长江三角洲与苏北海岸动态类型划分及侵蚀危险度研究．自然灾害学报，10（4）：20-25．

李恒鹏，杨桂山．2001．基于GIS的淤泥质潮滩侵蚀堆积空间分析．地理学报，56（3）：278-286．

李恒鹏，杨桂山．2002．全球环境变化海岸易损性研究综述．地球科学进展，17（1）：104-109．

李加林．2006．基于MODIS的沿海带状植被NDVI/EVI季节变化研究——以江苏沿海互花米草盐沼为例．海洋通报，25（6）：91-96．

李加林，张忍顺．2003．互花米草海滩生态系统服务功能及其生态经济价值的评估——以江苏为例．海洋科学，27（10）：68-72．

李加林，张忍顺，王艳红，等．2003．江苏淤泥质海岸湿地景观格局与景观生态建设．地理与地理信息科学，19（5）：86-90．

李加林，王艳红，张忍顺，等．2006．海平面上升的灾害效应研究——以江苏沿海低地为例．地理科学，26（1）：87-93．

李加林，赵寒冰，曹云刚，等．2006．辽河三角洲湿地景观空间格局变化分析．城市环境与城市生态，19（2）：5-7．

李加林，杨晓平，童亿勤．2007．潮滩围垦对海岸环境的影响研究进展．地理科学进展，26（2）：43-51．

李建国．2005．白洋淀湿地水环境安全评价研究．河北农业大学硕士学位论文：1-46．

李建国．2005．辽河三角洲景观格局变化特征及影响分析．吉林大学硕士学位论文．

李宁云．2006．纳帕海湿地生态系统退化评价指标体系研究．西南林学院硕士学位论文．

李培英，杜军，刘乐军，等．2007．中国海岸带灾害地质特征及评价．北京：海洋出版社．

李鹏辉，陆兆华，苗颖．2008．黄河三角洲滨海湿地生态特征变化及影响因子分析．环境保护，396（5B）：49-52．

李平，李艳，李万立，等．2004．黄河三角洲湿地资源生态旅游开发利用研究．海洋科学，28（11）：11-20．

李庆逵．1992．中国水稻土．北京：科学出版社．

李秋芬，曲克明，辛福言，等．2001．虾池环境生物修复作用菌的分离与筛选．应用与环境生物学报，7（3）：281-285．

李日志．2004．鄱阳湖湿地生态系统的综合评价模型研究．江西农业学报，16（2）：25-32．

李武峥．2008．山口红树林资源利用的经济可行性与环境影响评价．南方国土资源，（10）：40-42．

李晓文，肖笃宁，胡远满．2002．辽河三角洲滨海湿地景观规划预案分析与评价．生态学报，22（12）：224-232．

李杨帆，朱晓东．2003．江苏海岸潮滩沉积环境及其可持续利用问题．江苏地质，27（4）：203-206．

李杨帆，朱晓东，等．2005．江苏盐城海岸湿地景观生态系统研究．海洋通报，24（4）：46-51．

李杨帆，朱晓东．2006．海岸湿地资源环境压力特征与区域响应研究．资源科学，28（3）：108-113．

李杨帆，朱晓东，邹欣庆，等．2004．江苏海岸湿地水质污染特征与海陆一体化调控．环境污染与防治，26（5）：348 350．

李玉凤，刘红玉，曹晓，等．2010．西溪国家湿地公园水质时空分异特征研究．环境科学，31（9）：2036-2041．

李元芳.1991.废黄河三角洲的演变.地理研究,10（4）：29-39.

李政海,王海梅,刘书润,等.2006.黄河三角洲生物多样性分析.生态环境,15（3）：577-582.

李祖伟,管华,蔡安宁.2006.盐城国家级自然保护区湿地资源调查与保护研究.国土与自然资源研究,（2）：40-41.

梁海含,林小涛,梁华,等.2006.澳门路凼湿地的水质调查与评价.海洋科学,30（3）：21-25.

梁海棠.1996.江苏海岸湿地特征及珍禽保护.南京林业大学学报,20（3）：44-48.

梁维平,黄志平.2003.广西红树林资源现状及保护发展对策.林业调查规划,28（4）：59-62.

梁余,蔡洪岩.2004.辽宁鸟类资源概况及保护对策.辽宁林业科技,（3）：25-26.

林茂昌.2005.基于RS和GIS的闽江河口区湿地生态环境质量评价.福建师范大学硕士学位论文.

林鹏.1984.红树林.北京：科学出版社.

林鹏.1997.中国红树林生态系.北京：科学出版社.

林鹏.2003.中国红树林湿地与生态工程的几个问题.中国工程科学,5（6）：33-38.

林倩,张树深,刘素玲.2010.辽河口湿地生态系统健康诊断与评价.生态与农村环境学报,26（1）：41-46.

林晓洁,张江山,王菲凤.2009.物元分析法在盐城自然保护区近海海域水质评价中的应用.环境科学与管理,34（12）：168-182.

吝涛,薛雄志,曹晓海,等.2006a.海岸带湿地变化及其对生态环境的影响：厦门海域案例研究.海洋环境科学,25（1）：55-58.

吝涛,薛雄志,卢昌义.2006b.厦门海岸带湿地变化的研究.中国人口资源与环境.16（4）：73-77.

刘成,何耘,王兆印.2006.黄河口的水质、底质污染及其变化.中国环境监测,21（3）：58-61.

刘春涛,刘秀洋,王璐.2009.辽河河口生态系统健康评价初步研究.海洋开发与管理,（3）：43-48.

刘春悦,张树清,江红星,等.2009a.江苏盐城滨海湿地外来种互花米草的时空动态及景观格局.应用生态学报,20（4）：901-908.

刘春悦,张树清,江红星,等.2009b.黑嘴鸥繁殖栖息地动态遥感监测.生态学报,29（8）：4285-4294.

刘高焕,叶庆华,刘庆生,等.2003.黄河三角洲生态环境动态监测与数字模拟.北京：科学出版社.

刘光清,陆体成.2006.盐城市水功能区水环境现状及趋势分析.治淮,7：7-9.

刘红,何青,徐俊杰,等.2008.特枯水情对长江中下游悬浮泥沙的影响.地理学报,63（1）：50-64.

刘红玉,吕宪国,刘振乾,等.2000.辽河三角洲湿地资源与区域持续发展.地理科学,20（6）：545-551.

刘红玉,吕宪国,刘振乾.2001.环渤海三角洲湿地资源研究.自然资源学报,16（2）：101-106.

刘佳.2008.九龙江河口生态系统健康评价研究.厦门大学硕士学位论文.

刘金娥,王国祥,常青,等.2009.盐城自然保护区夏季潮间带大型底栖动物功能群结构及分布格局.安徽农业科学,37（36）：18 108-18 113.

刘凯然.2008.珠江口浮游植物生物多样性变化趋势.大连海事大学硕士学位论文.

刘青松,李杨帆,朱晓东.2003.江苏盐城自然保护区滨海湿地生态系统的特征与健康设计.海洋学报,25（3）：143-148.

刘庆年,刘俊展,刘京涛,等.2006.黄河三角洲外来入侵有害生物的初步研究.山东农业大学学报,37（4）：581-585.

刘汝海,吴晓燕,秦洁,等.2008.黄河口河海混合过程水中重金属的变化特征.中国海洋大学学报,38（1）：157-162.

刘瑞玉，罗秉征．1992．三峡工程对长江口及邻近海域生态与环境的影响．海洋科学集刊，33：1-13.

刘淑德，线薇微，刘栋．2008．春季长江口及其邻近海域鱼类浮游生物群落特征．应用生态学报，19（10）：2284-2292.

刘桃菊，陈美球．2001．鄱阳湖区湿地生态功能衰退分析及其恢复对策探讨．生态学杂志，20（3）：74-77.

刘晓丹．2006．基于遥感图像的湿地生态系统健康评价——以大沽河河口湿地为例．中国海洋大学硕士学位论文．

刘晓蔓，蒋卫国，王文杰，等．2004．东北地区湿地资源动态分析．资源科学，26（5）：105-110.

刘兴土．1988．我国沼泽的保护与利用//黄锡畴．中国沼泽研究．北京：科学出版社：30-37.

刘奕琳．2006．盐城海滨湿地生态系统的研究．南京林业大学硕士学位论文．

刘永，郭怀成，戴永立，等．2004．湖泊生态系统健康评价方法研究．环境科学学报，24（4）：723-729.

刘永学，李满春，张忍顺，等．2004．江苏沿海互花米草盐沼动态变化及影响因素研究．湿地科学，2（2）：116-121.

刘勇，线薇微，孙世春．2008．长江口大型底栖生物群落生物量、丰度和次级生产力的初步研究．中国海洋大学学报，38（5）：749-756.

刘志良，郑诗樟，石和芹．2006．丘陵红壤不同植被恢复方式下土壤酶活性的研究．江西农业学报，18（6）：91-94.

卢媛媛，邬红娟，吕晋，等．2006．武汉市浅水湖泊生态系统健康评价．环境科学与技术，29（9）：66-69.

陆健健．1990．中国湿地．上海：华东师范大学出版社．

陆健健．1996a．中国滨海湿地的分类．环境导报，（1）：1-2.

陆健健．1996b．我国滨海湿地的功能．环境导报，（1）：41-42.

陆健健，孙平跃．1998．长江口湿地资源生物的可持续利用//郎惠卿，林鹏，陆健健．中国湿地研究与保护．上海：华东师范大学出版社：346-353.

陆健健，童春富，王伟，等．2005．温州生态园生态结构、生态价值评估和生态建设研究//马成樑．崇明东滩生态化建设高层论坛文集．上海：同济大学出版社：49-56.

陆健健，何文珊，童春富，等．2006．湿地生态学．北京：高等教育出版社：255-256.

陆丽云，陈君，张忍顺．2002．江苏沿海的风暴潮灾害及其防御对策．灾害学，17（1）：26-31.

吕彩霞．2003．中国海岸带湿地保护行动计划．北京：海洋出版社：35-38.

吕士成，孙明，邓锦东，等．2007．盐城沿海滩涂湿地及其生物多样性保护．生物多样性保护，（1）：11-13.

吕士成．2008．盐城沿海丹顶鹤的分布现状及其趋势分析．生态科学，27（3）：154-158.

吕士成．2009．盐城沿海丹顶鹤种群动态与湿地环境变迁的关系．南京师范大学学报（自然科学版），32（4）：89-93.

吕宪国．2002．湿地科学研究进展及研究方向．中国科学院院刊，（3）：170-172，270-272.

吕宪国．2008．中国湿地与湿地研究．河北科学技术出版社：1-3.

栾维新，崔红艳．2004．基于GIS的辽河三角洲潜在海平面上升淹没损失评估．地理研究，23（6）：805-815.

马瑾．2003．珠江三角洲典型区域（东莞市）土壤重金属污染探查研究．南京农业大学硕士学位论文．

马喜君，陆兆华，姚文俊．2007．基于SPSS的盐城自然保护区近海海域水质污染状况的分析．环境科学与管理，32（7）：35-38.

马学慧，牛焕光.1991.中国的沼泽.北京：科学出版社.

麦少芝，徐颂军.2005.广东红树林资源的保护与开发.海洋开发与管理，6（1）：44-48.

麦少芝，徐颂军，潘颖军.2005.PSR模型在湿地生态系统健康评价中的应用.热带地理，25（4）：317-321.

毛义伟.2008.长江口沿海湿地生态系统健康评价.华东师范大学硕士学位论文.

茅志昌，李九发，吴华林.2003.上海市滩涂促淤圈围研究.泥沙研究，（02）：77-80.

孟立君，吴凤芝.2004.土壤酶研究进展.东北农业大学学报，35（5）：622-626.

孟伟.2005.渤海典型海岸带生境退化的监控与诊断研究.中国海洋大学博士学位论文.

孟伟.2009.海岸带生境退化诊断技术.北京：科学出版社.

孟宪民，崔宝山，邓伟，等.1999.松嫩流域特大洪灾的警示：湿地功能的再认识.自然资源学报，4（1）：14-21.

苗苗.2008.辽宁省滨海湿地生态系统服务功能价值评估.辽宁师范大学硕士学位论文.

穆从如，杨林生，胡远满，等.2000.黄河三角洲湿地生态系统的形成及保护.应用生态学报，11（1）：123-126.

倪晋仁，方圆.2000.湿地泥沙环境动态评估方法及其应用研究：（Ⅰ）理论.环境科学学报，20（6）：665-670.

倪晋仁，刘元元.2006.河流健康诊断与生态修复.理论前沿，13：4-10.

倪晋仁，殷康前，赵智杰.1998.湿地综合分类研究：Ⅰ.分类.自然资源学报，13（3）：214-221.

牛焕光，马学慧.1985.我国的沼泽.北京：商务印书馆.

欧维新.2004.江苏盐城海岸带湿地资源价值及其利用的生态环境效应评估与管理.中国科学院南京地理与湖泊研究所博士学位论文.

欧维新，杨桂山，李恒鹏.2004.苏北盐城海岸带景观格局时空变化及驱动力分析.地理科学，24（5）：610-615.

欧维新，杨桂山，于兴修，等.2004.盐城海岸带土地利用变化的生态环境效应研究.资源科学，26（3）：76-83.

欧维新，杨桂山，高建华.2006.苏北盐城海岸带芦苇湿地对营养物质的净化作用初步研究.海洋科学，30（4）：45-49.

欧阳志云，王效科，苗鸿.1999.中国陆地生态系统功能及其生态经济价值的初步研究.生态学报，19（5）：608-613.

潘文斌，唐涛，邓红兵，等.2002.湖泊生态系统服务功能评估初探——以湖北保安胡为例.应用生态学报，13（10）：1315-1318.

盘锦市统计局.2008.盘锦市国民经济和社会发展统计公报.

彭友贵，陈桂珠，夏北成，等.2004.广州南沙地区湿地生态系统的服务功能与保护.湿地科学，2（2）：81-87.

皮红莉.2004.洞庭湖湿地生态系统服务功能价值评价及其恢复对策研究.湖南师范大学硕士学位论文：1-43.

漆国先，许德芝，钟晓.1999.人米草对污水中N、P净化效果的研究.贵州环保科技，5（1）：44-48.

齐相贞.2007.外来植物物种的入侵机制及其对生境特征的响应.南京师范大学博士学位论文.

齐永强，王红旗.2002.微生物处理土壤石油污染的研究进展.上海环境科学，21（3）：177-180.

钦佩，安树青，颜京松.1998.生态工程学.南京：南京大学出版社.

钦佩，左平，何祯祥.2004.海滨系统生态学.北京：化学工业出版社.

秦丽云.2006.长江三角洲地区主要生态环境问题与对策.灌溉排水学报,25(3):75-78.

秦卫华,王智,蒋明康.2004.互花米草对长江口两个湿地自然保护区的入侵.杂草科学,(4):15-16.

邱若峰,杨燕雄,刘松涛,等.2006.唐山市滨海湿地动态演变特征及其机制分析.海洋湖沼通报,4:25-31.

邱英杰,张凤江,田华森.2006.辽宁的鸟类资源.辽宁林业科技,(6):14-21.

全国海岸带和海涂资源综合调查成果编委会.1991.中国海岸带和海涂资源综合调查报告.北京:海洋出版社.

全为民,沈新强,韩金娣,等.2010.长江口及邻近水域氮、磷的形态特征及分布研究.海洋科学,34(3):76-81.

饶钦止.1954.湖北省湖泊调查.科学通报,(10):71-83.

任海,张倩媚,彭少麟.2003.内陆水体退化生态系统的恢复.热带地理,23(1):22-29.

任美锷.1986.江苏省海岸带和海涂资源综合调查报告.北京:海洋出版社.

任美锷.1990.海平面上升与沉降对黄河三角洲影响初步研究.地理科学,10(1):48-57.

任美锷.2000.海平面研究的最近进展.南京大学学报(自然科学版),36(3):269-279.

任志远,张艳芳.2003.基于不同尺度的干旱区城市景观生态研究——以陕西榆林市为例.干旱区研究,20(3):175-179.

容宝文,郑松发,陈玉军,等.2004.外来红树植物无瓣海桑生物学特性与生态环境适应性分析.生态学杂志,23(1):10-15.

沙厚平,张天相,单红云,等.2007.大辽河口及邻近海域 BOD_5 与COD.海洋环境科学,26(1):74-76.

山东省东营市地方史志编纂委员会.2000.东营市志.济南:齐鲁书社.

山东省科学技术委员会.1991.山东省海岸带和海涂资源调查报告集:黄河口调查区综合调查报告.北京:中国科学技术出版社.

单凯.2007.黄河三角洲自然保护区湿地生态恢复的原理、方法与实践.湿地科学与管理,3(4):16-20.

单凯,吕卷章,朱书玉,等.2002.黄河三角洲自然保护区发现黑脸琵鹭.野生动物,23(06):8-10.

沈德中.2002.污染环境的生物修复.北京:化学工业出版社.

沈满洪.1997.论环境经济手段.经济研究,10:54-61.

沈泰.2002.长江水资源保护与可持续发展.水资源保护,3:2-5.

沈新强,晁敏.2005.长江口及邻近渔业水域生态环境质量综合评价.农业环境科学学报,24(2):270-273.

沈彦.2006.洞庭湖区湿地生态脆弱性评价及其恢复与重建研究.湖南师范大学硕士学位论文:1-68.

沈永明.2001.江苏沿海互花米草盐沼湿地的经济、生态功能.生态经济,(9):72-73,86.

沈永明,刘咏梅,陈全站.2002.江苏沿海互花米草(Spartina alterniflora Loisel)盐沼扩展过程的遥感分析.植物资源与环境学报,11(2):33-38.

沈永明,张忍顺,王艳红.2003.互花米草盐沼潮沟地貌特征.地理研究,22(4):520-527.

沈永明,曾华,王辉,等.2005.江苏典型淤长岸段潮滩盐生植被及其土壤肥力特征.生态学报,25(1):1-6.

施成熙.1989.中国湖泊概论.北京:科学出版社.

施雅风,朱季文,谢志仁,等.2000.长江三角洲及毗连地区海平面上升影响预测与防治对策.中国科学，30（3）：225-232.

湿地国际.1997.湿地经济评价.北京：中国林业出版社.

石福臣，鲍芳.2007.盐和温度胁迫对外来种互花米草生理生态特性的影响.生态学报，27（7）：2733-2741.

时小军，陈特固，余克服.2008.近40年来珠江口的海平面变化.海洋地质与第四纪地质，28（1）：127-134.

宋创业，刘高焕，刘庆生，等.2008.黄河三角洲植物群落分布格局及其影响因素.生态学杂志，27（12）：2042-2048.

苏畅，沈志良，姚云，等.2008.长江口及其邻近海域富营养化水平评价.水科学进展，19（1）：99-105.

苏德源.2003.上海滩涂开发利用的现状及规划.上海建设科技，（3）：18-20.

孙磊.2008.胶州湾海岸带生态系统健康评价与预测研究.中国海洋大学博士学位论文.

孙毅，黄奕龙，刘雪朋.2009.深圳河河口红树林湿地生态系统健康评价.中国农村水利水电，（10）：32-35.

孙志高，刘景双.2008.三江自然保护区湿地生态系统生态评价.农业系统科学与综合研究，24（1）：43-48.

索安宁，赵东至，卫保全，等.2009.基于遥感的辽河三角洲湿地生态系统服务价值评估.海洋环境科学，28（4）：387-391.

台培东，苏丹，刘延斌，等.2009.双台子河口国家自然保护区红海滩景观退化机制研究.环境污染与防治，31（1）：17-20.

汤坤贤，游秀萍，林亚森，等.2005.龙须菜对富营养化海水的生物修复.生态学报，25（11）：3044-3051.

汤蕾，许东.2006.辽河三角洲湿地生态旅游资源评价与开发.辽宁林业科技，（1）：26-29，33.

唐仕华，俞伟东，虞快.1997.长江口南岸春季鸻形目鸟类的迁徙研究.动物学专辑——上海市动物学会1997年年会论文集.

唐涛，蔡庆华，刘建康.2002.河流生态系统健康及其评价.应用生态学报，13（9）：1191-1194.

唐小平，黄桂林.2003.中国湿地分类系统的研究.农业科学研究，16（5）：531-539.

陶世如，姜丽芬，吴纪华，等.2009.长江口横沙岛、长兴岛潮间带大型底栖动物群落特征及其季节变化.生态学杂志，28（7）：1345-1350.

陶思明.2003.湿地生态与保护.北京：中国环境科学出版社.

田波，周云轩，张利权，等.2008.遥感与GIS支持下的崇明东滩迁徙鸟类生境适宜性分析.生态学报，28（7）：3049-3059.

田吉林，诸海涛，杨玉爱，等.2004.大米草对有机汞的耐性、吸收与转化.植物生理与分子生物学学报，30（5）：577-582.

田家怡，王民，窦洪云，等.1997.黄河断流对三角洲生态环境的影响与缓解对策的研究//国家环境保护局自然保护司.黄河断流与区域可持续发展.北京：中国环境科学出版社：17-24.

田家怡，贾文泽，窦洪云，等.1999.黄河三角洲生物多样性研究.青岛：青岛出版社.

田家怡，王秀凤，蔡学军，等.2005.黄河三角洲湿地生态系统保护与恢复技术.青岛：中国海洋大学出版社：32-121.

田家怡，石东里，李建庆，等.2008.黄河三角洲外来入侵物种米草对海涂浮游植物的影响.山东科学，21（4）：13-18.

田家怡，于祥，陈印平，等.2008.黄河三角洲生态因子对外来入侵生物米草扩散的影响.滨州学院学报，24（3）：12-17.

田家怡，于祥，申保忠，等.2008.黄河三角洲外来入侵物种米草对滩涂鸟类的影响.中国环境管理干部学院学报，18（3）：87-90.

万洪秀，孙占东，王润.2006.博斯腾湖湿地生态脆弱性评价研究.干旱区地理，29（2）：248-254.

万向京，刘中国，黄胜，等.2000.广东省围海和滩涂开发利用情况与建议.水产科技，（3）：1-3.

万忠梅，吴景贵.2005.土壤酶活性影响因子研究进展.西北农林科技大学学报（自然科学版），33（6）：87-92.

汪松年.2003.上海湿地利用和保护.上海：上海科学技术出版社.

王爱军，高抒.2005.江苏王港海岸湿地的围垦现状及湿地资源可持续利用.自然资源学报，20（6）：822-829.

王爱军，陈坚.2006.厦门滨海湿地退化机制及可持续发展.海岸开发与管理，6：184-186.

王爱军，高抒，贾建军，等.2006.互花米草对江苏潮滩沉积和地貌演化的影响.海洋学报，28（1）：92-99.

王斌，曹喆，张震.2008.北大港湿地自然保护区生态环境质量评价.环境科学与管理，33（2）：181-184.

王朝辉，王克林，许联芳.2003.湿地生态系统健康评估指标体系研究.国土与自然资源研究，（4）：63-64.

王广豪，周莉，赵尊珍，等.2006.黄河三角洲自然保护区黑脸琵鹭野外调查及其生境分析.山东林业科技，（1）：16-17.

王海梅，李政海，宋国宝，等.2006.黄河三角洲植被分布、土地利用类型与土壤理化性状关系的初步研究.内蒙古大学学报（自然科学版），37（1）：69-57.

王海梅，李政海，韩国栋，等.2007.黄河三角洲土地利用及景观格局的动态分析.水土保持通报，27（1）：81-85.

王计平，邹欣庆，左平.2007.基于社区居民调查的海岸带湿地环境质量评价——以海南东寨港红树林自然保护区为例.地理科学，27（3）：249-255.

王加连，吕士成.2008.江苏省盐城滩涂野生动物资源调查研究.四川动物，27（4）：620-625.

王金南.1994.环境经济学：理论方法政策.北京：清华大学出版社.

王靖泰，郭絮民，许世远，等.1981.全新世长江三角洲的发育.地质学报，（01）：67-82.

王丽萍，张雁秋，徐正华，等.2002.污水处理厂出水对鱼类影响的试验研究.中国矿业大学学报，31（3）：310-314.

王丽学，李学森，窦孝鹏，等.2003.湿地保护的意义及我国湿地退化的原因与对策.中国水土保持，（7）：8-9.

王凌，李秀珍，郭笃发.2003.辽河三角洲土地利用变化及其影响.山东师范大学学报（自然科学版），18（3）：43-47.

王凌，李秀珍，胡远满，等.2003.用空间多样性指数分析辽河三角洲野生动物生境的格局变化.应用生态学报，14（12）：2176-2180.

王明春.2008.黄河三角洲湿地恢复对湿地鸟类群落的效应研究.曲阜师范大学硕士学位论文.

王明辉.2009.盐城和新乡两个国家级鸟类湿地保护区植物多样性的比较研究.扬州大学硕士学位论文.

王攀，彭勇.2003.专家认为海平面上升可能使珠江三角洲灾害增加.生态经济，（11）：28-29.

王苏民，窦鸿身.1998.中国湖泊志.北京：科学出版社.

王铁良，马秀梅，邹建飞．2008．辽河三角洲湿地价值的初步评价．环境保护与循环经济，（2）：37-39．

王薇．2007．黄河三角洲湿地生态系统健康综合评价研究——以垦利县为例．山东农业大学硕士学位论文．

王西琴，李力．2006．辽河三角洲湿地退化及其保护对策．生态环境，15（3）：650-653．

王宪礼，肖笃宁．1995．湿地的定义与类型//陈宜瑜．中国湿地研究．长春：吉林科学技术出版社：34-41．

王宪礼，布仁仓，胡远满，等．1996．辽河三角洲湿地的景观破碎化分析．应用生态学报，7（3）：299-304．

王宪礼，肖笃宁，布仁仓，等．1997．辽河三角洲湿地的景观分析．生态学报，17（3）：317-323．

王献溥，崔国发．2003．自然保护区建设与管理．北京：化学工业出版社．

王艳红，温永宁，王建，等．2006．海岸滩涂围垦的适宜速度研究——以江苏淤泥质海岸为例．海洋通报，25（2）：15-20．

王颖，吴小根．1995．海平面变化与海滩侵蚀．地理学报，50（2）：118-127．

王勇军，徐华林，昝启杰．2004．深圳福田鱼塘改造区鸟类监测及评价．生态科学，23（2）：147-153．

王云静，刘茂松，徐惠强，等．2002．江苏自然湿地的生物多样性特点．南京大学学报（自然科学版），38（2）：173-181．

王兆礼，陈晓宏．2006．珠江流域植被净初级生产力及其时空格局．中山大学学报（自然科学版），45（6）：106-110．

王兆礼，陈晓宏，李艳．2006．珠江流域植被覆盖时空变化分析．生态科学，25（4）：303-307．

王治良，王国祥．2007．洪泽湖湿地生态系统健康评价指标体系探讨．中国生态农业学报，15（6）：153-155．

王自磐．2001．滨海湿地保护及其在海洋产业结构中的战略定位．环境保护，（2）：43-47．

魏文彪．2007．GIS技术支持下的河口湿地生态系统健康评价研究——以九段沙为例．华东师范大学硕士学位论文．

文科军，马劲，吴丽萍，等．2008．城市河流生态健康评价体系构建研究．水资源保护，24（2）：50-60．

闻平．2009．珠江三角洲入海水道水质变化趋势分析．人民珠江，（3）：12-14．

邬建国．2007．景观生态学——格局、过程、尺度与等级．第2版．北京：高等教育出版社．

吴炳方，黄进良，沈良标．2000．湿地的防洪功能分析评价：以东洞庭湖为例．地理研究，19（2）：189-193．

吴传钧，蔡清泉．1993．中国海岸带土地利用．北京：海洋出版社．

吴筠，刘金福，李俊清，等．2007．福建沿海红树林可持续经营评价指标体系构建．江西农业大学学报，29（5）：778-183．

吴良冰，张华，孙毅，等．2009．湿地生态系统健康评价研究进展．中国农村水利水电，（10）：22-26．

吴明．2004．杭州湾滨海湿地现状与保护对策．林业资源管理，24（6）：41-45．

吴巍，谷奉天．2005．黄河三角洲湿地牧草类型及生产潜力研究．滨州学院学报，21（3）：45-52．

吴晓琴．2005．福建省河口湿地生态环境评价——以九龙江河口湿地为例．福建师范大学硕士学位论文：1-50．

吴晓燕，刘汝海，秦洁，等．2007．黄河口沉积物重金属含量变化特征研究．海洋湖泊通报，（增刊）：69-74．

伍光和，田连恕，胡双熙，等．2002．自然地理学．第3版．北京：高等教育出版社．

武强，郑铣鑫，应玉飞，等．2002.21世纪中国沿海地区相对海平面上升及其防治策略．中国科学（D

辑），32（9）：760-766.

夏东兴，刘振夏，王德邻，等.1993.渤海湾西岸海平面上升威胁的防治对策.自然灾害学报，2（1）：48-52.

夏东兴，王文海，武桂秋.1993.中国海岸侵蚀述要.地理学报，48（5）：468-473.

夏东兴，刘振夏，王德邻，等.1994.海面上升对渤海湾西岸的影响与对策.海洋学报，16（1）：61-67.

夏江宝，李传荣，许景伟，等.2009.黄河三角洲滩涂湿地夏季大型底栖动物多样性分析.湿地科学，7（4）：299-305.

线薇微，刘瑞玉，罗秉征.2004.三峡水库蓄水前长江口生态与环境.长江流域资源与环境，13：119-123.

萧艳娥.2003.海平面上升引起的海岸自然脆弱性评价——以珠江口沿岸为例.华南师范大学硕士学位论文.

肖笃宁，李晓文.2001.辽东湾滨海湿地资源景观演变与可持续利用.资源科学，23（2）：31-36.

肖笃宁，胡远满，王宪礼.1995.我国北方滨海湿地的生态环境特点与利用保护.中国湿地研究.长春：吉林科学技术出版社，262-268.

肖笃宁，胡远满，李秀珍，等.2001.环渤海三角洲湿地的景观生态学研究.北京：科学出版社.

肖笃宁，裴铁凡，赵羿.2003.辽河三角洲湿地景观的水文调节与防洪功能.湿地科学，1（1）：21-25.

肖寒，欧阳志云，赵景柱，等.2000.森林生态系统服务功能及其生态经济价值评估初探——以海南岛尖峰岭热带森林为例.应用生态学报，11（4）：481-485.

谢高地，鲁春霞，成升魁.2001.全球生态系统服务价值评估研究进展.资源科学，23（6）：5-9.

谢高地，鲁春霞，冷允法，等.2003.青藏高原生态资产的价值评估.自然资源学报，18（2）：189-196.

谢守红.2003.珠江三角洲资源、环境问题与可持续发展对策.国土与自然资源研究，（4）：41-43.

谢志茹.2004.北京城市公园湿地生态环境质量评价.首都师范大学硕士学位论文：1-53.

辛福言，李秋芬，邹玉霞，等.2002.虾池环境生物修复作用菌的模拟应用.应用与环境生物学报，8（1）：75-77.

辛琨，谭凤仪，黄玉山，等.2006.香港米埔湿地生态功能价值估算.生态学报，26（6）：2020-2026.

徐国万，卓荣宗，等.1993.互花米草群落对东台边滩促淤效果的研究.南京大学学报，48（2）：228-231.

徐建华，李雪梅，杨汉颖，等.1997.黄河中游水利水保工程减水减沙及其对下游的影响.人民黄河，（7）：45-47.

徐玲.2004.崇明东滩湿地植被演替不同阶段鸟类群落动态变化的研究.华东师范大学硕士学位论文.

徐琪.1989.湿地农田生态系统的特点及其调节.生态学杂志，8（3）：8-13，23.

徐双全.2007.上海市滩涂水下地形测量研究.海洋测绘，27（03）：71-74.

徐双全，夏达忠.2007.上海市滩涂资源管理的几点思考.水利经济，（03）：61-64.

徐向红.2002.江苏省淤长型海岸滩涂水土流失及其防范.水利经济，（6）：58-61.

徐玉梅.2006.黄河三角洲湿地生态系统服务价值研究.山东师范大学硕士学位论文.

许建民.2001.黄河三角洲（东营市）湿地评价与可持续利用研究.中国农业科学研究院博士学位论文：1-190.

许遐祯，郑有飞，杨丽慧，等.2010.风电场对盐城珍禽国家自然保护区鸟类的影响.生态学杂志，29（3）：560-565.

许学工.1997.黄河三角洲土地结构分析.地理学报，52（1）：18-26.

许学工，林辉平，付在毅，等.2001.黄河三角洲湿地区域生态风险评价.北京大学学报（自然科学版），37（1）：111-120.

薛达元，包浩生，李文化 . 1999. 长白山自然保护区生物多样性旅游价值评估研究 . 自然资源学报，
　　14（2）：140-144.

薛振东 . 1992. 上海市南汇县志 . 上海：上海人民出版社 .

薛志勇 . 2005. 福建九龙江口红树林生存现状分析 . 福建林业科技，32（3）：190-193.

严恺 . 1991. 中国海岸带与海涂资源综合调查报告 . 北京：海洋出版社 .

盐城市统计局 . 2009. 盐城市国民经济和社会发展统计公报 .

杨翠芬，田村正行 . 2004. 差分主成分分析法在辽河三角洲景观变化中的应用 . 地理学报，59（4）：
　　592-598.

杨富亿 . 2000. 盐碱湿地及沼泽渔业利用 . 北京：科学出版社 .

杨桂山 . 1997. 中国主要海岸平原未来环境变化的趋势与效应研究 . 中国科学院南京地理与湖泊研究
　　所博士学位论文 .

杨桂山 . 2002. 中国海岸环境变化及其区域响应 . 北京：高等教育出版社 .

杨桂山，翁立达，李利锋 . 2007. 长江保护与发展报告 2007. 武汉：长江出版社 .

杨桂山，施雅风 . 2002. 江苏滨海潮滩湿地对潮位变化的生态响应 . 地理学报，57（3）：325-332.

杨桂山，马超德，常思勇 . 2009. 长江保护与发展报告 2009. 武汉 ：长江出版社 .

杨红，刘广平 . 2008. 长江口生态系统服务功能价值评估 . 海洋环境科学，27（6）：624-628.

杨华庭 . 1999. 中国沿岸海平面上升与海岸灾害 . 第四纪研究，（5）：456-463.

杨立凯 . 2005. 黄河断流对黄河三角洲地区农业生态环境的影响及对策 . 中国环境管理，3：27-30.

杨永兴 . 2002a. 国际湿地科学研究的主要特点、进展与展望 . 地理科学进展，21（2）：111-120.

杨永兴 . 2002b. 国际湿地科学研究进展和中国湿地科学研究优先领域与展望 . 地球科学进展，
　　17（4）：508-514.

杨宇峰，费修绠 . 2003. 大型海藻对富营养化海水养殖区生物修复的研究与展望 . 青岛海洋大学学报，
　　33（1）：53-57.

杨月伟，夏贵荣，平丁，等 . 2005. 浙江乐清湾湿地水鸟资源及其多样性特征 . 生物多样性，13（6）：
　　507-513.

杨志峰，赵欣胜，崔保山，等 . 2005. 红树林湿地生态效益能值分析——以南沙地区十九涌红树林湿
　　地为案例 . 生态学杂志，24（7）：841-844.

姚成，万树文，孙东林，等 . 2009. 盐城自然保护区海滨湿地植被演替的生态机制 . 生态学报，
　　29（5）：2203-2210.

姚志刚，陈玉清，吕晓雪 . 2005. 长江三角洲湿地现状与保护研究 . 江苏林业科技，32（2）：36-41.

叶青超 . 1982. 黄河三角洲的地貌结构及发育模式 . 地理学报，37（4）：349-363.

叶青超 . 1998. 黄河断流对三角洲环境的恶性影响 . 地理学报，53（5）：385-392.

由文辉 . 1997. 淀山湖湿地及其生态功能与利用 . 农村生态环境，（03）：20-24.

于浩，线薇微，吴耀泉 . 2006. 2004 长江口及邻近海域大型底栖生物群落特征分析 . 海洋与湖沼，
　　37（增刊）：222-230.

于锡军，李萍 . 2001. 珠江口海陆环境脆弱带及可持续发展研究//于大江 . 近海资源保护与可持续发
　　展 . 北京：海洋出版社：162-166.

余兴光，马志远，林志兰，等 . 2008. 福建省海湾围填海规划环境化学与环境容量影响评价 . 北京：
　　科学出版社 .

俞小明，石纯，陈春来，等 . 2006. 河口滨海湿地评价指标体系研究 . 国土与自然资源研究，（2）：

42-44.

虞快.1991.崇明岛东部滩涂的越冬水禽及其保护.野生动物,(2):15-18.

虞蔚岩,李朝晖,华春,等.2009.江苏盐城东台互花米草滩涂底栖无脊椎动物的多样性分析.海洋湖沼通报,(1):123-128.

袁国明.2005.珠江三角洲经济发展对珠江口水环境的影响.中国海洋大学硕士学位论文.

袁红伟,李守中,郑怀舟,等.2009.外来种互花米草对中国滨海湿地生态系统的影响评价及对策.海洋通报,28(6):122-128.

袁军,吕宪国.2005.湿地功能评价两级模糊模式识别模型的建立及应用.林业科学,41(4):1-6.

袁军,吕宪国.2006.湿地水文功能评价的多级模糊模式识别模型.林业科学,42(6):1-6.

袁霞,何斌.2004.八角林地土壤酶活性和养分的分布特点及其相关分析.经济林研究,22(2):10-13.

袁晓,章克家.2006.崇明东滩黑脸琵鹭迁徙种群的初步研究.华东师范大学学报(自然科学版),(6):131-136.

袁旭音,乔磊,刘红樱,等.2005.江苏海岸带生物体的重金属水平与生态评价.河海大学学报,33(3):237-240.

袁迎如,陈庆.1983.古黄河三角洲的发育和侵蚀.科学通报,28(21):1322-1324.

约翰·马敬能,卡伦·菲利普斯,何芬奇.2000.中国鸟类野外手册.湖南:湖南教育出版社.

恽才兴,金建君,张灵杰.2009.浙江省乐清湾海涂资源的分等与定级估价研究.中国人口·资源与环境,19(2):132-136.

翟美华.1996.烟台市养虾废水排放及控制.海洋环境科学,(4):58-61.

张常钟,陆静梅,谷颐,等.1994.翅碱蓬抗逆性观察.吉林农业大学学报,16(A12):109-112.

张高生.2008.基于RS、GIS技术的现代黄河三角洲植物群落演替数量分析及近30年植被动态研究.山东大学博士学位论文.

张和平,李忠波.2008.辽河三角洲湿地资源现状及保护管理的优化策略.生态保护,408:28-30.

张虎,郭仲仁,刘培廷,等.2009.苏北浅滩生态监控区大型底栖生物分布特征.南方水产,5(1):29-35.

张继民,刘霜,张琦,等.2008.黄河口福建海域营养盐特征及富营养化程度评价.海洋通报,27(5):65-72.

张建峰.2008.盐碱地生态修复原理与技术.北京:中国林业出版社.

张建锋,张旭东,周金星,等.2005.盐分胁迫对杨树苗期生长和土壤酶活性的影响.应用生态学报,16(3):426-430.

张景平,黄小平,江志坚,等.2010.珠江口海域污染的水质综合污染指数和生物多样性指数评价.海洋环境科学,29(1):69-76.

张敬怀,高阳,方宏达,等.2009.珠江口大型底栖生物群落生态特征.生态学报,29(6):2989-2999.

张俊.2006.黄河三角洲自然保护区原生湿地生态系统演化规律研究.山东林业科技,(3):88-89.

张立娟.2009.长江口及其邻近水域碳、氮、磷的时空分布.中国海洋大学硕士学位论文.

张凌.2006.珠江口及近海沉积有机质的分布、来源及其早期成岩作用研究.中国科学院(广州地球化学研究所)博士学位论文.

张珞平,等.2008.福建省海湾围填海规划环境影响回顾性评价.北京:科学出版社.

张敏,历仁安,陆宏.2003.大米草对我国滩涂生态环境的影响.浙江林业科技,23(3):86-89.

张茜,赵福庚,钦佩.2007.苏北盐沼芦苇替代互花米草的化感效应初步研究.南京大学学报(自然科学），（3）：119-126.

张乔民 . 2001. 我国热带生物海岸的现状及生态系统的修复与重建 . 海洋与湖沼，32（4）：454-464.

张忍顺，陆丽云，王艳红 . 2002. 江苏海岸侵蚀过程及其趋势 . 地理研究，21（4）：469-478.

张忍顺，燕守广，沈永明，等 . 2003. 江苏淤长型潮滩的围垦活动与盐沼植被的消长 . 中国人口资源环境，12（7）：9-15.

张素贞，王金斗，李桂宝 . 2006. 安新县白洋淀湿地生态系统服务功能评价 . 中国水土保持，（7）：12-15.

张万军，阴三军，王六基，等 . 2000. 河南省湿地生态环境评判模型研究 . 河南林业科技，20（2）：10-14.

张晓慧 . 2007. 黄河三角洲湿地生态系统服务功能价值评估 . 山东师范大学硕士学位论文：12-45.

张晓龙 . 2001. 黄河断流成因及对策 . 历史地理论丛，增刊：68-72.

张晓龙，李培英 . 2004. 湿地退化标准的探讨 . 湿地科学，2（1）：37-42.

张晓龙，李培英 . 2006. 黄河三角洲滨海湿地的区域自然灾害风险 . 自然灾害学报，15（1）：159-165.

张晓龙，李培英，李萍 . 2005. 中国滨海湿地研究现状与展望 . 海洋科学进展，23（1）：87-95.

张晓龙，李萍，刘乐军，等 . 2009. 黄河三角洲湿地生物多样性及其保护 . 海岸工程，28（3）：33-39.

张绪良，于冬梅，丰爱平，等 . 2004. 莱州湾南岸滨海湿地的退化及其生态恢复和重建对策 . 海洋科学，28（7）：49-53.

张绪良，叶思源，印萍，等 . 2008. 莱州湾南岸滨海湿地的生态系统服务价值及变化 . 生态学杂志，27（12）：2195-2202.

张绪良，叶思源，印萍，等 . 2009. 黄河三角洲自然湿地植被的特征及演化 . 生态环境学报，18（1）：292-298.

张绪良，张朝晖，谷东起，等 . 2009. 辽河三角洲滨海湿地的演化 . 生态环境学报，18（3）：1002-1009.

张绪良，陈东景，徐宗军，等 . 2009. 黄河三角洲滨海湿地的生态系统服务价值 . 科技导报，27（10）：37-42.

张绪良，徐宗军，张朝晖，等 . 2010. 中国北方滨海湿地退化研究综述 . 地质论评，56（4）：561-567.

张学群，王国祥，王艳红，等 . 2006，江苏盐城沿海滩涂淤浊及湿地植被消长变化 . 海洋科学，30（6）：35-45.

张银龙，林鹏 . 1999. 秋茄红树林土壤酶活性时空动态 . 厦门大学学报（自然科学），38（1）：129-136.

张永良，赵章元，周岳溪，等 . 1997. 污水海洋处置的综合研究 . 环境科学研究，10（1）：8.

张永泽，王烜 . 2001. 自然湿地生态恢复研究综述 . 生态学报，21（2）：309-314.

张咏梅，周国逸，吴宁 . 2004. 土壤酶学的研究进展 . 热带亚热带植物学报，12（1）：83-90.

张远，徐成斌，马溪平，等 . 2007. 辽河流域河流底栖动物完整性评价指标与标准 . 环境科学学报，27（6）：919-927.

张峥，张建文，李寅年，等 . 1999. 湿地生态评价指标体系 . 农业环境保护，18（6）：283-285.

张祖陆，梁春玲，管延波 . 2008. 南四湖湖泊湿地生态健康评价 . 中国人口资源与环境，18（1）：180-184.

章飞军，童春富，谢志发，等 . 2007. 长江口潮间带大型底栖动物群落演替 . 生态学报，27（12）：4944-4952.

章飞军，童春富，张衡，等 . 2007. 长江口潮间带春季大型底栖动物的群落结构 . 动物学研究，

28（1）：47-52.

赵蓓，唐伟，周艳荣，等.2008.黄河入海主要污染物特征研究.海洋环境科学，27（增刊2）：60-62.

赵长征，杨子旺，朱学德，等.2004.黄河三角洲自然保护区黑嘴鸥研究.山东林业科技，（1）：22-23.

赵焕庭，王丽荣.2000.中国海岸湿地的类型.海洋通报，19（6）：72-82.

赵魁义.1988.加拿大国际湿地会议与湿地研究.地理科学，8（3）：293-294.

赵魁义.1999.中国沼泽志.北京：科学出版社.

赵平、葛振鸣，王天厚，等.2005.崇明东滩芦苇的生态特征及其演替过程的分析.华东师范大学学报（自然科学版），3：98-112.

赵同谦，欧阳志云，等.2004.中国森林生态系统服务功能及其价值评价.自然资源学报，19（4）：480-491.

赵先丽，周广胜，周莉，等.2007.盘锦芦苇湿地土壤微生物初步研究.气象与环境学报，（01）：30-33.

赵彦伟，杨志峰.2005.城市河流生态系统健康评价初探.水科学进展，16（3）：349-355.

浙江省发展和改革委员会，浙江省环保厅.2006.关于进一步推进浙江省开发区（工业园区）生态化建设与改造的指导意见.浙发改产业〔2006〕958号.

浙江省海岛资源综合调查领导小组.1995.浙江海岛资源综合调查与研究.杭州：浙江科学技术出版社.

浙江省土地管理局.1999.浙江省确定土地所有权和使用权的若干规定.浙土发〔1997〕95号.

郑宝仁.2007.土壤与肥料.北京：北京大学出版社.

郑冬梅.2005.厦门市海洋生物入侵的危害及管理对策.台湾海峡，24（3）：411-416.

郑莉.2007.黄河河口湿地大型底栖动物群落结构和多样性研究.山东农业大学硕士学位论文.

郑丽娟.2009.福建闽江河口湿地观鸟旅游发展分析.湿地科学与管理，5（3）：25-28.

郑学芬，林宗坚，范丽，等.2008.遥感影像信息量的计算方法研究.山东科技大学学报（自然科学版），27（1）：80-83.

郑孜文，张春兰，胡慧建.2008.广州地区鸟类资源本底调查及其整体特征分析.动物学杂志，43（10）：122-133.

中国海岸带土壤编写组.1996.中国海岸带土壤.北京：海洋出版社.

中国海湾志编纂委员会.1993.中国海湾志.北京：海洋出版社.

中国海湾志编纂委员会.1998.中国海湾志·第十四分册（重要河口）.北京：海洋出版社.

中国人民大学环境学院.2004.湿地生态系统保护与管理.北京：化学工业出版社.

中国生物多样性国情研究报告编写组.1998.中国生物多样性国情研究报告.北京：中国环境科学出版社.

中国湿地植被编辑委员会.1999.中国湿地植被.北京：科学出版社.

中国水利学会，黄河研究会.2003.黄河河口问题及治理对策研讨会专家论坛.郑州：黄河水利出版社.

仲崇信，钦佩.1983.水培大米草吸引汞及其净化环境作用的探讨.海洋科学，16（2）：6-10.

周广胜，周莉，关恩凯，等.2006.盘锦湿地生态系统野外观测站概况.气象与环境学报，22（4）：1-6.

周军，肖炜，钦佩.2007.互花米草入侵对盐沼土壤微生物生物量和功能群的影响.南京大学学报（自然科学），43（5）：494-500.

周礼恺.1987.土壤酶学.北京：科学出版社.

周林飞，高云彪，许士国.2005.模糊数学在湿地水质评价中的应用研究.水利水电技术，36（1）：35-38.

周林飞，谢立群，周林林，等.2005.灰色聚类法在湿地水体富营养化评价中的应用.沈阳农业大学学报，36（5）：594-598.

周念清，王燕，江思珉.2009.长江口水质现状与水环境特征研究.上海环境科学，28（2）：52-55.

周少奇.2003.环境生物技术.北京：科学出版社.

周先叶，昝启杰，王勇军，等.2003.橡甘菊在广东的传播及危害状况调查.生态科学，22（4）：332-336.

周昕薇.2006.基于3S技术的北京湿地动态监测与评价方法研究.首都师范大学硕士学位论文.

朱鸿伯.1990.上海市川沙县志.上海：上海人民出版社.

朱丽，郭继勋，鲁萍，等.2003.松嫩草甸3种主要植物群落土壤脲酶的初步研究.植物生态学报，27（5）：638-643.

朱龙海，吴建政，胡日军，等.2009.近20年辽河三角洲地貌演化.地理学报，64（3）：357-367.

庄大昌.2004.洞庭湖湿地生态系统服务功能价值评估.经济地理，3：104-107，145.

宗秀影，刘高焕，乔玉良，等.2009.黄河三角洲湿地景观格局变化分析.地球信息科学学报，11（2）：91-97.

邹发生，宋晓军，陈康.2001.海南东寨港红树林湿地鸟类多样性研究.生态学杂志，20（3）：21-23.

邹欣庆.2004.江苏海岸带环境的压力分析与政策响应.海洋地质动态，20（7）：20-24.

左玉辉.2003.环境经济学.北京：高等教育出版社.

左玉辉，林玉兰.2008.海岸带资源环境调控.北京：科学出版社.

ACIA. 2004. Impacts of a Warming Arctic. Cambridge：Cambridge University Press.

Ainslie W B. 1994. Rapid wetland functional assessment：its role and utility in the regulatory arena. Water，Air and Soil Pollution，77：433-444.

Ainsworth E A, Long S P. 2005. What have we learned from 15 years of free-air CO$_2$ enrichment (FACE) a meta-analytic review of the responses of photosynthesis, canopy properties and plant production to rising CO$_2$. New Phytol，165：351-372.

Alvarez-Rogel J，Ramos Aparicio M J，Delgado Iniesta M J，et al. 2004. Metals in soils and above-ground biomass of plants from a salt marsh polluted by mine wastes in the coast of the MarMenor Lagoon，SE Spain. Fresenius Environ Bull，13：274.

Anderson D. 1990. Carbon Fixing from an Economic Perspective. Forestry Commission's First Economics Research Conference. Canada：York University Press.

Asmus H，Asmus R M，Zubillaga G F E S. 1995. Do mussel beds intensify the phosphorus exchange between sediment and tidal waters? Ophelia，41（1）：37-55.

Asmus R M，Asmus H. 1991. Mussel beds：limiting or promoting phytoplankton? Journal of Experimental Marine Biology and Ecology，148（2）：215-232.

Atwater B F, Conard S G, Dowden J N, et al. 1979. History, landforms, and vegetation of the estuary's tidal marshes// Conomos T J, Leviton A E, Berson M. San Francisco Bay：The Urbanized Estuary, Investigations into the Natural History of San Francisco Bay and Delta with Reference to the Influence of Man, San Francisco, CA：Pacific Division of the American Association for the Advancement of Science：347-385.

Ayres D R, Garcia-Rossi D, Davis H G. 1999. Extent and degree of hybridization between exotic (Spartina alterniflora) and native (S. foliosa) cordgrass (Poaceae) in California, USA determined by random amplified polymorphic DNA (RAPDs). Mol. Ecol.，8（7），1179-1186.

Barras J, Beville S, Britsch D, Hartley S, Hawes S, et al. 2004. Historical and projected coastal Louisiana land changes: 1978-2050. USGS Open-File Report 03-334, 39.

Bartoldus C C. 1999. A Comprehensive Review of Wetland Assessment Procedures: A Guide for Wetland Practitioners. Maryland: St. Michaels.

Batal W, Laudon L S, et al. 1998. Bactriological tests from the constructed wetland of the Big Five Tunnel, Idaho Springs, Colorado. Constructed Wetlands for Wastewater Treatment: Municipal, Industrial and Agricultural. Michigan: Lewis Publishers: 550-557.

Baudinet D, Alliot E, Berland B, et al. 1990. Incidence of mussel culture on biogeochemical fluxes at the sediment-water interface. Hydrobiologia, 207 (1): 187-196.

Bertness M D, Ewanchuk P J, Silliman B R. 2002. Anthropogenic modification of New England salt marsh landscapes. PNAS, 99: 1395-1398.

Bertness M D, Silliman B R. 2008. Consumer control of salt marshes driven by human disturbance. Conserv. Biol., 22: 618-623.

Black K S, Paterson D M. 1997. Measurement of the erosion potential of cohesive marine sediments: a review of current in situ technology. Journal of Marine Environmental Engineering, 4 (1): 43-83.

Boumans R, Costanza R, Farley J, et al. 2002. Modeling the dynamics of the integrated earth system and the value of global ecosystem services using the GUMBO model. Ecological Economics, 41: 529-560.

Bourn W S, Cottam C. 1950. Some Biological Effects of Ditching Tidewater Marshes. US Dep Int Fish Wildl Serv Res Rep. 19.

Bradshaw A D. 1983. The reconstruction of ecosystems. Journal of Applied Ecology, 20: 1.

Bradshaw A D. 1996. Underlying principles of restoration. Canadian Journal of Fisheries and Aquatic Sciences, 53 (Supp. l): 3.

Bradshaw J G. 1991. A Technique for the Functional Assessment of Nontidal Wetlands in the Coastal Plain of Virginia. Special Report No. 315 in Applied Marine Science and Ocean Engineering. Virginia in USA: Virginia Institute of Marine Science, College of William and Mary, Gloucester Point, VA.

Breaux A. 2005. Steve Cochrane Elsevier, wetland ecological and compliance assessments in the San Francisco Bay Region. California, USA.

Brinson M M. 1993. A hydrogeomorphic classification of wetlands. Wetlands research program technical report WRP-DE-4. Vicksburg: Army Engineer Waterways Experiment Station: 1-24.

Brinson M M. 1995. Developing an approach for assessing the functions of wetlands// MITSCH. Global Wetlands: Old world and New. Amsterdam in Netherland: Elsevier Science Publishers Ltd.

Bruno J F, Kennedy C W. 2000. Patch-size dependent habitat modification and facilitation on New England cobble beaches by *Spartina alterniflora*. Oecologia, 122 (1): 98-108.

Brusati E D, Grosholz E D. 2006. Native and introduced ecosystem engineers produce contrasting effects on estuarine infaunal communities. Biol. Invasions, 8: 683-695.

Cahoon D R. 2006. A review of major storm impacts on coastal wetland elevations. Estuaries Coasts, 29: 889-898.

Cai L Z, Ma L, Gao Y, Zheng T L, Lin P. 2002. Analysis on assessing criterion for polluted situation using species diversity index of marine macrofauna. Xiamen Univ. (Nat. Sci.), 41 (5): 641-646.

CAIRNS J, Jr. 2000. Setting ecological restoration goals for technical feasibility and scientific validity. Ecological Engineering, 15 (3-4): 171-180.

CAIRNS J, Jr. 1977. Recovery and restorations of Damaged Ecosystems. Charlottesvill: University Press of Virginia.

Callaway J C, Josselyn M N. 1992. The introduction and spread of smooth cordgrass (*Spartina alterniflora*) in South San Francisco Bay. Estuaries, 15 (2): 218-226.

Cantero J J, Leon R, Cisneros J M, Cantero A. 1998. Habitat structure and vegetation relationships in central Argentina salt marsh landscapes. Plant Ecol, 137 (1): 79-100.

Cao H L, Chen S P. 1997. Study on utilization of *Spartina alterniflora* salt marsh in South China. Trop. Geogr, 17 (1): 41-46.

Caraher D, Knapp W H. 1995. Assessing ecosystem health in the blue Mountans//U. S. Forest Silviculture: from the Cradle of Forestry to Ecosystem Management General technical report SE-88. Southeast Forest Experiment Station, U. S. Forest Service, Hendersonville, North Carolian.

Chapin F S, Matson P A, Mooney H A. 2002. Principles of terrestrial ecosystem ecology. New York: Springer-Verlag.

Chen H Y. 1990. The resource and utilization of *Spartina* at inter-tidal area in north Jiangsu. Nat. Res. , 18 (6), 56-63.

Chen J M, Hart O J, et al. 1995. Biological fixed-film systems. Water Environmental Research, 67 (4): 450-458.

Chen, Y N, Gao S, Jia J J, Wang A J. 2005. Tidalflat ecological changes by transplanting *Spartina anglica* and *Spartina alterniflora*, northern Jiangsu coast. Oceanol Limnol. Oceanologia Et Limnologia Sinica, 36 (5), 394-403.

Chmura G L, Anisfeld S C, Cahoon D R, Lynch J C. 2003. Global carbon sequestration in tidal, saline wetland soils. Glob. Biogeochem. Cycles, 17: 1111-1133.

Chung C H. 1982. Low marshes, China// lewis R R Ⅲ. Creation and Restoration of Coastal Plant Communities. Boca Raton: CRC Press.

Chung C H. 1983. Geographical distribution of Spartina anglica Hubbard in China. Bulletin of Marine Science, 33: 753.

Chung C H. 1985. The effects of introduced spartina grass on coastal morphology in China. Zeitschrift fur Geolorphologie, 57: 169.

Chung C H. 1989. Ecological engineering of coastlies with salt marsh plantations//Mitsch W J, Jørgensen S E. Ecological Engineering: An Introduction to Ecotechnology. New York: John Woley & Sons.

Chung C H. 1994. Creation of spartina plantations as an effective measure for reducing coastal erosion in China// Mitsch W J. Global Wetlands: Old World and New. Amsterdam: Elsevier.

Chung C H, Zhuo R Z, Xu G W. 2004. Creation of *Spartina* plantations for reclaiming Dongtai, China, tidal flats and offshore sands. Ecol. Eng. , 23: 135-150.

Clarke J A, Harrington B A, Hruby T, Wasserman F E. 1984. The effect of ditching for mosquito control on salt marsh use by birds inRowley, Massachusetts. J. Field Ornithol, 55: 160-180.

Cole C A. 2006. HGM and wetland functional assessment: Six degrees of separation from the data. Ecological Indicators, (6): 485-493.

Conner W H, Day J W, Jr, Baumann R H, Randall J M. 1989. Influence of hurricanes on coastal ecosystems along the northern Gulf of Mexico. Wetlands Ecol. Manag, 1: 45-56.

Costanza R. 1997. The value of the world's ecosystem service and natural capital. Nature, 387: 253-260.

Costanza R. 1998. The value of ecosystem services. Ecological Economies, 25: 1-2.

Costanza R，Voinov A. 2001. Modeling ecological and economic system with STELLA Part III. Ecological Modelling，143：1-7.

Costanza R，Farber S C，Maxwell J. 1989. Valuation and management of wetland ecosystems. Ecological Economic，1：335.

Cowardin L M，Carter V，Golet F C，et al. 1979. Classification of wetlands and deepwater habits of the United States. Washington：U. S. Department of the Interior，Fish and Wildlife Servic：103.

Crooks J A. 2001. Assessing invader roles within changing ecosystems：Historical and experimental perspectives on an exotic mussel in an urbanized lagoon. Biol. Invasions，3：23-36.

Crosby A W. 2003. America's Forgotten Pandemic：The Influenza of 1918. Cambridge：Cambridge University Press.

Daehler C C，Strong D R. 1994. Variable reproductive output among clones of Spartina alterniflora (Poaceae) invading San Francisco Bay，California：the influence of herbivory，pollination，and establishment site. American Journal of Botany，81 (3)：307-313.

Daehler C C，Strong D R. 1996. Status，prediction and prevention of introduced cordgrass Spartina spp. Invasions in Pacific estuaries，USA. Biol. Conserv，78：51-58.

Daily G C. 1997. Nature's service：societal dependence on natural ecosystems. Washington：Island Press.

Dame J B，Williams J L，McCutchan T F，et al. 1984. Structure of the gene encoding the immunodominant surface antigen on the sporozoite of the human malaria parasite Plasmodium falciparum. Science，225 (4662)：593-599.

Dame R F，Spurrier J D，Wolaver T G. 1989. Carbon，nitrogen and phosphorus processing by an oyster reef. Marine ecology progress series. Oldendorf，54 (3)：249-256.

Dame R，Libes S. 1993. Oyster reefs and nutrient retention in tidal creeks. Journal of Experimental Marine Biology and Ecology，171 (2)：251-258.

Davis J. 1996. Focal species offer a management tool. Science，269：350-354.

Davy A J，Costa S B. 1992. Development and organization of salt marsh communities//Seeliger U. Coastal Plant Communities in Latin America. New York：Academic Press：157-177.

Day J W Jr，Scarton F，Rismondo A，Are D. 1998. Rapid deterioration of a salt marsh in Venice Lagoon，Italy. J. Coastal Res. ，14：583-590.

Day J W，Hall C A S，Kenp W M，Yanez-Arancibia A. 1989. Estuarine Ecology. New York：Wiely Interscience：339-376.

Deegan L A，Bowen J L，Drake D，Fleeger J W，Friedrichs C T，et al. 2007. Susceptibility of salt marshes to nutrient enrichment and predator removal. Ecol. Appl. ，17：S42-63.

Den Boer P J. 1970. On the significance of dispersal power for populations of carabid-beetles (Coleoptera，Carabidae) . Oecologia，4 (1)：1-28.

Dijkema K S. 1990. Salt and brackish marshes around the Baltic Sea and adjacent parts of the North Sea：Their vegetation and management. Biol. Conserv. ，51：191-209.

Douglas B C. 1991. Global sea level rise. Journal of Geophysical Research，91：6891-6992.

Douglas，J S，Mistch W J. 2003. A model of macroinvertebrate trophic structure and oxygen demand in freshwater wetlands. Ecol. Model. ，161，183-194.

Dugan P，Bellamy D. 1993. Wetlands in danger. London：Mitchell Beazley with IUCN：192.

Engle V D，Summers J K. 1999. Latitudinal gradients in benthic community composition in western Atlantic estuaries. J. Biogeogr. , 26: 1007-1023.

Erickson J E, Megonigal J P, Peresta G, Drake B G. 2007. Salinity and sea level mediate elevated CO_2 effects on C_3-C_4 plant interactions and tissue nitrogen in a Chesapeake Bay tidal wetland. Glob. Change Biol. , 13: 202-315.

Fan H Q, He B Y, Wei S Q. 2000. Influences of sand dune movement within the coastal mangrove stands on the macrobenthos in situ. Acta Ecol. Sin. , 20 (5): 722-727.

Finlayson C M, van der Valk A G. 1995. Wetland classification and inventory: a summary. Vegetatio, 118 (1-2): 185-192.

Fréchette M, Bourget E. 1985. Energy flow between the pelagic and benthic zones: factors controlling particulate organic matter available to an intertidal mussel bed. Canadian Journal of Fisheries and Aquatic Sciences, 42 (6): 1158-1165.

Garcia C, Hermtndez T. 1996. Influence of salinity on the biological and biochemical activity of a calciorthird soil. Plant and Soil, 178: 255-263.

Gedan K B, Silliman B R, Bertness M D. 2009. Centuries of human-driven changes in salt marsh ecosystems. Annual Review Marine Sci, 1: 117-141.

Geng Y Q, Bai C X, Zhao T R, et al. 2006. Soil enzyme activity and its relationship with the soil fertility in Badaling Mountain Area of Beijing. Journal of Beijing Forestry University, 28 (5): 7-11.

Goss-Custard J D, Caldow R W, Clarke R T, et al. 1995. Consequences of habitat loss and change to populations of wintering migratory birds: predicting the local and global effects from studies of individuals. IBIS, 137 (S1): S56-S66.

Grant S G, Karl K A, Kiebler M A, et al. 1995. Focal adhesion kinase in the brain: novel subcellular localization and specific regulation by Fyn tyrosine kinase in mutant mice. Genes & Development, 9 (15): 1909-1921.

Gray J S. 1981. The Ecology of Marine Sediments—An Introduction to the Structure and Function of Benthic Communities. Cambridge: Cambridge University Press: 185.

Grierson P F, Adams M A. 2000. Plant species affect acid phosphatase, ergosteroland microbial P in a jarrah (*Eucalyplus marginata* Donnex Sm.) forest in southwestern Australia. Soil Biol Biochem, 32: 1817-1828.

Guan S Y. 1986. Soil Enzymes and Its Methodology. Beijing: Agricultural Press.

Hatfield C A, Mokos J T, Hartman J M. 2004. Testing a Wetlands Mitigation Rapid Assessment Tool at Mitigation and Reference Wetlands within a New Jersey Watershed. Trenton: New Jersey Department of Environmental Protection.

Hatvany M G. 2003. Marshlands: Four Centuries of Environmental Change on the Shores of the St. Lawrence. Quebec: Les Presses de l'Universite Laval: 184.

He X Q, Zhang G X, Zheng Q H, Du W C, Wen W Y. 2001. Analysis and assessment of the content of four heavy metals in the benthons in Daya Bay. Sci. Geogr. Sin. , 21 (3): 282-285.

Hillman K, Walker D l, Larkum A W D, et al. 1989. Productivity and nutrient limitation// Larkum A W D, McComb A J, Shephard S A . Biology of Seagrasses : A Treatise on the Biology of Seagrasses withSpecial Reference to the Australian Region. Amsterdam: Elsevier: 635-685.

Hinkle R L, Mitsch W J. 2005. Salt marsh vegetation recovery at salt hay farm wetland restoration sites on Delaware Bay. Ecological Engineering, 25 (3): 240-251.

Holland M M. 1996. Wetlands and environmental gradients. Wetlands. environmental gradients, boundaries, and buffers, 19-43.

Hu H Y, Huang B, Tang J L, Ren S J, Shao X W. 2000. Studies on benthic ecology in coastal waters of Bohai and Yellow Seas. Donghai Mar. Sci. , 18 (4): 39-46.

Hu Q H, Hu Z Q, Ye Z J, Ye C. 1997. Accumulation of lanthamun in sediment and in *Bellamya purificata*. China Environ. Sci. , 17 (2): 156-159.

Huang G H, Xia J. 2001. Barriers to sustainable water-quality management. Journal of Environmental Management, 61 (1): 1-23.

Hubbard R K, Ruter J M, Newton G L. 1999. Nutrient uptake and growth response of six wetland/riparian plant species receiving swine lagoon effluent. Transac, 42: 1331-1341.

Hulsman K, Dale P E R, Kay B H. 1989. The runnelling method of habitat modification: An environmentfocused tool for salt marsh mosquito management. J. Am. Mosq. Control Assoc, 5: 226-234.

IPCC. 2001. Climate change 2001: The scientific basis. Cambridge: Cambridge University Press.

Jacson J B C, Kirby M X, Berger W H, et al. 2001. Historical overfishing and the recent collapse of coastal ecosystems. Science, 293 (27): 629-638.

Jing H, Kornyukhin D, Kanyuka K, et al. 2007. Identification of variation in adaptively important traits and genome-wide analysis of trait—marker associations in Triticum monococcum. Journal of Experimental Botany, 58 (13): 3749-3764.

Jordan W R, Gilpin J D, Aber J D. 1987. Restoration Ecology: A Synthetic Approach to Ecological Research. Cambridge: Cambridge University Press.

Kadlee R H, Knight R L. 1996. Treatment Wetlands. Boca Raton: CRC Press, Inc.

Kaplowitz M D. 2000. Identifying ecosystem services using multiple methods: Lessons from the mangrove wetlands of Yucatan, Mexico. Agriculture and Human Values, 17 (2): 169-179.

Kaspar H F, Gillespie P A, Boyer I C, et al. 1985. Effects of mussel aquaculture on the nitrogen cycle and benthic communities in Kenepuru Sound, Marlborough Sounds, New Zealand. Marine biology, 85 (2): 127-136.

Kearney M S, Grace R E, Stevenson J C. 1988. Marsh loss in Nanticoke Estuary, Chesapeake Bay. Geogr. Rev. , 78: 205-220.

Keddy P A. 2000. Wetland Ecology: Principles and Conservation. Cambridge: Cambridge University Press.

Kent D M, O'Connor G A, Schelske C L, et al. 1994. Applied Wetlands Science and Technology. Boca Raton: Lewis Publishers.

Knottnerus O S. 2005. History of human settlement, cultural change and interference with the marine environment. Helgoland Mar. Res. , 59: 2-8.

Knuston P L, Seeling W N, Inskeep M R. 1982. Wave damping in *Spartina alterniflora* marshes. Wetland, 2: 87-104.

Kosz M. 1996. Valuing riverside wetlands: the case of the "Donau-Auen" National Park. Ecological Economics, 2: 109-127.

Kriwoken L K, Hedge P. 2000. Exotic species and estuaries: managing Spartina anglica in Tasmania, Australia. Ocean Coastal Manag, 43: 573-584.

Lai T H, He B Y. 1998. Studies on the macrobenthos species diversity for Guangxi mangrove area. Guangxi

Sci. , 5 (3): 166-172.

Lamd D. 1994. Reforestation of degraded tropical forest lands in the Asia Pacific region. Journal of Tropi-
cal Forest Science, 7 (1): 1-7.

Larson J S, Mazzarese D B. 1994. Rapid assessment of wetlands: history and application to management//
Mitsch W J. Global Wetlands: Old World and New. Amsterdam: Elsevier Science Publishers Ltd.

Leendertse P C, Scholten M C T, van der Wal J T. 1996. Fate and effects of nutrients and heavy metals
in experimental salt marsh ecosystems. Environ. Poll. , 94: 19-29.

Lenssen G M, Lamers J, Stroetenga M, Rozema J. 1993. Interactive effects of atmospheric CO_2 enrich-
ment, salinity and flooding on growth of C_3 (*Elymus athericus*) and C_4 (*Spartina anglica*) salt
marsh species. Vegetatio, 104/105: 379-388.

Levenson H. 1991. Coastal systems: On the margin. Coastal Wetlands. New York: American Society of
Civil Engineers.

Li A N, Wang A S, Liang S L, et al. 2006. Eco-environmental vulnerability evaluation in mountainous
region using remote sensing and GIS-A case study in the upper reaches of Minjiang River,
China. Ecological Modelling, 192 (1-2): 175-187.

Li B W, Du M Y, Zhou J X, Liu S Q, Xu H. 1991. The enzyme activities of chao soil in centre alluvial
plain of Hebei Province. Journal of Agricultural University of Hebei, 14 (4): 33-36.

Li H P, Yang G S. 2002. The study on equilibrium coastal profile. Chinese Geographical Science,
12 (1): 55-60.

Lin G L, Li D C. 1999. Feeding sheep with *Spartina alterniflora*. Fujian Pasturage Veterinarian,
21 (4): 4-14.

Lin P, Fu Q. 2000. Environmental Ecology and Economic Utilization of Mangroves in China. Beijing:
China Higher Education Press.

Lin Q X, Mendelssohn I A. 1998. The combined effects of phytoremediation and biostimulation in en-
haning habitat restoration and oil degradation of petroleum contaminated wetlands. Ecol. Eng. , 10:
263-274.

Lin Q, Mendelssohn I A. 1998. The combined effects of phytoremediation and biostimulation in enhancing
habitat restoration and oil degradation of petroleum contaminated wetlands. Ecological Engineering,
10 (3): 263-274.

Lindau C W, Delaune R D, Jugsujinda A, Sajo E. 1999. Response of *Spartina alterniflora* vegetation to
oiling and burning of applied oil. Mar. Pollut. Bull. , 38 (12): 1216-1220.

Liu G S, Jiang N H, Zhang L D. 1996. Standard Methods for Observation and Analysis in Chinese Eco-
system Research Network: Soil Physical and Chemical Analysis and Description of Soil
Profiles. Beijing: Standard press of China.

Liu J E, Zhou H X, Qin P, Zhou J. 2007. Effects of *Spartina alterniflora* salt marshes on organic car-
bon acquisition in intertidal zones of Jiangsu Province, China. Ecol. Eng. , 30: 240-249.

Liu J P, Tian Z K. 2002. Effect of *Spartina alterniflora* on sewage depuration. Hebei Environ. Sci. ,
10 (2): 45-48.

Liu Z L, Zheng S Z, Shi H Q. 2006. Study on Enzyme Activity in Hilly Red Soil Resumed by Different
Vegetations. Acta Agriculturae Jiangxi, 18 (6): 91-94.

Lloyd J W, Tellam J H, Rukin N, et al. 1993. Wetland vulnerability in East Anglia: a possible conceptual framework and generalized approach. Journal of Environment Management, 37 (2): 87-102.

Long S P, Incoll L D, Woolhouse H W. 1975. C$_4$ photosynthesis in plant from cool temperature region with particular reference to S. townsendii. Nature, 257: 622-624.

Lu S M, Wu S Z. 1996. Spartina alterniflora protects seawall from tide. Zhejiang Hydrol. Sci. Tech. , 2: 40-43.

Ma Y J, Yuan B J, Li L , Feng F, Gao Z S, Han H B. 2002. Studies on component of Spartina alterniflora Loisel I. the research of volatile component with GC-MS. Chinese J. Biochem. Pharma, 23 (1), 36-37.

Mallott P G, Jeffries A J, Hotton M J. 1975. Carbon dioxide exchange in leaves of S. angilica Hubbard. Oecology, 20: 351-358.

Maltby E, Hogan D V, McInnes R J. 1996. Functional Analysis of European Wetland Ecosystems. Phase I Final Report. European Commission Ecosystems Research Report 18. European Commission, Luxuembourg.

Margaren F. 1997. Disneyland or native ecosystem: genetics and the restorationist. Restoration and Management Notes, 14 (2): 148-150.

Maricle B R, Lee R W. 2002. Aerenchyma development and oxygen transport in the estuarine cordgrasses Spartina alterniflora and S. anglica. Aquat. Bot, 74: 109-120.

Mayer P M, Galatowitsch S M. 1999. Diatom communities as ecological indicators of recovery in restored prairie wetlands. Wetlands, 19 (4): 765-774.

Meng L J, Wu F Z. 2004. Advances on soil enzymes. Journal of Northeast Agricultural University, 35 (5): 622-626.

Middleton B A. 1999. Wetland restoration, flood pulsing and disturbance dynamics. New York: John Wiley&Sons: 1-58.

Miller R E, Gunsalus B E. 1999. Wetland Rapid Assessment Procedure (WRAP) Technical Publication REG-001. Florida: South Florida Water Management District, Natural Resource Management Division.

Minchinton T E, Simpson J C, Bertness M D. 2006. Mechanisms of exclusion of native coastal marsh plants by an invasive grass. J. Ecol. , 94: 342-354.

Myers N. 1993. Environmental refugees in globally warmed world. Bio. Sci. , 43 (11), 752-761.

Nicholls R J, Frank M J. 1999. Hoozemans, Marcel Marchand. Increasing flood risk and wetland losses due to global sea-level rise. Global Environmental Change, 9: S69-S87.

Nicholls R J, Hoozemans F M J, Marcel M. 1999. Increasing flood risk and wetland losses due to global sea-level rise: regional and global analyses. Global Environmental Change, (9): S69-S87.

Nixon S W. 1980. Between coastal marshes and coastal waters—a review of twenty years of speculation and research on the role of salt marshes in estuarine productivity and water chemistry//Hamilton P, MacDonald K. Estuarine and Wetland Processes. New York: Plenum Publ. Corp: 437-523.

Nixon S W. 1982. The ecology of New England high salt marshes: a community profile. Washington: Dep. Int. FishWildl. Serv. FWS/OBS-81/55. 70 pp.

North Carolina Department of Environment and Natural Resources. 1995. Guidance for Rating the Values of Wetlands in North Carolina. Raleigh: NC.

Pezdic J, Faganeli J, Pirc S. 2000. The paleoclimatic evidence in peat profiles: stable isotope study (Slovenia) //Rochefort L, Daigle J Y, et al. Sustaining our peatlands, proceedings of the 11th International Peat Congress. Edmonton: Gerry Hood for the Canadian Society of Peat and Peatlands and the International Peat Society: 70-75.

Pinder D A, Witherick M E. 1990. Port industrialization, urbanization and wetland loss. In Wetlands: A Threatened Landscape. Oxford: Basil Blackwell: 235-266.

Pomeroy L R, Wiegert R G, et al. 1981. The Ecology of a Salt Marsh. New York: Springer-Verlag New York Inc.

Powers W L, Teeter T A H. 1922. Land Drainage. New York: John Wiley & Sons, Inc.

Prince H H, D'ltri F M. 1985. Coastal Wetlands. Chelsea: Lewis Publishers.

Prins T C, Smaal A C. 1994. The role of the blue mussel Mytilus edulis in the cycling of nutrients in the Oosterschelde estuary (The Netherlands) . Hydrobiologia, 282 (1): 413-429.

Prins T C, Smaal A C, Pouwer A J, et al. 1996. Filtration and resuspension of particulate matter and phytoplankton on an intertidal mussel bed in the Oosterschelde estuary (SW Netherlands) . Marine Ecology Progress Series, 142 (10): 121-134.

Qi G X, Xu D Z, Xu X. 1999. Effect of *Spartina alterniflora* on N P absorb in sewage. Guizhou Environ. Sci. , 5 (1): 44-48.

Qin P, Chung C H. 1989. The distribution of 18 metals in the salt marsh of estuary Luoyuan, Fujian Province. Mar. Sci. , 6: 23-27.

Qin P, Chung C H. 1992. Applied Studies on Spartina. Beijing: The Oceanic Press: 61-73, 105-108.

Qin P, Wang G. 2005. Patent Application NO. 200510094602. 9. A method of controlling exotic species *Spartina alterniflora* by biological substitution.

Qin P, Jing M D, Xie M. 1985. The comparison of community biomass among the three ecotypes of *S. alternifora* on the beach of estuary Luoyuan Bay, Fujian Province. J. Nanjing Univ. (Special issue on research advances in *S. alterniflora* of past 22 years), 226-236.

Qin P, Xie M, Jiang Y, et al. 1997. Estimation of the ecological-economic benefits of two *Spartina alterniflora* plantations in North Jiangsu, China. Ecol. Eng. , 8 (1): 5-17.

Qin P, Xie M, Jiang Y S. 1998. *Spartina* green food ecological engineering. Ecol. Eng. , 11: 147-156.

Qin P, An S Q, Yan J S. 2000. Science of Ecological Engineering. Nanjing: Press of Nanjing University.

Qin X Q, Zheng G R. 1998. *Spartina alterniflora* was made into forage for pigs. Agric. Sci. East. Fujian Prov. , 2: 35-36.

Rapport D J, Gaudet C, karr J R. 1998. Evaluating landscape health: integrating social goals and biophysical process. Journal of Enivronmental Management, 53: 1-15.

Raybould A F, Gray A J, Lawrence M J, et al. 1991. The evolution of *Spartina anglica* C. E. Hubbard (Gramineae): Genetic variation and status of the parental species in Britain. J. Linn. Soc. , 44: 369-380.

Regier H A et al. 1992. Indicators of ecosyetem integrity//Daninel H, et al. Ecological Indicators. Barking: Elsevier Science Publishers LTD: 1491-1502.

Reice S R, Wohlenberg M. 1993. Monitoring freshwater benthic macroinvertebrates and benthic proceses: measures for assessment of ecosystem health//Rosenberg D M, Resh V H. Freshwater Biomonitoring and Benthic Macroinvertebrates. New York: Chapman & Hall: 287-305.

Reise K. 2005. Coast of change: habitat loss and transformations in the Wadden Sea. Helgol. Mar. Res,

59: 9-12.

Ren M E, Xu T G, Zhu J W. 1985. Survey of the Coastal and Salt Marsh Resource in Jiangsu Province (Report) (in Chinese) . Beijing: China Ocean Press: 1, 25-46, 110-120.

Resh V H. 2001. Mosquito control and habitat modification: case history studies of San Francisco Bay wetlands//Rader B R, Batzer D P, Wissinger S A. Bioassessment and Management of North American Freshwater Wetlands. New York: John Wiley & Sons, Inc.

Rheinhardt R D, Brinson M M, Farley P M. 1997. Applying wetland reference data to functional assessment, mitigation and restoration. Wetlands, 17 (6): 195-215.

Roman C T, Niering W A, Warren R S. 1984. Salt marsh vegetation change in response to tidal restriction. Environ Manag, 8: 141-150.

Ryder R A, S R Kerr, W W Taylor, et al. 1981. Community consequences of fish stock diversity. Can J Fish Aquat Sci , 38: 1856-1866.

Sader S A, Ahl D, Liou Wen-shu. 1995. Accuracy of Landsat-TM and GIS rule-based methods for forest wetlands classification in Marine. Remote Sensing Environment, 53 (3): 133-144.

Schaefer G L, Cosh M H, Jackson T J. 2007. The USDA natural resources conservation service soil climate analysis network (SCAN) . Journal of Atmospheric and Oceanic Technology, 24 (12): 2073-2077.

Sebold K R. 1992. From Marsh to Farm: The Landscape Transformation of Coastal New Jersey. Washington: Natl. Park Serv. , U. S. Dep. Int.

Sebold K R. 1998. The Low Green Prairies of the Sea: Economic Usage and Cultural Construction of the Gulf of Maine Salt Marshes. Orono: Univ. Maine.

Shen Y M, Liu Y M, Chen Q Z. 2002. Analysis of the expanding process of the *Spartina alterniflora* Loisel salt marsh on Jiangsu Province coast by remote sensing. J. Plant Resour. Environ. , 11 (2), 33-38.

Shen Y M, Zhang R S, Wang Y H. 2003. The tidal creek character in salt marsh of *Spartina alterniflora* Loisel on strong tide coast. Geogr. Res. , 22 (4): 520-527.

Shi F C, Bao F. 2007. Effects of salt and temperature stress on ecophysiological characteristics of exotic cordgrass, Spartina alterniflora. Acta Ecologica Sinica, 27 (7): 2733-2741.

Shisler J K, Jobbins D M. 1977. Salt marsh productivity as affected by the selective ditching technique, open marsh water management. Mosq. News, 37: 631-636

Silliman B R, Bertness M D. 2004. Shoreline development drives invasion of Phragmites australis and the loss of plant diversity on New England salt marshes. Conserv. Biol. , 18: 1424-1434

Smith J B. 1904. Report N J Agric. Exp. Stn. Mosquitoes Occurring Within the State, Their Habits, Life History, etc. Trenton, N J: MacCrellish & Quigley.

Sparling G P. 1995. The substrate induced respiration//Alef K, Nannipieri P. Methods in Apllied Soil Microbiology and Biochemistry. London: A cademic Press: 97-104.

Sterner R W. 1986. Herbivores' direct and indirect effects on algal populations. Science (Washington), 231 (4738): 605-607.

Stumpf R P. 1983. The processes of sedimentation on the surface of a salt marsh. Estua. Coastal Shelf Sci. , 17: 495-508.

Talley T S, Crooks J A, Levin L A. 2001. Habitat utilization and alteration by the invasive burrowing isopod Sphaeroma quoyanum, in California salt marshes. Mar. Biol. , 138: 561-573.

Tanner C C, Sukias J P S, Upsdell M P. 1998. Organic matter accumulation during maturation of gravel-bed constructed wetlands treating farm dairy wastewaters. Water Res. , 32 (10): 3046-3054.

Theodose T A, Roths J B. 1999. Variation in nutrient availability and plant species diversity across forb and graminoid zones of a Northern New England high salt marsh. Plant Ecol. , 143: 219-228.

Thompson J D. 1991. The biology of an invasive plant: what makes *Spartina anglica* so successful. Bioscience, 41 (6): 393-400.

Treltin C C, Aust W M, Davis M M, et al. 1994. Wetlands of the interior Southeastern United States: Conference Summary Statement . Water, Air & Soil Pollution, 3-4: 199-208.

Trettin C C, Aust W M, Davis M M, et al. 1994. Wetlands of the interior Southeastern United States: conference summary statement. Water, Air & Soil Pollution, 3-4: 199-208.

Turner M G. 1987. Effects of grazing by feral horses, clipping, trampling and burning on a Georgia salt marsh. Estuaries, 10: 54-60.

US Army Corps of Engineers. 1995. The Highway Methodology Workbook Supplement. Wetland Functions and Values: A Descriptive Approach. New England in USA: US Army Corps of Engineers, New England Division. NENEP-360-1-30a.

Vadas R G, Garcia L A, Labadie J W. 1995. A methodology for water quantity and quality assessment for wetland develop. Water Science Technology, 31 (8): 293-300.

Valiela I, Teal J M, Persson N Y. 1976. Production and dynamics of experimentally enriched salt marsh vegetation: Belowground biomass. Limnol. Oceanogr. , 21: 245-252.

Valiela I, Teal J M. 1979. The nitrogen budget of a salt marsh ecosystem. Nature, 280: 652-656.

Wan Z M, Wu J G. 2005. Study progress on factors affecting soil enzyme activity. Jour. of Northwest Sci-Tech Univ. of Agri and For. (Nat Sci Ed), 33 (6): 87-92.

Wang A J, Gao S, Jia J J. 2006. Impact of *Spartina alterniflora* on sedimentary and morphological evolution of tidal salt marshes of Jiangsu, China. Acta Oceanol. Sin. , 28 (1): 92-99.

Wang B C, Yang Q C, Dai J C. 1996. Utilization of *Spartina altertniflora* as green manure and rabbit fodder. Agric. Sci. Zhejiang Province, 1: 37-38.

Wang G, Qin P, Wan S, et al. 2008. Ecological control and integral utilization of *Spartina alterniflora*. Ecol. Eng. , 32: 249-255.

Wang W Q, Zhang P Q. 1999. Study of environmental assessment of the Jiaozhou Bay using bivalves as a biomonitor. Oceanol. Limnol. Sin. , 30 (5): 491-499.

Wang Y, Zhu D-K. 1994. Tidal Flats in China. Springer: Oceanology of China Seas: 445-456.

Washington Sea Grant Program. 2000. Bio-invasions: Breaching Natural Barriers. Seattle: University of Washington.

Weis J S, Weis P. 2004. Metal uptake, transport and release by wetland plants: implications for phytoremediation and restoration. Environ. Int. , 30: 685-700.

Wetland Ecosystems Research Group. 1999. Wetland Functional Analysis Research Program. London: College Hill Press.

Wheeler B D. 1995. Introduction: Restoration and wetlands//Wheeler B D, Shaw S C, Fojt W J, et al. Restoration of temperate wetlands. Chichester: John Wiley & Sons Ltd. , 1-18.

Wilen B O, Tiner R W. 1993. Wetlands of the United States// Whigham D F, Dykyjova D, Slavomil H S, et al. Wetlands of the World I: Inventory, Ecology and management. Dordrecht: Kluver Academic

Publishers: 515-636.

Willian J, James G G. 2000. Wetlands. NewYork: John Wiley Press.

Willows R I, Widdows J, Wood R G. 1998. Influence of an infaunal bivalve on the erosion of an intertidal cohesive sediment: a flume and modeling study. Limnology and Oceanography, 43 (6): 1332-1343.

Wilson R F, Mitsch W J. 1996. Functional assessment of five wetlands constructed to mitigate wetland loss in Ohio, USA. Wetlands, 16 (4): 436-451.

Xu F L, Lam K C, Zhao Z Y, et al. 2004. Marine coastal ecosystem health assessment: a case study of the Tolo Harbour, Hong Kong, China. Ecological Modelling, 173 (4): 355-370.

Yuan X Z. 2001. Ecology study on the zoobenthic community in the wetland of the estuarine tidal flat (in Chinese with English abstract). Ph. D. Thesis. East China Normal University.

Yuan X Z, Lu J J. 2002. Ecological characteristics of macrozoobenthic community of tidal flat wetland in the Changjiang Estuary. Resour. Environ. Yangtze Basin, 11 (5): 414-420.

Yuan X, He B. 2004. Soil enzyme activity and distribution characteristics of nutrient and mutual relative analysis in Illicium verum Forest. Nonwood Forest Research, 22 (2): 10-13.

Zedler J B, Kercher S. 2004. Causes and consequences of invasive plants in wetlands: opportunities, opportunists, and outcomes. Crit. Rev. Plant Sci. , 23: 431-452.

Zhang J F, Zhang X D, Zhou J X, et al. 2005. Effects of salinity stress on poplars seedling growth and soil enzyme activity. Chinese Journal of Applied Ecology, 16 (3) : 426-430.

Zhang J P, Shao L. 1998. Investigation and evaluation of periphyton and benthic invertebrate communities in Suzhou Creek. Shanghai Environ. Sci. , 17 (11): 28-29.

Zhang Q, Zhao F G, Qin P. 2007. Allelopathy in the progress of phragmites substituting spartina from salt marsh in northern Jiangsu. Journal of Nanjing University (Nature Sciences), 43 (2): 119-126.

Zhang Y L, Lin P. 1999. The seasonal and spatial dynamics of soil enzyme activities under *Kandelia candel* magrove forest. Journal of Xiamen University (Nature Science), 38 (1): 129-136.

Zhang Y M, Zhou G Y, Wu N. 2004. A review of studies on soil enzymology. Journal of Tropical and Subtropical Botany, 12 (1): 83-90.

Zheng B R. 2007. Soil and Fertilizer. Beijing: Press of Peking University.

Zheng G R, Xu K M. 1994. Feeding chicken with *Spartina alterniflora* powder. Fowl-cult. Epidemic Prev, 6: 21-22.

Zhou H, Liu J, Qin P. 2007. Impacts of alien species *Spartina alterniflora* on the macrobenthos community of Jiangsu coastal intertidal ecosystem. J. Nanjing Univ. , 43: 26-34.

Zhou H, Liu J, Zhou J, et al. 2008. Effects of an alien species (*Spartina alterniflora* Loisel) on biogeochemical processes of inter-tidal ecosystem at Jiangsu Coastal Region, China. Pedosphere, 18 (1): 77-85.

Zhou J, Xiao W, Qin P. 2007. Effect of an alien species (*Spartina alterniflora*) on soil microbial biomass and functional groups in salt marshes. Journal of Nanjing University (Nature Sciences), 43 (5): 494-500.

Zhou L K. 1987. Soil Enzymology. Beijing: Science Press: 116-190.

Zhu L, Guo J X, Lu P, Zhou X M. 2003. Primary study on the soil urease activity in three main plant communities in the Songnen Meadow. Acta Phytoacologica Sinica, 27 (5): 638-643.

Zhuang D F, Cai Z P. 1995. Behaviors of diesel oil in sediment and its impact on the macrofauna community. Acta Oceanol. Sin. , 17 (4), 106-111.

Zhulidov A V, Headley J V, Robarts R D, et al. 1997. Atlas of Russian Wetlands Biogeography and Metal Concentrations. Saskatoon: National Hydrology Research Institute, Environment Canada: 1-48.

Zinn J A, Copeland C. 1982. Wetland Management: Environment and Natural Resources Policy Division. Washington: Congressional Research Service, Library of Congress.

Zoltai S C. 1979. An outline of the wetland regions of Canada//Rubec C D A, Pollett F C et al. Proceedings of a workshop on Canadian wetlands. Ottawa, Canada: Lands Directorate, Environment, Canada Ecological Land Classification Series, No. 12: 1-8.

Zuo P, Wan S W, et al. 2004. A comparison of the sustainability of original and constructed wetlands in Yancheng Biosphere Reserve, China: implications from emergy evaluation. Environmental Science & Policy, (7): 329-343.